国务院鲁甸地震灾后恢复重建总体规划评估专项(资源环境承载能力评价)
中国科学院科技服务网络计划(STS计划)项目(KFJ-EW-STS-089)
中国科学院地理科学与资源研究所所长基金项目(鲁甸地震灾区资源环境承载能力评价)
国家自然科学基金资助项目(41501139)

鲁甸地震灾后恢复重建

资源环境承载能力评价与可持续发展研究

主　编　樊　杰
副主编　兰恒星　周　侃

科　学　出　版　社
北　京

内 容 简 介

"资源环境承载能力评价"是鲁甸地震灾后恢复重建规划和重建工作的重要基础和依据。根据鲁甸地震灾区灾情特点，以用地条件和地质灾害为主导因子，以人口和居民点分布为辅助因子，以灾损状况为参考因子，进行单项指标和综合指标评价，划分了"人口集聚区、农业生产区、地灾防治区和生态建设区"4种重建分区类型，确定了灾区可承载人口规模，划定了适宜人口居住和城乡居民点建设范围，提出了"自然条件极其恶劣，人口容量严重超载；立足山地安全重建，着眼坝区长远发展；乡内就近安置与离乡异地安置相结合"等总体判断。同时，面向昭通市"十三五"规划总体布局需求，基于资源环境承载能力综合评价，开展昭通市国土空间开发功能区划，研制水土保持与生态屏障建设、绿色经济体系与产业引导、新型城镇化与扶贫开发的路径与措施，提出适应区域承载能力的可持续发展模式与政策支撑体系。

本书可供受灾地区和支援灾区重建的各级政府部门，以及关心和参与灾区重建的专业人士参考，也可供城乡规划、区域发展、国土整治、扶贫开发等相关领域的工作人员、专业研究人员和相关专业学生参考。

图书在版编目（CIP）数据

鲁甸地震灾后恢复重建：资源环境承载能力评价与可持续发展研究／樊杰主编. —北京：科学出版社，2016.1
　　ISBN 978-7-03-046588-7

Ⅰ. 鲁⋯　Ⅱ. 樊⋯　Ⅲ. 地震灾害-灾区-重建-研究-鲁甸县　Ⅳ. D632.5

中国版本图书馆 CIP 数据核字（2015）第 289601 号

责任编辑：李　敏　吕彩霞　杨逢渤／责任校对：钟　洋
责任印制：肖　兴／封面设计：王　浩

科学出版社 出版
北京东黄城根北街 16 号
邮政编码：100717
http://www.sciencep.com
中国科学院印刷厂 印刷
科学出版社发行　各地新华书店经销

*

2016 年 1 月第　一　版　开本：889×1194　1/16
2016 年 1 月第一次印刷　印张：22 3/4
字数：600 000

定价：158.00 元
（如有印装质量问题，我社负责调换）

《鲁甸地震灾后恢复重建工作方案》(节选)

为有力有序有效推进鲁甸地震灾后恢复重建工作，借鉴汶川、玉树、芦山地震灾后恢复重建的做法和经验，结合鲁甸地震灾区的特点，经国务院同意，拟定本方案。

......

三. 工作任务和分工

(一)专项评估

深入进行现场调查研究，科学论证，做好专项评估，为规划编制工作打好基础。

1. 灾害范围和灾害损失评估。对鲁甸地震的灾害范围提出评估报告，明确划分标准，区分严重受灾地区和一般灾区，为确定规划范围提供依据。对城乡住房、基础设施、公共服务设施、农业、生态、土地、工商企业等灾害损失进行全面、系统的评估。由民政部和云南省人民政府联合成立专家评估组，9月5日前完成评估任务。

2. 地质灾害排查及危险性评估。组织对地质灾害隐患点进行排查，对临时和过渡安置点进行地质灾害危险性评估，对城乡住房和各类设施建设进行地质灾害危险性评估，研究提出重大地质灾害治理措施。由国土资源部牵头，云南省人民政府、有关部门参加，9月20日前完成。

3. 住房及建筑物受损鉴定。组织对房屋及建筑受损程度进行鉴定，确定有关建筑抗震设防标准及技术规范，为灾后恢复重建提供依据。由住房城乡建设部牵头，有关部门参加，9月20日前完成。

4. 资源环境承载能力评价。根据对水土资源、生态重要性、生态系统脆弱性、自然灾害危险性、环境容量、经济发展水平等的综合评价，确定可承载的人口总规模，提出适宜人口居住和城乡居民点建设的范围以及产业发展导向。由中科院牵头，有关部门参加，9月20日前完成。

......

《国务院关于印发鲁甸地震灾后恢复重建总体规划的通知》(节选)

各省、自治区、直辖市人民政府，国务院各部委、各直属机构：

现将《鲁甸地震灾后恢复重建总体规划》印发给你们，请认真贯彻执行。

鲁甸地震灾后恢复重建关系到灾区群众的切身利益和灾区的长远发展，必须全面贯彻落实党的十八大和十八届三中、四中全会精神，牢牢把握全面深化改革扩大开放、深入实施西部大开发等重大战略机遇，坚持以人为本、尊重自然、统筹兼顾、立足当前、着眼长远的基本要求，发扬自力更生、艰苦奋斗精神，建设安全宜居美丽新家园。云南省和国务院有关部门要充分认识恢复重建任务的艰巨性、复杂性和紧迫性，树立全局意识，切实加强领导，精心组织实施，全面做好恢复重建的各项工作。

国务院

2014 年 11 月 4 日

（此件公开发布）

鲁甸地震灾后恢复重建总体规划

2014 年 11 月

编 制 单 位：国务院鲁甸地震灾后恢复重建指导协调小组

组 长 单 位：国家发展和改革委员会

副组长单位：云南省人民政府、住房和城乡建设部、财政部

成 员 单 位：教育部、工业和信息化部、民政部、人力资源和社会保障部、国土资源部、环境保护部、交通运输部、水利部、农业部、商务部、文化部、国家卫生和计划生育委员会、中国人民银行、审计署、国家税务总局、国家林业局、国家旅游局、中国科学院、中国地震局、中国气象局、中国银行业监督管理委员会、国家能源局、国务院扶贫开发领导小组办公室

······

为科学组织实施灾后恢复重建工作，依据《中华人民共和国防震减灾法》，在地震灾害评估、地质灾害排查及危险性评估、房屋及建筑物受损程度鉴定评估和资源环境承载能力综合评价的基础上，经过科学论证，广泛听取专家和各方面意见，制定本规划。

《昭通市人民政府感谢函》

昭通市人民政府

感 谢 信

中国科学院办公厅：

按照国务院的安排，中国科学院组建了以汶川、玉树、芦山地震灾后恢复重建资源环境承载能力评价首席科学家樊杰研究员为组长的资源环境承载能力评价项目组，项目组于 2014 年 9 月 19 日至 9 月 22 日，不辞辛劳、不畏艰险、跋山涉水深入鲁甸地震灾区收集第一手资料，开展实地调研、听取情况汇报。在此基础上，夜以继日开展工作，并于 9 月 30 日完成了《鲁甸地震灾区恢复重建资源环境承载能力评价报告》。

《鲁甸地震灾区恢复重建资源环境承载能力评价报告》遵循自然规律和经济社会发展规律，充分考虑鲁甸地震灾区资源环境承载能力的特点，从评价范围、基本结论、技术方法、主导因子评价、精细评价、人口容量、产业发展导向、重建分区等 8 个方面作了具体阐述，对鲁甸地震灾后恢复重建提出了 5 条极具针对性和操作性的政策建议，为科学编制鲁甸地震灾后恢复重建总体规划提供了基础依据。资源环境承载能力评价项目组专家们的辛勤劳动，得到了国务院及国家有关部委的充分肯定，国务院 11 月 4 日印发的《鲁甸地震灾后恢复重建总体规划》（国发〔2014〕56 号）和《关于支持鲁甸地震灾后恢复重建政策措施的意见》（国

《昭通市人民政府感谢函》

发〔2014〕57号），充分参考了项目组的资源环境承载能力评价成果，采纳了项目组的政策建议，在中央财政资金支持、实施差别化产业政策、优先实施新一轮退耕还林还草工程、统筹安排重大基础设施建设项目等方面给予了灾区特殊政策和支持。其中，在财政资金支持方面，中央财政安排采纳了项目组提出的"把受灾特征、恢复难度、重建能力作为国家核算不同灾区恢复重建补贴系数依据"的建议，考虑了鲁甸地震受灾地区"恢复难度大、重建能力弱"的实际情况，提高了灾后恢复重建补助标准，将中央财政专项资金从原定的 70.3 亿元增加到 180 亿元，其中安排居民住房建设工程项目投资 52.4 亿元，公共服务和社会管理工程项目投资 34.8 亿元，基础设施建设工程项目投资 46.5 亿元，特色产业工程项目投资 6.2 亿元，灾害防治工程项目投资 29.6 亿元，生态建设工程项目投资 10.5 亿元，为保障灾后恢复重建工作的有力有效有序推进起到了积极的推动、促进作用。

贵院资源环境承载能力项目组全体专家求真务实的科研作风、吃苦耐劳的敬业精神、精益求精的工作态度深深感动、鼓舞着灾区各级干部群众自力更生、艰苦奋斗、重建家园。在此，特向参加资源环境承载能力评价的全体专家致以最崇高的敬意，对贵院给予鲁甸地震灾区的大力支持表示最衷心的感谢！

昭通市人民政府

2014 年 12 月 25 日

鲁甸地震灾后恢复重建
《资源环境承载能力评价》项目组

牵 头 单 位

中国科学院

参 加 单 位

国土资源部、中国地震局、云南省人民政府

项 目 组

组长

樊 杰	研究员	中国科学院地理科学与资源研究所

成员

兰恒星	研究员	中国科学院地理科学与资源研究所
刘盛和	研究员	中国科学院地理科学与资源研究所
张晓平	副教授	中国科学院大学
王志强	助理研究员	中国科学院地理科学与资源研究所
周 侃	助理研究员	中国科学院地理科学与资源研究所
李郎平	助理研究员	中国科学院地理科学与资源研究所
李全文	博士研究生	中国科学院地理科学与资源研究所
伍宇明	博士研究生	中国科学院地理科学与资源研究所
孟云闪	博士研究生	中国科学院地理科学与资源研究所
戚 伟	博士研究生	中国科学院地理科学与资源研究所
王亚飞	博士研究生	中国科学院地理科学与资源研究所
王 敏	硕士研究生	中国科学院大学

《昭通可持续发展研究》项目组

组长

樊　杰　　　研究员　　　　中国科学院地理科学与资源研究所

成员

兰恒星　　　研究员　　　　中国科学院地理科学与资源研究所

李丽娟　　　研究员　　　　中国科学院地理科学与资源研究所

蔡强国　　　研究员　　　　中国科学院地理科学与资源研究所

王传胜　　　副研究员　　　中国科学院地理科学与资源研究所

张晓平　　　副教授　　　　中国科学院大学

盛科荣　　　副教授　　　　山东理工大学

和继军　　　副教授　　　　首都师范大学

李九一　　　助理研究员　　中国科学院地理科学与资源研究所

王志强　　　助理研究员　　中国科学院地理科学与资源研究所

周　侃　　　助理研究员　　中国科学院地理科学与资源研究所

李郎平　　　助理研究员　　中国科学院地理科学与资源研究所

孟云闪　　　博士研究生　　中国科学院地理科学与资源研究所

伍宇明　　　博士研究生　　中国科学院地理科学与资源研究所

李全文　　　博士研究生　　中国科学院地理科学与资源研究所

王亚飞　　　博士研究生　　中国科学院地理科学与资源研究所

孙贵艳　　　博士研究生　　中国科学院地理科学与资源研究所

李秋秋　　　硕士研究生　　中国科学院地理科学与资源研究所

方　明　　　硕士研究生　　中国科学院地理科学与资源研究所

王　敏　　　硕士研究生　　中国科学院大学

《鲁甸地震灾后恢复重建
资源环境承载能力评价与可持续发展研究》 编写组

主　　编　　樊　杰
副 主 编　　兰恒星　周　侃
编写人员　　刘盛和　李丽娟　蔡强国　王传胜
　　　　　　张晓平　盛科荣　和继军　李九一
　　　　　　王志强　李郎平　李全文　孟云闪
　　　　　　伍宇明　戚　伟　孙贵艳　王亚飞
　　　　　　李秋秋　方　明　王　敏

目　　录

上篇　鲁甸地震灾区资源环境承载能力评价

下篇　昭通可持续发展研究

表 目 录

图 目 录

上　篇
鲁甸地震灾区资源环境承载能力评价

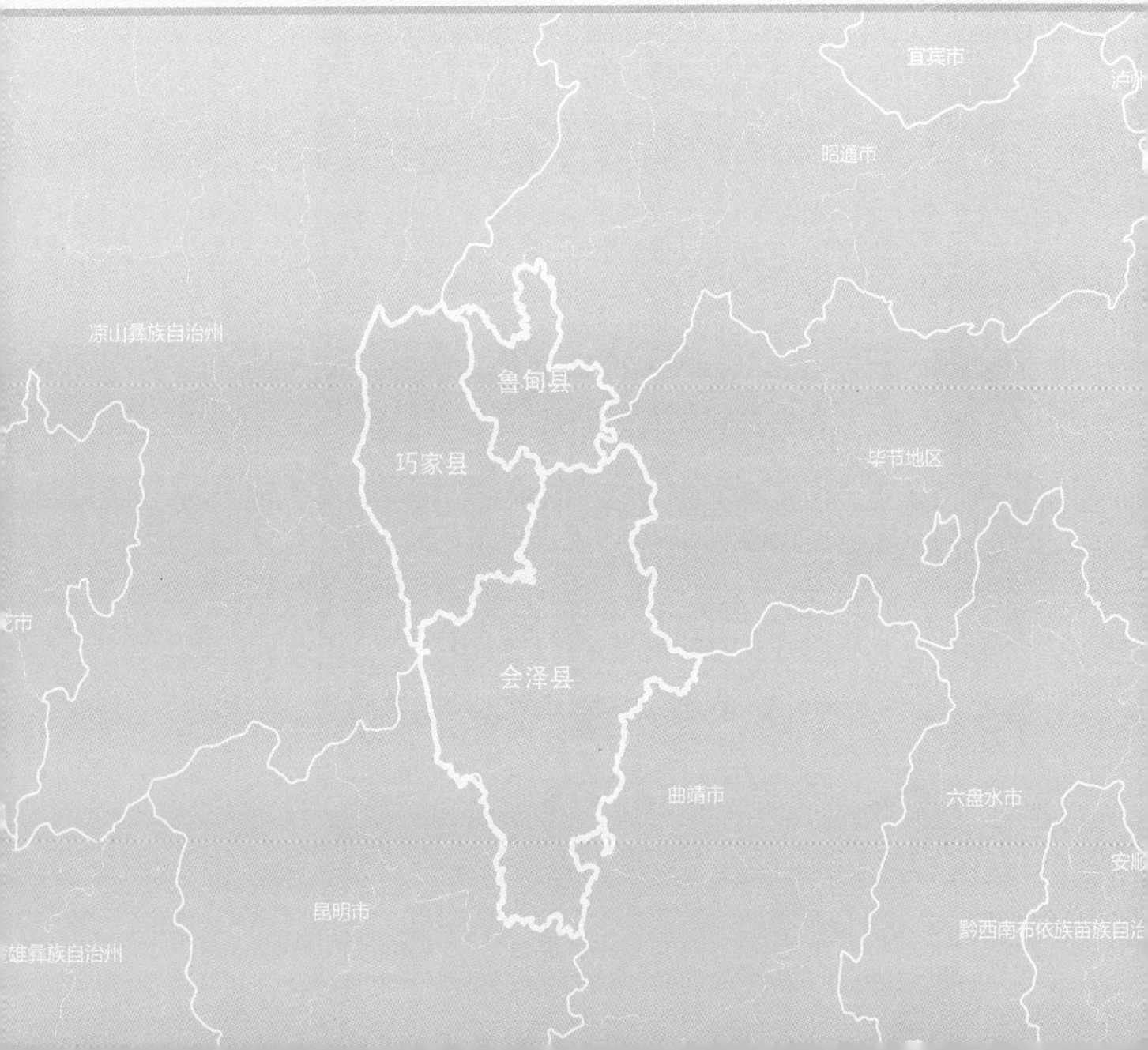

宜宾市

泸

昭通市

凉山彝族自治州

鲁甸县

巧家县

毕节地区

市

会泽县

曲靖市

六盘水市

安

昆明市

黔西南布依族苗族自治

雄彝族自治州

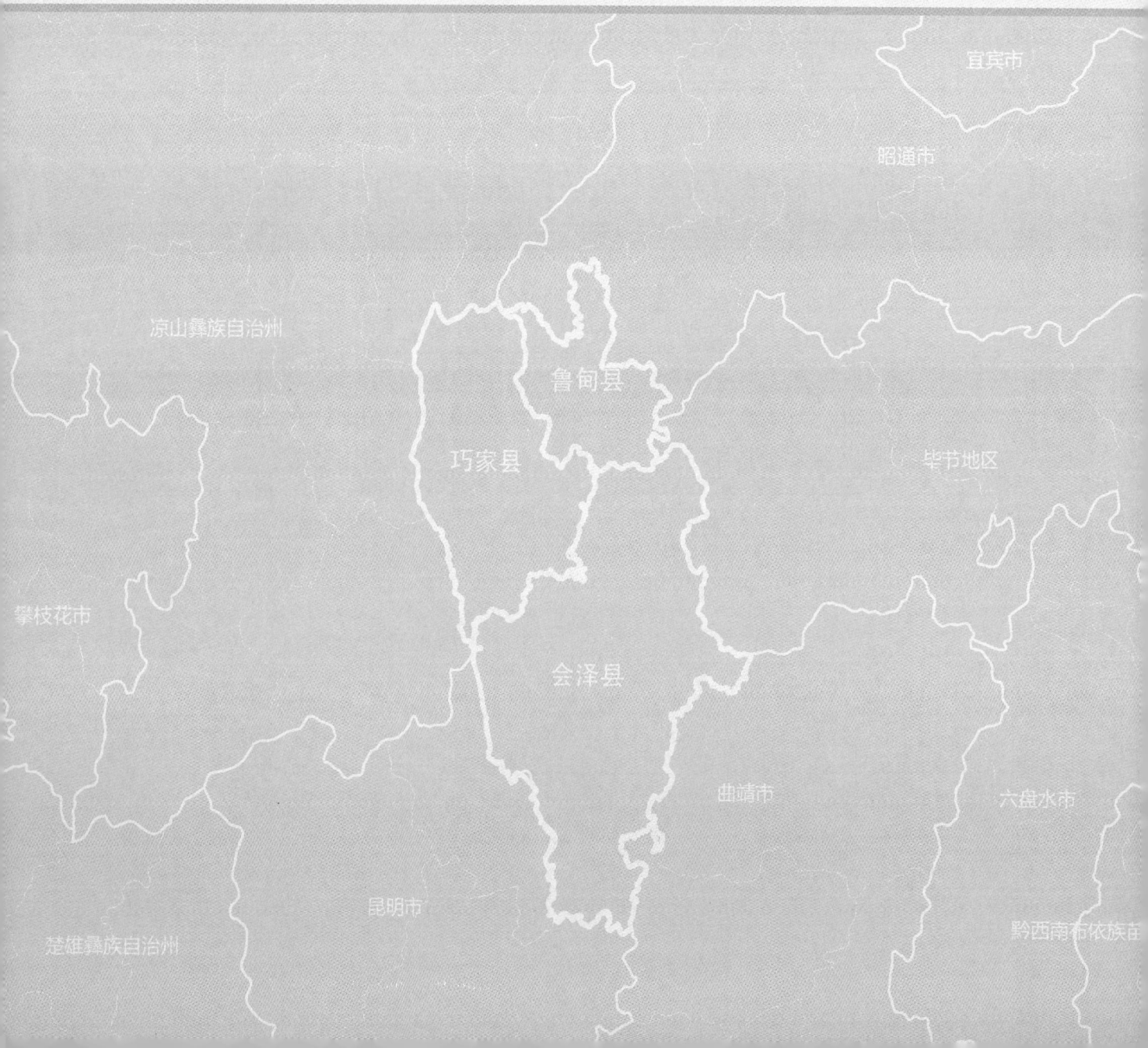

宜宾市

昭通市

凉山彝族自治州

鲁甸县

巧家县

毕节地区

攀枝花市

会泽县

曲靖市

六盘水市

昆明市

楚雄彝族自治州

黔西南布依族自

总　　论

"资源环境承载能力评价"是鲁甸地震灾后恢复重建规划的基础性工作。按照国务院批准 2014 年 9 月 9 日印发的《云南鲁甸地震灾后恢复重建工作方案》（发改西部〔2014〕2070 号），"资源环境承载能力评价"的工作任务是：根据对水土资源、生态重要性、生态系统脆弱性、自然灾害危险性、环境容量、经济发展水平等的综合评价，确定各地区可承载的人口总规模，提出适宜人口居住和城乡居民点建设的范围及产业发展导向。中国科学院组建了以汶川、玉树、芦山地震灾后恢复重建资源环境承载能力评价首席科学家樊杰研究员为组长的项目组，在 2014 年 9 月 22 日完成实地调研和资料搜集工作之后，夜以继日，于 9 月 30 日完成鲁甸地震灾区恢复重建资源环境承载能力评价报告。

一、评 价 范 围

按照"云南鲁甸 6.5 级地震灾害损失专家评估组"《云南鲁甸 6.5 级地震灾害损失评估报告》确定的极重灾县和重灾县作为评价地域范围，共 3 个县（表 0-1）。其中，极重灾县为鲁甸县，重灾县为巧家县、会泽县。面积为 10571.38 平方公里，户籍人口为 205.22 万人。

表 0-1　评价地域范围基本情况一览表

| 灾区类型 | 行政区单元 | | 面积（平方公里） | | 人口（万人） | | GDP（亿元） | 人口密度（人/平方公里）[5] | 农民人均年收入（元） |
	县（市、区）数	乡（镇、街道）数	[1]	[2]	[3]	[4]			
极重灾县（鲁甸县）	1	12	1484.78	1519	44.06	44.94	30.95	297	4273
重灾县	2	37	9086.60	9322	161.16	151.17	145.94	177	4528
巧家县	1	16	3197.83	3245	59.10	59.50	33.01	185	4351
会泽县	1	21	5888.77	6077	102.06	91.67	112.93	173	4704
总计	3	49	10571.38	10841	205.22	196.11	176.89	194	4443

注：[1] 2012 年国土资源部土地利用数据库矢量数据实测面积；[2] 2012 年民政部统计数据；[3] 2013 年云南省统计年鉴；[4] 2013 年云南省公安厅人口统计数据；[5] 人口密度为 [3] 同 [1] 的比值。

二、基 本 结 论

1. 自然条件极其恶劣，人口容量严重超载

鲁甸地震灾区位于乌蒙山区、金沙江干热河谷区域，是我国自然地理条件最恶劣、资源环境承载能力最弱的区域之一。灾区山多体大、坡陡谷深，昭通市山地占国土面积的 72.5%，鲁甸县相对高差可达 2788 米，震中龙头山及周边乡镇耕地中 25°以上的坡耕地占 40% 以上。

近年来，地震多发、水电建设等进一步减弱了鲁甸地震灾区的资源环境承载能力。云南省七大地震带中有两条经过昭通，5 级以上地震在过去 10 年中发生 10 次，其中 5 次发生在近 3 年，具有"频度高、强度大、分布广、震源浅、灾害重"的特点，进一步加剧了地形破损、地表松散的程度。金沙江下游溪

洛渡、向家坝、白鹤滩 3 座巨型水电站的开发，淹没昭通市 25.1 万亩①土地，需搬迁安置移民 16 万人，进一步加剧了人地紧张矛盾。

2014 年 8 月 3 日的鲁甸地震造成了极大的破坏。极重灾区受灾面积为 1519 平方公里，受灾人口为 44.06 万人，重灾区受灾面积为 9322 平方公里，受灾人口为 161.16 万人。昭通市新增地质灾害隐患点 793 个，使全市地震灾害隐患点达到 4033 个。这样，灾区在鲁甸地震发生前人口容量超载 90.18 万人，鲁甸地震后灾区人口容量超载达到 91.41 万人，占人口总量的 44.54%。

鲁甸地震灾区资源环境承载能力严重超载，除了自然条件因素之外，平均人口密度高、产业容纳功能弱、经济发展水平低也是重要原因。鲁甸灾区人口密度约为 297 人/平方公里，接近我国许多平原农区的人口密度。灾区属我国乌蒙山集中连片特殊贫困区，5 个受灾县区 2013 年乡村人口比重高达 75% 以上，农民人均纯收入为 4273 ~ 4704 元/年，实现地方公共财政收入仅 26.2 亿元。

2. 立足山地安全重建，着眼坝区长远发展

立足灾区资源环境承载状况恶劣的基础，面对灾区人口容量严重超载的现实，结合灾区恢复重建产业发展导向和前景预测，充分认识到鲁甸灾后恢复重建任务的艰巨性，坚持"以人为本、尊重自然、统筹兼顾、立足当前、着眼长远"的重建指导思想和基本原则，切实把灾后恢复重建与扶贫开发、生态修复、城镇化建设、新农村建设有机结合起来，实现灾区建设水平新提升的目标。

鲁甸地震灾后恢复重建和可持续发展，近期难点在山区，长远出路在坝区。山地重建，应突出防灾避险优先、选址安全第一的原则，兼顾方便生活的需要，合理选择灾民安置地点。山地重建还应突出生态重建的长远方向和重点任务，有利于促进长江上游生态安全屏障建设和山区可持续发展。昭鲁坝面积为 524.76 平方公里，坝区发展对引导灾民异地重建、实现扶贫攻坚任务、促进云南区域协调发展具有战略意义。可考虑在昭通市区和鲁甸县城之间，建设两个产城融合园区，推进昭鲁一体化进程。

3. 乡内就近安置与离乡异地安置相结合

山地灾区在乡内就近安置是重建的一种选择方式。在资源环境承载能力超载的前提下，这种方式应特别关注：一是对受到地震灾害和次生地质灾害威胁的居住用地应一律采取避让风险方式，或采取切实有效的灾害治理工程消除隐患、确保安全后进行就地重建；二是结合 25°以上坡地退耕还林，开展 15°以上坡地退房还耕的重建工程，分布在 15°以上坡地的散居住房不再原址重建；三是对地震烈度达到Ⅸ度的龙头山镇、火德红镇和包谷垴乡，在考虑集中安置方案时应加强对资源环境承载能力的深入评价，综合考虑产业发展的支撑能力和乡镇政府所在地的基本功能，确定人口合理规模。按照现有资料初步测算，龙头山镇、火德红镇、包谷垴乡政府所在地人口规模分别宜为 0.8 万 ~ 1 万人、0.6 万人、0.12 万人。

离乡异地安置的主要接纳地点是位于昭鲁坝区的鲁甸县城和昭阳市区，通过建设昭阳高耗能产业链为特色、鲁甸农副产品深加工产业链为特色的产城融合区，是灾后恢复重建和长远发展相结合的主要平台和核心载体。可在进一步开展园区选址论证、产业方向论证、产城融合模式论证，以及昭鲁一体化总体发展战略论证的基础上，通过吸纳灾民就业、引导异地安置，缓解鲁甸地震灾区资源环境严重超载的矛盾，促进区域工业化和城镇化协同发展。

4. 尊重灾民选择意愿，做好统筹规划引导

灾民安置和住房重建有不同的方式，主要是就地重建、就近安置、乡内集中、离乡搬迁等。不同方式的安全风险不同，安置成本不同，就业可能性和收入来源的稳定性差异很大，对集中连片区扶贫、走新型城镇化道路、全面实现小康社会目标的贡献程度也有所差异。因此，一是应该做好恢复重建的顶层

---

① 1 亩 ≈666.7 平方米。

设计和总体规划，提供多样化的灾民安置和住房重建方案，为灾民选择"搬不搬、搬到哪"等提供选择平台。二是应该对灾区风险、不同方案预期、重建规划的顶层设计，以及可行的政府承诺对灾民公开，实现信息透明。三是把最终的决定权交给灾民，由灾民在备选方案中做出抉择。政府应尊重灾民意愿和需求，按照重建规划，做好恢复重建工作。

5. 科学区划，重建家园

根据用地条件和地灾防治要求，结合人口布局和经济区位适宜性分析，本书将评价区划分为四种类型（表0-2），即人口集聚区、农业生产区、地灾防治区和生态建设区。不同类型区应遵循功能定位和发展重点，做好重建工作，打造生活空间安全宜居、生产空间持续增效、生态空间自然秀美的美丽家园。

表0-2　重建分区方案统计

重建类型区	极重灾区		重灾区		合计	
	面积（平方公里）	比重（%）	面积（平方公里）	比重（%）	面积（平方公里）	比重（%）
人口集聚区	5.60	0.38	22.89	0.25	28.49	0.27
农业生产区	532.08	35.84	1667.70	18.35	2199.78	20.81
地灾防治区	144.05	9.70	311.04	3.43	455.09	4.30
生态建设区	803.05	54.08	7084.97	77.97	7888.02	74.62
总计	1484.78	100.00	9086.60	100.00	10571.38	100.00

注：人口集聚区还包括位于鲁甸工业园区以核桃、花椒等农副产品深加工产业链为特色的产城融合区，以及位于鲁甸县城和昭通市区之间以高耗能产业链为主导的昭鲁一体化产城融合区。这两个产城融合区不仅是长期吸纳灾区超载人口容量的主要载体，也是推进灾后恢复重建、走新型城镇化和扶贫综合开发道路、打造滇东北城市群中心城市的重要增长极。

三、技术方法

按照"突出主导因子作用、聚焦评价应用目标、简化评价技术流程"的原则，确定技术路线。根据鲁甸地震灾区资源环境承载能力的特点，选择用地条件和地质灾害为主导因子，以人口分布规律和产业区位选择为辅助因子，以灾损状况为参考因子，按照3个极重灾县和重灾县承载能力评价、3个乡镇全域详细评价、3个乡镇政府驻地精细评价的要求，进行单项指标和综合指标评价（图0-1）。昭鲁坝区建设的两个产城融合区不纳入评价工作范畴，留待专项规划和其他类型规划时再进一步开展选址论证、产业项目论证等工作。

四、主导因子评价

以20米×20米栅格为灾区资源环境承载能力主导因子评价的基本单元，进行用地条件和地质灾害风险评价。

1. 用地条件评价

根据灾区灾后恢复重建对人口集聚和城镇建设的用地需求，通过地形地貌和土地资源的综合评价，测算得出灾区适宜建设用地总面积为2575.19平方公里（表0-3）。其中，适宜类面积为1001.31平方公里，占38.88%，集中分布于鲁甸县东部坝区和会泽县中部坝区；较适宜类面积为229.68平方公里，占8.92%，空间分布较为零散；条件适宜类面积为1344.20平方公里，占52.20%，沿河谷地区呈条带状分布，以及阶梯状分布于山脊或半山区。

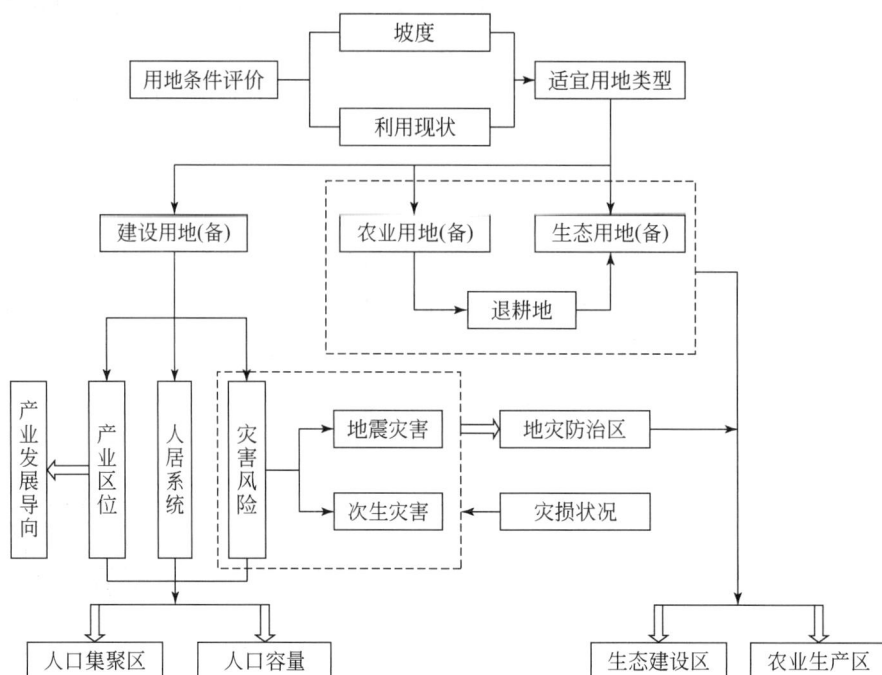

图 0-1 资源环境承载能力评价技术路线

表 0-3 用地条件评价结果

地区	土地总面积（平方公里）	适宜建设用地总面积（平方公里）	适宜类		较适宜类		条件适宜类		适建指数②（%）
			面积（平方公里）	比重①（%）	面积（平方公里）	比重（%）	面积（平方公里）	比重（%）	
鲁甸县	1484.78	437.03	183.87	42.07	41.11	9.41	212.05	48.52	29.43
龙头山镇	210.91	13.48	1.34	9.92	1.90	14.10	10.24	75.98	6.39
火德红镇	91.96	14.50	1.62	11.20	2.23	15.38	10.65	73.42	15.77
巧家县	3197.83	564.16	166.92	29.59	54.29	9.62	342.95	60.79	17.64
包谷垴乡	125.66	14.13	0.88	6.22	1.46	10.32	11.79	83.45	11.24
会泽县	5888.77	1574.00	650.52	41.33	134.28	8.53	789.20	50.14	26.73
合计	10571.38	2575.19	1001.31	38.88	229.68	8.92	1344.20	52.20	24.36

注：①各类适宜建设用地比重指占适宜建设用地总面积的比重；②适建指数指适宜建设用地总面积占土地总面积的比重；堰塞湖淹没区未纳入适宜建设用地评价范围。

　　灾区总体适建指数为24.36%，极重灾区鲁甸县的适建指数为29.43%，其中，茨院乡和文屏镇适建指数较高，分别为68.31%、65.64%，而龙头山镇和火德红镇适建指数仅为6.39%、15.77%，位列全县末位；重灾区巧家县适建指数为17.64%，其中包谷垴乡仅为11.24%；会泽县适建指数为26.73%，其中邻近震中的北部纸厂乡适建指数仅为14.75%。

　　结果表明，鲁甸地震灾区山高谷深坡陡，江河纵横切割，地形破碎化程度高，整体用地条件十分有限，特别在牛栏江峡谷区，地形坡度约束极为显著，应逐步引导人口外迁；山地丘陵区的河谷和平坝地局部地域建设适宜性相对较优，可适度集聚人口和城镇建设；昭鲁坝区和会泽坝区用地条件良好，具有较大规模的人口集聚和城镇拓展空间。

2. 地质灾害风险评价

（1）地震地质条件适宜性

综合考虑灾区活动断层特征、鲁甸地震烈度分布、历史地震等因素，将灾区地震地质条件适宜性划分为良好、中、差、极差 4 级。

1）地震地质条件极差区域原则上不适宜于震后重建选址，主要分布于Ⅸ度烈度区及断层两侧，禁止居民地建设。具体包括震中鲁甸北起龙头山镇向西南延伸至红石岩堰塞湖的区域以及小江断裂带北起巧家新华向南延伸至娜姑的金沙江河谷地区，占灾区总面积的 8.74%。

2）地震地质条件差区域为适度重建区，是指受地震影响较大，沿断层两侧一定范围的区域，需要经过工程治理才能作为建设用地。主要分布于本次地震的Ⅷ度区以及Ⅷ度区以外沿断裂带两侧一定范围的区域，占灾区总面积的 24.45%。

3）地震地质条件中区域为较适宜重建区，指受地震影响一般、基本未受断层影响的区域，可作为建设用地的备选区，占灾区总面积的 15.67%。

4）地震地质条件良好区域是指基本不受地震和断层影响，且历史上无地震发生的区域，可作为建设用地的备选区，主要位于本次地震Ⅵ度区和区域地震区划的Ⅶ度区，占灾区总面积的 51.14%。

（2）次生地质灾害危险性

结合次生地质灾害排查数据，综合考虑地震烈度、断裂分布、地层岩性、地形地貌等地质灾害关键因子，将灾区地震诱发次生地质灾害危险性划分为轻度、中度、严重、极严重 4 级。

1）地质灾害危险性极严重区：主要沿断裂带和河谷展布，集中分布在昭通—鲁甸断裂沿线、牛栏江沿线以及金沙江沿线，具体包括龙头山镇附近西北—东南向与东北—西南向断裂汇合区、红石岩巨型滑坡附近区域、震中附近区域。面积为 135 平方公里，占总面积的 1.3%。

2）地质灾害危险性严重区：分布区域与极严重区类似，但涉及范围更广。面积为 336 平方公里，占总面积的 3.2%。

3）地质灾害危险性中度区：主要分布在牛栏江两侧 10~20 公里范围内，以及巧家县境内主要断裂与河谷两侧 5 公里以内。面积为 896 平方公里，占总面积的 8.5%。

4）地质灾害危险性轻度区：主要分布在地震灾区南部以及北部远离断裂和河谷的区域，占总面积的 87%。

由于本次地震的山体动力放大作用显著，导致灾区斜坡岩土结构松动，形成了大量的高位滑坡崩塌体，动力侵蚀作用非常明显，存在大型滑坡–泥石流风险。故在地质灾害危险性分区的基础上，基于三维地质灾害过程模型模拟，划定次生地质灾害（简称地灾）的一级防治区和二级防治区。

1）一级防治区：受灾害危害严重且威胁到住户生命安全，风险极大，灾害隐患区一般需要进行搬迁避让。一级防治区面积为 98 平方公里，主要分布在Ⅸ度和Ⅷ度烈度区内河谷、断裂沿线，且龙头山镇区附近有大量分布。

2）二级防治区：受灾害危害较严重而且威胁到住户生命安全，风险大，灾害隐患区需通过工程措施与非工程措施相结合的方法实行有效治理，受影响的居民区需要做好监测预警和工程治理。二级防治区面积为 123 平方公里，主要分布在Ⅶ度以上烈度区内牛栏江两侧 15 公里内，以及巧家县境内断裂和河谷沿线。

五、精细评价

以 5 米×5 米栅格为受灾重镇人口集聚区的基本评价单元，通过 DEM（数字高程模型）与土地利用现状图叠加分析，遴选镇区周边适宜建设用地的备选规模及洪水威胁范围。以地质灾害和洪水威胁是否能够有效防控为前提，确定人口集聚区选址方案。其中，高方案为备选建设用地扣除地灾防治一级区，低方案为备选建设用地扣除地灾防治一级区、二级区以及洪水威胁区。

精细评价结果显示，龙头山镇人口集聚区以现有镇区东侧河谷与半坡区、骡马口社区方向拓展，高方案为 1.28 平方公里，低方案为 0.71 平方公里。火德红镇人口集聚区以现有镇区驻地北侧缓坡与平坝区、沿道路朝鲁甸县城方向拓展，人口集聚区方案为 0.55 平方公里。包谷垴乡政府驻地适宜建设用地零散布局，人口集聚区方案为 0.12 平方公里，低方案为 0.11 平方公里。结合以上评价并综合其他因素考虑，龙头山镇、火德红镇、包谷垴乡政府所在地人口规模分别宜为 0.8 万～1 万人、0.6 万人、0.12 万人。

六、人 口 容 量

重灾区和极重灾区震前的户籍总人口合计为 205.22 万人（表 0-4），户籍人口密度为 194 人/平方公里。外出务工人口比重高，合计为 50.07 万人，占户籍总人口的 24.40%。城镇化水平偏低，常住总人口合计为 185.48 万人，其中城镇人口仅占 25.7%。

表 0-4 极重灾区、重灾区现状人口和超载人口规模一览表

地区	户籍总人口（万人）	外出务工人口（万人）	超载人口（万人）	超载人口比重（%）
鲁甸县	44.06	11.22	16.08	36.49
龙头山镇	5.43	0.86	3.86	71.19
火德红镇	2.21	0.78	1.28	58.10
巧家县	59.10	11.47	33.64	56.92
包谷垴乡	2.59	0.48	1.78	68.88
会泽县	102.06	27.38	41.69	40.85
合计	205.22	50.07	91.41	44.54

按照人地对应的原则，根据次生灾害专项评价结果和建设用地适宜性专项评价的结果，提取地灾一级防治区和不适宜建设区的范围和规模，根据分乡镇现状人均用地水平以及不同等级城镇规划人均用地标准，测算现状超载人口规模。

重灾区和极重灾区人口严重超载，合计超载人口为 91.41 万人，比重达 44.54%。其中，巧家县人口超载最为严重，超载人口比重高达 56.92%。从空间分布看，超载人口比重高于 50% 的乡镇主要分布在北部地形起伏度较大的连片山区，以及南部的矿山镇、大井镇、雨碌乡、鲁纳乡、上村乡等一带。邻近震中 3 个乡镇人口超载态势更加严重，龙头山镇超载 3.86 万人，超载人口比重高达 71.19%；其次是包谷垴乡，超载 1.78 万人，超载人口比重高达 68.88%；火德红镇超载 1.28 万人，超载人口比重达 58.10%。此外，超载人口规模高于现状外出务工人口规模，人口转移压力较大。

七、产 业 发 展 导 向

1. 产业发展战略

依托资源优势，以生态经济为重点，大力发展绿色山地林果业及其加工业、能源高效利用的现代原材料工业和环境友好型工业、生态旅游和地震遗迹游，以及新型服务业，构建符合鲁甸地震灾区的自然生态环境、社会人文环境和经济发展条件的"绿色"经济体系，实现经济发展与生态建设、扶贫攻坚与富民增收的有机融合。

2. 重点发展领域

积极发展立体生态农业和特色经济林果业，逐步形成基地化、规模化、产业化的新型农林业体系。以提高生态效益为基础，以增加经济效益和农民增收为目标，推动天保工程、退耕还林等生态工程建设项目与地区农业、林果业等优势产业的有机结合。大力发展立体生态农业，因地制宜，建设河谷坝区优

质粮食基地和优质蔬菜基地、低山丘陵区优质经济林果基地和农林牧复合经营基地、中高山区水土保持型高效生态农业基地。重点建设一批精品农庄和农产品加工业原料供应基地，全面提升农业水平。

大力发展有机及绿色食品加工业，延长山地特色农副产品加工产业链条。大力发展有机及绿色食品加工业，扩大农林产品的生产与深加工能力。重点推进核桃、花椒、茶叶、烤烟、天麻等地区优势与特色产品的品牌化与系列化开发，研发新产品，延伸产业链条，打造具有竞争力的品牌，开拓国内外市场。

适度发展化工、矿冶、建材产业，重点推进水电–有色金属冶炼项目的实施。以地区能源资源和矿产资源为基础，以地区的环境容量和承载力为约束，适度发展化工、矿冶及新型建材产业。做好鲁甸60万吨/年水电铝深加工项目的论证，为尽快建设鲁甸灾区恢复重建骨干项目、吸纳失地灾民异地安置创造就业条件。严格控制个体对水电资源和矿产资源的盲目开发，鼓励国内有先进技术和丰富经验的企业进行能源矿产资源开发和精深加工基地建设。

努力推动生态旅游业和新型服务业发展，尽快打造灾后重建的新产业亮点和新经济增长极。深入挖掘和系统组织区域旅游资源，充分利用地震灾害形成的地震遗迹景点，重点开发以地震遗迹和乌蒙山区地貌景观为特色的科考探险游，结合民俗风情体验游和休闲观光游，打造滇东北旅游环线。以旅游业发展为契机，推进相关镇区配套服务业的发展。结合产业发展重点，优化商贸物流业的空间布局，推进城乡流通组织化建设和市场组织体系的完善。

3. 产业布局

在山区，以灾后恢复重建为契机，以扶贫攻坚和增强可持续发展能力为目标，以乡镇所在地为节点，发展基本公共服务业、旅游服务基地，以及物资集散中心；以旅游线路为网络，合理组织旅游景点和景区的开发；以规模化的特色农林业发展为基地，带动农户、不同的产业化组织形式等多样化健康发展，实现培育旅游业新经济增长点、农业结构调整升级，以及扶贫和新农村建设、小城镇发展的有机融合。

在坝区，以有利于灾后重建和长远发展为导向，以加快昭鲁一体化进程和提升产业发展能力为目标，依托昭通市市区和鲁甸县城的城市建设和经济建设基础，以集中新建昭阳和鲁甸两个产业园区、推动产城融合的方式，培育和做强高耗能工业体系和农副产品加工体系，强化要素的空间集聚，以工业化带动农业产业化、城镇化和第三产业的发展，以坝区发展带动山地开发，实现灾后重建与新型城镇化、新型工业化的有机结合。

八、重 建 分 区

按照人口集聚区、农业生产区、地灾防治区、生态建设区4类重建分区方案（表0-5），重塑灾区面貌，再造美好家园。

表0-5 重建分区方案汇总表

地区	人口集聚区		农业生产区		地灾防治区		生态建设区	
	面积（平方公里）	比重（%）	面积（平方公里）	比重（%）	面积（平方公里）	比重（%）	面积（平方公里）	比重（%）
鲁甸县	5.60	0.38	532.08	35.84	144.05	9.70	803.05	54.09
巧家县	7.61	0.24	611.77	19.13	216.69	6.78	2361.76	73.86
会泽县	15.28	0.26	1055.93	17.93	94.35	1.60	4723.21	80.21
合计	28.49	0.27	2199.78	20.81	455.09	4.30	7888.02	74.62

1. 人口集聚区

该区包括乡镇政府所在地、城区、大型产业园区等建设用地，极重灾区和重灾区合计人口集聚区49

个，包括 3 个县城、46 个乡镇驻地。充分发挥该区域用地条件良好、资源环境承载力较强的优势，承担城镇布局、人口集聚和产业发展的主要功能。以昭鲁一体化为发展方向，重点建设昭阳城区至鲁甸县城的轴带区域，包括昭阳城区、昭阳工业园区、鲁甸县城、鲁甸工业园区等，发挥该区域对灾区超载人口吸纳的主导作用，促进产城融合、推动滇东北地区的新型城镇化发展。其他乡镇驻地积极调整用地布局、优化用地结构、提高房屋质量，就近选择环境安全、规模相当的区域适量进行一批灾民的就地安置，积极引导超载人口通过外出就业等途径向人居环境条件更好的区域进行异地迁移。

2. 农业生产区

该区包括 25°以下耕地、经济林地和农村居民点建设用地，是农村人口居住和从事农业生产活动的主要场所。面积合计为 2199.78 平方公里，占区域总面积的比重为 20.81%。平坝和河谷区分布相对集中，高山峡谷区分布呈零散破碎格局。以高原特色农业发展为重点，培育优质农产品原料基地、精深加工及流通体系，推广先进农业生产组织模式，着力建设一批特色农业示范园和生态农业示范村，促进农业生产区域化、专业化、品牌化。加强农村居民点整治力度，推进危旧土坯房改造工程，提高农村居民点用地的安全性、集约性、便利性，综合改善农村居民生产生活条件。

3. 地灾防治区

该区包括地震断裂活动带和滑坡、崩塌、泥石流等次生地质灾害易发多发地区。面积合计为 455.09 平方公里，占区域总面积的比重为 4.30%。主要沿断裂带和河谷展布，集中分布于昭通—鲁甸断裂带和牛栏江沿线。处于地灾防治区内的散居住户、村落居民点和城镇建成区，因灾损严重、区域容量有限，考虑在一级防治区以外的区域进行重建，需严格执行《建筑抗震设计规范》，对地质灾害隐患点进行合理的工程治理，并加强地质灾害监测预警，严防汛期大型滑坡、泥石流灾害。二级防治区在开展综合治理、健全预警预防措施、确保灾害风险大幅降低之后，可作为建设用地适度利用，主要可用于公共绿地、使用频率较低的公共设施等建设用地。

4. 生态建设区

该区包括退耕还林区、自然保护区、世界自然遗产、森林公园、地质公园、风景名胜区等。面积合计为 7888.02 平方公里，占区域总面积的比重为 74.62%。其中，退耕还林区面积为 900.87 平方公里，自然保护区面积为 467.98 平方公里，分别占生态建设区总面积的 11.42% 和 5.93%。主要分布在牛栏江、金沙江流域高山峡谷区。通过陡坡耕地生态治理、天保工程公益林建设以及石漠化综合整治，提高水土保持、水源涵养、生物多样性等生态功能。利用当地优越的气候条件和植物资源，推进生态旅游以及生态效益和经济效益双收的林业经济发展。

九、政 策 建 议

1）应把安全避险、防灾减灾贯穿到重建规划和重建工作的始终。在相关规划和工程建设中，需进一步细化地质灾害、洪涝灾害等评价工作，严把选址安全关。加强地质灾害区域性综合治理，加快构筑现代技术手段为支撑、群众广泛参与的预警预防体系，严格按照设防标准开展恢复重建工作，提高抗灾减灾能力，最大限度地规避各类公共安全风险。

2）应把生态修复、国土整治作为灾后恢复重建和可持续发展的重要任务，实现灾民生计改善、生态环境建设和全面实现小康社会目标相结合。一是在加大退耕还林力度的同时，采用上一轮退耕还林标准予以补贴；二是开展生态建设产业化试点，将部分灾民转换为种林工人；三是将鲁甸纳入国家级主体功能区规划中重点生态功能县，给予相应的财政专项转移支付资金；四是开展"发电企业"为流域生态建设、减少水土流失买单的试点，结合鲁甸地震灾区生态建设绩效，由中国长江三峡集团公司支付部分购买生态服务的费用；五是开展资源富集的特殊贫困地区如何实现资源优势转换为经济优势的试点，从每度电收益中提取一定额度的资金，把贫困区百姓收入、地方财政收入同水电优势资源开发效益相挂钩，实现同步增长。

3）应把加大产业发展的培育和扶持力度作为救灾扶贫的长远之计。通过国家在投资、信贷和税收等方面的倾斜优惠，激励企业到鲁甸地震灾区、特别是两个产城融合园区投资，把云南东北部区域打造成为面向长江产业带和珠江三角洲、融入云南对外开放桥头堡和新丝绸之路经济带，以能源原材料基地、山地特色农副产品生产和加工基地为特色的新经济增长极。

4）应把改善鲁甸地震灾区和云南东北部地区基础设施条件作为提升区域品质、创造发展环境的重要抓手。应加快县乡道路、农村生活用水供给网络等生命线工程建设；同时，以列入国家规划的重大交通基础设施项目建设为重点，加快昭通对外通道建设，包括重庆—昆明高速铁路、攀枝花—昭通—毕节—遵义铁路，开展昭通机场迁建项目的前期工作。

5）应把受灾特征、恢复难度、重建能力作为国家核算不同灾区恢复重建补贴系数的依据，实施差异化政策。中央政府对灾区恢复重建的补贴标准通常是：灾损总额×1.18+重建投入总额×0.3 = 中央补贴量。其中，灾损总额这一基数能够反映受灾多就应该补贴多的理念，0.3 的系数应该只是全国的一个基准线，可上下浮动，向上浮动的原则应体现恢复难度大、重建能力弱的灾区可以获得更高比例的中央政府补贴的政策理念。鲁甸灾区属于这种类型地区。特别应该注意的是，鲁甸地震灾区土木结构住房易损，成为造成这次灾害死亡人数偏多的一个重要原因。但土坯房不值钱，灾损估价低，未来重建的要求更为迫切，设防标准和重建质量又不能打折扣，而住户又往往更为贫困。因此，建议提高中央补贴系数，增加资金额专项用于解决灾区每个农户至少有一间结实住房的需求。

说　　明

承担本次评价工作的单位有：中国科学院地理科学与资源研究所、中国科学院大学资源与环境学院。

给予本次评价工作大力支持的单位有：云南省发展和改革委员会、昭通市人民政府、鲁甸县人民政府等。

为本次评价提供重要数据资料的单位有：国土资源部、中国地震局、民政部、云南省发展和改革委员会、云南省国土厅、云南省测绘地理信息局、云南省地震局、云南省住房和城乡建设厅、云南省统计局、云南省民政厅、云南省环境保护厅、云南省林业厅、云南省公安厅、云南省人口和计划生育委员会、云南省气象局、云南省人力资源和社会保障厅、云南省地质调查局等。

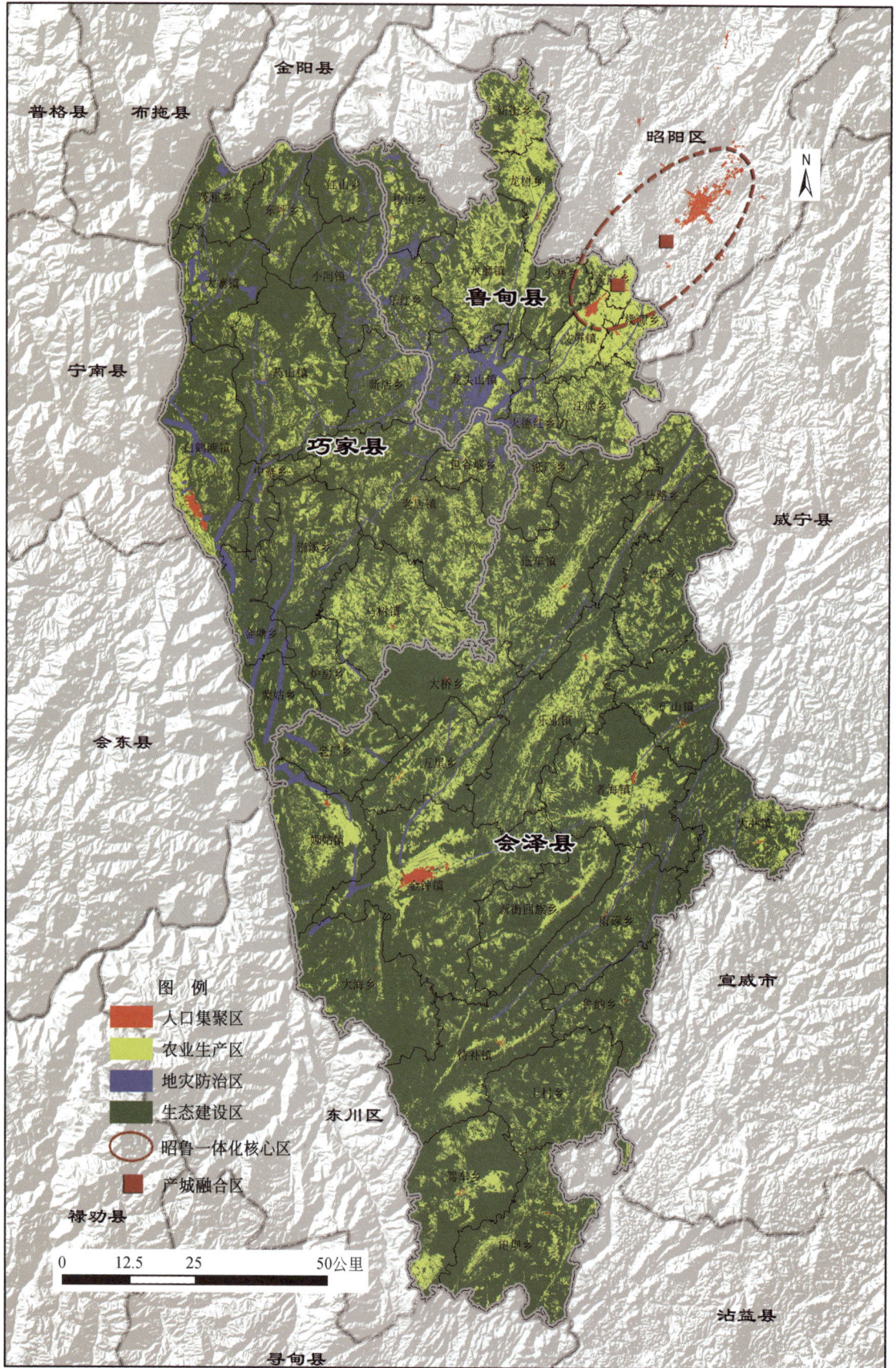

附图1 鲁甸地震极重灾县和重灾县恢复重建区划图

图例

■ 人口集聚区
■ 农业生产区
■ 地灾防治区
■ 生态建设区
⬭ 昭鲁一体化核心区
■ 产城融合区

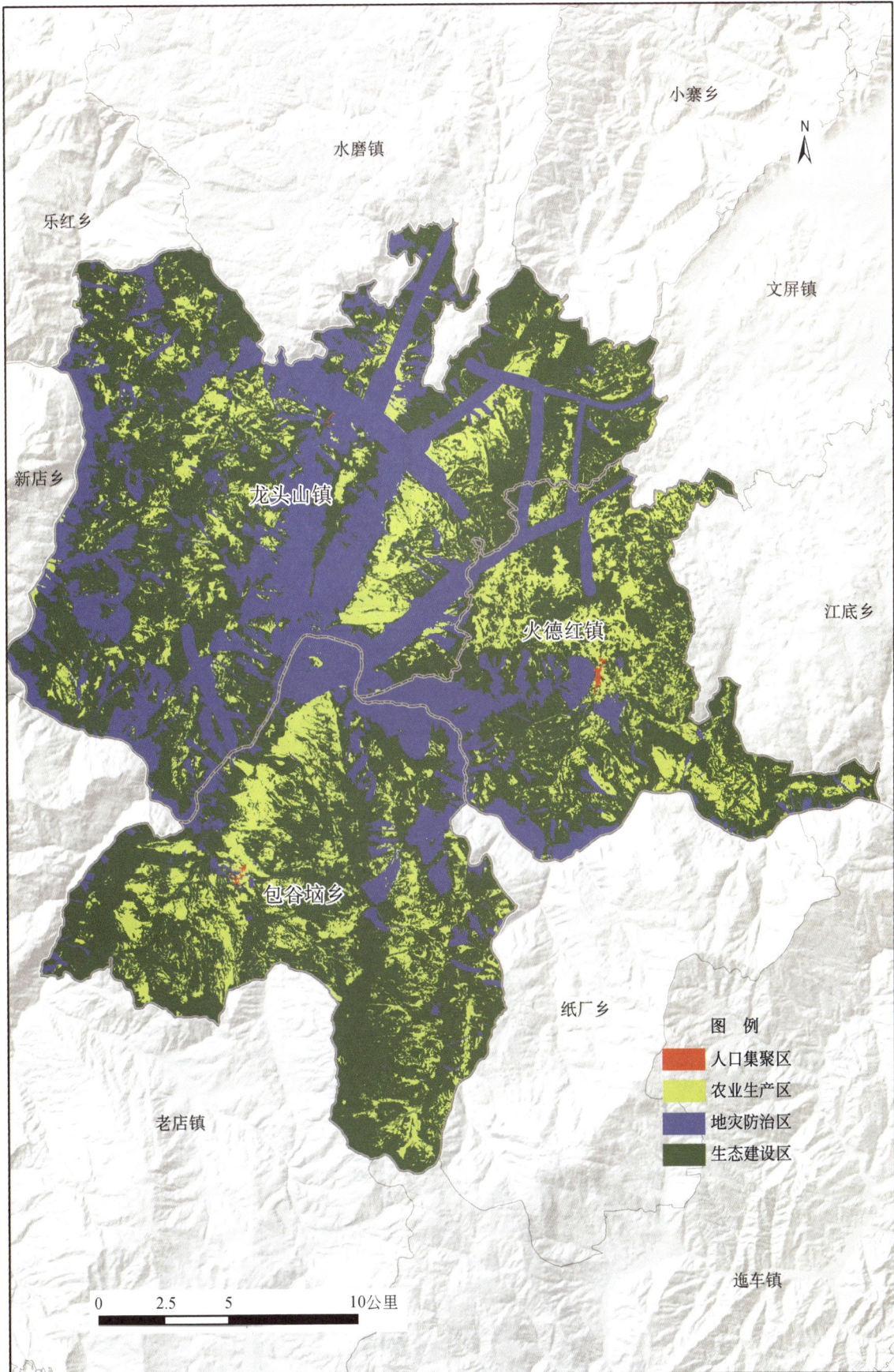

图　例

人口集聚区
农业生产区
地灾防治区
生态建设区

附图2　龙头山镇、火德红镇、包谷垴乡恢复重建区划图

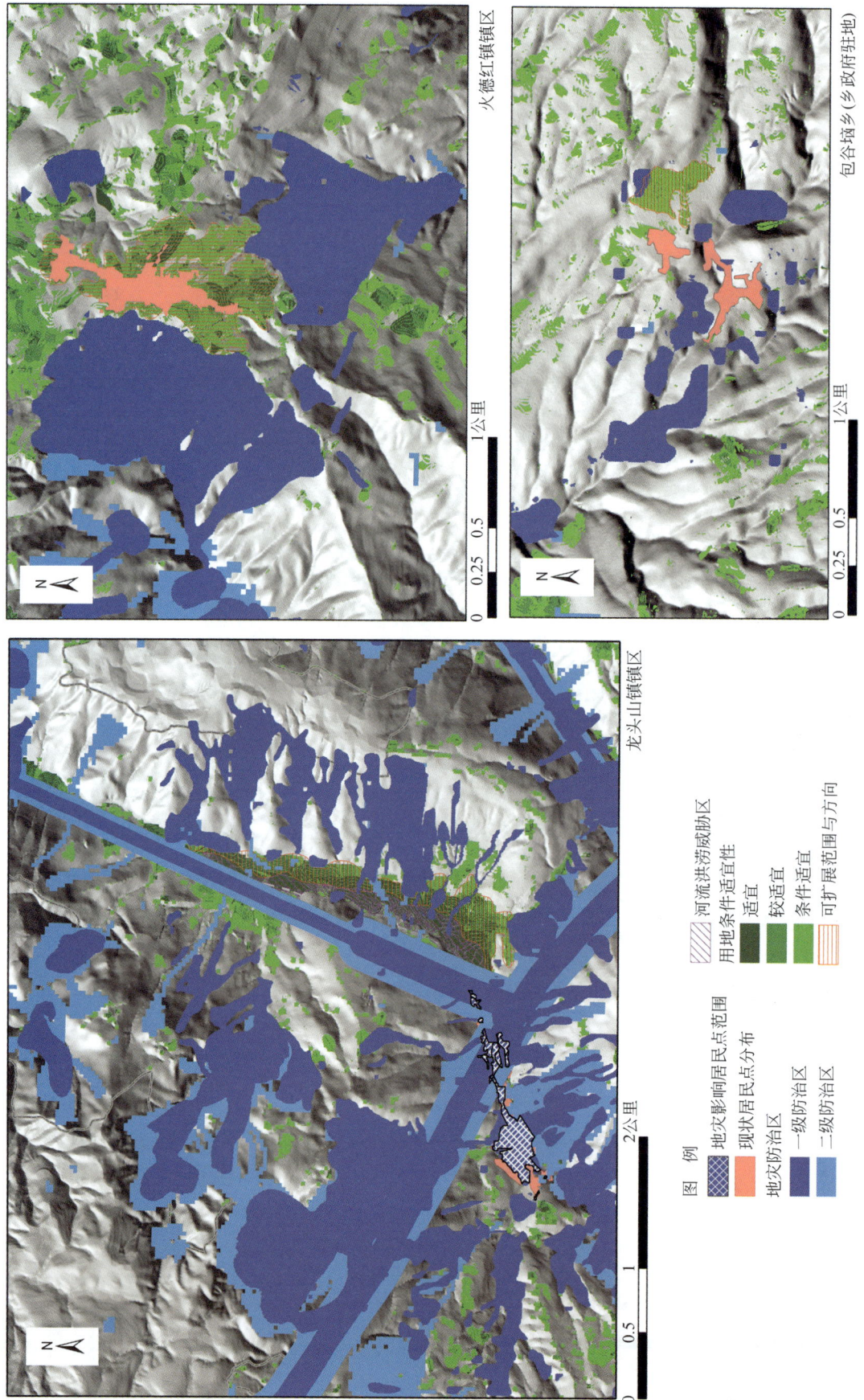

火德红镇镇区

包谷垴乡（乡政府驻地）

龙头山镇镇区

图　例

地灾影响居民点范围

现状居民点分布

地灾防治区

一级防治区

二级防治区

河流洪涝威胁区

用地条件适宜性

适宜

较适宜

条件适宜

可扩展范围与方向

附图3　龙头山镇、火德红镇、包谷垴乡镇区（乡政府驻地）恢复重建资源环境承载能力精细评价图

第一章　灾区概况与地震灾情

第一节　灾区概况

北京时间 2014 年 8 月 3 日 16 时 30 分，云南省昭通市鲁甸县（27.1°N，103.3°E）发生 6.5 级地震。震源深度 12 公里，地震灾区最高烈度为Ⅸ度，等震线长轴总体呈北北西走向，Ⅵ度区及以上总面积为10350 平方公里。共造成云南省、四川省、贵州省 10 个县（区）受灾，包括：云南省昭通市鲁甸县、巧家县、永善县、昭阳区，曲靖市会泽县；四川省凉山彝族自治州会东县、宁南县、布拖县、金阳县；贵州省毕节市威宁彝族回族苗族自治县（图 1-1）。其中，鲁甸县属极重灾区，巧家县和会泽县为重灾区，昭阳区和永善县为一般灾区。

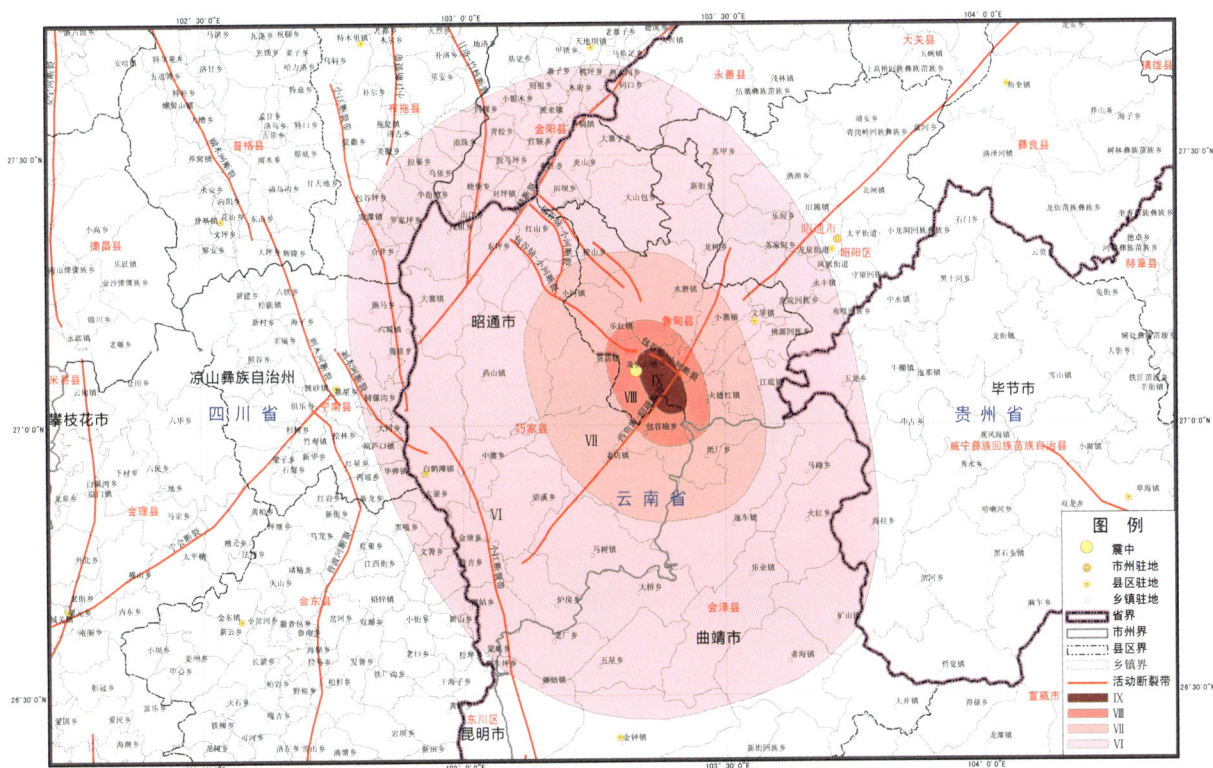

图 1-1　云南鲁甸 6.5 级地震烈度图
（资料来源：中国地震局）

一、自然地理条件

1. 自然地理基本情况

鲁甸地震灾区位于云南省东北部、乌蒙山区以及金沙江干热河谷区域，地处云贵高原向四川盆地过渡的倾斜地带，地势呈由西向东递减趋势，平均海拔为1685米，相对高差为3774米；呈典型高原山地构造地貌，震中主体构造为北东向断裂和褶皱，其次为北西向和南北向的断裂、褶皱；属低纬山地季风气候，立体型气候特征突出，年平均气温为12.7℃左右，年无霜期为220天，年平均降雨量为923.5毫米。灾区境内河流属金沙江水系，牛栏江、横江、小江、以礼河等主要河流构成区域水网骨架，水网较为密集，但空间分布不均衡，涝灾和旱灾时有发生。地震灾区地层以寒武系、奥陶系、泥盆系和二叠系为主，岩性主要有灰色—浅灰色白云岩和石灰岩，灰绿色、紫红色页岩、粉砂岩，以及上二叠统灰黑色、紫铁黑色斑状玄武岩等。灾区植被垂直分布明显，海拔3000米以上以地区亚高山灌丛、草甸为主，海拔1700～3000米地区分布云南松、华山松针叶林类和樟树、旱冬瓜等阔叶林类混交，海拔1700米以下主要分布亚热带稀树草原旱生植被。灾区属低纬度、高海拔、受季风控制和弧形台阶地形影响的季风高原型气候，多年平均降水量为1100毫米，变化范围在600～1800毫米，降水量的季节差异较大，汛期（5～10月）雨量集中，降雨量占全年的80%左右。

2. 自然地理特征分析

（1）山高谷深坡陡，地形条件复杂

地震灾区地处滇东北高原，两大山系横亘境内，东为乌蒙山脉西延伸尾端，西为横断山脉凉山山系分支东伸边缘，金沙江和牛栏江环绕其中，山高谷深，沟壑纵横，山区、河谷条块分布。地势西高东低，南起北伏，由西向东呈整体阶梯状递减。山地与河谷高差悬殊，地形起伏度大，形成垂直型地带变化明显的立体地形。最低点位于金沙江和牛栏江交汇处，海拔517米，最高点位于南部巧家县的药山，海拔4041米，高差达3774米。灾区境内2000米以上的高二半山区和高寒山区占区域总面积60%以上，其中，巧家县境内2400米以上的高寒山区的比重高达42.09%。从坡度分析来看，25°以上陡坡地占区域总面积的近40%。灾区地貌错综复杂，有深切中山、中切中山、岩溶高原、混合丘陵、高原湖积盆地、断陷河谷坝等地貌类型，地形地貌复杂之状况乃国内少见。复杂的地形导致其很多地区可达性极差，资源环境承载能力极弱。

（2）地震活动频繁，次生灾害高发

地震灾区所在的云南省是我国破坏性地震较多、受灾特别频繁、严重的省份之一，全省属环太平洋地震带、欧亚地震带的一部分，主要包括小江地震带、中甸—南涧地震带、大关—马边地震带、澜沧—耿马地震带、泸水—腾冲地震带、普洱—宁洱地震带等七大地震带，可能发生破坏性地震的地区约占全省土地面积的84%，承受中国大陆地震释放能量的32%。其中，小江和大关—马边两条地震带经过灾区所在的昭通市，承受全省22%地震能量的释放，近3年来接连发生4次5级以上地震，近10年来共发生10次5级以上地震，地震活动频率高、强度大、分布广且震源浅。此外，地震灾区处于金沙江流域，属高山峡谷地貌，山高坡陡谷深，地层破碎疏松，加上适逢雨季地震较易引发大面积山体滑坡、崩塌、滚石以及堰塞湖等次生灾害，地震前灾区地质隐患点共881处，地震后新增地震隐患点近千处，共计1804处，威胁人口18.1万人，财产40.5亿元。其中，次生灾害类型排名前三的依次为滑坡、崩塌、泥石流，比重分别66.13%、23.06%和7.65%。高发的次生灾害加剧了地震灾情，导致灾区"小灾致大灾、大震致巨灾"。

（3）水能资源丰富，能矿资源禀赋良好

地震灾区属长江流域金沙江下段水系，境内一级支流包括牛栏江、横江、以礼河等，河网密度较大，水量丰富，流态湍急，蕴藏着巨大的水力资源。2013 年，昭通市水资源总量达 110.9 亿平方米，流入境内水量为 1183 亿平方米，出境水量为 1287 亿立方米。水能资源理论蕴藏量为 2080.4 万千瓦，占全国的 3.08%、占云南省的 20%；可开发装机容量为 1800 万千瓦，占云南省的 25.29%，居云南省之首。金沙江干流昭通市境内包括溪洛渡、向家坝和白鹤滩三大巨型水电站，总装机容量为 3100 万千瓦。除金沙江干流由国家统一规划开发外，可供地方开发的水能资源理论蕴藏量为 384.4 万千瓦，可开发量为 245.14 万千瓦，年发电量为 134 亿千瓦·时，其中全长 101 公里的牛栏江水能资源蕴藏量就高达 74 万千瓦。

由于特殊的地质构造和成矿环境，地震灾区还是云南省矿产资源富集的重要地区之一。现已查明矿产 35 种，金属矿主要有铅、锌、银、白云石镁矿、铝土矿、铁等十余种。其中，鲁甸县西南龙头山的乐马厂为滇银的主要产地之一，银矿金属储量极为丰富，品位高达 500 克/吨；已探明可露天开采的金属镁储量高达 4220 吨，回收率为 90%，金属镁含量为 99.95%，属特大型高品位白云石镁矿床，小寨自然铜矿金属储量高达 3.48 万吨；会泽县已探明磷矿 20 亿吨，铅锌矿 152 万吨，铜矿 8765 吨，而巧家县以铅锌矿为主的矿产资源储量高达 150 多万吨，已探明铝土矿 500 万吨，铜矿床 38 个。此外灾区非金属矿资源也较为丰富，如重晶石、石膏矿、方解石、黏土、高岭土、硅藻土、磷块岩、冰洲石、水晶、石英砂等，具有丰富的亟待开发的矿产优势。

（4）生态系统脆弱，生态安全屏障功能突出

地震灾区拥有以岩溶系统为主的特殊生态系统，生态系统极为脆弱。极重灾区鲁甸县、重灾区巧家县和会泽县均属于金沙江下游国家级水土流失重点治理区。由于山区面积比重大，陡坡地开垦严重，资源开发方式粗放，林草植被覆盖程度低，导致水土流失严重。灾区岩溶分布广泛，集中连片分布于海拔 1300～2400 米的河流两岸、盆地边缘、槽子两侧和广大岩溶丘峰，主要分布在牛栏江、小江和以礼河岩溶流域，且呈扩大趋势。2010 年，鲁甸县石漠化土地面积为 240 平方公里，占该县土地总面积的 15.8%，会泽县石漠化土地为 717.26 平方公里，占该土地总面积的比重为 12.2%。

作为长江上游生态屏障的重要组成部分，地震灾区发育着我国特有的热带季节雨林、季雨林、山地雨林和湿润雨林，形成了典型的黑颈鹤及其越冬栖息的高原湿地生态系统、亚高山沼泽化草甸湿地生态系统以及原生典型半湿润常绿阔叶林生态系统等多样性生态系统。珍稀野生动植物和野生药用植物资源较为丰富，有树种 200 余种，药用植物种类总数达 856 种，国家级重点保护动物 30 余种，是黑颈鹤、金钱豹、黄杉、铁杉、马树等重要保护物种的分布地，生物物种多样性十分显著。灾区地跨滇东喀斯特石漠化防治生态区、沿金沙江干热河谷生态功能区、滇东北三峡库区上游生态功能区 3 个生态功能区，具有生物多样性保护、土壤保持、水源涵养和农林产品的供应等生态服务功能。

二、社会经济状况

1. 社会经济基本情况

鲁甸地震灾区 3 个区县，均为国家级扶贫开发重点县。2013 年灾区总人口为 205.22 万人，城镇人口为 47.8 万人，城镇化率为 23.28%，远低于云南省 39.3% 和全国 53.7% 的平均水平。其中，鲁甸县总人口为 44.06 万人，城镇化率仅为 18.5%。灾区平均人口密度为 194 人/平方公里，远高于云南省 120 人/平方公里和全国 141 人/平方公里的平均水平。鲁甸县人口密度达到 277 人/平方公里，为全国平均水平的两倍。灾区地区生产总值为 232.22 亿元，人均 GDP 为 11315 元，三次产业比重为 26.64∶48.78∶24.59，农民人均年收入仅为 4443 元，均远低于全国平均水平。其中，鲁甸县地区生产总值为 42.4 亿元，三次产业比重为 23.82·50.47∶25.71，人均 GDP 为 9737 元，不但低于昭通市平均水平，而且仅为云南省平均水平的 38.82%、全国平均水平的 23.29%。城镇居民人均可支配收入为 18025 元，为全国平均水平的 66.87%；农村居民人均纯收入为 4273 元，仅为全国平均水平的 48.03%（表 1-1）。

表1-1　鲁甸地震灾区主要经济发展指标对比

行政单元	城镇化率（%）	人口密度（人/平方公里）	人均GDP（元）	城镇居民人均可支配收入（元）	农民人均纯收入（元）
鲁甸县	18.5	277	9737	18025	4273
巧家县	17.7	185	7918	18816	4351
会泽县	28.6	173	14023	20405	4704
昭通市	26.2	232	11881	18724	4604
云南省	39.3	120	25083	23236	6141
全国	53.7	141	41805	26955	8896

2. 社会经济特征分析

（1）人口密度大，城镇化水平低

改革开放以来，灾区人口出生率、死亡率、自然增长率均有明显下降，如人口出生率从1978年的33‰下降至2012年的12.06‰，人口死亡率则相应地从9.25‰下降至6.84‰。但由于人口基数大、人口出生率始终远大于人口死亡率，人口总数呈递增趋势，而且幅度较大。至2013年灾区户籍总人口合计205.22万人，户籍人口密度为194人/平方公里。从十年间昭通市与云南省和全国的人口密度变化情况来看，灾区人口密度始终远高于云南省和全国平均水平，且呈增加态势（图1-2）。

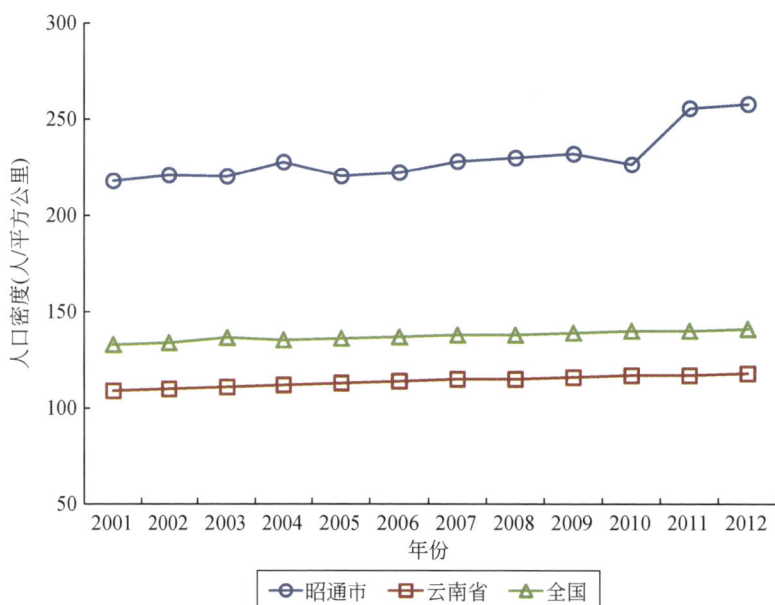

图1-2　昭通市、云南省和全国平均人口密度变化情况

根据第六次全国人口普查数据分析，鲁甸地震灾区城镇人口从2010年的28.48万人增长至2013年的47.79万人，城镇化率提高了7.36%，以每年超过2%的增长速度快速发展，但远落后于云南省平均水平，只有全国城镇化率一半的水平。根据城镇化的一般规律，灾区城镇化进程还属于起步阶段。农村劳动力文化素质普遍偏低，缺乏从事非农产业需要的基本生产技能，是该地区阻碍城镇化的主要因素之一。同时，城乡分割的社会保障体制使进城务工的农民工缺乏基本的医疗、养老、就业的社会保障，无法享受到城镇居民的基本公共服务，绝大多数农民工仍以农村土地作为基本的生活保障，很难彻底离开农村进入城镇生活而成为真正的城镇居民，而灾区可开发后备建设用地资源的极度短缺，使得加快城镇化的发展任重道远。

（2）收入差距较大，扶贫难度大

2013 年，鲁甸地震灾区城镇居民人均可支配收入为 19651 元，而农民人均纯收入为 4443 元(图 1-3)，城乡居民收入差距指数为 4.42，高于云南省（3.78）和全国平均水平（3.03），城乡收入差距较突出。其中，极重灾区鲁甸县农民人均纯收入最低，仅为 4273 元，不足全国平均水平的一半。以 2010 年的统计数据来看，按照人均收入 1196 元的标准统计，灾区还有贫困人口 85.69 万人，贫困发生率为 41.75%，比全国高近 30 个百分点。从空间分布来看，贫困人口主要分布在海拔在 1200 米以上的高寒山区、高二半山区和二半山区。这些地区生活环境恶劣、自然灾害频繁、基础设施薄弱、人力素质低下，是区域资源开发、结构调整和经济社会协调发展的突出制约因素，扶贫开发也较为困难，尤以高寒山区为甚。一方面因为该地区气候寒冷、生态环境恶劣、农作物产量很低，不少地方已基本丧失生存条件；另一方面居民分布特别分散，基础设施严重落后。而牛栏江、沙坝河江边河谷地区主要是面临工程性缺水的问题，由于地形具有明显的山高坡陡的特征，饮用水和灌溉用水可达性较差。

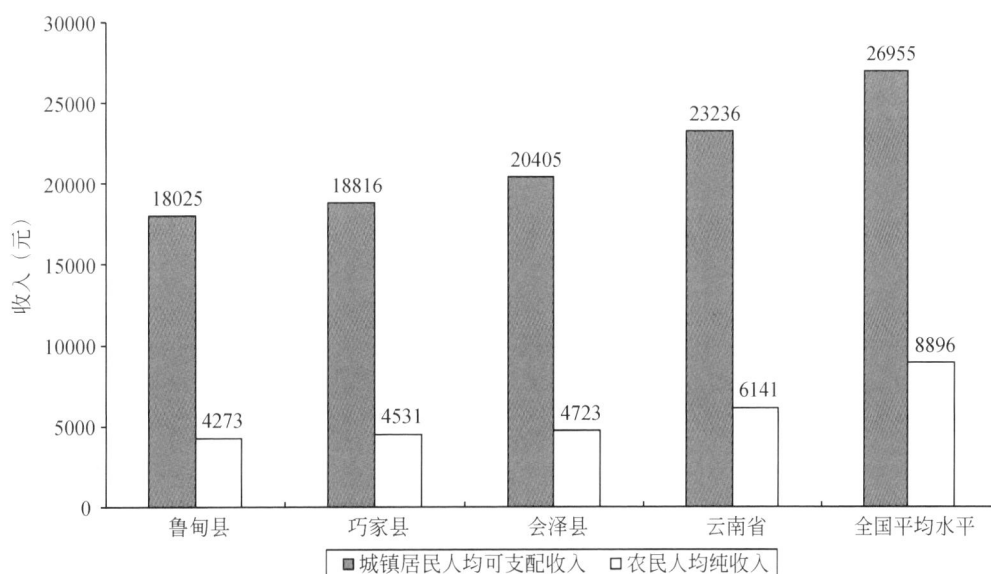

图 1-3　鲁甸地震灾区城乡居民收入（2013 年）

（3）经济发展水平低，产业结构调整缓慢

灾区密集的人口与薄弱的经济实力形成鲜明对比，2010 年灾区地区生产总值为 147.17 亿元，2013 年增长至 232.22 亿元，3 年间年均增长为 10.4%，高于全国平均增速。但灾区人均 GDP 远低于云南省和全国平均水平，且增速较为缓慢，灾区 3 个区县表现出相似的增长态势（图 1-4）。巧家县人均 GDP 始终保持在末位，仅为全国人均 GDP 的 1/6，鲁甸县位居其次。三次产业结构由 2010 年的 23.97∶51.59∶24.44 调整为 2013 年的 26.64∶48.78∶24.59，结构调整缓慢，相较于云南省和全国的三次产业比重，灾区第一产业比重久居不下（表 1-2），传统的农业特征突出。其中，巧家县第一产业在三次产业结构比重最高，高原特色农业成为其支柱产业，而第二产业发展缓慢，2013 年规模以上工业企业完成总产值 7.5 亿元，仅占昭通市总产值比重的 4.4%。长期以来，灾区县域工业结构单一，烟草加工业一直是其支柱产业，"十二五"期间经过产业调整和升级，重工业比重增加到 65% 左右，形成以烟草加工、煤炭开采、有色冶金、电力等行业为主体的工业结构，情况有所改观。但总体而言，灾区县域工业规模小、基础薄弱，科技含量低，仍未摆脱资源依赖，大多数企业属于初级原料加工，缺乏龙头企业和具有核心市场竞争力的产业或产业集群。

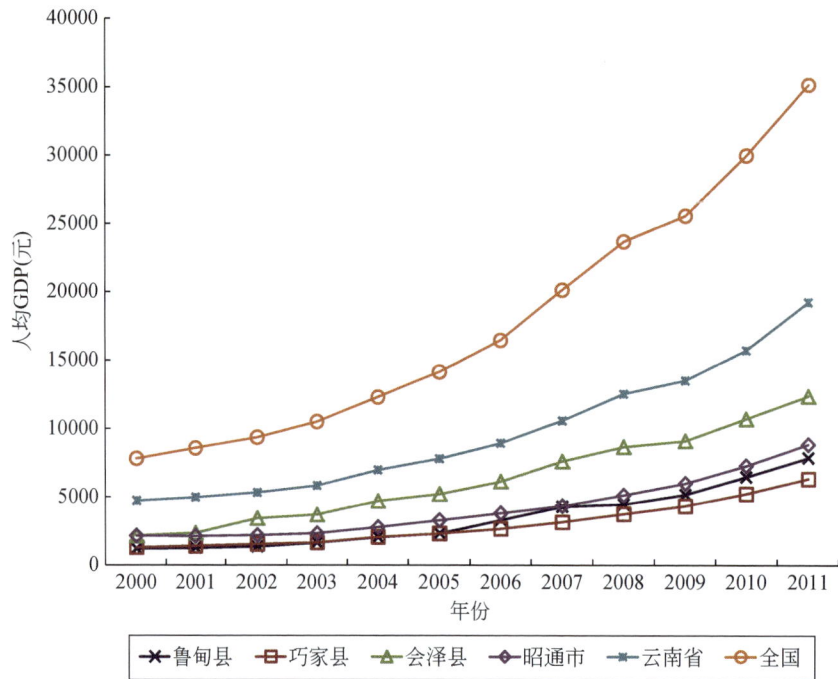

图 1-4　鲁甸地震灾区人均 GDP 变化情况

表 1-2　鲁甸地震灾区产业结构比重对比（2013 年）　　　　　　　　（单位:%）

地区		第一产业	第二产业	第三产业
极重灾区	鲁甸县	23.82	50.47	25.71
重灾区	巧家县	39.10	31.84	29.06
	会泽县	23.39	53.81	22.79
昭通市		20.40	48.71	30.89
云南省		16.00	42.90	41.10
全国		10.00	43.90	46.10

（4）基础设施有待完善，公共服务水平偏低

2013 年鲁甸地震灾区公路通车里程 9570 公里，其中国道 396 公里、省道 446 公里、县道 1605 公里、乡道 3789 公里、村道 3199 公里，专用道路 135 公里，道路通村率 100%，公路网密度达 0.88 公里/平方公里，较高于云南省（0.57 公里/平方公里）和全国平均水平（0.45 公里/平方公里），但道路等级明显偏低。特别是与人们生活密切相关的交通、供电、供水等生命线工程十分脆弱，地震破坏较易导致灾区全局瘫痪、加剧紧急救援难度。在公共服务方面，灾区拥有各级各类学校 942 所，每万名学生专任教师数为 495，高中入学率不足 50%，均低于全省平均水平（550）。其中，鲁甸县拥有各级各类学校 157 所，高完中 3 所，高中入学率仅为 50.13%，较 2010 年提高了 14.98%。从医疗水平来看，灾区每万人卫生机构数为 3.65，较高于云南省平均水平（2.19）；而每万人医疗机构床位数为 22.99，每万人卫生技术人员数为 12.91，均低于云南省平均水平（30.81、14.40），说明灾区整体医疗水平处于中等偏下水平。近年来，灾区社会保障有所改观，以鲁甸县为例，城市与农村低保人数连年上升，城乡低保人均补差水平均有缓慢提高，社会投入有所提升（图 1-5）。

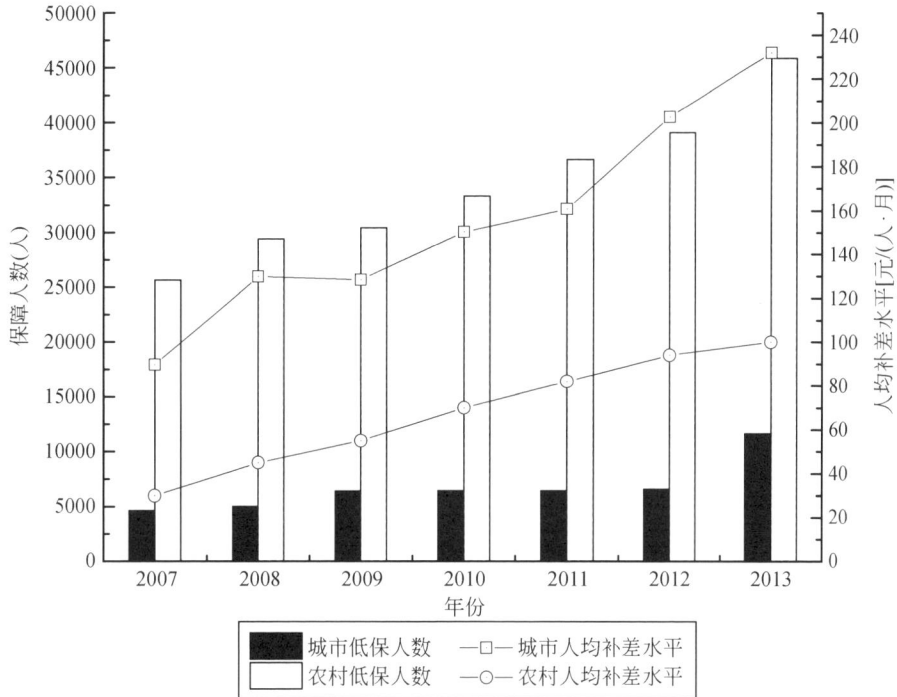

图 1-5 鲁甸县城市与农村低保支出情况

三、国家和省级主体功能定位

如图 1-6 所示，在鲁甸地震各受灾区县中，一般受灾的昭阳区和永善县的主体功能定位分别为省级重点开发区、省级重点生态功能区，而鲁甸县为省级重点开发区，巧家县为省级重点生态功能区，会泽县以国家级农产品主产区为主、含省级层面点状开发区域。此外，还包括呈现点状分布的世界遗产地、自然保护区、风景名胜区、森林公园、地质公园、饮用水源地等国家级和省级层面的禁止开发区。

（1）重点开发区

重点开发区是有一定经济基础、资源环境承载能力较强、发展潜力较大、集聚人口和经济的条件较好，从而应重点进行工业化、城镇化开发的城镇化地区。鲁甸县地处昭鲁坝区，为滇东北地区省级重点开发区，位于云南省城镇化战略格局的东北端和昆明—昭通—成渝和长三角经济走廊的前沿，是滇、川、渝、黔交界区域的经济增长极，也是全省重要的能源基地和重化工业基地。此外，会泽县金钟镇和者海镇是点状分布于农产品主产区和重点生态功能区中城镇的中心区域，资源环境承载能力相对较强，有一定聚集经济和人口的条件，作为城镇化战略格局的重要组成和补充，主要进行"据点式"开发。

（2）限制开发区

灾区限制开发区中，会泽县具备较好的农业生产条件，以提供农产品为主体功能，以提供生态产品和服务产品及工业品为其他功能，需要在国土空间开发中限制大规模高强度工业化城镇化开发，以保持并提高农产品生产能力的区域。巧家县为重点生态功能区，其生态系统脆弱或生态功能重要、资源环境承载能力较低，不具备大规模高强度工业化城镇化开发的条件，必须把增强生态产品生产能力作为首要任务，从而应该限制进行大规模高强度工业化城镇化开发的地区。

（3）禁止开发区

禁止开发区域是国家和云南省保护自然文化资源的重要区域及珍贵动植物基因资源保护地。灾区内点状分布的国家和省级层面的禁止开发区主要包括药山国家级自然保护区、会泽黑颈鹤国家级自然保护区、驾车省级自然保护区、以礼河风景名胜区以及牛栏江流域上游保护区、水源保护区。其中，黑颈鹤自然保护区是国家级黑颈鹤及其越冬栖息的高原湿地生态系统，药山国家级自然保护区是原生典型半湿

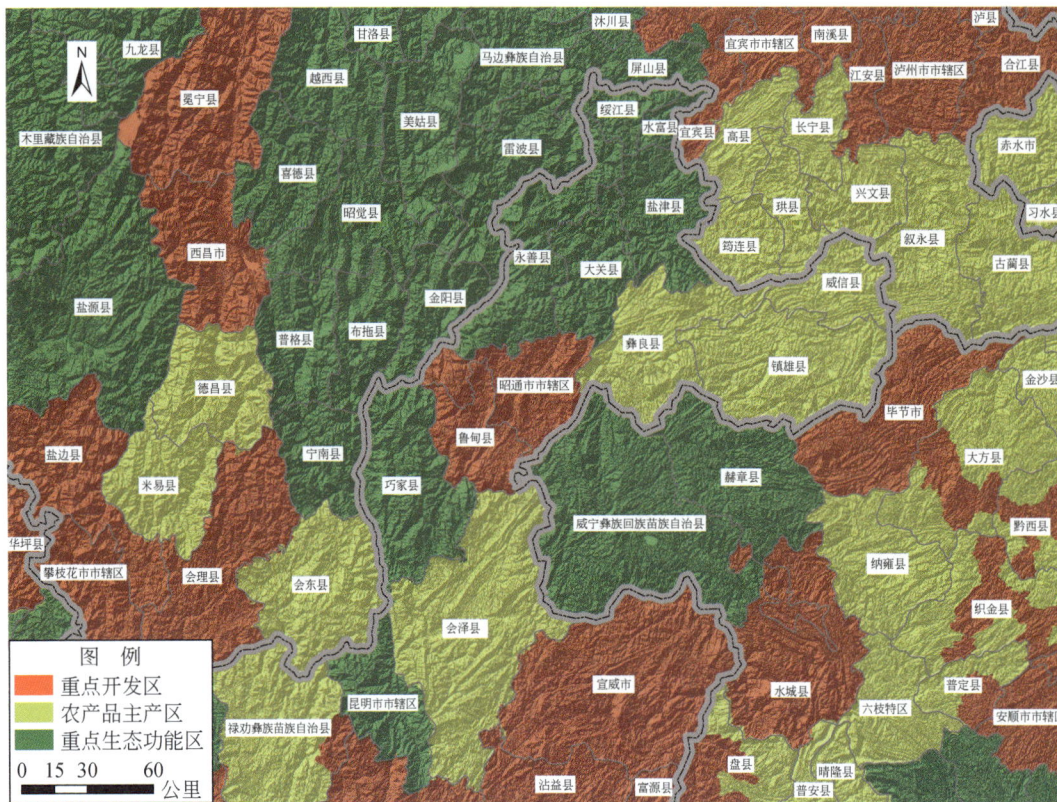

图1-6 鲁甸地震灾区及邻近区域主体功能区分布图

润常绿阔叶林和亚高山沼泽化草甸湿地生态系统，包含大量珍稀野生动植物和野生药用植物资源。此外，会泽县田坝乡是牛栏江流域上游保护区水源保护核心区，滇东北三峡库区上游生态功能区是重要的水源涵养地区（表1-3）。

表1-3 鲁甸地震灾区禁止开发区名录

名称	所在县市	级别	面积（平方公里）
药山自然保护区	巧家县	国家级	201.41
会泽黑颈鹤自然保护区	会泽县	国家级	129.11
驾车自然保护区	会泽县	省级	82.82
会泽以礼河风景名胜区	会泽县	省级	50.00
会泽金钟山国家森林公园	会泽县	省级	5.44
田坝乡牛栏江流域上游保护区水源保护核心区	会泽县	省级	22.87

第二节 地震灾情[①]

一、受灾人口

依据云南省民政厅上报数据，截至2014年8月8日15时，地震造成昭通市鲁甸县、巧家县、昭阳区、永善县和曲靖市会泽县108.84万人受灾，617人死亡，其中鲁甸县526人、巧家县78人、昭阳区1人、会泽

---

① 本节资料与数据主要来源为国家减灾委员会专家委员会、云南省政府、民政部国家减灾中心及有关部委推荐组成的灾害损失专家评估组发布的《云南鲁甸6.5级地震灾害损失评估报告》。

县 12 人；112 人失踪，其中鲁甸县 109 人、巧家县 3 人；3143 人受伤，22.97 万人紧急转移安置。

二、灾 损 情 况

1. 房屋损失

鲁甸地震灾区房屋抗震性能较差，受地震、地形、滑坡等因素共同作用，房屋破坏非常严重（图 1-7）。房屋损失包括农村居民住宅用房、城镇居民住宅用房和非住宅用房损失。其中，非住宅用房包括基础设施系统、产业、公共服务系统等用于各类生产、经营和办公等的房屋。

(a)龙头山老镇区　　　　　　　(b)火德红李家山

图 1-7　震后龙头山老镇区和火德红李家山土木式房屋倒塌

摄影：樊杰

从城镇与农村居民住房倒损统计分析可知，农村居民住房倒损情况明显远高于城镇居民住房倒损。其中，农村居民住房倒损共计 167509 户，包括倒塌住房 28389 户，严重损坏住房 41397 户，一般损坏住房 97723 户。城镇居民住房倒损共计 2652 户，包括倒塌住房 250 户，严重损坏住房 492 户，一般损坏住房 1910 户。从倒损面积（间数）分析来看，农村居民住房倒损共计 460119 间，农村居民住房倒塌和严重损坏比重为 45.16%，远高于城镇居民住房倒损中倒塌和严重损坏的比重。倒塌和严重损坏房屋中，砖木和土木等其他结构占 98.1%，砖混结构占 1.8%，钢混结构占 0.1%，说明抗震性较差的砖木和土木式房屋结构是导致本次灾情严重、人员伤亡巨大的重要因素。此外，城镇非住宅用房倒损共计 768959 平方米，其中倒塌比重为 8.42%，严重损坏比重为 19.54%，其余为一般损坏（图 1-8）。

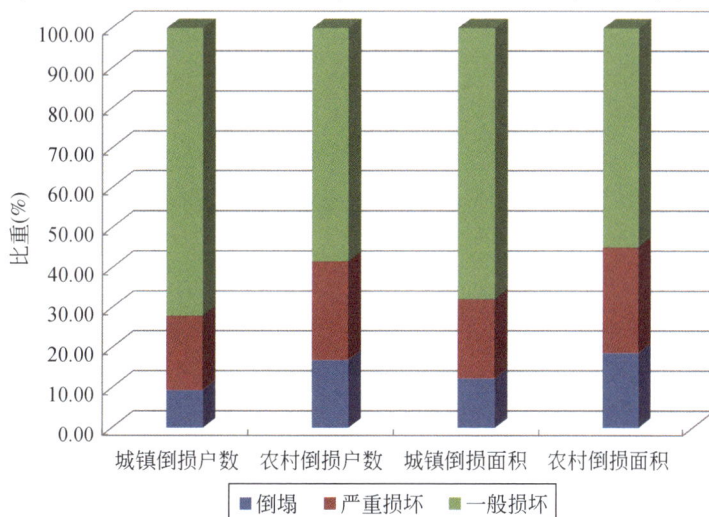

图 1-8　震后城镇与农村居民住房倒损情况

23

2. 基础设施损失

地震造成龙头山镇、火德红镇、水磨镇、乐红镇、小寨镇等乡镇多处山体垮塌、大面积滑坡，基础设施在这些区域破坏尤为严重。震后基础设施的损失主要包括公路、水运交通、通信、能源、水利、市政设施、地质灾害防治工程和农村地区生活设施的损失。

交通基础设施损失涵盖公路、水运损失，前者主要包括国省干线、其他公路、客货运站和服务区损失（图1-9），后者主要为码头泊位损失。地震造成受损国省干线路基长度为111公里，路面长度为125公里，占灾区国道总里程的31.56%，桥梁长度为2300延米，隧道长度为500延米，护坡、驳岸、挡墙427处。受损其他公路路基长度为3319.8公里，路面长度为3528公里，占灾区其他公路总里程的38.45%，桥梁长度为1640延米，隧道长度为1006延米，护坡、驳岸、挡墙6069处；受损公路客运站12个。此外，还造成6个码头泊位的受损并对水运活动造成一定程度的影响。

图1-9 震后滑坡造成龙头山镇境内道路和客运站严重受损
摄影：周侃

通信基础设施损失涵盖通信网、通信枢纽、邮政和其他通信基础设施。其中，通信网损失分为通信网交换及接入设备、通信光缆、通信电缆、基站等损失；邮政损失分为邮政设备设施、邮政枢纽等损失。受损通信网交换及接入设备387台（套），通信光缆为4443.2皮长公里，通信电缆为42.9皮长公里，基站185个；通信枢纽38个；邮政设备设施10个，邮政枢纽5个。

能源基础设施损失主要为电力损失。电力损失包括35千伏（含）～110千伏线路、35千伏以下线路和发电等损失。鲁甸地震灾区损失35千伏（含）～110千伏电压等级电网变电线路3.1公里，35千伏以下电压等级电网变电容量7699.5万千伏安（340.5公里），电厂33个，发电机组数量44个，电厂装机容量113655万千瓦。

水利基础设施损失涵盖防洪排灌设施、人饮工程损失和其他水利工程损失。其中，防洪排灌设施损失分为大中型水库、小型水库、堤防、护岸、水闸、塘坝、灌溉设施和机电泵站等损失，据灾损统计，灾区共计受损大中型水库2座，小型水库32座，堤防326公里，护岸124处，水闸14座，塘坝42座，灌溉设施1090处，机电泵站9座。人饮工程损失分为设备设施、水渠（管道）等损失，人饮工程设备设施37810个，水渠管道1832.5公里。

市政基础设施损失涵盖道路交通、供水、排水、垃圾处理、城市绿地、城市防洪和其他市政设施等损失。其中，道路交通分为道路、桥梁、隧道损失；市政供水分为水厂、供水管网损失；市政排水分为雨水、污水管网，污水处理厂损失；市政垃圾处理分为垃圾处理场（厂）、垃圾转运站损失。灾损统计显示，灾区受损道路89公里，桥梁0.3公里，隧道0.1公里；自来水厂17个，供水管网560.8公里；雨水管网19.9公里，污水管网124.9公里，污水处理厂3个；垃圾处理场（厂）3座，垃圾转运站33个；城市绿地20.5公顷。

3. 产业损失

产业损失包括农业、工业和服务业损失，其中，产业涉及的房屋（不含厂房、仓库）损失在非住宅用房损失中核算。灾损评估表明，鲁甸地震还对支撑各灾区县农业发展的种植业、高原特色农业、畜牧业等破坏极大，也导致工矿企业等受损严重。

农业损失涵盖种植业、林业、畜牧业、渔业以及农业机械损失。其中，种植业损失包括农作物、农业生产大棚等损失；林业损失包括森林、灌木林地和疏林地、未成林造林地、苗圃良种、野生动植物驯养繁殖基地（场）、林区基础设施等损失；畜牧业损失包括畜禽、畜禽圈舍、饲草料等损失；渔业损失包括水产品、养殖设施等损失。核定灾区农作物受灾 1.63 万公顷，成灾 1.21 万公顷，绝收 0.28 万公顷，农业生产大棚受损 1.6 公顷；森林受灾 0.9 万公顷，灌木林地和疏林地受灾 2.3 公顷，未成林造林地受灾 2.9 公顷，苗圃良种受灾 98.3 公顷，受损野生动植物驯养繁殖基地（场）5 个；死亡大牲畜 2159 头，死亡小牲畜 4.6 万头（只），死亡家禽 5.7 万只，倒塌损坏畜禽圈舍 250.1 万平方米，受损饲草料 3.3 万吨；水产养殖受灾面积 283.7 公顷；农业机械受损 1.3 万台（套）。

工业损失涵盖规模（资质等级）以上工业和规模（资质等级）以下工业损失。其中，两项损失均分为厂房/仓库、设备设施、原材料/半成品/产成品经济损失。核定灾区规模（资质等级）以上工业企业损失 22 个，厂房、仓库倒损 20.72 万平方米，设备设施损失 200 台（套）；规模（资质等级）以下工业企业受损 26 个，厂房、仓库倒损 3.1 万平方米，设备设施受损 253 台（套）。

4. 公共服务系统损失

公共服务系统损失包括教育、科技、医疗卫生、文化、新闻出版广电、体育、社会保障与社会服务、社会管理、文化遗产等系统的损失。其中，教育系统损失包括中等、初等、学前教育学校的损失，核定灾区受损各类学校 357 个。初等教育学校损失最为严重，达 297 个，占总数的 83.19%，其次为中等教育学校，比重为 13.45%，其余为学前教育学校。此次地震对原本教育资源较为匮乏的贫困灾区更是雪上加霜，加强教育系统的恢复重建需要和扶贫开发紧密结合。

科技系统损失包括研究和实验系统、专业监测系统、其他科技系统 3 类损失。核定灾区受损专业技术服务机构 40 个。受损各类专业监测站点 433 个，其中气象监测站点损失最为严重，达 278 个，占受损总数的 64.20%；其次为地质勘察监测站点 137 个，占受损比重为 31.64%；其余监测站点受损情况为：林业生态监测站点 7 个，地震监测站点 6 个，环境保护监测站点 4 个，水文、水资源、防汛监测站点 1 个。受损各类专业监测站点设施/设备 553 台（套），其中气象监测站点设施/设备 278 台（套），地震监测站点设施/设备 18 台（套）。

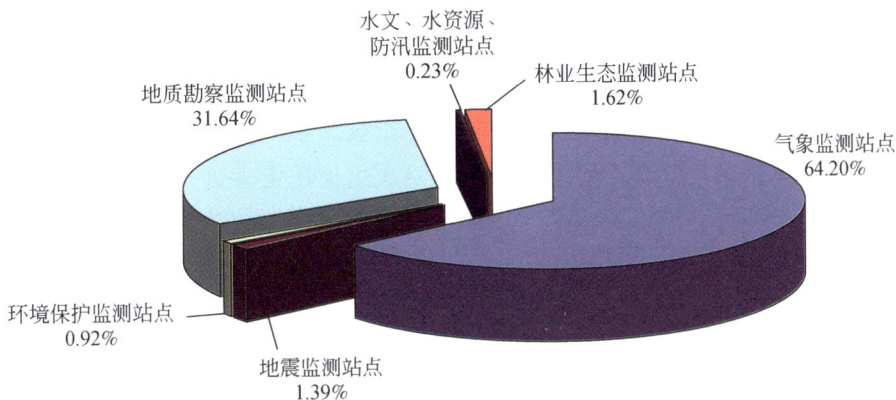

图 1-10　震后各类专业监测站点损失情况

5. 资源环境毁损

资源环境损失包括土地资源与矿山、自然保护区及野生动物保护、风景名胜区、森林公园与湿地公园、环境损害5类。其中，核定毁坏耕地面积为12334.7公顷，占灾区耕地总面积的6.04%；毁坏林地面积为7168.7公顷，占灾区林地总面积的3.21%；毁坏草地面积为35056.0公顷，毁坏非煤矿山资源176处、11万平方米。受损国家级自然保护区2个，受损地方级自然保护区1个，受损国家级和省级风景名胜区8个，受损地方级森林公园与湿地公园3个。地震导致地表水污染面积为373.3公顷，土壤污染面积为560.1公顷。

三、受灾特点

鲁甸地震灾损评估结果以及灾区自然地理和社会经济发展的基本情况表明，本次地震灾害具有4个特点。

1. 人口密度高，房屋抗震性能差

灾区平均人口密度较高，是全省平均人口密度的两倍，接近国内许多平原地区的人口密度水平。人口呈斑状分布，斑块内居民点人口更为集中，如光明村下辖20个社（组），人口近8000人。死亡人口主要集中于Ⅷ和Ⅸ度区，其中位于Ⅸ度区的龙头山镇死亡达469人，占死亡总数的76.01%。灾区木材匮乏、交通不便，当地居民在建房时大多就地取材，取生土、石料及截面尺寸较小的木料作为建筑材料。由生土强夯而成的夯土墙，抗剪能力弱，自重大，抗震性能极差。土木结构和砖木结构多数倒塌或局部倒塌，未倒塌的房屋墙体开裂严重，破坏概率达到100%。

2. 地震能量释放时间短，烈度高

本次地震是云南省2000年以来的最大地震，也是滇东北40年来最大地震。地震震源深度12公里，极震区烈度高达Ⅸ度，超过同级别地震的最高烈度。据云南省地震局在极震区龙头山镇采集到的主震记录，地震持时为11秒，有效持时仅6秒多，龙头山镇地表峰值加速度最高达949伽[①]，震中地表震动水平与2013年芦山7.0地震相当，远超过当地Ⅶ度设防烈度水平。发震断裂是北西向包谷垴—小河断裂（骡马口断裂）。可以认为，这是一条并不显著的断裂上发生的显著地震。

3. 地质条件复杂，次生灾害频发

震区多个方向的活动断裂密集发育，地层破碎疏松，多为破碎的石灰岩、玄武岩堆积而成，山高坡陡，加之雨季降水影响，导致地震引发严重崩塌、滑坡、泥石流等次生地质灾害，甚至在局部形成堰塞湖。如王家坡村、甘家寨子被滑坡掩埋，造成大量人员伤亡；红石岩水电站大坝与厂房之间因山体崩塌形成堰塞湖高危，昭巧二级公路沿线出现多个小型堰塞湖。大量村落处于地质环境极不稳定的陡坡和峡谷地带，沿断裂带密集分布，地震引发的大量次生地质灾害进一步加大了人员伤亡和财产损失。次生灾害造成国道G213、昭巧二级公路和上百条县乡公路等救灾生命线中断，给抗震救灾造成极大困难。

4. 经济社会欠发达，恢复重建难度大

灾区属乌蒙山集中连片特殊困难地区、少数民族聚集地区、革命老区，地方财政较为困难。2013年

---

① 1伽＝1厘米/秒²。

灾区 3 个区县地区生产总值为 232.22 亿元，仅占云南省总量的 2%；人均 GDP 为 8619 元，不足全国人均 GDP 的 1/5；城镇化率仅为 23.28%，仍处于起步阶段，为全国城镇化率的一半。城乡居民收入均远低于全国平均水平，且城乡差距较大。贫困发生率高于全国平均水平 30 个百分点，劳动者素质普遍偏低，扶贫开发较为困难。灾区交通条件较差、道路等级偏低，大型救援设备和救灾与恢复重建物资调运、周转困难，恢复重建面临较大压力。

第二章 用 地 条 件

第一节 地 形 条 件

1. 地形总体特征

鲁甸地震灾区位于乌蒙山区、金沙江干热河谷区域，是四川盆地向云贵高原抬升的过渡地带，呈典型高原山地构造地貌，地貌错综复杂。因地处低纬高海拔区，全境山高坡陡、河流深切，相对高差达3774米；最高点位于南部巧家县的药山，海拔达4040米；地形坡度在25°以上的山地面积占土地总面积的43.24%。复杂的地形导致灾区可达性极差，地形条件对区域资源环境承载能力的约束性极强。

2. 地形高程空间分异特征

鲁甸地震灾区地形高程的分级标准按海拔依次划分为小于1100米、1100～1600米、1600～2000米、2000～2400米和大于2400米五个等级，分别指向江边河谷区、矮二半山区、二半山区、高二半山区和高寒山区五种类型。根据1∶5万数字地形图生成的地形高程分级分布图和数据提取结果（图2-1），灾区地形条件在高程分异情况如表2-1所示。

灾区地形高程以高二半山区和高寒山区为主，2000米以上的土地面积合计占总面积的70.96%，其中高寒山区占35.26%，主要分布于巧家县中部、鲁甸县中部以及会泽县西部。而处于1600～2000米高程分级带的二半山区是坝子的主要分布区，其土地面积为2026.55平方公里，所占比重为19.17%。海拔小于1100米、1100～1600米的土地面积较小，分别为331.68平方公里、711.04平方公里，对应的比重为3.14%和6.73%，主要分布于金沙江和牛栏江及其支流两侧的峡谷区。

分县统计结果显示，极重灾区鲁甸县2000～2400米高程所占比例达40.52%，为各高程区间最高，小于1600米的土地仅占总面积的10%。高程分布格局显示，鲁甸县由一江（牛栏江）、两峰（乌蒙山、五莲峰）、三河（龙树河、沙坝河、昭鲁河）、两个坝子（文桃坝子、龙树坝子）构成，地势东西两侧高，中间低平，地形复杂状况乃国内少见，有深切中山、中切中山、岩溶高原、混合丘陵、高原湖积盆地、断陷河谷坝，海拔最高3356米，最低568米，相对高差亦达2788米。

重灾区巧家县高寒山区比重为三区县最高，大于2400米的土地占总面积的41.75%。巧家县地形呈东西差异，东部位于滇东北高原西侧，海拔在3000米以上，呈西向东倾斜；西部受金沙江河及支流受侵蚀切割影响，分布有起伏大、较破碎的中山及高山山地，在河谷断层平台及河谷阶地处，分布面积较小的平坦地面，坝子多属断陷河谷盆地，较大的坝子有巧家坝和蒙姑坝。会泽县地貌格局主要受五座狭长高大山岭控制基本骨架，地势多呈东北西南向及近南北向延伸，境内平地分布于三坝两槽区，即金钟、者海、娜姑坝子及迤车、乐业槽子。

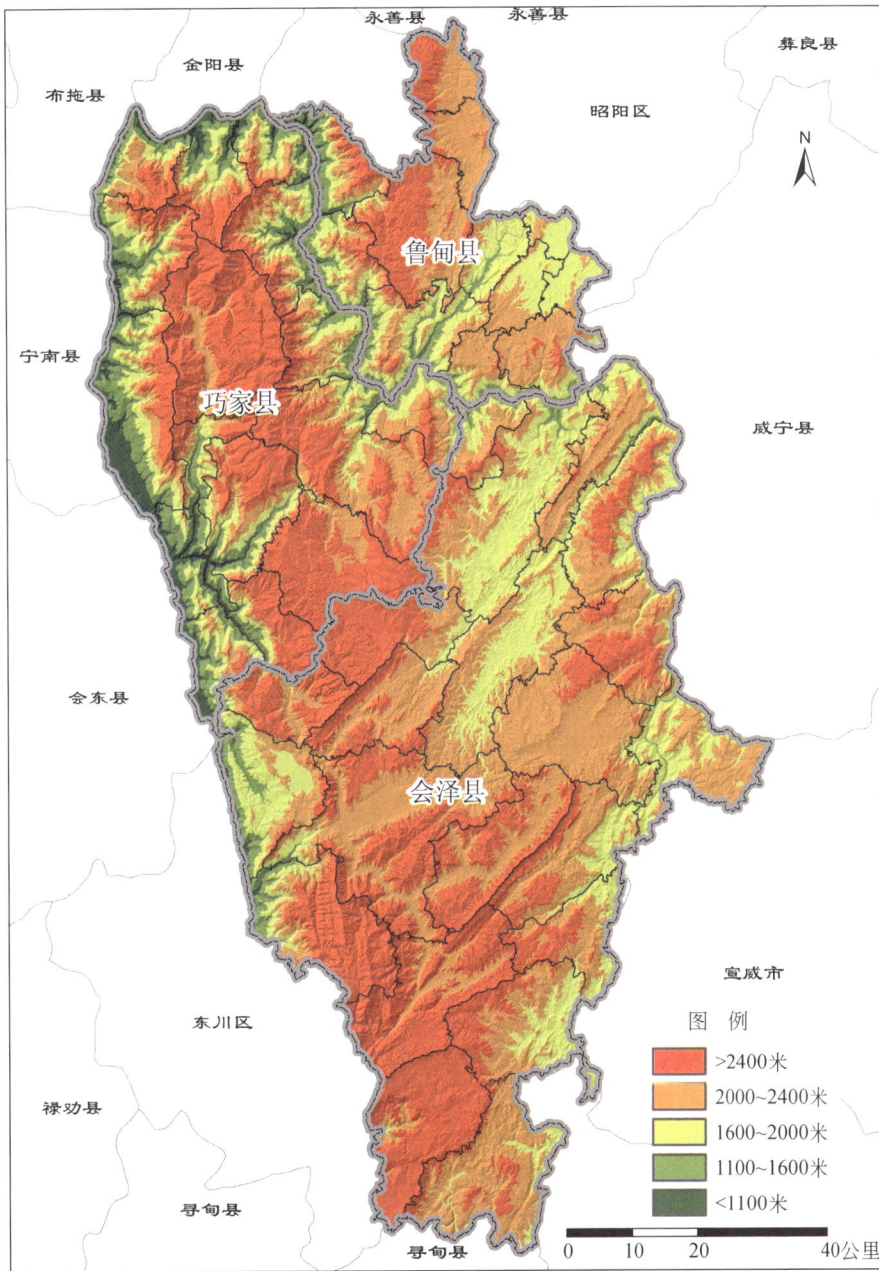

图2-1　鲁甸地震灾区高程分级图

表2-1　鲁甸地震灾区地形高程分异情况

地区	<1100 米		1100~1600 米		1600~2000 米		2000~2400 米		>2400 米	
	面积（平方公里）	比重（%）	面积（平方公里）	比重（%）	面积（平方公里）	比重（%）	面积（平方公里）	比重（%）	面积（平方公里）	比重（%）
鲁甸县	35.64	2.40	137.94	9.29	380.74	25.65	601.57	40.52	328.58	22.13
巧家县	268.39	8.39	433.12	13.55	471.63	14.75	689.32	21.56	1335.03	41.75
会泽县	27.65	0.47	139.98	2.38	1174.18	19.94	2482.51	42.16	2063.77	35.05
灾区	331.68	3.14	711.04	6.73	2026.55	19.17	3773.40	35.70	3727.38	35.26

3. 地形坡度空间分异特征

鲁甸地震灾区地形坡度分为小于3°、3°~8°、8°~15°、15°~25°、大于25°五个等级，分别指向平地、平坡地、缓坡地、中坡地和陡坡地。坡度越小建设布局的自由度越大，建设成本相对较低，越适宜建设用地开发；坡度越大建设布局的难度将增大，高坡度区域开展土地开发不仅需要经济投资巨大，还必须采取大量的工程措施，运行成本高，在开发建成后，易引起边坡失稳，造成生命财产损失。具体地形坡度分级标准及依据如下。

1）3°：地形坡度3°以下，水土流失基本与平地一样，适宜城镇建设。地势平坦，有利于节约用地，而且对城镇道路和管网的布局基本上没有限制。

2）8°：地形坡度3°~8°较适宜城镇建设。地形有一定坡度，需采用台地与平地结合的混合式竖向设计，增加一定的土石方和防护工程量；对道路和管网布局构成少量限制，但容易营造有特色的城镇景观。

3）15°：15°是水土流失的一个相对质变点，15°以上水土流失急剧增大。地形坡度8°~15°属于城镇建设中等适宜。当地形坡度大于8°，居住区地面连接形式宜选用台地式，台地之间需用挡土墙或护坡连接，土石方和防护工程量较大。对道路和管网布局构成较大限制。当居住区内道路坡度大于8°时，应辅以梯步解决竖向交通，并在梯步旁附设推行自行车的坡道。建设成本的增加比较显著，生活有一定不便。

4）25°：地震灾区25°~35°的斜坡多有形成泥石流的物质分布，30°~50°易发生滑坡现象。地形坡度在25°以上时无法集中安排城市建设用地，也不适于工业仓储用地的交通组织和生产工艺流程组织。可安排少量居住用地，但纵向交通组织和管网布局均具有很大局限性。通常道路坡度很陡，需要设专门的步道，或采用迂回式道路，建设成本显著上升，安全性下降，生活十分不便。

从地形坡度分级数据看，灾区在各坡度分级带的分布具有明显差异，总体呈现高坡度面积比重较大，低坡度面积比重较小（表2-2）。坡度大于25°的面积为4570.13平方公里，占土地总面积达43.24%，主要分布在西部的高山峡谷区；坡度在15°~25°的面积2903.87平方公里，占比重为27.47%，主要分布在高山峡谷区和山地丘陵区；坡度在8°~15°和3°~8°的面积分别为1572.94平方公里、619.14平方公里，占比重分别为14.88%和5.86%；坡度在3°以下的面积仅为903.43平方公里，占比重仅为8.55%，主要分布在山间坝区和河谷槽地区。

表2-2　鲁甸地震灾区坡度分异情况

地区	<3°		3°~8°		8°~15°		15°~25°		>25°	
	面积（平方公里）	比重（%）	面积（平方公里）	比重（%）	面积（平方公里）	比重（%）	面积（平方公里）	比重（%）	面积（平方公里）	比重（%）
鲁甸县	163.98	11.05	107.55	7.25	246.41	16.60	402.74	27.13	563.66	37.97
巧家县	150.01	4.69	140.42	4.39	394.77	12.35	813.77	25.45	1698.45	53.12
会泽县	589.44	10.01	371.17	6.30	931.76	15.83	1687.36	28.66	2308.02	39.20
总计	903.43	8.55	619.14	5.86	1572.94	14.88	2903.87	27.47	4570.13	43.24

灾区三县的坡度分级结果显示，鲁甸县和会泽县受坡度限制相对较小，区内8°以下的土地面积分别占该县土地面积的18.3%和16.31%，远高于巧家县的该坡度比重，其中，会泽县3°以下的土地面积为589.44平方公里，主要分布于三坝两槽区，鲁甸县3°以下的土地面积为163.98平方公里，主要分布于西侧坝区。巧家县大部分区域以及鲁甸县东部峡谷区是受坡度约束最为显著的地区（图2-2）。

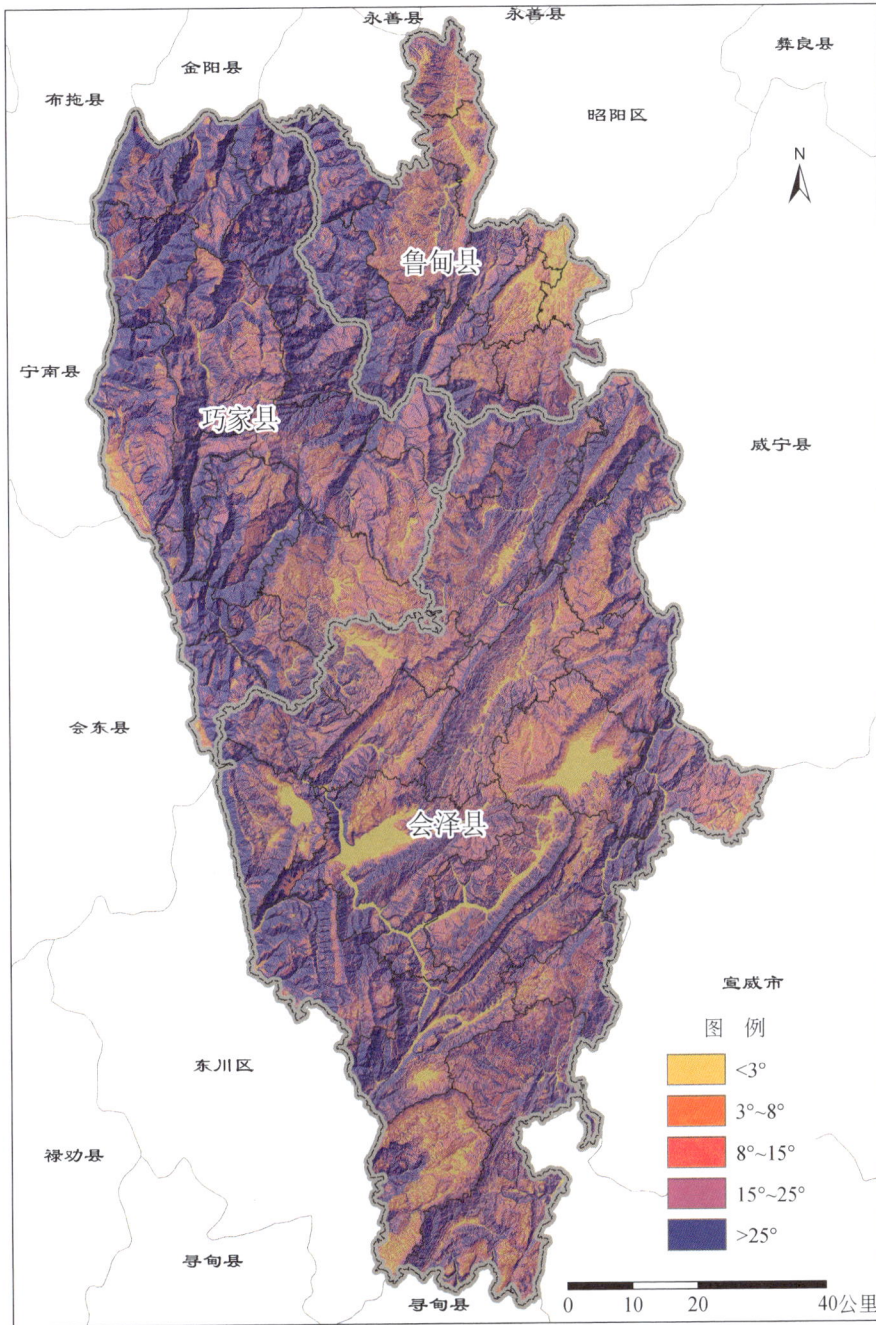

图 2-2　鲁甸地震灾区坡度分级图

第二节　土地资源

1. 土地利用总体特征

根据国土资源部第二次土地利用调查数据，鲁甸地震灾区的土地利用类型结构主要以林地和耕地为主体，二者分别占土地总面积的 43.43% 和 29.55%，草地也占据了相当的比重（18.9%）。其他各类用地的比重情况依次为园地占 1.08%、交通运输用地占 0.06%、水域及水利设施用地占 1.07%、未利用地占

3.35%、居民点及工矿用地占2.57%（图2-3）。灾区分县的土地利用类型结构如表2-3所示，鲁甸县耕地面积比重居各类用地首位，全县耕地面积共657.90平方公里，占土地总面积的44.34%。巧家县和会泽县的林地比重最高，分别占36.98%、49.32%。

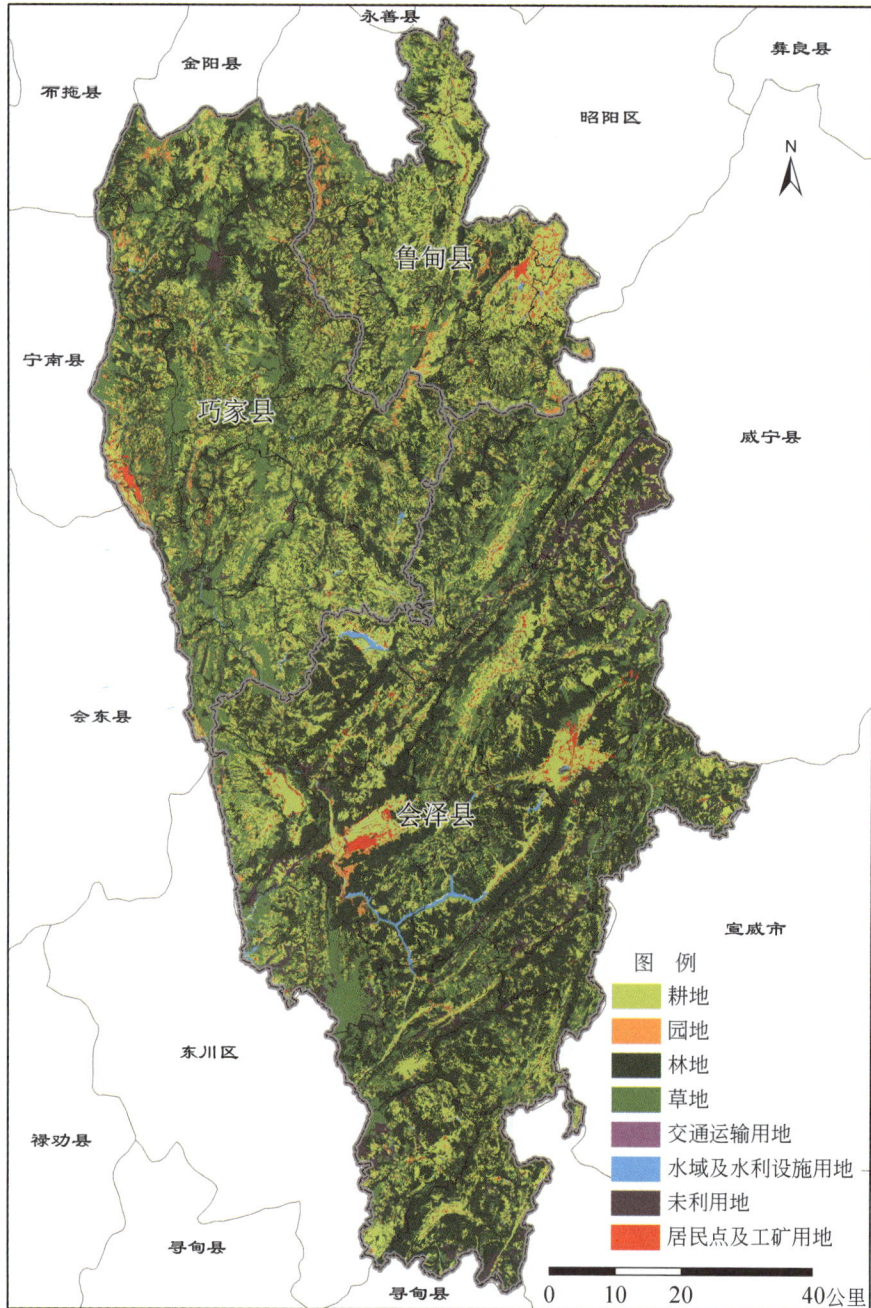

图2-3 鲁甸地震灾区土地利用现状分布图

表2-3 鲁甸地震灾区土地利用现状面积及比重

地区	耕地		林地		草地		水域及水利设施用地		建设用地	
	面积 (平方公里)	比重（%）	面积 (平方公里)	比重（%）	面积 (平方公里)	比重（%）	面积 (平方公里)	比重（%）	面积 (平方公里)	比重（%）
鲁甸县	657.90	44.34	503.55	33.94	203.60	13.72	11.14	0.75	48.25	3.25
巧家县	952.52	29.80	1182.29	36.98	844.00	26.40	38.10	1.19	82.64	2.59
会泽县	1512.05	25.69	2902.92	49.32	949.92	16.14	63.72	1.08	146.36	2.49
总计	3122.57	29.55	4588.76	43.43	1997.52	18.90	112.96	1.07	277.25	2.62

鲁甸地震灾区林草地在高山峡谷区呈条带状分布，耕地主要集中分布于鲁甸昭鲁坝区和龙树坝区、会泽县金钟坝区、娜姑坝区和者海坝区，其他区域沿沟谷呈零散分布。建设用地的空间分布趋势与耕地基本一致。

2. 建设用地及其空间分布特征

建设用地包括城市、建制镇、村庄、采矿用地、风景名胜及特殊用地以及交通运输用地等类型。鲁甸地震灾区三县建设用地面积为277.25平方公里，占全区土地总面积的2.62%，也就是全区国土开发强度为2.62%，显著低于全国平均水平。

建设用地的地形高程和坡度分级数据显示（表2-4），目前鲁甸地震灾区仍然有18.11%的建设用地分布于25°以上的区域，在高寒山区的建设用地比重也达到了16.11%。对比2013年四川芦山地震灾区，区内25°以上建设用地仅占8.54%，3000米以上的建设用地不足5%。可见，鲁甸地震灾区建设用地条件十分恶劣，且目前仍有大面积国土开发活动是在陡坡地进行。进一步显示，灾区坡度在3°以下的建设用地面积占总建设用地面积的29.61%，25°以下建设用地累计占81.89%。江边河谷区、矮二半山区、二半山区以及高二半山区的建设用地比重分别为6.84%、7.89%、27.81%和41.34%。建设用地的空间分布如图2-4所示，鲁甸县城驻地文屏镇、巧家县城驻地白鹤滩镇、会泽县城驻地金钟镇和者海镇具有较大城镇建设用地规模。村庄居民点分布呈现典型的沿河谷条带状展布。

表2-4 鲁甸地震灾区建设用地的高程及坡度分异情况 （单位:%）

地区	高程					坡度				
	<1100 米	1100～1600 米	1600～2000 米	2000～2400 米	>2400 米	<3°	3°～8°	8°～15°	15°～25°	>25°
鲁甸县	1.35	11.09	51.93	31.43	4.21	36.17	11.67	21.31	19.12	11.74
巧家县	21.83	16.68	17.89	20.22	23.38	15.06	8.82	23.07	30.38	22.67
会泽县	0.18	1.88	25.47	56.54	15.94	35.68	7.08	18.18	21.43	17.63
灾区	6.84	7.89	27.81	41.34	16.12	29.61	8.40	20.19	23.69	18.11

3. 耕地资源及其空间分布特征

耕地资源指主要用于种植小麦、水稻、玉米、蔬菜等农作物并经常进行耕耘的土地，主要包括灌溉水田、望天田、水浇地、旱地及菜地等。由于农业开发历史悠久，鲁甸地震灾区土地垦殖率较高，耕地面积占全区土地总面积三成，约是云南省耕地占总土地比重的两倍（16.29%）。但受耕地自然条件和耕作经营方式的限制，耕地生产力普遍低下，同时加剧了水土流失问题。

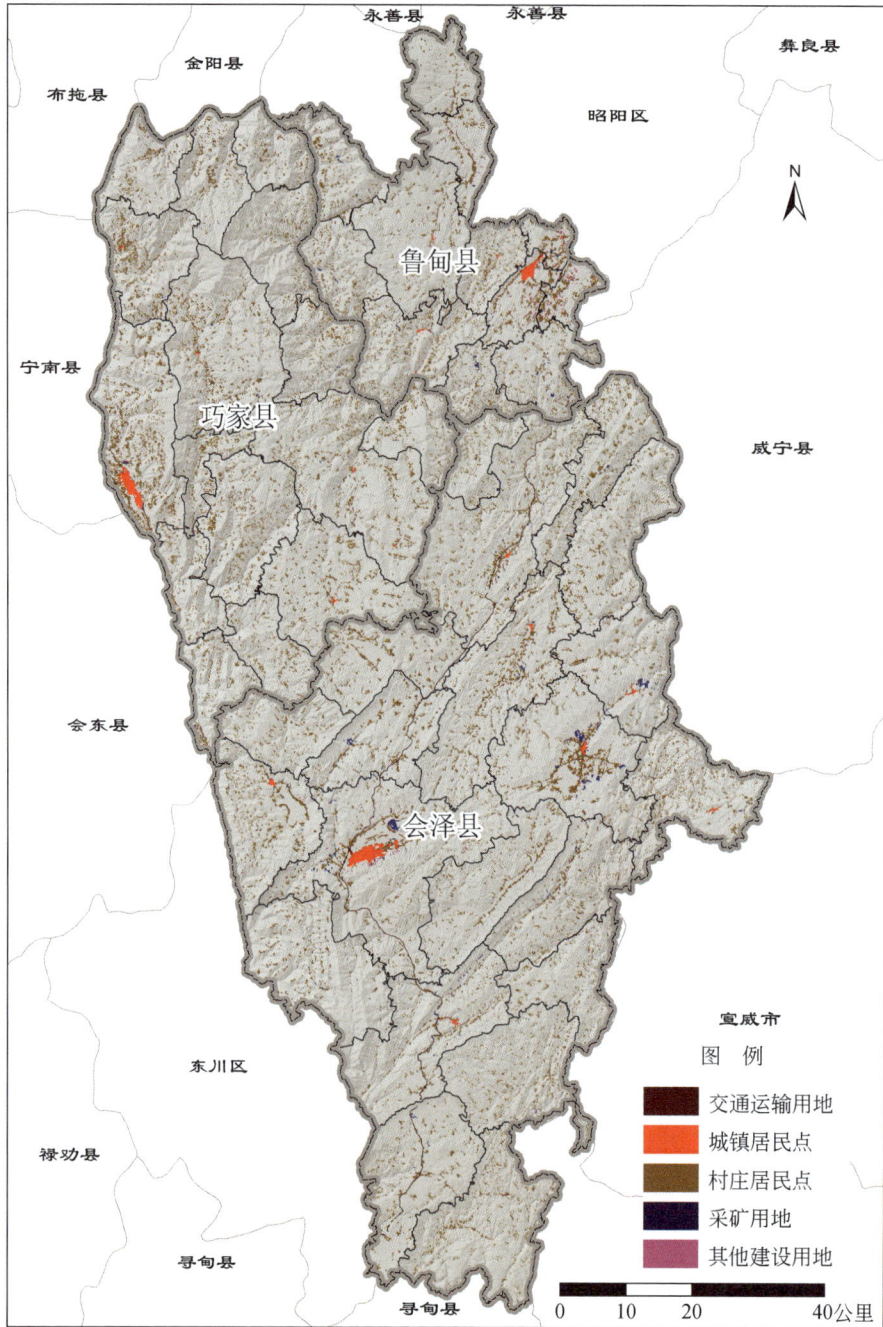

图 2-4 鲁甸地震灾区建设用地分布图

根据耕地的地形高程分级数据（表 2-5），鲁甸地震灾区耕地资源主要分布在二半山区、高二半山区和高寒山区，三者比重分别为 22.46%、39.9% 和 29.35%。在坡度方面，小于 3°、3°~8°、8°~15° 以及 15°~25°的耕地比重合计 71.05%，而 25°以上的坡耕地占耕地总面积的比重为 28.95%，远高于云南省 14.54% 的坡耕地比重，表明改变灾区长期陡坡垦殖状态，实现退耕还林还草的任务仍然艰巨。耕地资源分布如图 2-5 所示，灾区耕地资源以旱地为主，坝区旱地分布相对集中，山区分布破碎而分散。水田的空间分布则十分有限，主要集中于坝区和主要河流沿岸阶地。

表 2-5　鲁甸地震灾区耕地资源的高程及坡度分异情况　　　　　（单位：%）

地区	高程（米）					坡度				
	<1100	1100~1600	1600~2000	2000~2400	>2400	<3°	3°~8°	8°~15°	15°~25°	>25°
鲁甸县	1.38	6.99	28.37	45.36	17.89	19.43	6.25	21.29	27.30	25.74
巧家县	5.59	12.00	15.80	25.11	41.50	8.88	4.44	18.58	31.72	36.37
会泽县	0.29	2.13	24.07	46.84	26.67	21.28	5.89	19.68	27.50	25.65
灾区	2.13	6.17	22.46	39.90	29.35	17.10	5.52	19.68	28.75	28.95

图 2-5　鲁甸地震灾区耕地资源分布图

其中，以巧家县的地形坡度限制最为突出，全县陡坡地比重高达 36.37%，现状耕地多处于陡、干、瘦、薄的状态。此外，巧家县的水热条件在空间上匹配不佳，旱地多，水田、水浇地少，耕地多处于靠天吃饭、广种薄收的经营状况。在巧家县，江边河谷区、二半山区的光温条件很好，前者可满足一年两熟或两年五熟，后者可满足一年一熟或两年三熟，但由于受降水、蒸发条件及可控水资源量的限制，耕地的光温潜力难以充分发挥。而在高二半山区和高寒山区，尽管降水量及水资源条件可满足各种作物的生长需求，但其光温条件仅能满足一年一熟，在局部地区甚至一年一熟都难以保证，这同样限制了耕地生产能力。目前，在巧家县各类耕地中，水田和水浇面积仅占 5.03% 和 0.13%，而旱地面积则占 94.84%。因此，鲁甸地震灾区要提高耕地生产力，必须以改造中低产田、挖掘耕地潜力为主。中低产田改造在不同区域应选择不同的侧重方向，即在江边河谷区和二半山区以完善水利设施、增加保证灌溉面积为重点，而在高二半山区和高寒山区则以增强耕地的保水肥能力为突破口，以改进生产技术为主导方向。

4. 林地资源及其空间分布特征

林地资源指成片的天然林、次生林和人工林覆盖的土地，包括乔木林地、疏林地、灌木林地、采伐迹地、苗圃地和国家规划的宜林地等。在鲁甸地震灾区，会泽县的林地资源较为丰富，占土地总面积的 49.32%，鲁甸县和巧家县的比重分别为 33.94%、36.98%。从高程分异来看（表2-6），林地分布以高二半山区和高寒山区为主，两类区域的比重分别为 38.73%、40.97%。在坡度分异方面，8°~15°、15°~25° 和 25°以上林地区的面积比重分别为 13.92%、29.37%、47.09%。鲁甸地震灾区林地资源分布如图2-6所示，不难看出，会泽县境内森林覆盖率相对较高，且多为树木郁闭度大于 0.2 的乔木林地，林地沿山脉走向连绵分布。鲁甸县和巧家县大部分地区林地资源分布零散，疏林地、未成林地、迹地、苗圃等林地分布较广，灌木覆盖度大于 40% 的林地主要分布于牛栏江河谷两岸。

表2-6　鲁甸地震灾区林地资源的高程及坡度分异情况

地区	高程					坡度				
	<1100 米	1100~1600 米	1600~2000 米	2000~2400 米	>2400 米	<3°	3°~8°	8°~15°	15°~25°	>25°
鲁甸县	2.06	8.19	19.50	44.83	25.42	6.58	2.98	13.11	30.12	47.21
巧家县	5.18	12.45	14.67	24.28	43.42	3.61	1.83	9.13	23.71	61.72
会泽县	0.08	0.87	12.82	43.56	42.68	7.77	3.57	16.03	31.57	41.07
灾区	1.61	4.66	14.03	38.73	40.97	6.56	3.05	13.92	29.37	47.09

值得注意的是，鲁甸地震灾区林地面积不足，其经济效益和生态效益均未能达到山区所应有水平。现状林地面积仅占灾区土地总面积的 43.43%，而习惯上所使用的有林地加灌木林地的森林覆盖率指标仅为 35.6%。鲁甸地震灾区作为国家长江防护林工程的重要基地之一，也是长江上游水土保持工程重点区域。因此，不管对灾区自身还是对国家生态屏障建设，如何增加其林地覆盖率并提高其经济产出和环境保护功能已成为当前灾区国民经济发展体系中的当务之急。此外，在园林地方面，灾区园林地面积过小影响了地方政府和农民的经济收入。灾区垂直分布的多样性自然条件使其适于多种果树种植，从南亚热带的芒果、香蕉到温带的苹果均可正常生长且优质高产，而巧家县的蚕茧生产也具有高产、高质特征。但目前灾区仅有种植果树的园地约 6.5 万亩，种植桑树、胡椒、药材等其他多年生作物的园地 10 万亩，分别占土地总面积的 0.41% 和 0.67%。这不仅难以充分利用自然资源，而且限制了地方政府和农民经济条件的改善。

5. 草地资源及其空间分布特征

草地资源指生长草本植物为主的土地，包括天然牧草地、人工牧草地以及其他草地。鲁甸地震灾区

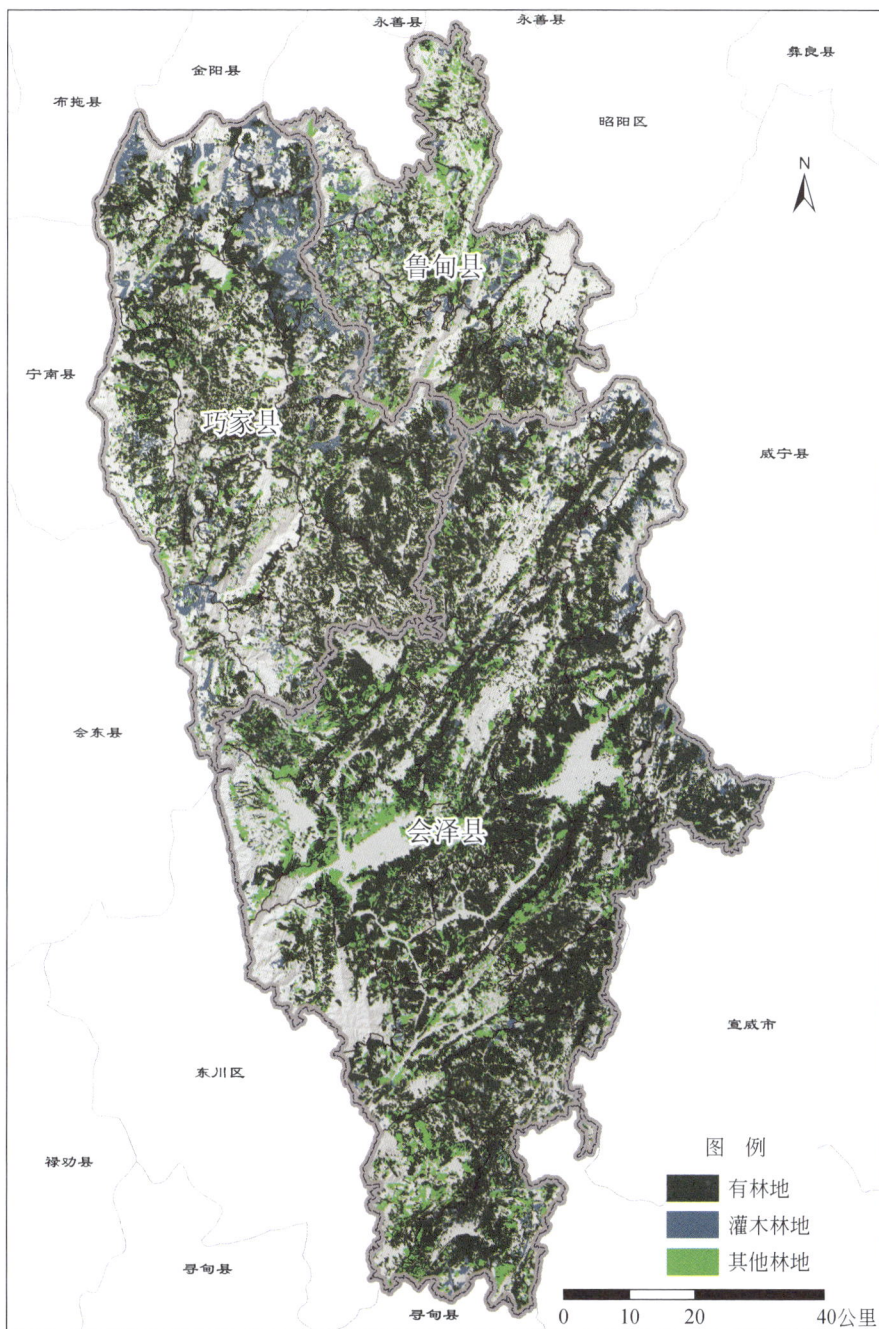

图 2-6　鲁甸地震灾区林地资源分布图

草地面积为 1997.52 平方公里，占全区土地总面积的 18.9%。根据草地的地形高程和坡度分级数据，草地资源主要分布于二半山区、高二半山区和高寒山区，三者合计占 84.11%，且接近六成的草地资源分布在 25°以上区域（表 2-7）。图 2-7 显示，灾区以其他草地为主，该类草地属树木郁闭度小于 0.1、表层为土质、生长草本植物为主、不用于畜牧业的草地类型，人工牧草地仅在巧家县马树镇有少量分布，天然牧草地则主要分布于会泽县大海乡、巧家县崇溪乡和药山镇，多属亚高山草甸草原。

表 2-7　鲁甸地震灾区草地资源的高程及坡度分异情况　　　　　（单位:%）

地区	高程					坡度				
	<1100 米	1100~1600 米	1600~2000 米	2000~2400 米	>2400 米	<3°	3°~8°	8°~15°	15°~25°	>25°
鲁甸县	5.03	12.08	23.38	22.96	36.55	4.86	2.15	9.58	22.14	61.27
巧家县	10.24	15.66	13.66	15.78	44.66	3.73	1.90	8.79	21.37	64.21
会泽县	1.08	5.64	30.43	29.00	33.85	6.57	2.58	10.52	25.99	54.34
灾区	5.35	10.53	22.62	22.80	38.69	5.19	2.24	9.69	23.63	59.25

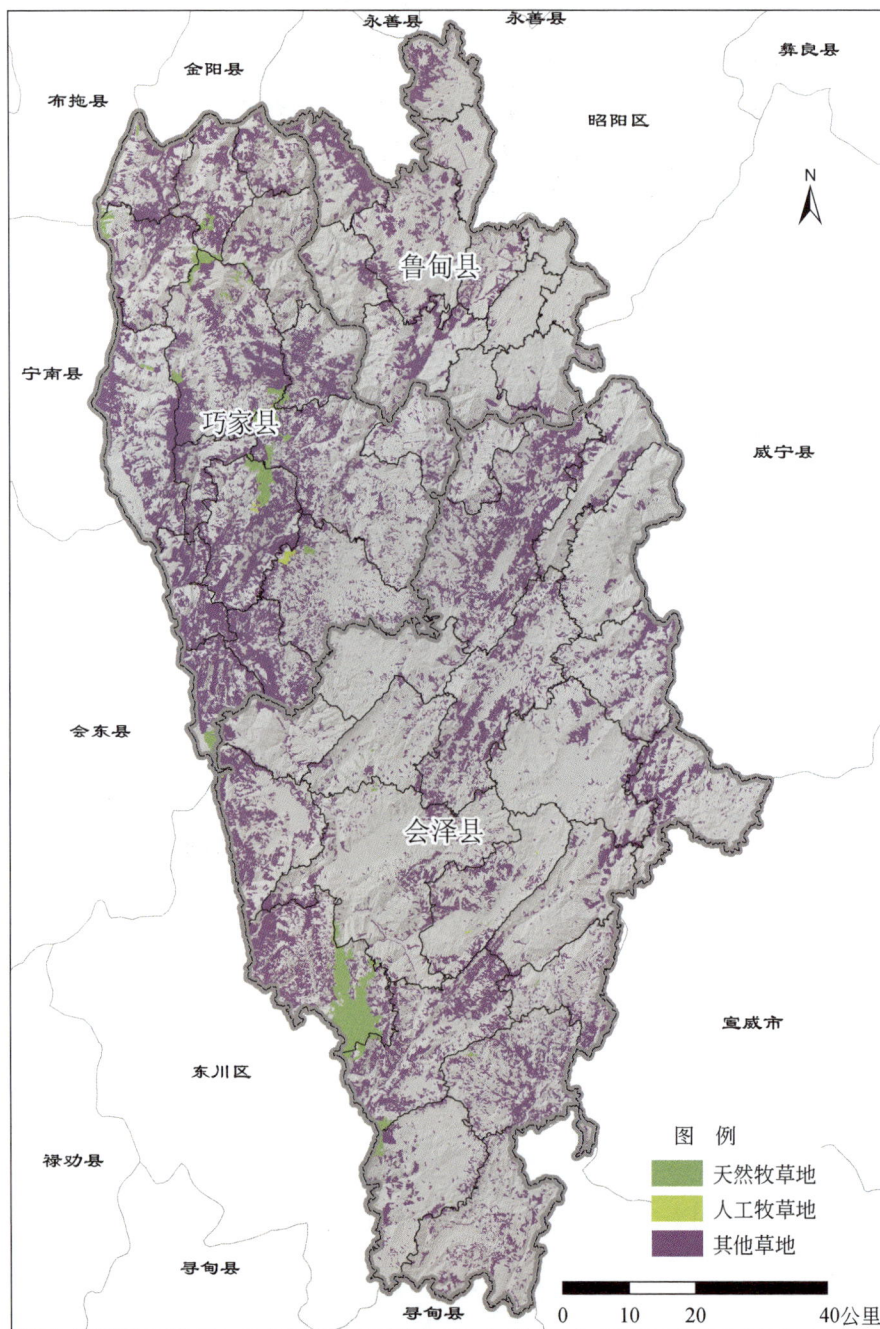

图 2-7　鲁甸地震灾区草地资源分布图

第三节　建设用地条件

建设用地条件是评估鲁甸地震灾后重建区资源环境承载能力的关键因素，是重建选址和确定人口集聚区规模的重要基础。评价用地条件可通过评价适宜建设用地的数量、结构及空间分布特征得到表征。针对灾后恢复重建对土地的人类居住和生产用地的特殊需求，用地条件评价的重点包括自然单元的用地条件适宜性等级评价和乡镇单元的用地条件适宜性等级评价。

1. 评价技术流程

建设用地条件评价的技术流程主要包括以下步骤：①基础图件及数据处理，需要的图件包括：地形高程分级图、地形坡度分级图与乡镇行政区划图和重灾区村级行政界线图的叠加复合图，以及土地利用现状图。叠加复合图可利用地形条件评价的成果，土地利用图来源于国土资源部第二次土地利用调查数据。②图形匹配与叠加，以叠加复合图为基准图，将土地利用图进行投影转换、匹配和叠加到基准图上，供数据提取和空间分析之用。③数据提取与空间分析，以新生成的叠加复合图为基础，以乡镇为单元，按地形高程分级、地形坡度分级以及两者的不同组合，提取计算出灾后重建区分乡镇在不同地形高程和坡度分级条件下的各类土地利用类型面积数据，供用地条件空间分析评价之用。④用地条件评级，将地形坡度小于15°的耕地（含设施农业用地）、园地、林地、草地、已有建设用地、未利用地提取出来作为用地条件评价的自然图斑，并将矢量数据转换为栅格数据，按坡度大小分别将栅格数据分级，确定为适宜、较适宜、条件适宜3个等级，并制作灾区自然图斑的用地条件评价图。根据提取数据，以区县和乡镇为单元进行统计，并根据适建指数（指适宜建设用地面积占土地总面积的比重）进行分级，得出行政单元的建设用地条件评价图。

2. 灾区建设用地条件基本格局

根据灾区灾后恢复重建对人口集聚和城镇建设的用地需求，通过地形地貌和土地资源的综合评价，测算得出灾区适宜建设用地总面积为2575.19平方公里。其中，适宜类面积为1001.31平方公里，占38.88%，集中分布于鲁甸县东部坝区和会泽县中部坝区，可作为人口集聚和城镇建设的土地面积较大，用地条件良好。较适宜类面积为229.68平方公里，占8.92%，空间分布较为零散（图2-8）。条件适宜类面积为1344.20平方公里，占52.20%，沿河谷地区呈条带状分布，以及阶梯状分布于山脊或半山区。

分区县结果显示（表2-8），鲁甸县和巧家县的建设用地条件相对较好，两县适宜建设用地面积分别占该县土地总面积的29.43%和26.73%。具体来看，鲁甸县适宜类、较适宜类和条件适宜类面积之间的比重分别为42.07%、9.41%和48.52%，适宜类建设用地主要分布于昭鲁坝的文桃坝区以及龙树坝区。会泽县适宜类、较适宜类和条件适宜类面积之间的比重分别为41.33%、8.53%和50.14%，适宜类建设用地主要分布于金钟、者海以及娜姑坝子。巧家县内适宜类建设用地比重仅29.59%，具有较大适宜建设用地规模的连绵区域十分有限，主要分布于白鹤滩镇镇区，条件适宜类面积的比重达60.79%，高出其他两县十个百分点以上。

表2-8　鲁甸地震灾区建设用地条件评价结果统计

地区	适宜建设用地总面积（平方公里）	适宜类		较适宜类		条件适宜类	
		面积（平方公里）	比重（%）	面积（平方公里）	比重（%）	面积（平方公里）	比重（%）
鲁甸县	437.03	183.87	42.07	41.11	9.41	212.05	48.52
巧家县	564.16	166.92	29.59	54.29	9.62	342.95	60.79
会泽县	1574.00	650.52	41.33	134.28	8.53	789.20	50.14
合计	2575.19	1001.31	38.88	229.68	8.92	1344.20	52.20

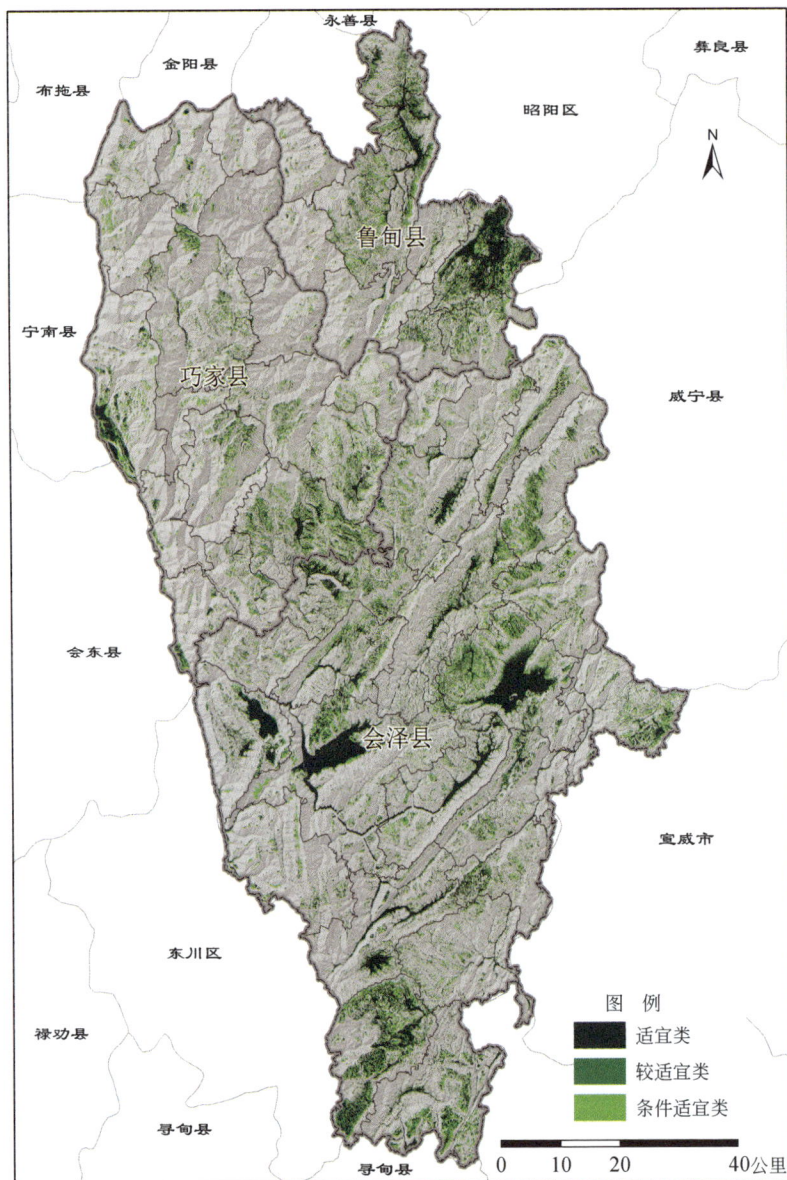

图 2-8　鲁甸地震灾区建设用地条件评价图（自然单元）

3. 灾区建设用地条件分级特征

适建指数是指适宜建设用地面积占土地总面积的比重，从用地条件分级评价结果来看，灾区总体适建指数为 24.36%，极重灾区鲁甸县的适建指数为 29.43%，其中茨院乡和文屏镇适建指数较高，分别为68.31%、65.64%，而龙头山镇和火德红镇适建指数仅 6.39%、15.77%，位列全县末位；重灾区巧家县适建指数为 17.64%，其中包谷垴乡仅为 11.24%；会泽县适建指数为 26.73%，其中邻近震中的北部纸厂乡适建指数仅 14.75%。

图 2-9 显示，鲁甸地震灾区适宜建设用地丰富类仅 3 个，包括鲁甸县桃源乡、茨院乡以及文屏镇。较丰富类乡镇共 6 个，包括鲁甸县江底乡、龙树乡、新街乡，会泽县者海镇、驾车乡和大桥乡，巧家县仅马树一个乡镇属于此类型，具有一定的城镇建设扩展空间。中等类乡镇共 17 个，除鲁甸县的水磨镇、火德红乡、江底乡和巧家县老店镇、白鹤滩镇外，其他中等类乡镇均分布于会泽县。较缺乏类乡镇共计 10 个，主要分布于巧家县以及会泽县北部和南部山地区，包括待补镇、马路乡、炉房乡、药山镇、上村乡、老

厂乡等乡镇。缺乏类乡镇包括小寨乡、大海乡、东坪乡、茂租乡、龙头山镇、金塘乡、大寨镇、中寨乡、梭山乡、新店乡、乐红乡、红山乡以及小河镇，合计 13 个乡镇。总体来看，鲁甸北部和会泽县的坝区乡镇用地条件较好，适宜大规模的人口集聚和城镇建设。

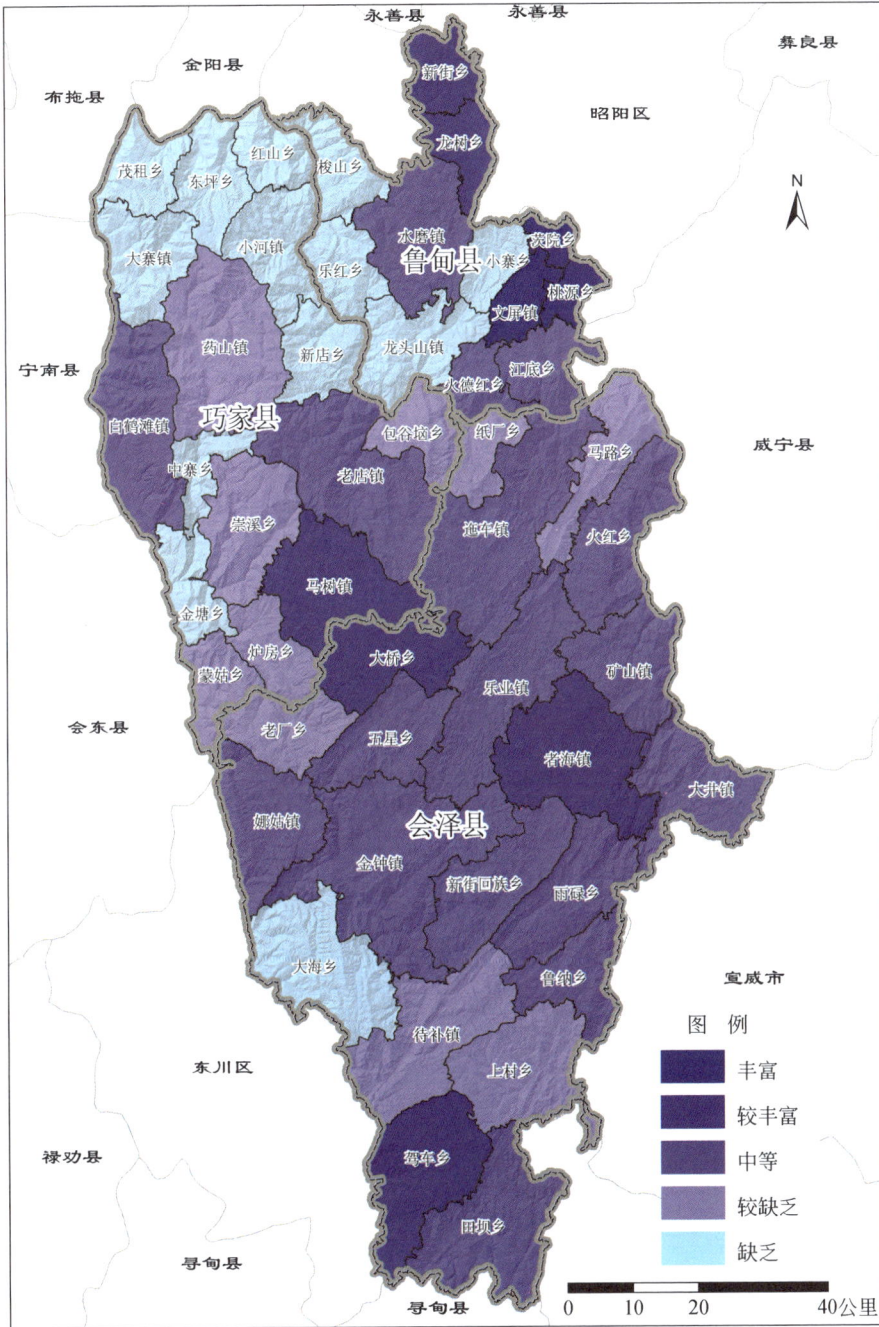

图 2-9　鲁甸地震灾区建设用地条件评价图（乡镇单元）

4. 受灾重点乡镇用地条件空间特征

针对受灾重点乡镇集镇和农村居民住房重建、优化调整乡镇功能的需要，精细评估鲁甸县龙头山镇、火德红镇和巧家县包谷垴乡进行分散安置和集中安置的选址与建设用地条件。如表 2-9 所示，从乡镇适宜建设用地总面积来看，重点受灾乡镇的用地条件极差，龙头山镇、火德红镇、包谷垴乡适宜建设用地的总面积分别为 13.48 平方公里、14.50 平方公里和 14.13 平方公里，适建指数仅为 6.39%、15.77% 和 11.24%，在适宜建设用地中，适宜类土地较低，龙头山镇和包谷垴乡仅为 9.92%、6.22%，而条件适宜类土地均在七成以上。这表明进行灾后 重建分散住房安置的建设成本较高，而适宜集中安置的区域十分有限，且以龙头山镇和包谷垴乡最为突出。

表2-9　鲁甸地震重点受灾乡镇建设用地条件评价结果统计

地区	土地总面积（平方公里）	适宜建设用地总面积（平方公里）	适宜类		较适宜类		条件适宜类		适建指数（%）
			面积（平方公里）	比重（%）	面积（平方公里）	比重（%）	面积（平方公里）	比重（%）	
龙头山镇	210.91	13.48	1.34	9.92	1.90	14.10	10.24	75.98	6.39
火德红镇	91.96	14.50	1.62	11.20	2.23	15.38	10.65	73.42	15.77
包谷垴乡	125.66	14.13	0.88	6.22	1.46	10.33	11.79	83.45	11.24

图 2-10 显示，龙头山镇具备集中安置用地条件的区域仅为老镇区驻地东北侧的营盘村河谷阶地区域，但适建规模十分有限，龙井村西北部具有一定集中安置条件，但由于海拔较高，区域可进入性和供水条件制约显著，仅适宜附近村落的小规模安置。火德红镇北部建设用地条件相对较好，老镇区驻地和鹊落

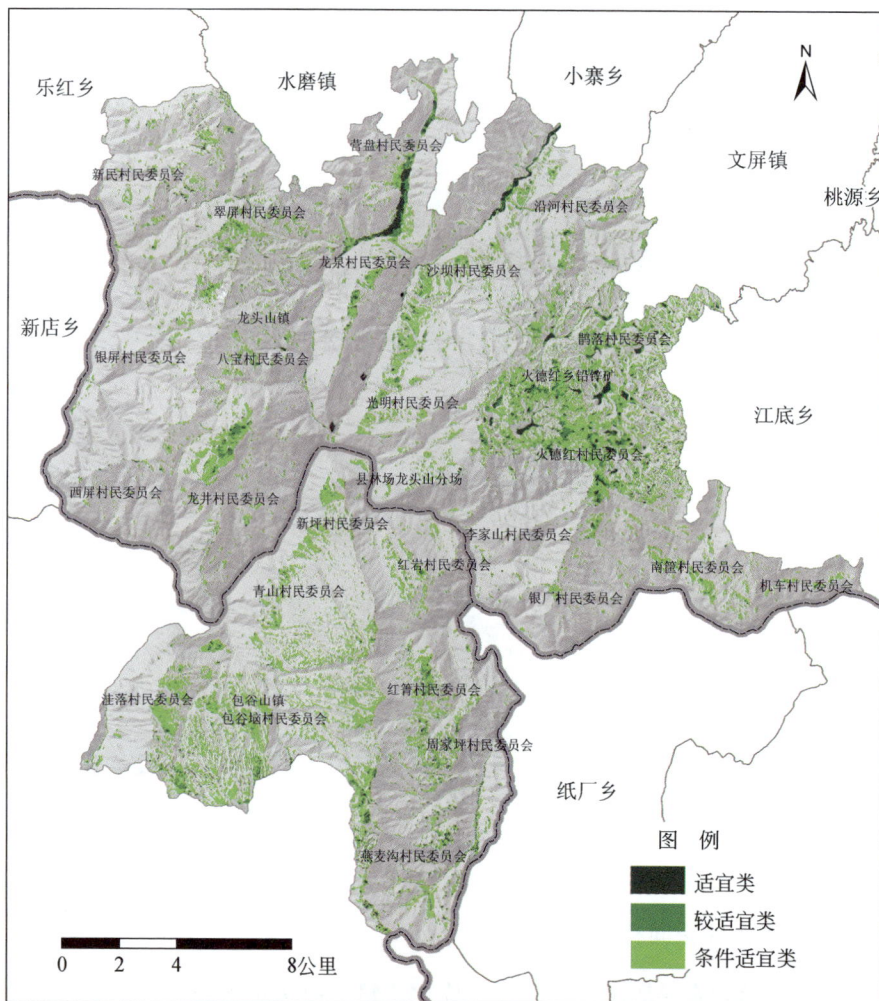

图 2-10　鲁甸地震重点受灾乡镇建设用地条件评价图（自然单元）

村缓坡地带适宜集中安置。巧家县包谷垴乡全境不具备集中安置的用地条件，乡政府驻地包谷垴村南片缓坡地仅适宜周边村落的小规模就近安置，但整体安置建设成本较高。

图 2-11 显示，重点受灾乡镇中适建指数在 20% 以上的行政村仅 2 个，均位于鲁甸县火德红镇北部，分别为火德红镇区驻地火德红村和鹊落村，适建指数依次为 31.54% 和 27.41%。适建指数在 15%～20% 的行政村仅包谷垴乡政府驻地所在村。适建指数不足 5% 的行政村包括银厂村、机车村、红岩村、新民村、西屏村、银屏村、周家坪村、李家山村共 8 个，分布于牛栏江河谷两岸。适建指数在 5%～10% 的行政村共 9 个，亦位于牛栏江及其支流的高山峡谷区。

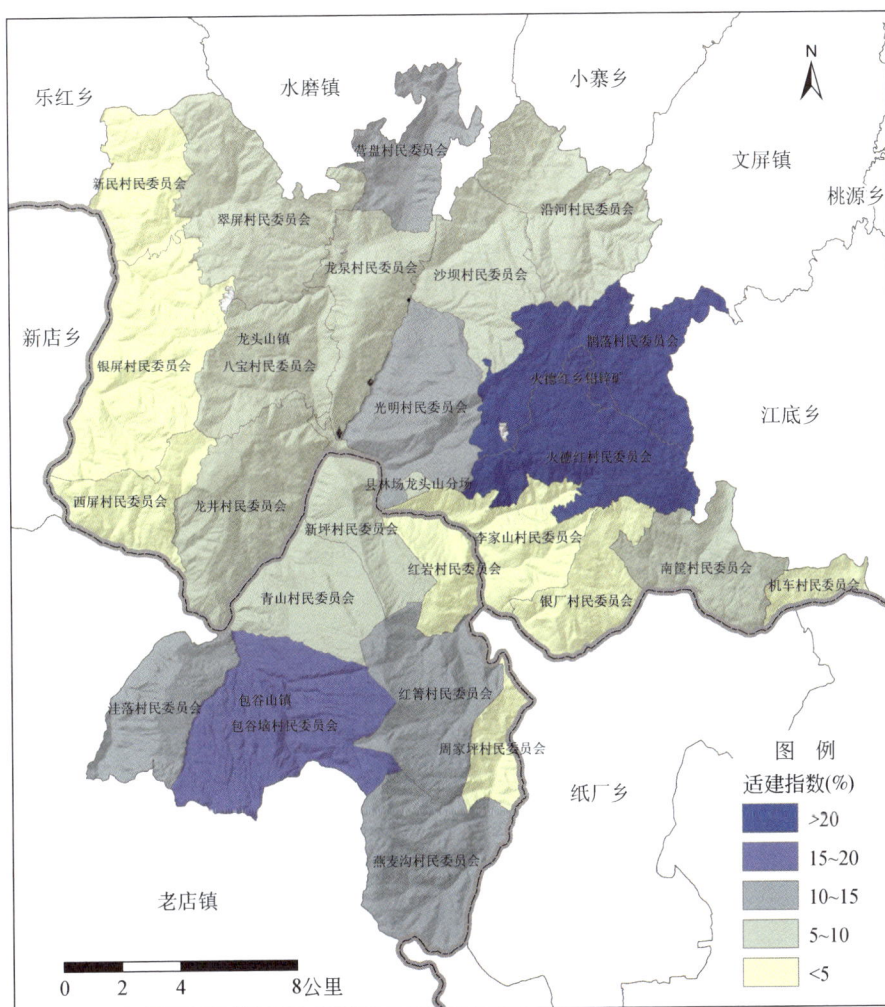

图 2-11　鲁甸地震重点受灾乡镇建设用地条件评价图（行政村单元）

第四节　结论和建议

鲁甸地震灾区山高谷深坡陡，江河纵横切割，整体用地条件较差，建设用地资源极为稀缺，后备建设用地潜力受地形条件显著约束，适宜建设用地高度集中于坝区。特别在牛栏江峡谷区，地形坡度约束极为显著，应逐步引导人口外迁。山地丘陵区的河谷和平坝地局部地域建设适宜性相对较优，可适度集聚人口和城镇建设。昭鲁坝区和会泽金钟、者海坝区用地条件良好，具有较大规模的人口集聚和城镇拓展空间。重点受灾乡镇具备集中安置用地条件的村落较少，境内主要适宜进行"插花"式分散安置，对于房屋损毁严重和宅基地、承包地灭失的农村居民，应当采取在县城、集镇统规统建集中安置。

　　鲁甸地震灾区土地垦殖率较高，耕地面积占全区土地总面积三成，约是云南省耕地占总土地比重的两倍。受山地地形和耕作经营方式的限制，鲁甸地震灾区耕地质量总体不高，陡坡耕地和劣质耕地比例较大，实现退耕还林还草的任务仍然艰巨，耕地后备资源开发潜力极其有限。而优质耕地主要分布在坝区，未来坝区建设用地增加的潜力因为耕地保护而更加有限。鲁甸地震灾区林地面积不足，鲁甸县和巧家县大部分地区林地资源分布零散，其生态效益和经济效益均未能达到长江上游重要生态屏障的应有水平。

第三章 地震地质和次生地质灾害危险性

第一节 地震地质条件适宜性

一、地震发育背景和概况

1. 鲁甸地震发震构造

2014 年 8 月 3 日 16 时 30 分，在云南鲁甸县境内发生了 Ms 6.5 地震，中国地震台网中心给出的地震震中位于 103.3°E，27.1°N，震源深度为 12 公里。区内断层均为活动性断层，以走滑断层为主，其中鲁甸—昭通裂带、莲峰断裂带、安宁河断裂带及小江断裂带均为历史大地震高发易发区，地震活动频繁。极重灾区和重灾区内历史地震频发。1917 年至今，巧家县与鲁甸县两地共发生 8 次震级大于 V 级的地震。本次鲁甸地震属于左旋走滑型构造地震。发震断层是一条与北东向昭通—鲁甸右旋走滑断层呈共轭分布的北西向延伸的左旋走滑断层包谷垴—小河断裂。该断裂属云南地区历史上地震最为严重的大型左旋走滑断裂——小江断裂系。包谷垴—小河断裂位于昭通—鲁甸断裂与莲峰断裂之间，并且垂直于这两条断裂（图 3-1）。从断裂活动方式看，昭通—鲁甸断裂与莲峰断裂是两条以逆冲作用为主的断裂带，鲁甸 6.5 级地震所在的包谷垴—小河断裂则以左旋走滑为主要特征，这种位于逆冲走滑体系中的走滑型次级断裂在汶川地震破裂带上也有出现（程佳等，2014）。鲁甸地震虽然震级较小，但震源浅，地表烈度大，地表破裂带特征明显。

2. 鲁甸地震大地构造背景

鲁甸地震与汶川地震和芦山地震同样发生在青藏高原东南边缘。该区主要受到西北向区域构造应力场控制。区内发育东北向、近南北向和西北向多组断裂构造，形成菱形断块（图 3-1）。其中，东北向的莲峰断裂、昭通—鲁甸断裂为本区主体构造，西北向断裂为包谷垴—小河断裂。昭通—鲁甸断裂西北起自彝良牛街西，向西南经昭通、鲁甸，止于牛栏江西南，全长约 150 公里，总体走向东偏北 40°。昭通、莲峰断裂带已不同程度地闭锁。近 10 年来，该构造带及其附近发生的中强地震明显增多，有 2003 年云南鲁甸 Ms 5.0 和 Ms 5.1 地震、2004 年鲁甸 Ms 5.6 地震、2006 年云南盐津 2 次 Ms 5.1 地震，以及 2012 年云南彝良 Ms 5.7 和 Ms 5.6 地震。包谷垴—小河断裂是东北向的莲峰断裂、昭通—鲁甸断裂带及近南北走向的小江断裂相配套的次级断裂，东南起于包谷垴以北的月亮山一带，西北经龙头山、乐红、小河、满天星，止于东坪一带，总长约 40 公里，平均走向西偏北 30°。沿断裂表现为断层垭口、断层槽地等断层地貌，断层露头剖面见破碎带以断层角砾岩为主，断面擦痕清晰，断裂具有左旋走滑兼逆冲性质（李西等，2014）。

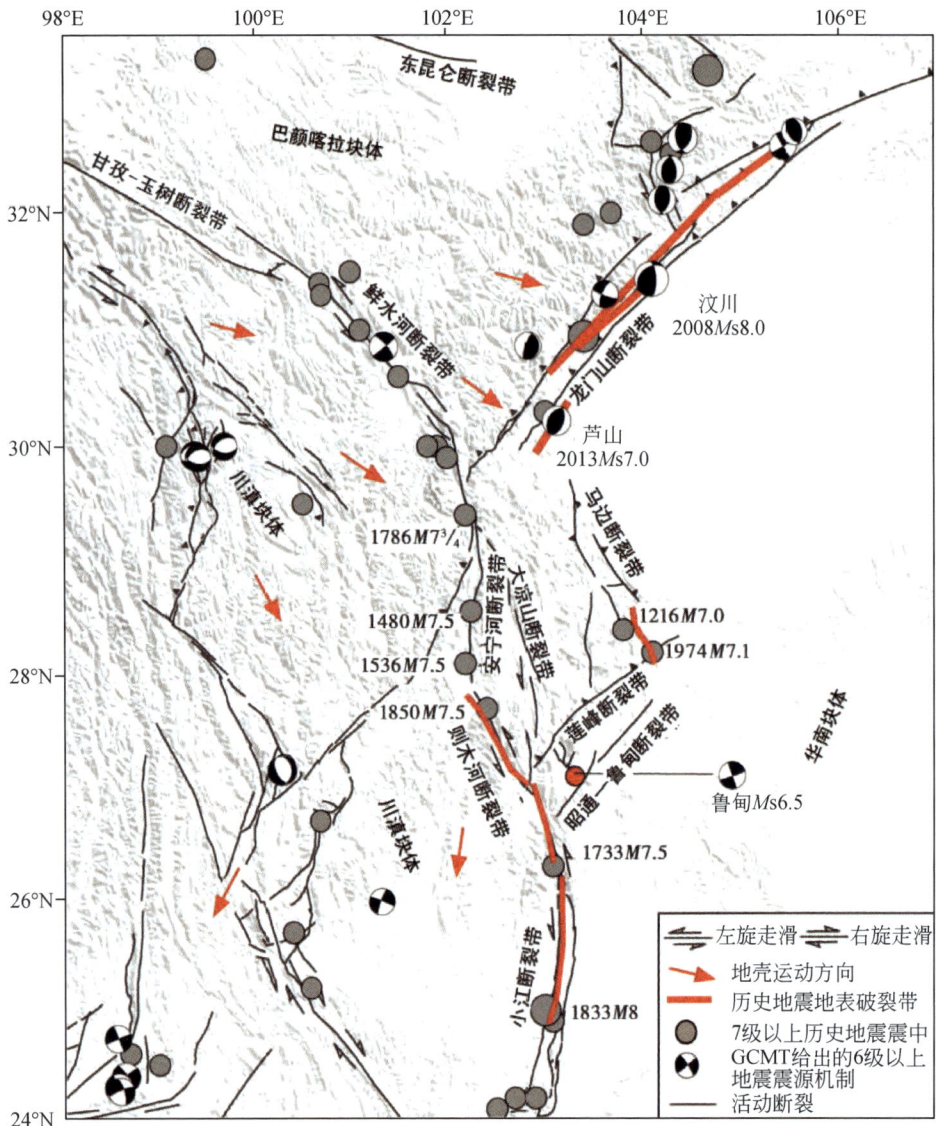

图 3-1　鲁甸地震周边强震分布与活动构造图

注：Ms 为面波震级，M 为估计的无仪器记录的历史地震震级。（程佳等，2014）

3. 鲁甸地震烈度分布特征

鲁甸地震极重灾区综合地震烈度如图 3-2 所示。综合地震烈度是本次地震的破坏烈度，结合《中国地震动参数区划图》（GB 18306—2001），提取二者的最大值。各县受本次地震不同烈度影响区域的面积如图 3-3 所示，从图中可以看出，Ⅸ度区和Ⅷ度区绝大部分都在鲁甸县境内。此次地震的最大烈度为Ⅸ度，等震线长轴呈北北西分布，评价区内Ⅵ度区及以上总面积为 7284.78 平方公里。其中，Ⅸ度区西北自鲁甸县龙头山乡以北，东南至红石岩村以南，长半轴为 14.5 公里，短半轴为 7.5 公里，面积为 87.27 平方公里。Ⅷ度区西北自鲁甸县翠屏乡陈家坪子社，东南至会泽县纸厂乡小海子村，长半轴为 27 公里，短半轴为 17 公里，面积为 290.96 平方公里。Ⅶ度区西北自鲁甸县梭山乡，西南至会泽县大桥乡杨家村，长半轴为 58 公里，短半轴为 42 公里，面积为 1581.42 平方公里。Ⅵ度区西北延伸至评价区以外，东南至会泽县城附近，在评价区内的面积为 5325.13 平方公里。

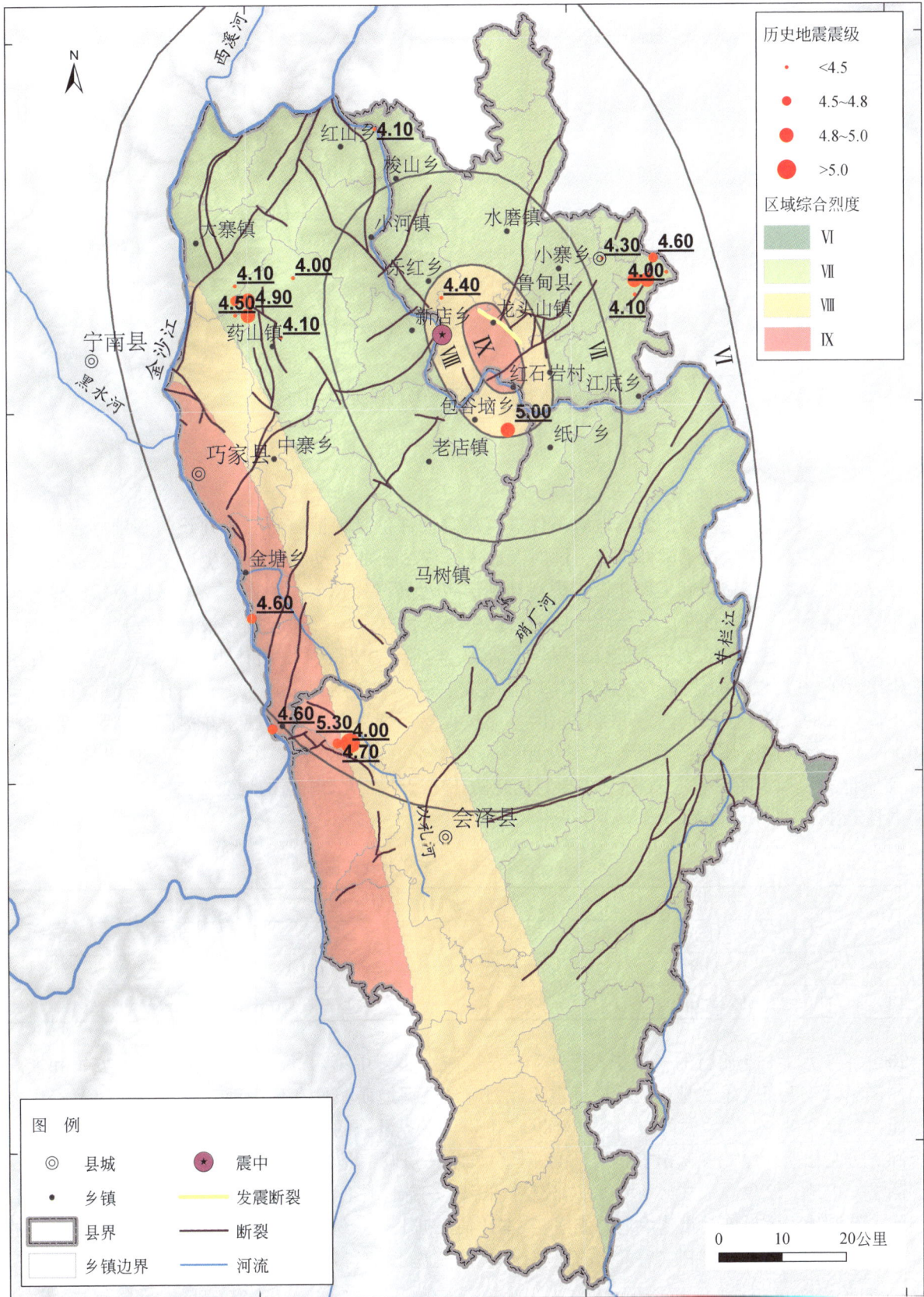

图 3-2　鲁甸地震灾区区域综合地震烈度和历史地震

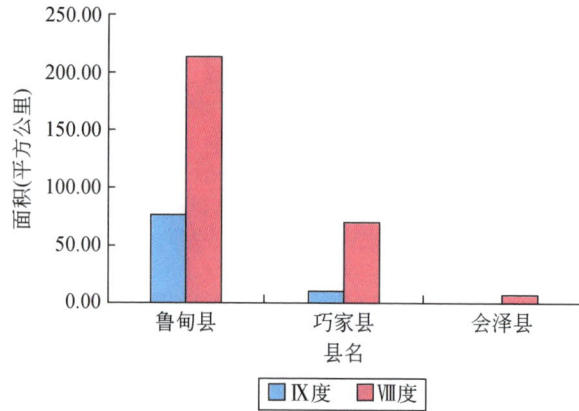

图 3-3　鲁甸地震不同烈度在各县的分布面积

二、地震地质条件评价原则与方法

1. 评价原则

对大震灾区灾后恢复重建的地震地质条件进行适宜性评价是保证震后安全建设的基础，通常考虑地震灾区的地震烈度、断层的活动性特征，同时考虑灾区内主要的活动断裂带发生历史地震震级大小及其地震复发周期。大中型城市和工程建设考虑活动断层带两侧"禁建带"原则，一般民用建筑建设考虑地震断裂带"避让带"，从而进行综合性评估。根据中华人民共和国《建筑抗震设计规范》（GB 50011—2010）规定，对于在活动断裂带上进行工程建设活动，应避开主断裂带，避让距离如表 3-1 所示。甲类建筑指楼层大于 10 层以上的建筑，乙类为 3~10 层建筑，丙类为 2 层以下建筑。在避让距离的范围内确有需要建造分散的，低于三层的丙、丁类建筑时，应按提高一度采取抗震措施，并提高基础和上部结构的整体性，且不得跨越断层线，活断层的安全距离不宜少于 100~400 米。国际上，美国加利福尼亚州在 1994 年修订的《地震断层划定法案》，主要目的是防止房屋建在活动断层的地表形迹之上，规定在地震断层两侧各避让 15 米。

表 3-1　不同建筑类型断层避让范围

烈度	建筑抗震设防类别			
	甲	乙	丙	丁
Ⅷ	专门研究	200 米	100 米	—
Ⅸ	专门研究	400 米	200 米	—

2009 年 5 月 1 日起施行的《中华人民共和国防震减灾法》中第六章（地震灾后过渡性安置和恢复重建）中的第六十七条规定"地震灾后恢复重建规划应当根据地质条件和地震活动断层分布以及资源环境承载能力，重点对城镇和乡村的布局、基础设施和公共服务设施的建设、防灾减灾和生态环境以及自然资源和历史文化遗产保护等做出安排"。第六十六条尤其强调"地震灾害损失调查评估获得的地质、勘察、测绘、土地、气象、水文、环境等基础资料和经国务院地震工作主管部门复核的地震动参数区划图，应当作为编制地震灾后恢复重建规划的依据"。本评估根据上述条例的规定，针对鲁甸地震极重灾区的鲁甸县、巧家县和会泽县，对其灾后重建的地震地质条件适宜性进行综合评价。

2. 避让带确定方法

避让原则根据 2010 年 12 月 1 日国家《建筑抗震设计规范》（GB 50011—2010）第 4.1.7 条，发震断裂最小避让距离为 100～400 米，且不得跨越断层线。考虑到可能余震的影响以及以人为本的原则，规划区内避让提高一级，按乙类建筑设防标准进行避让，Ⅸ度区按照 400 米避让，Ⅷ度区 200 米，Ⅶ度区 100米，Ⅵ度区 50 米。烈度数据均采用鲁甸地震灾区的综合烈度。断层避让边界结果如图 3-4 所示，鲁甸地震灾区核心区的断层避让边界如图 3-5 所示。

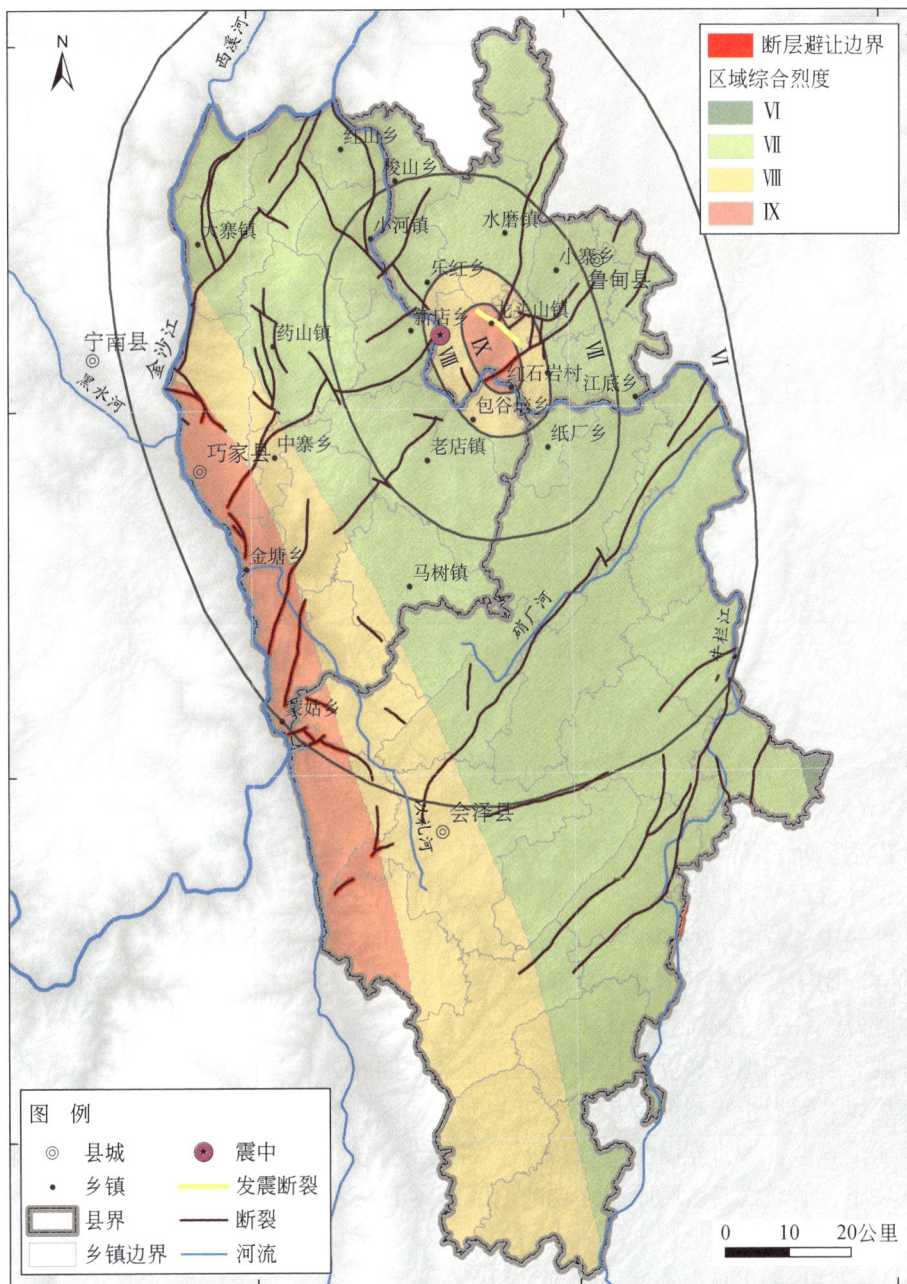

图 3-4　鲁甸地震灾区断层避让边界

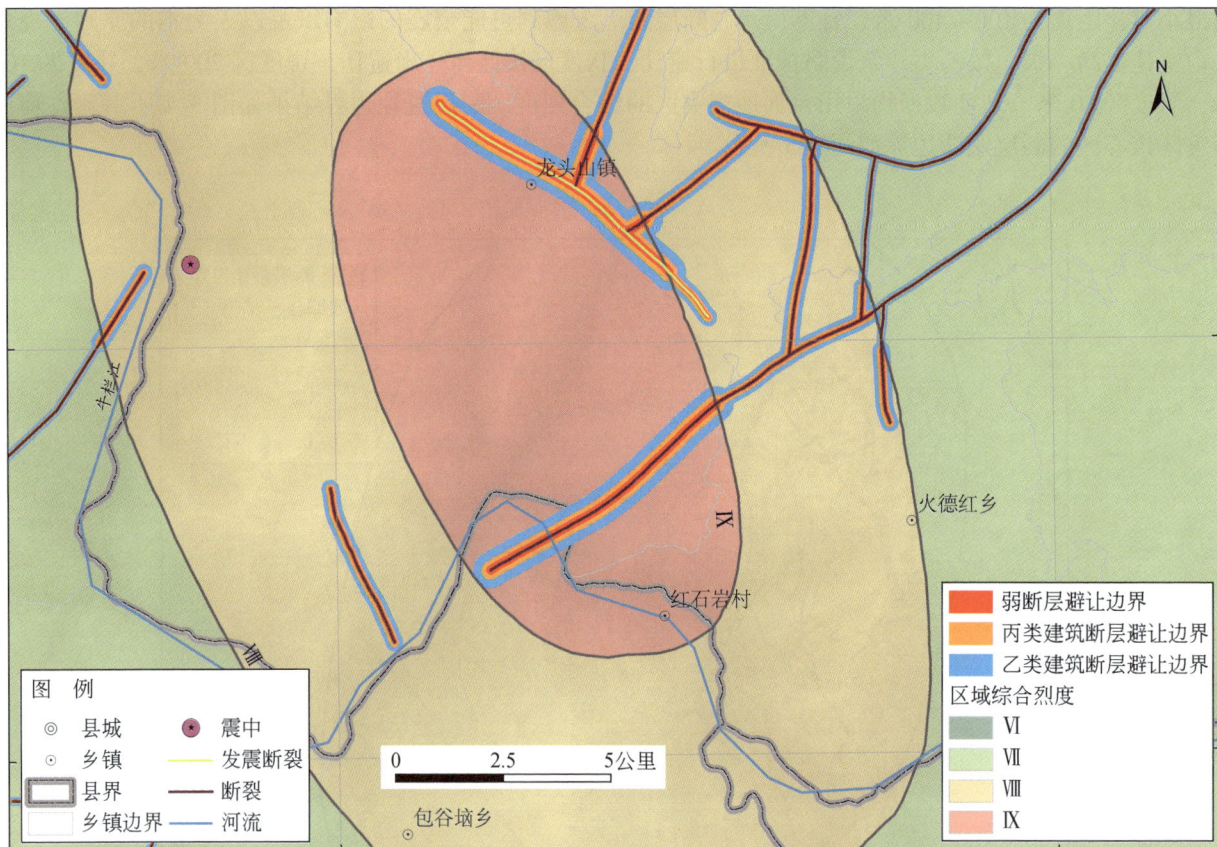

图 3-5 鲁甸地震灾区核心区断层避让边界

三、地震地质条件适宜性评价结果

综合考虑区内活动断层特征、鲁甸地震烈度分布、历史地震事件等因素对灾区重建工作的地震地质条件适宜性进行了评价，并对地震断层"避让带"宽度进行了设定。鲁甸地震地质适宜性综合评价划分为以下5级：良好、中、较差、差和极差，如图3-6所示。地震地质条件适宜区总体分布特征主要受地震烈度和断裂带的共同制约，地震烈度和断裂密度越高，地震地质适宜性越差，地震烈度和断裂密度越低，地震地质适宜性越好。各适宜区面积统计如表3-2所示。

原则上地处地震断裂带地震烈度达Ⅸ度地区，尤其是同时处于地震断层带的地区，属于生态重建的区域；Ⅷ度烈度区以及断裂带穿越的乡镇，属于适度重建；烈度为Ⅵ～Ⅶ度，而且没有大的活动断裂穿越的地区，属于适宜重建区；烈度为Ⅵ度以下，而且没有较大活动断裂穿越的地区，属于较适宜重建区；烈度为Ⅵ度以下，而且没有活动断裂穿越的地区，属于最适宜重建区。

各分区空间分布情况如下。

（1）地震地质条件极差区域分布

地震地质条件极差的区域应在重建中进行避让。该区分布与断层避让边界分布符合，对不同烈度区域和断层级别具有相应的避让距离。该区面积为48.70平方公里，占评估区面积的0.46%。

（2）地震地质条件差区域分布

地震地质条件差的区域原则上不适宜于震后重建选址，一般作为生态重建区，尤其是Ⅸ度区内断裂带经过的地区。该区分布于Ⅸ度烈度区及断层两侧禁止居民地建设的区域。面积为1008.20平方公里，占评估区面积的9.54%。主要分布于本次地震震中鲁甸北起龙头山镇向西南延伸至红石岩堰塞湖的区域，以及小江断裂带金沙江河谷地区北起巧家新华镇向南延伸至蒙姑以南的小江河谷地区。

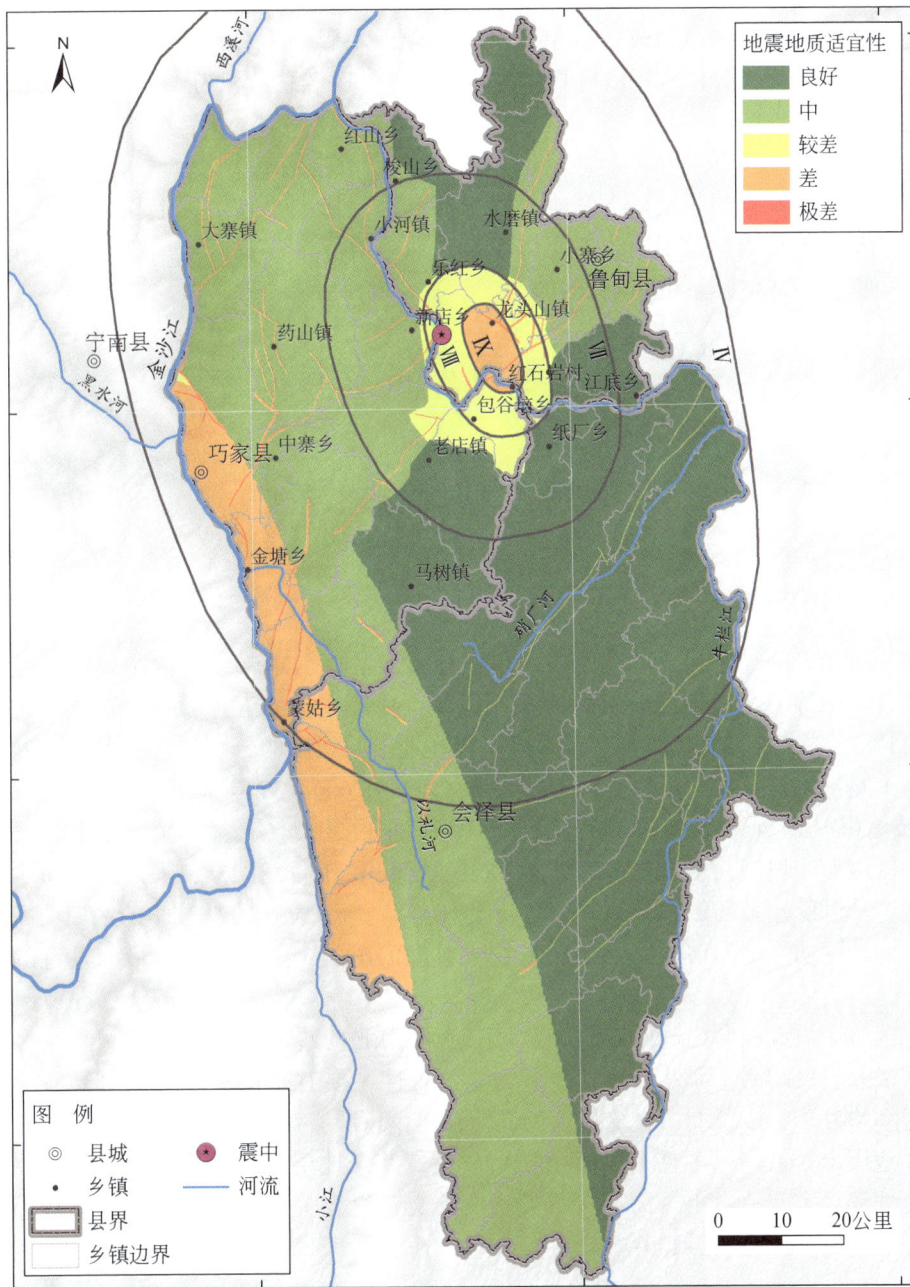

图 3-6　鲁甸地震灾区地震地质适宜性评价结果图

表 3-2　鲁甸地震极重灾区地震地质条件适宜性评价结果

适宜性	极差	差	较差	中	良好
面积（平方公里）	48.70	1008.20	409.80	4343.10	4761.50
比例（%）	0.46	9.54	3.88	41.08	45.04

（3）地震地质条件较差区域分布

地震地质条件较差的区域为适度重建区，是指受地震影响较大，沿断层两侧一定范围的区域。该区域需要经过工程治理才能作为建设用地。总面积为 409.80 平方公里，占评估区面积的 3.88%，主要分布于本次地震的Ⅷ度区以及Ⅷ度区以外沿断裂带两侧一定范围的区域。行政覆盖范围分布于鲁甸火德红乡、巧家县的包谷垴乡以及小江河谷巧家县的中寨乡、老厂乡、五星乡、钟屏镇、大海乡等。

（4）地震地质条件中区域分布

地震地质条件适宜性中的区域为较适宜重建区，指受地震影响一般，基本没有断层影响的区域。该区域内无地质灾害危险的大部分位置可以选择作为建设用地。区域总面积为4343.10平方公里，占评估区面积的41.08%。

（5）地震地质条件良好区域分布

地震地质条件适宜性良好的区域是指基本不受地震和断层影响，且历史上无地震发生的区域。该区无地质灾害危险的地区可作为建设用地。主要位于本次地震Ⅵ度区以及区域地震区划的Ⅶ度区。总面积为4761.50平方公里，占评估区面积的45.04%。

第二节　地质灾害发育背景

一、地质灾害发育自然条件

1. 地形地貌与地质构造

鲁甸地震灾区位于青藏高原和云贵高原向四川盆地过渡的倾斜地带。境内主要构造线为北东、北北走向，形成五莲峰山脉等。全市地貌以山区为主，最高点在巧家县的五莲峰主峰药山，海拔为4040米，区域地形落差可达3000米。鲁甸地震重灾区海拔高程和地形起伏度的分析（匡文慧等，2014）表明：鲁甸地震灾区总体上是沿牛栏江东西两侧高，中间低平，海拔在600~3500米，地面起伏较大。其中，海拔1500米以上区域面积占70.47%，海拔3000米以上区域面积占28.24%。在烈度为Ⅸ度和Ⅷ度的覆盖区域中，76%以上的区域面积坡度大于15°，其中46%的区域面积坡度大于25°，大部分分布于牛栏江沿岸两侧山区。在烈度为Ⅶ度的覆盖区域中，69%的区域面积坡度大于15°，其中37%的区域面积坡度大于25°。灾区山高谷深、河流深切、地形破碎，在地貌上属于典型的山区，是地质灾害最为发育的地区。谷深坡陡，易造成滑坡、泥石流。

鲁甸地震灾区位于川滇经向构造体系之绿汁江—小江南北构造带东缘与其东侧滇东多字形构造结合部位。地层以寒武系、奥陶系、泥盆系和二叠系为主，岩性主要有灰色—浅灰色白云岩和石灰岩，灰绿色、紫红色页岩、粉砂岩，以及上二叠统灰黑色、紫铁黑色斑状玄武岩等（陈兴长等，2015）。鲁甸县境内地层以上古界地层出露最广，占总土地面积的69.8%。其余地层分布零星。境内地层在漫长的地质历史进程中，古地理环境多变，岩相特征、岩石类型及其交互组合关系等，在空间上都有一定变化，地层不整合和超覆现象广泛（唐立梅，2007）。

2. 气象水文与土地植被

研究区属低纬山地季风气候，四季温差不大，年均气温为12.1℃，年平均降雨量为923.5毫米（陈兴长等，2015）。境内地形复杂，山地高差大，气候的垂直变异远大于水平变异，形成典型立体气候（胡金，2007）。灾区水系水量充沛，多属雨水补给型的高原河流，均属长江水系，其中，直接流入金沙江的有牛栏江、横江和以礼河等。灾区水能资源蕴藏量丰富，在建白鹤滩水电站，装机1305万千瓦。鲁甸县境内西南部河流汇入牛栏江，东北部河流汇入洒渔河，属横江水系。鲁甸县域内主要河流有牛栏江、沙坝河、龙泉河、黑石河、龙树河和桃源河等。

地震重灾区内分布最多的土地利用类型为林地，占区域面积的47.88%，依次是草地和耕地，分别占31.53%和20.48%（匡文慧等，2014）。鲁甸县境内森林植被稀疏，覆盖率低。由于受到自然条件的约束，人多地少。随着人口的快速增长，居民大量的垦荒造地，砍伐森林，造成境内植被急剧减少。据调查，境内植被低于25%的面积约占65%的土地（胡金，2007）。

二、地质灾害发育情况

1. 地质灾害发育总体情况

鲁甸地震受灾区域地质环境复杂，山区为主，平原主要分布在灾区内会泽县的南部。该区域地形地貌、地层岩性、地质构造多变，新构造运动活跃，加之暴雨、地震以及人类工程、经济活动日益频繁的影响，该地区已经成为崩塌、滑坡、泥石流等山地灾害最为发育的地区之一，并且震前不同地区所发生的山地灾害类型多样、特征各异，具有点多面广、成灾迅速、危害严重、爆发频繁、监测预报难度大等特点。另外，灾区人均土地资源少，土地过度垦殖，开发过度造成水土流失面积大，导致生态环境恶化，生态问题也较为严重。灾区不同类型地质灾害的空间分布及其密度分布情况如图3-7和图3-8所示。该区域山地灾害的主要类型为崩塌、滑坡、泥石流，其次是不稳定斜坡与塌陷等。

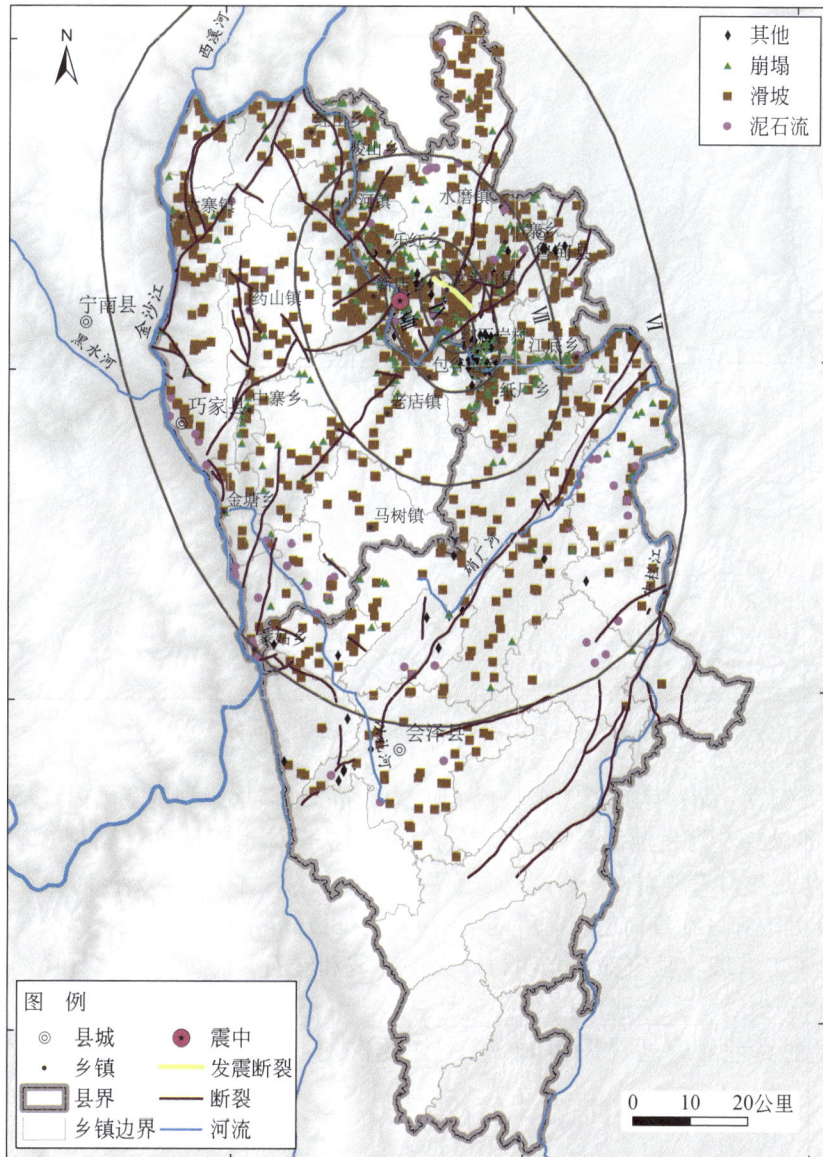

图3-7　鲁甸地震灾区不同类型地质灾害空间分布图

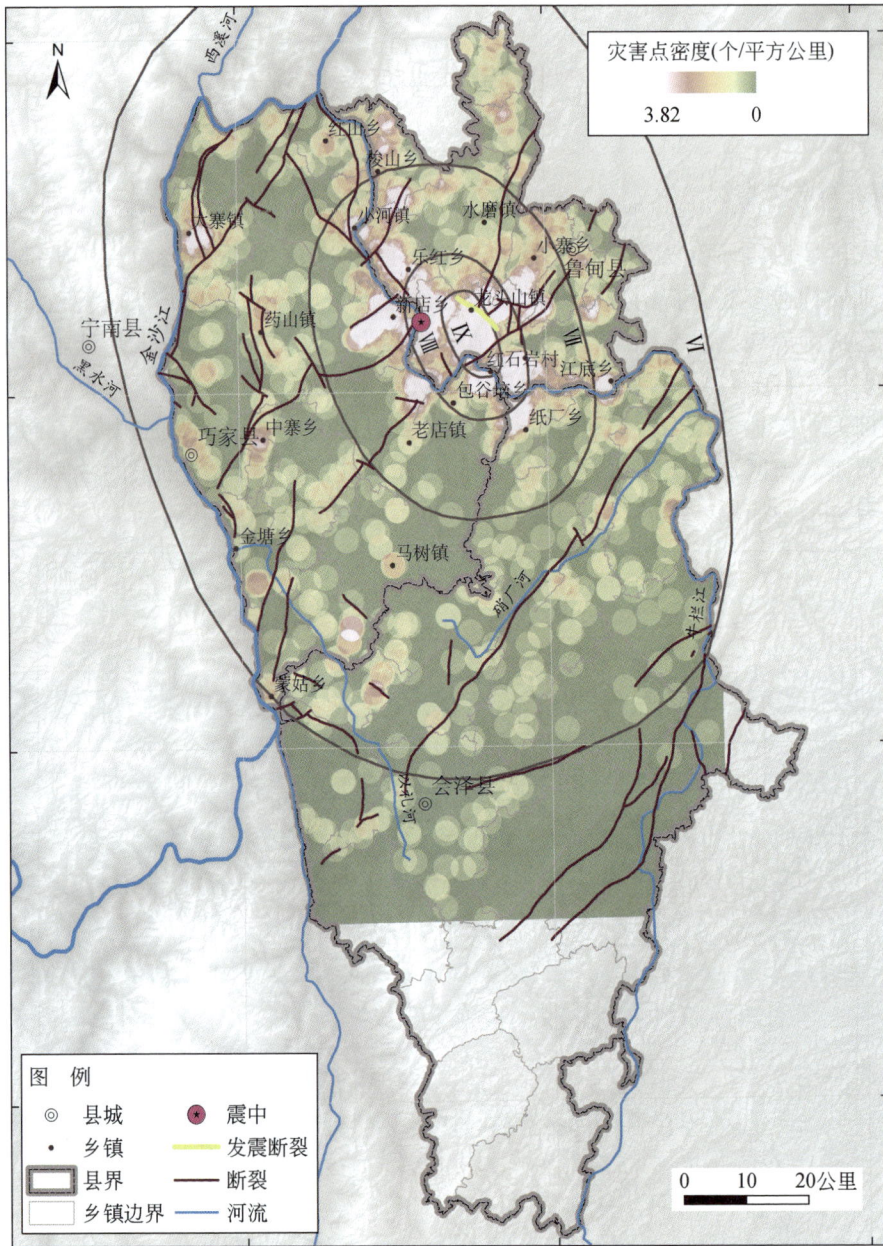

图 3-8　鲁甸地震灾区地质灾害密度空间分布图

　　鲁甸 6.5 级地震触发大量次生地质灾害。现场调查表明，地震Ⅸ级烈度范围内地质灾害很严重，特别是沿昭通断裂和杂谷脑—小河发震断裂一线。灾害类型以松散体滑坡为主，断裂及震中附近规模较大，其他区域以浅层滑坡为主。玄武岩及灰岩区易发崩塌，巨石常见。在 2014 年鲁甸地震后，灾区地质灾害隐患点增加至 1459 处。灾区在鲁甸地震前后的地质灾害空间分布如图 3-9 所示。

　　本次地震触发了王家坡、甘家寨和光明村等大型滑坡和红石岩特大型滑坡（图 3-10）。这些大型滑坡造成 90 余人死亡和失踪，大量财产损失、交通中断。红石岩滑坡则堵断牛栏江，形成坝高 107 米、库容 2.6 亿立方米的高危堰塞湖（图 3-11），成为此次地震灾区威胁最大的次生灾害（陈兴长等，2015）。

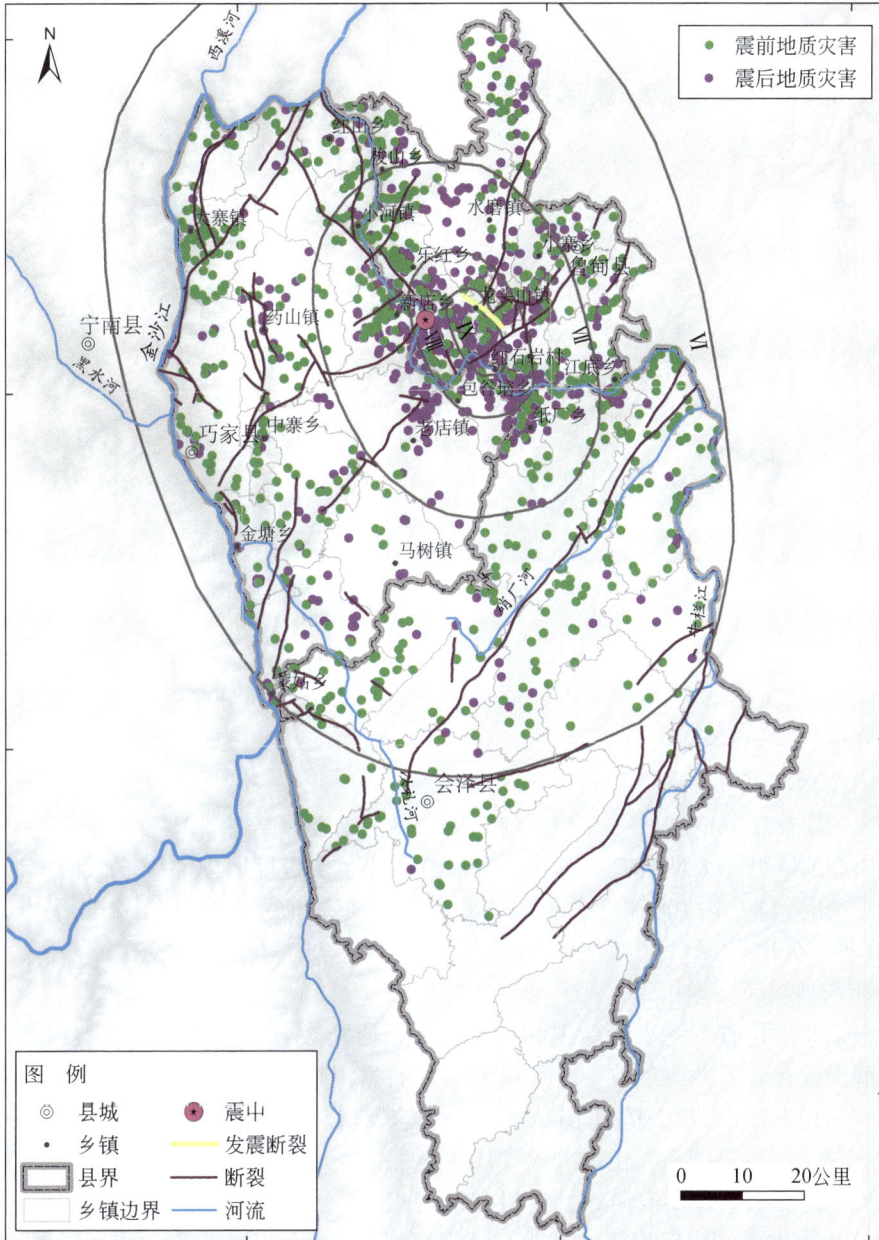

图 3-9　鲁甸地震灾区震前震后地质灾害空间分布图

图 3-10　红石岩特大型滑坡全貌

（陈晓利等，2015）

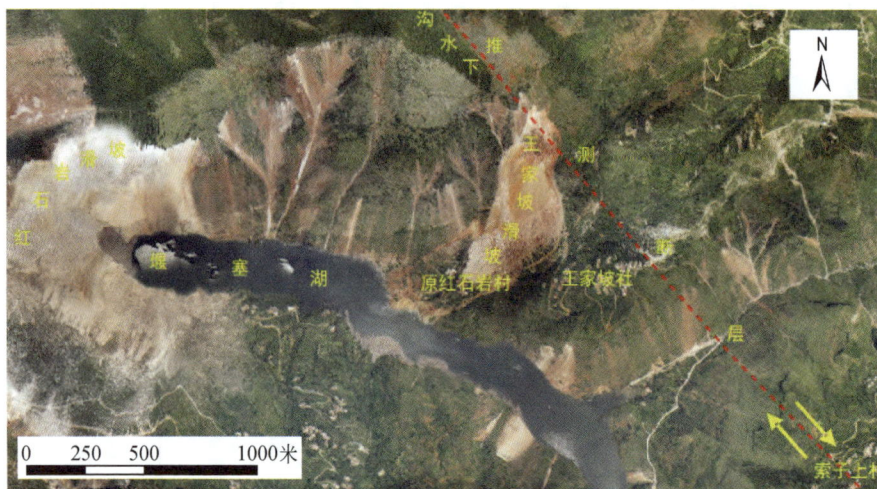

图 3-11 红石岩滑坡堵江堰塞湖低空遥感影像
(陈兴长等，2015)

受地震、岩性和岩层的影响，地震次生地质灾害具有一定的空间分布及活动特征。本次地震诱发次生地质灾害空间分布呈现如下特征。

（1）空间分布受地震烈度控制

次生地质灾害主要分布在地震烈度Ⅸ度区内。Ⅸ度区内有地质灾害 121 处，密度为 134 个/100 平方公里；本次地震典型的巨型、大型滑坡、崩塌、堰塞湖均分布于Ⅸ度区内。Ⅷ度区内地质灾害点 258 个，主要以小型为主，密度为 89 个/100 平方公里。Ⅶ度区内地质灾害密度为 26 个/100 平方公里，Ⅵ度区内密度为 14 个/100 平方公里。

（2）空间分布与地质断裂强相关

次生地质灾害主要沿包谷垴—小河断裂和西鱼河—昭通断裂分布。沿发震断裂包谷垴—小河断裂一线诱发了两处巨型滑坡和若干大型滑坡。巨型滑坡为红石岩滑坡和甘家寨滑坡。红石岩滑坡方量约 1800 余万方[①]，阻断牛栏江形成堰塞湖，造成 26 人死亡。甘家寨滑坡约 1680 万方，造成 58 人死亡。

（3）地质灾害沿河谷地带展布，山体放大作用明显

次生地质灾害主要分布于沙坝河河谷、牛栏江河谷以及龙泉河河谷地区。沿沙坝河河谷一线分布有 95 处地震诱发地质灾害点，其中巨型滑坡 1 处（甘家寨滑坡），大型滑坡若干。牛栏江河谷分布有 90 处滑坡，如巨型红石岩滑坡和王家坡滑坡等。地震次生地质灾害主要发生在地形高差大的河谷区域，在高原面上，次生地质灾害发育不典型，说明山体放大作用显著。

2. 地质灾害发育统计特征和趋势

根据国土资源部遥感解译及实地调查结果，鲁甸地震灾区共有地质灾害隐患点 1459 处。其中，崩塌、滑坡、泥石流 1371 处，其他不稳定斜坡与塌陷等隐患点 88 处。灾区原有地质灾害点 765 处，其中大型与特大型灾害点 73 处，主要分布在会泽县与巧家县。震后由本次地震诱发与明显加剧的地质灾害 694 处，其中大型与特大型灾害点 32 处，主要分布在巧家县。表 3-3 为 2014 年鲁甸地震前后的灾害点统计情况，图 3-12 为灾害点密度分乡镇统计情况。

① 1 方=1 立方米。

56

表 3-3　鲁甸地震灾区震前震后不同类型地质灾害分布　　　　（单位：处）

地区	崩塌		滑坡		泥石流		其他		灾害点总计	
	震前	震后	震前	震后	震前	震后	震前	震后	震前	震后
鲁甸县	66	178	158	169	18	20	7	56	249	423
巧家县	32	75	208	130	18	16	2	5	260	226
会泽县	33	6	182	36	25	1	16	2	256	45
合计	131	259	548	335	61	37	25	63	765	694

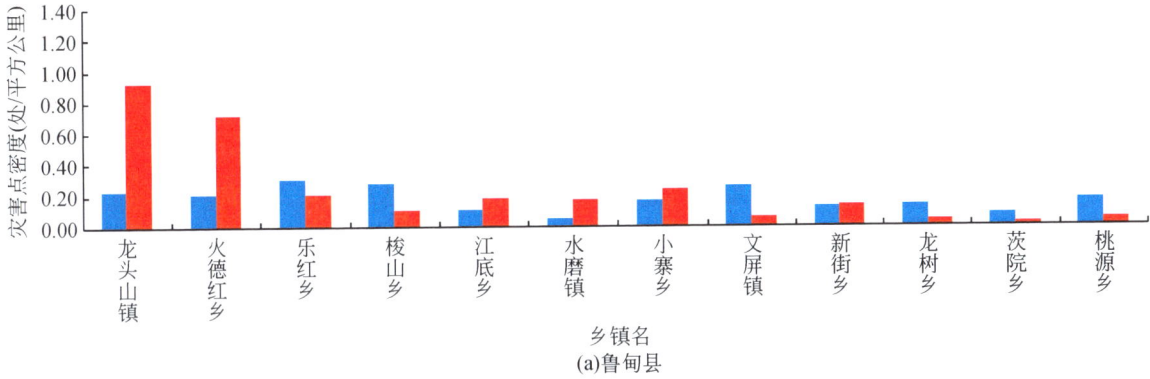

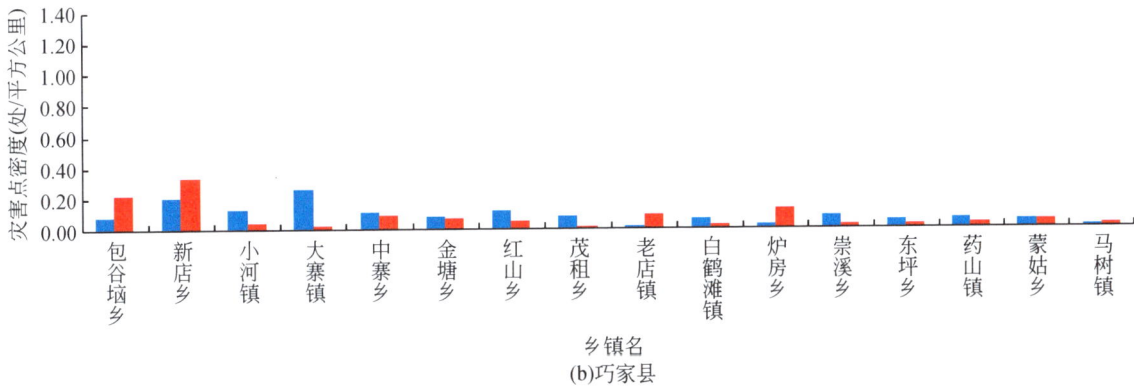

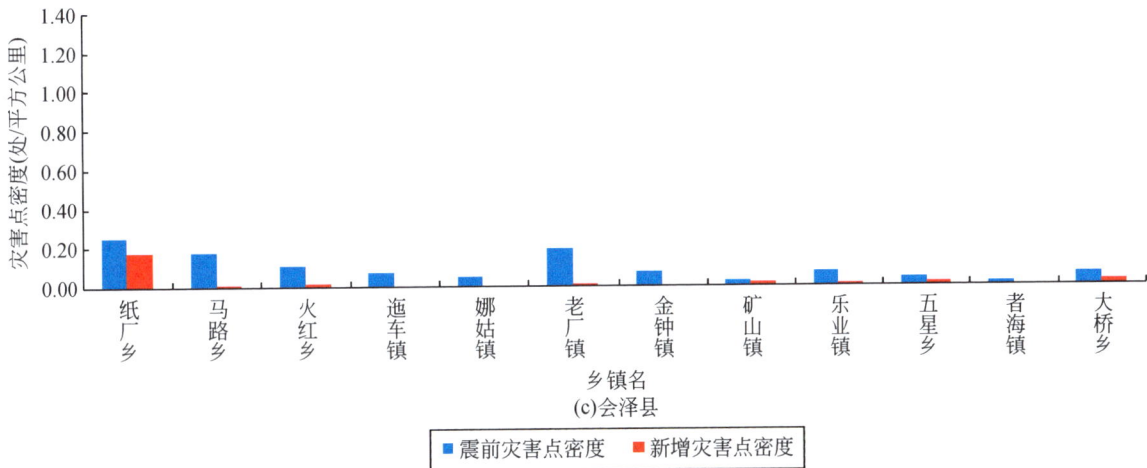

(a)鲁甸县

(b)巧家县

(c)会泽县

■ 震前灾害点密度　■ 新增灾害点密度

图 3-12　鲁甸地震灾区震前震后灾害点密度分乡镇统计

　　灾害类型在震前以滑坡为主，震前已有的害点中滑坡有 548 处，占震前灾害点总数的 71.6%，在鲁甸县、巧家县、会泽县中分布较为均匀；崩塌共 131 处，占震前灾害点总数的 17.1%，其中有半数分布在鲁甸县；泥石流有 61 处，占震前灾害点总数的 8.0%，在次生灾害鲁甸地震灾区内分布较为均匀。

震后新增灾害点以崩塌、滑坡为主。其中，新增崩塌 259 处，占新增灾害点总数的 37.3%，主要分布在鲁甸县及巧家县的东部；新增滑坡 335 处，占新增灾害点总数的 48.3%，主要分布在鲁甸县与巧家县；新增泥石流 37 处，占新增灾害点总数的 5.3%，主要分布在鲁甸县及巧家县的西部。

第三节 地质灾害危险性评价

一、地质灾害危险性评价方法

1. 地质灾害危险性评价技术路线

影响地质灾害发生发展的主要因素有两个方面的条件：易发条件和触发条件。因此，地质灾害危险性评价应综合考虑这两个方面的因素。地质灾害危险性评价的总体思路为：①首先考虑地质灾害的易发条件因子，进行地质灾害易发性评价；②在易发性评价的基础上，综合考虑地质灾害的触发条件因子、地质灾害影响范围与强度和已发生地质灾害频率分布等，进行地质灾害危险性评价。

地质灾害易发性评价能在区域尺度上指出空间位置上未来地质灾害发生的相对可能性。考虑物质条件和地形条件的地质灾害易发性反映了地质灾害的孕育条件，地质灾害危险性评价需要进一步考虑触发条件。考虑地质灾害孕育条件和触发条件的危险性评价，给出了空间位置上地质灾害危险性的相对大小。如何对危险性的相对值进行分级，判断并划分地质灾害不同等级的危险区，是一大难点。地质灾害影响范围与强度评价能利用动力学模型估计地质灾害的影响范围与强度，也就确定了地质灾害的危险区和防治区。另外，已发生地质灾害点的频率分布真实反映了不同区域地质灾害的发育程度。因此，地质灾害危险性评价中还综合考虑了地质灾害影响范围与强度和已发生地质灾害频率分布等。最后在地质灾害危险性评价的基础上，进行地质灾害综合危险性分区、地质环境承载能力分级以及地质灾害防治对策分析等。地质灾害危险性评价的具体技术路线如图 3-13 所示。

2. 地质灾害危险性关键因子

地质灾害的易发条件即孕育条件，可进一步分为物质条件和地形条件。地质灾害的物质条件反映了特定位置提供灾害物质的能力。例如，崩塌的发生需要岩土体的失稳破坏和跌落，滑坡的发生需要不稳定斜坡的存在，泥石流的发生则需要松散物质的存在。地质灾害的地形条件影响地质灾害体的运动，包括运动距离、运动方向、运动速度和覆盖范围等。本次评价选择地质岩性、地质构造、地貌类型、地形高差和地形坡度五个因子作为反映地质灾害易发条件的关键因素。在具备易发条件后，地质灾害的发生必须由特定因素触发。地质灾害一般由降雨或地震触发。因此，本次评价选取降雨和地震作为地质灾害的两个触发关键因子。

（1）地质岩性

岩土体是滑坡、崩塌、泥石流等地质灾害产生的物质基础，地层岩性特征影响着滑坡、崩塌的类型、分布规模及活动方式。工程地质岩组主要指岩层的工程力学特性，根据《工程地质手册》把岩石定性地分为 5 类：硬岩、较硬岩、较软岩、软岩和极软岩。但是，对于地质灾害而言，通常软硬相间岩组更容易发生地质灾害。地质岩性基本打分顺序为"软软相间岩石"高于"硬岩夹硬岩"再高于"单一岩性"。分值越高，越容易发生地质灾害。具体来说，极软岩夹极软岩 9 分，极软岩夹较软岩 8 分，极软岩夹硬岩 7 分，较软岩夹较软岩 7.5 分，较软岩夹较硬岩 7 分，较软岩夹硬岩 6.5 分，单一极软岩 8 分，单一较软岩 7 分，硬硬相间岩石 5.5 分，单一较硬岩 5 分，单一硬岩 3 分，单一极硬岩 1 分。鲁甸地震灾区的地质岩性评分结果如图 3-14 所示。

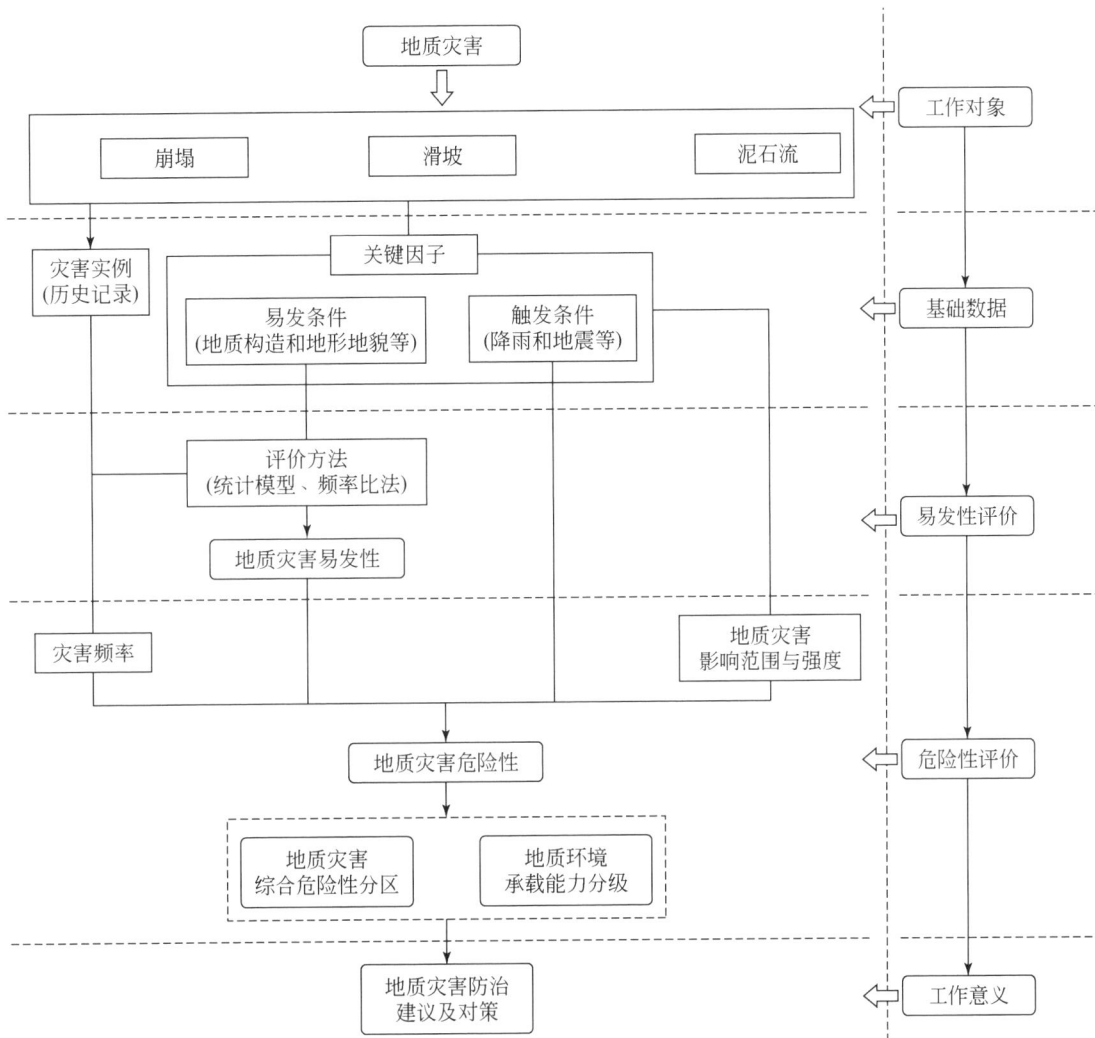

图 3-13　地质灾害危险性评价技术路线

（2）地质构造

地质构造既控制地形地貌，又可控制岩层的岩体结构及其组合特征，对地质灾害的发育起综合控制影响作用。其中，褶皱控制地形地貌；断裂改变岩体结构，破碎带导致岩层破碎、节理发育、风化作用强烈、松散物质储量丰富，为崩塌、滑坡、泥石流的发育提供了大量的物质来源；各类地质构造结构面（如层面、断层面、节理面、片理面和地层的不整合面等）降低岩土体的工程性质，控制滑动面的空间位置和滑坡的周界，控制斜坡地下水的分布和运动规律；斜坡的内部结构，包括不同土层的相互组合情况，岩石中断层、裂隙的特征及其与斜坡方位的相互关系等，与滑坡发生的难易程度有密切的关系。

鲁甸地震灾区地质灾害的发生受断层控制明显，在断裂活跃、密集的区域往往分布有更多的灾害点。灾区的主要断裂包括北东走向的昭通—鲁甸断裂、近北南走向的小江断裂北段和北东走向莲峰—巧家断裂一段。昭通—鲁甸断裂横跨该区域的巧家县和鲁甸县，是境内 5 级以上多次中强地震的主要活动区域，最大地震为 2014 年 8 月 3 日的鲁甸 6.5 级地震，此次地震就发生于该断裂的一条次生断裂即包谷垴—小河断裂上。小江断裂北段对巧家县和鲁甸县南部影响明显。该断裂最大地震为 1930 年 5 月 15 日的巧家 6.0 级地震。这些断裂贯穿的区域又有许多次级断裂和小断层分布，该区域灾害点分布密集。

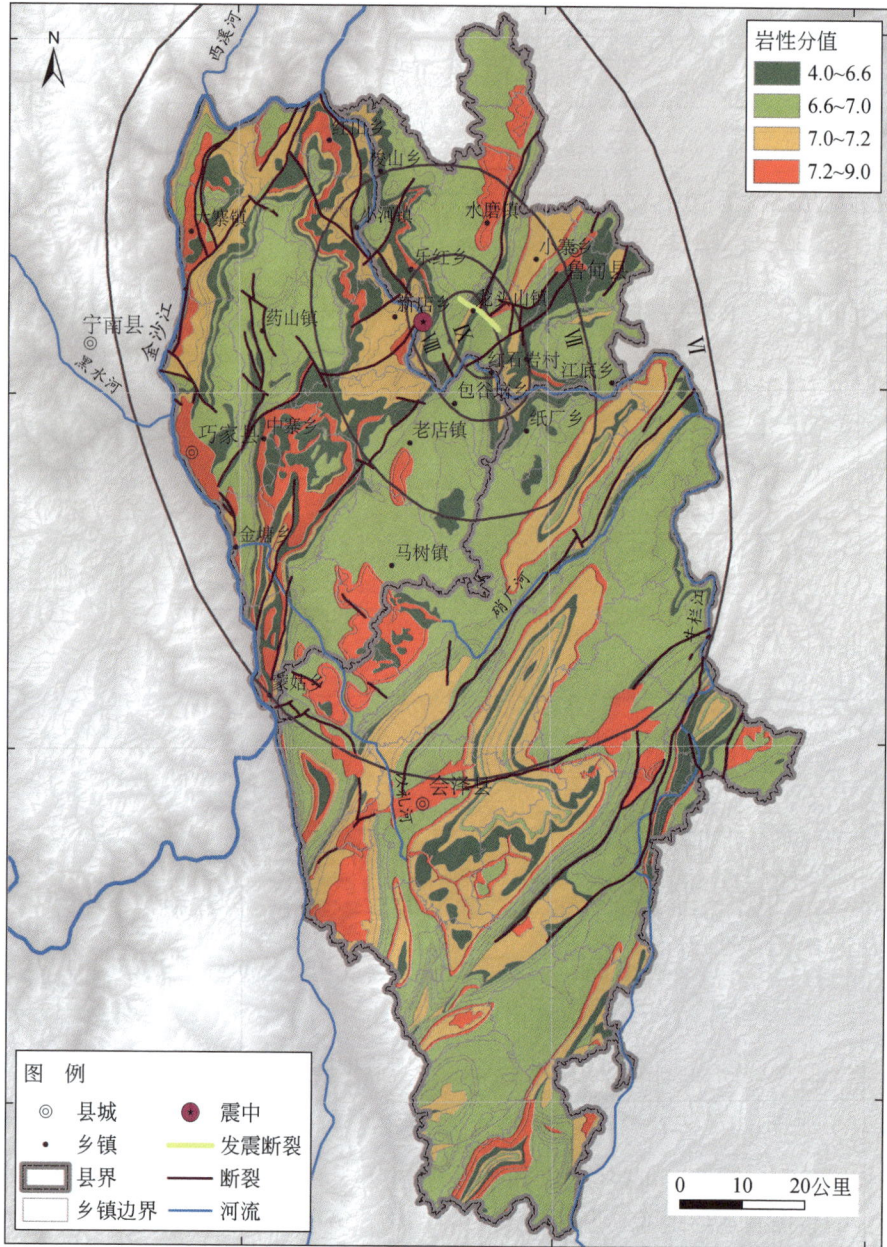

图3-14　鲁甸地震灾区地质岩性评分图

地震灾区内构造断裂较为发育，地质环境复杂。采用构造断裂密度来反映构造断裂的发育程度和对地质灾害的影响程度，构造断裂密度越高，其地质灾害易发条件越好。根据研究区内构造断裂的发育程度、活动方式、活动速率等指标，将构造断裂分为3个等级；然后依据断裂等级计算构造断裂密度（公里/平方公里），如图3-15所示。

（3）地貌类型

地质灾害的发生与地貌的关系十分密切，地貌是地质灾害形成的主控因素之一。从地貌形态来看，地质灾害主要发育于河谷区，高山区偶有滑坡、泥石流和崩塌分布。泥石流分布往往可跨多个地貌单元，其堆积区一般位于峡谷区，物源区高出堆积区有时可达数百米，位于中山、高山区，流通区为二者的连接纽带；滑坡、崩塌、不稳定斜坡主要分布于河谷沿线，原因是河谷区是人类居住及构筑物主要分布区，一般人类工程经济活动强烈，松散堆积体多，且谷底地应力大，岩体破碎。这种分布情况与地貌分区上

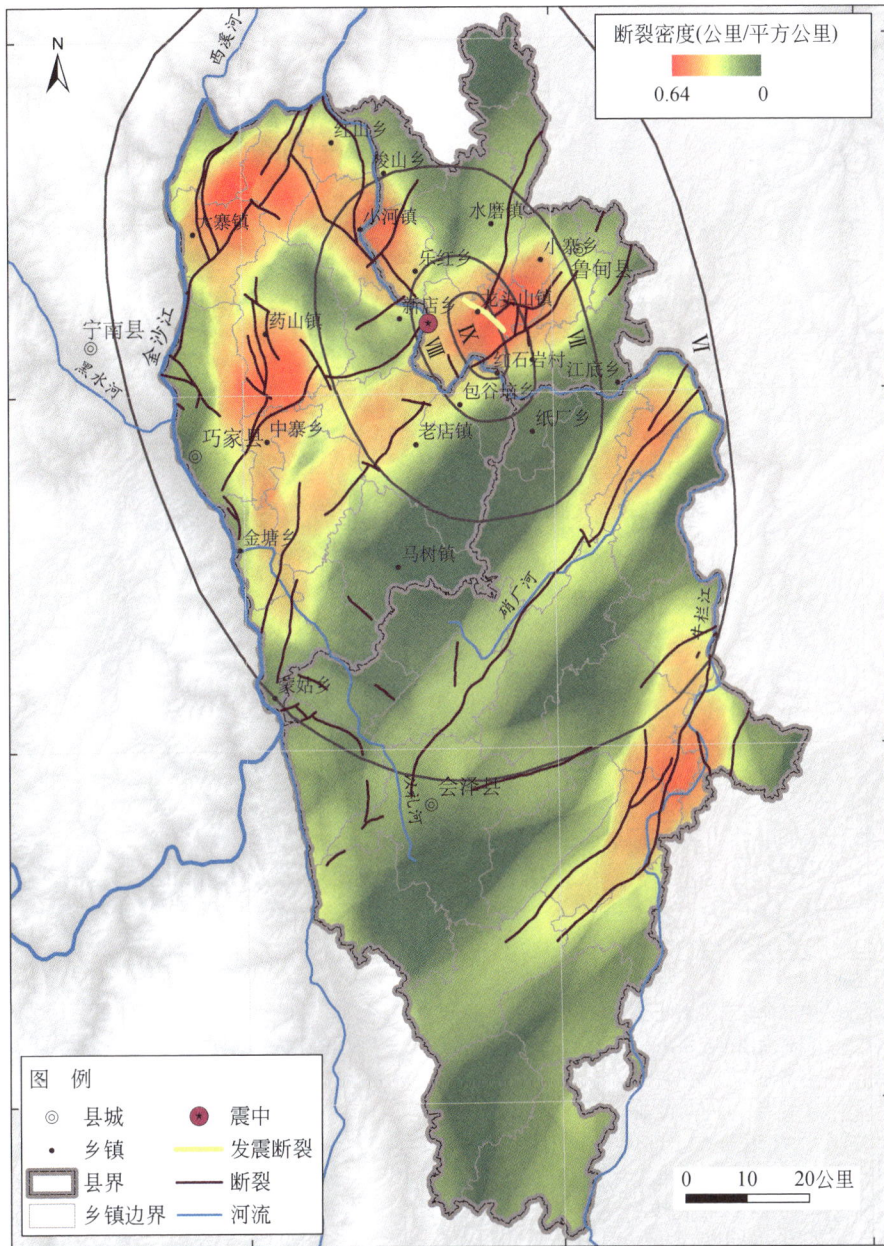

图 3-15　鲁甸地震灾区断裂密度

的地质灾害分布特征相同，也说明了地质灾害的发育分布与不合理人类工程活动的影响作用密切相关。

鲁甸地震灾区大部分属于山地，平原或台地面积小，如图 3-16 所示。区域局部地形变化剧烈，高差变化大，在河谷区域广泛分布着滑坡、泥石流和崩塌。起伏山地、河谷地貌非常有利于地质灾害的形成。灾区在河谷的坡脚分布有较多村落，即使在较陡的谷坡仍有村镇分布，这些高灾害风险区域直接受到地质灾害的威胁。

（4）地形高差

高差可以反映区域地形的起伏状况，同时也在一定程度上反映了地形的破碎程度。因此，地形起伏大的区域为灾害发生提供了物质条件，同时也为灾害发生提供了地形条件。鲁甸地震灾区地形高差空间分布如图 3-17 所示。可以看出，灾区地形高差较大的区域主要集中分布在金沙江和牛栏江沿线，这也是灾害分布集中的区域。

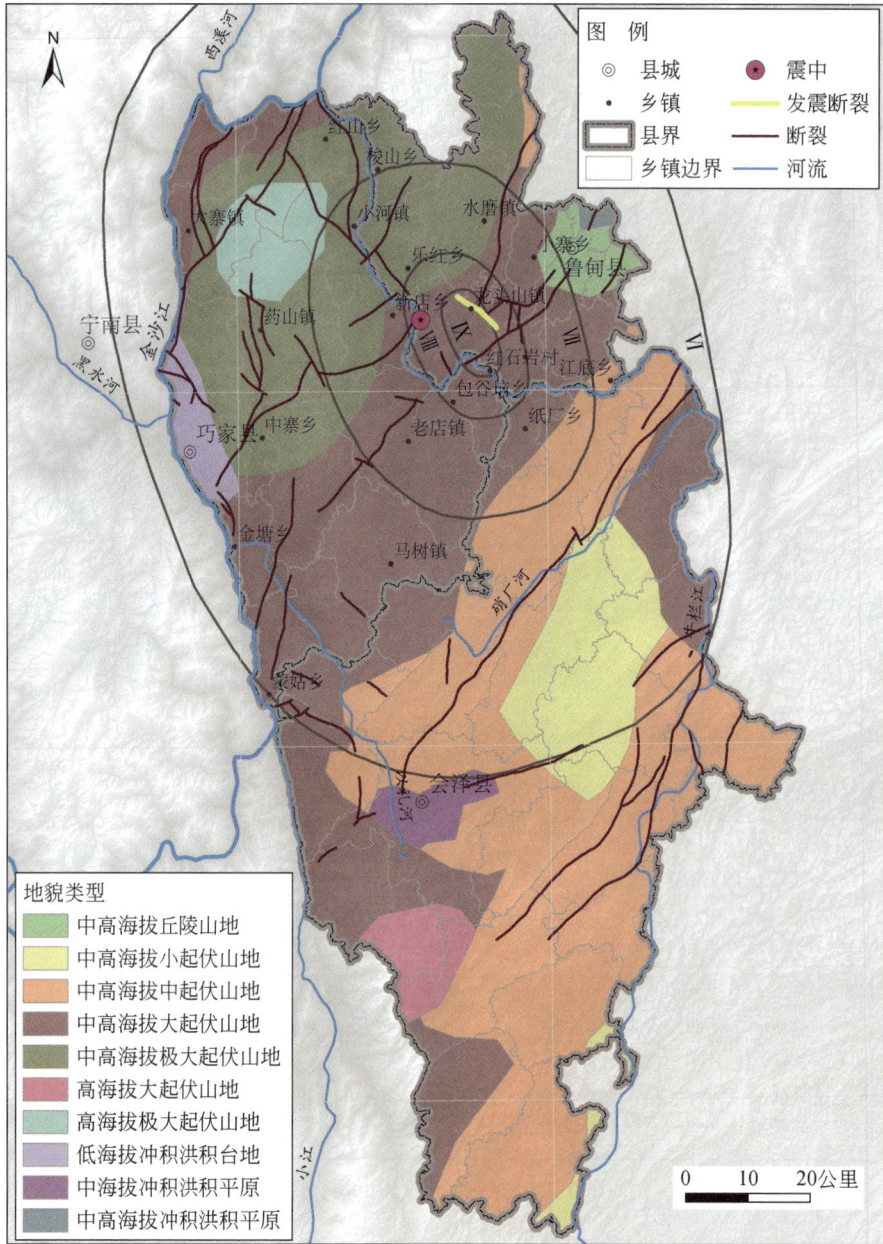

图 3-16　鲁甸地震灾区主要地貌类型

（5）地形坡度

坡度是影响地质灾害启动的动力条件，较高坡度有利于地质灾害的启动发生。但是，过高坡度不利于坡积物、堆积物等地质灾害物源的累积，其地质灾害发生频率相对偏低。据大量研究，地质灾害发生的优势坡度为 30°～50°。进行灾害易发性分析时，将坡度因子划分等级，采用地质灾害频率比方法确定因子等级的敏感性。鲁甸地震灾区的坡度变化情况如图 3-18 所示。可以看出，地形坡度分布的空间格局与地形高差类似，高坡度主要沿大江大河分布。

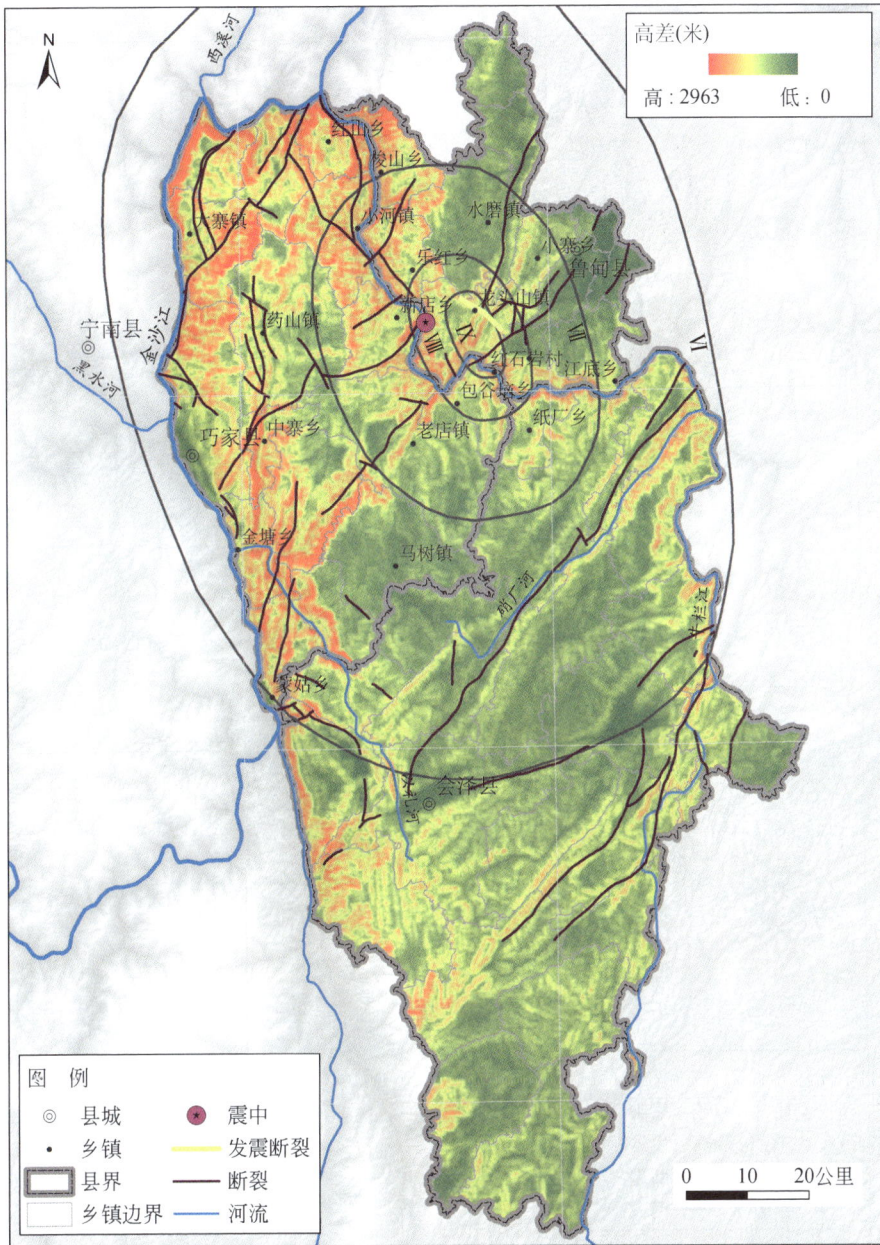

图 3-17　鲁甸地震灾区地形高差图

（6）降雨

降雨是地质灾害的主要诱发因素。降雨不仅增加土体自重，增大下滑推力，还转变为地下水，产生渗透力、空隙压力，软化、润滑滑动面，对松散土体斜坡的稳定性极为不利。作为长时间尺度的地质环境因子，年降雨量的高低对地质灾害的发育也有着一定的控制作用。采用多年平均降雨量与触发地质灾害降雨阈值的比值来表征降雨敏感性，比值越大说明地质灾害降雨敏感性越大，比值越小说明地质灾害降雨敏感性越小。鲁甸地震灾区的年平均降雨量空间插值结果如图 3-19 所示。从图中可以看出，该区域降水空间差异大，呈现北部东部少、西部南部多的特点。

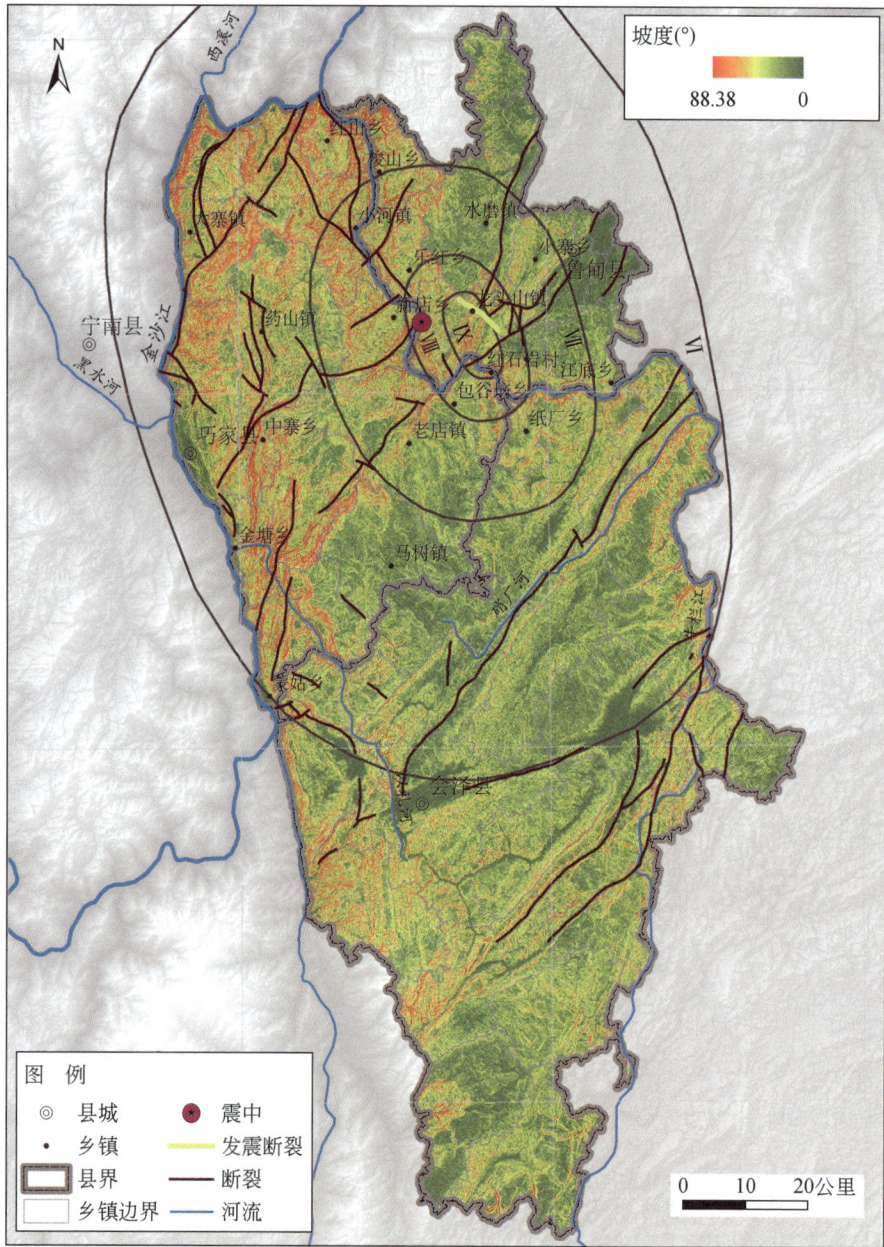

图 3-18　鲁甸地震灾区地形坡度图

（7）地震

地震是强烈的地质灾害诱发因素。地震力不但可直接导致不稳定斜坡失稳，也可造成地表岩土堆积物松动，进而降低区域降雨型地质灾害的降雨阈值。除了较强的地震直接导致滑坡、泥石流和崩塌等地质灾害发生外，震后如遇降雨事件，则可能引发严重的震后次生地震灾害。地震的灾害效应通过综合地震烈度反映（图3-2）。从历史已发生地震看，鲁甸地震灾区地震频次较高，大型水电工程也可能进一步增加附近区域的地震频次。因而，在地质灾害危险性分析中，需要密切关注地震在地质灾害诱发中的作用。

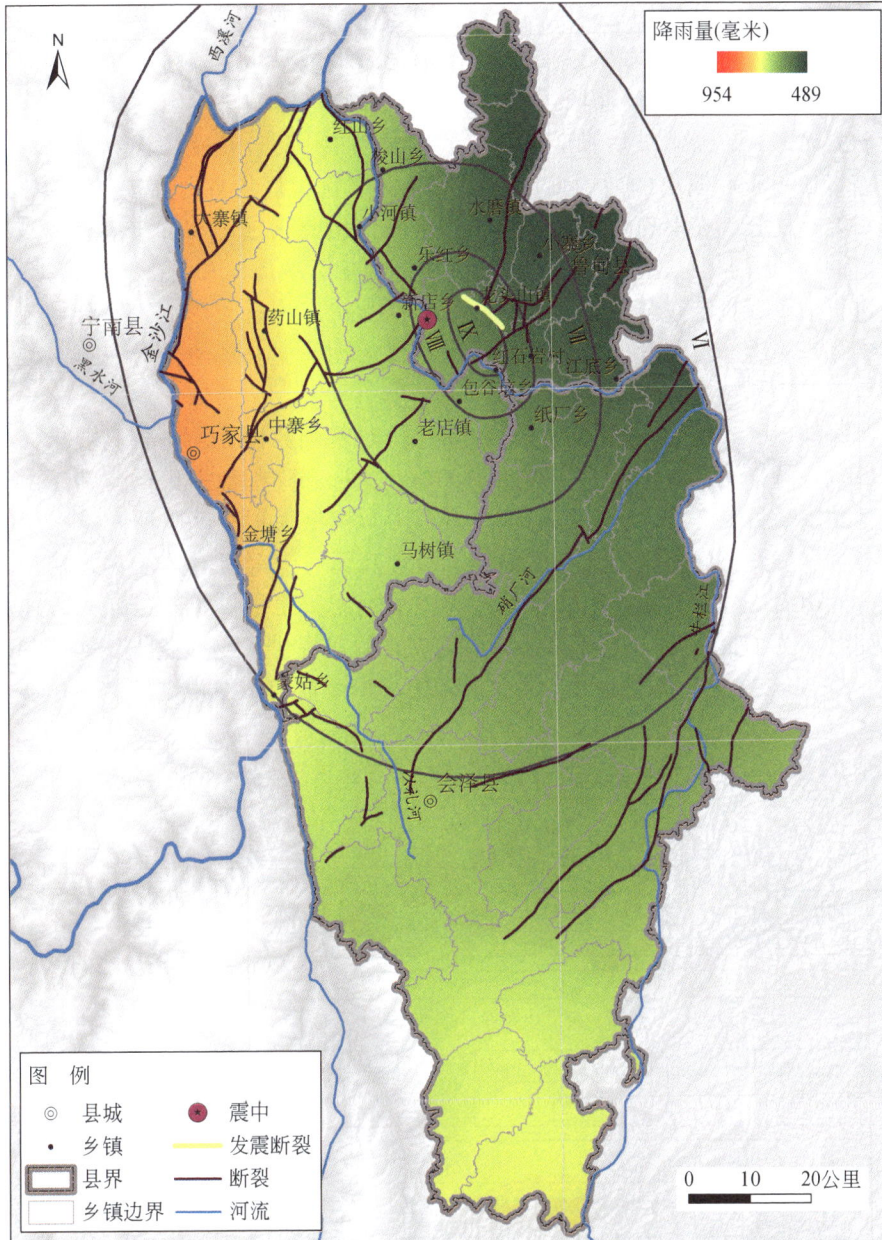

图 3-19　鲁甸地震灾区年均降雨量

二、地质灾害影响范围与强度评价

地质灾害易发性评价使用的数据实际为灾害点，不包括地质灾害的影响范围。利用灾害点提取的地质灾害影响因素信息不能反映全部地质灾害影响范围内的影响因素特征。因此，除了对区域地质灾害易发性进行评价外，还有必要选取特定方法对地质灾害影响范围和强度进行评价。

1. 地质灾害影响范围与强度评价方法

正确划定地质灾害的影响范围，估计影响范围内地质灾害的强度，对划定地质灾害防治区、确定防灾重点和制定防灾预案，具有重要作用。影响区的大小，取决于地质灾害的类型、规模、强度和危害方式。一般来说，不同种类地质灾害危险区的划定，应依据其形成的地质环境条件、规模、引发因素、危害作用方式综合分析判定。

崩塌影响危险区主要为崩塌体下方崩落最远距离内的斜坡或平坝。通过分析崩塌体的运移路径和规模强度，划分崩塌危害区，确定危害区内的影响对象。滑坡灾害影响危险区主要包括直接两个部分（滑坡体上和滑坡滑动方向上）以及滑坡后缘上方一定的影响范围。另外还要考虑灾害链的问题，它指的是山区峡谷因为滑坡堵江回淹和溃决的冲毁地段。泥石流灾害危害区的划分主要根据泥石流的运动特征、沟道特征和规模等综合划分。在泥石流的流通区，为泥石流的流通通道，冲击力强，破坏性大，属于高危险区；在泥石流的堆积区，根据流深、流速等定量指标确定影响规模和范围，并依据堆积地貌的长度、宽度、最大幅角进行估算后划定安全避让边界并分级，据此确定泥石流影响区避险搬迁对象。因为泥石流堆积扇是山区中相对平缓的地区，也是人类居住和耕作活动的主要场所，对泥石流堆积区处的安全避让区划分尤为重要。

对不同地质灾害类型的影响范围与强度进行独立评价对基础数据提出了较高要求，因而只适合小范围的精细评价。特别是对于泥石流灾害，一般需要高精度地形和降雨数据等的支持。由于鲁甸地震灾区范围较大，且数据精度受限，本次评价采用崩塌滚石动力学模型模拟了区内所有类型地质灾害的影响范围与强度。物质条件、触发条件和地形条件是崩塌、滑坡和泥石流等所有地质灾害类型共同所必须具备的发生条件，这为利用简单的动力学模型模拟不同类型的地质灾害提供了理论基础。地质灾害影响范围与强度评价技术路线如图 3-20 所示。具体来说，地质灾害源点提供了物质条件，初始释放高度和速度提供了启动（触发）条件，DEM 提供了地形条件，而碰撞反弹系数和摩擦角则控制着地质灾害的运动学和动力学过程。

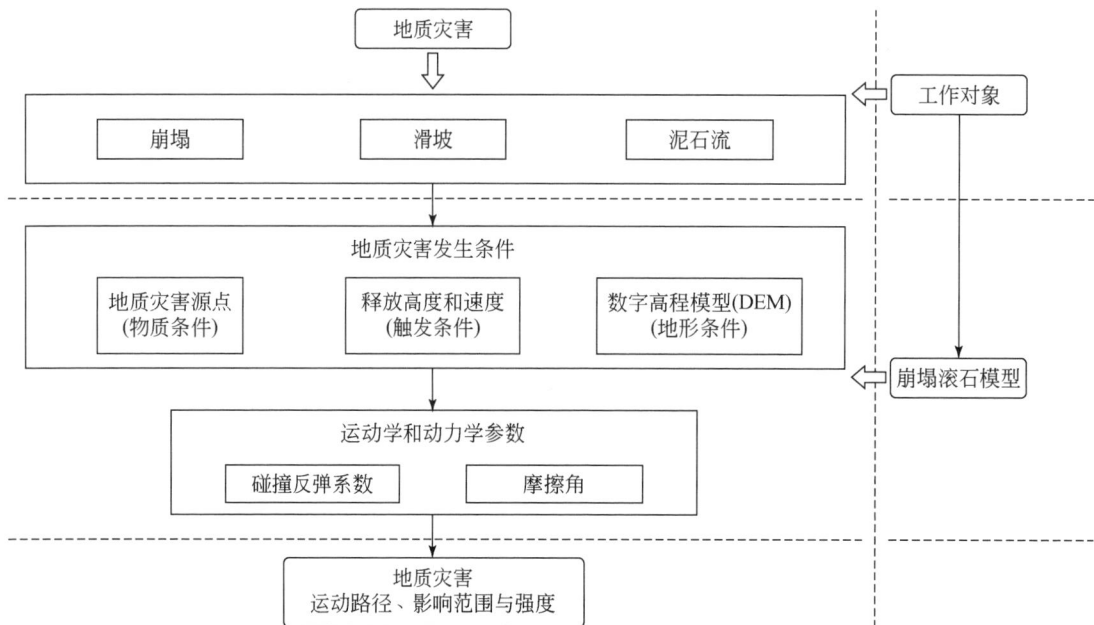

图 3-20 地质灾害影响范围与强度评价技术路线

2. 地质灾害影响范围与强度模拟

将实地调查的地质灾害点和地质灾害高易发点作为源点，并使用分辨率为 30 米的 DEM 数据进行地质灾害模拟。由于模拟的运动路径是线性的，因而利用空间分析的插值运算将其转为栅格，并根据地质灾害实际情况设定地质灾害强度阈值，得到鲁甸地震灾区地质灾害影响区，如图 3-21 所示。严格说来，地质灾害影响区内的人类建设活动都应该进行避让或进行重点工程治理和防治。地质灾害影响范围的空间分布受到源点的空间分布控制。即其空间分布基本与实地调查地质灾害点和地质灾害高易发点的分布一样。

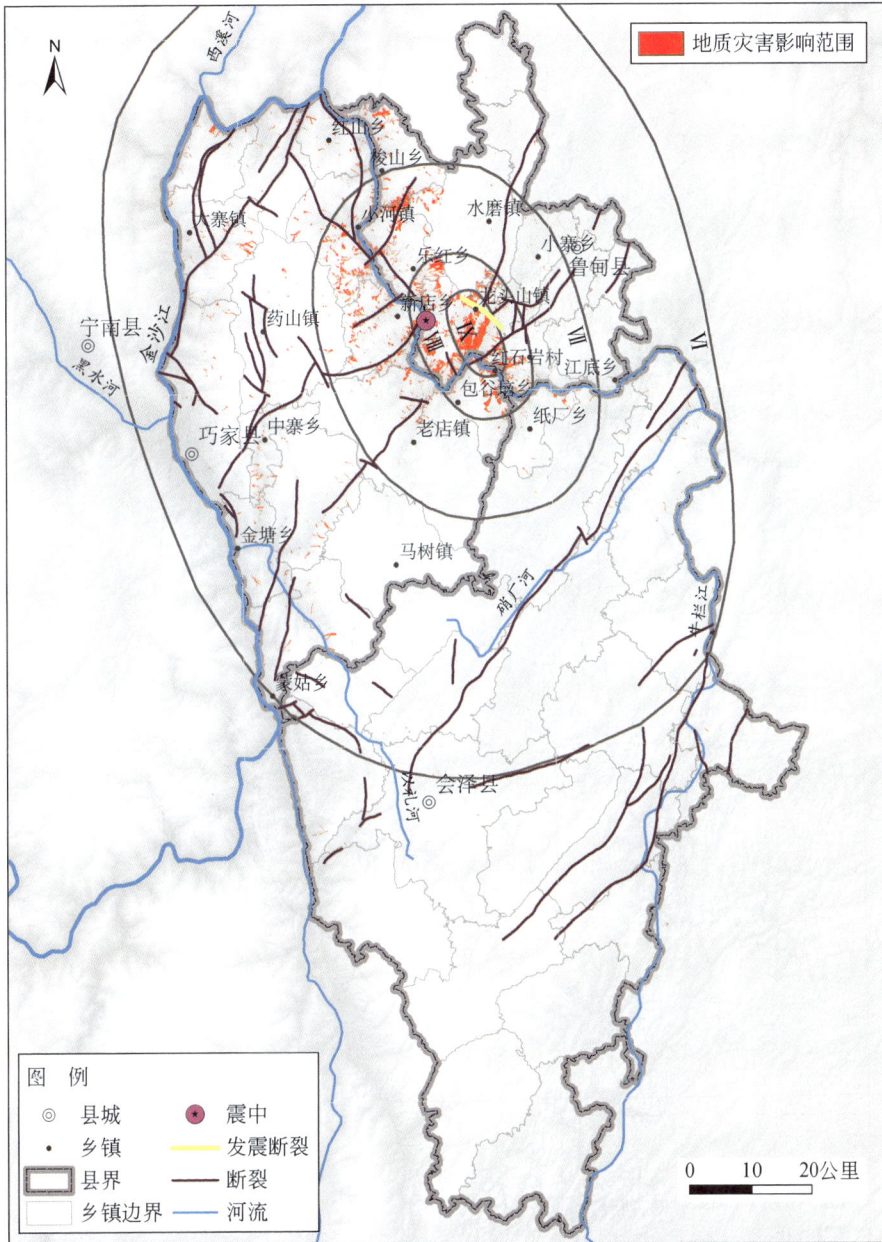

图 3-21　地质灾害影响范围模拟评价结果

三、地质灾害危险性分区

在综合考虑地质岩性、地质构造、地形地貌等地质灾害易发因素以及降雨和地震等灾害诱发因素的基础上，通过加权分析得到区域综合地质灾害危险性评价结果。将危险性按照轻度、中度、重度和极重度进行分级，结果如图 3-22 所示，鲁甸地震核心区的地质灾害危险性分区如图 3-23 所示。可以看出，极重度和重度危险区的空间分布受区内主要构造断裂与河流控制，集中在鲁甸县和巧家县境内牛栏江和金沙江沿岸。地质灾害危险性分区规律如下。

1）地质灾害危险性分区与实际地质灾害空间分布规律吻合。极重度危险区集中分布在地震震中附近，尤其是地震烈度Ⅸ度和Ⅷ度范围以内。危险区明显沿断裂带和河谷展布，如昭通—鲁甸断裂沿线和牛栏江沿线。

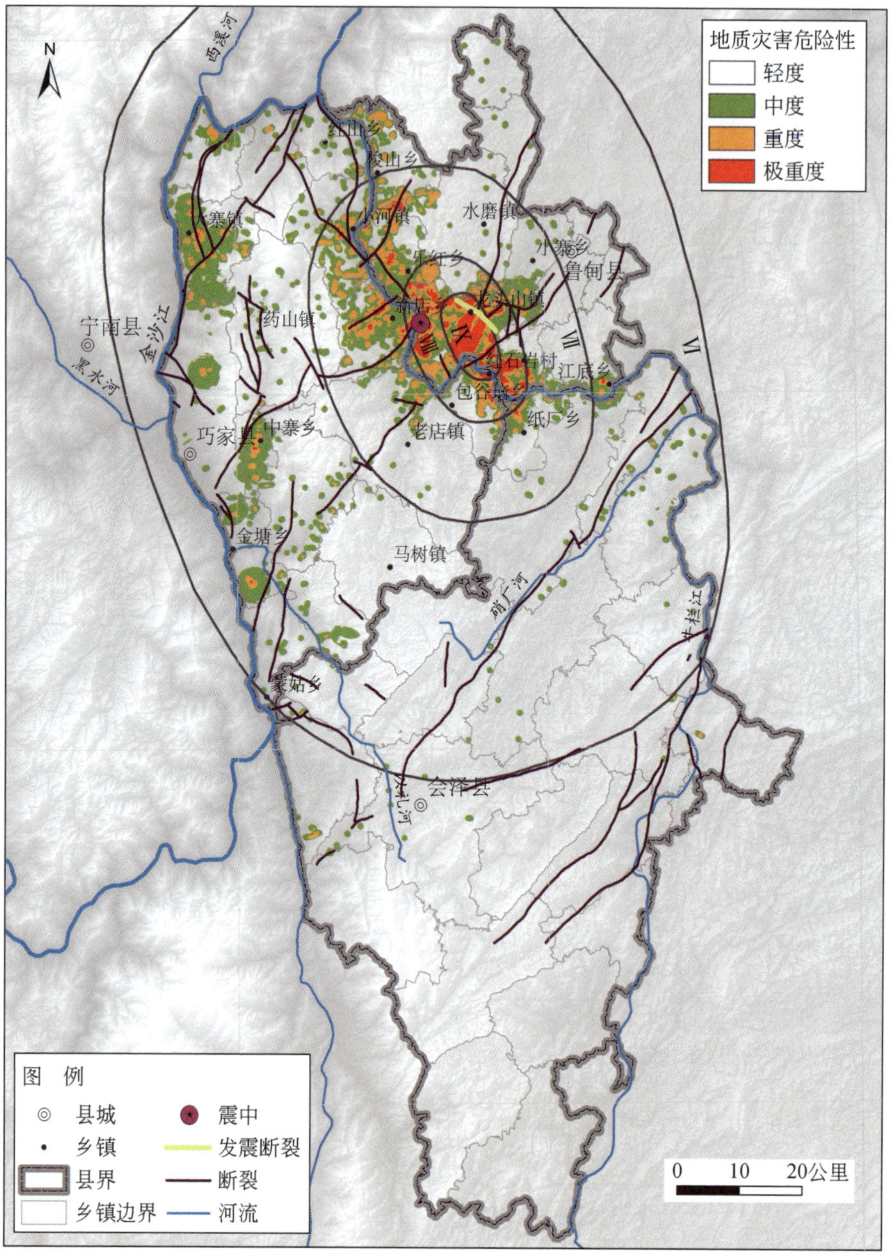

图 3-22　鲁甸地震灾区地质灾害危险性分区

2）巧家县金沙江沿线地质灾害相对其他非震中附近的区域较危险。这是因为巧家县金沙江沿线地势落差大，泥石流等地质灾害发育。其中，尤以地势高陡的大寨乡和荞麦地河谷区域严重。

3）地震震中附近的地质灾害危险区中，龙头山镇危险性最高，火德红乡与包谷垴乡危险性系数较低。宜展开三乡镇的地质灾害防治区精细评价以支持重建安置工作。

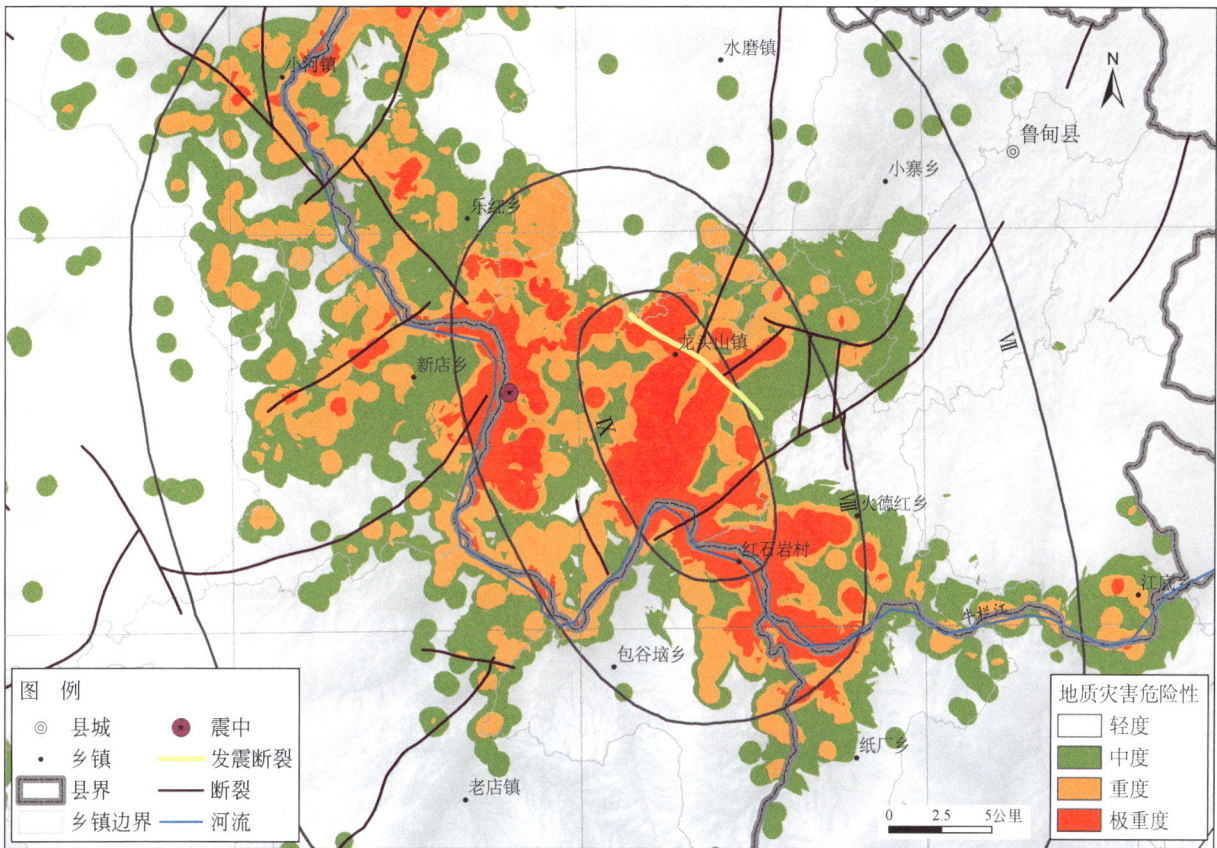

图 3-23　鲁甸地震核心区地质灾害危险性分区

地质灾害危险性极严重区主要分布在三个区域：龙头山镇附近西北–东南向与东北西南向断裂汇合区、红石岩巨型滑坡附近区域、震中附近区域。总体上，地质灾害危险性极严重区与严重区为不适宜重建区。地质灾害危险性按自然分区统计的结果如表 3-4 所示，极重度危险区、重度危险区、中度危险区和轻度危险区分别占鲁甸地震灾区总面积的 1.28%、3.18%、8.48% 和 87.06%。

表 3-4　地质灾害危险性自然分区统计表

分区级别	面积（平方公里）	面积比例（%）
极重度	135.12	1.28
重度	336.11	3.18
中度	896.13	8.48
轻度	9204.02	87.06

在地质灾害危险性评价和分区的基础上，综合考虑各乡镇单元实际发生灾害频率等，进行乡镇单元的地质灾害综合危险性评价，确定各乡镇单元的地质灾害综合危险性分区（图 3-24）和地质环境承载力分级。地质灾害乡镇单元综合危险性分区结果与统计如表 3-5 和表 3-6 所示。

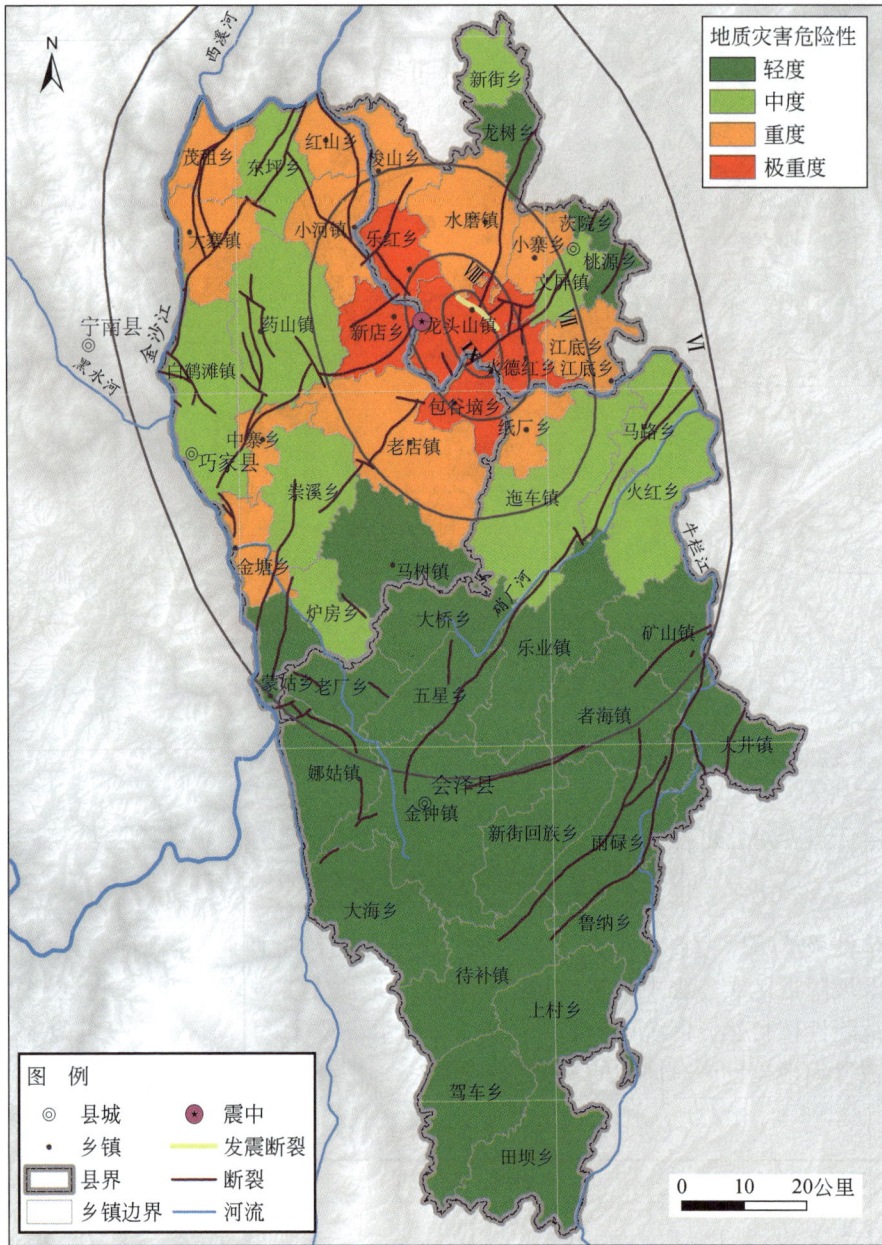

图 3-24　鲁甸地震灾区乡镇单元地质灾害综合危险性

表 3-5　地质灾害综合危险性统计

地质灾害综合危险性分区	分区总乡镇个数	区县市	乡镇个数	乡镇名	地质环境承载力分级	分区特征及对策建议
极重度	5	鲁甸县	3	龙头山、火德红、乐红	极差	该区地质灾害分布广泛、影响范围大、破坏能力极强，灾害工程治理难度大。该区地质环境承载力极差，不适宜进行长久的生产和生活建设活动，应根据灾害的影响范围和强度等信息做好搬迁避让工作
		巧家县	2	包谷垴、新店		

70

地质灾害综合危险性分区	分区总乡镇个数	区县市	乡镇个数	乡镇名	地质环境承载力分级	分区特征及对策建议
重度	12	鲁甸县	4	梭山、江底、水磨、小寨	差	该区地质灾害的影响范围大，破坏能力强，地质环境承载力差，不宜进行规模性的生产和生活建设活动。但也存在少数不连续的，呈孤岛状分布的，危险度较低的，地质环境条件较好的小地块。在对这些地块进行安全论证或进行地质灾害整治保证其安全后，仍然可以建设人口密度在其资源环境承载能力内的农牧区或乡镇居民点
		巧家县	7	小河、大寨、中寨、金塘、红山、茂租、老店		
		会泽县	1	纸厂		
中度	10	鲁甸县	2	文屏、新街	中	该区植被覆盖条件一般比较好，谷底以外的其他区域具有较多的地形平缓区，地质环境承载力中等，可以选择适宜的、未受地质灾害隐患威胁的位置进行适当生产和生活建设活动。但是，在进行规模性建设活动时，仍需要对潜在可能发生的地质灾害进行安全论证并采取防治相应措施
		巧家县	5	白鹤滩、炉房、崇溪、东坪、药山		
		会泽县	3	马路、火红、迤车		
轻度	22	鲁甸县	3	龙树、茨院、桃源	良	该区域地质灾害发生频率较低，地质灾害风险较小，具有较好的地质环境承载力。但是部分区域在历史上发生过较多的中小地震，因而仍需加强地质灾害隐患点的排查和监测，做好灾害防治和应急保障工作
		巧家县	2	蒙姑、马树		
		会泽县	17	娜姑、老厂、金钟、矿山、乐业、大井、五星、者海、大海、大桥、鲁纳、雨碌、新街、上村、驾车、田坝、待补		

（1）极重度危险区

极重度危险区主要分布在鲁甸县的龙头山、火德红、乐红，巧家县的包谷垴、新店5个乡镇。自然单元极重度危险区面积约135平方公里。极重度危险区集中分布在鲁甸地震震中附近的核心区域，具有沿着断层和河流分布的特点，即牛栏江沿岸。地质构造作用形成了该区域基本的地貌格局。有利的灾害孕育环境促使该区域地质灾害频发。

该区域内断裂带地表破碎，在强烈的侵蚀作用下，发育有大型谷地。龙头山包含两个大型V形沟谷，近S-N走向，一直延伸至小寨乡。东西两个沟谷底部地质灾害密集分布，岩土侵蚀非常严重。在龙头山的大部分谷坡都被开垦为耕地，植被覆盖非常差，在极端降水情况下，容易形成坡面泥石流。处在极高危险区的火德红乡地处牛栏江北侧，该区域包含洗马塘组、嘉陵江组并层，洗马塘组岩土主要由黄、灰绿色页岩、粉砂岩、细砂岩夹灰岩及泥灰岩组成。松散的岩土为滑坡泥石流的孕育提供了良好的物源条件。

极重度危险区的主要地貌类型为中高海拔大起伏山地。在牛栏江河谷两侧，地形侵蚀严重，松散岩土体积大，地形起伏剧烈。历史上，该区域地质灾害频发，发生过多起大型地质灾害。在发生较强地震时，容易诱发大型滑坡，形成堰塞湖，进而对下游区域构成严重威胁。沿着牛栏江谷坡有公路通过，发生滑坡灾害时，道路极易损毁造成交通堵塞，甚至直接导致交通事故。在火德红乡南部除了大型深切的河谷外，在岸坡中部和上部还发育着众多中小型侵蚀沟谷。部分居民点分布在谷坡腰部，部分居民点直接分布于河谷侵蚀形成的泥石流冲积扇上。当发生极端降水事件时，该区域的居民点将面临严重的地质灾害威胁。

在鲁甸的龙头山、火德红一带历史上发生过较多的地震，因而需要加强该区域的地震诱发地质灾害预防工作。另外，在鲁甸龙头山、火德红等高地质灾害危险区内，区域降水量大，当发生泥石流或者滑坡灾害时，位于河谷阶地居民聚落之间的公路很容易受损，工程机械设备难以在该陡峭谷坡迅速开展工程抢险，应急救援会变得非常困难。

在极重度危险区内，地质灾害分布广泛、影响范围大、破坏能力极强，灾害工程治理难度大。该区地质环境承载力极差，不适宜进行长久的生产和生活建设活动，应根据灾害的影响范围和强度等信息做好搬迁避让工作。可根据实际地块的土壤性质进行非破坏性的农牧经营活动。

（2）重度危险区

重度危险区主要包括鲁甸县的梭山、江底、水磨、小寨，巧家县的小河、大寨、中寨、金塘、红山、茂租、老店，会泽县的纸厂12个乡镇。自然单元重度危险区面积约为336平方公里。重度危险区集中分布在鲁甸地震核心区外围和巧家县金沙江沿岸两个区域，受断裂与河流分布控制明显。

该区域有多条断层通过，区域地形起伏仍然比较剧烈，高差大，发育有众多沟谷。在沟谷两侧有泥石流沟分布，在公路经过区域，伴随岩土开挖，在路的靠近谷底一侧有众多开挖碎屑物堆积。这些受人工扰动和开挖碎屑物的堆积区在遇到降水较强时，容易发生泥石流灾害。另外，应加强白鹤滩等大型水电站蓄水状态和周边地震关系的研究，须提高这些区域的地震及地震诱发次生地质灾害的防治能力，做好灾害的应急保障工作。

在重度危险区内，地质灾害的影响范围大，破坏能力强，地质环境承载力差，不宜进行规模性的生产和生活建设活动。但也存在少数不连续的，呈孤岛状分布的，危险度较低的，地质环境条件较好的小地块。在对这些地块进行安全论证或进行地质灾害整治保证其安全后，仍然可以建设人口密度在其资源环境承载能力内的农牧区或乡镇居民点。

（3）中度危险区

中度危险区主要分布于鲁甸县的文屏、新街，巧家县的白鹤滩、炉房、崇溪、东坪、药山，会泽县的马路、火红、迤车10个乡镇，自然单元中度危险区面积约为896平方公里。这些区域内地形变化相对平缓，高差较小。在地质灾害中度危险区，已发生的地质灾害分布也具有沿着河流走向分布的特点。

在中度危险区内，植被覆盖条件一般比较好，谷底以外的其他区域具有较多的地形平缓区，地质环境承载力中等，可以选择适宜的、未受地质灾害隐患威胁的位置进行适当生产和生活建设活动。但是，在进行规模性建设活动时，仍需要对潜在可能发生的地质灾害进行安全论证并采取防治相应措施。

（4）轻度危险区

轻度危险区分布于鲁甸地震灾区的其他22个乡镇，集中分布于灾区南部会泽县境内以及东北靠近昭鲁坝子的几个乡镇。该区域地貌夹有中海拔丘陵和平原地貌，部分区域有较平坦的小型盆地，植被覆盖条件普遍较好。这些区域地形变化相对平缓，少有大型深切沟谷。历史上，这些区域发生地质灾害的频率较低，地质灾害风险较小，具有较好的地质环境承载力。但是仍需加强地质灾害隐患点的排查和监测，做好灾害防治和应急保障工作。

表3-6　乡镇单元地质灾害综合危险性评价结果

区县	地质灾害危险性分级	乡镇	极重度		重度		中度		轻度		地质灾害综合危险性指数	地质环境承载力
			面积（平方公里）	比重（%）	面积（平方公里）	比重（%）	面积（平方公里）	比重（%）	面积（平方公里）	比重（%）		
鲁甸	极重度	龙头山镇	707.2	0.34	746.8	0.35	564.6	0.27	89.2	0.04	10.00	极差
		火德红乡	199.2	0.22	139.7	0.15	262.6	0.29	317.5	0.35	8.33	
		乐红乡	78.1	0.06	447.0	0.34	479.1	0.37	295.2	0.23	5.02	

续表

区县	地质灾害危险性分级	乡镇	极重度 面积（平方公里）	极重度 比重（%）	重度 面积（平方公里）	重度 比重（%）	中度 面积（平方公里）	中度 比重（%）	轻度 面积（平方公里）	轻度 比重（%）	地质灾害综合危险性指数	地质环境承载力
鲁甸	重度	梭山乡	16.3	0.01	229.4	0.17	364.4	0.27	735.6	0.55	2.63	差
		江底乡	3.9	0.00	54.4	0.04	135.6	0.10	1208.6	0.86	1.48	
		水磨镇	6.8	0.00	102.6	0.04	236.5	0.09	2354.5	0.87	1.45	
		小寨乡	0.0	0.00	9.6	0.01	191.6	0.20	773.1	0.79	1.32	
	中度	文屏镇	0.0	0.00	0.0	0.00	65.9	0.08	811.3	0.92	1.12	中
		新街乡	0.0	0.00	0.0	0.00	74.3	0.07	996.2	0.93	1.11	
	轻度	龙树乡	0.0	0.00	0.0	0.00	26.4	0.02	1055.8	0.98	1.04	良
		茨院乡	0.0	0.00	0.0	0.00	4.4	0.01	414.8	0.99	1.02	
		桃源乡	0.0	0.00	0.0	0.00	1.7	0.00	578.3	1.00	1.00	
巧家	极重度	包谷垴乡	121.7	0.10	200.6	0.16	218.1	0.17	715.3	0.57	5.83	极差
		新店乡	120.3	0.08	376.6	0.25	589.1	0.40	392.5	0.27	5.60	
	重度	小河镇	18.5	0.01	321.8	0.17	590.5	0.31	991.0	0.52	2.51	差
		大寨镇	8.5	0.00	177.8	0.09	1052.7	0.56	649.2	0.34	2.31	
		中寨乡	3.6	0.00	76.0	0.09	325.4	0.38	458.8	0.53	2.06	
		金塘乡	2.3	0.00	41.5	0.03	442.4	0.37	724.6	0.60	1.76	
		红山乡	0.0	0.00	30.4	0.03	244.5	0.22	817.2	0.75	1.41	
		茂租乡	0.0	0.00	51.2	0.04	259.3	0.20	1000.5	0.76	1.41	
		老店镇	5.8	0.00	114.5	0.03	311.2	0.07	3897.4	0.90	1.30	
	中度	白鹤滩镇	0.0	0.00	24.7	0.01	453.4	0.14	2736.0	0.85	1.24	中
		炉房乡	0.0	0.00	6.5	0.00	194.8	0.15	1131.7	0.85	1.24	
		崇溪乡	0.0	0.00	13.8	0.01	322.6	0.13	2133.9	0.86	1.21	
		东坪乡	0.0	0.00	18.7	0.01	97.5	0.06	1460.0	0.93	1.13	
		药山镇	0.0	0.00	5.7	0.00	260.4	0.07	3586.9	0.93	1.11	
	轻度	蒙姑乡	0.0	0.00	0.0	0.00	66.5	0.05	1142.8	0.95	1.08	良
		马树镇	0.0	0.00	0.0	0.00	33.9	0.01	2892.4	0.99	1.02	
会泽	重度	纸厂乡	57.7	0.06	86.2	0.09	263.1	0.26	589.0	0.59	4.57	差
	中度	马路乡	0.0	0.00	16.3	0.01	136.2	0.07	1789.6	0.92	1.13	中
		火红乡	0.0	0.00	12.4	0.00	187.8	0.07	2463.4	0.92	1.12	
		迤车镇	1.3	0.00	27.5	0.01	187.8	0.04	4422.3	0.95	1.10	
	轻度	娜姑镇	0.0	0.00	16.3	0.01	70.7	0.03	2444.8	0.97	1.06	良
		老厂乡	0.0	0.00	5.7	0.00	34.1	0.02	1573.1	0.98	1.04	
		金钟镇	0.0	0.00	0.0	0.00	83.8	0.01	5563.4	0.99	1.02	
		矿山镇	0.0	0.00	0.0	0.00	26.3	0.01	2219.4	0.99	1.02	
		乐业镇	0.0	0.00	0.0	0.00	38.9	0.01	3597.2	0.99	1.01	
		大井镇	0.0	0.00	4.5	0.00	11.5	0.00	2467.8	0.99	1.01	
		五星乡	0.0	0.00	0.0	0.00	15.1	0.01	2106.8	0.99	1.01	
		者海镇	0.0	0.00	2.5	0.00	18.7	0.01	3628.7	0.99	1.01	
		大海乡	0.0	0.00	0.0	0.00	10.6	0.00	3135.0	1.00	1.01	
		大桥乡	0.0	0.00	0.0	0.00	6.5	0.00	2156.2	1.00	1.00	
		鲁纳乡	0.0	0.00	0.0	0.00	0.0	0.00	1730.9	1.00	1.00	
		雨碌乡	0.0	0.00	0.0	0.00	0.0	0.00	2476.9	1.00	1.00	
		新街回族乡	0.0	0.00	0.0	0.00	0.0	0.00	2647.1	1.00	1.00	
		上村乡	0.0	0.00	0.0	0.00	0.0	0.00	2837.7	1.00	1.00	
		驾车乡	0.0	0.00	0.0	0.00	0.0	0.00	2969.4	1.00	1.00	
		田坝乡	0.0	0.00	0.0	0.00	0.0	0.00	3323.3	1.00	1.00	
		待补镇	0.0	0.00	0.0	0.00	0.0	0.00	3367.2	1.00	1.00	

注："地质灾害综合危险性指数"是综合考虑乡镇单元地质灾害危险性和实际灾害频率得到的从1到10的指数。

第四节 地质灾害防治区评价

在地质灾害危险性评价和分区分析的基础上，主要考虑地质灾害影响范围和强度的评价结果，进行地质灾害防治区划定。地质灾害防治区，指崩塌、滑坡和泥石流等地质灾害多发，危害严重并且威胁到住户生命安全、风险极大的重点治理区域。地质灾害防治区内的灾害隐患难以采用工程等治理手段进行消除，一般需要采取搬迁避让措施。灾害防治区内，原则上应禁止建设各种永久性居民住房、公共设施等。应有序疏解灾害防治区内的散居住户、村落居民点和城镇建成区，严格执行《建筑抗震设计规范》，通过开展地质灾害综合治理、健全监测预警预防措施、确保灾害风险大幅降低。

本次评价利用高精度数据对鲁甸地震极重灾区鲁甸县、巧家县和会泽县进行精细评价，综合地质灾害影响范围和强度的评价结果，得到整灾区内地质灾害防治区划分结果。具体地，结合地质灾害排查数据，综合考虑地震烈度、断裂分布、地层岩性、地形地貌等地质灾害关键因子，首先对灾区地质灾害危险性进行了区域大尺度评价。在地质灾害危险性评价分区的基础之上，进一步利用三维地质灾害过程模型模拟地质灾害的发生频率、影响范围和影响强度，对地质灾害的防治区进行划定和分区。

1. 重点乡镇地质灾害防治区划定

特别地，对于处在震中附近的龙头山镇、包谷垴乡和火德红乡等受灾严重的乡镇，进行了地质灾害的精细评价。采用更高精度的地形数据，主要对镇区附近的崩塌滑坡灾害进行精细分析评估，并对典型泥石流沟进行泥石流灾害的模拟评估。最后，结合利用地震灾后高精度航片解译的灾害点，来划定重点乡镇的灾害防治区。

（1）龙头山镇

龙头山镇大部分区域位于地质灾害危险性极严重区域内，为不适宜重建区。图 3-25 的精细评价结果显示，龙头山镇受次生地质灾害威胁较大。建成区南侧，即河流以南，尤其严重，应严格避让防治。建成区北侧也受崩塌滑坡灾害的威胁，应在工程治理的基础上进行有限避让。同时，镇区西部北侧存在一条泥石流沟，威胁老的龙泉中学等设施建筑（图 3-26），应重点防范。另外，龙头山镇东北方骡马口一带作为灾民临时安置区和重建安置候选区，也受到崩塌泥石流灾害威胁（图 3-27）。

（2）包谷垴乡和火德红乡

总体来说，包谷垴乡和火德红乡受次生地质灾害威胁程度相较龙头山镇轻。包谷垴乡受零星崩塌滑坡灾害威胁，如图 3-28 所示。火德红乡本身位于相对平坦的高地上，但其西侧和南侧濒临牛栏江，发育高陡地形，受到潜在的崩塌滑坡灾害威胁，如图 3-29 所示。总体上，在灾后重建中，包谷垴乡与火德红乡在地质灾害防治适宜性的角度来说具有一定程度的人口承载力。

2. 地质灾害防治区划定

鲁甸地震极重灾区地质灾害防治区分区结果如图 3-30 所示，鲁甸地震灾区核心区地质灾害防治区分区结果如图 3-31 所示。与地质灾害危险性的分布类似，地质灾害防治区的空间分布也主要沿断裂和河流分布。位于鲁甸地震灾区核心区的鲁甸县和巧家县边界牛栏江沿线，以及金沙江沿线和横江及其支流沿线，分布明显集中。受鲁甸地震的影响，鲁甸地震核心区震中附近地质灾害防治区分布最为集中，特别是震中附近受损最严重的龙头山镇。防治区总面积共约 221.24 平方公里，占灾区总面积（10571.38 平方公里）的约 2.09%。

图例
⊙ 乡镇　　　　发震断裂
· 村　　　　　断裂
乡镇建成区

0　0.25　0.5公里

地质灾害防治区

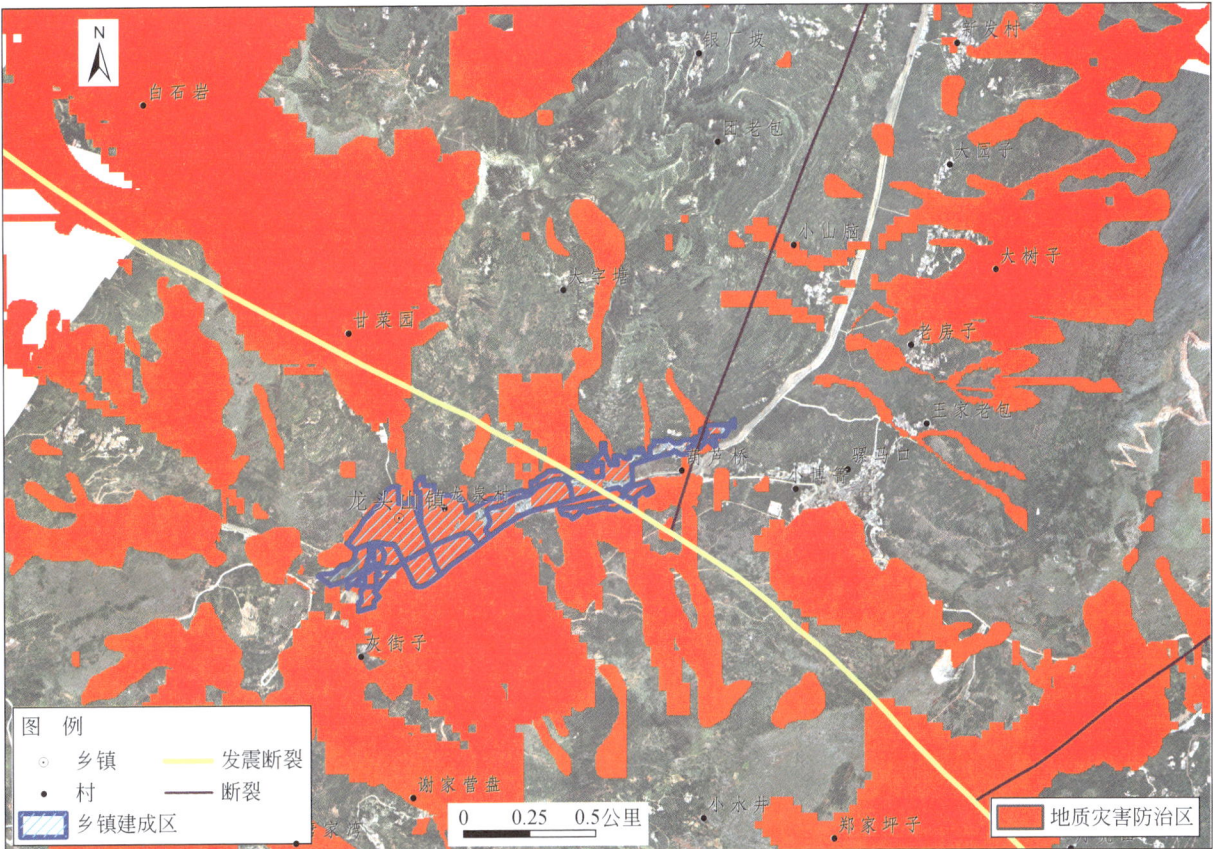

图 3-25　龙头山镇地质灾害防治区划分

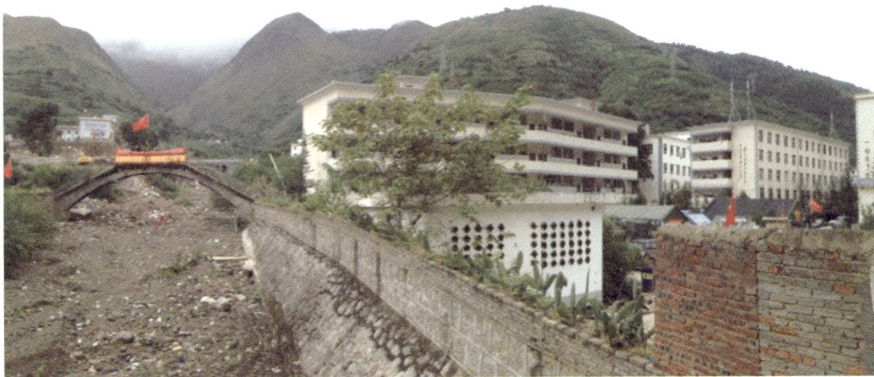

图 3-26　龙头山镇区西部北侧泥石流沟与龙泉中学教学楼

图 3-27　龙头山镇骡马口一带安置点受地质灾害威胁

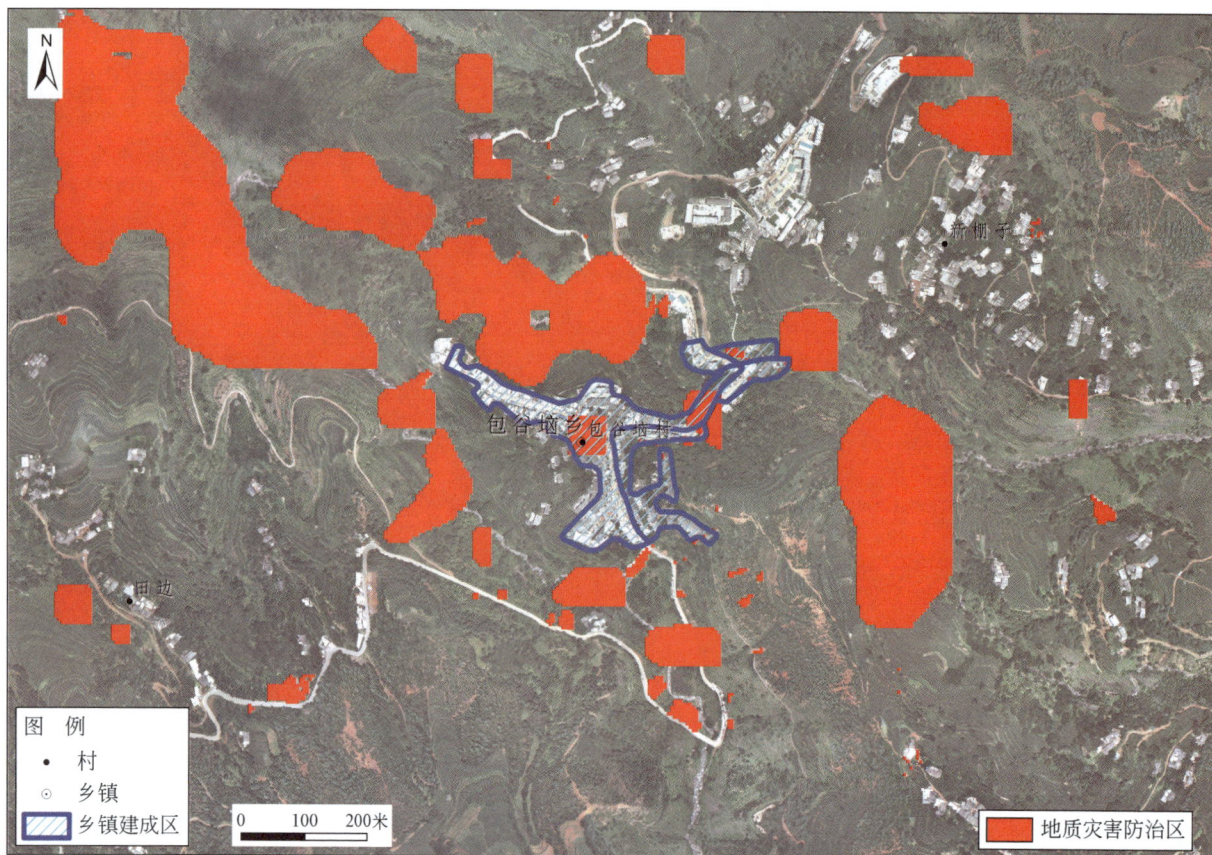

图3-28　包谷垴乡地质灾害防治区划分

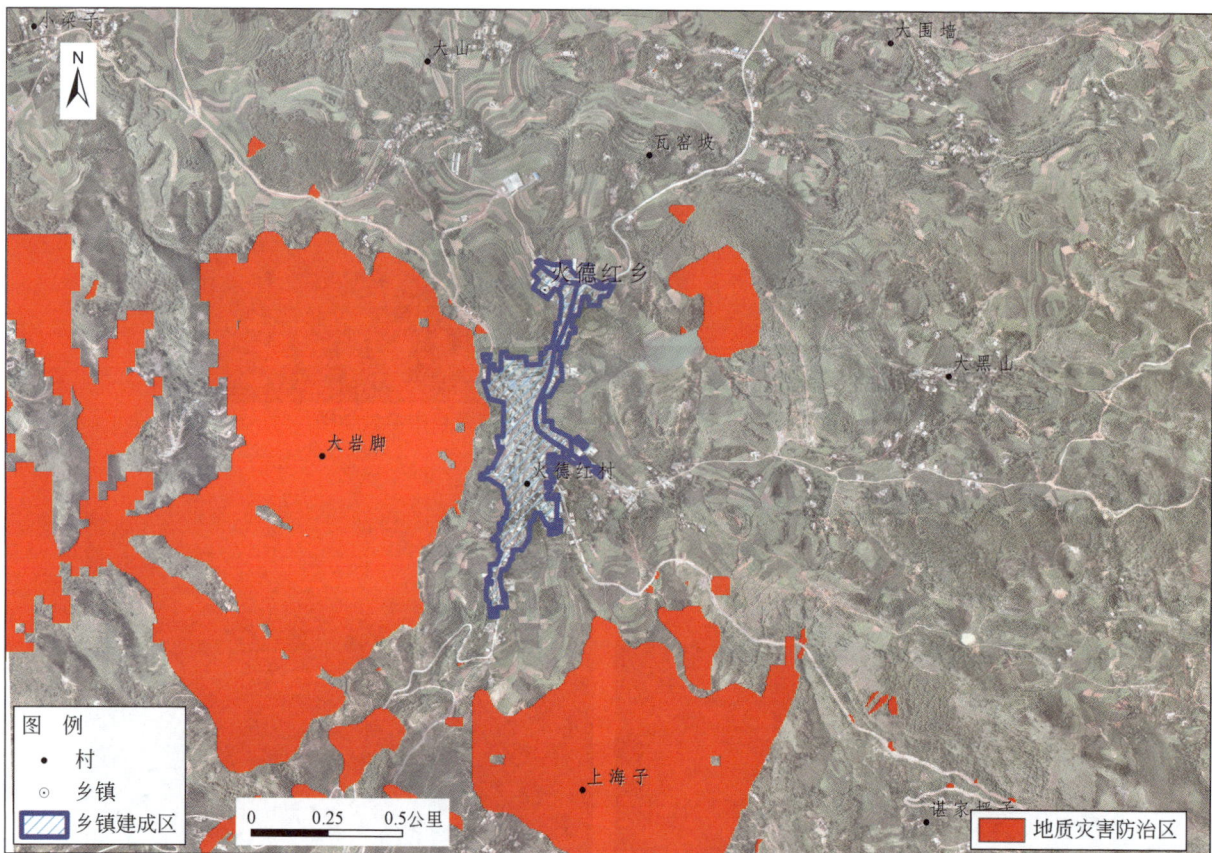

图3-29　火德红乡地质灾害防治区划分

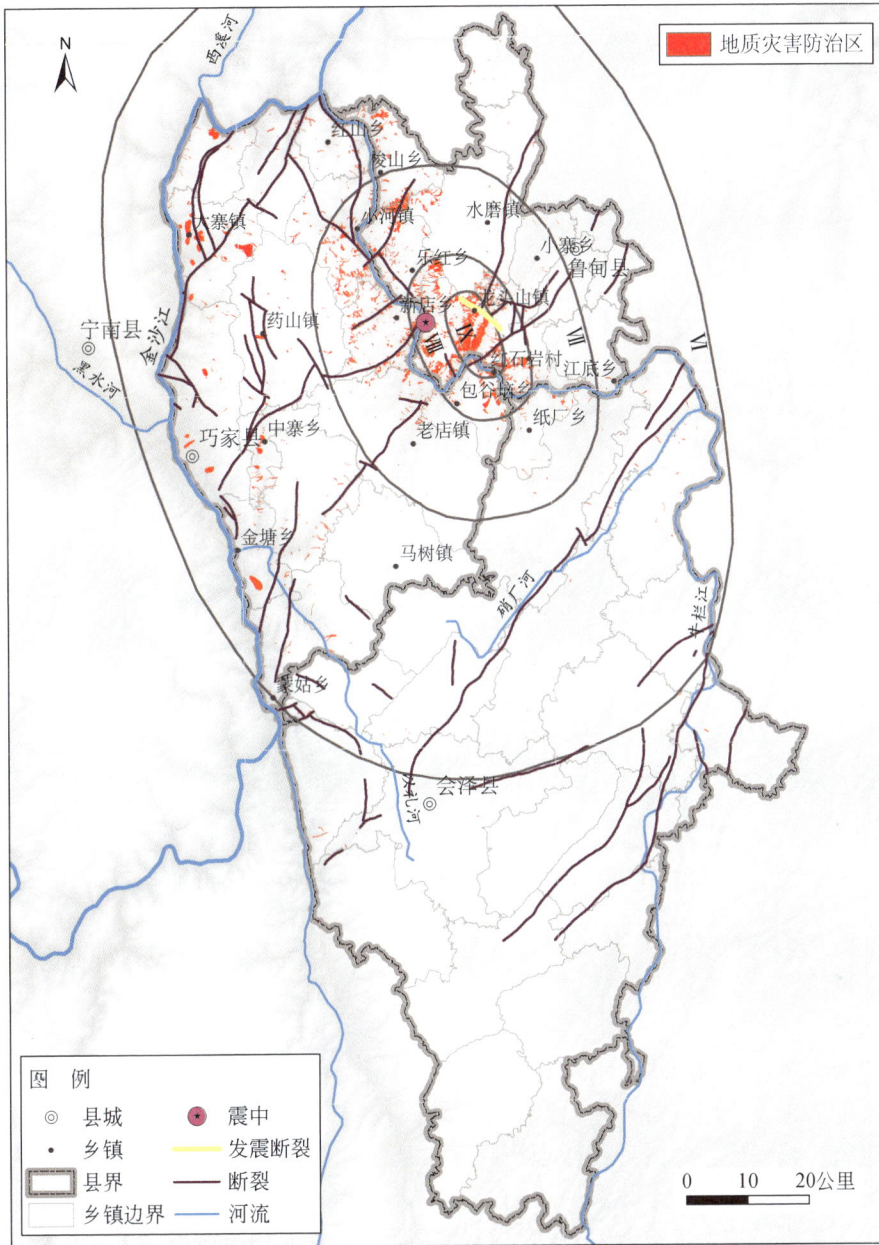

图 3-30　鲁甸地震灾区地质灾害防治区划分

地质灾害防治区分区的总体规律如下。

1）地质灾害防治区主要集中分布在地震震中附近，尤其是地震烈度Ⅸ度和Ⅷ度范围以内。防治区明显沿断裂带和河谷展布，如昭通—鲁甸断裂沿线、牛栏江沿线以及以礼河与荞麦地河沿线。

2）巧家县金沙江沿线地质灾害防治区分布相对其他非震中附近的区域较集中。这是因为巧家县金沙江沿线地势落差大，泥石流等地质灾害发育。其中，尤以地势高陡的大寨乡和荞麦地河谷区域严重。

3）地震震中附近的地质灾害防治区分布中，以龙头山镇最集中，火德红乡与包谷垴乡两个重点乡镇较分散。

地质灾害防治区内，灾害危害严重且威胁到住户生命安全，风险极大，灾害隐患难以采用工程等治理手段进行消除。一般需要进行搬迁避让。确因灾损严重、区域容量有限，需要承载一定容量时，应采用避让防护和工程治理结合的措施。要做到避让防治区内的重大地质灾害隐患，严格执行《建筑抗震设

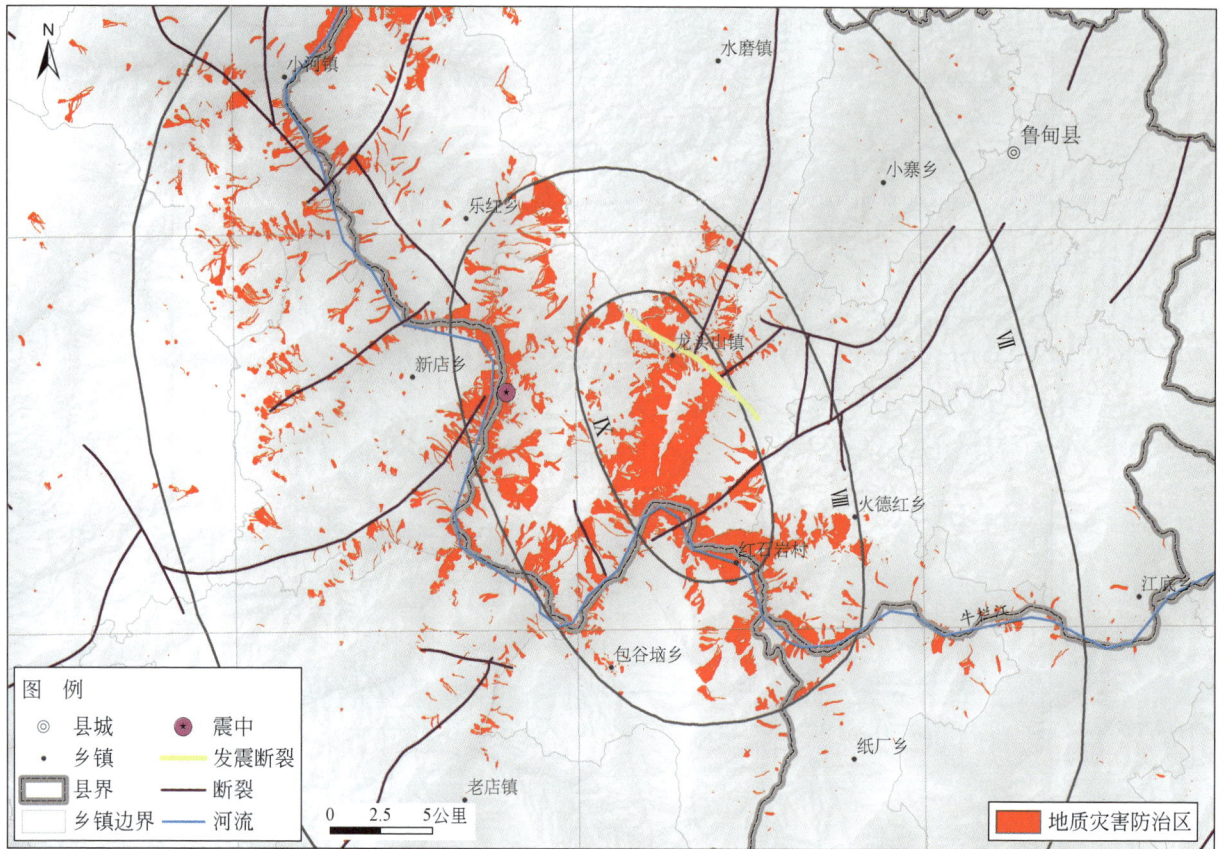

图3-31 鲁甸地震灾区核心区地质灾害防治区划分

计规范》,加强地质灾害监测预警,严防汛期和地震诱发大型滑坡-泥石流灾害,加强地质灾害调查评价,健全建实群测群防网络,减少筑路、采矿等工程活动对山坡的扰动,并采取合理的工程措施对有关地质灾害隐患点进行治理。

具体来说,应根据建设区内崩塌、滑坡和泥石流的特征,进行工程技术方案比选,因地制宜地采取多种治理工程结合的措施。崩塌应对节理裂隙发育、坡面较破碎的边坡地段宜采取挂网喷砼和锚固工程,高切坡危岩体需进行工程爆破,并清理松散堆积物质,从而达到防治目的。滑坡应修砌排水设施和抗滑桩,填塞裂缝,减少降雨、灌溉等水体渗入。泥石流应以拦挡工程措施为主,稳固坡体松散物质,采用排水、护坡、拦挡等措施,使大量松散固体物质稳住在原地,减少补给泥石流的松散物质量。下游泥石流堆积区以排导工程措施为主,对泥石流淤积严重的河床进行清淤疏通,使其排洪冲沙通畅。

另外,不合理的人类工程活动使得坡地森林生态系统遭到破坏而导致地表失去植被保护、坡面松散物质增多,地质环境退化和地表固土能力差及涵水能力减弱是引发地质灾害的重要原因之一。因此,要使地质灾害的发生频度降低、规模减小、危害减轻,必须要采取治标又治本的措施,使坡地的森林植被生态系统恢复到良好状态,逐步恢复森林生态系统,改善坡地生态地质环境,使整个环境向着良性循环方向转化。要达到这一目的,必须以生物措施为主。开展天然林保护、植树造林,退耕还林,恢复斜坡中下部地带的森林植被,利用植物根系的固土作用,改善斜坡立地条件,尤应重视对深根性树木的种植,维护边坡的自然稳定性。具体措施可采取营造水土保持林、护岸固坡林、护坡草灌等。

第五节 结论和建议

本项评价进行了鲁甸地震重灾区鲁甸、巧家和会泽三县在恢复重建中地震地质适宜性和地质灾害危险性评价工作。本项评价根据鲁甸地震灾区的地震烈度分布特征、主要活动断带活动特性和同震地表破裂带的特征，结合各断裂带所发生的历史地震震级大小和大地震复发的周期，并参照地震灾区灾后重建中城市建设和重大工程项目建设中活动断层避让带和禁建带宽度设立国家标准等因素的综合评估，进行地震地质条件适宜性综合评价，划分了地震地质条件适宜性等级。本项评价分析了地质灾害发育发生规律及分布特征。建立评价指标体系，选取地层岩性、地质构造、地形地貌等影响地质灾害的关键因子，结合地质灾害历史记录等实例数据，对具有发生地质灾害的地质环境条件进行分析，评价地质灾害分布规律和特征，识别和划分地质灾害容易发生的地区；综合考虑地质、地理条件、触发因素和潜在的社会经济损失等内容，进行鲁甸地震灾区地质灾害危险性评价和分区工作，确定地质灾害综合防治区；并对地质灾害的发展趋势进行分析预测，提出相应的对策建议。主要的结论和建议如下。

1. 主要结论

1) 发震震情的特殊性导致地震地质适宜性条件极差和差区域分布广泛。鲁甸地震发震断裂属云南地区历史上地震最为严重的大型左旋走滑断裂系——小江断裂系。鲁甸地震虽然震级较小，但震源浅，地表烈度大，地表破裂带特征明显。地震活动断层效应明显，控制着重建区地震地质条件适宜性和次生地质灾害空间分布。此次地震的最大烈度为IX度，等震线长轴呈北北西向分布。由于人口多聚居于断裂带附近，建筑缺乏抗震设防，灾损严重。鲁甸地震灾区近10%的区域地震地质条件极差或差，不适宜进行重建。

2) 鲁甸地震灾区地质条件复杂，地质环境脆弱，地震诱发次生地质灾害发育类型齐全、面广、异常严重；灾区地质环境承载能力差，不合理的村镇规划布局，导致次生地质灾害破坏伤亡严重。灾区处于构造应力长期频繁积累和释放的地区，历史地震频繁。地震灾区地处滇东岩溶高原边缘斜坡地带，工程地质及水文地质性质不良，地质环境极为脆弱，地势陡峭复杂，岩石破碎。鲁甸地震虽然震级不大，但由于震源浅，地表震动强烈，地表广泛分布大量崩塌、易滑地层，次生地质灾害异常严重。区内人口密度大，且主要聚居于河谷地区，很多村庄位于古滑坡体上，地震诱发的大型次生地质灾害造成了严重的人员伤亡和财产损失。鲁甸震区由于次生地质灾害造成的伤亡是芦山7.0级地震震区的2倍，属新中国成立以来，同等级别地震人员伤亡最多的一次。

3) 鲁甸地震灾区的地质灾害危险区的分布主要受地形地貌、地质构造和河流水系的控制，高危险区主要沿活动断裂构造和高差较大的河谷水系集中分布；震区地质灾害极重度和重度危险区分布广泛，均为不适宜重建区。受鲁甸地震影响，巧家县和鲁甸县境内地质灾害高危险区分布集中。分布集中区域包括昭通—鲁甸断裂、包谷垴—小河断裂、金沙江右岸以及牛栏江、沙坝河和龙泉河等河谷地区等。地质灾害危险性极严重和严重的区域主要分布在三个区域：龙头山镇附近西北-东南向与东北西南向断裂汇合区、红石岩巨型滑坡附近区域、震中附近区域。总体上，地质灾害危险性极严重区与严重区为不适宜重建区。

4) 地震影响叠加气候变化和人类活动的加强，使得鲁甸地震灾区地质灾害的频率和强度具有明显增大的趋势，地质灾害爆发周期逐渐缩短，极端灾害发生的概率增加，对鲁甸地震灾区社会经济发展造成的风险显著加剧。地震导致岩体结构进一步松动，地质环境脆弱性进一步加剧，地质灾害隐患点大幅增加，斜坡的稳定性对降雨等因素的敏感性显著增加，在未来1~5年将是地质灾害发生的高发期。极端气候事件频率增大，水电资源和矿产资源开发等人类活动强度增加，这些因素共同造成了震区地质灾害发生频率高、规模大、危害性强。

2. 对策和建议

（1）严格遵循建筑设施和生命线工程建设的地震断层避让原则，远离活动断层。加强地震多发、人口密集地区活动断层监测，加强应急避难场所的建设

地震断层或地震地表破裂带上的建筑物和生命线工程无法用抗震设计手段来减灾，采取"避让"地震断层带是减灾的首要对策，此次鲁甸地震损毁严重的龙头山镇政府和龙泉中学正是由于在规划建设时没有对活动断层进行合理避让。避让遵照2010年《建筑抗震设计规范》进行相应类别建筑避让；需加强地震灾区人

口密集区域的活动断层活动性探测和大地震复发周期研究。鲁甸地震极重灾区和重灾区的县、乡、镇原则上可以原地重建，但村落需要重新规划布局，应严格避让活动断层，并加强应急避难场所的建设。

（2）严格执行建筑抗震设计规范，增强建筑抗震能力

震后灾区重建要严格遵照2010年新制定的《建筑抗震设计规范》（GB 50011—2010）进行场地、地基、设防标准的评估。多层、高层、土、木、石屋的建造要严格执行建筑抗震设计标准。沿活动断裂带要严格执行抗震设计规范，尤其要提高学校、医院、公安消防等公共基础设施的建筑抗震能力。当地各级政府要进一步加强对基础设施、公共建筑、中小学校、统建住宅和其他限额以上工程的抗震设防管理，严格要求按现行工程建设标准进行抗震设计和施工；要将乡村建筑纳入国家规范体系，适当提高结构的抗震性能目标和结构整体抗震水平，加大规范执行力度的监督检查。

（3）加强新构造运动活跃地区地震空区震灾风险防范

地震空区是未来大震发生的高危区，云南省地处欧亚板块俯冲碰撞地带，地震发生风险指数高，除了地震灾区外，今后需加强开展新构造活跃地区断裂带地震空区地震风险防范工作，对房屋抗震性能做科学评估，尤其要加强学校、医院、政府等公益性建筑的抗震设防标准，国家财政可给予一定的资金补助。提高房屋抗震性能，加强房屋抗地震风险能力。

（4）科学选址，严格避让地质灾害威胁区域，进行合理工程治理

地震诱发的次生地质灾害将在未来10年处于活跃期，属于地貌演化的一个自然过程，大型的滑坡体尽量采用避让，尤其是昭通—鲁甸断裂和牛栏江一线地质灾害危险严重区域需要进行严格避让，现有住户进行搬迁，不建议进行重建区安置。威胁公路运行的可考虑重新进行道路选线，灾后重建应尽量避开大型地质灾害体，对于确实需要工程建设的地区，应当进行工程治理，保证安全的情况下实施建设。

龙头山镇受次生地质灾害威胁严重，需要在有效工程治理的基础上积极避让，并严格防范降雨诱发大型次生地质灾害的风险。建议龙头山镇龙泉河以南区域完全避让，现有住户搬迁。龙泉河以北的山体进行有效的工程治理，依山而建的住户搬迁，重建区进行充分避让。龙头山镇以西（即原龙泉中学以西）受大型泥石流威胁严重，建议完全避让，并进行有效的工程治理。龙头山镇以东的骡马口一带地势平缓区（即现在的灾民安置区）需防范东侧泥石流隐患。

火德红乡和包谷垴乡的政府所在地受地质灾害威胁相对较轻，可适度增加重建区范围，但需要进一步做好地质灾害隐患排查工作，进行必要的工程治理。

（5）加强地质灾害监测和预防

做好地质灾害的监测、预警和预防工作，尤其是群策群防，提前做好临灾预案，可有效借鉴汶川灾害监测预防工作中的一些经验。加强雨季灾害监测预警，严防雨季暴雨诱发大型次生地质灾害的风险。进一步加大灾区地质灾害隐患点的排查工作，尤其是地震诱发的高位滑坡崩塌体，在降雨等影响下容易发生高位快速滑坡和泥石流灾害。需结合遥感、地理信息系统等技术手段，进行后期详细排查工作。

（6）灾区重建次生地质灾害避让防治需因地制宜，可参考汶川、芦山经验

重建期间进行次生地质灾害防治时，需针对本区的实际情况进行科学的论证和防治。鲁甸地震灾区高烈度区高位次生地质灾害发育，表现出与汶川震区类似的特征。由于此次地震的震级较小，一些地震烈度小的区域的山体岩土体具有震而不垮的特点，同时由于植被较好，次生地质灾害的隐蔽性较强。需要根据本区的实际情况，制定适宜本区灾后重建次生地质灾害的科学防治避让措施。

（7）加强重建期次生地质灾害风险评估，主动防治避让高危次生地质灾害

受地震影响，震区斜坡岩土体结构松动，对降雨、人类活动等外界诱因更为敏感。本区次生地质灾害类型虽有崩塌、滑坡、泥石流及复合型滑坡等多种类型，但以滑坡崩塌为主，尤以崩塌危石灾害突出，具有前兆识别困难、发生突然、速度快等特点。灾害排查评估、预测较困难，重建期间需要加强次生地质灾害的风险评估工作，圈定高危区域，集中重点防范和局部积极避让相结合。避让次生地质灾害高危区域，远离陡峭沟谷、强风化和构造破碎等不稳定斜坡区域，加强高危区内次生灾害监测预警和防范避让。

（8）重建期内重点严防汛期特大型和大型滑坡–泥石流

鲁甸地震的山体动力放大作用显著，导致斜坡岩土结构松动，形成了大量的高位滑坡崩塌体，动力侵蚀作用非常明显，存在大型滑坡–泥石流的风险。例如，龙头山镇在震前就存在 3 条泥石流沟，震后发生大型泥石流的可能性增加，需要注意泥石流对龙头山镇重建的影响，如需工程治理，可开展相应的调查。

第四章　人口和居民点分布

第一节　人口基本状况

重灾区和极重灾区震前所在 3 个县的户籍总人口合计 205.23 万人，户籍人口密度为 194.13 人/平方公里（表 4-1），其中，鲁甸县户籍人口密度最高。3 个县的户籍人口均小于常住人口，人口净流出特征突出，外出务工人口合计 50.07 万人，占户籍总人口的 24.40%，其中，会泽县外出务工人员数量最多、比重最高。重灾区和极重灾区的城镇化水平偏低，常住总人口合计为 185.48 万人，其中城镇人口仅占 25.70%，低于全国和云南省的平均水平，其中，巧家县的城镇化水平最低。重灾区和极重灾区震前居民点共计 30 个镇、19 个乡（含两个回族乡），共计 606 个行政村，65535 个自然村。

表 4-1　灾区人口统计汇总表（2013 年）

地区	户籍总人口（万人）	户籍人口密度（人/平方公里）	常住总人口（万人）	人口城镇化水平（%）	外出务工人口（万人）	外出务工人口比重（%）
灾区全部	205.22	194.13	185.48	25.70	50.07	24.40
鲁甸县	44.06	296.74	40.20	21.86	11.22	25.47
巧家县	59.10	184.81	52.61	18.43	11.47	19.41
会泽县	102.06	173.31	92.67	31.50	27.38	26.83

注：外出务工人口数据来源于人力资源与社会保障部门，其余数据来源于统计部门。

1. 人口总量与增长

（1）人口密度偏高

根据云南省统计部门、公安部门资料，重灾区和极重灾区 2013 年户籍总人口合计为 205.22 万人，占云南省的 4.46%，常住总人口合计为 185.48 万人，占云南省的 3.96%，低于户籍人口占全省人口比重。灾区户籍人口密度为 194.13 人/平方公里，常住人口密度为 175.45 人/平方公里，高于云南省全省的户籍人口密度 116.86 人/平方公里、常住人口密度 118.86 人/平方公里。其中，鲁甸县人口密度最高，户籍人口密度达 296.74 人/平方公里，常住人口密度达 270.74 人/平方公里，分别是全省的 2.54 倍、2.28 倍。而实际灾区所处区位地形复杂、交通不便，结合土地利用数据，2013 年约有 43.94% 的人口生活在 25° 以上坡度地区，灾区人口密度相对于其自然生境显著偏高。

（2）自然增长主导人口增长

根据第四、五、六次人口普查资料，灾区 1990～2010 年户籍人口占云南省人口比重持续增长（图 4-1），常住人口比重则是先降后增（图 4-2）。其中，会泽县人口比重最高，但常住人口占全省比重持续下降，鲁甸县人口比重最低，但户籍人口和常住人口占全省比重均持续增长。结合年均增长率来看，全省 2000 年后十年的户籍人口、常住人口年均增长率都低于前十年，而灾区整体表现为强劲的人口增长态势，巧家县最为显著。进一步分解为人口机械增长和自然增长看，2000 年和 2010 年，灾区各县人口净迁移率均为负数，人口增长主要得益于较高自然增长率（图 4-3）。灾区各县 2010 年人口自然增长率相对于 2000 年普遍下降，但仍然高于全省整体水平。

图4-1　灾区户籍人口占云南省比重演变图

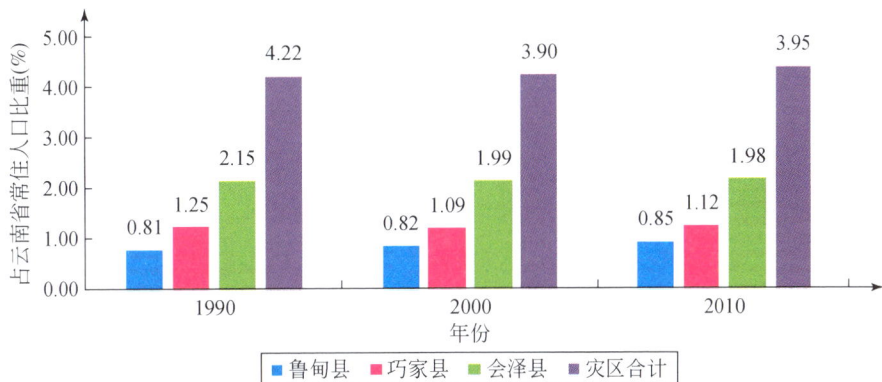

图4-2　灾区常住人口占云南省比重演变图

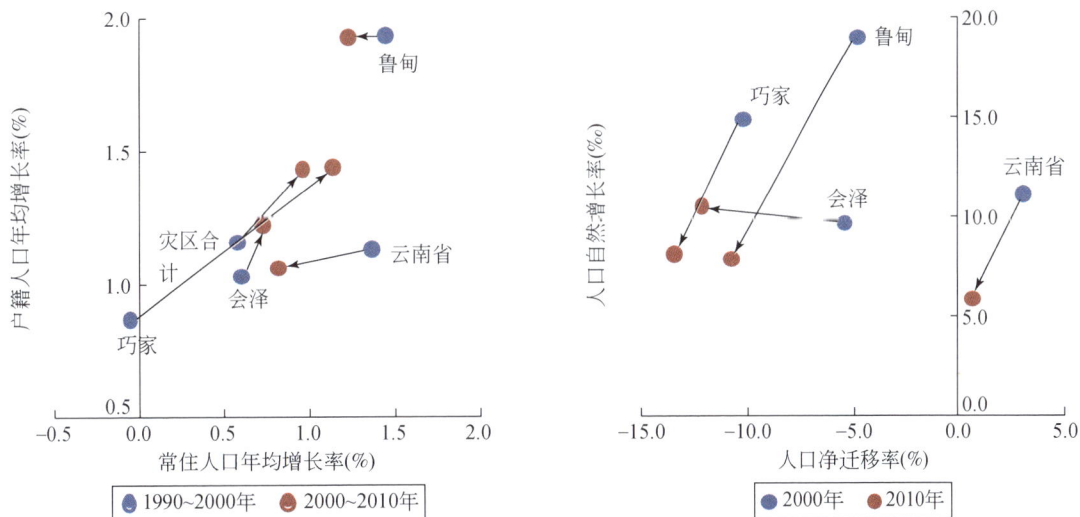

图4-3　灾区人口年均增长率与人口净迁移率和自然增长率演变图

2. 人口结构与素质

（1）人口结构呈现年轻型

根据第六次人口普查资料，绘制灾区各县、云南省、全国的性别-年龄金字塔结构图（图4-4）。灾区整体呈现"顶尖底胖"的扩张型金字塔结构特征，与云南省、全国的"顶尖底缩"的收缩型金字塔结构特征形成鲜明对比。2010年，灾区60岁以上人口占10.71%，低于云南省的11.06%，也低于全国的13.32%。20～59岁人口比重占55.49%，呈现典型的年轻型人口结构，男性比重略高于女性比重。各县来看，均有类似特征，其中鲁甸县10～24岁人口比重最高，结构最为年轻化。

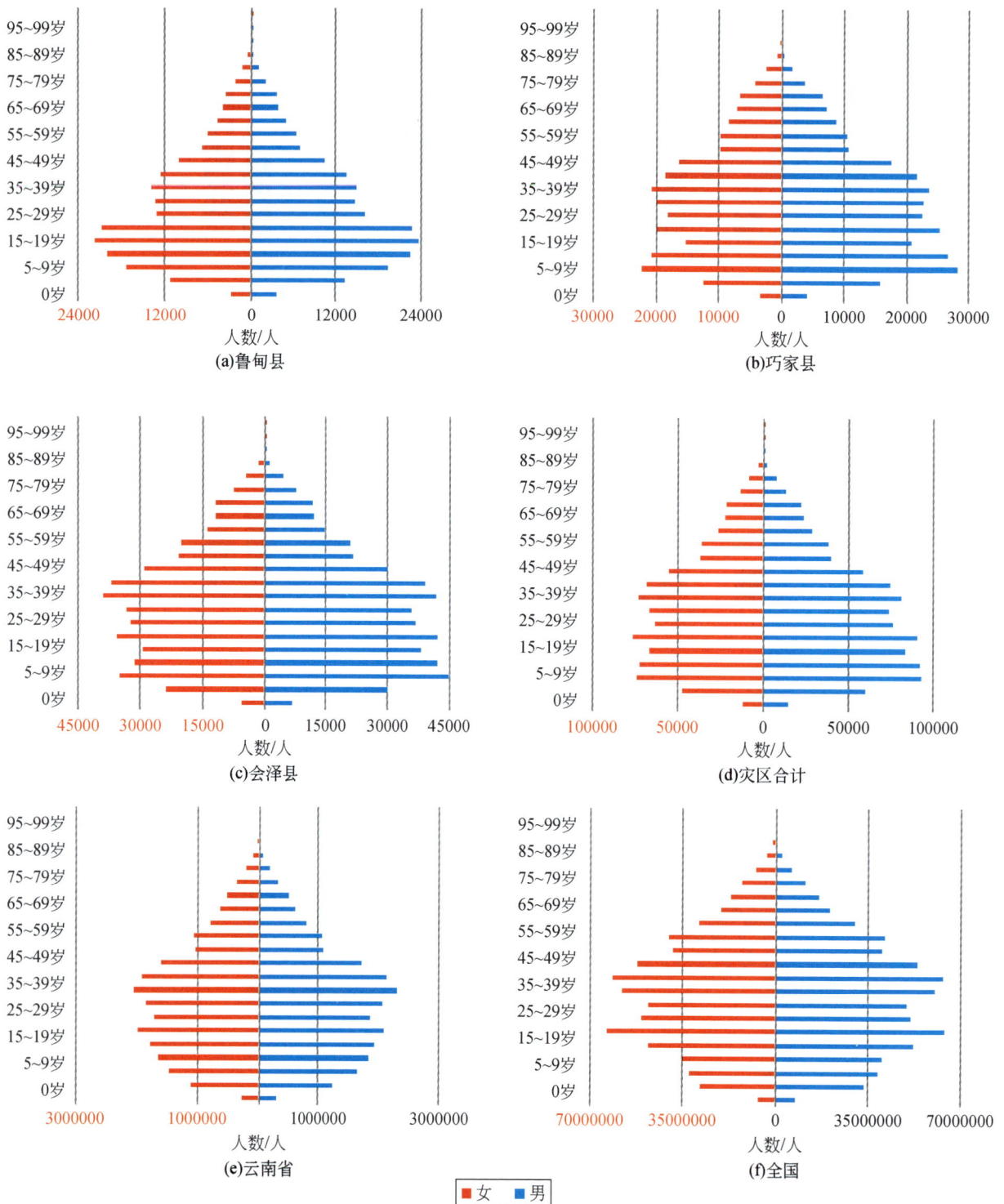

图4-4 2010年灾区与云南省、全国人口金字塔图对比

（2）受教育水平偏低

根据第六次人口普查资料，绘制灾区各县、云南省的不同受教育水平的人口比重图。2010年，按受教育水平划分，灾区未上过学、小学、初中、高中、大学专科、大学本科及以上的人口比重分别为10.33%、59.98%、21.87%、5.24%、1.74%、0.86%，灾区近60%的人口仅为小学教育水平，还有超过10%的文盲人口，两者比重均高于云南省，而初中及以上程度则低于云南省。灾区平均受教育年限为6.69年，低于全省的7.76年。其中，灾区女性平均受教育年限6.14年，低于男性的7.19年。

3. 灾区人口城镇化与生计

（1）人口城镇化水平偏低

根据第四、五、六次人口普查资料，绘制灾区各县、云南省的城镇化水平演变图（图4-5）。1990～2010年，灾区整体城镇化水平从5.05%增长至19.92%，但始终低于全省的城镇化水平，更低于全国的城镇化水平。其中，会泽县城镇化水平较高，而鲁甸县、巧家县相对偏低。2013年，灾区城镇化水平达25.70%，与全国53.73%的城镇化水平相差较大。按照城镇化水平增长的"S"形诺瑟姆曲线理论，灾区尚处于城镇化初始阶段和加速阶段的过渡期，最高的会泽县也仅仅刚进入加速阶段。

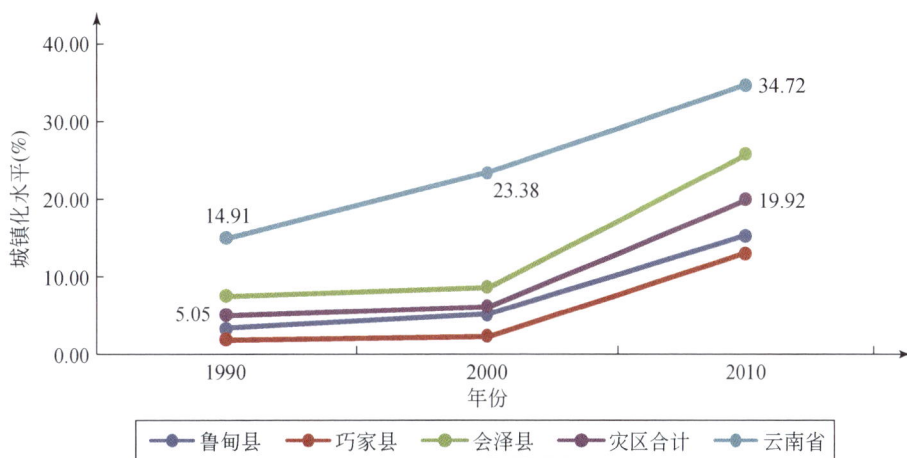

图4-5 灾区与云南省人口城镇化水平演变曲线图

（2）人口生计以传统产业为主

根据第六次人口普查资料，绘制灾区各县、云南省的三次产业从业结构图（图4-6）。和云南省一致，灾区人口生计主要依赖第一产业，但灾区整体的第二、第三产业从业人口比重低于全省平均水平，其中，鲁甸县的第二、第三产业从业人口比重较高。将第二、第三产业进一步细化，制造业、建筑业、住宿与餐饮业、批发与零售业等传统产业的从业人口比重最大，而卫生、文化等服务性行业比重从业较低，金融业、房地产业、科学研究、计算机服务等现代化行业的从业比重更低，对人口城镇化的推动较弱。

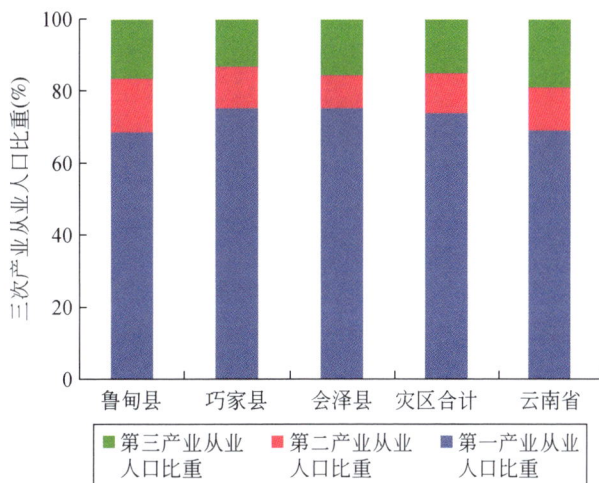

图4-6 灾区与云南省人口三次产业从业人口比重对比图（2010年）

第二节　人口集聚水平

1. 人口集聚水平单要素评价

（1）户籍人口规模

根据云南省统计部门、公安部门资料，重灾区和极重灾区震前所在 49 乡镇的户籍总人口合计为 205.22 万人，平均值为 4.19 万人，标准差为 2.60 万人。其中，金钟镇户籍人口最高，达 15.43 万人，炉房乡最低，仅 1.5 万人。结合自然断点法的划分结果，将重灾区和极重灾区户籍人口规模划分为 5 个等级（图 4-7）。

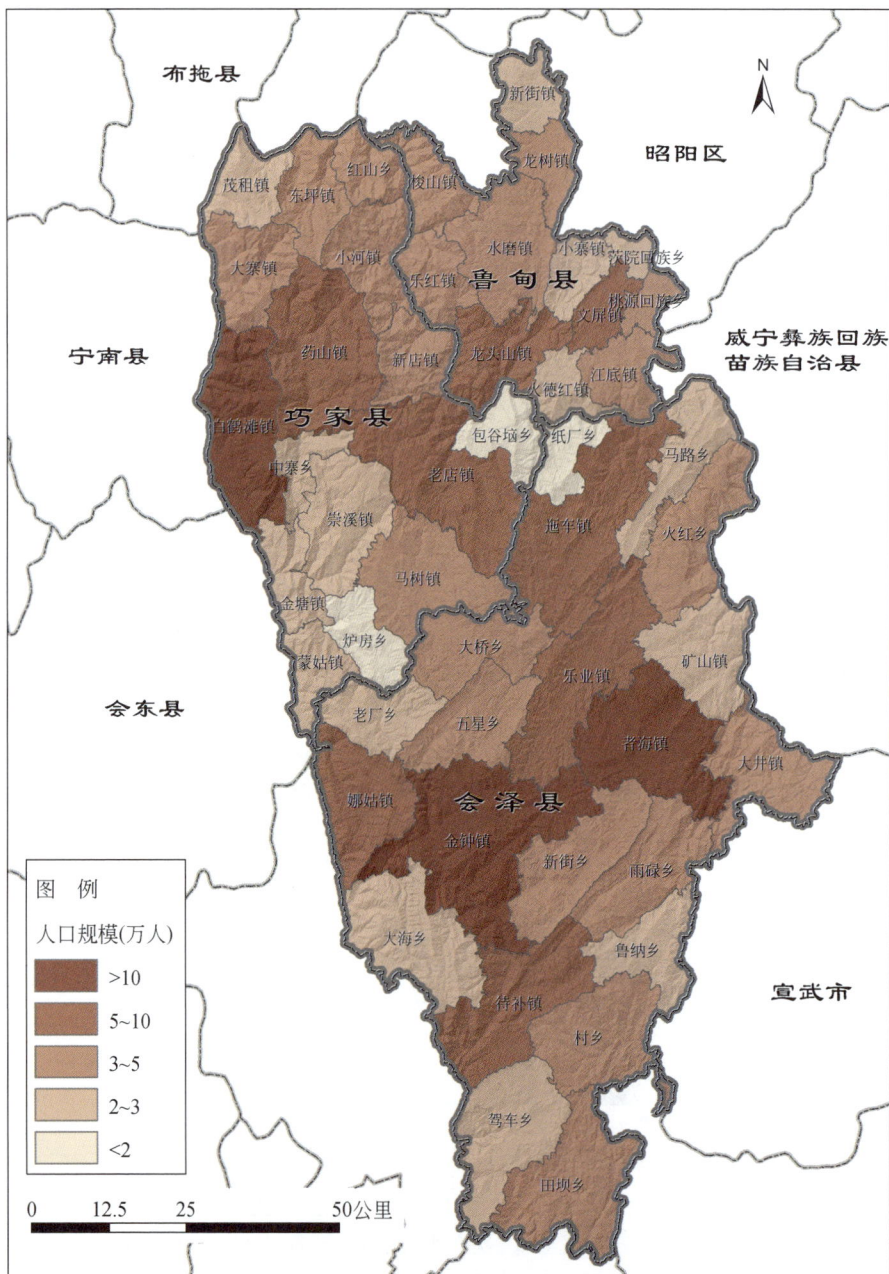

图 4-7　灾区户籍人口规模及分布图

1）高规模区。户籍人口大于 10 万人的乡镇有 3 个，包括金钟镇、白鹤滩镇、者海镇，其中金钟镇、白鹤滩镇分别为会泽县、巧家县的县城驻地所在乡镇。

2）较高规模区。户籍人口在 5 万~10 万人的乡镇有 8 个，包括迤车镇、乐业镇、娜姑镇、文屏镇、老店镇、药山镇、龙头山镇、待补镇。

3）中等规模区。户籍人口在 3 万~5 万人的乡镇有 20 个，主要分布在鲁甸县的北部、会泽县的东南部等地区。

4）较低规模区。户籍人口在 2 万~3 万人的乡镇有 15 个，主要分布在巧家县的西南部、鲁甸县的东部、会泽县的东部和南部等地区。

5）低规模区。户籍人口小于 2 万人的乡镇 3 个，包括纸厂乡、包谷垴乡、炉房乡。

（2）户籍人口密度

根据云南省统计部门、公安部门资料，重灾区和极重灾区震前户籍人口密度为 194.13 人/平方公里，所在 49 乡镇的户籍人口密度平均值为 222.33 人/平方公里，标准差为 140.42 人/平方公里。其中，文屏镇户籍人口密度最高，达 759.58 人/平方公里，驾车乡最低，仅 90.09 人/平方公里。结合自然断点法的划分结果，将重灾区和极重灾区户籍人口密度划分为 5 个等级（图 4-8）。

1）高密度区。户籍人口密度大于 500 人/平方公里的乡镇有 3 个，包括文屏镇、桃源回族乡、茨院回族乡，全部分布在鲁甸县东部。

2）较高密度区。户籍人口密度在 300~500 人/平方公里的乡镇有 2 个，包括鲁甸县东部的龙树镇、巧家县县城驻地所在的白鹤滩镇。

3）中等密度区。户籍人口密度在 200~300 人/平方公里的乡镇有 16 个，主要分布在鲁甸县和巧家县的交界、巧家县的西南部等地区。

4）较低密度区。户籍人口密度在 100~200 人/平方公里的乡镇有 25 个，主要分布在鲁甸县、会泽县和巧家县的交界、会泽县的东部和南部等地区。

5）低密度区。户籍人口密度小于 100 人/平方公里的乡镇有 3 个，包括大海乡、崇溪镇、驾车乡。

（3）流入人口比重

根据云南省统计部门、卫计部门资料，采用（户籍人口–流出人口+流入人口）测算各乡镇常住人口，采用（流入人口/常住人口×100%）测算流入人口比重。重灾区和极重灾区震前所在 49 乡镇流入人口比重总体偏低，平均值为 0.22%，标准差为 0.31%。其中，文屏镇流入人口比重最高，达 1.54%，而老厂乡等流入人口比重最低，几乎为 0。结合自然断点法的划分结果，将重灾区和极重灾区流入人口比重划分为 5 个等级（图 4-9）。

1）高流入人口分布区。流入人口比重大于 1% 的乡镇有 2 个，包括文屏镇、金钟镇，分别是鲁甸县、会泽县县城驻地所在乡镇。

2）较高流入人口分布区。流入人口比重在 0.5%~1% 的乡镇有 4 个，包括包谷垴乡、矿山镇、白鹤滩镇、待补镇。

3）中等流入人口分布区。流入人口比重在 0.2%~0.5% 的乡镇有 8 个，主要分布在巧家县的中东部、会泽县的中北部等地区。

4）较低流入人口分布区。流入人口比重在 0.1%~0.2% 的乡镇有 11 个，主要分布在鲁甸县的东北部、会泽县的西北部和南部等地区。

5）低流入人口分布区。流入人口比重小于 0.1% 的乡镇有 24 个，主要分布在巧家县的北部和西南部、鲁甸县的西部和南部、会泽县的中部等地区。

（4）流出人口比重

根据云南省统计部门、卫计部门资料，采用（流出人口/户籍人口×100%）测算流出人口比重。重灾区和极重灾区震前所在 49 乡镇流出人口比重总体较高，平均值为 19.93%，标准差为 11.26%。其中，雨碌乡流出人口比重最高，达 45.78%，五星乡最低，仅 1.80%。结合自然断点法的划分结果，将重灾区和

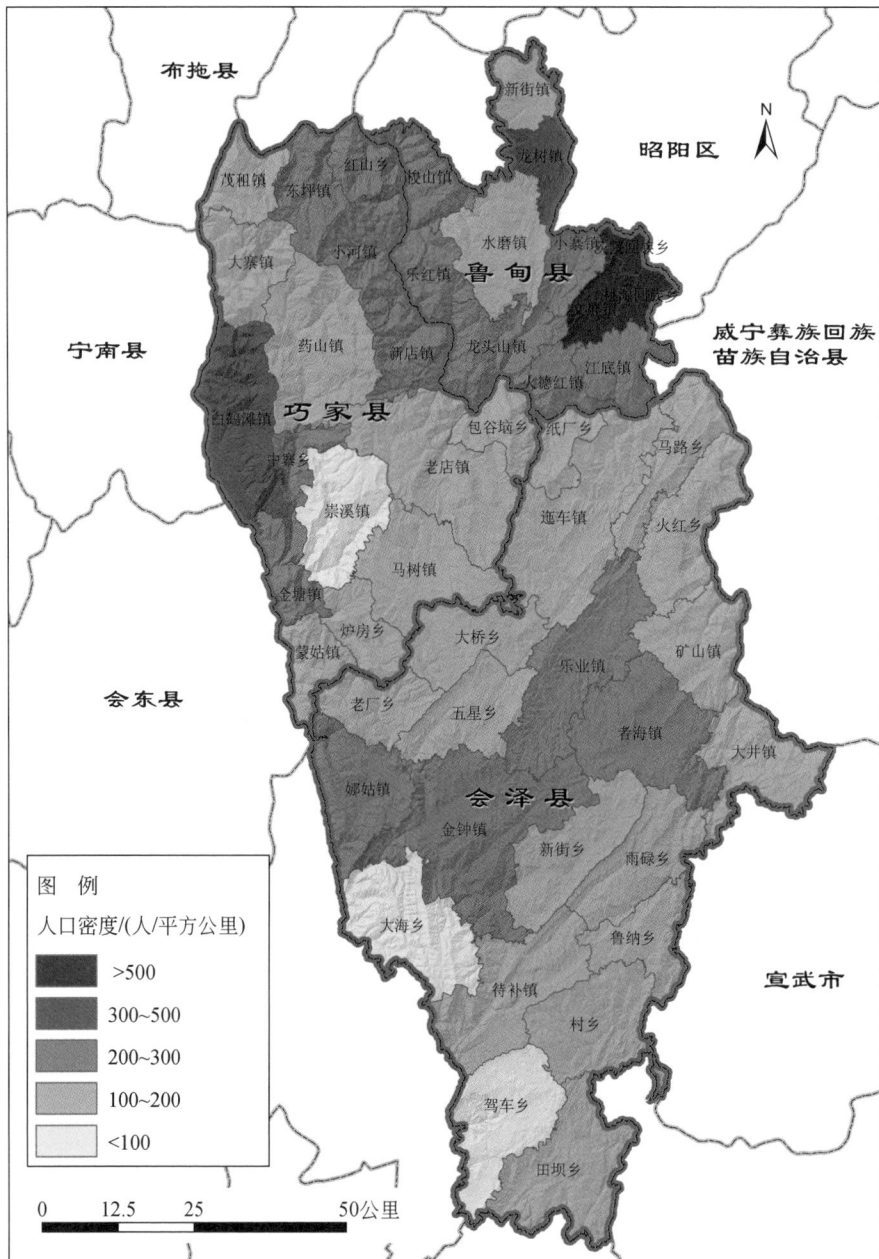

图 4-8　灾区户籍人口密度及分布图

极重灾区流出人口比重划分为 5 个等级（图 4-10）。

　　1）高流出人口分布区。流出人口比重大于 40% 的乡镇有 4 个，包括雨碌乡、鲁纳乡、水磨镇、新街乡。

　　2）较高流出人口分布区。流出人口比重在 30%～40% 的乡镇有 6 个，包括待补镇、龙树镇、新街镇、火德红镇、药山镇、崇溪镇。

　　3）中等流出人口分布区。流出人口比重在 20%～30% 的乡镇有 9 个，主要分布在巧家县的东南部、北部等地区。

　　4）较低流出人口分布区。流出人口比重在 10%～20% 的乡镇有 19 个，主要分布在巧家县和鲁甸县的交界、会泽县西部等地区。

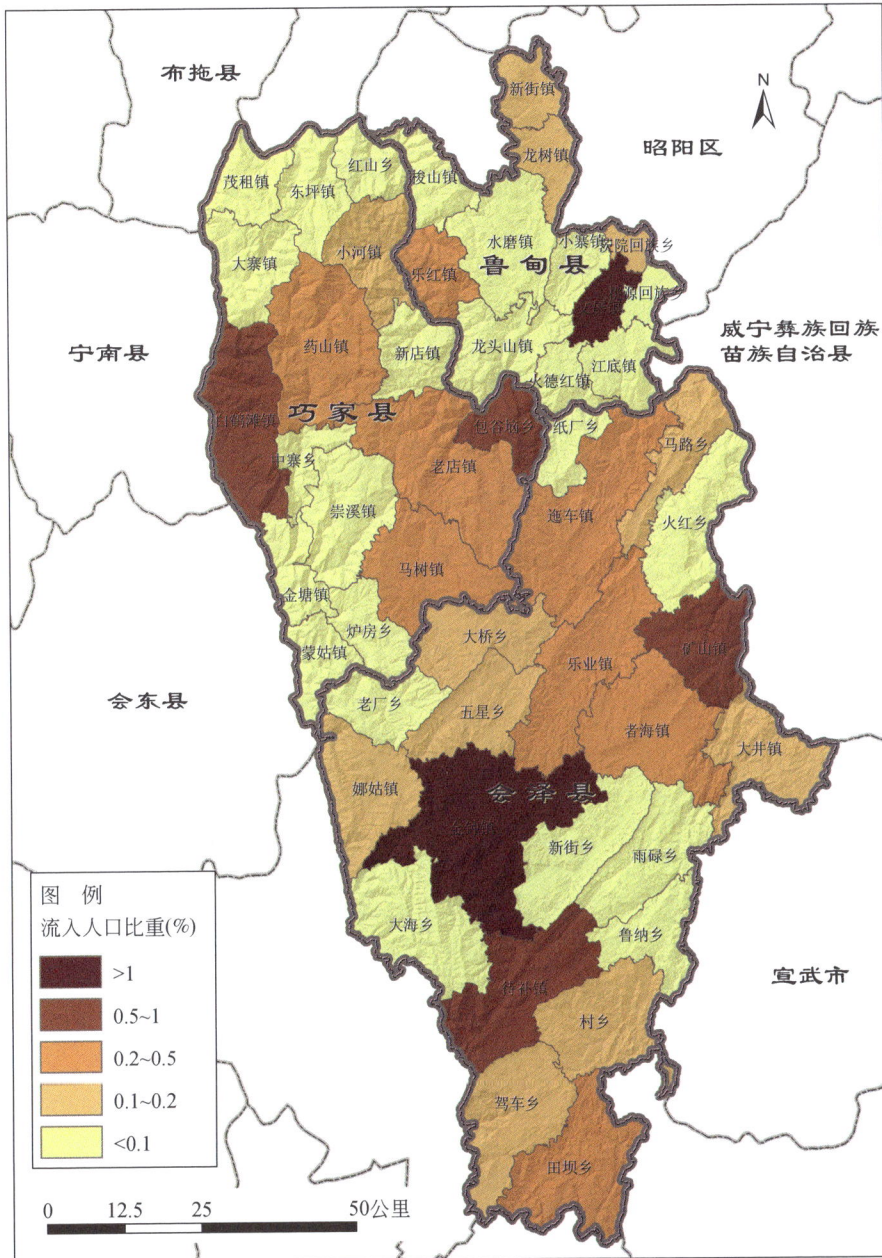

图 4-9　灾区流入人口比重及分布图

5）低流出人口分布区。流出人口比重小于 10% 的乡镇有 11 个，主要分布在县城驻地所在乡镇、会泽县的东部和北部等地区。

（5）乡镇驻地人口比重

根据云南省统计部门资料，采用（乡镇驻地人口/户籍人口 100%）测算乡镇驻地人口比重。重灾区和极重灾区震前所在 49 乡镇的乡镇驻地人口比重平均值为 11.12%，标准差为 9.68%。其中，文屏镇乡镇驻地人口比重最高，达 50.17%，江底镇最低，仅 1.34%。结合自然断点法的划分结果，将重灾区和极重灾区乡镇驻地人口比重划分为 5 个等级（图 4-11）。

1）高城镇化区。乡镇驻地人口比重大于 50% 的乡镇有 1 个，即文屏镇。

2）较高城镇化区。乡镇驻地人口比重在 30% ~50% 的乡镇有 2 个，包括白鹤滩镇、小寨镇。

3）中等城镇化区。乡镇驻地人口比重在 10% ~30% 的乡镇有 19 个，主要分布在会泽县的中部和南

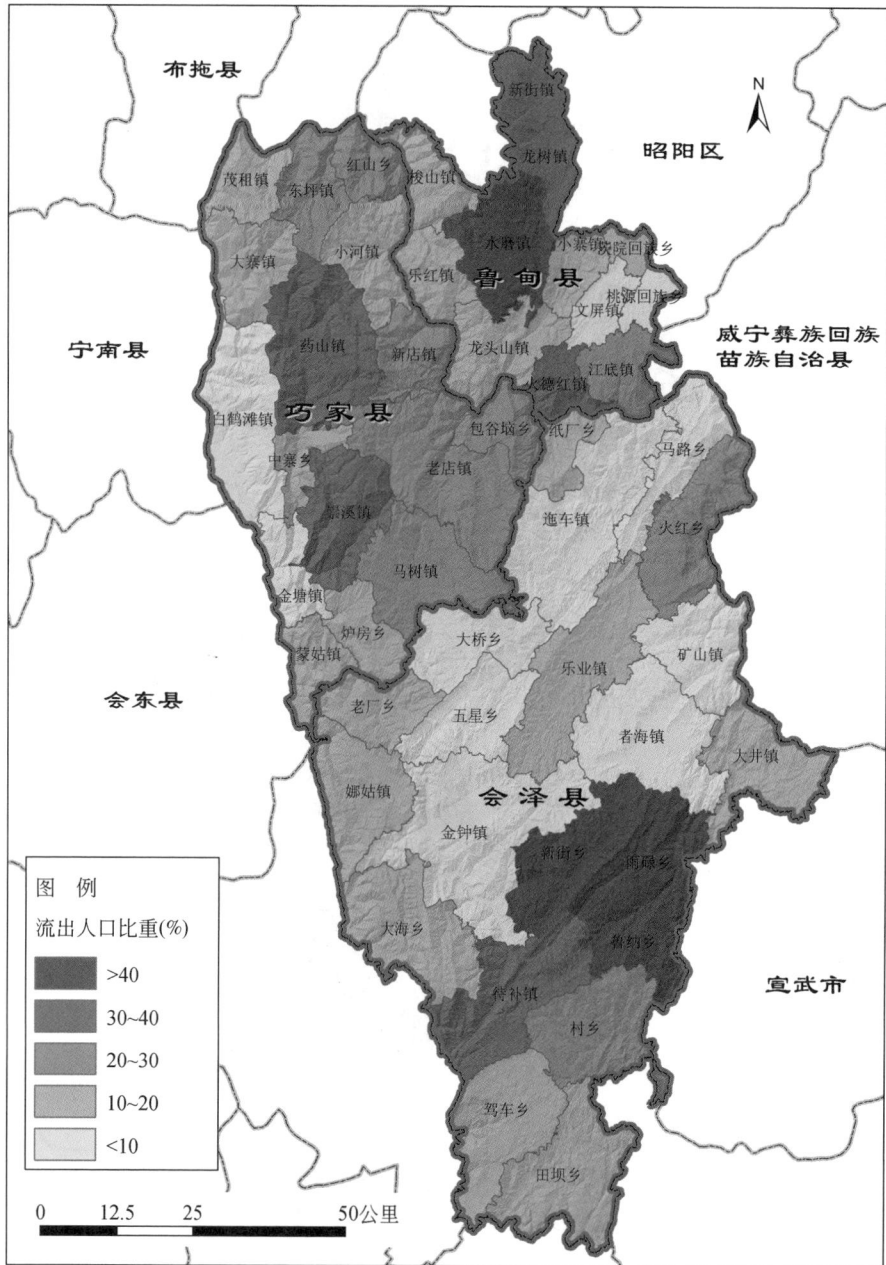

图 4-10 灾区流出人口比重及分布图

部、鲁甸县的北部、巧家县的北部等地区。

4）较低城镇化区。乡镇驻地人口比重在 5%～10% 的乡镇有 13 个，主要分布在巧家县和鲁甸县的交界、会泽县的东北部等地区。

5）低城镇化区。乡镇驻地人口比重小于 5% 的乡镇有 14 个，主要分布在巧家县的中部、会泽县的西北部等地区。

（6）非农产业从业人口比重

根据云南省统计部门资料，采用（第二、第三产业从业人口之和/全部从业人口×100%）测算第二、第三产业从业人口比重。重灾区和极重灾区震前所在 49 乡镇的第二、第三产业从业人口比重平均值为 24.16%，标准差为 15.23%。其中，待补镇第二、第三产业从业人口比重最高，达 58.78%，新街镇最低，仅 3.30%。结合自然断点法的划分结果，将重灾区和极重灾区第二、第三产业从业人口比重划分为 5

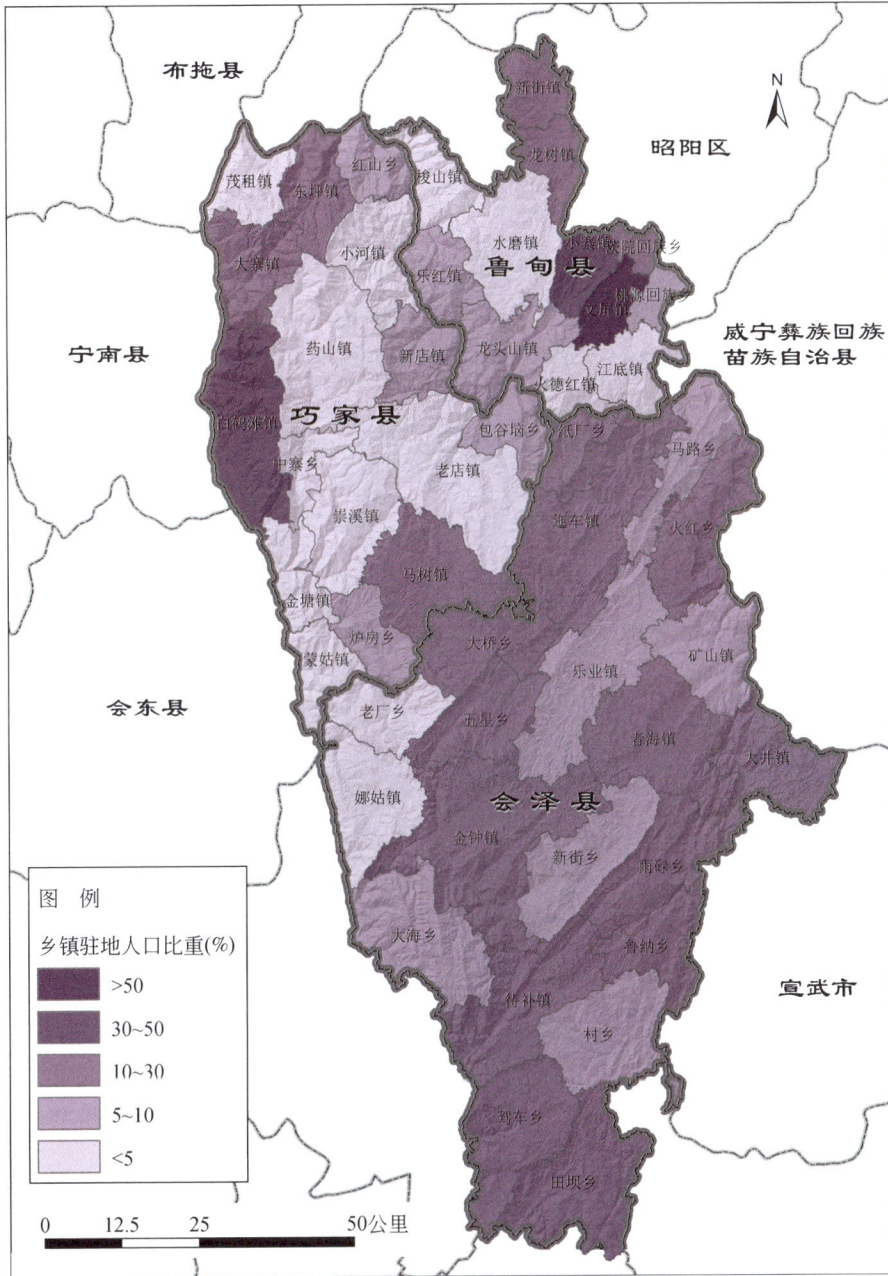

图 4-11　灾区乡镇驻地人口比重及分布图

个等级（图 4-12）。

　　1）高非农从业区。第二、第三产业从业人口比重大于 50% 的乡镇有 4 个，包括待补镇、蒙姑镇、鲁纳乡、雨碌乡。

　　2）较高非农从业区。第二、第三产业从业人口比重在 30%～50% 的乡镇有 14 个，主要分布在会泽县的中部和北部、鲁甸县的东部和北部等地区。

　　3）中等非农从业区。第二、第三产业从业人口比重在 10%～30% 的乡镇有 21 个，主要分布在巧家县的中部、会泽县的西北部、鲁甸县的南部等地区。

　　4）较低非农从业区。第二、第三产业从业人口比重在 5%～10% 的乡镇有 6 个，主要分布在鲁甸县的中部、巧家县的北部等地区。

5）低非农从业区。第二、第三产业从业人口比重小于5%的乡镇有4个，包括红山乡、中寨乡、马树镇、新街镇。

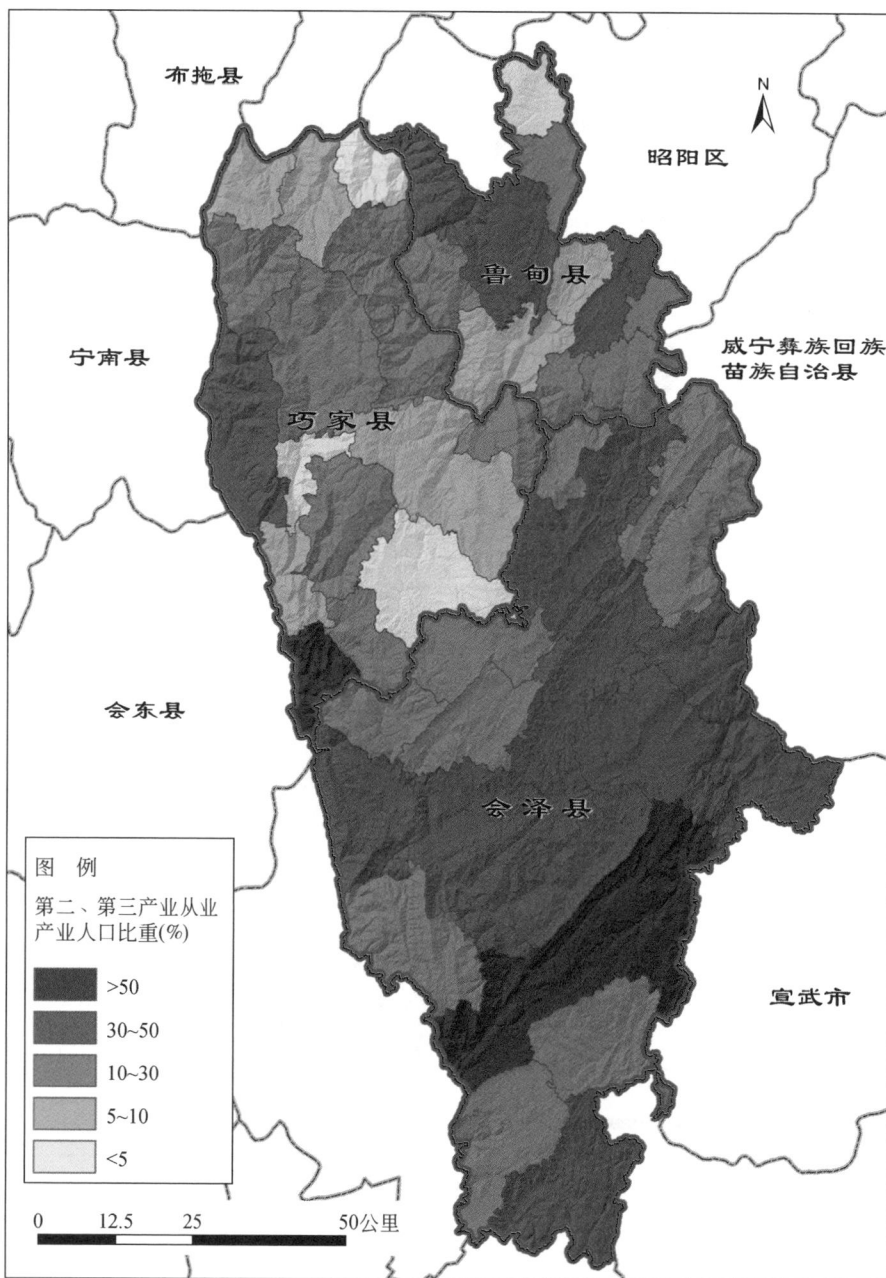

图 4-12　灾区第二、第三产业人口比重及分布图

2. 人口集聚水平综合评价

主成分分析将众多具有一定相关性的指标降维、重组，生成新的互相无关的综合指标来代替原来的指标。采用主成分分析方法，选取户籍人口规模、户籍人口密度、流入人口比重、常住本地户籍人口比重（100-流出人口比重）、乡镇驻地人口比重和第二、第三产业从业人口比重 6 个指标，对灾区人口集聚水平进行综合评价。KMO 检验值达 0.74，Bartlett 球度检验的 Sig 值为 0.00，说明指标之间存在相关关系。参照特征值和累计百分比，提取前两个主成分进行分析，测算方法如下。

$$Z = r_1 \times \sum_{i=1}^{n} (F_{1i} \times X_i) + r_2 \times \sum_{i=1}^{n} (F_{2i} \times X_i)$$

式中，Z 表示人口集聚水平综合指数；F_{1i}、F_{2i} 表示第 i 个指标初始因子载荷矩阵分别与第一主成分、第二主成分初始特征值平方根的比值；r_1、r_2 分别表示第一主成分、第二主成分的贡献率；X_i 表示第 i 个指标采用 z-score 标准化方法得到的标准化值；n 取 6。据此，测算各乡镇人口集聚水平综合指数。结果显示，平均值为 0，标准差为 0.71。其中，文屏镇最高，达 2.99，水磨镇最低，仅为 -0.84。结合自然断点法的划分结果，将人口集聚水平综合指数的划分为 5 级（表 4-2，图 4-13）。

表 4-2　重灾区和极重灾区人口集聚水平综合评价分级

人口集聚水平综合指数	个数	名称
>1	4	文屏镇、金钟镇、白鹤滩镇、者海镇
0 ~ 1	12	迤车镇、茨院回族乡、桃源回族乡、矿山镇、五星乡、乐业镇、小寨镇、娜姑镇、乐红镇、大寨镇、田坝乡、大桥乡
-0.2 ~ 0	10	龙头山镇、大井镇、金塘镇、包谷垴乡、驾车乡、小河镇、马路乡、纸厂乡、龙树镇、待补镇
-0.5 ~ -0.2	16	老店镇、新店镇、梭山镇、东坪镇、火红乡、马树镇、茂租镇、红山乡、上村乡、蒙姑镇、中寨乡、老厂乡、药山镇、大海乡、新街镇、江底镇
<-0.5	7	炉房乡、雨碌乡、新街乡、鲁纳乡、火德红镇、崇溪镇、水磨镇

1）人口高度集聚区。人口集聚水平综合指数大于 1 的乡镇有 4 个，包括文屏镇、金钟镇、白鹤滩镇、者海镇，县城驻地所在乡镇均属于该类型。

2）人口较高集聚区。人口集聚水平综合指数在 0 ~ 1 的乡镇有 12 个，主要分布在会泽县的中部和北部、鲁甸县的东部等地区。

3）人口中等集聚区。人口集聚水平综合指数在 -0.2 ~ 0 的乡镇有 10 个，分布相对分散，主要包括龙头山镇、大井镇、金塘镇、包谷垴乡、驾车乡、小河镇、马路乡、纸厂乡、龙树镇、待补镇。

4）人口较低集聚区。人口集聚水平综合指数在 -0.5 ~ -0.2 的乡镇有 16 个，主要分布在巧家县。

5）人口低度集聚区。人口集聚水平综合指数小于 -0.5 的乡镇有 7 个，包括炉房乡、雨碌乡、新街乡、鲁纳乡、火德红镇、崇溪镇、水磨镇。

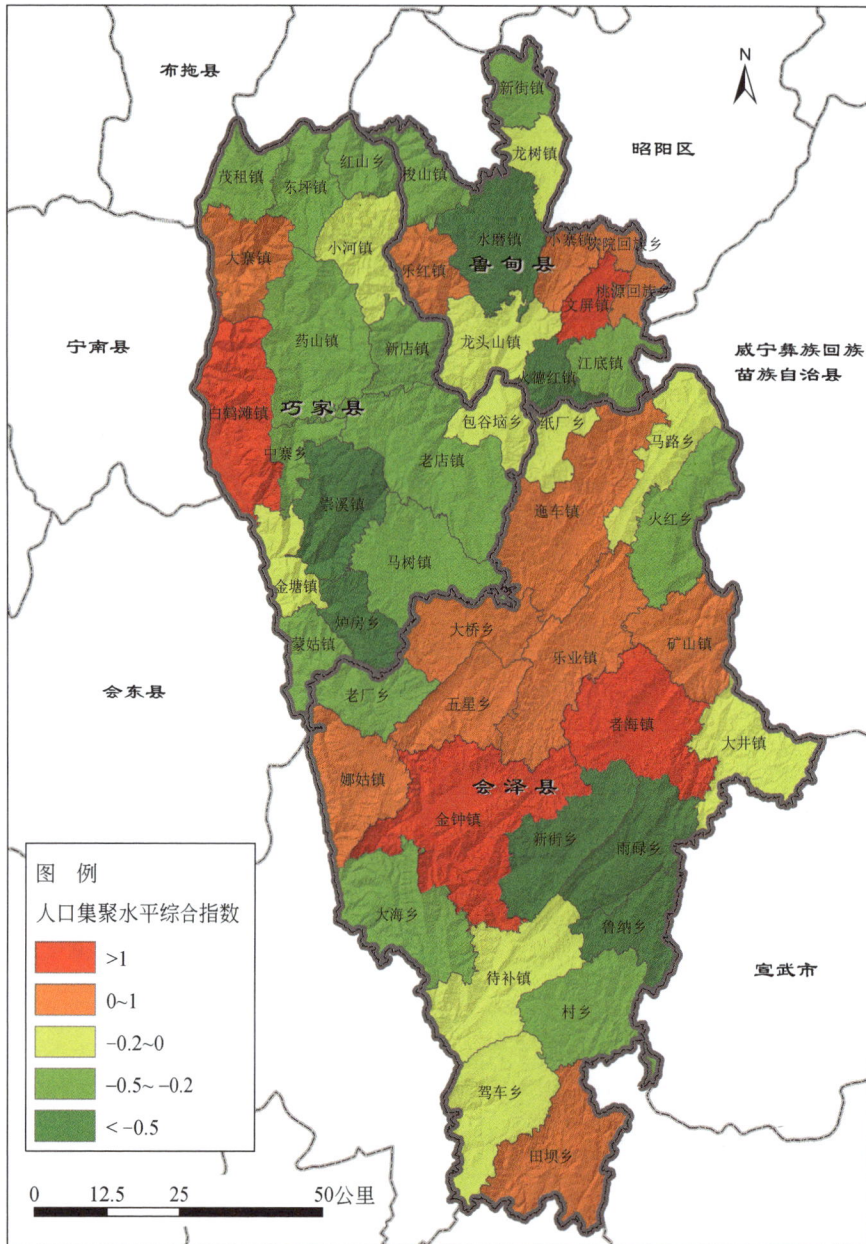

图 4-13　灾区人口集聚水平综合指数及分布图

第三节　居民点分布特征

1. 灾区城镇体系与分布

（1）按人口划分城镇体系

重灾区和极重灾区震前共计 30 个镇、19 个乡（含两个回族乡）。根据云南省统计局、公安局等部门提供的数据，确定各乡镇驻地的人口。人口直方图的偏度值为 3.04，峰度值为 9.62，是一个右偏尖峰曲线，49 个乡镇驻地人口的平均值为 5654.27 人，标准差为 8571.992 人。其中，白鹤滩镇最高，达 43687 人，江底镇最低，仅 6354 人（图 4-14）。结合自然断点法的划分结果，按照乡镇驻地人口将城镇体系划分为 5 级（图 4-15）：

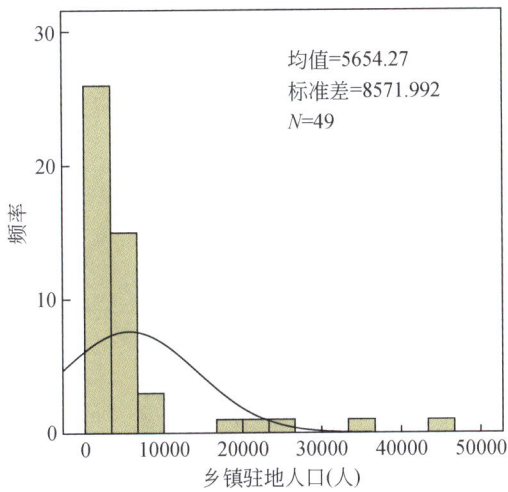

图 4-14　灾区乡镇驻地人口直方图

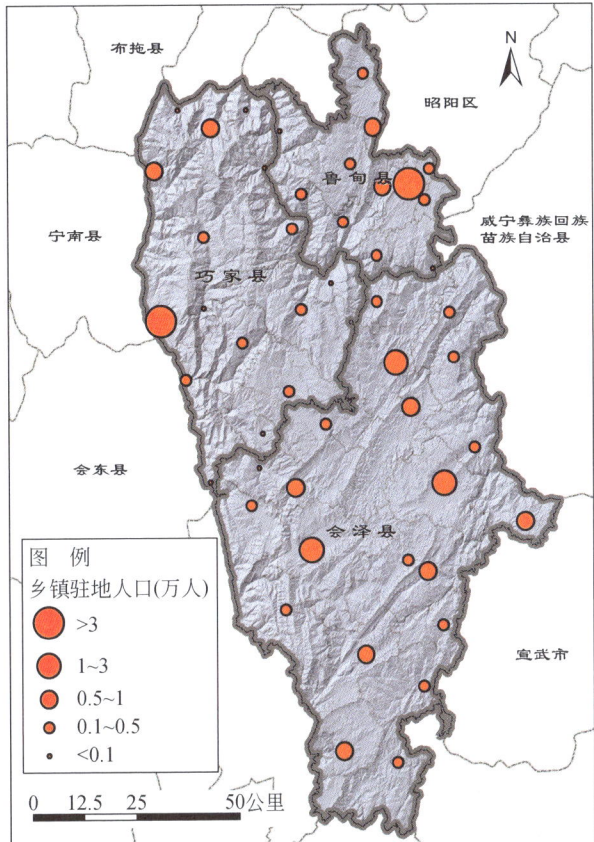

图 4-15　灾区乡镇驻地人口等级及分布图

1）大于3万人。2个，包括白鹤滩镇、文屏镇。

2）1万~3万人。3个，包括金钟镇、者海镇、迤车镇。

3）0.5万~1万人。10个，包括大寨镇、乐业镇、小寨乡、待补镇、雨碌乡、驾车乡、龙树镇、大井镇、五星乡、东坪镇。

4）0.1万~0.5万人。24个，包括火红乡、田坝乡、新街乡、新街镇、马树镇、新店镇、大桥乡、鲁纳乡、龙头山镇、上村乡、茨院回族乡、红山乡、乐红镇、娜姑镇、桃源回族乡、马路乡、药山镇、纸厂乡、大海乡、矿山镇、水磨镇、包谷垴乡、老店镇、火德红镇。

5）小于0.1万人。10个，包括小河镇、茂租镇、炉房乡、崇溪镇、蒙姑镇、金塘镇、梭山镇、中寨乡、老厂乡、江底镇。

（2）按面积划分城镇体系

根据土地利用变更调查数据，结合遥感影像，提取乡镇驻地土地利用斑块，计算面积。面积直方图的偏度值为4.46，峰度值为20.42，同样是一个右偏尖峰曲线，49个乡镇驻地面积的平均值为0.61平方公里，标准差为1.700平方公里，其中，金钟镇最高，达9.71平方公里，崇溪镇最低，仅0.01平方公里（图4-16）。按照人均城市建设用地100平方米的标准，将乡镇驻地面积相应划分为5级（图4-17）：

1）大于3平方公里。3个，包括金钟镇、白鹤滩、文屏镇。

2）1~3平方公里。0个。

3）0.5~1平方公里。3个，包括者海镇、娜姑镇、矿山镇。

4）0.1~0.5平方公里。31个，包括驾车乡、五星乡、龙树乡、待补镇、乐业镇、大井镇、茨院回族乡、迤车镇、大桥乡、桃源回族乡、马树镇、雨碌乡、龙头山镇、马路乡、新街乡、梭山镇、老店镇、田坝乡、东坪镇、火德红镇、大寨镇、上村乡、药山镇、江底镇、新街镇、鲁纳乡、水磨镇、火红乡、小寨乡、老厂乡、大海乡。

5）小于0.1平方公里。12个。纸厂乡、蒙姑镇、茂租镇、小河镇、乐红镇、新店镇、金塘镇、红山乡、包谷垴乡、中寨乡、炉房乡、崇溪镇。

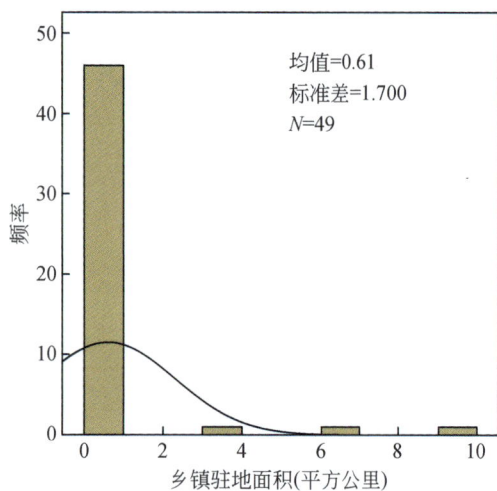

图4-16　灾区乡镇驻地面积直方图

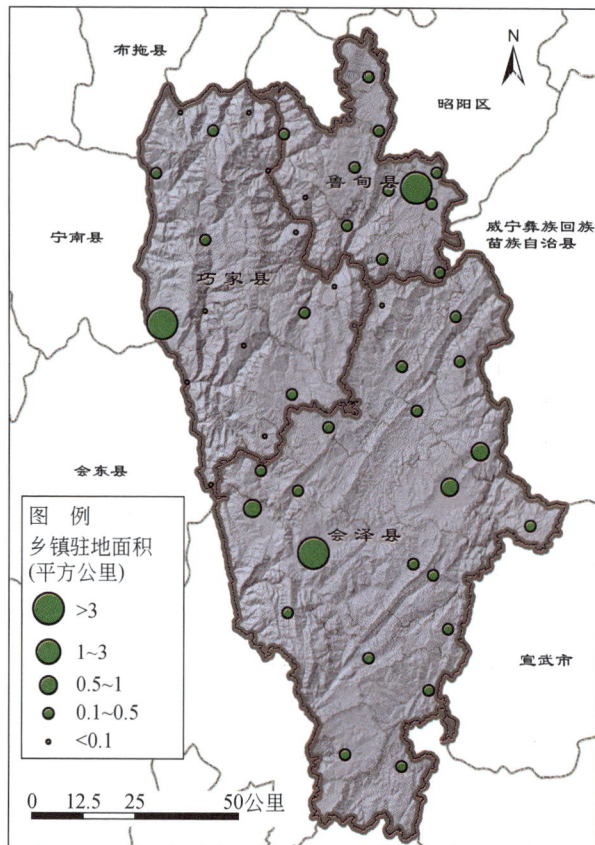

图4-17　灾区乡镇驻地面积等级及分布图

（3）城镇体系分布综合评价

综合按照人口和面积的城镇体系划分结果，重灾区和极重灾区震前规模等级最高的城镇主要是县城驻地，包括金钟镇、白鹤滩、文屏镇，所处地区地势平坦，均不处于所在县的地理中心或附近，鲁甸县县城偏东，巧家县县城偏西，会泽县县城偏西；规模等级较低的城镇主要分布在县界交界、巧家县北部等地形起伏度较大的地区；其他地区的城镇规模等级相对居中。总的来看，城镇体系分布受地形影响较大，地形也影响了县城与其他乡镇辐射联系的便捷性。

2. 重灾区和极重灾区农村居民点分布

重灾区和极重灾区震前共计606个行政村，65535个自然村，平均每个行政村辖108个自然村，自然村分布相对分散，斑块破碎度高。根据云南省统计局、公安局等部门提供的数据，按照人均建设用地估算每个自然村人口。根据土地利用变更调查数据，计算自然村土地利用斑块面积。人口直方图的偏度值为16.00，峰度值为514.61，是一个极右偏尖峰曲线，65535个自然村人口的平均值为27.68人，标准差为71.581人，最高达4357人（图4-18）；面积直方图的偏度值为15.68，峰度值为460.64，同样是一个极右偏尖峰曲线，65535个自然村面积的平均值为3357.79平方米，标准差为8689.929平方米（图4-19）。

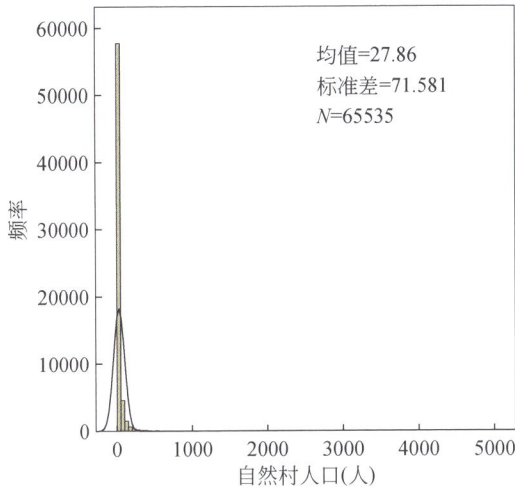

图 4-18　灾区自然村人口直方图

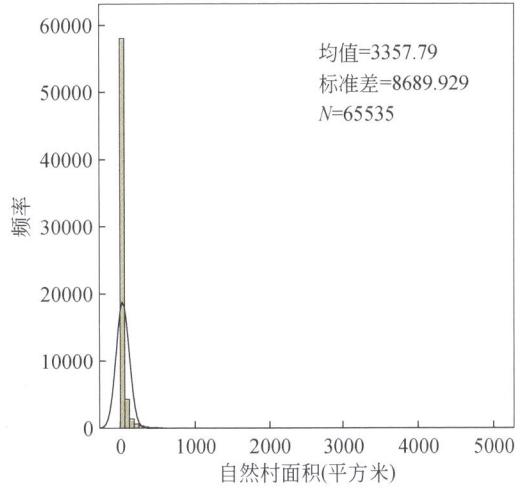

图 4-19　灾区自然村面积直方图

综合按照人口加权和面积加权的自然村密度分布图（图 4-20，图 4-21），3 个县城附近以及者海镇、娜姑镇、乐业镇等地形平坦地区的自然村密度高、人口集聚、斑块相对较大；鲁甸县与巧家县交界处地形起伏大，自然村斑块面积相对较小，但人口相对密集；巧家县县城北侧乡镇的自然村斑块面积相对较高，人口则相对较少。

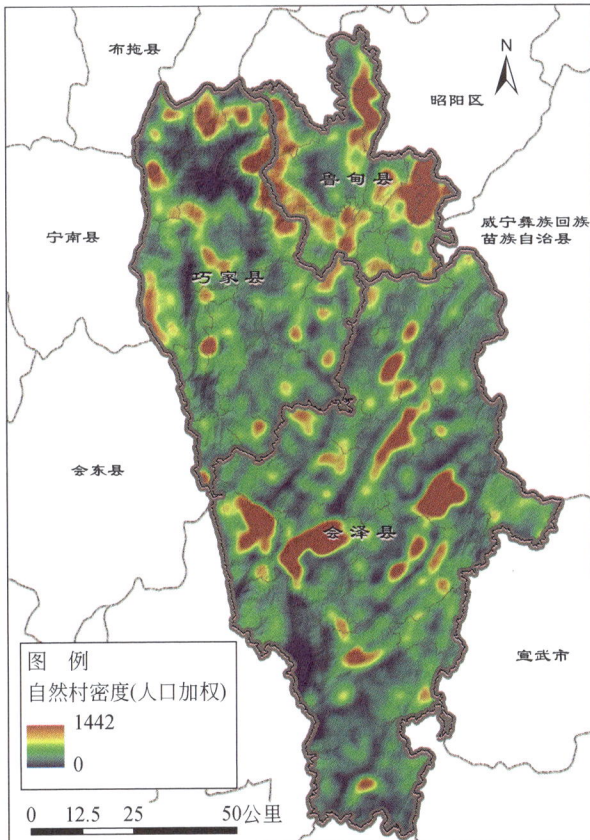

图 4-20　灾区按人口加权自然村密度分布图

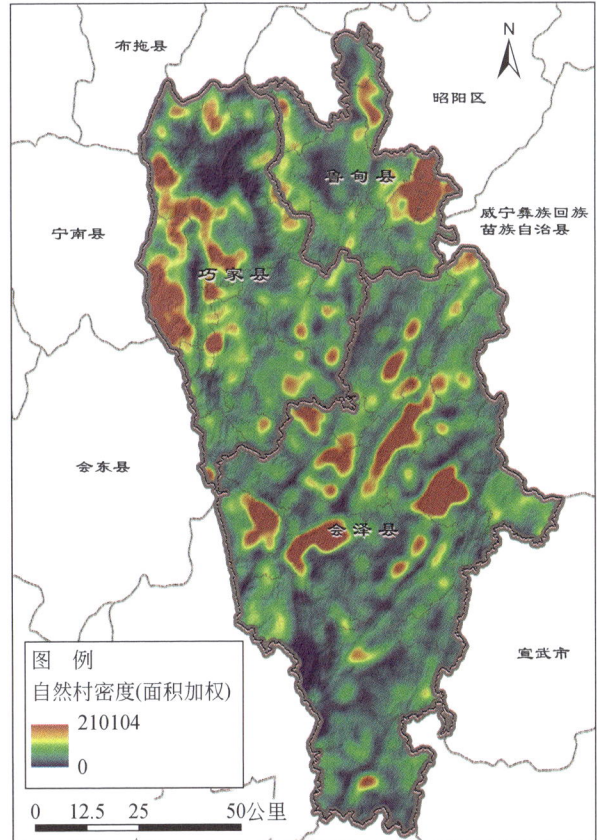

图 4-21　灾区按面积加权自然村密度分布图

3. 震中附近居民点分布

震中附近的龙头山镇、火德红镇、包谷垴乡受地震影响较大，灾损率较高（图4-22）。龙头山镇镇区规模较大，超过3000人，火德红镇镇区和包谷垴乡驻地规模偏小，在1000～3000人。3个乡镇共计22个行政村，3594个自然村，其中，最大的自然村达891人。乡镇驻地基本位于乡镇中心，行政村分布相对均匀，但自然村分布密度差异较大，沿"沿河村—沙坝村—光明村—新坪村—青山村—洼落村"一线的自然村密度相对较高。存在大量的自然村傍山而建，高程较高、坡度较大，资源环境承载力较低，人口容纳能力不可持续。

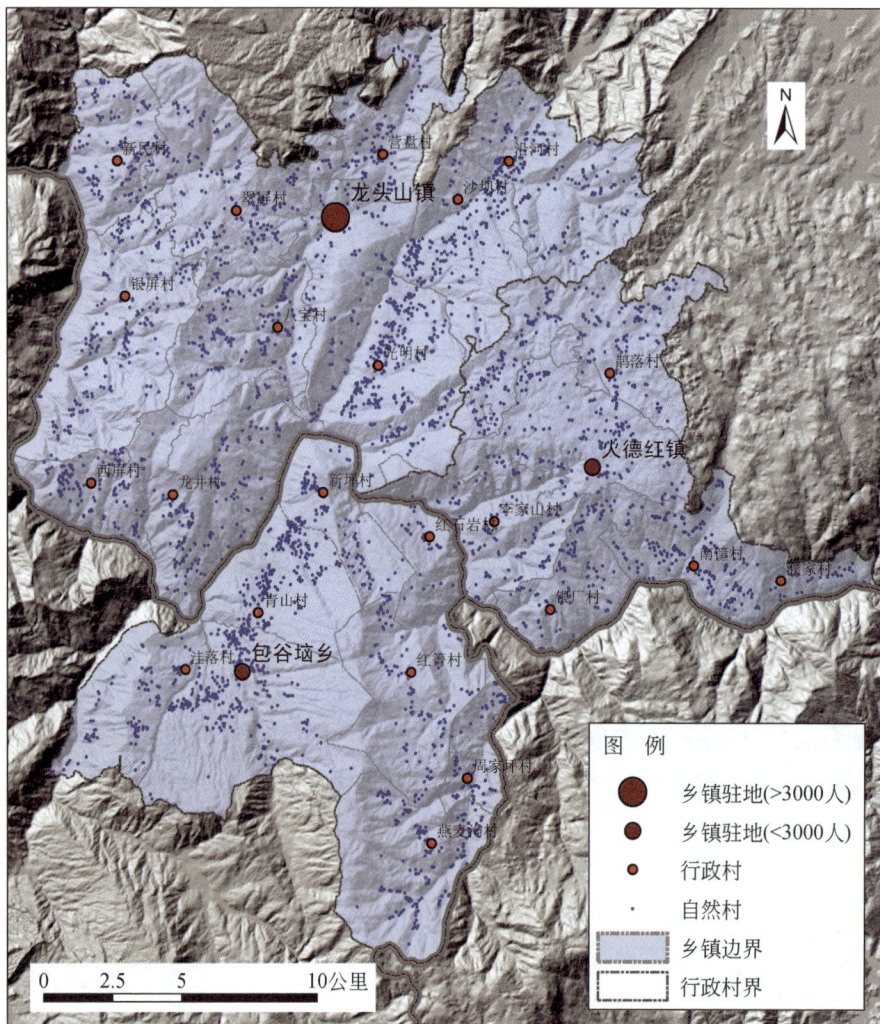

图4-22 龙头山镇、火德红镇、包谷垴乡居民点分布图

第四节 建议和对策

着力提升人口素质和城镇化水平。开展城镇村多层级职业培训、成人学校、图书馆等平台，提升人口文化教育水平；以社区、镇区、乡驻地为节点，搭建体育健身、卫生医疗等服务网点，提升人口身体健康水平；加快山地农业现代化和旅游业开发，加快城镇地区劳动密集型产业培育和产业现代化升级，以生计转型促进人口就地城镇化。

　　着力优化城镇村空间组织。按照灾害风险评价和用地条件评价，引导25°以上坡度地区、灾害防治区内的超载人口向资源环境承载能力较强的区域转移；加快昭鲁一体化进程，适当增加鲁甸县城、昭阳工业园区等建设用地指标，全面放开落户限制，作为灾区异地重建基地；完善山地城镇村交通网，提升重点城镇村间的可达性，吸引周边人口集聚安居，促进人口由分散分布向点轴分布转型。

第五章 资源环境承载能力综合评价

第一节 主导因子与精细评价

一、主导因子评价

1. 用地条件评价

根据灾区灾后恢复重建对人口集聚和城镇建设的用地需求，通过地形地貌和土地资源的综合评价，测算得出灾区适宜建设用地总面积为2575.19平方公里。其中，适宜类面积为1001.31平方公里，占38.88%，集中分布于鲁甸县东部坝区和会泽县中部坝区；较适宜类面积为229.68平方公里，占8.92%，空间分布较为零散；条件适宜类面积为1344.2平方公里，占52.2%，沿河谷地区呈条带状分布，以及阶梯状分布于山脊或半山区。

灾区总体适建指数为24.36%，极重灾区鲁甸县的适建指数为29.43%，其中，茨院乡和文屏镇适建指数较高，分别为68.31%、65.64%，而龙头山镇和火德红镇适建指数仅为6.39%、15.77%，位列全县末位；重灾区巧家县适建指数为17.64%，其中，包谷垴乡仅为11.24%；会泽县适建指数为26.73%，其中，邻近震中的北部纸厂乡适建指数仅为14.75%。

结果表明，鲁甸地震灾区山高谷深坡陡，江河纵横切割，地形破碎化程度高，整体用地条件十分有限，特别在牛栏江峡谷区，地形坡度约束极为显著，应逐步引导人口外迁；山地丘陵区的河谷和平坝地局部地域建设适宜性相对较优，可适度集聚人口和城镇建设；昭鲁坝区和会泽坝区用地条件良好，具有较大规模的人口集聚和城镇拓展空间。

2. 地质灾害风险评价

综合考虑灾区活动断层特征、鲁甸地震烈度分布、历史地震等因素，将灾区地震地质条件适宜性划分为良好、中、差、极差4级。地震地质条件极差区域原则上不适宜于震后重建选址，主要分布于Ⅸ度烈度区及断层两侧，禁止居民地建设。具体包括震中鲁甸北起龙头山镇向西南延伸至红石岩堰塞湖的区域，以及小江断裂带金沙江河谷地区北起巧家县新华镇向南延伸至蒙姑娜姑的河谷地区，占灾区总面积的8.74%。地震地质条件差区域为适度重建区，是指受地震影响较大，沿断层两侧一定范围的区域，需要经过工程治理才能作为建设用地。主要分布于本次地震的Ⅷ度区以及Ⅷ度区以外沿断裂带两侧一定范围的区域，占灾区总面积的24.45%。地震地质条件中区域为较适宜重建区，指受地震影响一般、基本未受断层影响的区域，可作为建设用地的备选区，占灾区总面积的15.67%。地震地质条件良好区域是指基本不受地震和断层影响，且历史上无地震发生的区域，可作为建设用地的备选区，主要位于本次地震Ⅵ度区和区域地震区划的Ⅶ度区，占灾区总面积的51.14%。

结合次生地质灾害排查数据，综合考虑地震烈度、断裂分布、地层岩性、地形地貌等地质灾害关键因子，将灾区地震诱发次生地质灾害危险性划分为轻度、中度、严重、极严重4级。地质灾害危险性极严重区：主要沿断裂带和河谷展布，集中分布在昭通—鲁甸断裂沿线、牛栏江沿线以及金沙江沿线，具体包括龙头山镇附近西北—东南向与东北西南向断裂汇合区、红石岩巨型滑坡附近区域、震中附近区域。面积为135平方公里，占总面积的1.3%。地质灾害危险性严重区：分布区域与极严重区类似，但涉及范围更广。面积为336平方公里，占总面积的3.2%。地质灾害危险性中度区：主要分布在牛栏江两侧10～20公里范围内，以及巧家县境内主要断裂与河谷两侧5公里以内。面积为896平方公里，占总面积的8.5%。地质灾害危险性轻度区：主要分布在地震灾区南部以及北部远离断裂和河谷的区域，占总面积的87%。

由于本次地震的山体动力放大作用显著，导致灾区斜坡岩土结构松动，形成了大量的高位滑坡崩塌体，动力侵蚀作用非常明显，存在大型滑坡-泥石流风险。故在地质灾害危险性分区基础上，基于三维地质灾害过程模型模拟，划定次生地质灾害的一级防治区和二级防治区。一级防治区：受灾害危害严重且威胁到住户生命安全，风险极大，灾害隐患区一般需要进行搬迁避让。一级防治区面积为98平方公里，主要分布在Ⅸ度和Ⅷ度烈度区内河谷和断裂沿线，且龙头山镇区附近有大量分布。二级防治区：受灾害危害较严重而且威胁到住户生命安全，风险大，灾害隐患区需通过工程措施与非工程措施相结合的方法实行有效治理，受影响的居民区需要做好监测预警和工程治理。二级防治区总面积为123平方公里，主要分布在Ⅶ度以上烈度区内牛栏江两侧15公里内，以及巧家县境内断裂和河谷沿线。

3. 人口和居民点分布评价

鲁甸地震重灾区和极重灾区震前的户籍总人口合计205.22万人，户籍人口密度为194.13人/平方公里，灾区人口密度相对自然生境偏高。灾区人口持续增长，但存在大量流出人口，外出务工人口合计50.07万人，占户籍总人口的24.40%，因此人口增长主要得益于较高的自然增长率。城镇化水平偏低，常住总人口合计185.48万人，其中城镇人口仅占25.70%，尚未进入加速发展阶段，年轻人口比重较高，但受教育程度偏低，生计方式也以传统产业为主。

人口集聚水平综合评价表明，文屏镇、金钟镇、白鹤滩镇等县城驻地人口集聚水平最高，会泽县的中部和北部、鲁甸县的东部等地区人口集聚水平较高，而其他地区人口集聚水平相对偏低。城镇居民点分布评价显示，重灾区和极重灾区震前规模等级最高的城镇主要是县城驻地，包括金钟镇、白鹤滩、文屏镇，所处地区地势平坦，均不处于所在县的地理中心或附近；规模等级较低的城镇主要分布在县界交界、巧家县北部等地形起伏度较大的地区。农村居民点评价结果显示，3个县城附近以及地形平坦地区的自然村密度高、人口集聚、斑块相对较大；鲁甸县与巧家县交界处地形起伏大，自然村斑块面积相对较小，但人口相对密集；巧家县县城北侧乡镇的自然村斑块面积相对较高，人口则相对较少。综合来看，人口与居民点分布与自然地形紧密相关，县城及其周边是人口集聚水平最高、居民点发育最发达的地区。

对震中附近的龙头山镇、火德红镇、包谷垴乡的居民点评价显示，自然村分布密度差异较大，沿"沿河村—沙坝村—光明村—新坪村—青山村—洼落村"一线的自然村密度相对较高，存在大量的自然村傍山而建，高程较高、坡度较大，资源环境承载力较低，人口容纳能力不可持续。

二、精 细 评 价

以5米×5米栅格作为受灾重镇的主要居民点评价单元，通过DEM与土地利用现状图叠加分析，遴选镇区周边适宜建设用地的备选规模及洪水威胁范围。以地质灾害和洪水威胁是否能够有效防控为前提，确定人口集聚区选址方案。其中，高方案为备选建设用地扣除地灾防治一级区，低方案为备选建设用地扣除地灾防治一级区、二级区以及洪水威胁区。结合以上评价并综合其他因素考虑，龙头山镇、火德红镇、包谷垴乡政府所在地人口规模分别宜为0.8万～1万人、0.6万人和0.12万人。

1. 龙头山镇镇区评价

乡镇政府驻地统计显示，鲁甸县龙头山镇乡镇总户数为16152户，乡镇总人口为54273人。其中，镇区总户数为860户，镇区总人口为3240人，镇区现状占地面积约为30公顷，现状建设用地主要分布在龙泉老集镇片区。精细评价结果显示，综合考虑安全隐患避让、地质灾害隐患点和山洪、泥石流通道及地震活动断层等因素，龙头山镇人口集聚区以现有镇区葫芦桥以东的河谷阶地与半坡区为主，沿龙泉河向骡马口、营盘社区方向拓展，测算得出镇区适宜建设用地的高方案为1.28平方公里，低方案为0.71平方公里。

2. 火德红镇镇区评价

鲁甸县火德红镇乡镇总户数为7100户，乡镇总人口为22070人。其中，镇区总户数为320户，镇区总人口为1030人，现状建设用地主要分布在坝区向高山峡谷区过渡的低丘缓坡地带，沿道路两侧布局。评价结果显示，火德红镇人口集聚区以现有镇区驻地北侧缓坡与平坝区、朝鲁甸县城方向拓展，人口集聚区适宜建设用地的方案为0.55平方公里。

3. 包谷垴乡乡政府驻地评价

巧家县包谷垴乡乡镇总户数为9249户，乡镇总人口为25915人。其中，镇区总户数为172户，镇区总人口为602人，镇区现状占地面积约为35公顷，现状建设用地主要分布在牛栏江南侧山腰，山高峰险坡陡，是两条溪流交汇的小型冲积台地。图5-1显示，乡政府驻地适宜建设用地零散布局，人口集聚区适宜建设用地的方案为0.12平方公里，低方案为0.11平方公里。

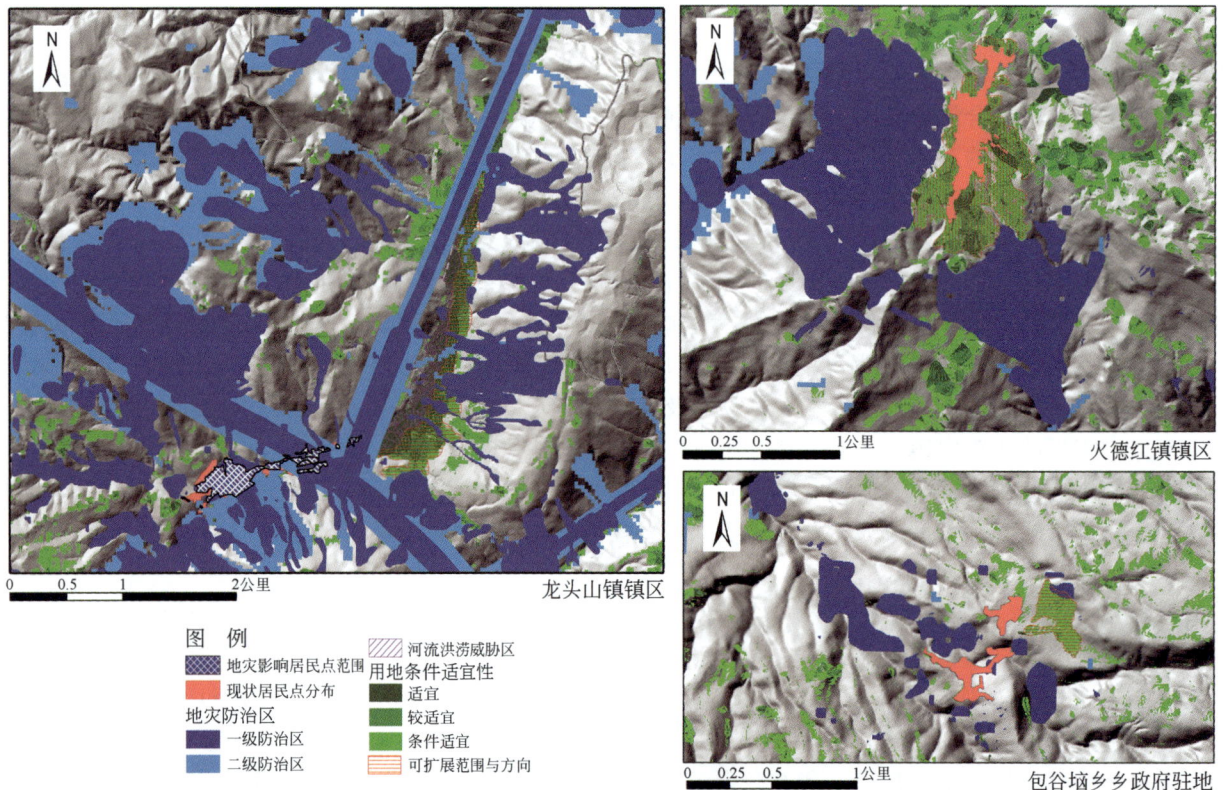

图 5-1　重点受灾镇区恢复重建条件精细评价

第二节　人口容量与居民点重建

一、人口容量测算

1. 测算方法

按照人地对应的原则，根据次生灾害专项评价结果和建设用地适宜性专项评价的结果，提取地灾一级防治区和不适宜建设区的范围和规模，根据分乡镇现状人均用地水平以及不同等级城镇规划人均用地标准，测算现状超载人口规模。具体来看，由于灾区受地形、自然灾害等资源环境承载因子的限制较大，按照建设用地竖向规划规范，坡度超过25°的地区不适宜建设，按照防灾避灾要求，灾害防治区内不宜常住，这两类地区人口容量较低；而在地势平坦的非避让区，人口容量较高。据此，对坡度数据、灾害防治区数据（地灾防治区）、土地利用数据、乡镇边界数据、人口数据等进行叠加分析，按照各乡镇驻地人均建设用地面积、各乡镇自然村人均建设用地面积等指标，分别计算各乡镇25°以上坡度防治区、25°以下坡度防治区、25°以上坡度非防治区、25°以下坡度非防治区四种类型区的人口，其中，前三者累加人口即各乡镇的超载人口，据此分析灾区人口容量的饱和程度（图5-2）。

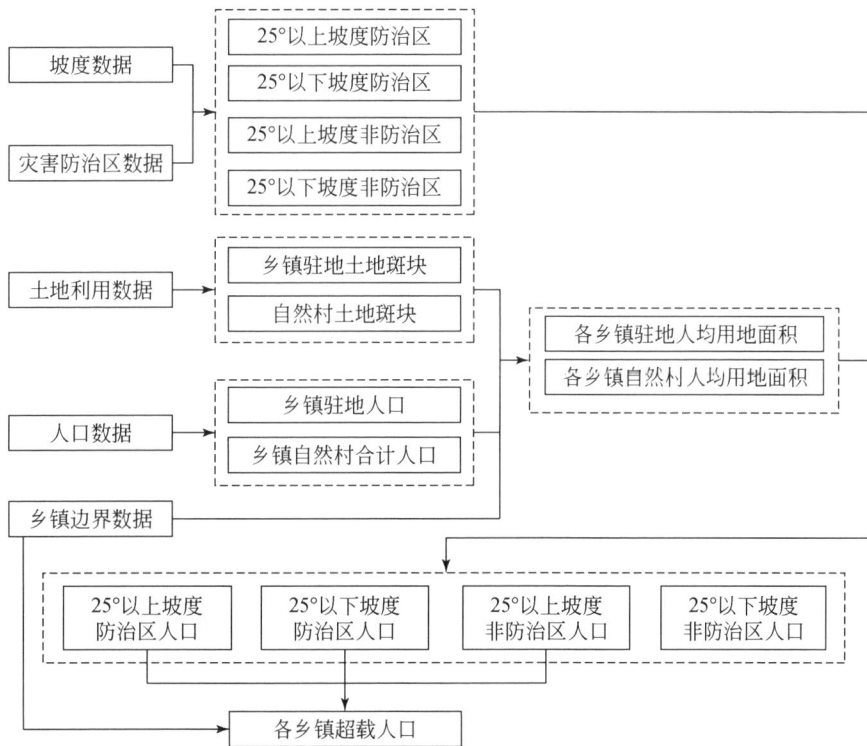

图 5-2　超载人口测算技术路线图

2. 测算结果

如表 5-1 所示，重灾区和极重灾区 3 个县共计超载人口 91.41 万人，占户籍总人口比重达 44.54%。其中，巧家县人口超载最为严重，超载人口比重高达 56.92%。超载人口比重高于 50% 的乡镇主要分布在北部地形起伏度较大的连片山区，以及南部的矿山镇、大井镇、雨碌乡、鲁纳乡、上村乡等一带。邻近震中 3 个乡镇人口超载态势更加严重，龙头山镇超载 3.86 万人，超载人口比重高达 71.19%；其次是包谷垴乡，超载 1.78 万人，超载人口比重高达 68.88%；火德红镇超载 1.28 万人，超载人口比重达 58.10%。此外，超载人口规模高于现状外出务工人口规模，人口转移压力较大。

表 5-1　现状人口和超载人口规模测算一览表

地区	户籍总人口（万人）	外出务工人口（万人）	超载人口（万人）	超载人口比重（%）
鲁甸县	44.06	11.22	16.08	36.49
龙头山镇	5.43	0.86	3.86	71.19
火德红镇	2.21	0.78	1.28	58.10
巧家县	59.10	11.47	33.64	56.92
包谷垴乡	2.59	0.48	1.78	68.88
会泽县	102.06	27.38	41.69	40.85
合计	205.22	50.07	91.41	44.54

从不同类型区人口构成来看（图 5-3），25°以下坡度非防治区的人口比重占 55.46%，25°以上坡度非

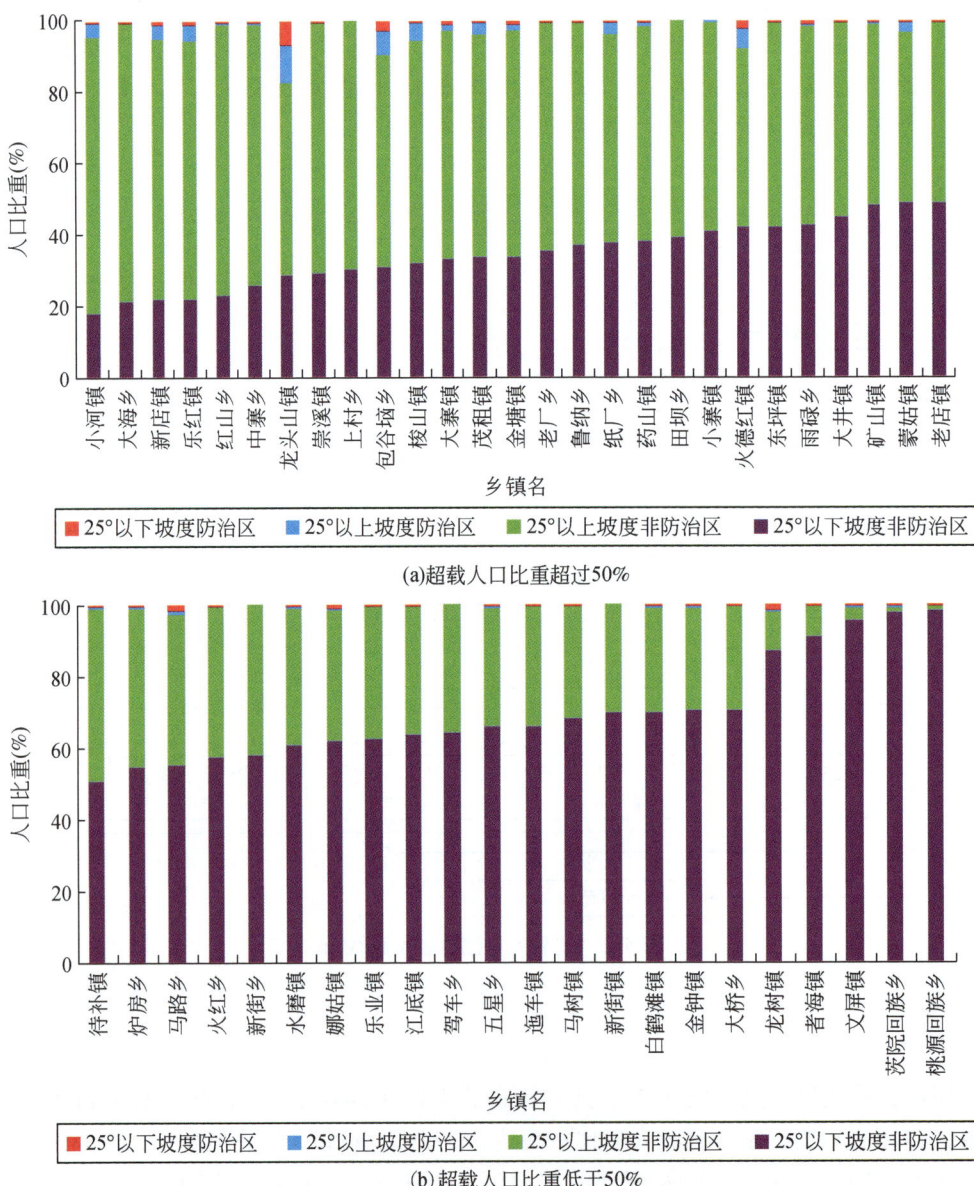

(a)超载人口比重超过50%

(b)超载人口比重低于50%

图 5-3　灾区各乡镇不同类型区人口构成图

防治区的人口比重占 42.77%，25°以上坡度防治区的人口比重占 1.17%，25°以下坡度防治区的人口比重占 0.60%。合计来看，震前过半的人口生活在资源环境承载相对较高的地区，超载人口主要分布在 25°以上坡度的不适宜建设区，达 43.94%，此外，1.77% 的人口生活在高危的灾害防治区。分乡镇来看，超载人口均主要分布在 25°以上坡度的不适宜建设区，各乡镇灾害防治区的人口比重差异较大，震中附近的龙头山镇、包谷垴乡、火德红镇生活在灾害防治区内人口比重显著高于其他地区，在地震中灾损最为严重。

（1）超载人口比重分级

采用（超载人口/户籍总人口×100%）计算超载人口比重，参考自然断点法的划分结果，将超载人口比重划分为 5 级（图 5-4）。

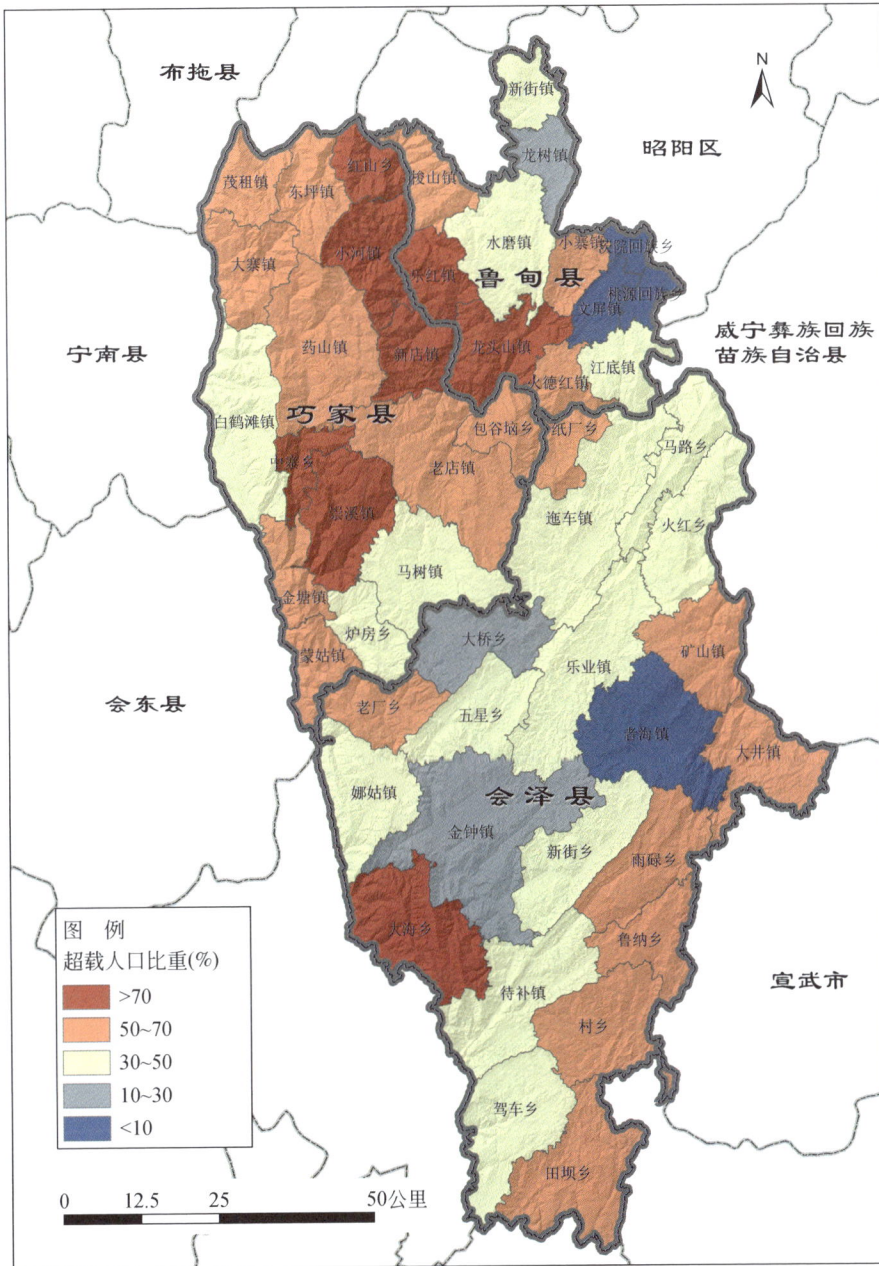

图 5-4　灾区超载人口比重分布图

1）大于 70%。人口超载最严重，7 个，包括小河镇、大海乡、新店镇、乐红镇、红山乡、中寨乡、龙头山镇，地形起伏度较大。

2）50%～70%。人口超载较严重，20个，主要分布在重灾区和极重灾区的北部和东南部，其中巧家县分布最广。

3）30%～50%。人口超载程度中等，15个，主要分布在重灾区和极重灾区的中部和西南部，其中会泽县分布最广。

4）10%～30%。人口超载程度较低，3个，包括金钟镇、大桥乡、龙树镇。

5）小于10%。人口超载程度最低，4个，包括者海镇、文屏镇、茨院回族乡、桃源回族乡，其中有3个集中分布在鲁甸县东侧地势相对平坦的地区。

（2）人口转移压力系数分级

采用（超载人口/户籍总人口×100%－流出人口/户籍总人口×100%）计算人口转移压力系数，参考自然断点法的划分结果，将人口转移压力系数划分为5级（图5-5）。

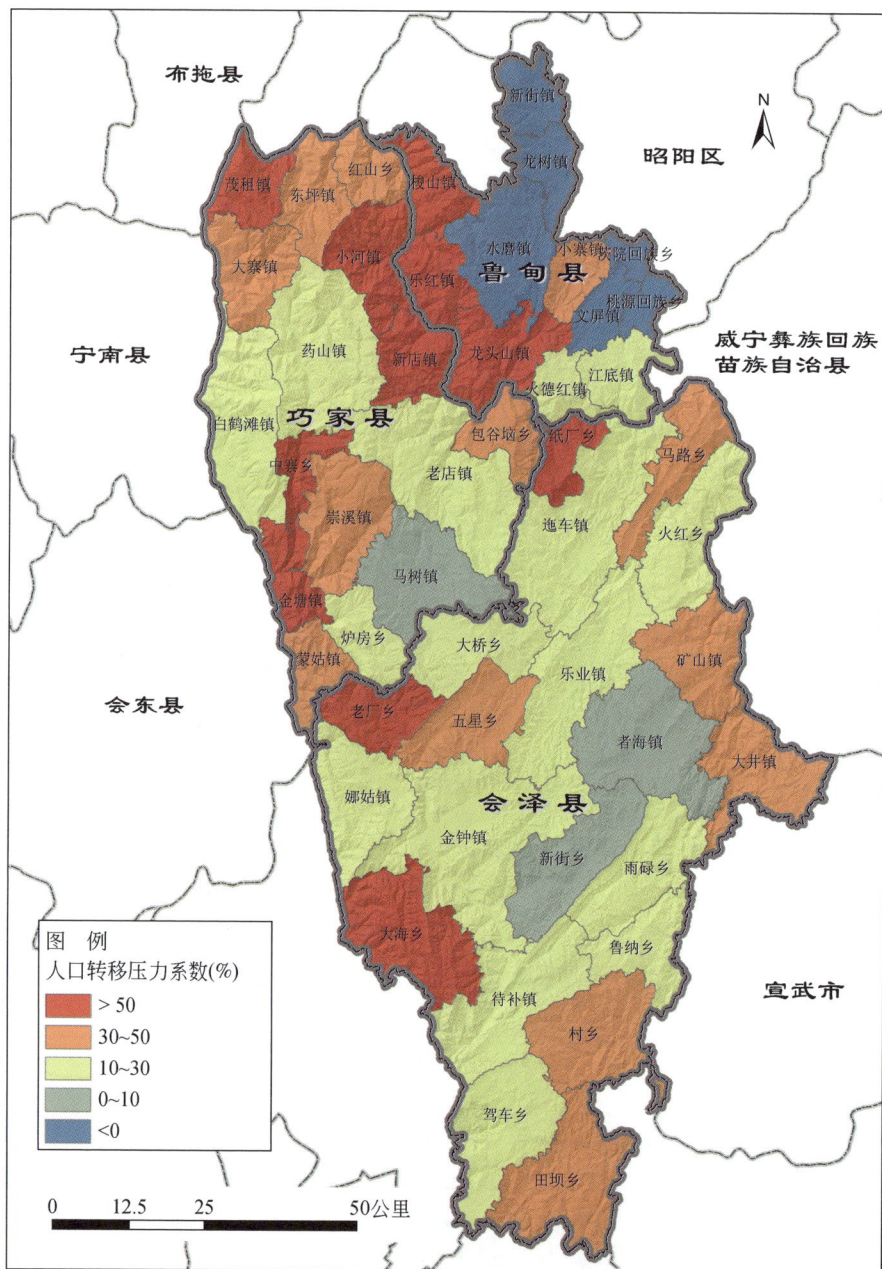

图5-5　灾区人口转移压力系数分布图

1）大于50%。人口转移压力最大，11个，主要分布在人口超载程度较高的鲁甸县与巧家县的交界，以及巧家县西南侧，会泽县的老厂乡、大海乡、纸厂乡等地区。

2）30%～50%。人口转移压力较大，13个，主要分布在重灾区和极重灾区的北部和东南部，中部也有分散分布。

3）10%～30%。人口转移压力中等，16个，主要分布在重灾区和极重灾区的中部和南部，其中会泽县分布最广。

4）0%～10%。人口转移压力较轻，3个，包括马树镇、新街乡、者海镇。

5）小于0%。流出人口总量已经超过超载人口总量，6个，包括文屏镇、水磨镇、新街镇、桃源回族乡、茨院回族乡、龙树镇，集中分布在鲁甸县的东部。

二、居民点重建规划

1. 扩大规模重建

扩大规模重建类型是指资源环境承载能力较强、灾害风险较少、建设用地条件较好、扩展空间较大的城镇。共计乡镇7个，主要包括县城驻地文屏镇、白鹤滩镇、金钟镇，以及地势平坦、灾害防治区较少、交通条件相对较好的者海镇、娜姑镇、茨院回族乡、桃源回族乡。其中，县城驻地文屏镇、白鹤滩

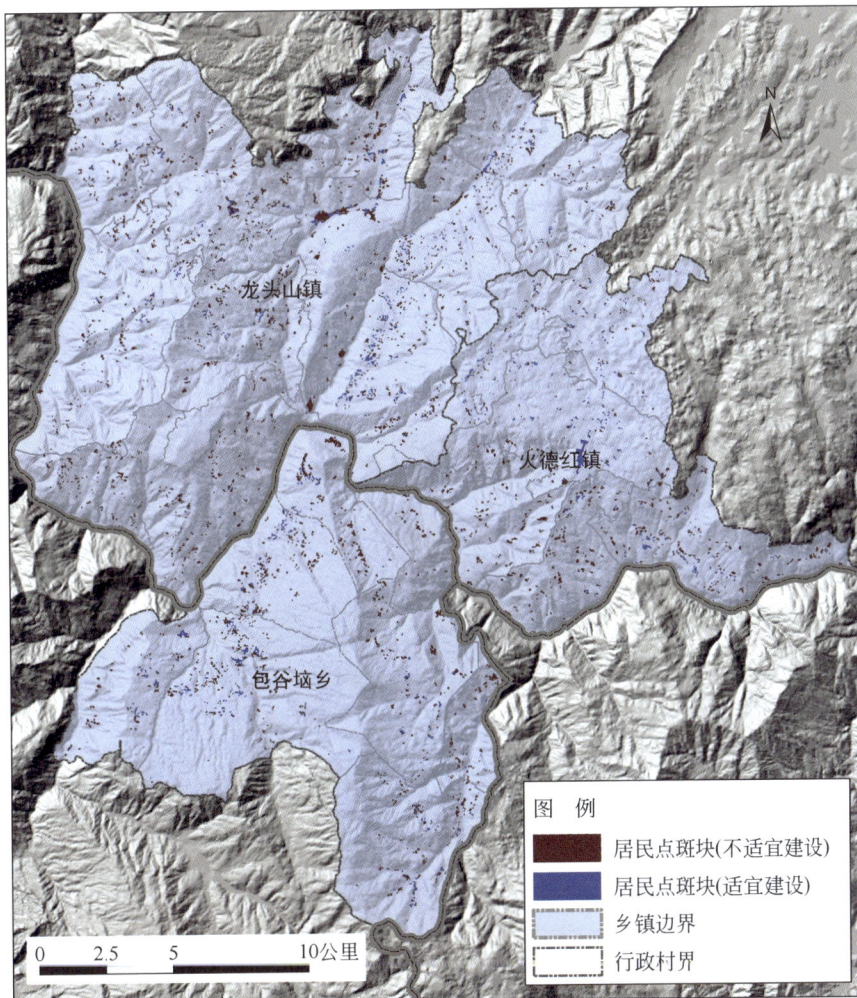

图 5-6 重点受灾乡镇居民点人口超载区分布图

镇、金钟镇是灾区推进现代工业化和新型城镇化的主要人口–产业集聚区，发挥着重要的本地人口就地城镇化、外来人口落户安居、超载人口转移定居的城镇职能，人口容量均达到3万人以上。鲁甸县城、鲁甸工业园（含文屏片、茨院片、桃源片）是昭鲁一体化发展的西翼部分。

2. 原规模重建

原规模重建类型是指资源环境承载能力适中、有一定灾害风险、但通过工程技术措施可以有效防治的居民点。共计乡镇42个，除了扩大规模重建类型的乡镇，其他乡镇均属于该类型，此外还包括25°以下坡度非防治区的自然村。原规模重建时，应当按照适宜和不适宜建设的居民点斑块分布特征，结合地形、水文、交通等因素，避开资源环境承载力较低的地区。其中，震中附近的龙头山镇、火德红镇、包谷垴乡灾损度高，龙头山镇沿现状镇区东侧河谷与半坡区、骡马口社区方向原规模重建，人口容量小于1万人，火德红镇以现有镇区驻地北侧缓坡与平坝区、沿道路朝鲁甸县城方向原规模重建，人口容量小于0.6万人，包谷垴乡政府驻地取零散分布的适宜建设用地原规模重建，人口容量小于0.12万人。

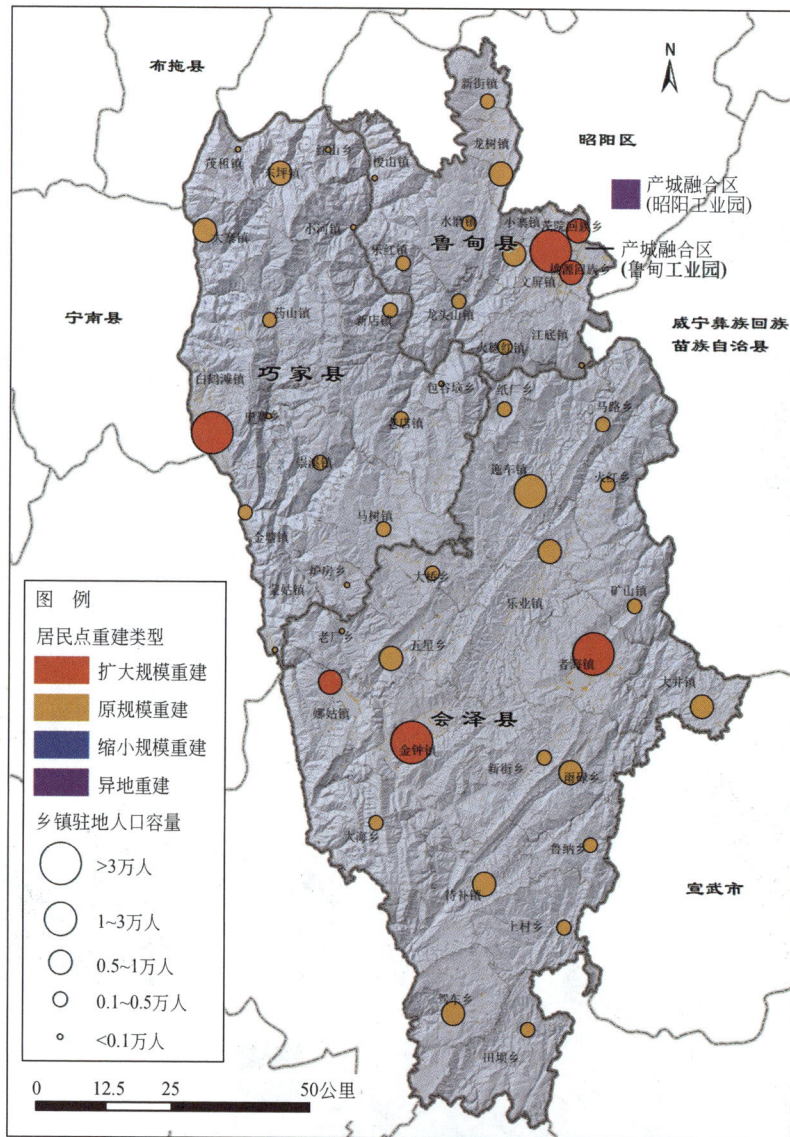

图5-7　灾区居民点重建类型分布图

3. 缩减规模重建

缩减规模重建类型是指资源环境承载能力低、灾害风险大、建设用地严重匮乏的居民点。主要包括25°以上坡度地区、灾害防治区内的自然村，逐步引导人口的疏散、迁出，宅基地逐步进行通过土地综合整治转为生态保育等用地类型。

4. 异地重建

异地重建类型是以昭鲁一体化为发展方向，促进人口向昭阳方向转移，在昭阳城区和鲁甸城区之间、昭阳区境内建设一块产城融合区，向东对接昭阳城区，向西对接鲁甸城区、鲁甸工业园区，形成昭阳城区至鲁甸县城的轴带区域，发挥该区域对灾区超载人口吸纳的主导作用，促进产城融合、推动滇东北地区的新型城镇化发展（图5-8）。

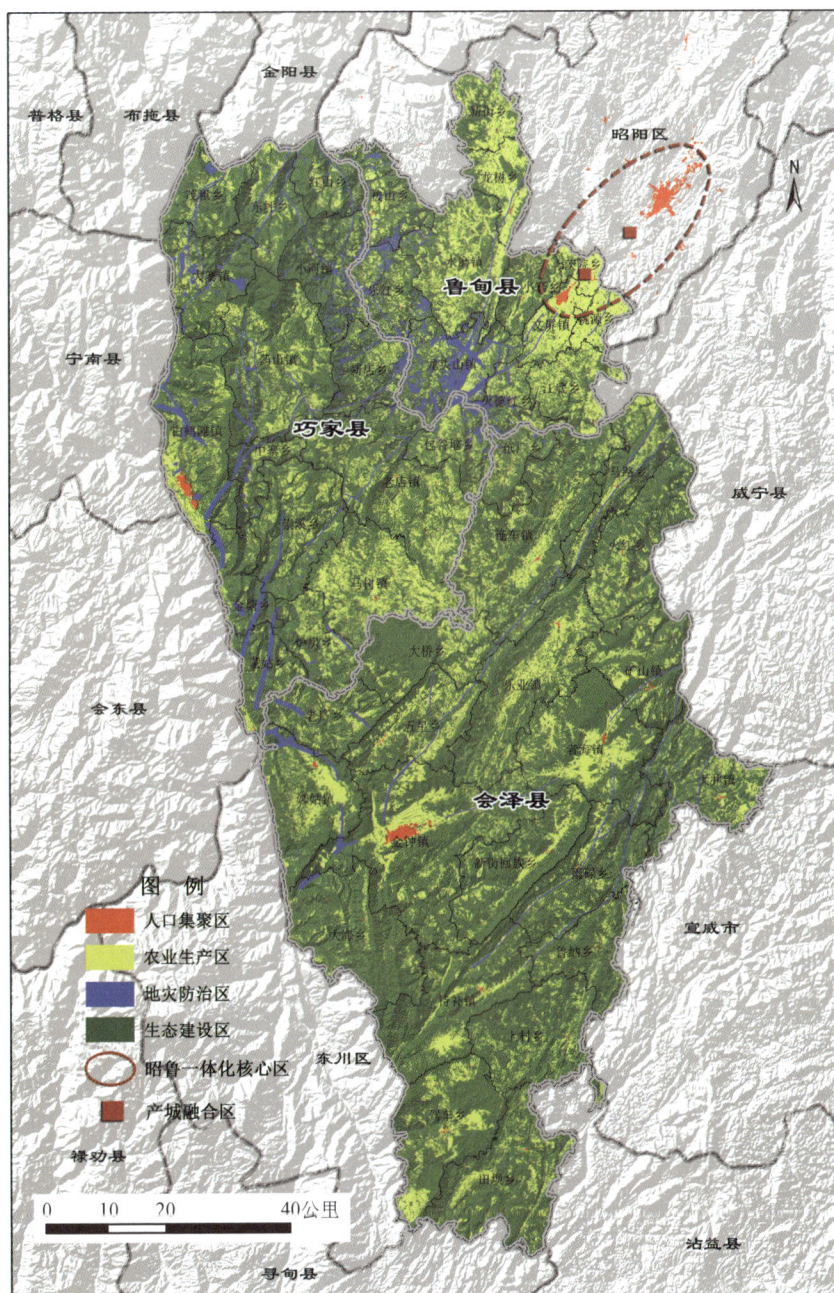

图5-8 鲁甸地震灾区恢复重建区划图

第三节 重建功能分区

一、分 区 流 程

第一步，划定地灾防治区。针对地震断层和活动断层、次生地质灾害类型的易发程度、发展变化趋势和影响范围等内容，按照全域整体评价、极重和重灾区的人口集聚区精细评价的精度，将地震地质条件适宜性最低级以及崩塌、滑坡、泥石流次生地质灾害危险性最高级所涵盖的地域范围划定为地灾防治区。

第二步，划定生态建设区。运用用地条件评价结果，通过25°以上坡耕地遴选的退耕还林地，各级各类自然保护区、水源涵养区、森林公园、湿地公园、地质公园等法定生态保护区，以及优质林地和天然水体等生态空间划定为生态建设区。

第三步，划定农业生产区。通过耕地、园地建设条件和农村建设用地条件的全域整体评价，将扣除25°以上坡旱地，以及扣除法定生态保护区内的耕地、园地，避让地震地质条件适宜性最低级和次生地质灾害危险性最高级的农村居民点划定为农业生产区。

第四步，划定人口集聚区。通过用地条件评价得出建设用地条件适宜、较适宜、条件适宜的地块，扣除受到活动断裂和次生灾害影响严重的地灾防治区，扣除法定生态保护区内适宜建设用地，提出城乡居民点选址的备选用地，然后进行产业支撑、人口分布、地理区位以及市镇村体系结构等因素的综合分析，进一步确定人口集聚区的位置与范围，提出了不同规模与类型城镇和乡村恢复重建的选择方案。此外，人口集聚区还包括位于鲁甸工业园区以核桃、花椒等农副产品深加工产业链为特色的产城融合区，以及位于鲁甸县城和昭通市区之间以高耗能产业链为主导的昭鲁一体化产城融合区。这两个产城融合区不仅是长期吸纳灾区超载人口容量的主要载体，也是推进灾后恢复重建、走新型城镇化和扶贫综合开发道路、打造滇东北城市群中心城市的重要增长极。

二、分 区 方 案

按照人口集聚区、农业生产区、地灾防治区、生态建设区4类重建分区方案，重塑灾区面貌，再造美好家园（表5-2）。

表5-2 重建分区方案汇总表

地区	人口集聚区		农业生产区		地灾防治区		生态建设区	
	面积（平方公里）	比重（%）	面积（平方公里）	比重（%）	面积（平方公里）	比重（%）	面积（平方公里）	比重（%）
鲁甸县	5.60	0.38	532.08	35.84	144.05	9.70	803.05	54.09
巧家县	7.61	0.24	611.77	19.13	216.69	6.78	2361.76	73.86
会泽县	15.28	0.26	1055.93	17.93	94.35	1.60	4723.21	80.21
合计	28.49	0.27	2199.78	20.81	455.09	4.30	7888.02	74.62

1. 人口集聚区

人口集聚区包括乡镇政府所在地、城区、大型产业园区等建设用地，极重灾区和重灾区合计人口集聚区49个，包括3个县城、46个乡镇驻地。充分发挥该区域用地条件良好、资源环境承载力较强的优势，承担城镇布局、人口集聚和产业发展的主要功能。

人口集聚区以昭鲁一体化为发展方向，重点建设昭阳城区至鲁甸县城的轴带区域，包括昭阳城区、昭阳工业园区、鲁甸县城、鲁甸工业园区等，发挥该区域对灾区超载人口吸纳的主导作用，促进产城融合、推动滇东北地区的新型城镇化发展。其他乡镇驻地积极调整用地布局、优化用地结构、提高房屋质量，就近选择环境安全、规模相当的区域适量进行一批灾民的就地安置，积极引导超载人口通过外出就业等途径向人居环境条件更好的区域进行异地迁移。基于规划选址布局和群众自主意愿，抓紧开展重点受损的人口集聚区内住房和避让搬迁居民住房建设，统筹安排龙头山和火德红、包谷垴等乡镇驻地居民点重建，优化调整乡镇功能，形成生态文明示范、特色产业突出、发展潜力大的特色村镇。

2. 农业生产区

农业生产区包括25°以下耕地、经济林地和农村居民点建设用地，是农村人口居住和从事农业生产活动的主要场所。面积合计为2199.78平方公里，占区域总面积的比重为20.81%。农业生产区在平坝和河谷区分布相对集中，高山峡谷区分布呈零散破碎格局。区内应着力修复受损农田、畜禽圈舍、养殖池塘等农业生产基础设施，实施土地整治工程，推进高标准农田建设和中低产田改造，提高农业生产保障能力。

农业生产区以高原特色农业发展为重点，培育优质农产品原料基地、精深加工及流通体系，推广先进农业生产组织模式，建立健全农业产业项目带动贫困户脱贫增收的利益联结机制。着力建设一批特色农业示范园和生态农业示范村，促进农业生产区域化、专业化、品牌化，培育具有竞争力的高原特色农业，拓展产品市场，促进产销结合。加强农村居民点整治力度，推进危旧土坯房改造工程，提高农村居民点用地的安全性、集约性、便利性，综合改善农村居民生产生活条件。

3. 地灾防治区

地灾防治区包括地震断裂活动带和滑坡、崩塌、泥石流等次生地质灾害易发多发地区。面积合计为455.09平方公里，占区域总面积的比重为4.30%。地灾防治区主要沿断裂带和河谷展布，集中分布于昭通—鲁甸断裂带和牛栏江沿线。

地灾防治区内坚持预防为主、合理避让、重点整治、保障安全的原则，对严重威胁公共安全的重大地质灾害隐患点及时进行工程治理，对中小型地质灾害隐患点实施应急治理或排危除险。处于地灾防治区内的散居住户、村落居民点和城镇建成区，因灾损严重、区域容量有限，考虑在一级防治区以外的区域进行重建，需严格执行《建筑抗震设计规范》，对地质灾害隐患点进行合理的工程治理，并加强地质灾害监测预警，严防汛期大型滑坡、泥石流灾害。二级防治区在开展综合治理、健全预警预防措施、确保灾害风险大幅降低之后，可作为建设用地适度利用，主要可用于公共绿地、使用频率较低的公共设施等建设用地。着重加强地灾防治区内基层监测能力建设，科学设置地质、气象、地震灾害监测站点，完善县、乡、村、组四级地质灾害监测网络，形成专群结合的地质灾害预防体系，扩大监测覆盖面。

4. 生态建设区

生态建设区包括退耕还林区、自然保护区、世界自然遗产、森林公园、地质公园、风景名胜区等。面积合计为7888.02平方公里，占区域总面积的比重为74.62%。其中，退耕还林区面积为900.87平方公里，自然保护区面积为467.98平方公里，分别占生态建设区总面积的11.42%和5.93%。主要分布在牛栏江、金沙江流域高山峡谷区。

生态建设区坚持自然修复与人工治理相结合，以自然修复为主，加强森林、湿地和草地保护。通过陡坡耕地生态治理、天保工程公益林建设以及石漠化综合整治，提高水土保持、水源涵养、生物多样性等生态功能。在新一轮退耕还林还草工程建设中，有计划地对25°以上陡坡耕地实施退耕还林还草。推进生态建设区水源环境整治、恢复和规范化建设，降低人类活动对生态系统扰动和环境胁迫程度。利用当地优越的气候条件和植物资源，推进生态旅游以及生态效益和经济效益双收的林业经济发展。

第四节　产业发展导向与政策建议

一、产业发展导向

1. 产业发展战略

依托资源优势，以生态经济为重点，大力发展绿色山地林果业及其加工业、能源高效利用的现代原材料工业和环境友好型工业、生态旅游和地震遗迹游，以及新型服务业，构建符合鲁甸地震灾区的自然生态环境、社会人文环境和经济发展条件的"绿色"经济体系，实现经济发展与生态建设、扶贫攻坚与富民增收的有机融合。

2. 重点发展领域

积极发展立体生态农业和特色经济林果业，逐步形成基地化、规模化、产业化的新型农林业体系。以提高生态效益为基础，以增加经济效益和农民增收为目标，推动天保工程、退耕还林等生态工程建设项目与地区农业、林果业等优势产业的有机结合。大力发展立体生态农业，因地制宜，建设河谷坝区优质粮食基地和优质蔬菜基地、低山丘陵区优质经济林果基地和农林牧复合经营基地、中高山区水土保持型高效生态农业基地。重点建设一批精品农庄和农产品加工业原料供应基地，全面提升农业水平。

大力发展有机及绿色食品加工业，延长山地特色农副产品加工产业链条。大力发展有机及绿色食品加工业，扩大农林产品的生产与深加工能力。重点推进花椒、苹果、天麻、核桃、烤烟等地区优势与特色产品的品牌化与系列化开发，研发新产品，延伸产业链条，打造具有竞争力的品牌，开拓国内外市场。

适度发展化工、矿冶、建材产业，重点推进水电–有色金属冶炼项目的实施。以地区能源资源和矿产资源为基础，以地区的环境容量和承载力为约束，适度发展化工、矿冶及新型建材产业。做好鲁甸水电铝深加工项目的论证，为尽快建设鲁甸地震灾区恢复重建骨干项目、吸纳失地灾民异地安置创造就业条件。严格控制个体对水电资源和矿产资源的盲目开发，鼓励国内有先进技术和丰富经验的企业进行能源矿产资源开发和精深加工基地建设。

努力推动生态旅游业和新型服务业发展，尽快打造灾后重建的新产业亮点和新经济增长极。合理利用民族乡村、古村古镇古城，开发一批有地域特色、民族特点、形式多样的旅游产品。深入挖掘和系统组织区域旅游资源，充分利用地震灾害形成的地震遗迹景点，重点开发以地震遗迹和乌蒙山区地貌景观为特色的科考探险游，结合民俗风情体验游和休闲观光游，打造滇东北旅游环线，打造高山峡谷自然风光旅游带。以旅游业发展为契机，推进相关镇区配套服务业的发展。结合产业发展重点，优化商贸物流业的空间布局，推进城乡流通组织化建设和市场组织体系的完善。

3. 产业布局指引

在山区以灾后恢复重建为契机，以扶贫攻坚和增强可持续发展能力为目标，以乡镇所在地为节点，发展基本公共服务业、旅游服务基地，以及物资集散中心；以旅游线路为网络，合理组织旅游景点和景区的开发；以规模化的特色农林业发展为基地，带动农户、不同的产业化组织形式等多样化健康发展，实现培育旅游业新经济增长点、农业结构调整升级，以及扶贫和新农村建设、小城镇发展的有机融合。

在坝区以有利于灾后重建和长远发展为导向，以加快昭鲁一体化进程和提升产业发展能力为目标，依托昭通市市区和鲁甸县城的城市建设和经济建设基础，以集中新建昭阳和鲁甸两个产业园区、推动产城融合的方式，培育和做强高耗能工业体系和农副产品加工体系，强化要素的空间集聚，以工业化带动农业产业化、城镇化和第三产业的发展，以坝区发展带动山地开发，实现灾后重建与新型城镇化、新型工业化的有机结合。

二、政　策　建　议

基于灾区资源环境承载特征及人口贫困化问题的研究，鲁甸地震灾区位于昭通市海拔最高的区域，自然环境极为恶劣；此次地震又加剧了资源环境条件的恶化，使灾民安置和重建选址难度增大。震中及VI级以上烈度区为中国典型的坡地聚落集中区域，乡村聚落密集，人口密度大，贫困程度深，超载极为严重，适宜人居区域非常有限，不利于灾后重建选址和人口疏散。此外，灾区八、九月份当地正值雨季，天气状况较差，容易引起泥石流等次生地质灾害发生，更增加了灾后救护和重建的难度。从长远来看，现有的资源环境状况，对保障重建后灾区的正常发展具有较大的约束；未来理顺人口、经济布局与资源环境条件的关系，实现近期保安全、长远促可持续发展的任务，相当艰巨。对近期灾区的重建以及长期的可持续发展提出重建阶段的基本方略和具体政策建议：

1. 重建基本方略

立足资源环境承载能力评价，着眼长远可持续发展，编制重建规划。灾后重建规划是指导重建工作的依据，具有战略性、综合性、基础性和约束性。重建总体规划要明确重建战略和方针，确定重建选址和人口居民点布局，制定灾害防治系统方案，完善生态屏障建设模式和机制，提出山区城镇化和扶贫攻坚的关键举措。重建总体规划要与专项规划相统一，应急规划要与法定的中长期规划相衔接，规划编制要与协调和调整已有规划相结合，完善实施规划的各类配套措施。

探索新型城镇化、扶贫攻坚和生态建设的融合模式，统筹解决区域可持续发展问题。要把灾民永久安置选址同城乡居民点布局优化相结合，把人口分布格局调整同扶贫攻坚、区域发展格局重塑相结合，把灾区恢复重建的当务之急同生态文明建设的长远需求相结合。

以鲁甸地震灾区为试点，用体制创新保障长江上游生态屏障建设的经济、社会和生态的综合效益，从政策环境创新中增强此类问题叠加区（贫困区、生态屏障建设区以及地震灾区）的发展能力和造血功能。重点探索以改善民生质量为目标，从生态建设和发展生态经济中，显著提高农户可持续生计水平的体制机制；探索立足当地资源优势转化，促进具有县域特色和富民效果的经济发展政策体系；探索按照地域类型，实行因地制宜的退耕还林政策、建立分类指导的长效补贴措施，以及实施差别化的扶贫攻坚政策的制度保障。

2. 政策措施与建议

1）应把安全避险、防灾减灾贯穿到重建规划和重建工作的始终。在相关规划和工程建设中，需进一步细化地质灾害、洪涝灾害等评价工作，严把选址安全关。加强地质灾害区域性综合治理，加快构筑现代技术手段为支撑、群众广泛参与的预警预防体系，严格按照设防标准开展恢复重建工作，提高抗灾减灾能力，最大限度规避各类公共安全风险。

2）应把生态修复、国土整治作为灾后恢复重建和可持续发展的重要任务，实现灾民生计改善、生态环境建设和全面实现小康社会目标相结合。一是在加大退耕还林力度的同时，采用上一轮退耕还林标准予以补贴；二是开展生态建设产业化试点，将部分灾民转换为种林工人；三是将鲁甸纳入国家级主体功能区规划中重点生态功能县，给予相应的财政专项转移支付资金；四是开展"发电企业"为流域生态建设、减少水土流失买单的试点，结合鲁甸地震灾区生态建设绩效，由三峡水电总公司支付部分购买生态服务的费用；五是开展资源富集的特殊贫困地区如何实现资源优势转换为经济优势的试点，从每度电收益中提取一定额度的资金，把贫困区百姓收入、地方财政收入同水电优势资源开发效益相挂钩，实现同步增长。

3）应把加大产业发展的培育和扶持力度作为救灾扶贫的长远之计。通过国家在投资、信贷和税收等方面的倾斜优惠，激励企业到鲁甸地震灾区、特别是两个产城融合园区投资，把云南东北部区域打造成为面向长江产业带和珠江三角授、融入云南对外开放桥头堡和新丝绸之路经济带，以能源原材料基地、山地特色农副产品生产和加工基地为特色的新经济增长极。

4）应把改善鲁甸地震灾区和云南东北部地区基础设施条件作为提升区域品质、创造发展环境的重要抓手。应加快县乡道路、农村生活用水供给网络等生命线工程建设；同时，以列入国家规划的重大交通基础设施项目建设为重点，加快昭通对外通道建设，包括重庆–昆明高速铁路、攀枝花–昭通–毕节–遵义铁路，开展昭通机场迁建项目的前期工作。

5）应把受灾特征、恢复难度、重建能力作为国家核算不同灾区恢复重建补贴系数的依据，实施差异化政策。中央政府对灾区恢复重建的补贴标准通常为"灾损总额×1.18 ＝重建投入总额×0.3 ＝ 中央补贴量"。其中，灾损总额这一基数能够反映受灾多就应该补贴多的理念，0.3 的系数应该只是全国的一个基准线，可上下浮动，向上浮动的原则应体现恢复难度大、重建能力弱的灾区可以获得更高比例的中央政府补贴的政策理念。鲁甸地震灾区属于这种类型地区。特别应该注意的是，鲁甸地震灾区土木结构住房易损、成为造成这次灾害死亡人数偏多的一个重要原因。但土坯房不值钱，灾损估价低，未来重建的要求更为迫切，设防标准和重建质量又不能打折扣，而住户又往往更为贫困。因此，建议提高中央补贴系数，增加资金额专项用于解决灾区每个农户至少有一间结实住房的需求。

下 篇

昭通可持续发展研究

第六章　资源环境要素支撑能力

第一节　可利用土地资源

　　昭通市位于云南省东北部、金沙江下游以及云贵川三省结合部，地处云贵高原向四川盆地过渡的倾斜地带。全境地势西南高、东北低，山地与河谷间高差悬殊，呈典型高原山地构造地貌。两大山系横亘境内，东为乌蒙山脉西延伸尾端，西为横断山脉凉山山系分支东伸边缘，山高坡陡，海拔悬殊。最低点北部的水富县滚坎坝中嘴，海拔为267米，最高点南部的巧家县药山，海拔为4040米，二者高差达3773米，全市平均高度达1685米。由于山高坡陡、河流深切，昭通市地形复杂状况在全省乃至国内少见，境内含深切中山、中切中山、岩溶高原、混合丘陵、高原湖积盆地、断陷河谷坝等各种地貌类型，山地面积占全市总面积的96.6%，其中地形坡度在25°以上的山地面积占43.7%。从云南省山地与坝子分布格局可以看出，坝子作为云南城镇发展的主要空间载体，也是"高原粮仓"，昭通市坝区空间分布十分有限，是全省土地资源最为稀缺的区域之一（图6-1）。

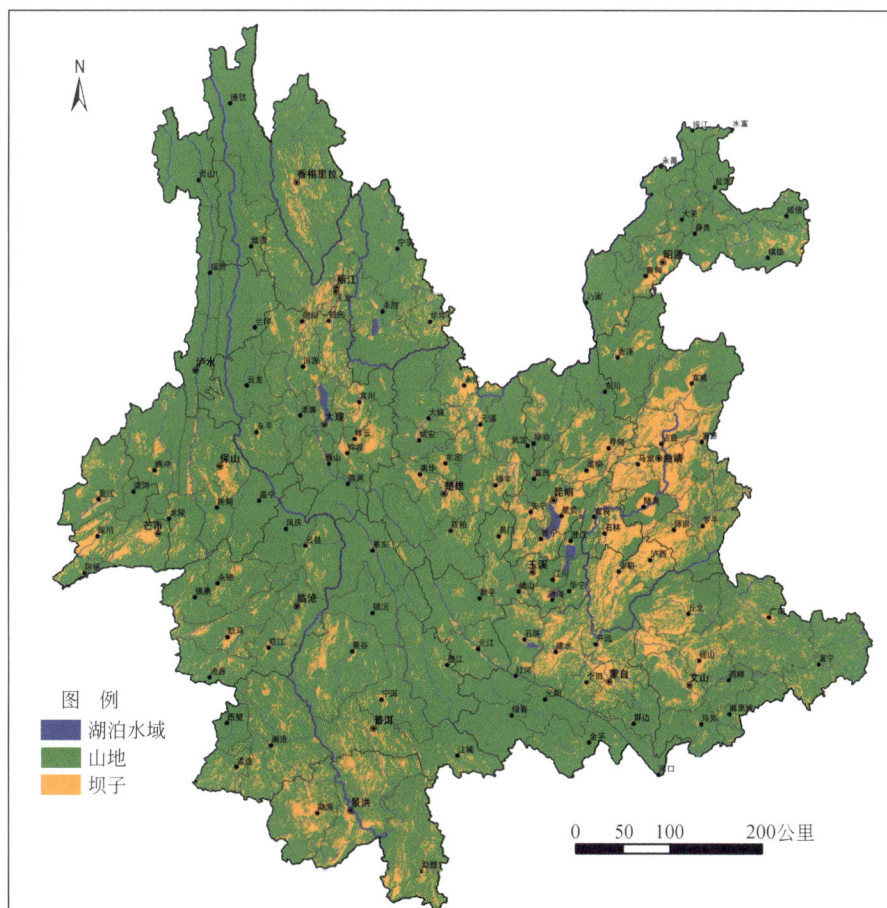

图6-1　云南省山地与坝子分布格局

在高原山地中，高原盆地（坝子）镶嵌其间。全市坡度低于8°、面积不小于2平方公里的坝子有昭通坝子、鲁甸坝子、鲁甸龙树坝子、巧家马树坝子、镇雄大平坝子、芒布坝子、威信旧城坝子等，中心城区昭阳区所在的昭鲁坝子面积为524.76平方公里，为境内最大的山间盆地，也是云南省第四大平坝。其他各地平坝面积均不足50平方公里；而小于2平方公里的山间小盆地和江边河谷槽地，各县均有多处分布。可见，昭通市地形破碎、平地零散而狭小，地形条件对区域资源环境承载能力的约束性极强，显著制约着区内人类活动和产业的聚集。

昭通市总体地形高程西高东低（图6-2），西部以二半山区、高二半山区和高寒山区为主，东部以江边河谷区和矮二半山区为主。全市矮二半山区、二半山区的比重分别为28.01%和25.03%，是占全市国土总面积较高的高程类型，江边河谷区、高二半山区和高寒山区的比重分别为16.76%、17.63%以及12.57%。高寒山区和高二半山区主要分布于巧家县、鲁甸县和永善县，巧家县境内高寒山区的比重达42.09%，为全市各区县最高。处于1600~2000米高程分级带的二半山区是坝子的主要分布区，主要位于昭阳区、彝良县和镇雄县南部。江边河谷区、矮二半山区则主要位于绥江县、水富县、盐津县以及威信县，还分布于金沙江和牛栏江及其支流两侧的峡谷区。

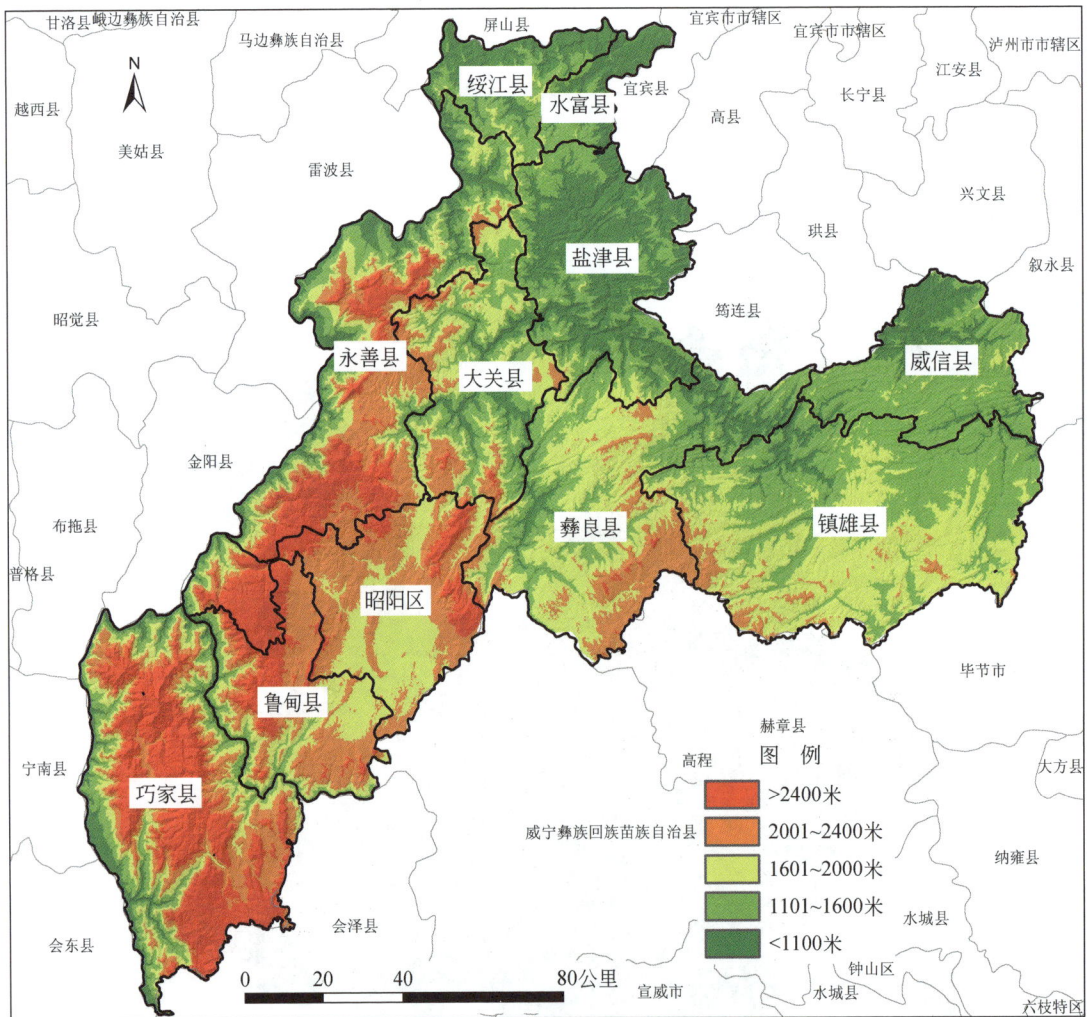

图6-2　昭通市高程分级图

昭通市地形坡度以中坡地和陡坡地为主（图6-3），其中，坡度大于25°的面积为6291.58平方公里，占总面积的28.17%，坡度在15°~25°的面积为6688.69平方公里，占总面积的29.95%，二者合计约占全市国土面积的六成。陡坡地主要分布于境内高山峡谷区，缓坡地、中坡地分布零散。坡度小于8°的区

118

域面积仅 3769.08 平方公里，占总面积的 16.88%，其中小于 3° 的土地仅占总面积 3.83%，集中分布于昭鲁坝区。从各县的坡度分级结果看，昭阳区受坡度限制相对较小，区内 8° 以下的土地面积占昭阳区土地面积的 17.07%，远高于其他区县的该坡度比重，其中，3° 以下的土地面积为 367.69 平方公里，占昭通市 3° 以下土地面积的 42.98%。大关县、巧家县、水富县、绥江县、盐津县以及永善县是受坡度约束最为显著的区县，其中坡地和陡坡地合计的比重均大于六成，其中，巧家县 25° 的土地面积为 1230.65 平方公里，占该县总面积比重高达 38.56%。

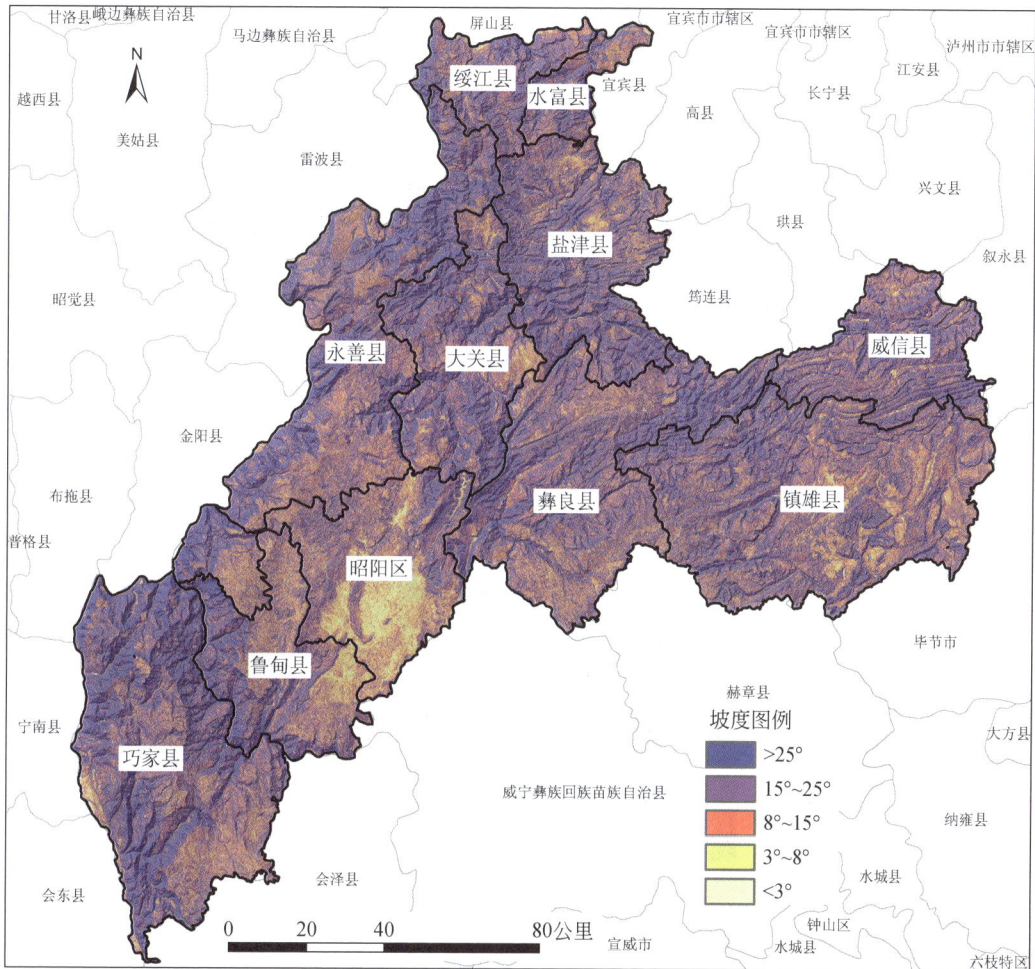

图 6-3　昭通市坡度分级图

一、可利用土地资源现状

根据 2012 年土地利用变更调查数据，昭通市的土地利用类型以林地为主体，林地占国土总面积的 46.05%，耕地比重也相对较高，占总面积的 27.43%。如图 6-4 所示，其他各类用地的情况依次为：园地 1.69%、草地 12.08%、城镇村及工矿用地 2.50%、交通运输用地 0.77%、水域及水利设施用地 1.11%、其他土地 8.37%。

昭通市各区县土地利用类型结构如图 6-5 所示，镇雄县、昭阳区、鲁甸县的耕地面积比重较高，依次占该区县总面积的 37.97%、34.57% 和 33.44%，大关县、绥江县以及水富县比重偏低，境内的耕地比重均不足 20%。在林地方面，除昭阳区以外，其他区县林地所占比重较大，水富县、盐津县、绥江县、大关县以及彝良县的比重均高于 60%，其中最高的水富县占 63.38%。在中心城区昭阳区，耕地面积比重在各类用地中最高，其次为林地，比重为24.93%；城镇村及工矿用地、交通运输用地构成的建设用地面积为133.50平方公里，其比重6.17%居全市各区县之首。此外，永善县、巧家县草地比重分别为21.99%和26.09%，为各区县最高。在园地方面，昭阳区以5.43%的比重居首，其他区县基本处于1~2个百分点。水域及水利设施用地比重较高的是水富县和绥江县，分别为2.14%和2.09%。

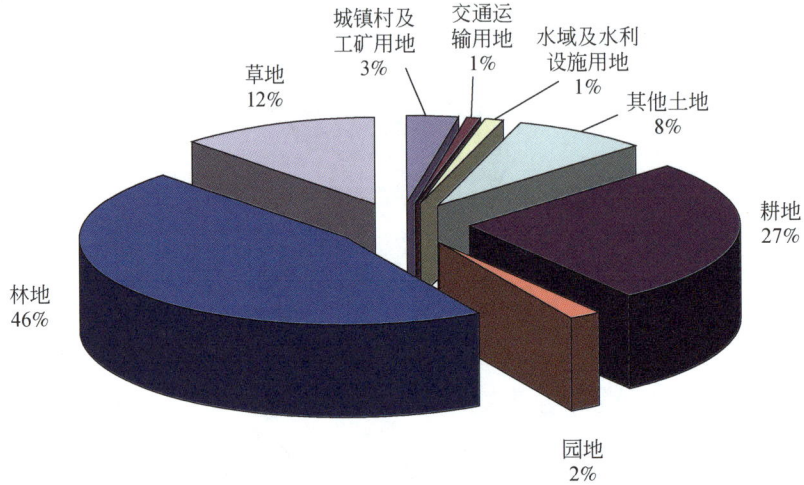

图6-4　昭通市土地利用类型结构

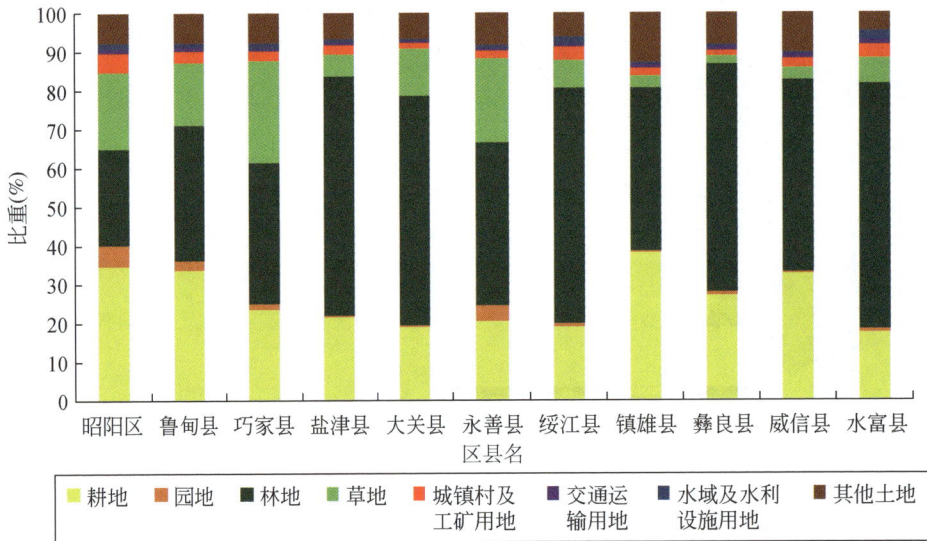

图6-5　昭通市各区县土地利用类型结构

1. 建设用地资源及其变化特征

2012年昭通市建设用地面积为734.07平方公里，占昭通市总面积的3.27%，即全市国土开发强度为3.27%，显著低于全国平均水平。其中，城镇村及工矿用地、交通运输用地比重分别为2.42%和0.76%。对比分析显示，昭通市建设用地具有以下特点。

1）建设用地比重不高，尤其是城镇建设用地比重低。在各项建设用地中，城镇用地（城市和建制镇）仅占总用地规模的0.3%，占建设用地规模的9.2%，而村庄用地占总用地规模的2.05%，占建设用地规模的62.5%，反映出昭通现状城镇化水平不高（表6-1）。公路用地和农村道路的比重达0.76%，占建设用地规模的 23.16%，也高于城镇建设用地的比重。此外，居民点的人均用地指标均偏低，其中城镇居民点的人均拥有量仅为 51.14 平方米，低于国家标准的下限；而农村居民点的人均拥有量为 115.64 平方米，也低于国家 150 平方米的标准，反映了昭通市城乡用地资源的稀缺性。

表 6-1　昭通市城乡建设用地对比

比较内容	市域	城镇居民点	农村居民点
人口（万人）	529.60	132.6118	396.9882
建设用地面积（平方公里）	734.07	67.8144	459.0868
占总土地面积比例（%）	3.27	0.30	2.05
人均建设用地（平方米）	138.61	51.14	115.64
人均建设用地国家标准（平方米）	—	90~120	<150

2）以农村居民用地为主的建设用地决定了各区县分布呈大分散、小集中态势。从建设用地数量来看（图 6-6），昭阳区、镇雄县、巧家县位居前三，该三县之和为 358.57 平方公里，占建设用地面积总量的 48.85%。昭鲁坝区为相对集中区，昭阳区和鲁甸县建设用地面积合计为 195.99 平方公里，约占建设用地面积总量的 1/4。昭通北部的水富、绥江、大关三县，建设用地总量较少，分别占全市建设面积总面积的 2.99%、4.14% 和 4.38%。

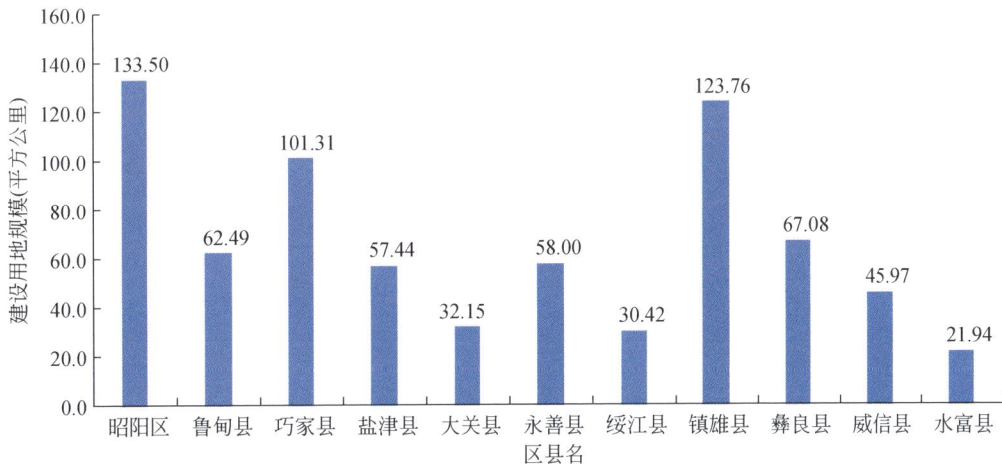

图 6-6　昭通市各区县现状建设用地规模

3）2009~2012 年，昭通市现状建设用地规模增加了 20.13 平方公里，增长了 2.82%。其中，昭阳区增加 7.59 平方公里，增量最高，绥江县以 11.34% 的增幅居各区县首位，昭阳区增幅为 6.03% 居第二位（图 6-7）。东北部的盐津、大关、镇雄、威信以及水富 5 县增幅均不足 1 个百分点。表明昭通市整体建设用地增长潜力较低，用地后备资源不足。进一步比较发现，昭通市建设用地规模的增加主要由于建制镇用地规模的增长，在全部建设用地增量中建制镇占 43.7%。村庄和城市建设用地以 18.9% 和 16.7% 次之。

2. 耕地资源及其变化特征

2012 年，昭通市耕地总面积为 6154.75 平方公里，耕地类型以旱地为主。旱地面积为 5817.74 平方公里，占耕地总量的 94.52%，水田和水浇地比重分别为 5.25%、0.23%。全市除绥江和水富县以外，其他区县的旱地占比均在 90% 以上，两县位于昭通北部金沙江及横江两岸，地势相对较低，水田比重分别为 19.80% 和 29.11%。具体来看，昭通市现状耕地资源具有以下特点。

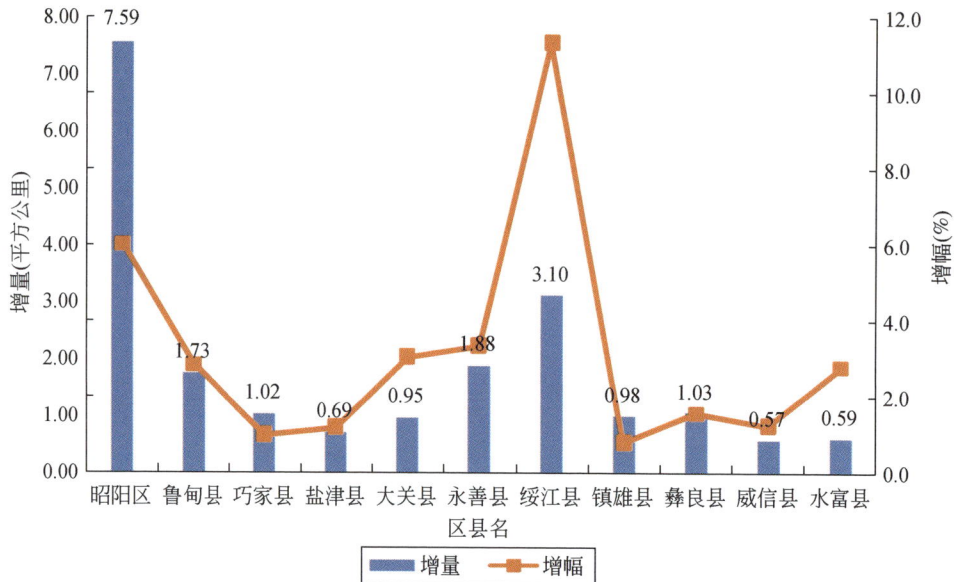

图 6-7　昭通市现状建设用地规模变动情况（2009～2012 年）

1）昭通市耕地质量总体不高，陡坡耕地和劣质耕地比例较大。如表 6-2 所示，云南省耕地中有旱地 7108.57 万亩，占耕地比例为 75.90%，有 1361.37 万亩耕地（含梯田）位于 25°以上陡坡，占耕地比例为 14.54%，但昭通与之相比，旱地比重和陡坡耕地的比重均较高，其中坡耕地是全省水平的 2.5 倍，旱地占总耕地比重高出全省水平近 20 个百分点。可见，昭通市陡坡耕地和劣质耕地比例高，优质耕地比例较小，主要分布在坝区，未来坝区建设用地增加的潜力因为耕地保护需要而极为有限（图 6-8）。

表 6-2　昭通市与云南省耕地资源对比

比较内容	云南省	昭通市
耕地面积（万亩）	9365.84	923.21
耕地占总土地比重（%）	16.29	27.53
人均耕地面积（亩/人）	2.05	1.74
25°以上陡坡耕地面积（万亩）	1361.37	328.39
25°以上陡坡耕地占总耕地比重（%）	14.54	35.57
旱地面积（万亩）	7108.57	872.62
旱地占总耕地比重（%）	75.90	94.52

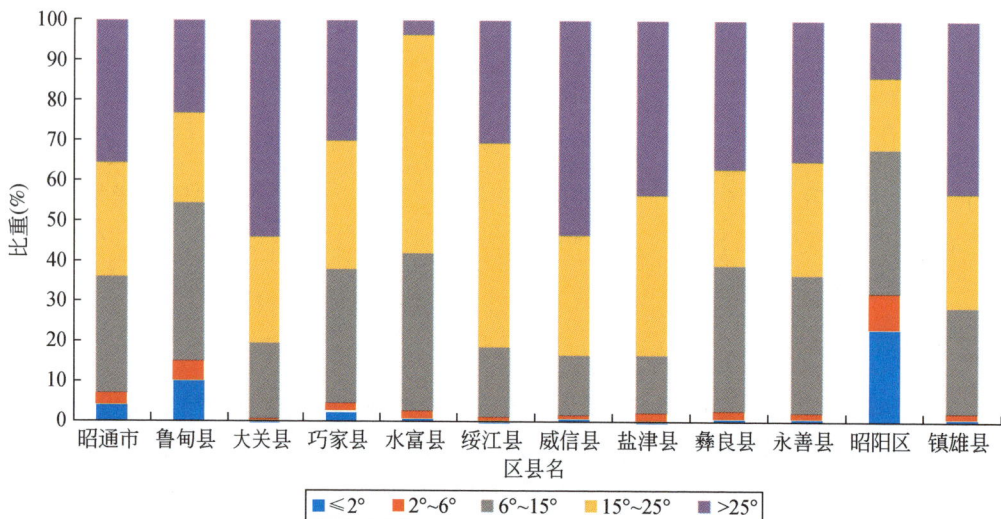

图 6-8　昭通市各区县现状耕地坡度分级

2）昭通市人均耕地资源量较少。2012 年昭通市人均耕地面积仅为 1.74 亩，低于云南省人均 2.05 亩的水平。其中，巧家县、彝良县和永善县的人均耕地占有量分别为 2.15 亩、2.15 亩和 2.11 亩，仅此 3 县高于全省平均水平。耕地占有量最小的昭阳区、绥江县和水富县均不足 1.5 亩/人。从人均水田占有量来看，各区县的人均水田均不足 0.4 亩，最高的水富县为 0.32 亩/人。

3）昭通市耕地减少态势十分显著。昭通市耕地从 6178.56 平方公里减少至 6154.75 平方公里，规模减少了 23.81 平方公里，降幅为 0.39%。彝良县和昭阳区的减少规模较大，到 2012 年分别减少了 12.59 平方公里和 6.74 平方公里，旱地为两县耕地减少的主要类型，但彝良县减少的旱地多为 25°以上的坡耕地，昭阳区则以小于 2°的平地为主。威信县、盐津县、巧家县、镇雄县以及大关县的耕地面积基本稳定，尚未发生显著增减（图 6-9）。

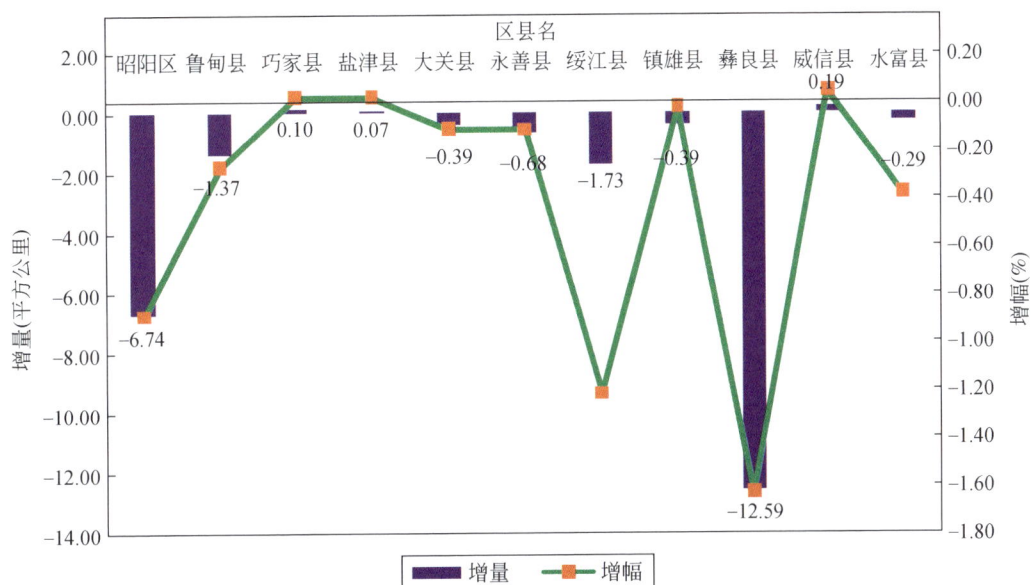

图 6-9　昭通市耕地规模变动情况（2009～2012 年）

4）昭通市坡耕地面积降低不明显，退耕还林任务仍然十分艰巨。2009 年和 2012 年，全市坡耕地的面积分别为 2197.49 平方公里和 2189.37 平方公里，占全部耕地的比重基本维持在 36%。

3. 林草地资源及其变化特征

昭通市林草地资源构成如表 6-3 所示，在林地资源方面，全市林地以树木郁闭度大于 0.2 的乔木林地，即有林地为主，占林地总面积的 66.12%，灌木林地的比重为 27.75%，疏林地（指树木郁闭度 10%～19% 的疏林地）、未成林地、迹地、苗圃等林地的比重为 6.12%。盐津县、绥江县和彝良县三县有林地的比重均高于 80%，有林地比重较低的包括鲁甸县、大关县、镇雄县，分别为 50.09%、51.77% 以及 48.45%。其中，大关县和镇雄县两县的灌木林地比重较高，分别为 48.06% 和 45.37%。

在草地资源方面，昭通市树木郁闭度小于 0.1，表层为土质，生长草本植物为主，不用于畜牧业的草地占绝对主导，其比重占草地总面积的 93.84%。而以天然草本植物为主，用于放牧或割草的天然牧草地仅占 5.96%。昭通市中西部的巧家县、昭阳区和永善县是草地主要分布区，三县合计占全市草地总面积的七成。天然牧草地比重较高的区县为永善县和彝良县二者比重分别为 14.91% 和 16.23%。

表6-3　昭通市各区县林草地资源结构

地区	林地面积（平方公里）	比重（%）			草地面积（平方公里）	比重（%）		
		有林地	灌木林地	其他林地		天然牧草地	人工牧草地	其他草地
昭阳区	539.32	60.17	21.16	18.67	428.99	0.00	0.00	100.00
鲁甸县	519.51	50.09	19.97	29.93	237.93	0.01	0.03	99.96
巧家县	1170.40	69.35	18.75	11.90	834.16	7.22	0.60	92.19
盐津县	1248.40	81.14	16.77	2.09	116.33	0.00	0.00	100.00
大关县	1023.56	51.77	48.06	0.17	212.19	0.00	0.00	100.00
永善县	1178.22	68.73	29.26	2.01	610.87	14.91	0.00	85.09
绥江县	456.56	80.73	15.22	4.05	52.68	0.00	0.00	100.00
镇雄县	1572.91	48.45	45.37	6.18	97.04	1.99	0.37	97.64
彝良县	1649.98	81.88	17.25	0.87	52.38	16.23	0.00	83.77
威信县	695.70	57.53	36.02	6.44	40.62	0.00	0.00	100.00
水富县	278.30	72.39	23.64	3.97	28.30	0.00	0.00	100.00
昭通市	10332.85	66.12	27.75	6.12	2711.47	5.96	0.20	93.84

对比2009年和2012年林草地规模发现，昭通市林草地资源变动不显著，仅表现为微增态势。其中，林地增长了4.86平方公里，增幅仅为0.05%，草地增长了2.88平方公里，增幅为0.11%。初步测算表明，近年来昭通市退耕还林还草工程在土地利用变更中的表现并不显著。

二、昭通市域建设用地条件

1. 适宜建设用地基本特征

昭通市域适宜建设用地总面积为6268.57平方公里，占全市国土总面积的27.89%。如图6-10所示，昭通市适宜建设用地空间差异十分显著，分布呈现高度集中态势，镇雄县、昭阳区、彝良县适宜建设用地规模居各区县前三位，分别为1254.64平方公里、948.49平方公里和782.00平方公里，而威信、绥江、水富等县的适宜建设用地规模均不足300平方公里。

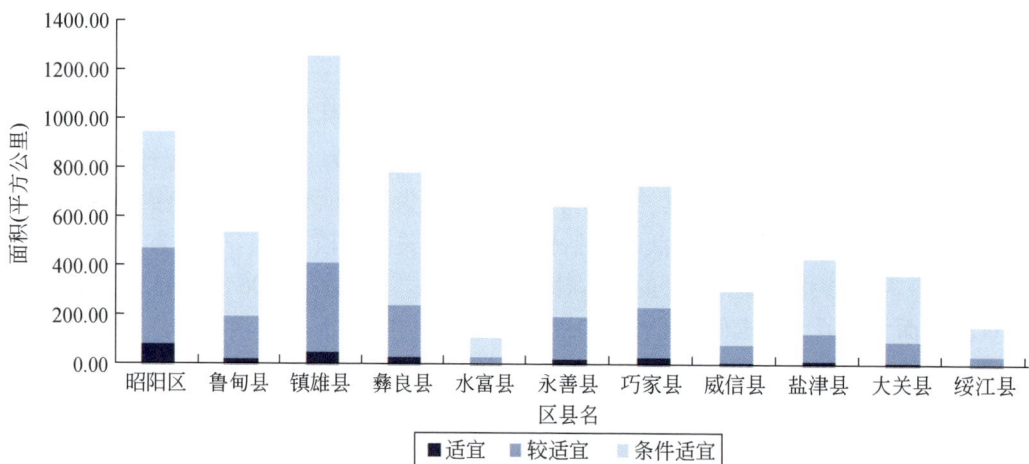

图6-10　昭通市适宜建设用地规模

从适宜建设用地分类等级来看（图6-11），昭通市适宜类建设用地面积为306.03平方公里，仅占适宜建设用地总面积的4.88%，集中分布于昭阳坝区，其中，昭阳区占全市适宜类面积的28%，其适宜类建设用地规模相当于鲁甸、盐津、大关、威信、绥江以及水富 6 个县适宜类面积的总和。镇雄县适宜类建设用地以 53.85 平方公里位居次位，占全市适宜类面积的 17.60%。绥江县、水富县的适宜类建设用地十分稀缺，其面积均不足 5 平方公里，二县合计仅占全市适宜类面积的 3%。适宜类建设用地内可开展各类土地利用，适宜各种建筑形态，且工程建设成本较低，从评价结果看，昭通市具备规模化城镇建设活动的区域主要集中在昭阳坝区。

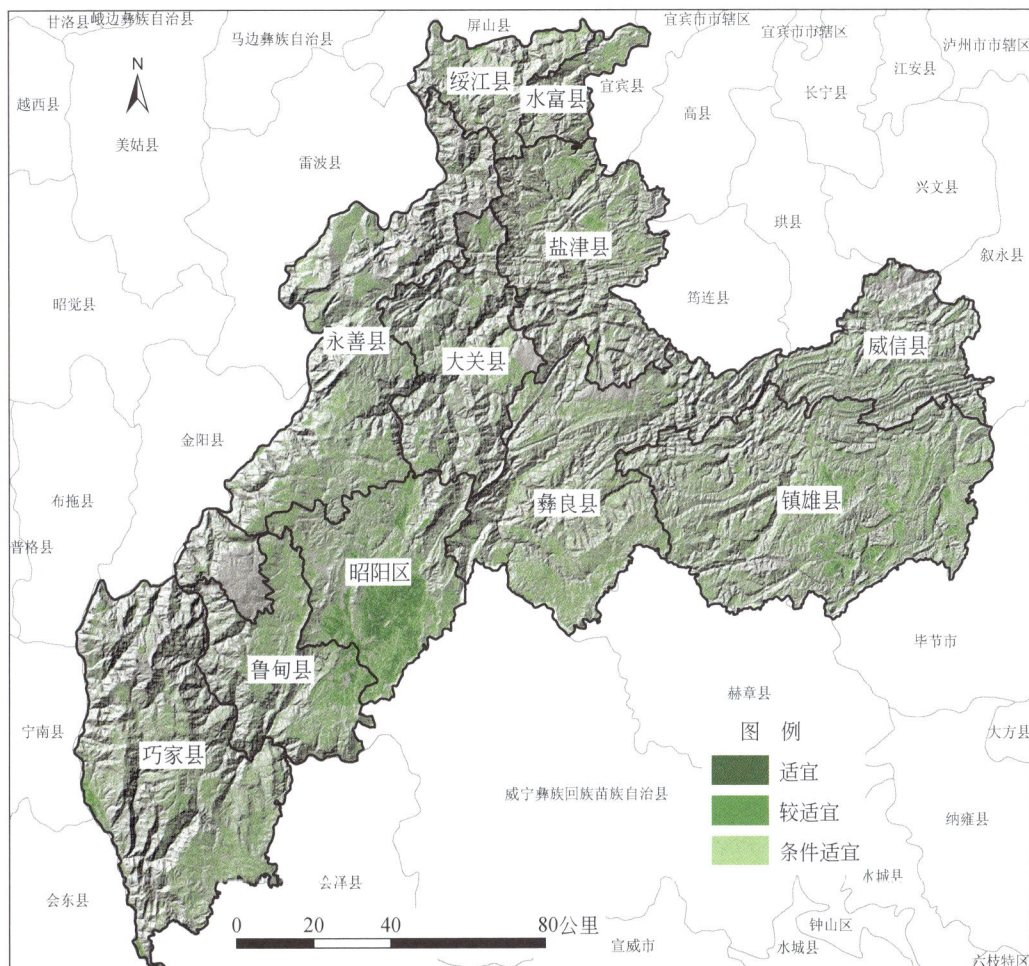

图 6-11　昭通市三类适宜建设用地空间分布

　　昭通市较适宜类面积为 1838.28 平方公里，占适宜建设用地总面积的 29.33%，总体空间分布较为零散，在昭阳坝区、鲁甸东部坝区以及镇雄县相对集中，镇雄县、昭阳区的较适宜类面积均在 300 平方公里以上。较适宜建设用地在适宜建设用地总面积中的比重较高的区县仍然为昭阳、鲁甸、镇雄等区县，其他区县的比重均不足 20%。较适宜类建设用地内通常可开展一般规模的建设活动，适宜各种建筑形态，但需要一定的工程建设成本。评价结果表明，昭通市具备一般规模化城镇建设活动的区域仍然集中在昭鲁坝区，此外还包括镇雄、彝良等县（表 6-4）。

表 6-4　昭通市适宜建设用地评价结果统计

地区	适宜		较适宜		条件适宜		合计
	面积（平方公里）	比重（%）	面积（平方公里）	比重（%）	面积（平方公里）	比重（%）	（平方公里）
昭阳区	85.70	9.04	384.36	40.52	478.43	50.44	948.49
鲁甸县	28.74	5.33	171.04	31.72	339.38	62.95	539.16

地区	适宜		较适宜		条件适宜		合计
	面积（平方公里）	比重（%）	面积（平方公里）	比重（%）	面积（平方公里）	比重（%）	（平方公里）
镇雄县	53.85	4.29	357.69	28.51	843.10	67.20	1254.64
彝良县	31.87	4.08	211.83	27.09	538.29	68.84	782.00
水富县	4.26	3.78	28.37	25.16	80.13	71.06	112.77
永善县	25.15	3.92	171.35	26.72	444.86	69.36	641.36
巧家县	31.14	4.25	202.64	27.65	499.04	68.10	732.82
威信县	11.22	3.75	73.91	24.69	214.22	71.56	299.35
盐津县	16.98	3.91	112.78	25.97	304.47	70.12	434.23
大关县	12.28	3.35	89.07	24.30	265.14	72.35	366.49
绥江县	4.85	3.08	35.24	22.41	117.18	74.51	157.27
全市	306.03	4.88	1838.28	29.33	4124.26	65.79	6268.57

昭通市条件适宜类面积为4124.26平方公里，占适宜建设用地总面积的65.79%，呈现破碎而零散的分布态势。从条件适宜类比重来看，除昭阳区外，全市各区县的比重均在70%左右。不难看出，在昭通市有限的建设用地中，条件适宜类占据了较高比重。由于条件适宜类建设用地内通常仅适合开展小规模的建设活动，且需要较高的工程建设成本，需要进行水土保持工程建设，可见，昭通市条件适宜类用地分布格局是全市小规模分散化建设活动的主要控制因素。

2. 建设用地条件分级评价

昭通市各区县的适建指数如图6-12所示，昭阳区、鲁甸县、镇雄县适建指数分别为43.78%、36.23%、33.53%，位列昭通市各区县前三位，其余各县适建指数均低于三成，最低的盐津县、大关县、绥江县依次为21.48%、21.44%和20.79%。按照适建指数评价结果，可将昭通市乡镇单元建设用地条件分为丰富、较丰富、中等、较缺乏和缺乏5类。分级类型分布如图6-13所示。

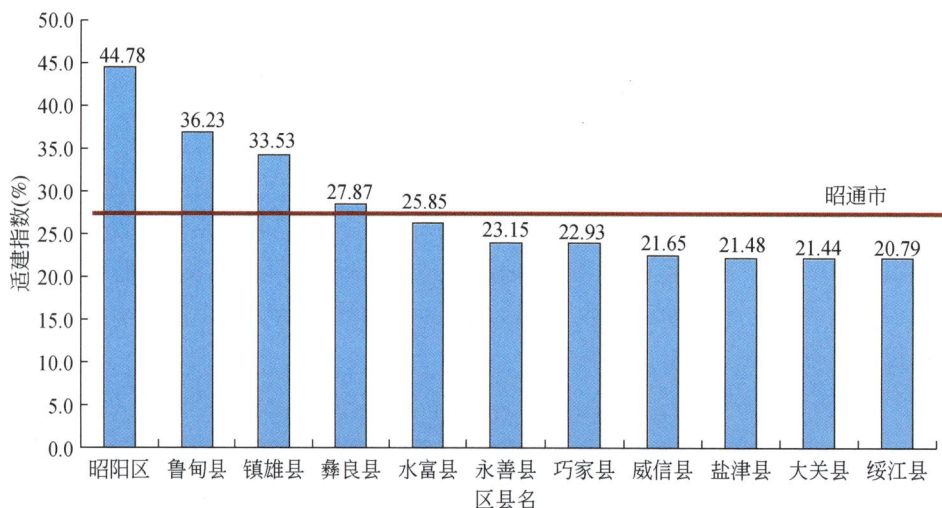

图6-12　昭通市各区县适建指数分布

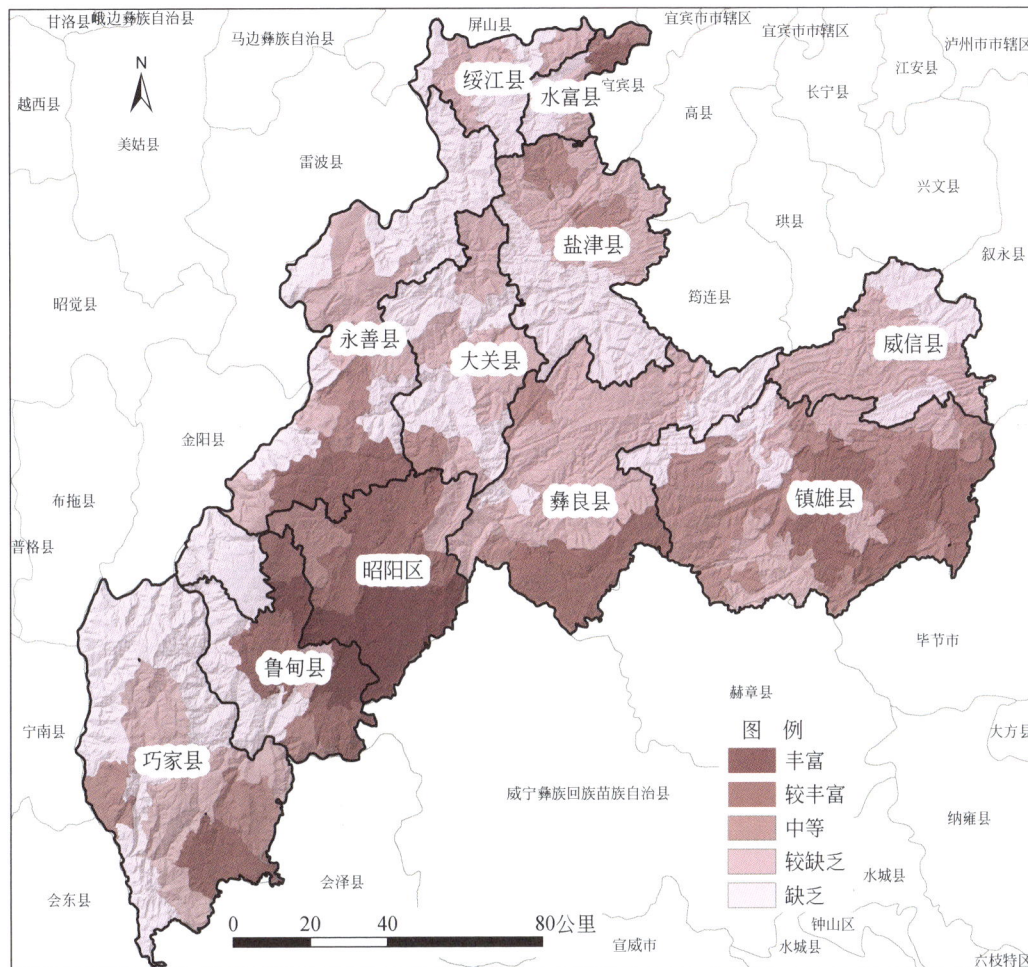

图 6-13 昭通市建设用地条件评价结果（乡镇单元）

1）适宜建设用地丰富类，指适建指数大于50%的乡镇单元。按指数高低依次为太平、龙泉、凤凰、守望、土城、永丰、步嘎、桃源、旧圃、茨院、文屏、苏家院等15个街道和乡镇，适宜建设用地丰富类乡镇分布在昭阳区中部和南部，以及鲁甸县东部，均属于昭鲁坝区。

2）适宜建设用地较丰富类，指适建指数处于40%~50%的乡镇单元。依次包括以勒、乌峰、新街、马树、楼坝、青岗岭、北闸、亨地、仁和、尖山、铁厂等28个乡镇，主要分布于昭阳区北部、永善县南部、彝良县南部以及镇雄县中部和东部各乡镇，此外还包括水富县楼坝镇、巧家县马树镇。

3）适宜建设用地中等类，指适建指数处于30%~40%的乡镇单元。包括上高桥、栗珠、苏甲、老店、落雁、莲峰、坡头、云富、新华、以古、中屯等22个乡镇，主要分布于镇雄县境内，在其他区县境内呈零散分布态势。

4）适宜建设用地较缺乏类，指适建指数处于20%~30%的乡镇单元。包括雨河、滩头、牛寨、景新、坪上、炉房、小草坝、花郎、塘房、小寨、扎西、水田等53个乡镇，占昭通市全部乡镇单元的31.18%，主要分布于巧家、威信、彝良、盐津、大关、永善、绥江等县城，区内乌蒙山脉西延伸、横断山脉凉山山系分支延伸，地形条件约束十分显著。

5）适宜建设用地缺乏类，指适建指数小于20%的乡镇单元。包括干沟、板栗、石坎、务基、高田、黄葛、翠华、太平、罗坎、龙头山、墨翰、新场、悦乐等52个乡镇，占昭通市全部乡镇单元的30.59%，主要分布于巧家、鲁甸、盐津、大关、永善、威信、绥江等县域，金沙江、牛栏江以及横江流域的高山峡谷区，区内除地形条件显著约束外，还受到自然保护区内生态保护的影响。

三、中心城区建设用地条件

面向中心城区城乡居民点和产业用地选址的需要，开展了 5 米×5 米精度的建设用地条件精细评价。结果如图 6-14 所示。昭阳区适宜建设用地总面积为 998.95 平方公里，占全区土地总面积的 52.20%。其中，适宜建设用地面积为 99.2 平方公里，比重为 5.19%；较适宜建设用地面积为 408.37 平方公里，比重为 21.34%；条件适宜建设用地面积为 491.33 平方公里，比重为 25.68%。从空间分布来看，适宜建设用地整体上呈现出东部平原坝区最多、中部山地丘陵区次之、西部高山峡谷区稀少的格局。适宜建设用地集中分布在龙泉、太平、凤凰、旧圃、守望、布嘎等乡镇街道，即昭鲁坝区可作为主要的人口产业集聚区和城镇建设区，用地条件较好。

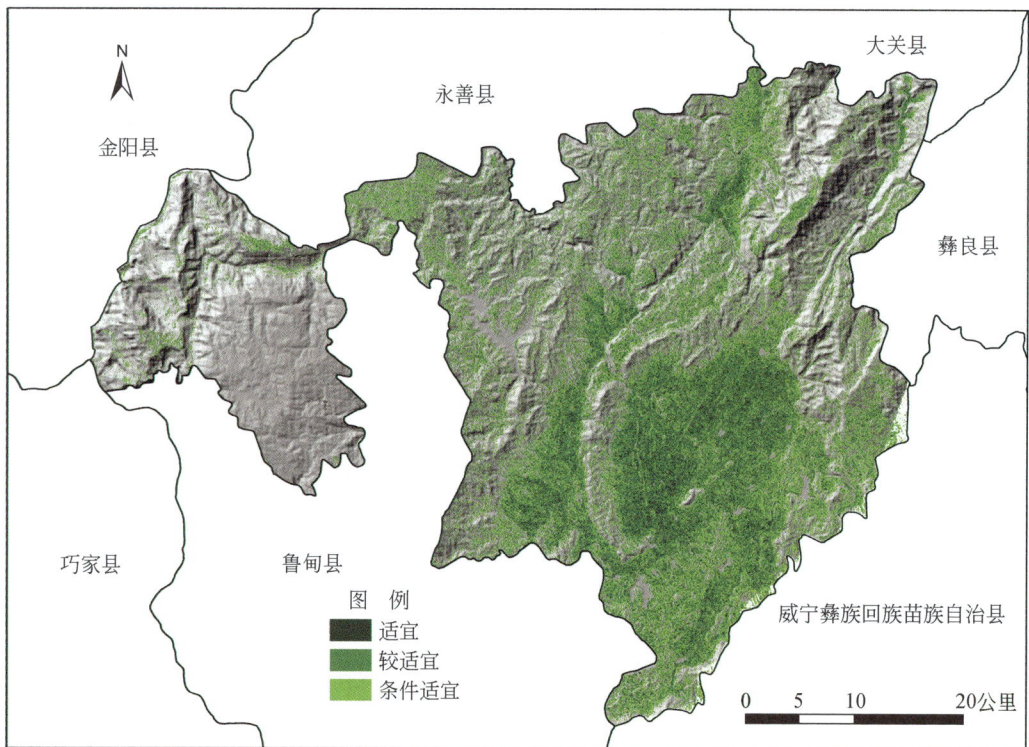

图 6-14　中心城区建设用地条件评价图（自然单元）

从乡镇单元来看，蒙泉、太平、守望居适建指数前三位，西部大山包乡、炎山乡、田坝乡以及大寨子乡居于末尾。按行政村（社区）为单元的用地条件评价结果来看（图 6-15），适建指数小于 20% 的村社共 29 个，主要分布在昭鲁坝区外缘的西部高山峡谷区以及东北部山地丘陵地带，集中分布于田坝、炎山、大山包和大寨子等乡镇。适建指数大于 60% 的村社合计 78 个，占昭阳区村社总数的 48.45%。适建指数大于 80% 的村社共 51 个，占村社总数的 31.67%，主要属于凤凰、太平、龙泉、苏家院、靖安、永丰、布嘎等乡镇街道，分布于中部和西南与鲁甸县接壤的昭鲁坝区。

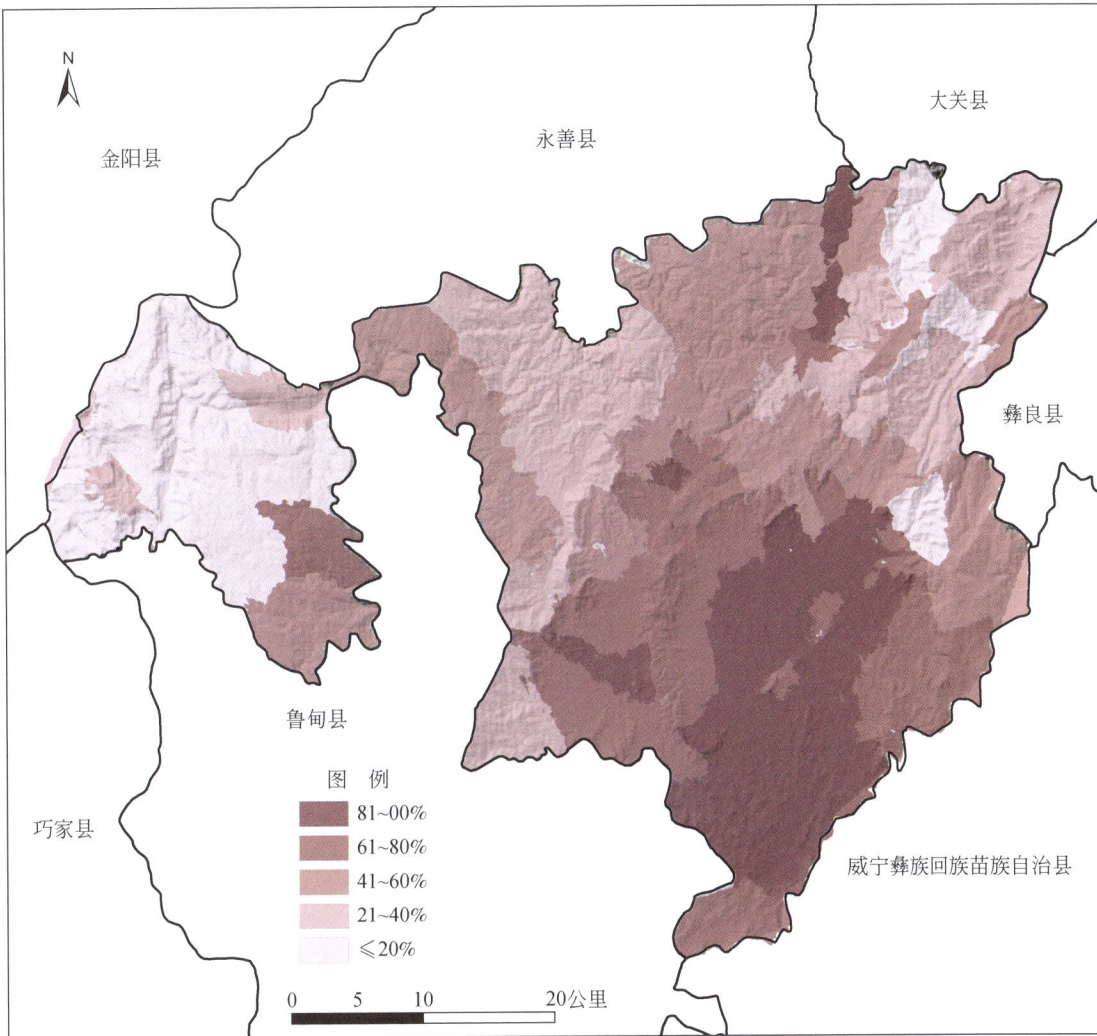

图 6-15　中心城区建设用地条件评价图（村社单元）

第二节　地质灾害危险性

一、地质灾害发育特征和趋势

昭通市土地总面积中山区占了 72.54%，平坝仅占 3.66%。崩塌、滑坡、泥石流等地质灾害严重。地质灾害的空间分布及其密度分布情况如图 6-16 和图 6-17 所示。全区域地质地理环境复杂，山区广布，平地狭小，地形地貌、地层岩性、地质构造多变，新构造运动活跃，加之暴雨、地震以及人类工程、经济活动日益频繁的影响，该地区已成为地质灾害最为发育的地区之一。昭通市不同地区所发生了地质灾害类型多样、特征各异，具有点多面广、成灾迅速、危害严重、暴发频繁、监测预报难度大等特点。1991年 9 月 23 日 18 时 10 分，云南省昭通市东北 30 公里的盘河左岸支沟头寨沟发生了一个方量约 1800 万立方米的顺层岩质滑坡碎屑流灾害，共造成 216 人死亡。2013 年 1 月 11 日上午 8 时 20 分，镇雄县果珠乡高坡村赵家沟村民组发生了特大山体滑坡事故。事故共造成 46 人死亡，2 人受伤。房屋、牲畜、道路交通等损失共计 4550 余万元。另外，昭通人均土地资源少，土地过度垦殖，开发过度造成水土流失面积大，导致生态环境恶化，生态问题也较为严重。

据昭通市国土资源局统计资料，在 2014 年鲁甸地震后昭通市地质灾害隐患点增加至 4092 处。近年来，受 2012 年彝良地震及 2014 年鲁甸地震的影响，境内地质灾害点分布密度最高的地区是两次地震震中所在的彝良县及鲁甸县。两县地质灾害隐患点的数量占昭通市地质灾害隐患点总量的 35.3%。

根据昭通市国土资源局提供的排查资料，鲁甸地震之前截至 2014 年 6 月 25 日，昭通市 11 区县共有地质灾害隐患点 3154 处，其中崩塌、滑坡、泥石流与地裂缝等主要地质灾害点 3072 处，其他地面塌陷、地面沉降等隐患点 82 处。因受到 2012 年 9 月 7 日彝良地震的影响，地质灾害分布最多的区域依次是彝良县、永善县、大关县、镇雄县、盐津县。鲁甸地震发生于 2014 年 8 月 3 日，根据昭通市国土资源局的排查数据，截至 2014 年 12 月 25 日，昭通市 11 区县共发现有地质灾害隐患点 4092 处，其中崩塌、滑坡、泥石流与地裂缝共有 4059 处，其他地面塌陷、地面沉降等隐患点 33 处。受此次地震影响，震后地质灾害隐患点分布最多的区域依次是鲁甸县、彝良县、巧家县、永善县、昭阳区。对比鲁甸地震前后地质灾害的分布情况可以看出，本次地震对鲁甸县、巧家县与昭阳区的影响较大。图 6-18 为 2014 年鲁甸地震前后的灾害点统计情况。

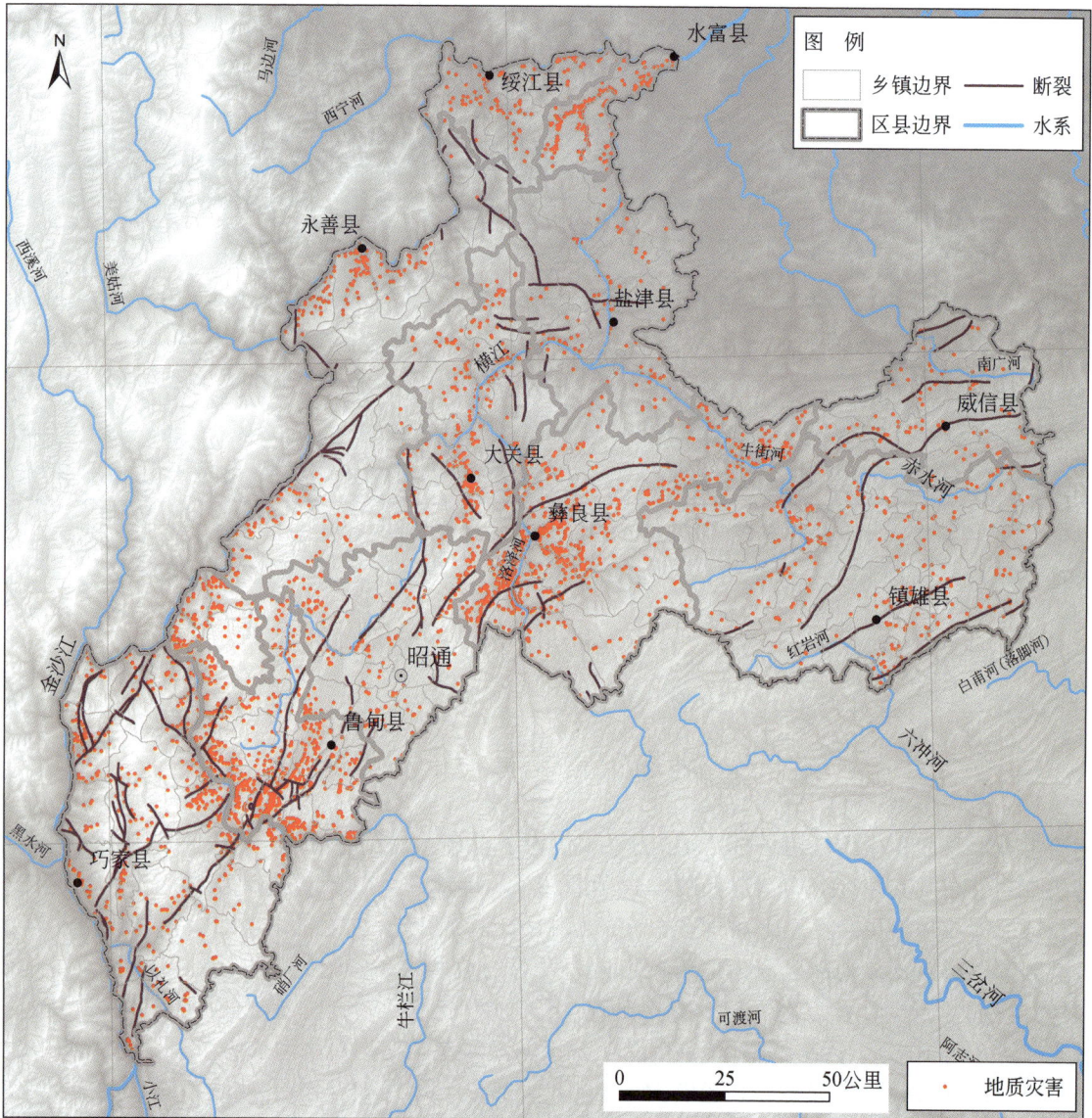

图 6-16　昭通市地质灾害空间分布图

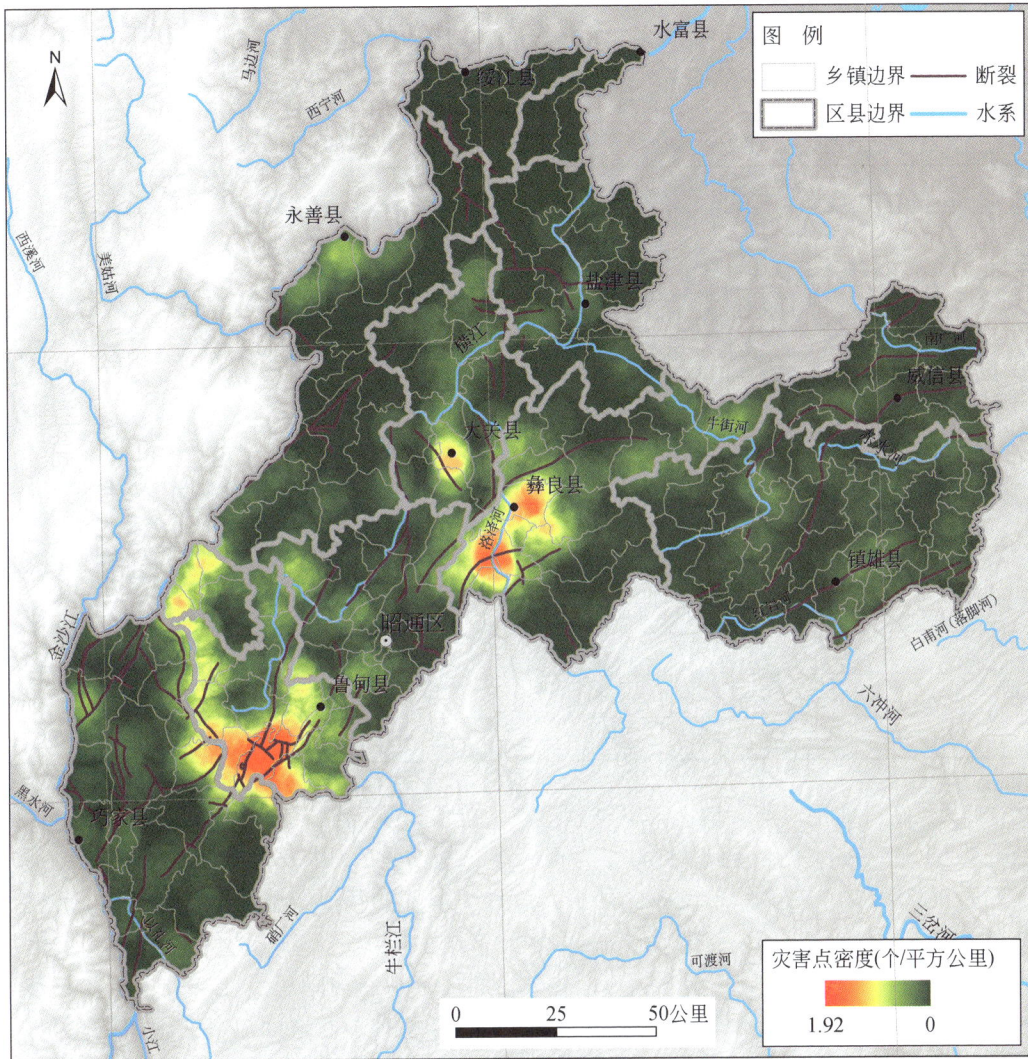

图 6-17　昭通市地质灾害密度分布图

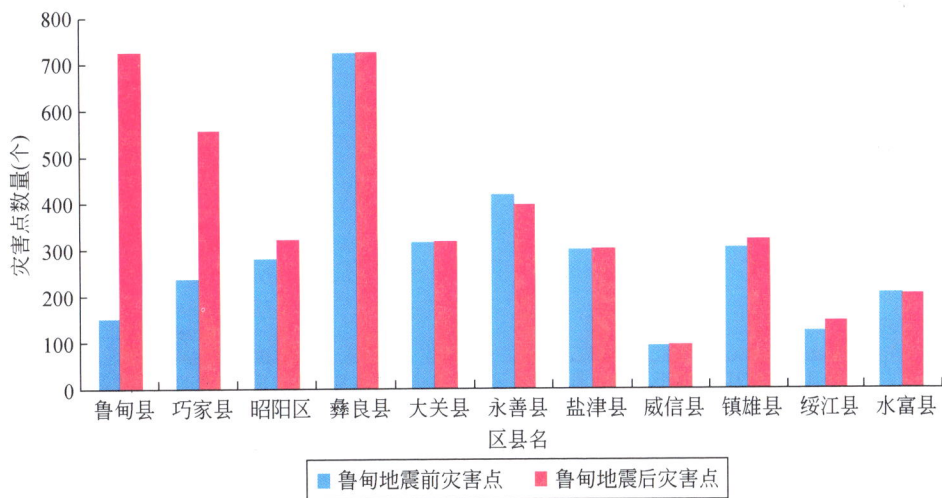

图 6-18　昭通市鲁甸地震前后地质灾害分区县统计

　　鲁甸地震震后新增地质灾害隐患点共 938 处，新增的地质灾害点主要分布在受鲁甸地震影响较大的鲁甸县与巧家县，共有 888 处，占新增灾害总数的 94.6%，其余新增灾害点按新增数量依次分布在昭阳区、绥江县与镇雄县。震前震后地质灾害分布变化如表 6-5 所示。

表 6-5　昭通市鲁甸地震前后地质灾害分布对比

地区	鲁甸地震前			鲁甸地震后		
	灾害点（处）	威胁人口（人）	威胁财产（万元）	灾害点（处）	威胁人口（人）	威胁财产（万元）
鲁甸县	151	21007	23538.5	722	41150	73938.8
巧家县	237	19900	93012.4	554	95352	296321.0
昭阳区	282	59693	118150.0	321	59693	118150.0
彝良县	722	52233	88146.0	722	52233	88146.0
大关县	316	37844	140037.0	317	42898	147037.0
永善县	417	31302	45292.0	395	32255	32026.0
盐津县	300	59530	322895.0	300	41261	289592.0
威信县	93	6539	34937.0	93	6624	33957.0
镇雄县	306	47527	121514.9	319	48696	124267.9
绥江县	125	6290	35029.0	146	7231	35312.0
水富县	205	10758	35151.0	203	9135	35026.0
合计	3154	352623	1057702.8	4092	436528	1273773.7

　　昭通市 11 区县在鲁甸地震前，地质灾害类型以滑坡为主，震前已有的灾害点中滑坡共 2073 处，占震前地质灾害总数的 65.7%，主要分布在彝良县、永善县与盐津县，如图 6-19 所示；崩塌共 684 处，占震前地质灾害总数的 21.7%，主要分布在彝良县、大关县、水富县及永善县；泥石流共 203 处，占震前地质灾害总数的 6%，分布较为均匀。震后新增的地质灾害类型以滑坡、崩塌为主，其中新增滑坡 615 处，主要分布于鲁甸县、巧家县、昭阳区、绥江县；其次为崩塌，共新增隐患点 351 处，主要分布于鲁甸县、巧家县和永善县；新增泥石流 38 处，主要分布于鲁甸县和巧家县。而地面塌陷、地面沉降与地裂缝等隐患点在震后均有所减少，共减少 66 处。地震后的不同地质灾害分布情况如图 6-20 所示。震前震后不同类型地质灾害分布对比如表 6-6 所示。

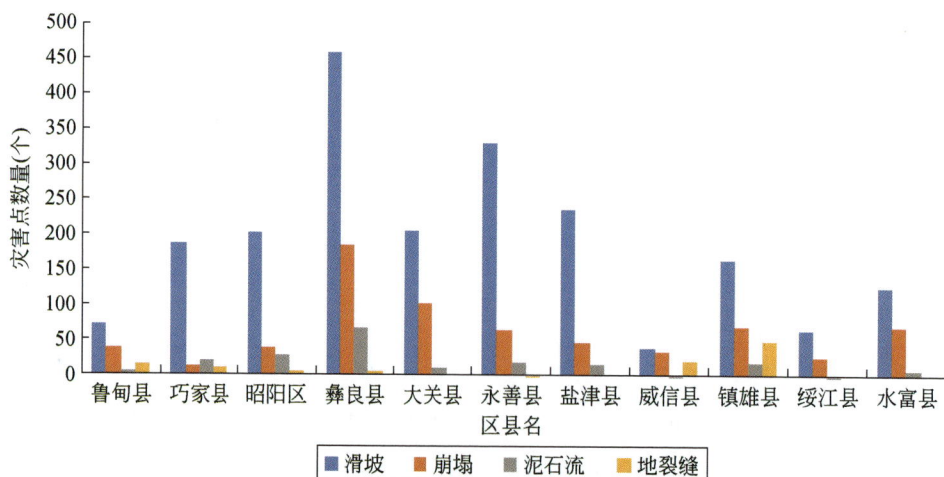

图 6-19　昭通市鲁甸地震前主要类型地质灾害分区县统计（2014 年 6 月）

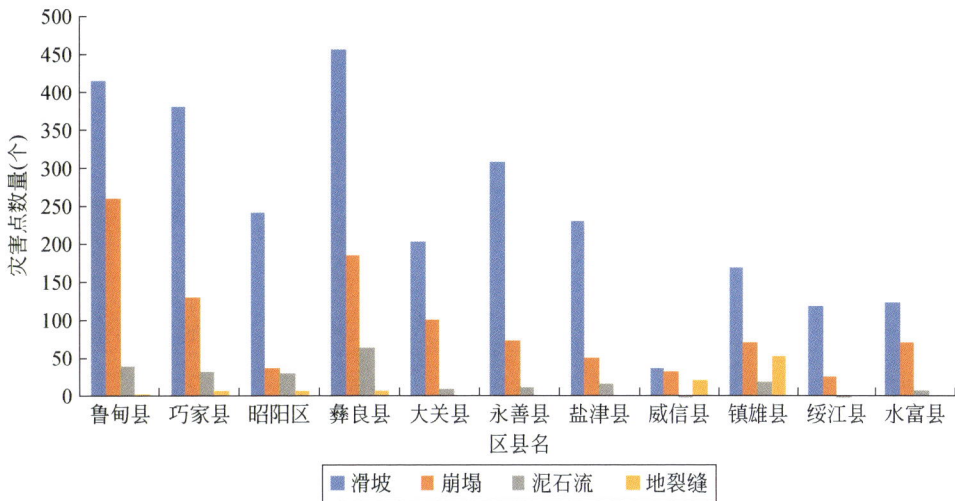

图6-20　昭通市鲁甸地震后主要类型地质灾害分区县统计（2014年12月）

表6-6　鲁甸地震前后不同类型地质灾害分布对比　　　　　　　　　　（单位：处）

地区	滑坡		崩塌		泥石流		地裂缝		其他	
	震前	震后	震前	震后	震前	震后	震前	震后	震前	震后
鲁甸县	72	416	38	260	6	39	16	3	19	4
巧家县	185	381	14	130	22	34	12	6	4	3
昭阳区	202	242	38	37	30	30	6	6	6	6
彝良县	456	457	184	184	67	66	7	7	8	8
大关县	203	204	101	101	11	11	0	0	1	1
永善县	330	309	65	73	20	13	1	0	1	0
盐津县	235	230	46	50	17	18	0	0	2	2
威信县	37	37	33	33	2	2	21	21	0	0
镇雄县	162	170	69	71	19	19	49	52	7	7
绥江县	65	118	26	26	1	1	0	0	33	1
水富县	126	124	70	70	8	8	0	0	1	1
合计	2073	2688	684	1035	203	241	112	95	82	33

　　昭通市11区县内的地质灾害隐患点以中、小型规模灾害为主，在鲁甸地震后新增的地质灾害点也几乎全部属于小型隐患点的范畴，多数位于鲁甸县、巧家县与昭阳区境内。该区不同规模灾害数量及分布在震前震后的变化情况如图6-21所示。鲁甸地震前共排查到特大型地质灾害隐患点55个，主要分布于昭阳区、盐津县和大关县，鲁甸地震后新增特大型地质灾害隐患点21个，几乎全部位于巧家县境内。

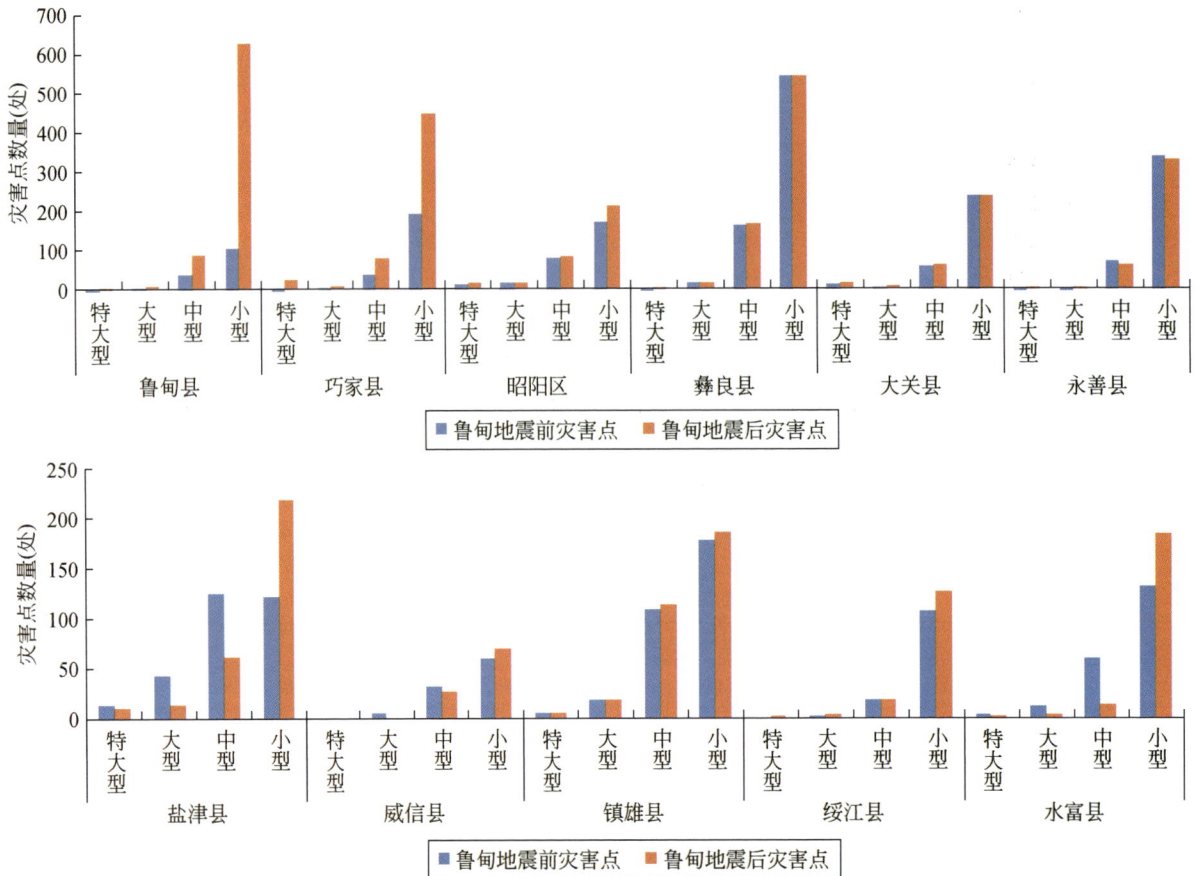

图 6-21　昭通市鲁甸地震前后不同规模地质灾害分区县统计

二、地质灾害易发性与影响范围

根据地质岩性、地质构造、地貌类型、土地覆被类型、地形高差、地形坡度和河网密度等地质灾害易发性评价因子综合计算得到的昭通市地质灾害易发性评价结果如图 6-22 所示。将地质灾害易发性分为 3 级，分别为低易发、中易发和高易发。易发性大小指示了地质灾害发生相对可能性的大小，通过叠加地质灾害触发因素等条件，可进一步分析地质灾害的危险性。

不同地质灾害易发性分级的统计结果如表 6-7 所示。高易发区、中易发区和低易发区的面积分别约为 8256.01 平方公里、8152.92 平方公里和 5920.20 平方公里，占昭通市总面积的比例分别约为 36.97%、36.51% 和 26.52%。

从易发性分级图（图 6-22）上可以看出，高易发区集中分布于四个区：①牛栏江金沙江一带的鲁甸县和巧家县；②昭阳区东北部、彝良县西部、大关县南部和东部、盐津县西部、永善县东北部；③永善县和昭阳区金沙江沿线；④镇雄县和威信县边界附近地区。总体上，地质灾害区域易发性分级主要受控于断裂和河流分布。

采用地质灾害动力学模拟昭通市地质灾害的影响范围与强度，在模拟过程中使用两种源点：将实地调查的地质灾害点作为源点，共 3704 处；由于实地地质调查的灾害点往往只覆盖了部分已发生的地质灾害，并且不包括潜在的地质灾害点，需要采用其他方法来识别补充地质灾害源点。本次评价将地质灾害易发性评价高值点以及坡度高于 60° 的地形高陡点作为潜在地质灾害源点，共 57335 处。因而，本次模拟所使用的地质灾害源点共有 61039 个，如图 6-23 所示。使用的 DEM 数据分辨率为 30 米。由于模拟的运动路径是线性的，因而利用空间分析的插值运算将其转为栅格，并根据地质灾害实际情况设定地质灾害强度阈值，得到地质灾害影响区，如图6-24所示。严格说来，地质灾害影响区内的人类建设活动都应该进行避让或进行重点工程治理和防治。地质灾害影响范围的空间分布受控于源点的空间分布控制。即除了少部分与实地调查地质灾害点分布一致外，其空间分布基本和地质灾害高易发区及坡度高值的分布一样。

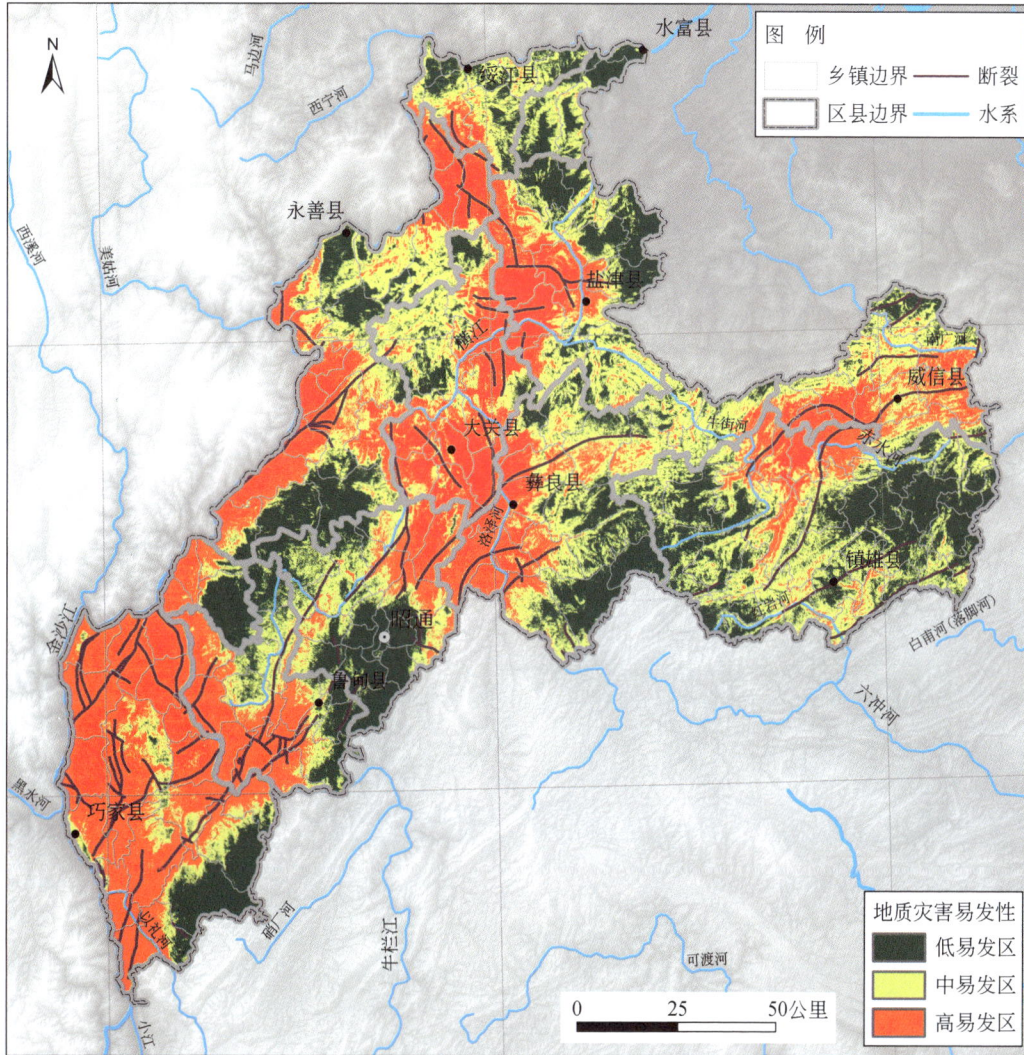

图 6-22　地质灾害区域易发性分区结果

表 6-7　地质灾害易发性自然分区统计表

分区级别	面积（平方公里）	面积比例（%）
高易发	8256.01	36.97
中易发	8152.92	36.51
低易发	5920.20	26.52

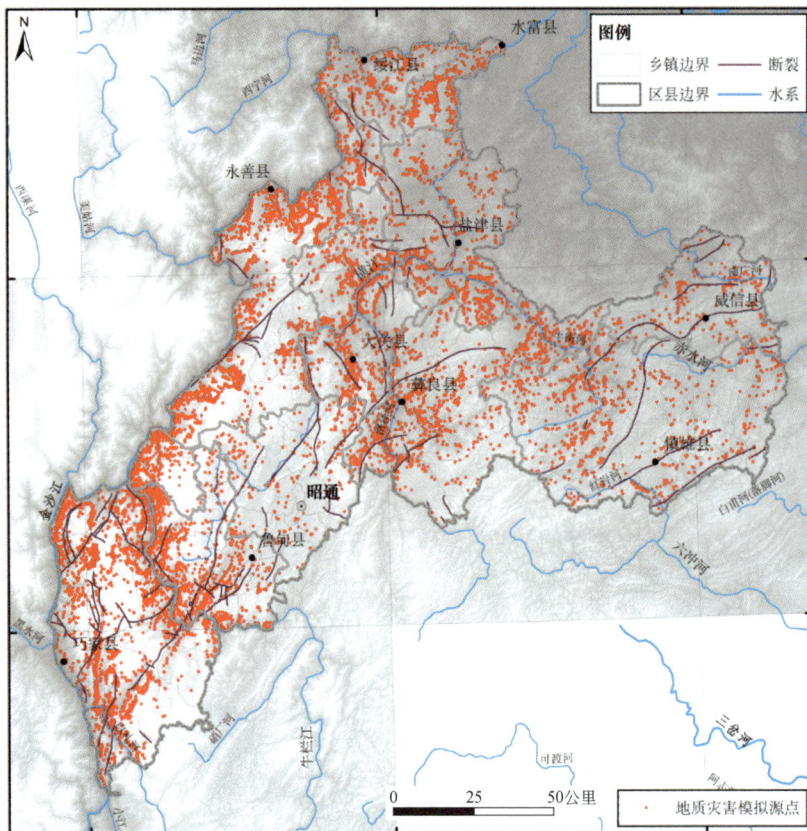

图 6-23　地质灾害影响范围与强度模拟地质灾害源点

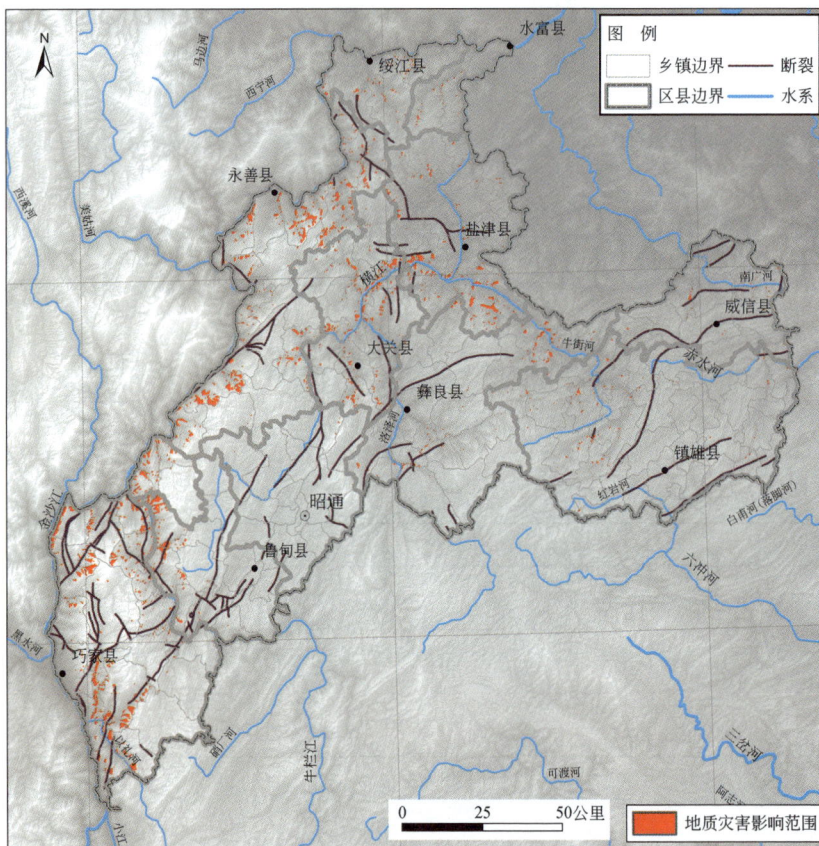

图 6-24　地质灾害影响范围模拟评价结果

三、地质灾害危险性分区

1. 地质灾害触发因子

昭通市地质灾害的主要触发因子包括降水和地震。该区域降水具有空间变化大，南北大中间小的特点。从历史已发生地震看，昭通市除了镇雄县和威信县的地震频次较低外，其他各县发生地震的频率都比较高。另外，自 2013 年溪洛渡电站蓄水后，在电站库区附近周边区域出现了较历史地震频次显著升高的现象。因而，在进行昭通地质灾害危险性分析中，需要密切关注降水和地震在地质灾害诱发中的作用。

降水是地质灾害的主要诱发因素。降水不仅增加土体自重，增大下滑推力，还转变为地下水，产生渗透力、空隙压力，软化、润滑滑动面，对松散土体斜坡的稳定性极为不利。作为长时间尺度的地质环境因子，年降水量的高低对地质灾害的发育也有着一定的控制作用。采用多年平均降水量与触发地质灾害降水阈值的比值来表征降水敏感性，比值越大说明地质灾害降水敏感性越大，比值越小说明地质灾害降水敏感性越小。昭通市的年平均降水量空间插值结果如图 6-25 所示。从图上看，该区域降水空间差异大，主要降水区域分布在巧家县、溪江县、水富县和威信县，昭阳区一带降水相对较少。

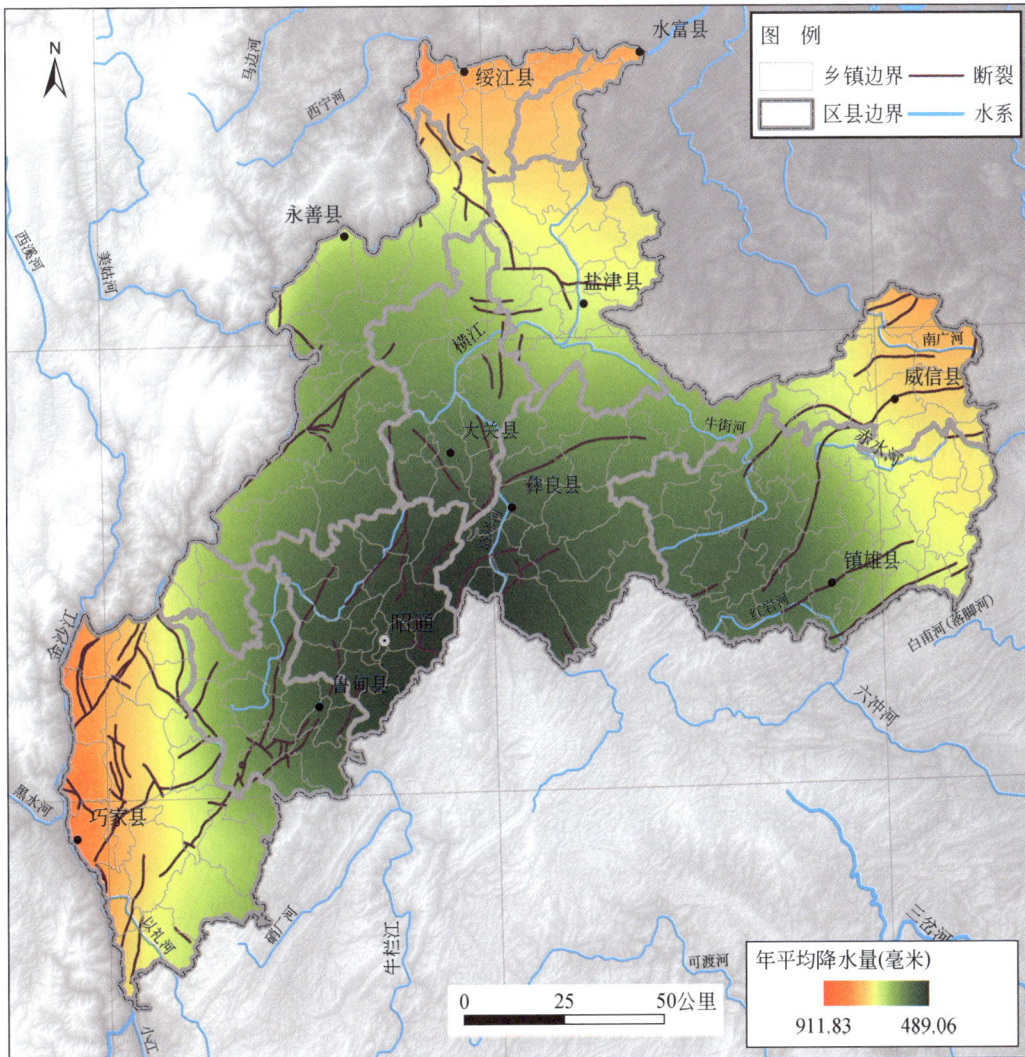

图 6-25　昭通市年均降水量

地震是强烈的地质灾害诱发因素。地震力不但可直接导致不稳定斜坡失稳，也可造成地表岩土堆积物松动，进而降低区域降水型地质灾害的降雨阈值。除了较强的地震直接导致滑坡、泥石流和崩塌等地质灾害发生外，震后如遇降水事件，则可能引发严重的震后次生地震灾害。对可能发生地震的灾害效应主要通过地表位移峰值进行分析模拟，结果如图6-26所示。地震地表位移值越大，一般可引起更大的地表扰动和破坏。

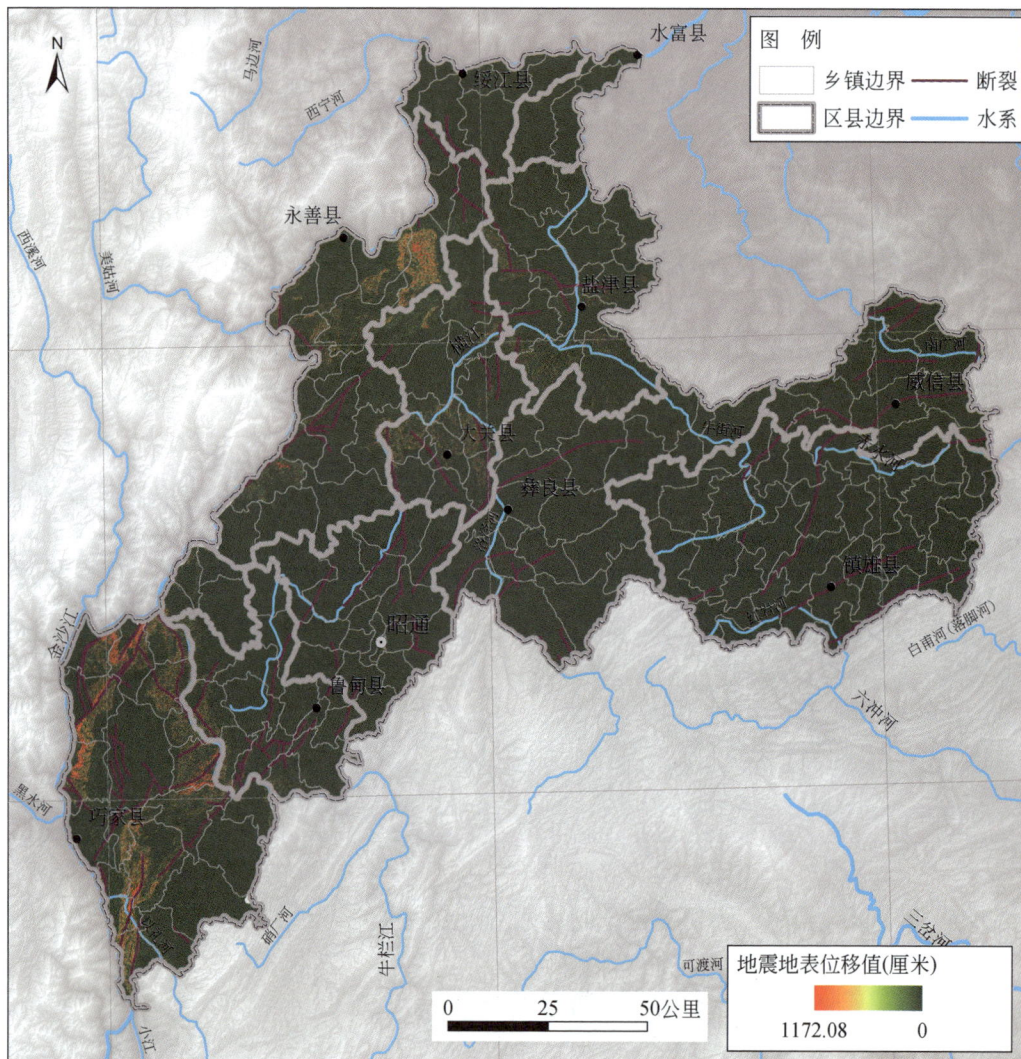

图6-26 昭通市地震地表位移

2. 地质灾害危险性分区分析

在综合考虑地质岩性、地质构造、地形地貌和土地覆被等地质灾害易发因素以及降水和地震等灾害诱发因素的基础上，通过加权分析得到昭通市综合地质灾害危险性评价结果。将危险性按照轻度、中度、重度和极重度进行分级，结果如图6-27所示。可以看出，极重度危险区和重度危险区的空间分布受区内主要构造断裂与河流控制，与地质灾害高易发区的空间分布符合，主要集中在：①鲁甸县、巧家县、昭阳区和永善县境内牛栏江和金沙江沿岸；②彝良、大关和盐津一带（具体有昭阳区东北部、彝良县西部、大关县南部和东部、盐津县西部）；③镇雄县和威信县边界附近地区。地质灾害危险性按自然分区统计的结果如表6-8所示，极重度危险区、重度危险区、中度危险区和轻度危险区分别占昭通市总面积的15.62%、22.21%、34.59%和27.58%。

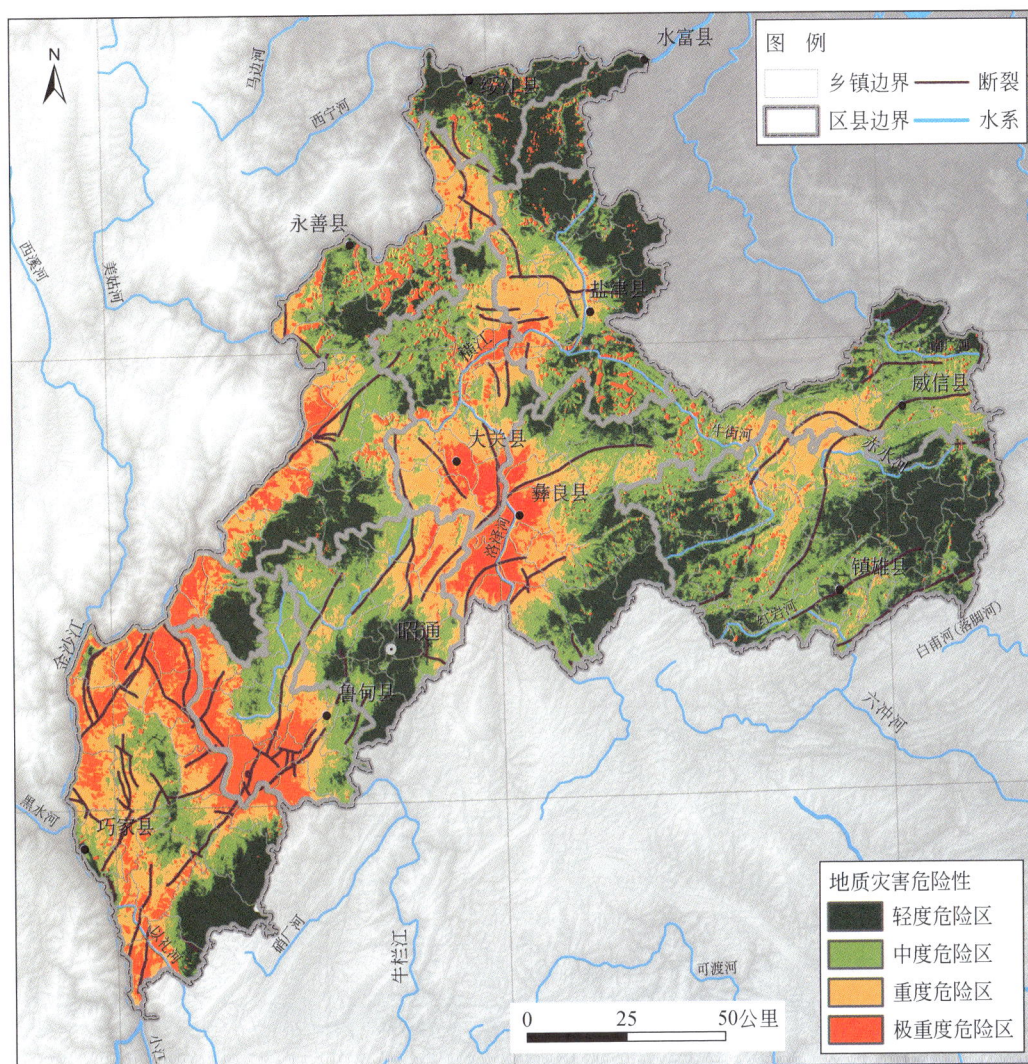

图 6-27　昭通市地质灾害危险性分区

表 6-8　地质灾害危险性自然分区统计表

分区级别	面积（平方公里）	面积比例（%）
极重度	3464.82	15.62
重度	4927.16	22.21
中度	7673.64	34.59
轻度	6116.73	27.58

　　在地质灾害危险性评价和分区的基础上，综合考虑各乡镇单元实际发生灾害频率等，进行乡镇单元的地质灾害综合危险性评价，确定各乡镇单元的地质灾害综合危险性分区和地质环境承载力分级。地质灾害乡镇单元综合危险性分区结果与统计如表 6-8 和表 6-9 所示。

表6-9 昭通市地质灾害乡镇单元综合危险性统计

地质灾害综合危险性分区	分区总乡镇个数	区县名	乡镇个数	乡镇	地质环境承载力分级	分区特征及对策建议
极重度	20	鲁甸县	5	龙头山、火德红、翠屏、小寨、乐红	极差	该区地质灾害分布广泛、影响范围大、破坏能力极强，灾害工程治理难度大。该区地质环境承载力极差，不适宜进行长久的生产和生活建设活动，应根据灾害的影响范围和强度等信息做好搬迁避让工作
		巧家县	6	新店、六合、小河、红山、蒙姑、东坪		
		昭阳区	2	田坝、炎山		
		彝良县	4	角奎、洛泽河、毛坪、新场		
		大关县	2	翠华、青龙		
		永善县	1	黄坪		
重度	39	鲁甸县	3	梭山、文屏、铁厂	差	该区地质灾害的影响范围大，破坏能力强，地质环境承载力差，不宜进行规模性的生产和生活建设活动。但也存在少数不连续的、呈孤岛状分布的、危险度较低的、地质环境条件较好的小地块。在对这些地块进行安全论证或进行地质灾害整治保证其安全后，仍然可以建设人口密度在其资源环境承载能力内的农牧区或乡镇居民点
		巧家县	8	包谷垴、大寨、中寨、金塘、铅厂、崇溪、茂租、巧家营		
		昭阳区	5	大寨子、盘河、青岗岭、北闸镇、靖安		
		彝良县	3	钟鸣、发达、龙安		
		大关县	6	玉碗、黄葛、吉利、悦乐、上高桥、天星		
		永善县	7	务基、大兴、万和、青胜、墨翰、桧溪、细沙		
		盐津县	3	豆沙、艾田、中和		
		威信县	1	庙沟		
		镇雄县	3	李子、木卓、雨河		
中度	65	鲁甸县	6	大水井、新街、桃源、龙树、水磨、茨院	中	该区植被覆盖条件一般比较好，谷底以外的其他区域具有较多的地形平缓区，地质环境承载力中等，可以选择适宜的、未受地质灾害隐患威胁的位置进行适当生产和生活建设活动。但是，在进行规模性建设活动时，仍需要对潜在可能发生的地质灾害进行安全论证并采取防治相应措施
		巧家县	3	炉房、新华、荞麦地		
		昭阳区	7	永丰、旧圃、苏家院、苏甲、洒渔、乐居、小龙洞		
		彝良县	9	洛望、荞山、龙海、柳溪、牛街、龙街、小草坝、两河、海子		
		大关县	3	寿山、木杆、高桥		
		永善县	7	景新、佛滩、码口、水竹、团结、黄华、莲峰		
		盐津县	4	盐井、庙坝、普洱、柿子		
		威信县	9	水田、罗布、麟凤、石坎、长安、扎西、双河、三桃、高田		
		镇雄县	16	中屯、干沟、五德、塘房、乌峰、杉树、泼机、渔洞、盐源、坪上、芒部、牛场、安尔、板桥、罗坎、场坝		
		绥江县	1	田坝		

续表

地质灾害综合危险性分区	分区总乡镇个数	区县名	乡镇个数	乡镇	地质环境承载力分级	分区特征及对策建议
轻度	46	巧家县	2	老店、马树	良	该区域地质灾害发生频率较低，地质灾害风险较小，具有较好的地质环境承载力。但是部分区域在历史上发生过较多的中小地震，因而仍需加强地质灾害隐患点的排查和监测，做好灾害防治和应急保障工作
		昭阳区	8	凤凰、土城、守望、大山包、步嘎、蒙泉、昭阳、太平		
		彝良县	2	树林、奎香		
		永善县	3	茂林、五寨、马楠		
		盐津县	5	落雁、滩头、牛寨、兴隆、串丝		
		威信县	1	旧城		
		镇雄县	16	亨地、花郎、茶木、林口、尖山、母亨、堰塘、栗珠、大湾、黑树、坡头、仁和、花山、碗厂、以勒、以古		
		绥江县	5	南岸、新滩、中城、会仪、板栗		
		水富县	4	楼坝、太平、两碗、云富		

（1）极重度危险区

极重度危险区主要分布在鲁甸县的龙头山、火德红、翠屏，巧家县的新店、六合、蒙姑，昭阳区的田坝、炎山，彝良县的洛泽河镇、毛坪、角奎镇，大关县的翠华镇、青龙等 20 个乡镇。自然单元极重度危险区面积约 3465 平方公里。该区断层发育，高危险区具有沿着断层和河流分布的特点，如牛栏江沿岸和威宁—大关—马边断裂带一线等极重度危险区的两个集中区域。地质构造作用形成了该区域基本的地貌格局。有利的灾害孕育环境促使该区域地质灾害频发。

该区域内断裂带地表破碎，在强烈的侵蚀作用下，发育有大型谷地。龙头山包含两个大型 V 形沟谷，近 S-N 走向，一直延伸至小寨乡。东西两个沟谷底部地质灾害密集分布，岩土侵蚀非常严重。在龙头山和小寨乡的大部分谷坡都被开垦为耕地，植被覆盖非常差，在极端降水情况下，容易形成坡面泥石流。

处在极高危险区的火德红乡地处牛栏江北侧，该区域包含洗马塘组、嘉陵江组并层，洗马塘组岩土主要由黄、灰绿色页岩、粉砂岩、细砂岩夹灰岩及泥灰岩组成。松散的岩土为滑坡泥石流的孕育提供了良好的物源条件。

极重度危险区的主要地貌类型为中海拔陡深河谷、低海拔陡深河谷、侵蚀剥蚀中起伏中山、侵蚀剥蚀小起伏中山、喀斯特侵蚀小起伏中山、喀斯特侵蚀中起伏中山。其中，大量历史灾害分布在侵蚀剥蚀中起伏中山区域。在牛栏江河谷两侧，地形侵蚀严重，松散岩土体积大，地形起伏剧烈。历史上，该区域地质灾害频发，发生过多起大型地质灾害。在发生较强地震时，容易诱发大型滑坡，形成堰塞湖，进而对下游区域构成严重威胁。沿着牛栏江谷坡有公路通过，发生滑坡灾害时，道路极易损毁造成交通堵塞，甚至直接导致交通事故。在火德红乡南部喀斯特侵蚀小起伏中山和中海拔陡深河谷的地貌过渡带，除了大型深切的河谷外，在岸坡中部和上部还发育着众多中小型侵蚀沟谷。已发生的众多滑坡、泥石流等地质灾害大部分都分布在该区域。其他地质灾害高危险性的乡镇，如翠屏、乐红、新店、六合、小河、红山所发生的地质灾害也多集中于侵蚀剥蚀中起伏中山与河谷交界的过渡带或者喀斯特侵蚀起伏区域与河谷的过渡带。在该两种地貌过渡区域仍有散布居民点。部分居民点分布在谷坡腰部，部分居民点直接分布于河谷侵蚀形成的泥石流冲积扇上。当发生极端降水事件时，该区域的居民点将面临严重的地质灾害威胁。

在鲁甸县的龙头山、火德红和翠屏一带以及彝良的毛坪、洛泽河及周边区域，历史上发生过较多的地震，因而需要加强该区域的地震诱发地质灾害预防工作。另外，在鲁甸县龙头山、火德红、翠屏等高地质灾害危险区内，区域降水量大，当发生泥石流或者滑坡灾害时，连通位于河谷阶地的居民聚落的公路很容易受损，工程机械设备难以在该陡峭谷坡迅速开展工程抢险，应急救援会变得非常困难。

在极重度危险区内，地质灾害分布广泛、影响范围大、破坏能力极强，灾害工程治理难度大。该区地质环境承载力极差，不适宜进行长久的生产和生活建设活动，应根据灾害的影响范围和强度等信息做好搬迁避让工作。可根据实际地块的土壤性质进行非破坏性的农牧经营活动。

（2）重度危险区

重度危险区主要包括鲁甸县的梭山、铁厂，巧家县的包谷垴、大寨、中寨，昭阳区的大寨子、盘河等39个乡镇。自然单元重度危险区面积约为4927平方公里。已发生的历史灾害集中于断裂和河流两侧，受地质构造控制显著。主要地貌类型为侵蚀剥蚀大起伏熔岩中山和侵蚀剥蚀中起伏中山。在靠近金沙江的大寨、茂租，地貌类型主要为侵蚀剥蚀大起伏熔岩中山，主要岩土组成为紫红、暗紫色石英砂岩、钙质砂岩夹砾岩、砂砾岩、泥岩及含铜页岩、页岩。在该区域有多条断层通过，区域地形起伏仍然比较剧烈，高差大，发育有众多沟谷。在沟谷两侧有泥石流沟分布，在公路经过区域，伴随岩土开挖，在路的靠近谷底一侧有众多开挖碎屑物堆积。这些受人工扰动和开挖碎屑物的堆积区在遇到降水较强时，容易发生泥石流灾害。在盐津县西南部和永善县东北部的重度危险区，有多条断裂经过，发生地震的频率比较高，历史上发生过7.1级地震。另外，永善县西部靠近溪洛渡水电站蓄水区上游的务基镇近两年来也出现了较高的地震频次。应加强溪洛渡和白鹤滩等大型水电站蓄水状态和周边地震关系的研究，须提高这些区域的地震及地震诱发次生地质灾害的防治能力，做好灾害的应急保障工作。

在昭阳区盘河乡和大关县上高桥回族彝族苗族乡，断裂带对灾害分布的控制作用非常明显。在断裂带经过的区域，地形起伏变化大，地表破碎，沟谷广泛发育。历史上已发生的地质灾害具有随断裂带呈现线状分布的特点。大关县吉利和盐津县豆沙两个乡镇受河流的显著侵蚀也广泛发育深切的沟谷，该区域植被覆盖较好，地质灾害主要分布于靠近河流的谷坡上。

在重度危险区内，地质灾害的影响范围大，破坏能力强，地质环境承载力差，不宜进行规模性的生产和生活建设活动。但也存在少数不连续的、呈孤岛状分布的、危险度较低的、地质环境条件较好的小地块。在对这些地块进行安全论证或进行地质灾害整治保证其安全后，仍然可以建设人口密度在其资源环境承载能力内的农牧区或乡镇居民点。

（3）中度危险区

中度危险区主要分布于昭阳区、彝良县东北部、大关县西北部、盐津县南部、威信县大部和镇雄县西南部的65个乡镇，自然单元中度危险区面积约为7674平方公里。这些区域在靠近金沙江一侧的主要岩土组分为灰、绿色致密状、斑状、杏仁状钙碱性玄武岩夹砂、泥岩、煤线、硅质岩、苦橄岩。地貌类型以侵蚀剥蚀中起伏中山为主，区域内地形变化相对平缓，高差较小。在地质灾害中度危险区，已发生的地质灾害分布也具有沿着河流走向分布的特点，如沿着横江及其主要支流牛街河两侧分布。

在中度危险区内，植被覆盖条件一般比较好，谷底以外的其他区域具有较多的地形平缓区，地质环境承载力中等，可以选择适宜的、未受地质灾害隐患威胁的位置进行适当生产和生活建设活动。但是，在进行规模性建设活动时，仍需要对潜在可能发生的地质灾害进行安全论证并采取防治相应措施。

（4）轻度危险区

轻度危险区主要分布于46个乡镇，自然单元轻度危险区面积约6117平方公里。该区域地貌以侵蚀剥蚀中起伏中山为主，夹有侵蚀剥蚀中海拔高丘陵地貌，部分区域有较好的小型盆地，植被覆盖条件普遍较好。这些区域地形变化相对平缓，少有大型深切沟谷。历史上，这些区域发生地质灾害的频率较低，地质灾害风险较小，具有较好的地质环境承载力。但是在部分区域如昭阳区的土城、守望回族乡、布嘎回族乡等区域，历史上发生过较多的中小地震，因而仍需加强地质灾害隐患点的排查和监测，做好灾害防治和应急保障工作。

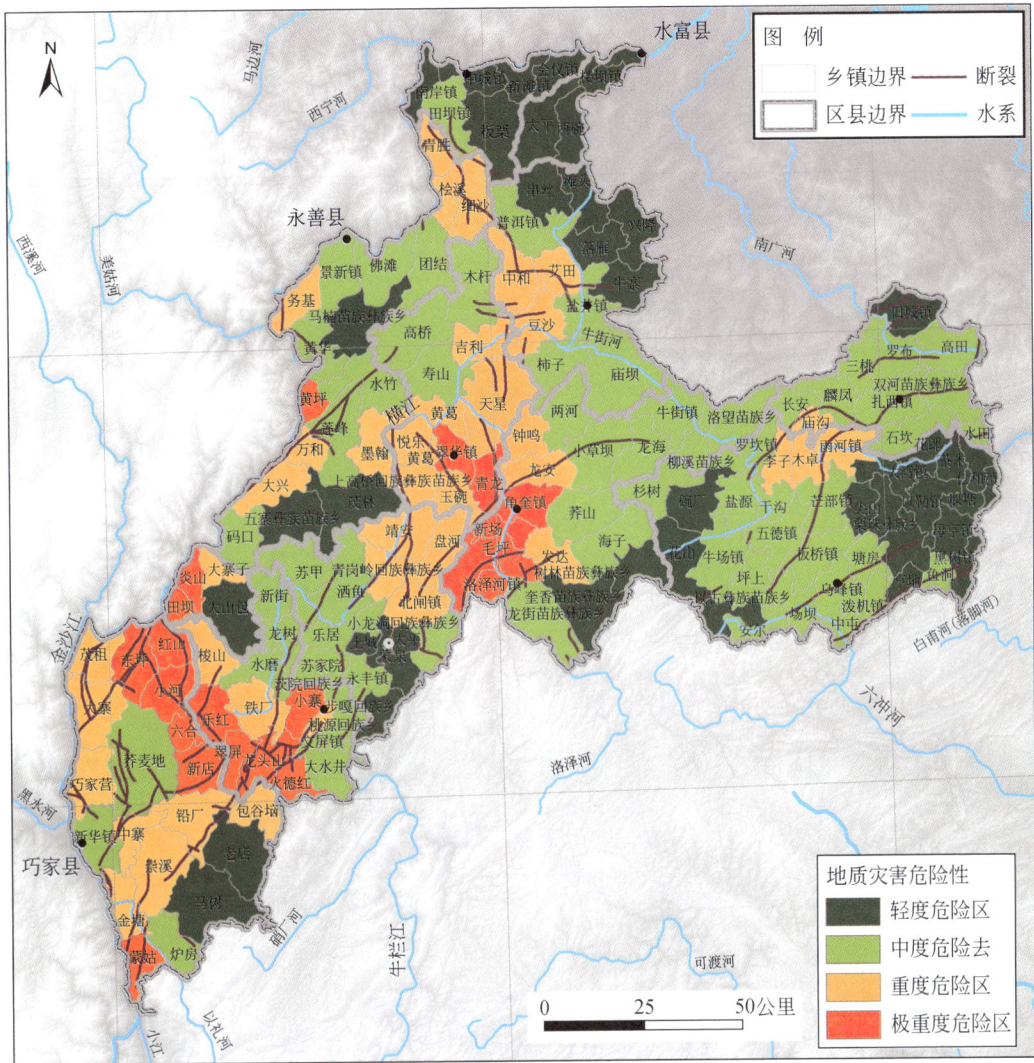

图 6-28　昭通市乡镇单元地质灾害综合危险性

四、地质灾害防治区划定

在地质灾害危险性评价和分区分析的基础上，主要考虑地质灾害影响范围和强度的评价结果，进行地质灾害防治区划定。地质灾害防治区，指崩塌、滑坡和泥石流等地质灾害多发，危害严重并且威胁到住户生命安全、风险极大的重点治理区域。地质灾害防治区内的灾害隐患难以采用工程等治理手段进行消除，一般需要采取搬迁避让措施。灾害防治区内，原则上应禁止建设各种永久性居民住房、公共设施等。应有序疏解灾害防治区内的散居住户、村落居民点和城镇建成区，严格执行《建筑抗震设计规范》，通过开展地质灾害综合治理、健全监测预警预防措施、确保灾害风险大幅降低。

本次评价首先利用高精度数据对昭通市域范围内，鲁甸地震灾区的极重灾区鲁甸县和巧家县，以及人口和经济集中的昭阳区，进行精细评价。综合昭通市域地质灾害影响范围和强度的评价结果，得到整个昭通境内的地质灾害防治区划分结果。

1. 昭通市域地质灾害防治区划定

昭通市地质灾害防治区的划定结果如图 6-29 所示。与地质灾害危险性的分布类似，地质灾害防治区的空间分布也主要沿断裂和河流分布。位于鲁甸地震灾区核心区的鲁甸县和巧家县边界牛栏江沿线，以及金沙江沿线和横江及其支流沿线，分布明显集中。受鲁甸地震的影响，鲁甸地震核心区震中附近地质灾害防治区分布最为集中，特别是震中附近受损最严重的龙头山镇。防治区总面积共约 1018 平方公里，占昭通市总面积（22182 平方公里）的比重约 4.59%。

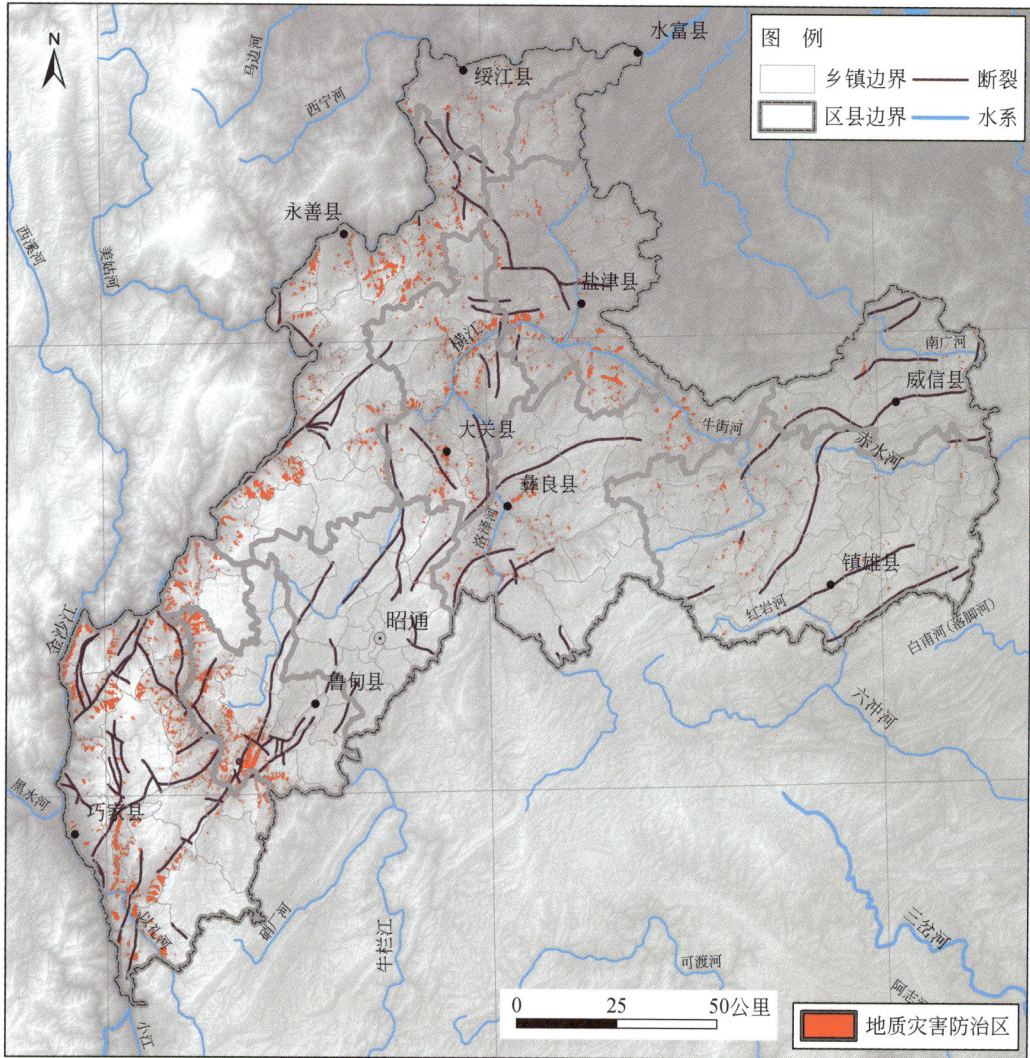

图 6-29　昭通市地质灾害防治区划分

　　地质灾害防治区内，灾害危害严重且威胁到住户生命安全，风险极大，灾害隐患难以采用工程等治理手段进行消除。一般需要进行搬迁避让。确因灾损严重、区域容量有限，需要承载一定容量时，应采用避让防护和工程治理结合的措施。首先做到避让防治区内的重大地质灾害隐患，严格执行《建筑抗震设计规范》，加强地质灾害监测预警，严防汛期和地震诱发大型滑坡–泥石流灾害，加强地质灾害调查评价，健全建实群测群防网络，减少筑路、采矿等工程活动对山坡的扰动，并采取合理的工程措施对有关地质灾害隐患点进行治理。

　　具体来说，应根据建设区内崩塌、滑坡和泥石流的特征，进行工程技术方案比选，因地制宜地采取多种治理工程结合的措施。崩塌应对节理裂隙发育、坡面较破碎的边坡地段宜采取挂网喷砼和锚固工程，高切坡危岩体需进行工程爆破，并清理松散堆积物质，从而达到防治目的。滑坡应修砌排水设施和抗滑桩，填塞裂缝，减少降雨、灌溉等水体渗入。泥石流应以拦挡工程措施为主，稳固坡体松散物质，采用排水、护坡、拦挡等措施，使大量松散固体物质稳住在原地，减少补给泥石流的松散物质量。下游泥石流堆积区以排导工程措施为主，对泥石流淤积严重的河床进行清淤疏通，使其排洪冲沙通畅。

另外，不合理的人类工程活动使得坡地森林生态系统遭到破坏而导致地表失去植被保护、坡面松散物质增多，地质环境退化和地表固土能力差及涵水能力减弱是引发地质灾害的重要原因之一。因此，要使地质灾害的发生频度降低、规模减小、危害减轻，必须要采取治标又治本的措施，使坡地的森林植被生态系统恢复到良好状态，逐步恢复森林生态系统，改善坡地生态地质环境，使整个环境向着良性循环方向转化。要达到这一目的，必须以生物措施为主。开展天然林保护、植树造林，退耕还林，恢复斜坡中下部地带的森林植被，利用植物根系的固土作用，改善斜坡立地条件，尤应重视对深根性树木的种植，维护边坡的自然稳定性。具体措施可采取营造水土保持林、护岸固坡林、护坡草灌等。

2. 中心城区地质灾害防治区划定

昭阳区地质灾害防治区的划定工作利用分辨率为5米的高精度DEM数据模拟了地质灾害的影响范围和强度。使用的地质灾害源点包括实地调查的地质灾害点433处以及地质灾害易发性高值点和坡度高于75°的点10339处。地质灾害防治区包括了全部地质灾害影响范围，评价结果如图6-30所示。

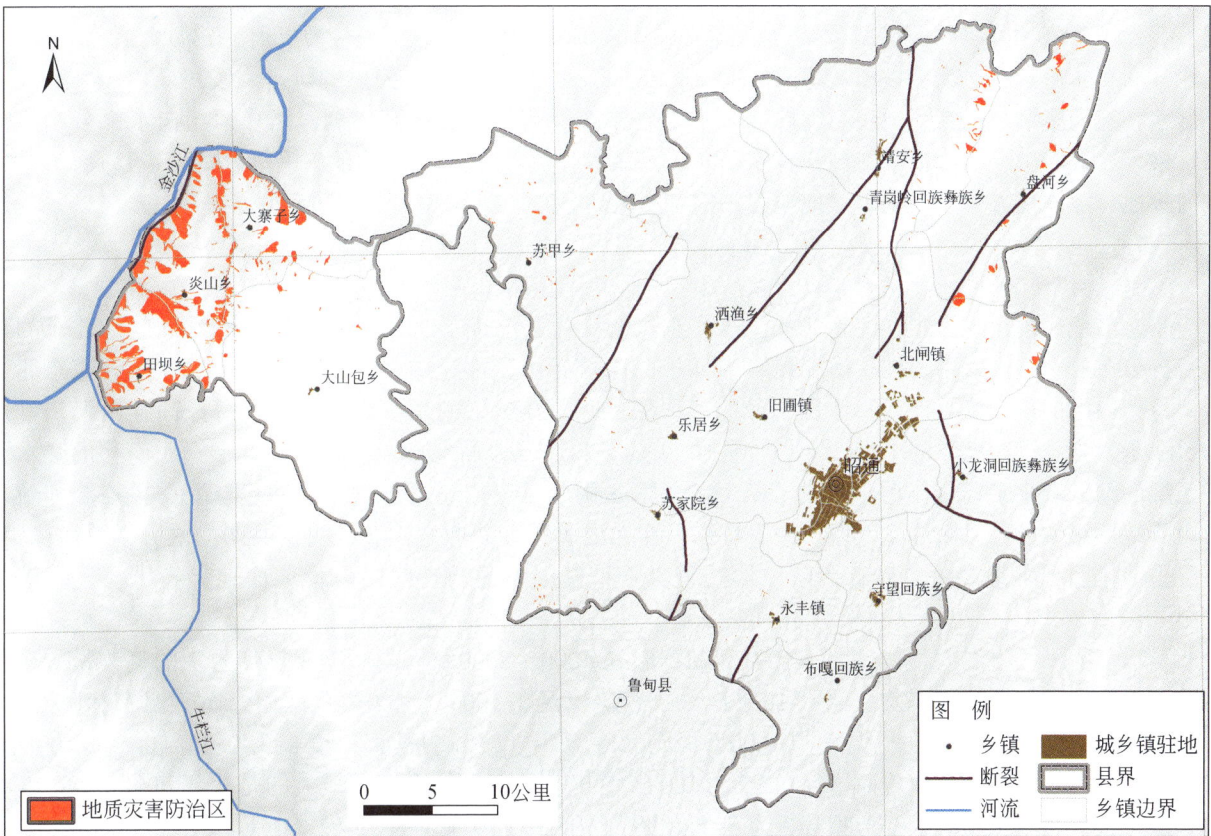

图6-30 昭阳区地质灾害防治区划分

总体上，昭阳区地质灾害危险性不显著，防治区分布面积较小。地质灾害防治区主要分布在金沙江右岸的田坝镇、炎山乡和大寨子乡，防治区面积占其乡镇面积的百分比分别高达30%、23%和13%。应特别重视此三乡镇地质灾害的排查、治理、预防和避险等工作。另外，地质灾害防治区在昭阳区北部的苏甲乡、靖安乡、盘河乡和北闸镇等乡镇地势较高陡的区域，也有零星分布。盘河乡尽管地质灾害防治区分布面积较少，但属于地质灾害重度危险性乡镇，并且历史上头寨沟曾于1991爆发了造成216人死亡的特大滑坡灾害。因此，也应重视类似地区的地质灾害隐患排查，做好地质灾害避险工作。

第三节　水资源利用适宜性

水资源适宜性评价的目标是分析水资源条件支撑昭通经济社会发展的能力，阐释水资源丰富程度、供用水条件的区域差异性。评价分别在县域单元与乡镇单元两个尺度上进行，在县域单元上，重点研究水资源数量对人口集聚、经济发展的支撑能力；在乡镇单元上，进一步考虑地形条件与水源距离要素，从供水条件角度评估人口产业布局的水资源适宜性。

一、水文水资源条件

昭通市位于康滇古陆边缘，在长期的地壳上升和水流下切作用下，形成山高谷深的滇东北中山山原亚区地貌。构造溶蚀侵蚀地貌，是境内的主要地貌类型。主要分布于金沙江、牛栏江、横江各水系及洒渔河、洛泽河、白水江的下游。全市主要山川由南向北展布。主要河流的中下游多裂点，形成跌水和瀑布。河流上游流经高台地和盆地时，表现为河谷较宽阔，纵坡较小的弱侵蚀低中山地貌。昭鲁盆地，高程为1880～2080米，面积为525平方公里（其中，鲁甸盆地110平方公里），居云南省第四位。河谷山间盆地分别有龙树盆地、永善盆地、巧家盆地，此外，还有20～25平方公里的母享、泼机、以勒、松林等小盆地，它们多属侵蚀堆积地貌。剥蚀地貌主要分布在五莲峰的脊部和东侧，洛泽河与白水江分水岭的马背梁子、大黑山，镇雄附近的乌江和赤水河源头区等。岩溶地貌主要分布在镇雄、威信、彝良、大关、鲁甸等地。溶蚀槽谷、缓丘和小盆地地貌，也有零星的分布。

1. 气候

昭通市地形以山地为主，南高北低，西高东低的变化，形成了明显的"一带三层"和朝向北东的弧形地势分布。金沙江、牛栏江、横江蜿蜒穿插于深山峡谷中，形成山川东西排列，昭鲁坝区为滇东北过渡型侵蚀山原的地理景观。西起绥江，经盐津、彝良，东至威信的川滇省界附近，海拔高程由四川盆地的500米，升至云南高原的1200米，形成一条新月形的过渡坡面地形。这种特殊地形，对南移的降水天气系统的抬升和水平辐合作用，造成了稳定的北部多雨带。全市属低纬度、高海拔、受季风控制和新月形台阶地形影响的季风高原型气候。主要特点：夏无酷暑，冬无严寒，没有明显的四季之分；季风稳定，干湿季节分明；山地高差悬殊，台阶地形叠置，垂直气候带显著；北向弧形坡面地势特殊，气候南干北湿。

全市多年平均气温大于14℃，≥10℃活动积温在4000～8000℃，属于以亚热带为主的气候带。东部镇雄、威信和昭鲁盆地年平均气温在10～14℃，活动积温在1600～4500℃范围内，属于温带和暖温带。大山包等地的高寒山区活动积温小于1600℃，则属寒温带。气温的垂直梯度多为0.45～0.5℃/100米。南部金沙江河谷，因焚风效应而增至0.65℃/100米。相对湿度，年平均值最大的是北部和东部地区，在80%以上，最小年平均湿度是巧家县，为57%。昭鲁坝区的相对湿度为75%。

昭通市年平均干旱指数在3.50以下。北部和东部小于1.00，属于湿润区；其中，部分高山区干旱指数≤0.49，气候非常湿润；南部多在1.00～1.49，属于半湿润区；金沙江、牛栏江河谷和昭鲁坝区等地，干旱指数在1.50～3.50，则属于半干旱区。全市气候的一个重要特点是夏湿冬干，干季的干旱指数均在1.00以上，表现出北部区半湿润至南部干旱区（$\gamma \geq 3.50$）的气候特点。

2. 河流水系

昭通市属长江流域，主要河流呈南西—北东向的高原羽状水系向金沙江倾泻，属雨水补给的高原河流类型。主要有三大水系，即金沙江下段水系、长上干水系和乌江水系。金沙江下段水系除金沙江自云南省西部和北部沿川滇边界流入昭通市（经巧家、永善、绥江、水富4县，河长为458公里）外，在昭通境内一级支流还有横江、牛栏江、以礼河；长江上游干流水系在昭通境内位于东北部的镇雄、威信和盐津 3 县，所属河流有罗布河、赤水河和南广河，在昭通境内集水面积仅为 0.21 万平方公里；乌江水系位于昭通境内东南的镇雄县，有以萨河、镇雄河和泼机河，区内集水面积很小，仅为 600 平方公里。共划分为石鼓以下干流、思南以上、赤水河、宜宾至宜昌干流 4 个水资源三级区，含 9 个水资源四级区，如表 6-10 与图 6-31 所示。昭通河网密度大，水量丰富，流态湍急，蕴藏着巨大的水力资源，有些河道还具备航运条件，有待开发利用。

表6-10　昭通市水资源分区

水资源一级区	水资源二级区	水资源三级区	水资源四级区
长江	金沙江石鼓以下	石鼓以下干流	小江及以礼河
			牛栏江下
			横江上
			横江下
			金沙江石鼓以下干流
	乌江	思南以上	六冲河区
	宜宾至宜昌	赤水河	赤水河
		宜宾至宜昌干流	南广河区

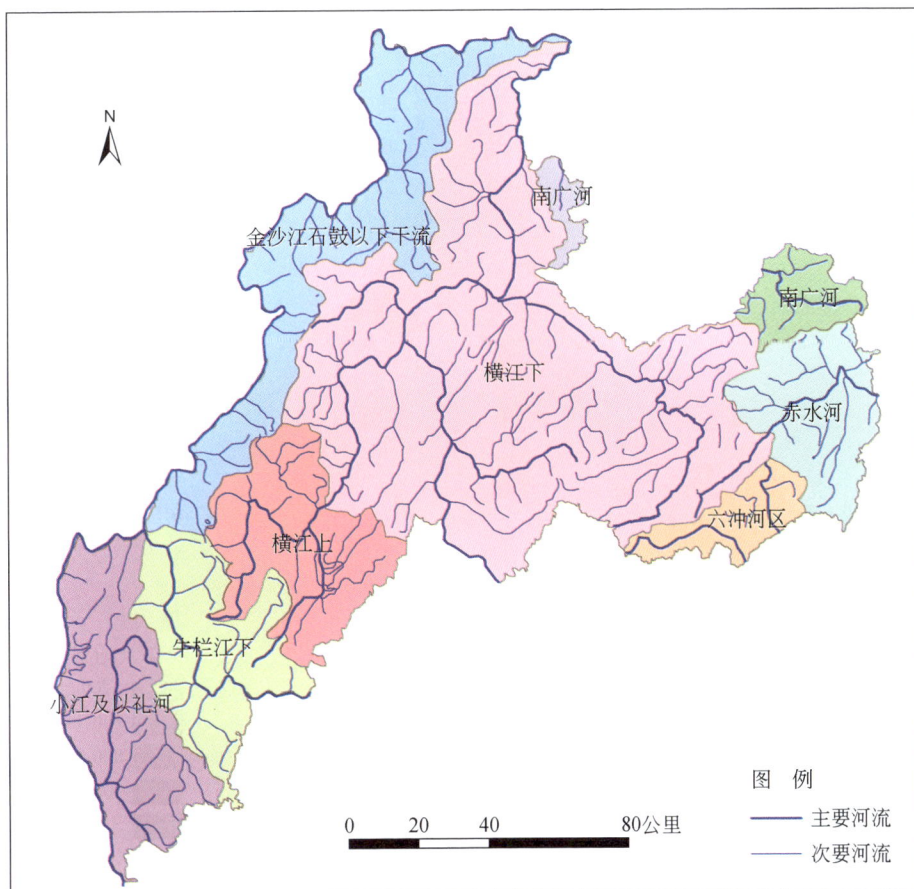

图 6-31　昭通市水资源四级区示意图

3. 降水

昭通市属低纬度、高海拔、受季风控制和弧形台阶地形影响的季风高原型气候。其主要特点是：夏无酷暑，冬无严寒，无明显的四季之分；干湿季节分明，干季降水稀少，旱情普遍，雨季降水集中，多洪涝灾害；北部过渡坡面地形特殊，形成滇东北大暴雨区和"极多雨区"；山地高差悬殊，台阶地形叠置，垂直气候带显著；川滇地形静止锋影响突出，气候南干北湿，且有"非常湿润区"。

昭通市多年平均降水量为1110.5毫米，折合249亿立方米。高值区分布在威信、盐津、绥江一线的坡面地形上，五莲峰的北段和巧家的药山。绥江的罗汉坪、盐津的大东山、威信的茶场等地，降水量丰富，可达1600毫米以上，最多是彝良北缘1800毫米，属于"多雨区"。五莲峰南段山区和乌蒙山西侧的地形过渡带，"雨量充足"，其值在1200~1500毫米。降水量的低值区，是西部及南部的金沙江和牛栏江、中部的横江、东部的赤水河河谷区和昭鲁坝区，年降水量最多在800毫米以下。最小值是巧家县的蒙姑和永善县的黄华，仅为600毫米，降水量主要集中在5~10月，降水量占全年降水量的比例由东北部的75%~85%，增至中部和西南部的85%~92%。汛期降水分布集中，易于造成洪涝灾害；而春季雨量稀少，则常常导致南部的河谷和坝区干旱缺水。

从行政分区来看，盐津县和威信县多年平均降水量比较多，分别为1092.7毫米和1038毫米，昭阳区和永善县多年平均降水量偏少，分别为674.6毫米和685毫米，其余各县多年平均降水量在838.3~898.1毫米（图6-32）。

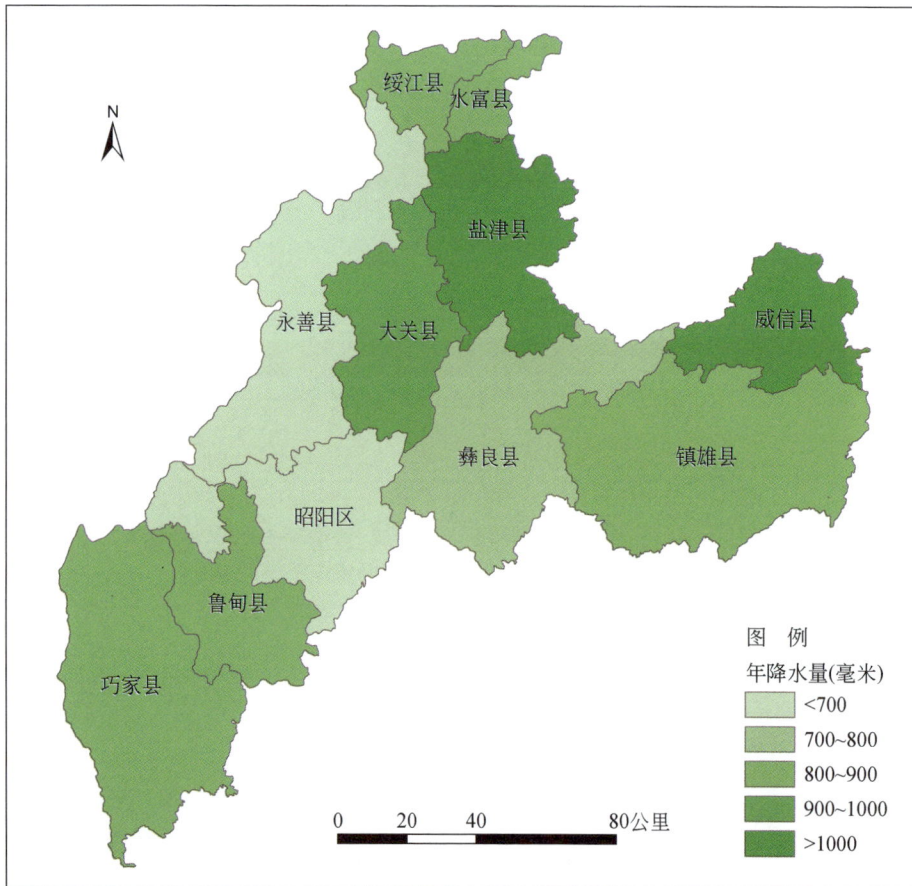

图6-32　昭通市各区县多年平均降水量

昭通市降水量的多年变化相对平缓，离差系数在0.12~0.25。从图6-33可以看出，1964~2013年这50年昭通市降水量呈下降趋势，但趋势不明显。其中，年降水量的最大值出现在2007年，为1293.4毫米，最小值出现在 2011 年，为 633.7 毫米，变幅为 659.7 毫米，年际极值比为 2.04，可见，近年来降水年际波动的幅度有所增大。

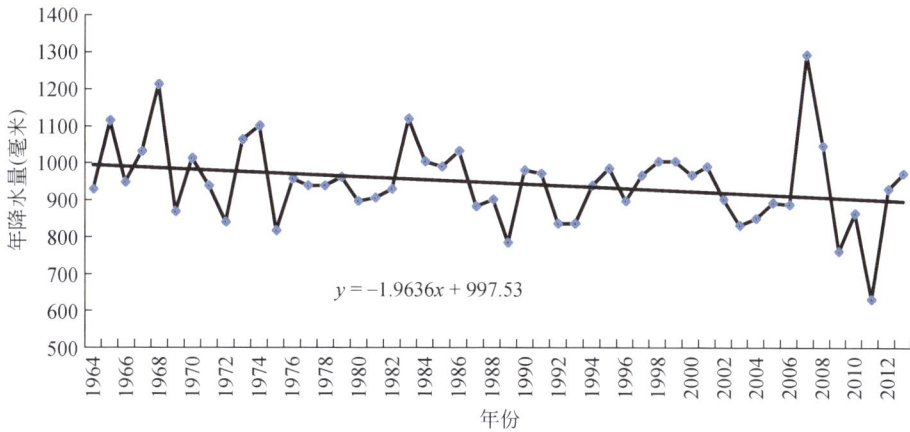

$$y = -1.9636x + 997.53$$

图 6-33　昭通市 1964~2013 年降水变化曲线

昭通市降水年内分配不均，季节变化大，从图 6-34 可以看出，多年平均降水量最大值出现在 7 月，为 186.97 毫米，最小值出现在 12 月，为 10.02 毫米。5~10 月为汛期，雨量集中，多年平均降水量为 741.9 毫米，占全年降水量的 85.1%，11 月~翌年 4 月为枯水期，多年平均降水量为 129.4 毫米，降水量占全年的 14.9%。

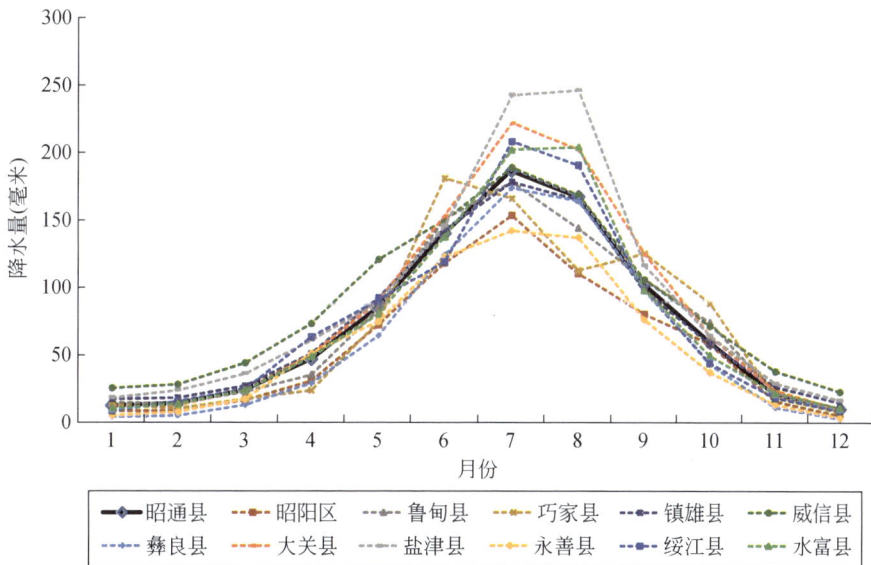

图 6-34　昭通市及各区（县）多年月平均降水量

4. 水资源量

昭通市水资源总量丰富，多年平均河川年径流量为 138 亿立方米，约占全国的 0.5%，长江流域的 1.4%，全省的 6.9%。折合径流深 615 毫米，汛期（5~10 月）径流量占全年 75%~85%，期间常常有倾盆大雨，山洪、滑坡、泥石流并发；枯水期（11 月~翌年 4 月）径流量只占全年的 15%~25%，常发生严重旱情，形成汛期洪灾、枯水期水资源相对紧缺的状况。

2013 年全市水资源总量为 110.9 亿立方米，折合径流深为 494.4 毫米，比常年偏少 13.3%；全市 2013 年平均降水量为 1023.8 毫米，折合年降水总量 229.6 亿立方米，比常年偏少 2.2%，属正常年；全市产水总量占降水总量的 48.3%，产水模数为 49.44 万立方米/平方公里（表 6-11）。2013 年从邻省、市流入昭通市境内水量为 1183 亿立方米，出境水量为 1287 亿立方米。

表 6-11　昭通市行政分区水资源状况（2013 年）

地区	年降水量（亿立方米）	水资源总量（亿立方米）	产水模数（万立方米/平方公里）	人均水资源量（立方米）
昭阳区	19.92	7.09	32.87	875
鲁甸县	13.83	3.46	23.23	861
巧家县	24.82	9.07	28.38	1724
盐津县	28.23	15.42	76.25	4067
大关县	20.26	10.93	63.55	4051
永善县	28.80	14.08	50.70	3486
镇雄县	35.83	18.53	50.14	1362
彝良县	30.11	16.74	59.88	3128
威信县	13.86	7.58	54.40	1919
绥江县	8.55	5.05	67.64	3222
水富县	5.43	2.95	67.03	2836
全市	229.60	110.90	49.44	2076

二、水资源利用现状与趋势分析

1. 水资源利用状况

（1）供水量

供水量是指各种水源工程为用户提供的包括输水损失在内的毛供水量，按地表水源、地下水源和其他水源（污水处理回用、雨水利用）三类水源统计。从 2010 年以来的统计数据可知（表 6-12），昭通市近几年间的总供水量平均为 8.616 亿立方米，其中地表水供水量为 8.345 亿立方米，地下水供水量为 0.207 亿立方米，其他水源供水量为 0.064 亿立方米。

表 6-12　昭通市供水量及其构成　　　　　　　（单位：亿立方米）

年份	地表水	地下水	其他	总供水量
2010	7.451	0.271	0.049	7.769
2011	8.113	0.257	0.057	8.426
2012	8.332	0.234	0.051	8.617
2013	9.483	0.068	0.100	9.650
平均	8.345	0.207	0.064	8.616

如图 6-35 所示，2010 年以来，昭通市总供水量呈增加态势；各供水水源中，地表水供水量与总供水量协同变化，也呈增加态势；在 2013 年地下水供水量有显著下降；其他水源供水量比较稳定，在 2013 年有一定程度的上升。

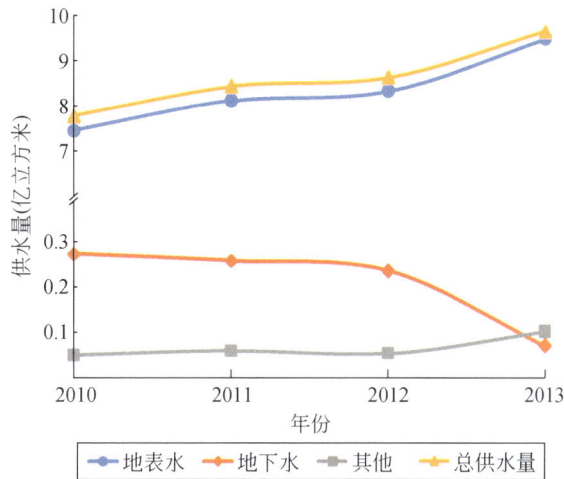

图 6-35　2010 年以来昭通市各供水水源供水量变化

昭通市供水组成中，地表水是其主要供水水源，占总供水量的 96.85%，地下水及其他水源供水量很小，分别占 2.41% 和 0.74%（表 6-13）。2010 年以来，地表水供水量占总供水量的比重呈稳定并逐渐增加趋势，而地下水供水量所占比重呈减少趋势；其他水源供水量在 2013 年明显增加。在地表供水中，引水工程供水占供水总量的 70% 左右，蓄水工程供水则占到 25% 左右。

表 6-13　昭通市供水水源供水量占总供水量的比重　（单位:%）

年份	地表水	地下水	其他
2010	95.91	3.49	0.60
2011	96.29	3.05	0.66
2012	96.69	2.72	0.59
2013	98.27	0.70	1.03
平均	96.85	2.41	0.74

（2）用水量

用水量指分配给用水户的包括输水损失在内的毛用水量，按第一产业、第二产业、第三产业、居民生活、生态环境五大类用水户统计。第一产业用水包括农田灌溉和林、果、草地灌溉及鱼塘补水。第二产业用水为包括工业和建筑业用水，指取用的新水量，不包括企业内部的重复利用量。第三产业用水包括除第一、第二产业外其他产业的用水量。居民生活用水包括城镇生活用水和农村生活用水。生态环境用水仅包括人为措施供给的城镇环境用水和部分河湖、湿地补水。

根据 2010 年以来的统计数据可知（表 6-14），昭通市近几年间的总用水量平均为 8.616 亿立方米，其中第一产业用水量为 5.465 亿立方米，第二产业用水量为 1.765 亿立方米，第三产业用水量为 0.109 亿立方米，居民生活用水量为 1.239 亿立方米，生态环境用水量为 0.047 亿立方米。

表6-14　昭通市用水量及其构成　　　　　　　　　　　（单位：亿立方米）

年份	第一产业	第二产业	第三产业	居民生活	生态环境	总用水量
2010	5.069	1.396	0.142	1.126	0.036	7.769
2011	5.538	1.497	0.144	1.246	0.042	8.426
2012	5.321	1.934	0.043	1.266	0.052	8.617
2013	5.932	2.234	0.108	1.318	0.058	9.650
平均	5.465	1.765	0.109	1.239	0.047	8.616

如图6-36所示，2010年以来，昭通市总用水量呈缓慢上升趋势；其中居民生活用水、生态环境用水量和第二产业用水量呈持续增加态势；而第一产业用水量呈波动变化，总量增加；第三产业用水量呈降低趋势。

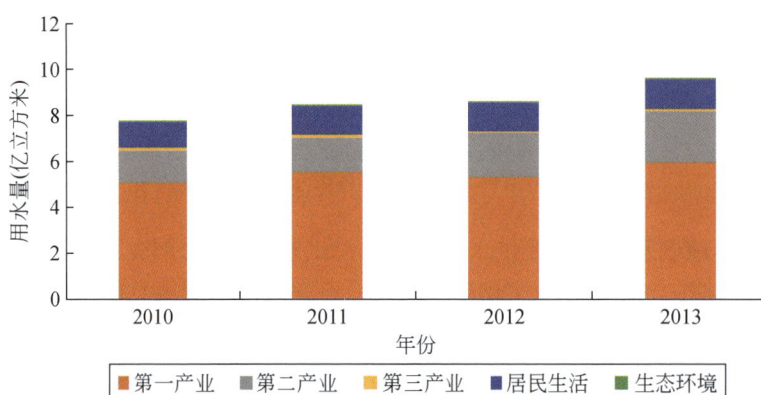

图6-36　2010年以来昭通市各途径用水量变化

2010年以来，平均第一产业用水占总用水量的63.43%，第二产业用水占总用水量的20.49%，第三产业用水占总用水量的1.27%，居民生活用水占总用水量的14.38%，生态环境用水占总用水量的0.56%。2010年以来，昭通市用水组成中，第一产业用水所占比重有下降趋势；第二产业呈增加态势；居民生活用水量和生态环境用水所占比重基本保持稳定。第三产业用水在2012年有明显波动，但整体比重趋于下降（表6-15）。

表6-15　昭通市不同用水途径占总用水量比重　　　　　　　　　　　（单位：%）

年份	第一产业	第二产业	第三产业	居民生活	生态环境
2010	65.25	17.97	1.82	14.50	0.47
2011	65.73	17.77	1.71	14.79	0.49
2012	61.75	22.44	0.50	14.69	0.60
2013	61.47	23.15	1.12	13.66	0.60
平均	63.43	20.49	1.27	14.38	0.56

（3）水资源开发利用率

昭通市连续遭遇干旱，2010～2013年水资源量分别约为107.9亿立方米、63.08亿立方米、116.8亿立方米和110.9亿立方米，均少于多年平均水平。除2011年特大干旱年外，2010年以来水资源开发利用率维持在7%～9%的水平，低于云南省全省综合水资源利用率（9.03%）。

从区域内部来看，昭通市各区县水资源利用率差别很大，以干旱最严重的2011年为例，其分区县水资源利用率最小为镇雄县的3.53%，最大为市辖昭阳区的33.39%，两者相差将近10倍（图6-37，表6-16）。

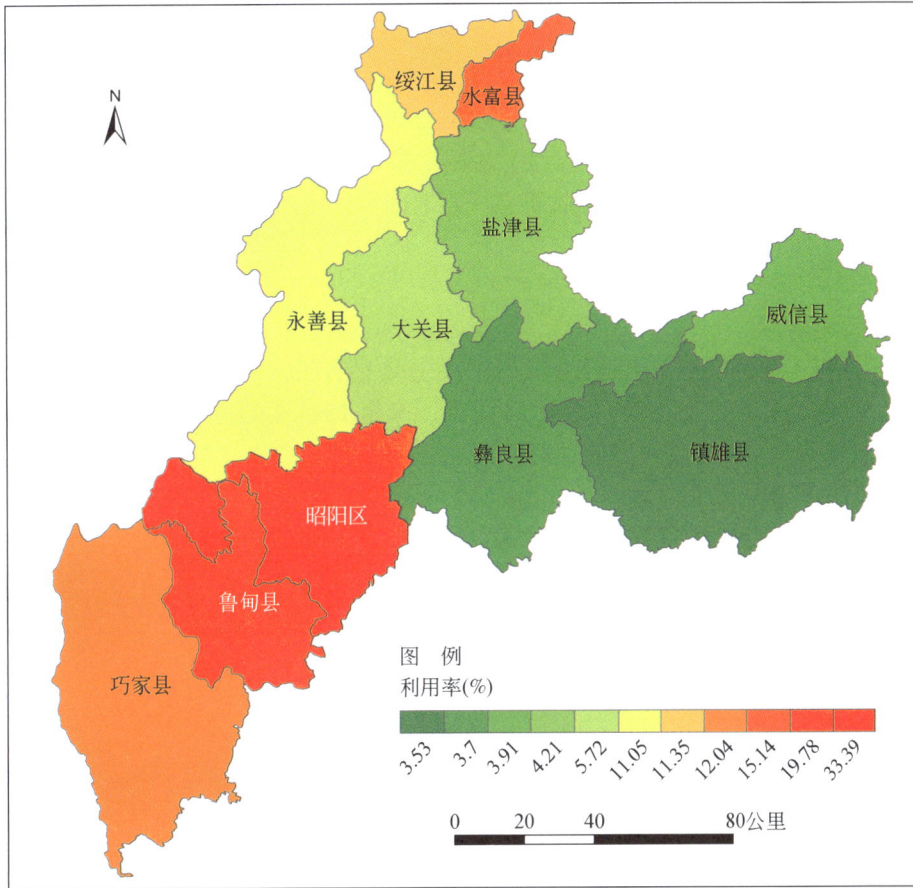

图 6-37　昭通市分区县水资源开发利用率（2011 年）

表 6-16　昭通市分区县水资源利用率（2011 年）

地区	毛用水量合计（万立方米）	水资源总量（万立方米）	人均水资源量（立方米）	利用率（%）
昭阳区	13396.19	40120	504.7	33.39
鲁甸县	4174.54	21110	535.6	19.78
巧家县	6981.79	57970	1120	12.04
盐津县	3449.63	81970	2197	4.21
大关县	2863.96	50050	1884	5.72
永善县	8285.94	74960	1883	11.05
绥江县	2458.26	21660	1340	11.35
镇雄县	4695.47	133140	1020	3.53
彝良县	2866.32	77480	1471	3.70
威信县	2188.94	56050	1442	3.91
水富县	2464.82	16280	1587	15.14

注：毛用水量采用的是 2011 年全国水利普查数据。

　　昭通市各区县水资源量分布不均，人均水资源量差距明显，最低的昭阳区人均水资源量仅为最高的盐津县人均水资源量的四分之一。其水资源利用率之间的差异与各区县水资源量及其经济社会发展和人口规模有关。

（4）用水指标

2013年，昭通市全市人均综合用水量为180.6立方米，约为云南全省人均综合用水量328.1立方米的55.0%；万元国内生产总值用水量为226.2立方米，为全省万元国内生产总值用水量208.3立方米的1.09倍；农田亩均灌溉用水量为172.3立方米，为全省农田亩均灌溉用水量409立方米的42.1%；城镇人均生活用水量为105升/（人·天），农村人均生活用水量为58.6升/（人·天），均处于全省最低水平。说明昭通市用水水平不高，特别是农村人畜饮水在一定时间和区域内存在困难。

2. 水资源安全保障

（1）水利基础设施建设

2011年昭通市进行了第一次全国水利普查工作，普查结果表明，截至2011年年末，昭通市建成各类水库工程177处、总库容6.2亿立方米，塘坝2464件、库容1595.1万立方米，水利工程年供水量6.21亿立方米，230万农村人口实现了饮水安全，耕地有效灌溉保证率37%（统计年报数）。现状供需水缺口达4亿立方米以上，尚有184万人饮水困难或不安全，水土流失面积占国土面积的47%，年均洪旱灾害损失高达4亿元，主要水利指标均落后于云南省和全国水平。滞后的水利基础设施和脆弱的水生态环境，严重束缚着全市经济社会持续发展。

通过普查，已建水库2011年供水量为20130.39万立方米；水电站工程2011年发电量为581771.09万千瓦·时；农村供水工程2011年实际供水总人口为473.9469万人，2011年实际供水量为6509.4479万立方米；河湖取水口2011年共计取水46469.44万立方米；总灌溉面积为130.2314万亩，灌区灌溉面积为112.2701万亩；地下水取水井2011年取水总量为779.6116万立方米。昭通市境内堤防级别5级以上已建和在建的未报废的堤防共有85条，堤防长度为513.7公里，达标长度为203.9公里，穿堤建筑物数量174处。共完成水土保持措施治理面积921.11万亩，其中基本农田66.04万亩（梯田66.04万亩，坝地0万亩，其他0万亩），水土保持林270.38万亩（乔木林224.30万亩，灌木林46.09万亩），经济林337.80万亩，种草43.82万亩，封禁治理203.06万亩；完成坡面水系工程为1412.7公里，控制面积为12.19万亩；完成小型蓄水保土点状工程47377个，线状工程为2195.3公里。

在2011年水利普查数据的基础上，截至2013年昭通市新增中型水库2座；净增加有效灌溉面积为13.5万亩；堤防长度增加至667.31公里，其中达标长度为277.62公里；治理水土流失面积为67.67万亩；净新增解决农村饮水安全36.105万人，达447.1015万人。

（2）水源地建设与饮用水安全

2011年水利普查全市共普查地表水水源地79处，其中镇雄县20处，大关县11处，永善县10处，盐津县8处，绥江县8处，巧家县7处，昭阳区5处，彝良县4处，威信县3处，鲁甸县2处，水富县1处（表6-17）。其供水用途主要为城镇和乡村生活用水。

表6-17　昭通市水源地建设情况表（2011年）

地区	水源地数量（处）				水质已达标	已划分水源保护区
	水源地数量	按取水水源类别				
		河流	湖泊	水库		
昭阳区	5	—	—	5	1	1
鲁甸县	2	2	—	—	—	—
巧家县	7	7	—	—	2	—
盐津县	8	7	—	1	4	—
大关县	11	11	—	—	—	—
永善县	10	9	—	1	—	—

地区	水源地数量（处）					
	水源地数量	按取水水源类别			水质已达标	已划分水源保护区
		河流	湖泊	水库		
绥江县	8	8	—	—	3	—
镇雄县	20	14	—	6	20	—
彝良县	4	4	—	—	2	—
威信县	3	3	—	—	3	—
水富县	1	1	—	—	1	1
合计	79	66	—	13	36	2

至 2013 年昭通市共有城镇自来水厂 27 座，农村供水工程共 82 033 处，其中农村集中式供水工程 13327 处，农村分散式供水工程 68706 处；可满足 527.11 万人的供水。实际供水量为 14988.88 万立方米，其中城镇自来水厂供水为 3393.14 万立方米；农村集中式供水工程供水为 9561.53 万立方米；农村分散式供水工程供水为 2010.21 万立方米；农村饮水安全达标人口为 447.10 万人，但仍剩余 61.76 万农村群众饮水安全存在问题。分区县来看，饮水安全达标人口最多的是镇雄县，达标人口最少的是水富县。而饮用水安全未达标人口最多的是昭阳区，达 12.05 万人；水富县在 2013 年无饮用水安全不达标人口（表 6-18）。

表 6-18 昭通市分区县农村人口饮水安全表（2013 年）

地区	达标人口（万人）	新增达标人口（万人）	达标人口减少（万人）	未达标人口（万人）	未达标人口比例（%）
昭阳区	56.41	7.59		12.05	17.60
鲁甸县	34.45	3.98	2.08	5.20	13.11
巧家县	44.38	6.82	—	5.69	11.36
盐津县	30.10	2.84	—	5.15	14.61
大关县	22.74	2.32	1.39	3.00	11.66
永善县	36.27	2.84	0.34	6.47	15.14
绥江县	12.00	2.27	0.69	1.94	13.92
镇雄县	129.91	3.64	1.64	5.66	4.18
彝良县	40.95	4.72	0.25	11.93	22.56
威信县	32.55	3.09	—	4.67	12.55
水富县	7.33	2.37	—	—	—
合计	447.10	42.49	6.38	61.76	12.14

3. 未来水资源需求趋势

按照《昭通市实行最严格水资源管理制度考核办法》要求，2015 年、2020 年昭通市用水总量控制目标分别为 10.95 亿立方米和 12.97 亿立方米，比现状水平有所提高。受供用水条件的制约，昭通市用水指标偏低，农业灌溉率、人均生活用水量均低于全国平均水平。在提高供水保障条件的情况下，未来昭通市用水需求将有一定增长。

由于地形条件较差，昭通市具备"旱改水"条件的区域有限，灌溉面积难以大量提高。通过进一步提高灌溉用水利用效率，农业用水量可以维持相对稳定。根据昭通市工业发展目标和现状，到 2015 年昭通市工业增加值有望达到 285 亿元，到 2020 年工业增加值有望达到 425 亿元，工业需水量将分别达到 2.05 亿立方米和 2.72 亿立方米，比现状水平有所提高。通过加强饮用水源地建设，提高居民用水保障水平，预计 2015 年和 2020 年生活需求量分别为 1.53 亿立方米和 1.64 亿立方米。可见，未来昭通市水资源需求虽会有所增长，但增长比例不高，昭通市水资源开发利用率仍将保持较低水平。

三、水资源承载力评价

1. 县域单元水资源支撑能力

昭通市水资源相对丰富，开发利用率总体处于较低水平，水资源并非区域发展的限制性因素。因此，本书不进行全市总体的水资源承载力评价，而着重分析各县级行政单元水资源支撑能力的差异性。

水资源承载力是研究一定技术条件下，水资源可以承载的合理人口与经济规模，研究尺度多为国家或者相对独立的地理区域，结论以可承载的人口、经济总规模来表达，进而服务于国家（大区域）尺度宏观政策与决策的制定，通常不考虑评价单元的内部分异。

在县域尺度上，人口与产业发展的影响因素和作用机制更为复杂，以水资源条件限定人口、经济规模更为困难且意义不大。作为综合承载能力评价中的单一因子评价，本书重在揭示昭通市各地区水资源支撑能力的差异性，通过划分县域单元水资源适宜性等级，描述其水资源承载状态及对未来区域发展的支撑能力，为区域人口、产业布局导向提供科学依据。

县域单元水资源支撑能力评价，需要考虑其自身的水资源丰富程度、水资源开发利用状况，以及水资源进一步的供给潜力。因此，本书采用丰富程度、开发状况、供给潜力3个指标进行分析。其中，"丰富程度"、"开发状况"指标分别采用人均水资源量、水资源开发利用率进行评价，采用多年平均水资源量数据计算；"供给潜力"按剩余可利用水资源量的大小进行评价，具体为2015年水资源数量红线减去2013年水资源开发利用量。指标及其分级阈值划分如表6-19所示。

表6-19　本地水资源支撑能力指标项打分标准

评价指标	丰富程度	开发状况	供给潜力
评价内容	人均水资源量（立方米）	水资源开发利用率（%）	剩余可利用水资源量（亿立方米）
1	<500	>40	<0
2	500~1000	20~40	0~0.2
3	1000~1700	10~20	0.2~0.5
4	1700~3000	5~10	0.5~1
5	>3000	<5	>1

按评价标准，计算各县级行政单元单项指标并进行打分。取"丰富程度"指标权重为0.4，其他两项指标权重为0.3，计算综合指标，并进行支撑能力分级（表6-20、图6-38）。

表6-20　昭通市县域单元水资源支撑能力评价结果

地区	丰富程度	利用程度	开发潜力	综合指标	支撑能力
昭阳区	2	3	4	2.9	较高
鲁甸县	3	4	3	3.3	较高
巧家县	5	5	4	4.7	高
盐津县	5	5	3	4.4	高
大关县	5	5	3	4.4	高
永善县	5	4	3	4.1	高
镇雄县	3	5	2	3.3	较高
彝良县	5	5	5	5.0	高
威信县	4	5	4	4.3	高
绥江县	5	5	3	4.4	高
水富县	4	4	1	3.1	较高

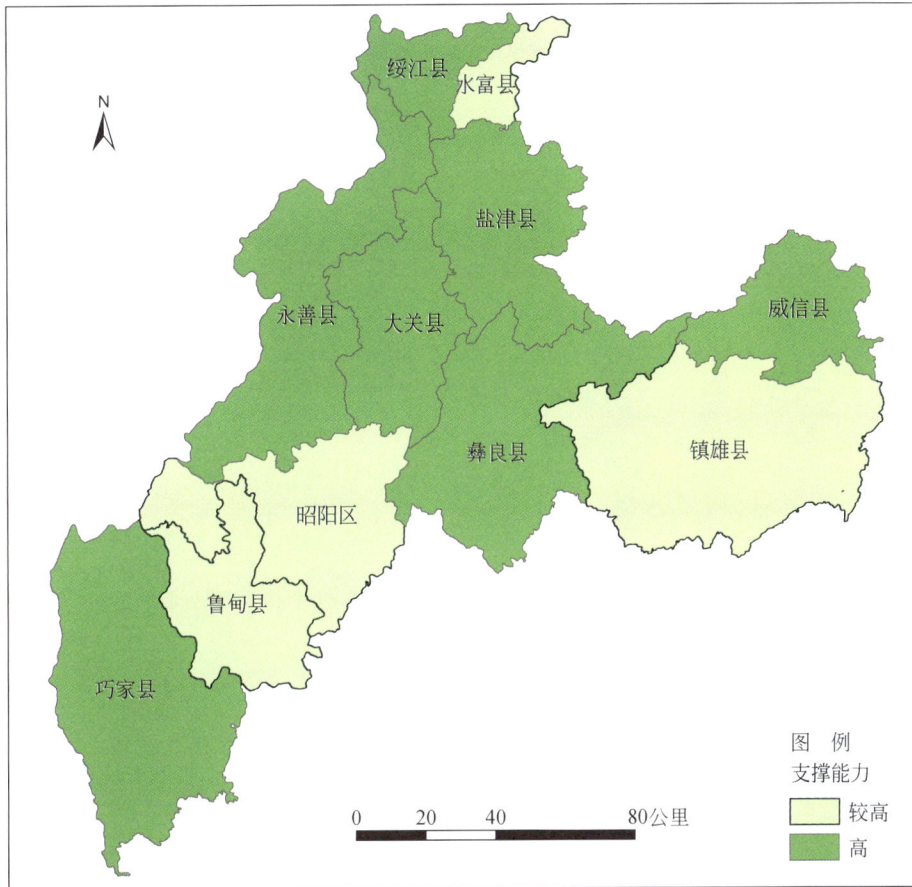

图 6-38　昭通市县域单元水资源支撑能力评价图

由表 6-20 可知，除昭阳区、鲁甸县、镇雄县、水富县 4 个县（区）水资源支撑能力为"较高"外，其他县域单元的水资源支撑能力均为"高"。由此可见，昭通市各县区水资源对区域发展的支撑能力较强，人口和经济发展基本不受水资源数量的制约。

2. 乡镇单元水资源适宜性

从县域单元水资源支撑能力评价结果看，各县区均具有较好的水资源支撑能力。但在更小的尺度上，区域发展不仅受制于水资源数量，也受区域供水条件的影响。因此，本书进一步从区域供用水条件的角度，进行乡镇尺度的水资源适宜性评价。

区域经济社会发展需要稳定可靠的水源，应注重供水条件的论证，而供水条件的核心是供水难度。本书按照成本距离法，综合考虑地形坡度与河流距离两大要素，模拟供水难度的空间差异性。

图 6-39 是昭通市栅格尺度供水难度空间分异状况。可以看出，昭鲁坝区地形条件较好，供水难度较低，具备较好的用水条件。而其他地区，只有较为狭窄的河谷地带具备较好的供用水条件。

城镇、产业园区发展对水源的要求较高，体现在水资源数量与稳定性两方面。因此，本书进一步分析了采用 5 级以上河流作为水源的供水难度空间差异性，评价结果如图 6-40 所示。

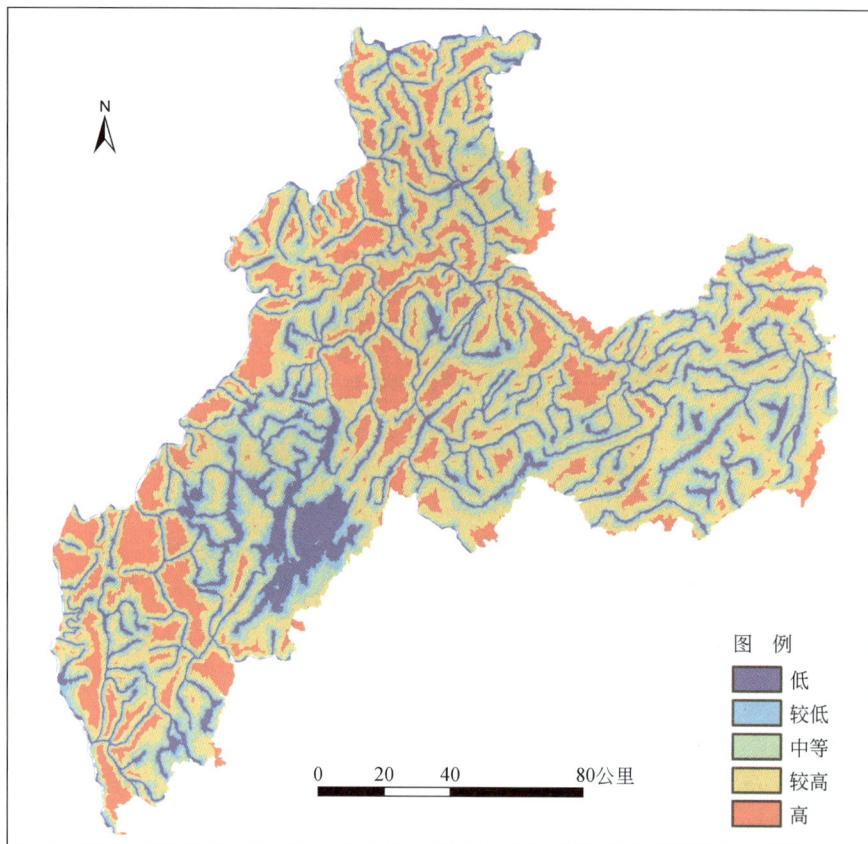

图 6-39　河流供水难度空间分异图

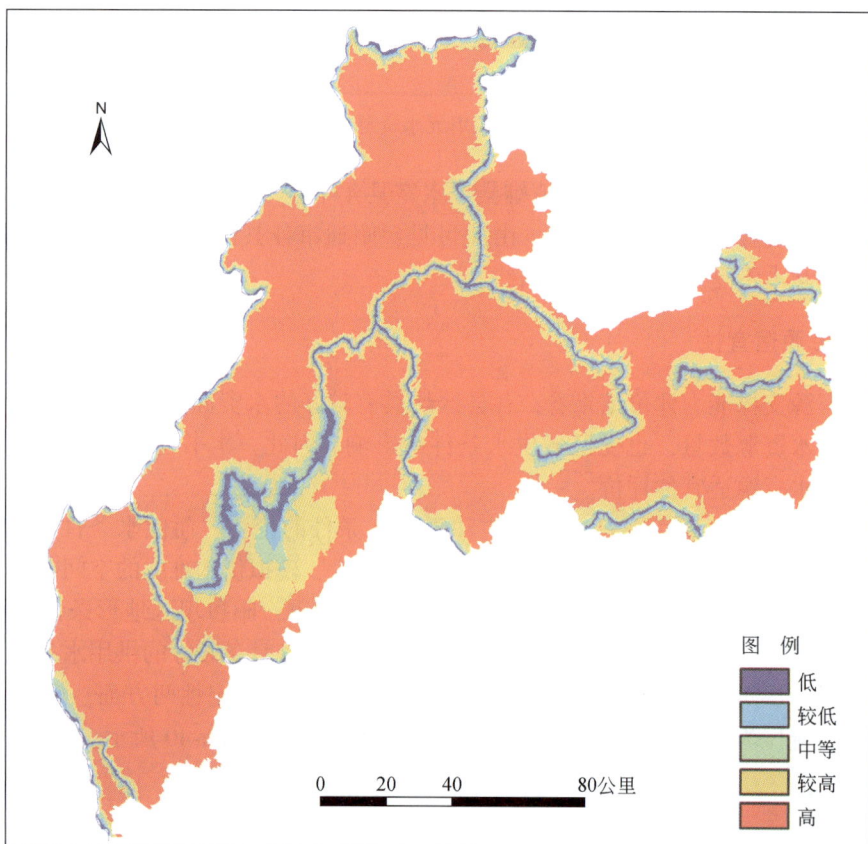

图 6-40　主要河流供水难度空间分异图

综合得出昭通市栅格尺度水资源适宜性空间格局，如图 6-41 所示。

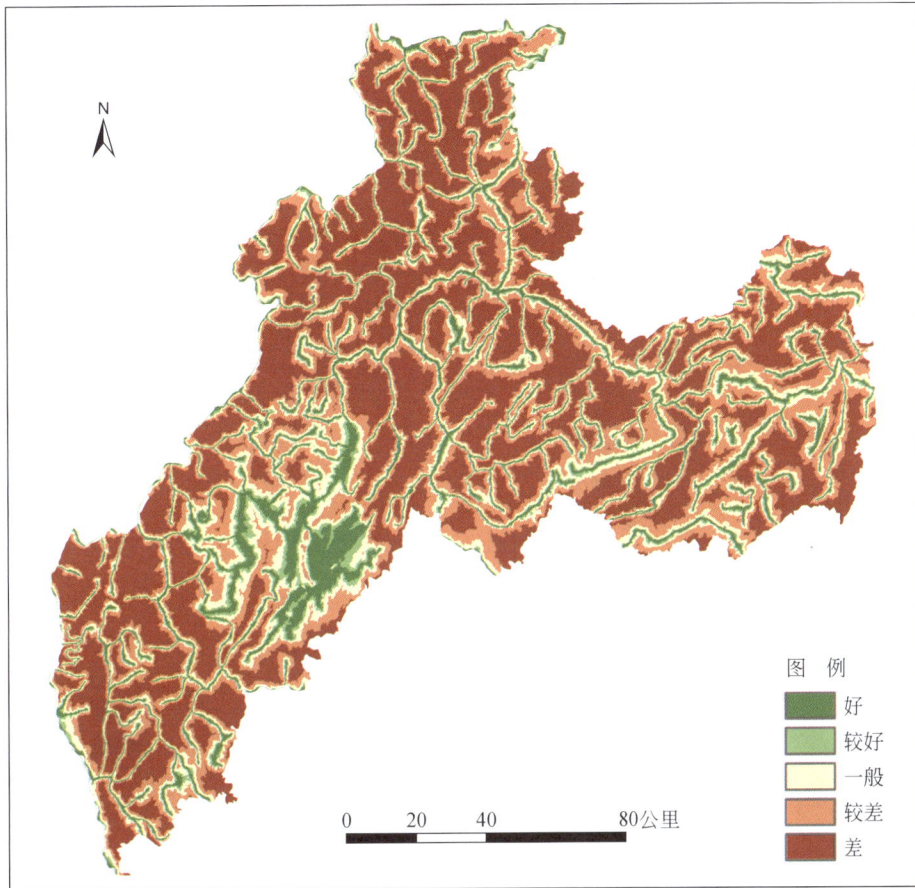

图 6-41　栅格尺度水资源适宜性空间分异图

为了定量评价各乡镇的水资源适宜性，采用打分加权法进行计算，给定：好（-16 分）、较好（-8 分）、一般（-4 分）、较差（-2 分）、差（-1 分）；并按照各乡镇的各类型综合供水条件所占面积百分比加权计算，公式如下。

$$Z_i = \frac{\sum_{j=1}^{4} A_{ij} S_j}{\sum_{j=1}^{4} A_{ij}}$$

式中，Z_i 表示评价单元 i 最终得分；A_{ij} 表示评价单元 i 内的 j 类型面积；S_j 表示第 j 种类型分数。

取 $Z_i \leqslant 2.5$ 为水资源适宜性"差"的地区，$2.5 < Z_i \leqslant 5$ 为水资源适宜性"较差"的地区，$5 < Z_i \leqslant 7.5$ 为水资源适宜性"一般"的地区，$7.5 < Z_i \leqslant 10$ 为水资源适宜性"较好"的地区，$Z_i > 10$ 为水资源适宜性"好"的地区，评价结果如图 6-42 所示。可以看出，水资源适宜性"好"与"较好"的乡镇集中在昭鲁坝区，"一般"的乡镇集中在昭阳区、鲁甸县、镇雄县、水富县、彝良县，其他县区水资源适宜性则普遍较差。

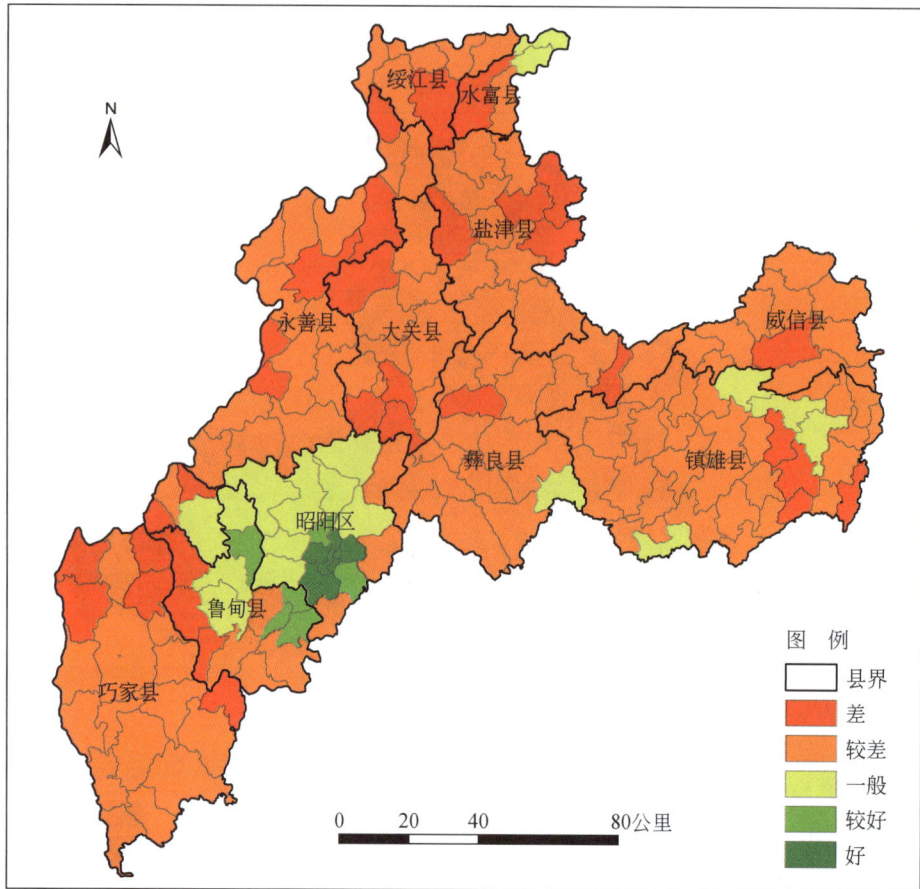

图 6-42　乡镇单元水资源适宜性评价图

第四节　生态保护重要性

　　参照《生态功能区划暂行规程》，通过昭通市生态系统服务功能和主要生态问题的分析，选取生物多样性保护重要性、水源涵养重要性、水土流失敏感性、石漠化敏感性作为本次生态保护重要性评价的主要指标，形成自然单元的评价结果，综合判定行政单元生态保护重要性等级，核算生态建设区和退耕地面积。

一、生态保护现状

　　昭通市山地多、坝子平地少，高原山地地貌特征显著；干湿季分明，亚热带与温带气候类型共存，呈典型的立体气候特征；生物资源丰富，是黑颈鹤、大鲵等国家重点保护物种的主要栖息地，属国家一、二、三级珍稀濒危植物的有 50 余种；且各地水土流失、石漠化、地质灾害隐患较为严重。根据《云南省生态功能区划》，昭通市 11 个区县地跨 3 个生态功能区，分别是滇东喀斯特石漠化防治生态区、沿金沙江干热河谷生态功能区、滇东北三峡库区上游生态功能区，主要生态服务功能是生物多样性保护、土壤保持、水源涵养和农林产品提供，在生态屏障建设过程中面临的主要问题是植被生态功能退化、水土流失严重。

　　作为长江上游的重要生态屏障，昭通市生态保护重要性评价需要对生态敏感性和重要性等重要指标进行综合考虑与评估，该项评估是资源环境承载力综合评估的重要组成部分。根据昭通生态系统服务功能和主要生态问题，本次评价确立生态多样性保护重要性、水源涵养重要性、水土流失敏感性、石漠化敏感性作为生态保护重要性评价的主要指标，支撑资源环境承载能力综合评估。

1. 生物多样性

昭通市包括两大气候带，即温带和亚热带，因山地广布，气候垂直分异显著。根据降水和干燥度，昭通可分为相对湿润的北区和相对干旱的南区，北区和南区气候带受海拔高度的影响，分为 6 个气候类型区。根据《昭通地区综合农业区划》（云南省农业资源调查和农业区划成果资料），昭通市分为 11 个自然类型区（图 6-43）。复杂多样的自然环境形成了昭通市生态多样性丰富的特征。根据 2008 年完成的昭通市北部片区综合科学考察，共记录到：4 个植被型、5 个植被亚型、19 个群系和 44 个群丛，高等植物 207 科 751 属 2094 种，哺乳动物 92 种，鸟类 356 种，两栖动物 39 种，爬行动物 54 种，大型真菌 243 种。其中，中国新纪录种 8 种，云南新分布种有 28 种；属国家一、二、三级珍稀濒危植物的有 50 余种。2009 年土地资源调查结果，全市有林地覆盖率达到 27.55%，活立木蓄积达到 3593 万立方米，森林覆盖率达到 31.6%，林木绿化率达到 51.2%，林业用地面积为 1813.6 万亩，占国土面积的 50.44%。

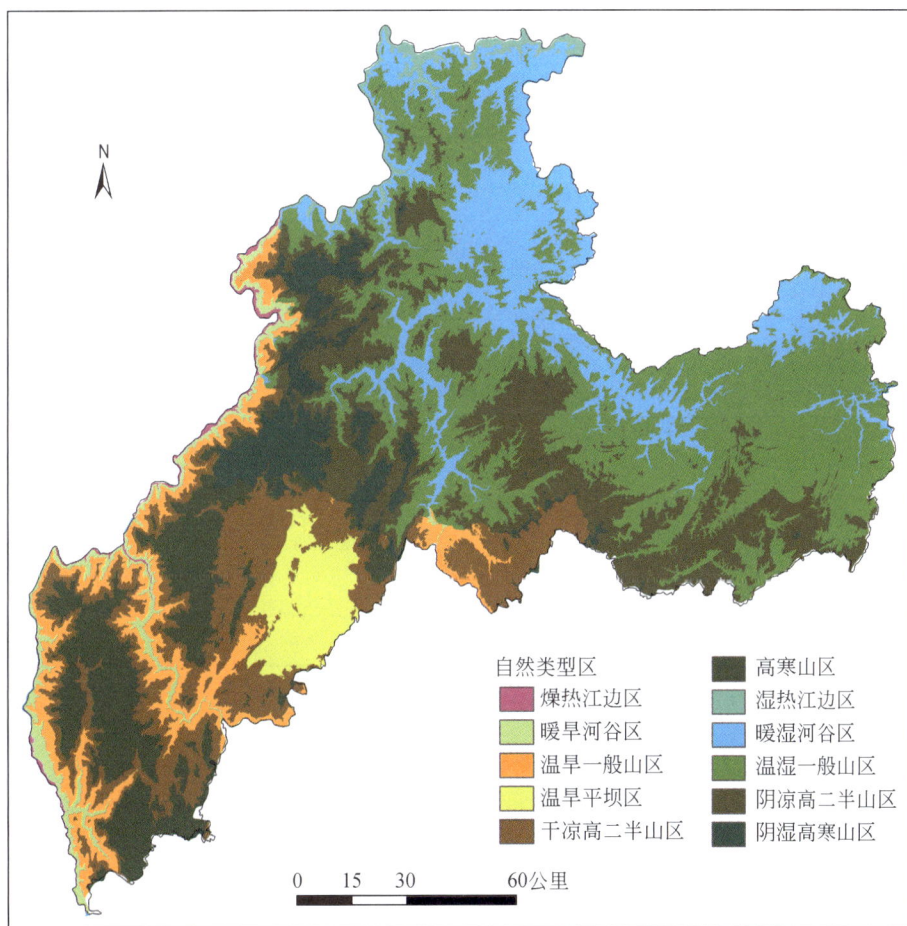

图 6-43　昭通市自然区划图

表 6-21 中列出昭通市主要的各级自然保护区 13 个，面积 119013 平方公里，主要分布在药山、大山包、铜锣坝、五峰山等地，行政范围跨 9 个区县，81 个乡镇（图 6-44）。另外，昭通市还有国家级森林公园 2 个，面积 10657 平方公里。

表6-21　自然保护区与森林公园统计

编号	保护区名称	级别	行政区域	保护对象	面积（平方公里）
1	大山包黑颈鹤国家级自然保护区	国家级	昭阳区	黑颈鹤及其栖息湿地	19200.00
2	药山国家级自然保护区	国家级	巧家县	原生典型半湿润常绿阔叶林；原生状态的亚高山和沼泽化草甸湿地；珍稀野生动植物和众多野生药用植物资源	20141.00
3	长江上游珍稀特有鱼类国家级自然保护区	国家级	镇雄县、威信县	珍稀特有鱼类及其生境。国家一级重点保护的鱼类白鲟、达氏鲟，二级重点保护鱼类胭脂鱼及其他特有鱼类	7.4154
4	乌蒙山国家级自然保护区	国家级	彝良县、永善县、大关县、盐津县	森林生态系统以及国家重点保护的珍稀濒危动植物物种资源及其栖息地；我国西南保存最好的天然毛竹林群落、天麻原生地	26186.65
5	铜锣坝市级自然保护区	市级	水富县	独特的亚热带山地湿性常绿阔叶林及其分布的珍稀动植物物种	2484.00
6	二十四岗市级自然保护区	市级	绥江县	天然常绿山地湿性阔叶林及其珍稀野生动植物	10989.00
7	袁家湾市级自然保护区	市级	镇雄县	天然常绿山地湿性阔叶林及其珍稀野生动植物	1633.80
8	以那市级自然保护区	市级	镇雄县	天然常绿山地湿性阔叶林及其珍稀野生动植物	685.00
9	小岩方市级自然保护区	市级	永善县	天然常绿山地湿性阔叶林及其珍稀野生动植物	5323.00
10	五莲峰市级自然保护区	市级	永善县	天然常绿山地湿性阔叶林及其珍稀野生动植物	18705.73
11	老黎山市级自然保护区	市级	盐津县	天然常绿山地湿性阔叶林及其珍稀野生动植物	297.40
12	白老林市级自然保护区	市级	盐津县	天然常绿山地湿性阔叶林及其珍稀野生动植物	2200.00
13	巧家马树县级自然保护区	县级	巧家县	黑颈鹤及其栖息湿地	403.00
14	天星国家森林公园	国家级	威信县		7420.00
15	铜锣坝国家森林公园	国家级	水富县		3237.00

2. 水源涵养

昭通市包括两大山系：五莲峰和乌蒙山，以昭鲁坝子为起点，向北延伸至洒渔河、关河，为两大山系的分界，两大山系及其支脉是支撑昭通市河流水源的主要区域。全市河流属长江流域，包括三大水系：金沙江、长江干流和乌江。按照长江流域的水系划分，分为长江、雅砻江至岷江、岷江至嘉陵江、乌江四个水系。共划分为石鼓以下干流、思南以上、赤水河、宜宾至宜昌干流4个水资源三级区。全市流域面积在50平方公里以上的河流有145条，主要河流有长江水系的长江（金沙江）；雅砻江至岷江水系的横江、牛栏江、白水江、小江、以礼河、洒渔河、昭鲁大河、荞麦地河、高桥河、团结河、大关河（流域面积在400平方公里以上）；岷江至嘉陵江水系的赤水河、南广河、永宁河、宋江河、倒流水、铜车河、渭河、石坎河、洛亥河（流域面积在300平方公里以上）；乌江水系的大河、塘房河、郭家河（流域面积在100平方公里以上）。

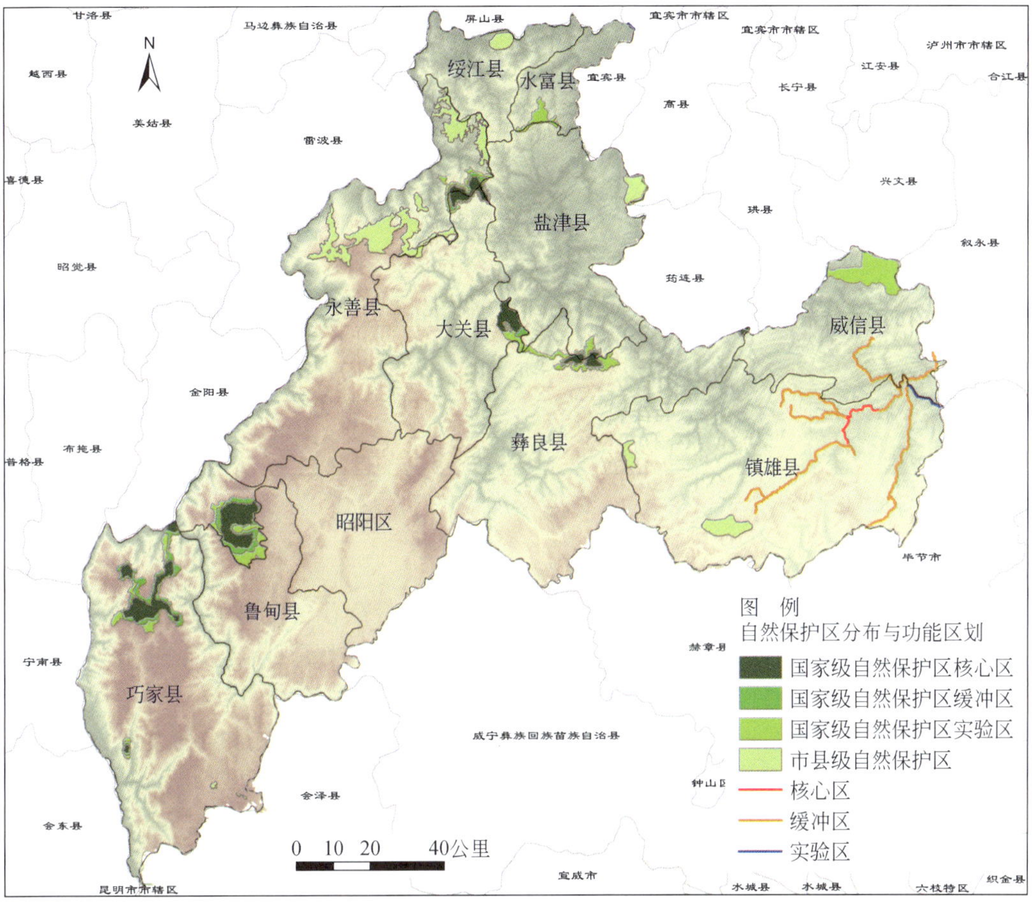

图 6-44　昭通市自然保护区分布图

　　《云南省地表水水环境功能区划（2010～2020 年)》在云南省范围内对主要江河、湖库划分地表水环境功能区，对各河流湖库的水环境功能做出类别限定。表 6-22 显示昭通市境内的河流湖库划定为Ⅰ、Ⅱ的区域。Ⅰ级只有 1 个，是位于昭阳跳墩河水库，属于国家级自然保护区范围。Ⅱ级区域多数位于河流的源头区，为饮用一级水环境功能区。

表 6-22　昭通市水环境一、二级功能区名录

（a）河流							
流域	干流	一级支流	二级及以下支流	河段名称	水环境功能	类别	流经地区
长江	金沙江	大龙潭		巧家县玉屏山	饮用一级	Ⅱ	巧家
		龚家沟		巧家县玉屏山	饮用一级	Ⅱ	巧家
		大汶溪	铜厂河	源头-入大汶溪口	饮用一级	Ⅱ	绥江
		洒渔河-关河	出水堰	源头-入洒渔河口	饮用一级、工业用水、农业用水	Ⅱ	大关
			花鱼河	源头-入发达河口	饮用一级	Ⅱ	彝良
		横江	豆芽沟	源头-入横江口	饮用一级	Ⅱ	盐津
	长江	南广河	柳尾坝河	源头-入罗布河口	饮用一级	Ⅱ	威信

（b）湖库

水系名称	湖泊（水库）	水面	水环境功能	类别	位置
长江	跳墩河水库	全库	国家级自然保护区	I	昭阳
	渔洞水库	全库	饮用一级、工业用水、农业用水	II	昭阳
	气象路深井水	全库	饮用一级	II	鲁甸
	云荞水库	全库	饮用一级、农业用水	II	永善
	油房沟水库	全库	饮用一级、农业用水、工业用水	II	盐津
	罗汉坝	全库	饮用一级、农业用水、工业用水	II	大关
	螳螂坝水库	全库	饮用一级、农业用水	II	镇雄
	李家河坝水库	全库	饮用一级、农业用水	II	镇雄
	大木桥水库	全库	饮用一级、农业用水	II	镇雄
	营地水库	全库	饮用一级、农业用水	II	镇雄

3. 水土流失与石漠化

昭通地形坡面多，岩石易于风化，土壤质地疏松，森林过量砍伐，陡坡开荒，水土流失面积日益扩大，水土流失和石漠化面积所占比较高，是全省乃至全国水土流失严重的地区之一。据 2004 年土壤侵蚀现状遥感调查：全市水土流失面积为 10567.5 平方公里，占国土面积的 47.11%；林业局资料显示，水土流失和石漠化面积分别占国土面积的 49% 和 23.3%，土壤侵蚀的各种潜在危险程度面积占土地总面积的 53.2%，是长江上游水土严重流失地区。《昭通市环境保护"十二五"规划》显示，水土流失面积达 11307.93 平方公里，占土地总面积的 50.41%，比全省高 13.41 个百分点，比全国高 12.41 个百分点。

按侵蚀程度分级统计，年侵蚀模数为 500~2500 吨/平方公里的轻度流失区 5761.9 平方公里，占总面积的 25.67%；年侵蚀模数为 2500~5000 吨/平方公里的中度流失区面积 5217.3 平方公里，占总面积 23.24%；年侵蚀模数为 5000~8000 吨/平方公里的强度流失区 1935.7 平方公里，占总面积的 8.62%；年侵蚀模数为 8000~13500 吨/平方公里的极强度流失区 329.2 平方公里，占总面积的 1.47%，年侵蚀模数大于 13500 吨/平方公里的剧烈流失区 118.4 平方公里，占总面积 0.53%。

流水和重力侵蚀是昭通市土壤侵蚀的主要类型。全区多年平均降水量为 1100 毫米，干湿季明显，雨季（5~10 月）集中了全年降水量的 75%~95%。强降水集中在 7~9 月，一日的降水量可达 100~150 毫米。在植被覆盖率较历史时期下降的情况下，随着人口密度和耕地比重的大幅增加，面蚀、沟蚀加剧，诱发和促进了崩塌、滑坡与泥石流灾害。根据考察，昭通陡坡垦殖的现象还广泛存在，是水土流失的主要诱因。流水侵蚀的作用广泛存在，约占总面积的 51.5%，以中强度为主，合计 55.8%；其次为轻度，占流失总面积的 42.9%。说明昭通平均每年约有一半的地区，因水力的面蚀或沟蚀，损失了 0.37~5.9 毫米的表层土壤。

石漠化地区主要分布在金沙江和牛栏江谷地、白水河和乌江上游以及横江流域上游的部分地区。

二、昭通市域生态保护重要性

1. 生物多样性保护重要性

评价结果表明，昭通市生物多样性保护极重要区面积为 444.74 平方公里，占全市总面积的 1.98%，重要区面积为 775.12 平方公里，占全市总面积的 3.44%。极重要区与重要区主要分布在药山北部片区、大山包、五莲峰北麓、乌蒙山三江口片区与罗汉坝片区，即巧家县北部药山镇、昭阳区西部大山包乡、永善县北部佛滩、马楠、景新、团结、细沙等乡镇，以及其他小片区域如彝良县北部小草坝、威信县北部旧城镇、大关县东部天星镇、盐津县西部兴隆镇等（图6-45、图6-46）。

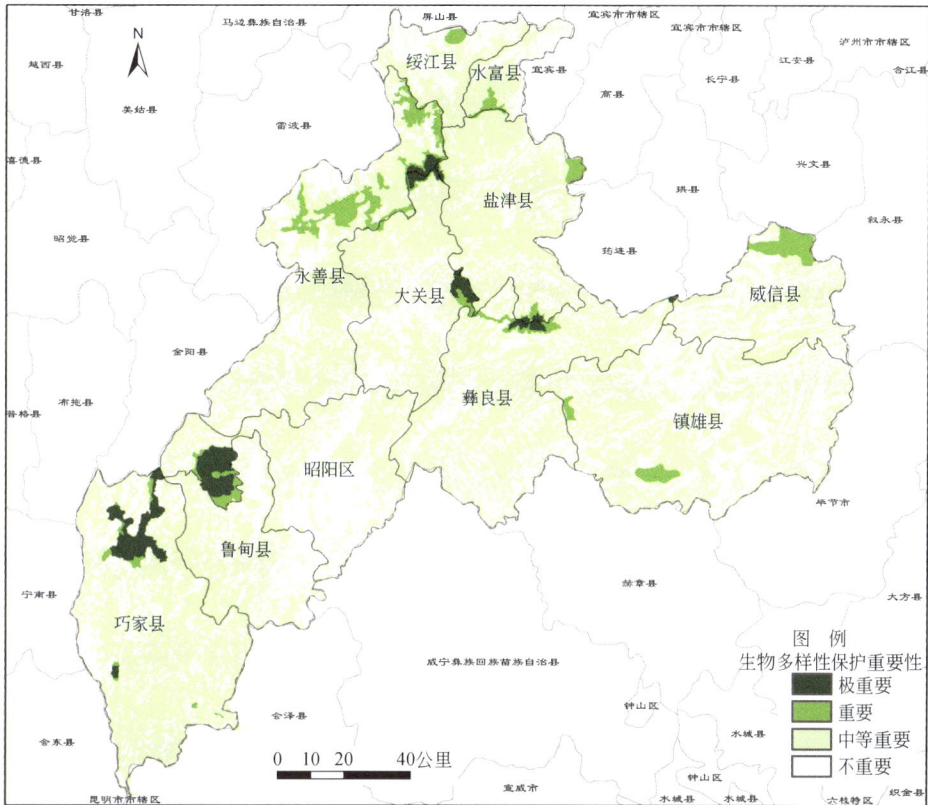

图6-45 生物多样性保护重要性评价图（自然单元）

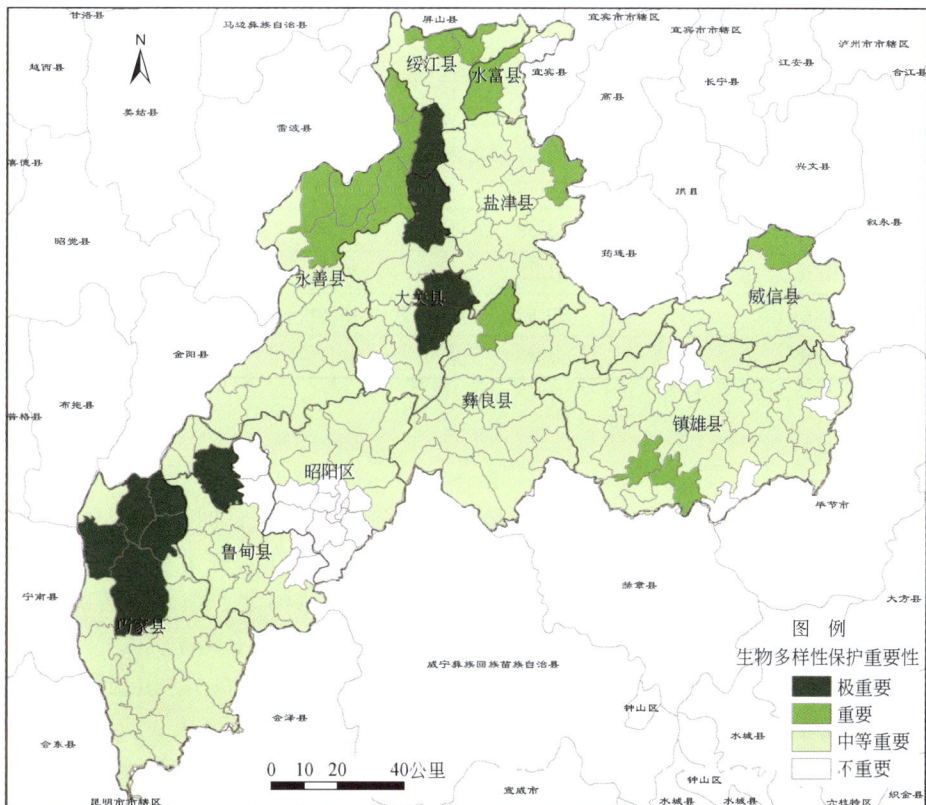

图6-46 生物多样性保护重要性评价图（乡镇单元）

极重要区在巧家县与昭阳区的面积远远高于其他县（两县之和所占比重约为70%），这里是大山包、药山等国家级自然保护区的主要分布区域。其中，昭阳区西部大山包乡整体处于极重要区，巧家县北部荞麦地镇、小河镇、大寨镇、东坪乡以及茂租乡的交界区域属极重要区。昭通市各区县生物多样性保护重要性以中等重要区域面积最大，占行政区域面积比重均超过50%，其次是不重要区域，而极重要区域在水富、绥江、威信、镇雄四县没有分布。不重要区域则以镇雄县最多，为20.97%（表6-23）；镇雄县大部与昭阳城区周围分布着生物多样性保护不重要的区域。

表6-23　昭通市生物多样性保护重要性评价结果　　　　　　（单位:%）

地区	统计项目	不重要	中等重要	重要	极重要
大关县	占全市同质区面积比	6.94	7.92	3.57	14.48
	占本县区面积比重	26.68	67.95	1.61	3.76
鲁甸县	占全市同质区面积比	8.38	6.36	0.39	0.22
	占本县区面积比重	37.00	62.73	0.20	0.07
巧家县	占全市同质区面积比	10.13	15.76	5.18	39.55
	占本县区面积比重	20.84	72.41	1.24	5.50
水富县	占全市同质区面积比	1.80	1.97	3.50	0.00
	占本县区面积比重	27.19	66.63	6.19	0.00
绥江县	占全市同质区面积比	4.05	3.13	3.55	0.00
	占本县区面积比重	35.35	61.03	3.62	0.00
威信县	占全市同质区面积比	7.03	5.46	15.25	0.00
	占本县区面积比重	33.46	58.06	8.49	0.00
盐津县	占全市同质区面积比	5.47	10.82	7.60	3.16
	占本县区面积比重	17.81	78.61	2.89	0.70
彝良县	占全市同质区面积比	11.24	13.57	6.02	6.20
	占本县区面积比重	26.34	71.03	1.65	0.98
永善县	占全市同质区面积比	10.40	11.95	39.55	5.97
	占本县区面积比重	24.70	63.36	10.97	0.96
昭阳区	占全市同质区面积比	13.58	7.41	6.61	30.42
	占本县区面积比重	41.18	50.24	2.34	6.24
镇雄县	占全市同质区面积比	20.97	15.64	8.78	0.00
	占本县区面积比重	36.83	61.37	1.80	0.00

2. 水源涵养重要性

昭通市水源涵养极重要区面积为464.20平方公里，占昭通境内总面积的2.06%，重要区面积为167.12平方公里，占总面积的0.74%。极重要区与重要区主要分布在发源于本市的长江一二级河流与具备饮用功能河流的源头区，如荞麦地河源头巧家县荞麦地镇、赤水河北源镇雄县芒部镇、大汶溪源头绥江县板栗镇等，以及昭阳区等主要城市水源地如渔洞水库等（图6-47、6-48）。

各区县水源涵养重要性以中等重要区域面积最大，除昭阳区（48.97%）、镇雄县（58.79%）外其余区县中中等重要区域面积都达到60%以上（表6-24）。而镇雄县占有全市域30.65%的水源涵养重要区域，昭阳区和镇雄县共占有全市域53.59%的极重要区域。这与两县域拥有相对较多的一二级湖库，如渔洞水库、李家河坝水库等，以及长江一二级支流源区如洒渔河、赤水河等的情况有关。

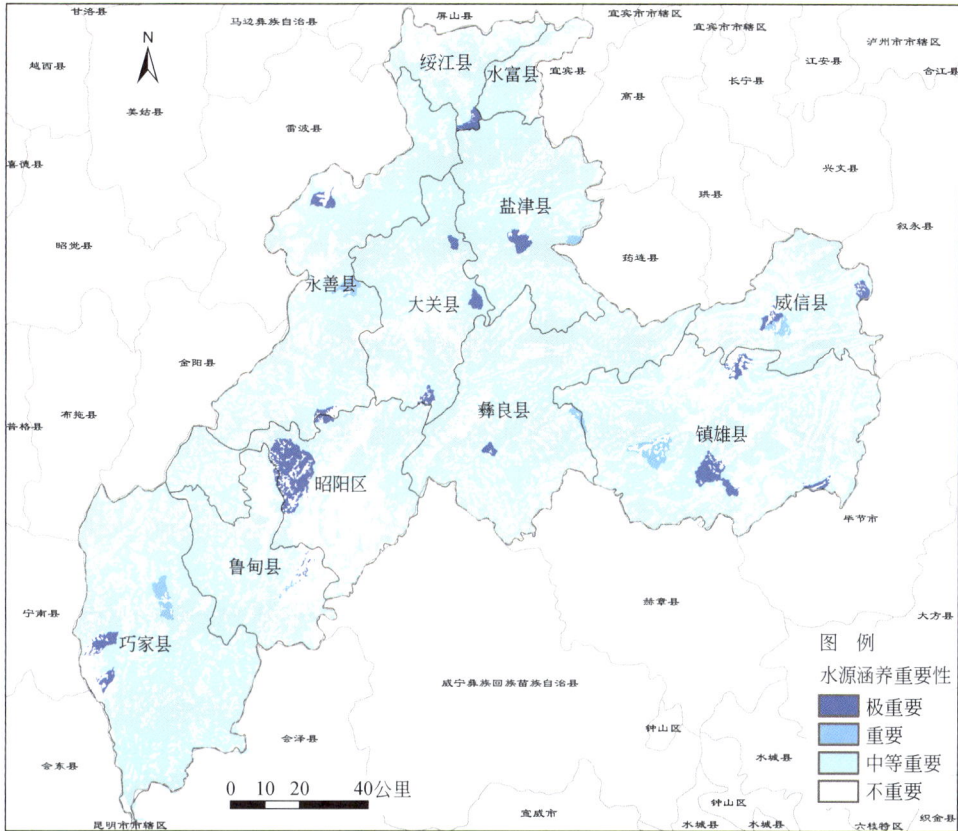

图 6-47　水源涵养重要性评价图（自然单元）

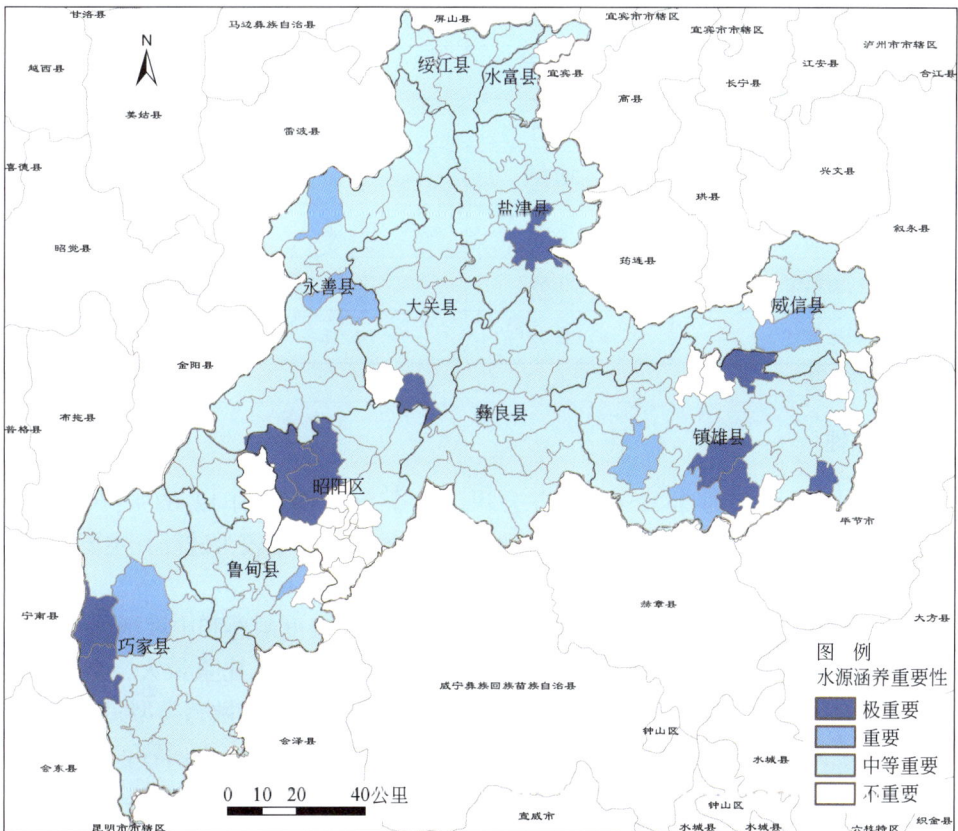

图 6-48　水源涵养重要性评价图（乡镇单元）

表6-24　昭通市水源涵养重要性评价结果　　　　　　　　　　（单位:%）

地区	统计项目	极重要	重要	中等重要	不重要
大关县	占全市同质区面积比	8.50	0.07	8.06	6.73
	占本县区面积比重	2.31	0.01	71.00	26.68
鲁甸县	占全市同质区面积比	2.17	3.30	6.11	8.14
	占本县区面积比重	0.68	0.37	61.85	37.10
巧家县	占全市同质区面积比	9.40	24.35	15.94	10.51
	占本县区面积比重	1.36	1.27	75.07	22.29
水富县	占全市同质区面积比	0.01	0.00	1.99	2.00
	占本县区面积比重	0.01	0.00	68.82	31.16
绥江县	占全市同质区面积比	4.73	0.00	3.04	4.04
	占本县区面积比重	2.91	0.00	60.70	36.39
威信县	占全市同质区面积比	6.87	12.91	5.54	7.29
	占本县区面积比重	2.31	1.56	60.33	35.80
盐津县	占全市同质区面积比	6.27	6.35	10.69	5.47
	占本县区面积比重	1.44	0.53	79.66	18.37
彝良县	占全市同质区面积比	2.26	7.29	13.54	10.97
	占本县区面积比重	0.37	0.43	72.68	26.51
永善县	占全市同质区面积比	6.19	15.08	13.43	10.22
	占本县区面积比重	1.04	0.91	73.02	25.03
昭阳区	占全市同质区面积比	32.90	0.00	7.05	14.05
	占本县区面积比重	7.05	0.00	48.97	43.98
镇雄县	占全市同质区面积比	20.69	30.65	14.61	20.57
	占本县区面积比重	2.57	1.37	58.79	37.27

3. 水土流失敏感性

水土流失极敏感区域面积为2822.61平方公里，占全市总面积的12.68%；重度敏感区面积为1367.53平方公里，占全市总面积的6.14%。极敏感与重度敏感区分布较为破碎，主要分布于金沙江沿岸及昭阳区东南部、大关县中部及鲁甸县大部等区域（图6-49、图6-50）。

表6-25显示，从各评价等级所占区县面积比重来看，各县区轻度敏感和中度敏感一级所占比重最大，其中鲁甸、巧家二县中度敏感所占比重最大，其余各区县轻度敏感所占比重最大，全域水土流失情况并未十分严重。但在所有区县中，仅有威信县23.98平方公里土地为完全不敏感类型，其他绝大部分区域已经遭受了不同程度水土流失的威胁。就各评价等级所占全市同质区面积比重而言，水土流失极敏感区域与重度敏感较多的有巧家县、永善县、昭阳区、镇雄县，敏感区域面积超过50%，植被保护和生态治理压力较大。

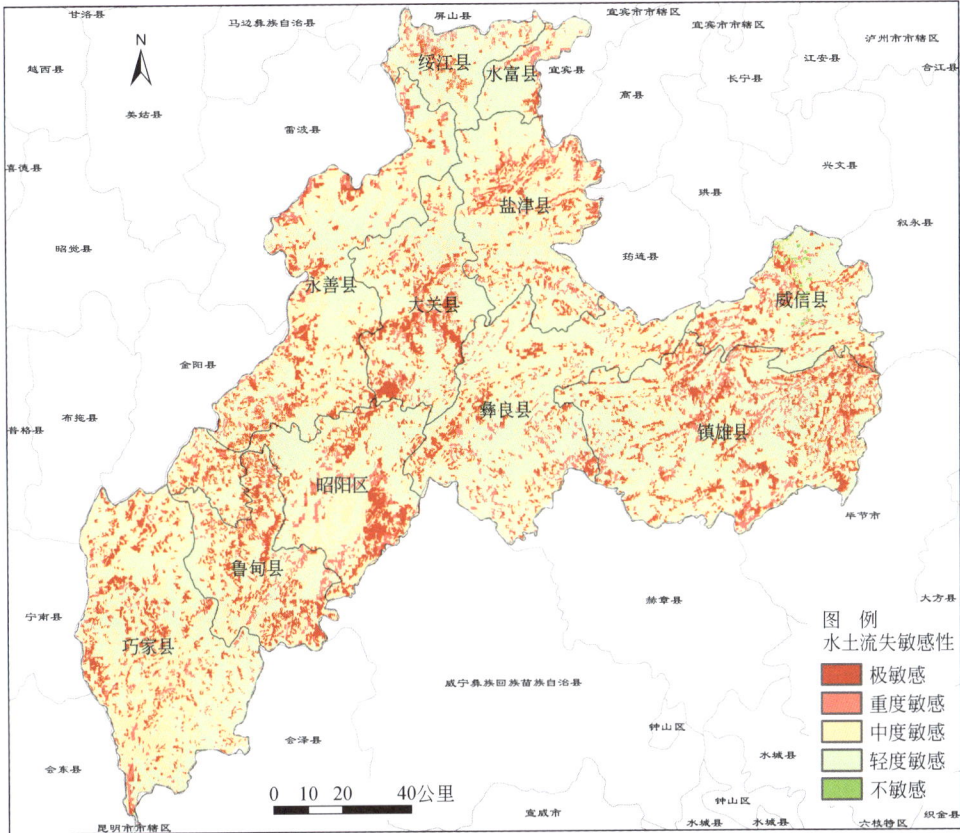

图 6-49　水土流失敏感性评价图（自然单元）

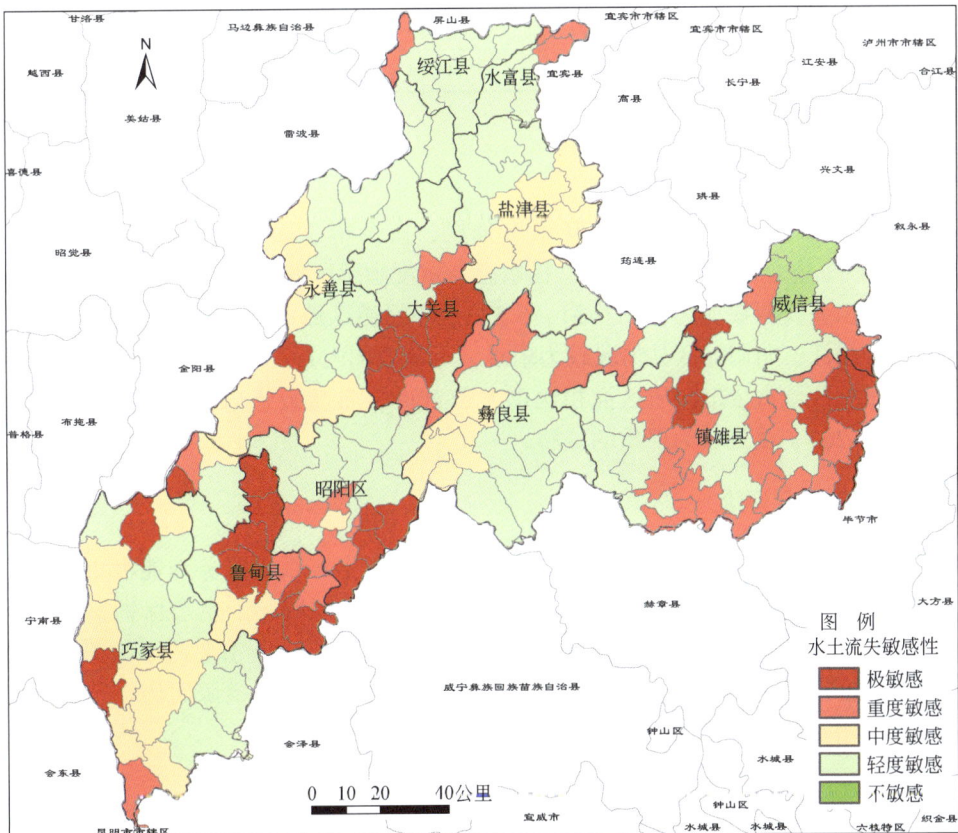

图 6-50　水土流失敏感性评价图（乡镇单元）

169

表6-25　昭通市水土流失敏感性评价结果　　　　　　　　　（单位:%）

地区	统计项目	不敏感	轻度敏感	中度敏感	重度敏感	极敏感
大关县	占全市同质区面积比	0.00	7.50	7.30	8.19	9.59
	占本县区面积比重	0.00	44.80	32.96	6.50	15.75
鲁甸县	占全市同质区面积比	0.00	4.66	8.14	4.91	9.75
	占本县区面积比重	0.00	32.95	43.50	4.61	18.94
巧家县	占全市同质区面积比	0.00	12.49	17.89	7.78	12.82
	占本县区面积比重	0.00	40.85	44.24	3.38	11.52
水富县	占全市同质区面积比	0.00	2.51	1.58	1.98	0.90
	占本县区面积比重	0.00	59.59	28.29	6.23	5.89
绥江县	占全市同质区面积比	0.00	4.15	2.69	2.36	2.02
	占本县区面积比重	0.00	58.84	28.84	4.43	7.89
威信县	占全市同质区面积比	100.00	7.10	4.48	6.75	5.38
	占本县区面积比重	1.78	54.23	25.86	6.84	11.29
盐津县	占全市同质区面积比	0.00	8.33	10.57	5.89	7.44
	占本县区面积比重	0.00	43.52	41.71	4.09	10.68
彝良县	占全市同质区面积比	0.00	14.89	10.98	13.69	9.11
	占本县区面积比重	0.00	54.13	30.17	6.61	9.10
永善县	占全市同质区面积比	0.00	12.05	13.56	9.20	11.46
	占本县区面积比重	0.00	45.17	38.43	4.58	11.81
昭阳区	占全市同质区面积比	0.00	8.66	10.28	10.23	12.09
	占本县区面积比重	0.00	41.04	36.79	6.43	15.73
镇雄县	占全市同质区面积比	0.00	17.64	12.52	29.02	19.42
	占本县区面积比重	0.00	48.61	26.06	10.62	14.70

4. 石漠化敏感性

昭通市石漠化极敏感区域面积为308.79平方公里，占全市总面积的1.39%；重度敏感区面积为2778.01平方公里，占全市总面积的12.48%。极敏感与重度敏感区域主要分布在巧家—昭阳—永善一线、永善—大关—盐津低山一线两块地区（图6-51，6-52）。不敏感区域所占比重达到30%以上，在市域范围内连片分布。水富、绥江、昭阳等区县情况较为乐观，行政范围内石漠化不敏感区域面积比重超过50%；巧家县、永善县极敏感区域占全市同质区面积比重大于20%，重度敏感与极敏感区域占全市同质区面积比重接近50%（表6-26），受到较为严重的威胁。

5. 生态保护重要性综合评价

昭通市约有444.74平方公里的区域属于生态极敏感区或者生态系统服务功能极重要区，为生态保护极重要区域，占全市总面积的1.97%。约有4134.96平方公里的区域属于生态保护重要地区，占全市总面积的18.32%。极重要与重要区域主要分布在各级自然保护区范围，不重要或不敏感的区域，除昭阳城区外主要零散分布在鲁甸县东部、镇雄县中部及威信县部分地区，包括桃源回族乡、茨院回族乡、文屏镇、泼机镇等乡镇（图6-53、图6-54）。

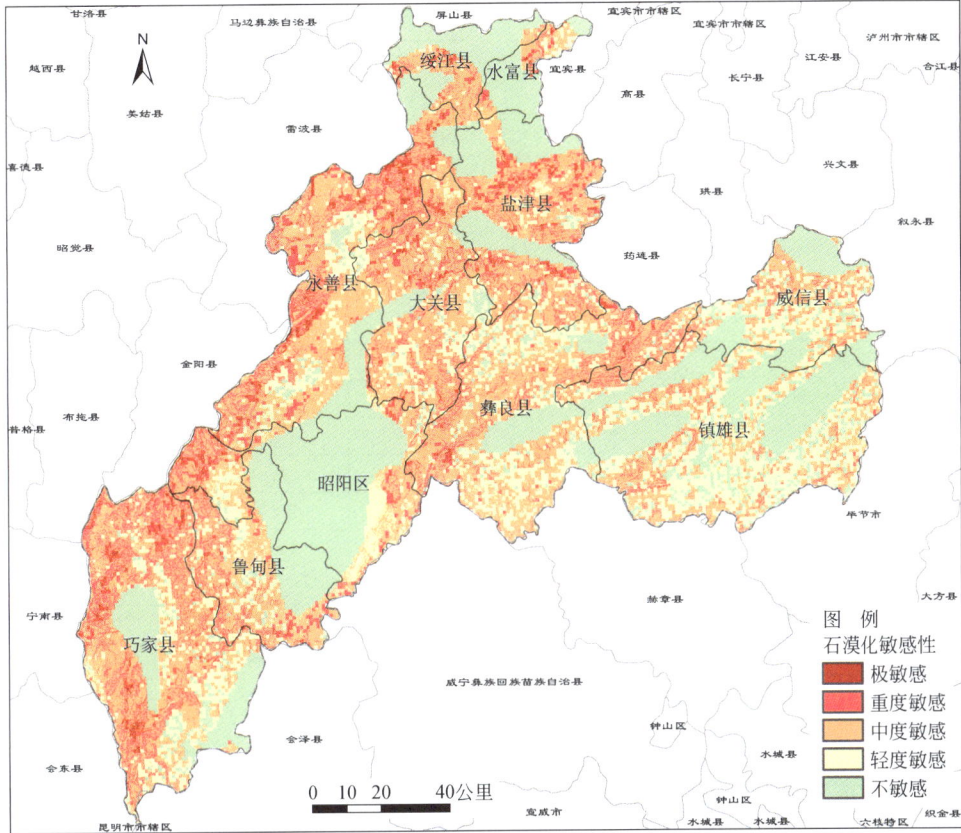

图 6-51　石漠化敏感性评价图（自然单元）

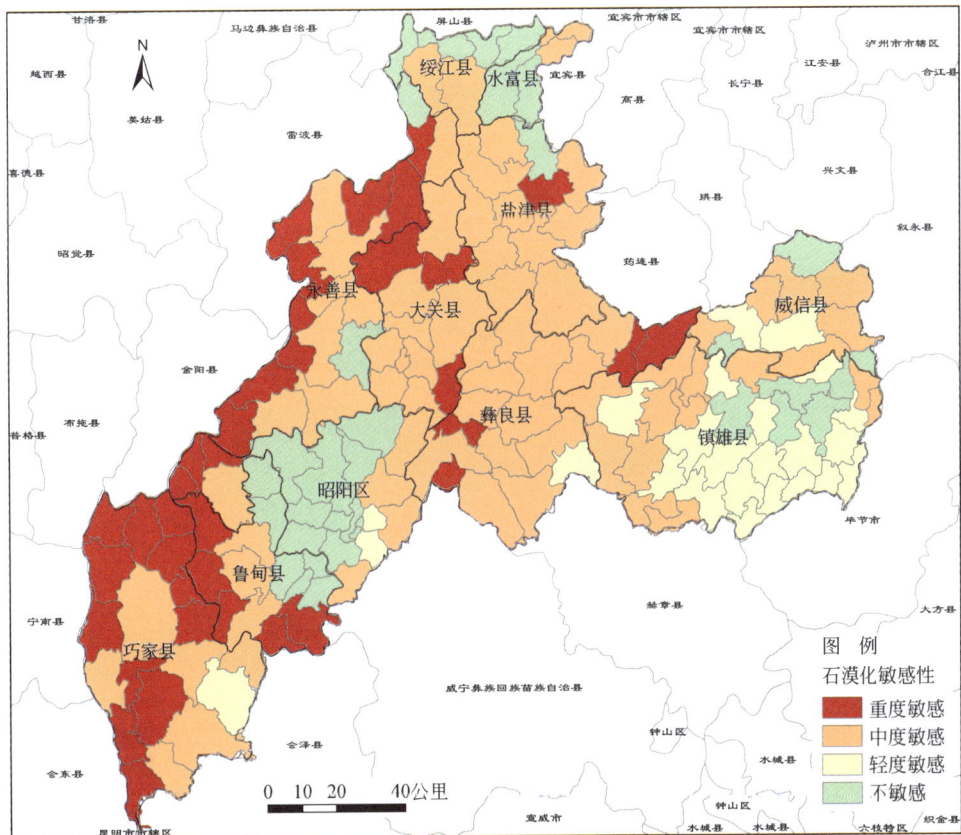

图 6-52　石漠化敏感性评价图（乡镇单元）

表6-26　昭通市石漠化敏感性评价结果　　　　　　　　（单位：%）

地区	统计项目	不敏感	轻度敏感	中度敏感	重度敏感	极敏感
大关县	占全市同质区面积比	2.75	8.22	10.94	9.69	7.86
	占本县区面积比重	11.23	18.50	53.13	15.72	1.42
鲁甸县	占全市同质区面积比	7.40	4.91	6.88	6.98	3.82
	占本县区面积比重	34.89	12.74	38.51	13.07	0.80
巧家县	占全市同质区面积比	9.50	12.16	15.67	23.04	24.35
	占本县区面积比重	21.09	14.87	41.34	20.31	2.39
水富县	占全市同质区面积比	3.80	0.87	1.14	1.08	1.92
	占本县区面积比重	61.74	7.79	22.09	7.00	1.38
绥江县	占全市同质区面积比	6.14	0.64	2.49	2.20	2.67
	占本县区面积比重	58.81	3.39	28.30	8.38	1.13
威信县	占全市同质区面积比	8.23	8.45	4.66	2.62	0.19
	占本县区面积比重	42.28	23.90	28.44	5.34	0.04
盐津县	占全市同质区面积比	8.54	4.93	10.13	12.07	12.93
	占本县区面积比重	29.80	9.48	42.01	16.72	1.99
彝良县	占全市同质区面积比	7.06	17.26	15.73	10.97	5.47
	占本县区面积比重	17.72	23.86	46.88	10.93	0.61
永善县	占全市同质区面积比	7.12	9.26	15.24	18.95	32.11
	占本县区面积比重	18.12	12.99	46.11	19.16	3.61
昭阳区	占全市同质区面积比	17.66	6.99	5.49	6.12	7.99
	占本县区面积比重	57.31	12.50	21.16	7.89	1.14
镇雄县	占全市同质区面积比	21.78	26.32	11.62	6.28	0.69
	占本县区面积比重	41.39	27.56	26.25	4.74	0.06

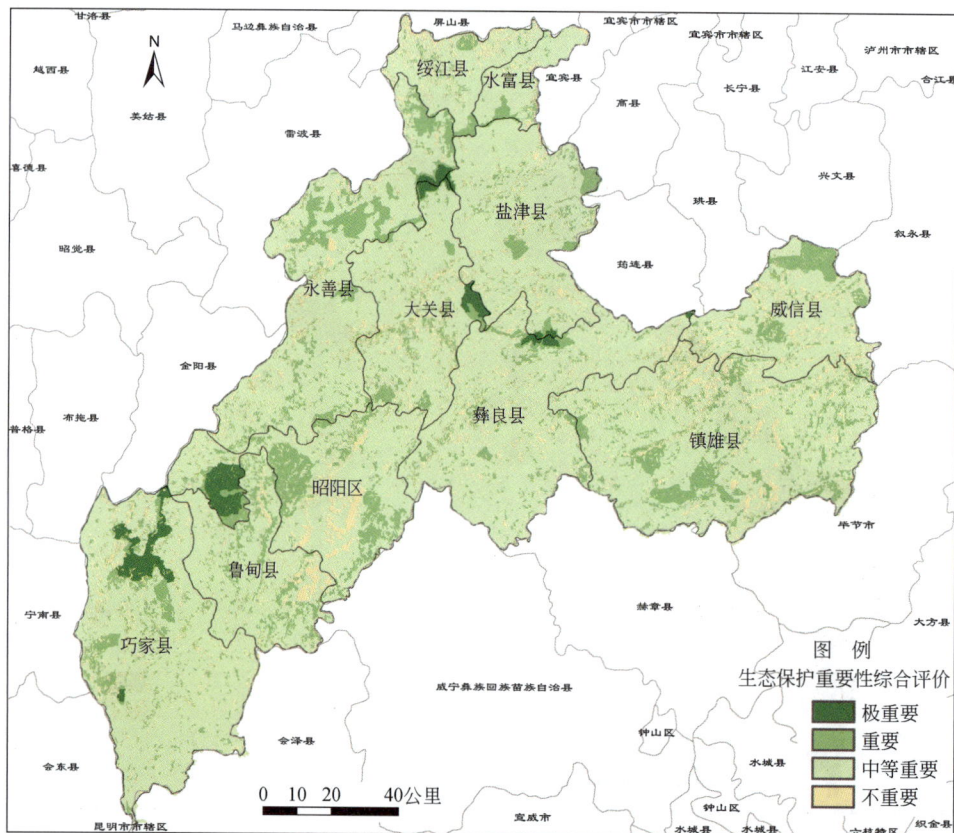

图6-53　生态保护重要性评价图（自然单元）

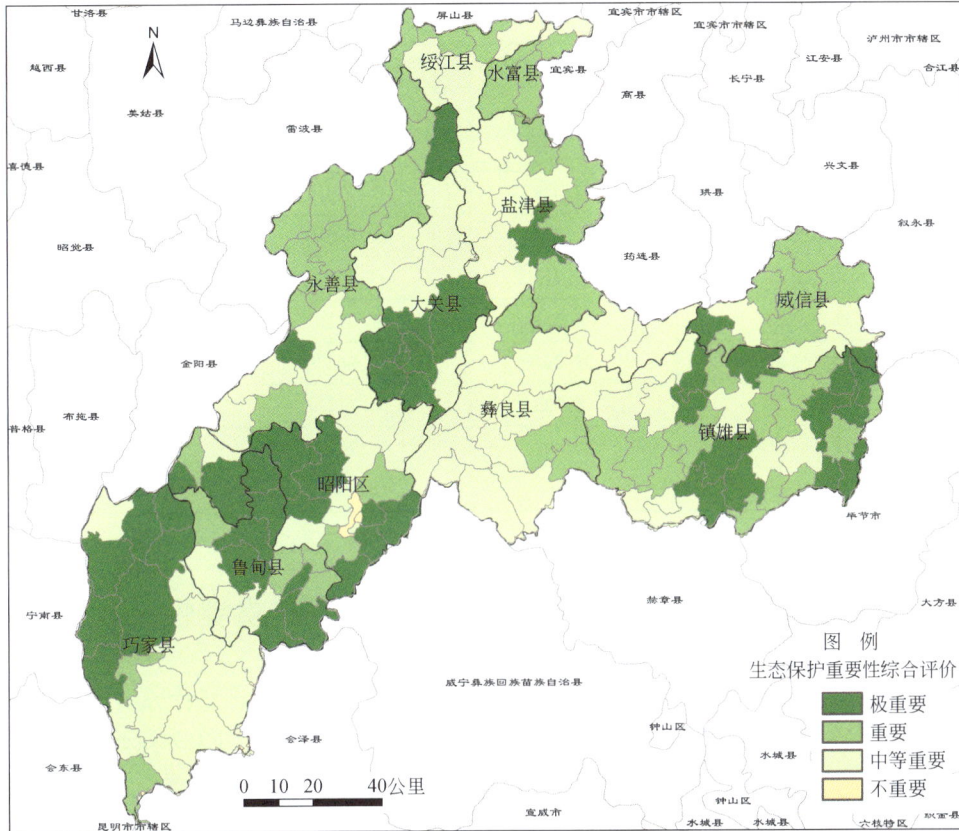

图 6-54　生态保护重要性评价图（乡镇单元）

　　昭通市内各区县生态保护重要性中所占比重最高的是中等重要程度的区域，除昭阳区为 57.217% 以外，其余各县的比重都达到了 65% 以上；大关县及昭阳区极重要等级区域所占比例超过 20%，居全域之首（表 6-27），极重要区域主要是生物多样性保护的极重要区域，应注重珍稀、特有动植物及其栖息地的保护。重要区域主要是生物多样性保护的重要区域和水源涵养的极重要、重要区域和水土流失的极敏感和敏感区域，应注重森林植被的保护，加强水土流失防治等生态工程建设。

表 6-27　昭通市生态保护重要性评价结果　　　　　　　　　　　　　　　　（单位:%）

地区	统计项目	不重要	中等重要	重要	极重要
大关县	占全市同质区面积比重	1.470	7.605	5.828	9.864
	占本县区面积比重	0.545	69.934	8.272	21.250
鲁甸县	占全市同质区面积比重	11.957	6.457	4.617	7.752
	占本县区面积比重	5.087	68.204	7.527	19.182
巧家县	占全市同质区面积比重	3.351	15.038	9.821	15.519
	占本县区面积比重	0.664	73.990	7.458	17.888
水富县	占全市同质区面积比重	1.765	2.173	2.340	0.696
	占本县区面积比重	2.568	78.502	13.044	5.886
绥江县	占全市同质区面积比重	8.302	3.480	3.056	2.137
	占本县区面积比重	6.987	72.703	9.853	10.457
威信县	占全市同质区面积比重	9.723	5.726	9.721	4.986
	占本县区面积比重	4.458	65.170	17.078	13.294

地区	统计项目	不重要	中等重要	重要	极重要
盐津县	占全市同质区面积比重	2.535	9.892	8.073	6.896
	占本县区面积比重	0.794	76.947	9.692	12.567
彝良县	占全市同质区面积比重	7.428	14.278	8.994	8.016
	占本县区面积比重	1.677	80.019	7.780	10.524
永善县	占全市同质区面积比重	5.773	11.725	20.990	10.267
	占本县区面积比重	1.321	66.611	18.404	13.663
昭阳区	占全市同质区面积比重	22.894	7.884	7.320	16.405
	占本县区面积比重	6.693	57.217	8.199	27.891
镇雄县	占全市同质区面积比重	24.802	15.742	19.241	17.462
	占本县区面积比重	4.198	66.138	12.477	17.188

三、鲁甸灾区和中心城区生态保护重要性

由于鲁甸县、巧家县为2014年鲁甸地震的重灾区，面临较重的灾后重建任务，而昭阳区作为中心城区，也承担着较大的资源环境压力，因此对此三区县进行重点评价，评价对象为行政村级单元。

1. 生物多样性保护重要性

生物多样性保护极重要区域主要分布在巧家县与昭阳区两县（区）（图6-55），而其中尤以昭阳区大山包乡大山包村、车路村、合兴村、老林村、马路村和巧家县药山保护区附近各村级单位为主，是大山包黑颈鹤国家级自然保护区、药山国家级自然保护区核心区与实验区的所在地。

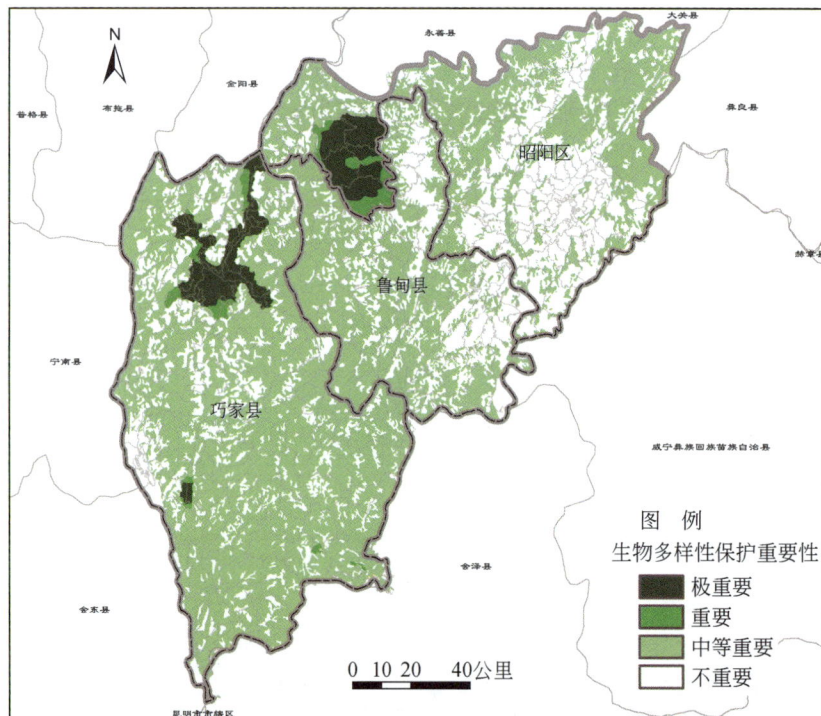

图6-55 重点区县生物多样性保护重要性

174

2. 水源涵养重要性

水源涵养极重要区域在三区县内集中分布。在鲁甸县、巧家县部分区域，包括文屏村和大坪村等，因境内的水源地而评定为极重要与重要区（气象路深井水水库、龚家沟等），昭阳区乐居镇则因行政范围内的河源集水区而负有极重要与重要的水源涵养功能，主要包括乐居村、新河村等（图6-56）。

3. 水土流失敏感性

鲁甸、巧家、昭阳三区县水土流失状况较为严峻，都遭受了不同程度水土流失的威胁。有25个乡镇的重度敏感区和极敏感区域面积比重之和超过30%，更有7个乡镇单极度敏感区面积比重超过30%，其中以昭阳区靖安镇、鲁甸县大水井乡以及巧家县新华镇最为严重，包括百顺村、仙人洞村、旱谷村、迤博村等（图6-57）。

4. 石漠化敏感性

在昭阳、鲁家、巧家三区县中，石漠化不敏感区域集中分布在昭阳区大部、鲁甸县与昭阳区的交界处以及巧家县中部（图6-58）。重度敏感区面积比例大于30%的有17个乡镇，大于10%的有75个乡镇，占乡镇总个数的44%；极敏感区域零散分布在三区县，比较集中的村级单位包括鲁甸县的火德红村、仙人洞村和大水井村等，石漠化敏感程度高，治理压力大。

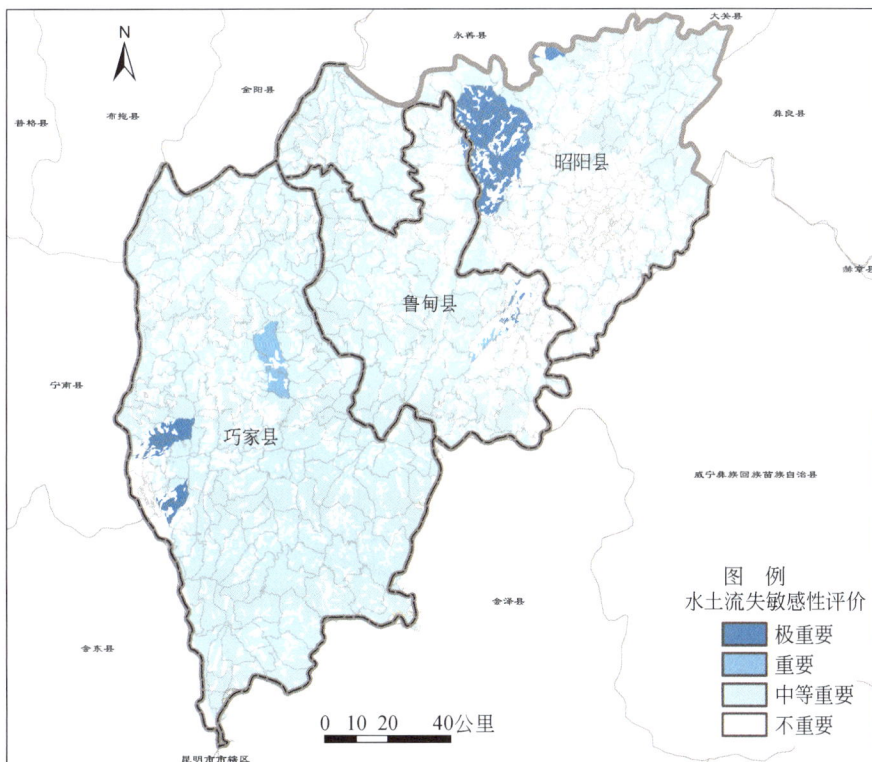

图6-56　重点区县水源涵养重要性

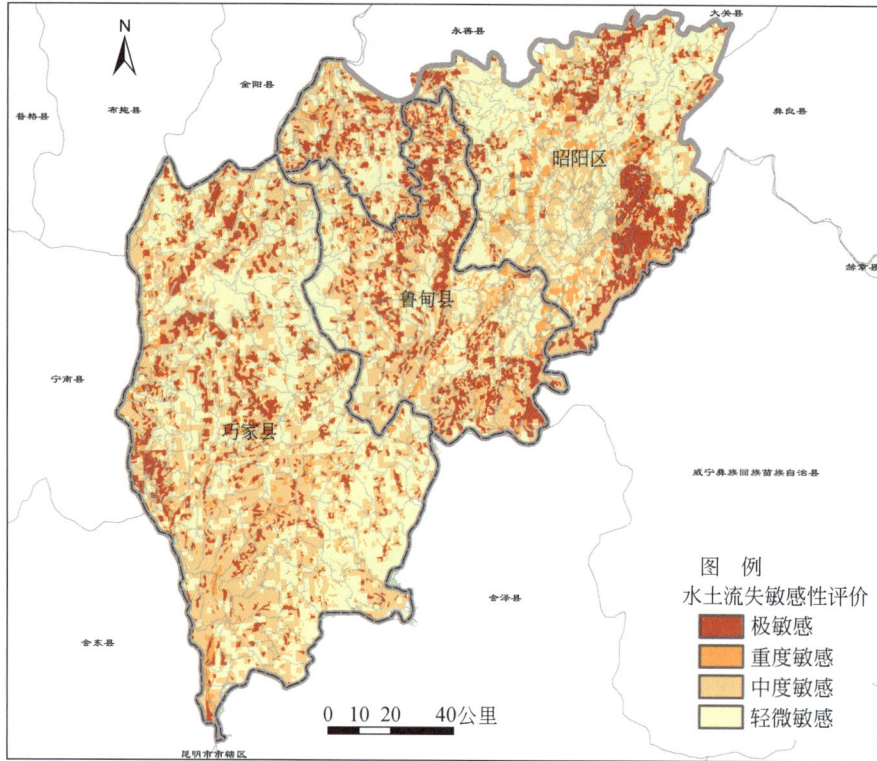

图 6-57 重点区县水土流失敏感性

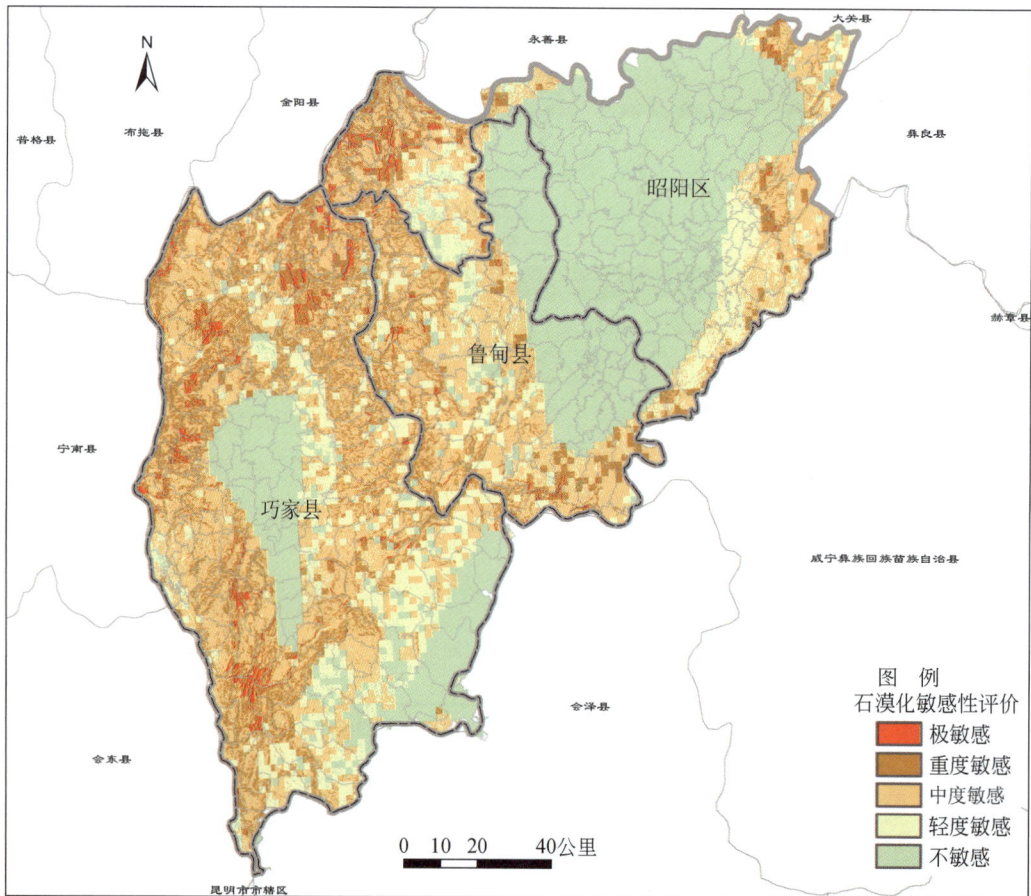

图 6-58 重点区县石漠化敏感性

5. 生态保护重要性综合评价

指标集成后的昭阳、鲁甸、巧家三区县生态保护综合性评价按极重要、重要、中等重要、不重要这样的等级，占总面积的比例分别为 4.49%、47.39%、32.92%、15.20%。从分布来看，综合评价中的极重要区域与生物多样性保护重要性评价中极重要区域的分布基本一致，大面积分布在大山包黑颈鹤国家级自然保护区、药山国家级自然保护区核心区与缓冲区范围；不重要区域主要是昭阳城区及其周边范围，适宜进行经济开发与发展活动（图 6-59）。

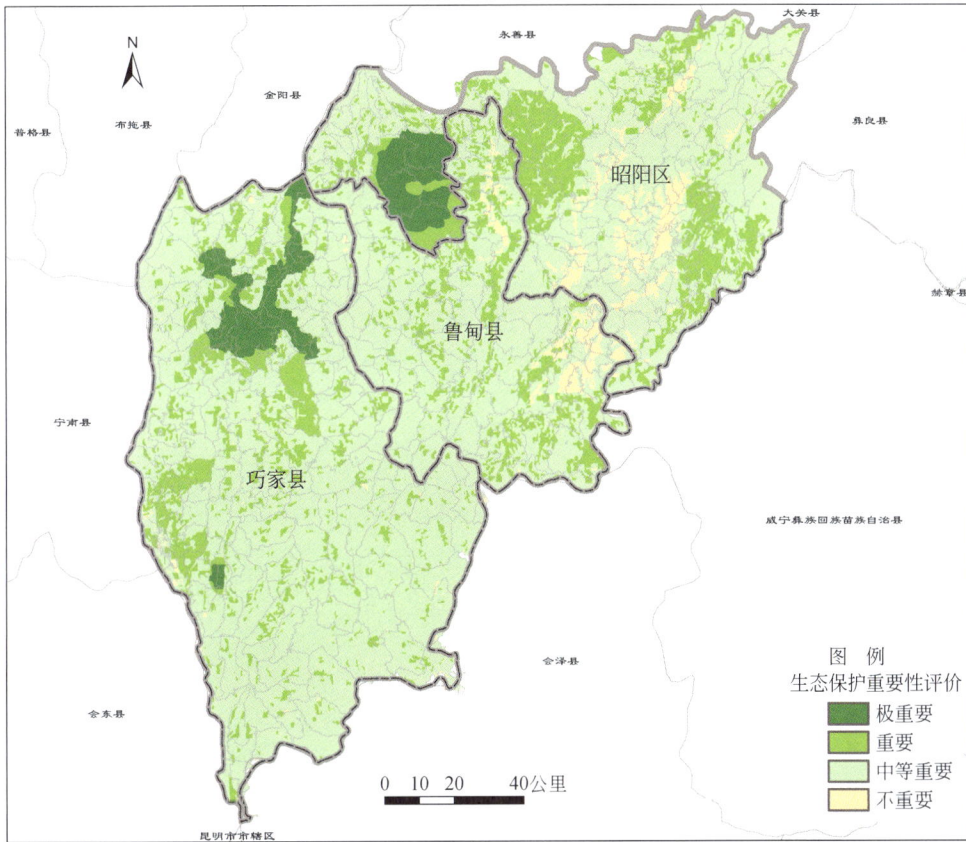

图 6-59 重点区县生态保护重要性综合评价结果

四、生态建设区划分

在生态建设区的划分中，既要考虑到区域生态重要性与生态敏感性，又要考虑到退耕还林的需要。也就是说，生态建设区是具有重要生态系统服务功能，包括生物多样性极重要、水源涵养性极重要，或者水土流失、石漠化极敏感、高度敏感区域，还有按照生态建设的需要，应该进行退耕还林还草的区域。根据上面对昭通市域及昭阳、鲁家、巧家三区县生态保护重要性的评价，结合退耕还林情况的分析，进行生态建设区的划分。

1. 退耕地

在昭阳市域各个区县都有退耕地分布，退耕地面积最多的是镇雄县（27733.23 公顷）和巧家县（23823.10 公顷）（表 6-28），分别占全市总退耕面积的 17.37%、14.93%；在全市 170 个乡镇中，除昭阳城区外都有不同比例的退耕地（图 6-60），其中巧家县荞麦地乡、大关乡、天星镇、盐津县庙坝乡、巧家县大寨镇退耕地面积超过 3000 公顷。

表6-28　昭通市退耕地面积及占耕地、旱地比重

地区	退耕地面积（公顷）	占耕地比重（%）	占旱地比重（%）
大关县	16480.60	36.19	37.79
鲁甸县	8108.55	14.79	17.68
巧家县	23823.10	33.81	37.36
水富县	2316.15	33.77	34.69
绥江县	8433.99	31.41	37.39
威信县	13825.26	28.15	33.74
盐津县	14323.41	39.49	41.74
彝良县	17599.10	24.18	26.89
永善县	18511.40	26.98	31.31
昭阳区	8468.28	9.00	10.95
镇雄县	27733.23	20.18	23.93
总计	159623.10	24.08	27.73

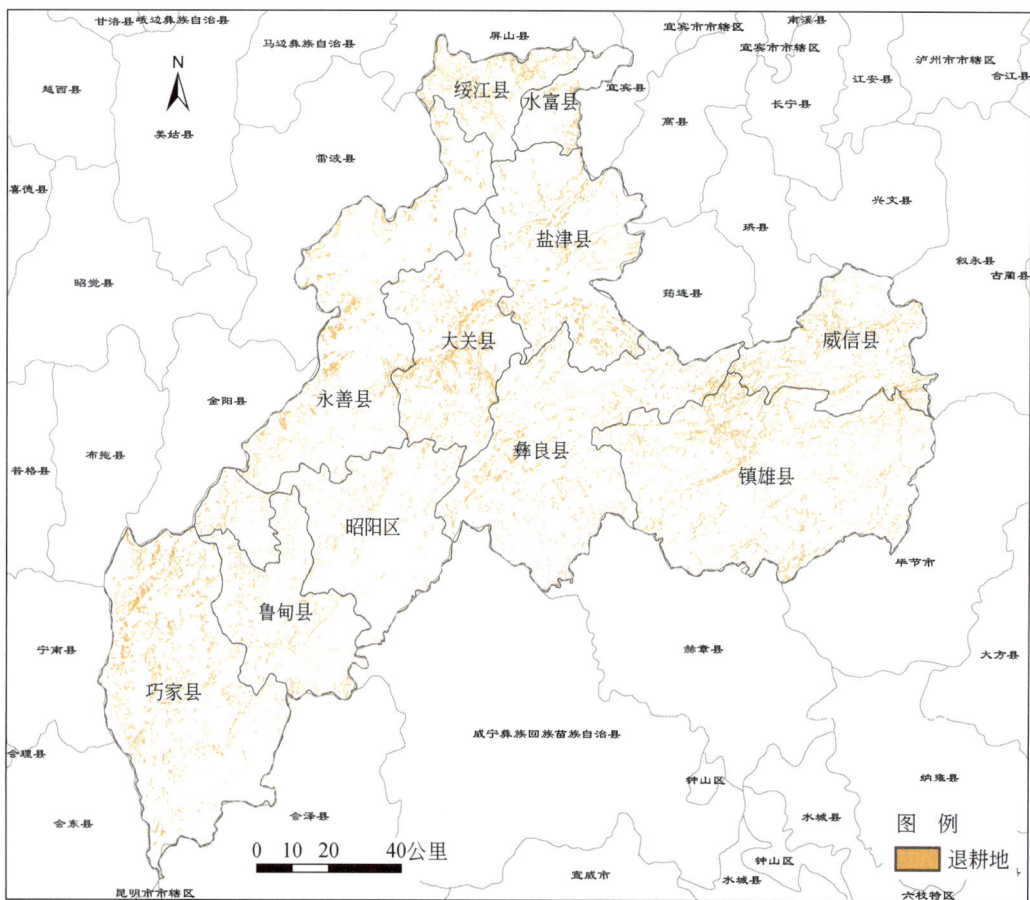

图6-60　昭通市退耕地分布

　　在昭阳区、鲁甸县、巧家县3区县中，巧家县退耕地分布最多，约占3区县总退耕地面积的7/10。在面积超过1000公顷的9个乡镇中，巧家县占前8个，分别是荞麦地、大寨、东坪、巧家营、新华镇、茂租、崇溪和小河；而在低于100公顷的9个乡镇中，昭阳区占8个，分别是步噶回族乡、土城、永丰镇、守望回族乡、凤凰镇、太平街道、蒙泉和昭阳城区（图6-61）。

　　3区县退耕地占耕地面积的比重中，有9个村比重超过70%，主要分布在鲁甸县和巧家县的交界处

（图6-62），其中有两个村级单位比重超过85%；比重超过50%的有79个村级单位，占总数量的16.2%，

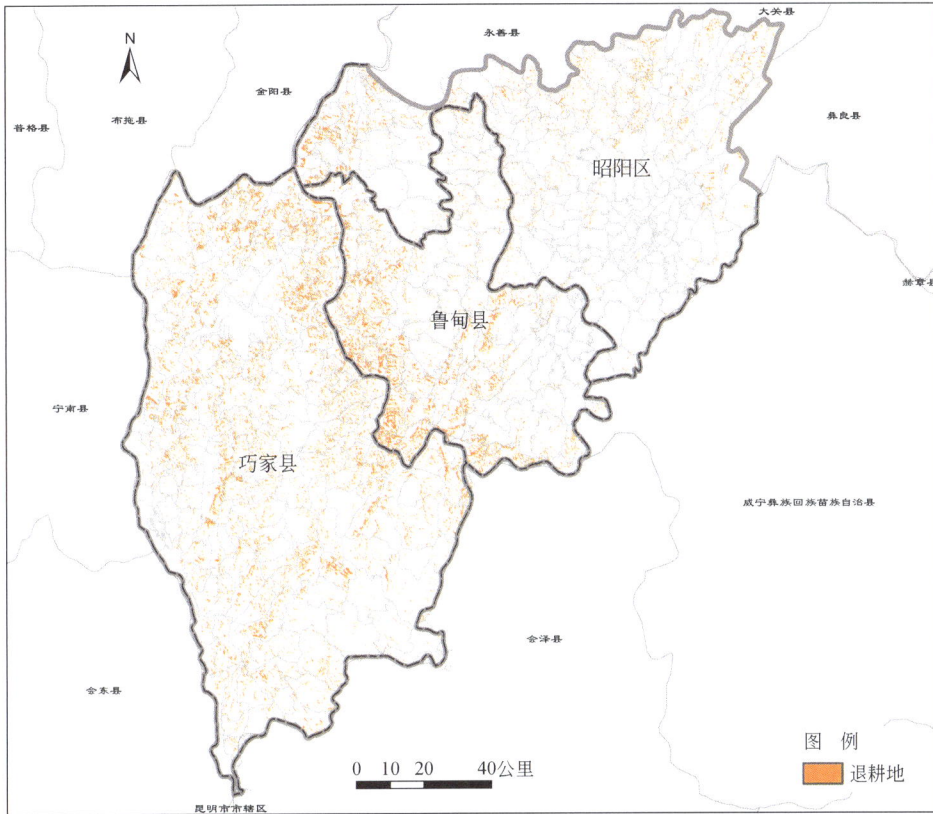

图6-61　重点区县退耕地分布

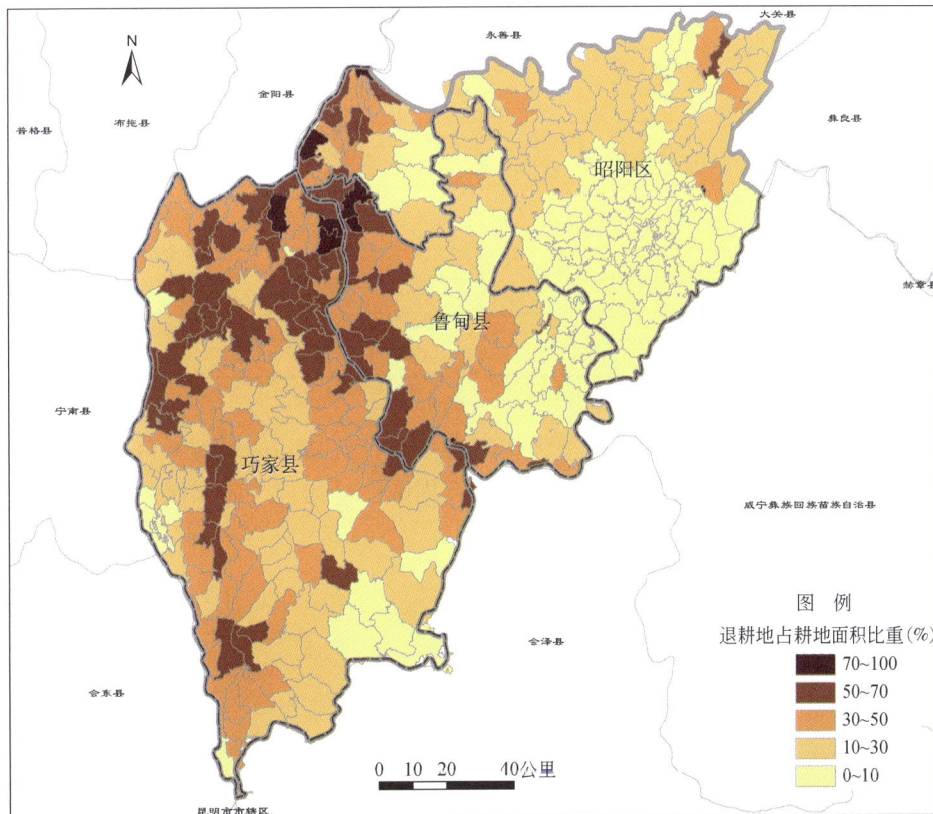

图6-62　重点区县退耕地占耕地面积分布

这些地区有超过一半的耕地为退耕还林地；而比重低于10%的村级单位有179个，占总数量的36.8%，这些地区退耕还林地占耕地的比重较低；有62个村级单位无退耕还林地，占总数量的12.7%，其中昭阳区有32个。

2. 生态建设区

将生态保护重要性评价中的极重要和重要区域，以及退耕地划分为生态建设区。结果显示，在昭通市域范围内各区县生态建设区都有分布，主要集中分布在大山包黑颈鹤国家级自然保护区、药山国家级自然保护区两个自然保护区核心区及缓冲区范围。在生态建设区面积中，镇雄、巧家、昭阳3个区县超过600平方公里，而水富县不足100平方公里（表6-29）。

表6-29　昭通市生态建设区面积

地区	生态保护极重要、重要区域面积（平方公里）	退耕地面积*（公顷）	合计（平方公里）
大关县	288.52	14730.84	435.83
鲁甸县	246.12	6772.59	313.85
巧家县	511.84	21157.56	723.41
水富县	44.84	2152.17	66.36
绥江县	82.64	7947.99	162.12
威信县	265.78	12716.55	392.95
盐津县	235.79	12822.75	364.01
彝良县	282.15	15987.33	442.02
永善县	598.66	16580.34	764.46
昭阳区	604.21	7280.55	677.02
镇雄县	636.61	24820.92	884.82
总计	3797.15	142969.59	5226.85

*这里退耕地指除去与生态保护极重要、重要区域重叠的部分。

生态建设区集中分布在大山包和药山两个国家级自然保护区核心区和缓冲区范围内，另外在鲁甸县和巧家县的交界区域分布也较为广泛。在昭阳城区及其周围、鲁甸县与昭阳区的交界地区分布则较为稀疏（图6-63、图6-64）。

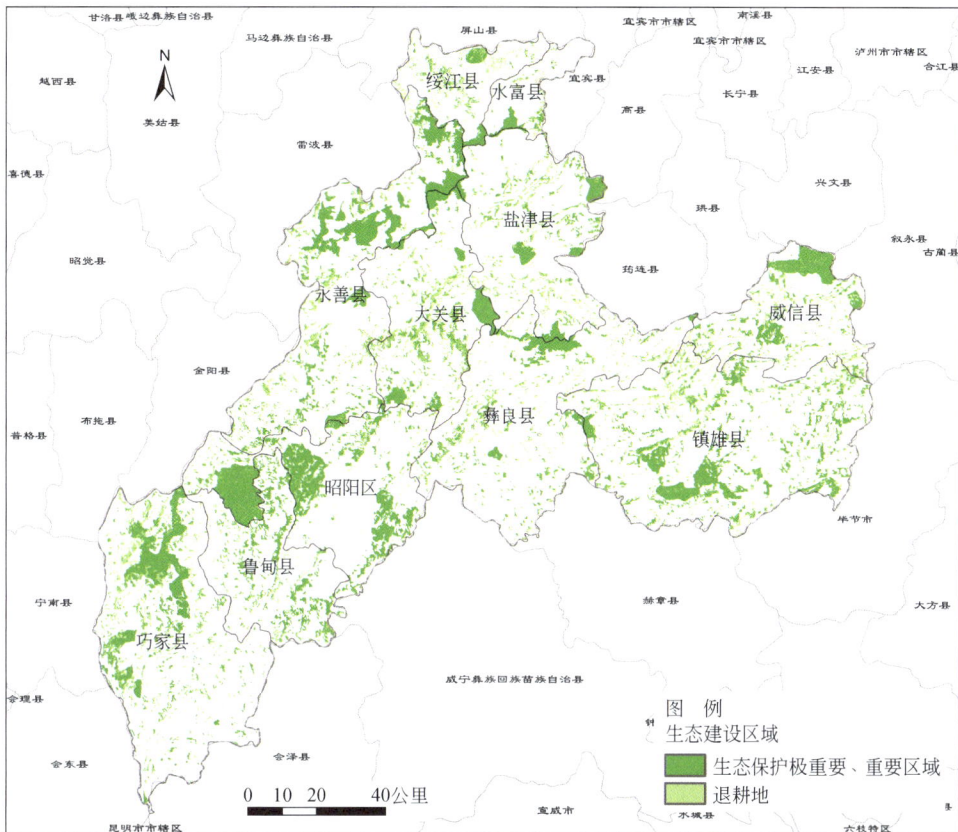

图6-63　昭通市生态建设区域分布

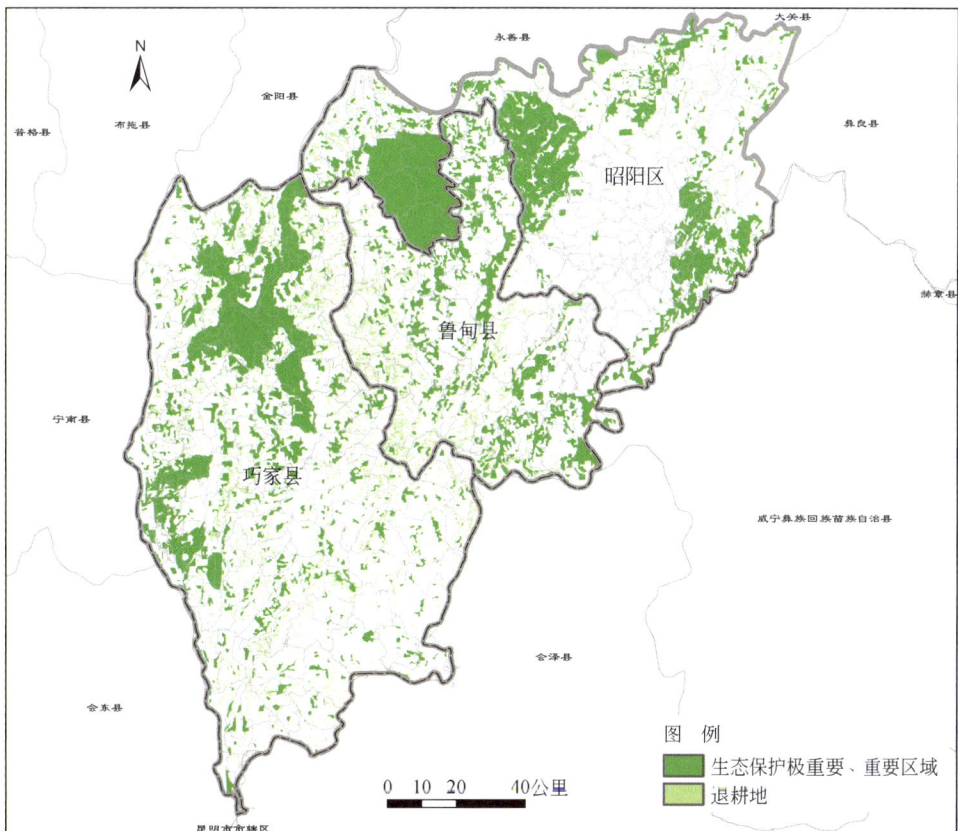

图6-64　重点区县生态建设区域分布

第五节　环　境　容　量

采用《全国主体功能区划技术规程》中对环境容量评价的指标、算法和标准，其中，大气环境容量评价以二氧化硫承载指数为主要指标，水环境容量以化学需氧量承载指数为主要指标。通过两项指标的单项评价得出环境容量综合承载指数作为分级依据，确定环境容量承载力综合超载、临界超载和不超载等级。

一、环境质量现状

1. 大气质量情况

2013年全年空气质量有效监测天数为364天，空气质量达到二级标准的天数为363天，占实际监测天数的百分比为99.73%；空气质量为三级标准的天数为1天，占实际监测天数的百分比为0.27%；空气质量为劣三级标准的天数为0天，占实际监测天数的百分比为0.00%。全市2011~2014年大气主要污染物日均浓度及超标率（以二级标准记）如表6-30所示。2011~2013年中，出现空气环境质量超过二级标准的时间中，均是二氧化硫超标；2014年二氧化硫、二氧化氮全年每日均无超标，而PM10则出现了一天的超标情况。二氧化硫超标率从2011年的4.2%，一直下降到2014年无超标，年均浓度从0.078毫克/立方米降至0.036毫克/立方米，总体空气质量趋于好转，2014年二氧化硫年均浓度达到一级标准（《环境空气质量标准》，GB 3095—2012）。综合分析，影响昭通市空气质量的首要污染物为二氧化硫，故采用二氧化硫作为大气环境容量评价的主要特征污染物。

表6-30　昭通市大气主要污染物排放情况（2011~2014年）

年份	二氧化硫			二氧化氮			PM10		
	日均浓度范围（毫克/立方米）	超标率（%）	平均（毫克/立方米）	日均浓度范围（毫克/立方米）	超标率（%）	平均（毫克/立方米）	日均浓度范围（毫克/立方米）	超标率（%）	平均（毫克/立方米）
2011	0.019~0.317	4.2	0.078	0.010~0.059	0.0	0.026	0.015~0.114	0.0	0.046
2012	0.012~0.221	1.1	0.045	0.004~0.070	0.0	0.029	0.010~0.096	0.0	0.037
2013	0.006~0.212	0.3	0.045	0.012~0.062	0.0	0.031	0.005~0.133	0.0	0.041
2014	0.011~0.113	0.0	0.036	0.004~0.089	0.0	0.027	0.003~0.195	0.3	0.040

2. 地表水质情况

全市境内有金沙江、横江、牛栏江、洛泽河、洒渔河、秃尾河、赤水河、洗白河、罗布河、罗坎河、黄水河、林凤河、大汶溪、坪上河、泼机河、郭家河、头屯河、以萨河等水体。共设有地表水质监测24个断面，其中国控断面2个，省控断面10个，市控断面12个。河流、湖库断面水质类别评价方法采用单因子评价法，是指在所有参加评价的项目中，只要有一项（或数项）不符合某类水质标准，则认定该水质不符合该类标准。各监测断面水质如表6-31所示。

表 6-31　昭通市监测断面水质类别表

水体名称	水体类型	断面（测点）名称	水功能类别	2010 年	2011 年	2012 年	2013 年	变化趋势	2013 年水质
金沙江	河流	三块石	Ⅲ	Ⅱ	Ⅱ	Ⅲ	Ⅱ	好转	优
横江	河流	横江桥	Ⅲ	Ⅱ	Ⅱ	Ⅲ	Ⅱ	好转	优
秃尾河	河流	凤凰闸	Ⅳ	劣Ⅴ	劣Ⅴ	劣Ⅴ	劣Ⅴ	稳定	重度污染
金沙江	河流	蒙姑	Ⅱ	Ⅱ	Ⅱ	Ⅱ	Ⅲ	下降	良好
洛泽河	河流	岔河	Ⅲ	Ⅱ	Ⅱ	Ⅱ	Ⅱ	稳定	优
赤水河	河流	岔河渡口	Ⅲ	Ⅲ	Ⅱ	Ⅱ	Ⅱ	好转	优
罗布河	河流	钨城	Ⅲ	Ⅲ	Ⅲ	Ⅱ	Ⅰ	好转	优
罗布河	河流	邓家河	Ⅲ	Ⅳ	Ⅳ	Ⅱ	Ⅱ	好转	优
牛栏江	河流	江底桥	Ⅲ	Ⅲ	Ⅱ	Ⅱ	Ⅱ	稳定	优
洗白河	河流	洗白	Ⅲ	Ⅱ	Ⅱ	Ⅱ	Ⅲ	下降	良好
坪上河	河流	黑龙塘	Ⅲ	Ⅱ	Ⅱ	Ⅱ	Ⅱ	稳定	优
以萨河	河流	以萨河	Ⅲ	Ⅱ	Ⅱ	Ⅱ	Ⅱ	稳定	优
头屯河	河流	头屯河	Ⅲ	Ⅲ	Ⅱ	Ⅱ	Ⅱ	好转	优
郭家河	河流	郭家河	Ⅲ	劣Ⅴ	劣Ⅴ	Ⅳ	Ⅳ	好转	轻度污染
泼机河	河流	二龙关	Ⅲ	Ⅱ	Ⅱ	Ⅱ	Ⅱ	稳定	优
洒渔河	河流	靖安桥	Ⅲ	Ⅱ	Ⅲ	Ⅴ	Ⅲ	波动	良好
林凤河	河流	白水	Ⅲ	Ⅳ	Ⅲ	Ⅱ	Ⅱ	好转	优
黄水河	河流	金竹林	Ⅲ	Ⅳ	Ⅳ	Ⅱ	Ⅱ	好转	优
罗坎河	河流	凤翥	Ⅲ	Ⅱ	Ⅱ	Ⅱ	Ⅱ	稳定	优
金沙江	河流	中溃坝	Ⅲ	Ⅳ	—	Ⅲ	—	—	—
大汶溪	河流	铜厂	Ⅲ	Ⅲ	—	Ⅲ	—	—	—
北闸水库	湖库	北闸	Ⅳ	Ⅳ	Ⅲ	Ⅲ	Ⅱ	好转	优
永丰水库	湖库	永丰	Ⅲ	Ⅲ	Ⅲ	Ⅱ	Ⅱ	好转	优
横江	河流	豆沙关	Ⅲ	—	—	Ⅲ	Ⅱ	好转	优

各监测断面水质逐年基本呈稳定或上升状态，大部分断面符合相应的水质功能类别；凤凰闸断面劣于Ⅳ水质，属劣Ⅴ水质，郭家河劣于Ⅲ水质，属Ⅳ水质。在对河流断面水质评价的单项因子中，包括溶解氧、高锰酸盐指数、化学需氧量、五日生化需氧量、氨氮、总磷、铜、锌、氟化物、硒、砷、汞、镉、六价铬、铅、氰化物、挥发酚、石油类、阴离子表面活性剂、硫化物共 20 项，以上两个不符合相应水质功能类别的河流断面的主要污染物为化学需氧量、五日生化需氧量、氨氮、总磷和溶解氧（表 6-32），其中化学需氧量与水质类别对应关系更为明显，选择化学需氧量作为水环境容量的特征污染物。

表 6-32　昭通市监测断面水质主要污染物表

断面名称	溶解氧	高锰酸盐指数	化学需氧量	五日生化需氧量	氨氮	总磷	2013 年水质类别
郭家河	Ⅱ	Ⅲ	Ⅳ	Ⅳ	Ⅳ	Ⅲ	Ⅳ
凤凰闸	劣Ⅴ	Ⅴ	劣Ⅴ	劣Ⅴ	劣Ⅴ	劣Ⅴ	劣Ⅴ

3. 饮用水源水质情况

在 2013 年昭通市饮用水监测的 19 个饮用水源中，达到《地表水环境质量标准》（GB 3838—2002）Ⅲ类标准的 17 个，占总数的 89.5%；未达到标准的 2 个，占总数的 10.5%（表 6-33）。全市饮用水源的水质状况良好，局部水质呈现不同程度的污染：镇雄县大木桥水库、永善县云荞水库水质状况呈轻度污染；威信县扎西水库、盐津县油坊沟水库水质状况呈重度污染。

表6-33 昭通市水质综合类别评价情况表

地区	饮用水源监测点位名称	水源类型	达标评价指标	2012年水质综合类别	2013年水质综合类别
昭阳区	渔洞水库库心	湖库	Ⅲ	Ⅱ	Ⅱ
	渔洞水库取水口		Ⅲ	Ⅱ	Ⅱ
	渔洞水库库尾		Ⅲ	Ⅱ	Ⅱ
	均值		Ⅲ	Ⅱ	Ⅱ
	大龙洞	河流	Ⅲ	Ⅱ	Ⅱ
	烟厂自备水源	地下水	Ⅲ	Ⅲ	Ⅱ
镇雄县	营地水库	湖库	Ⅲ	Ⅲ	Ⅲ
	大木桥水库	湖库	Ⅲ	Ⅳ	Ⅱ
	李家河坝水库	湖库	Ⅲ	—	Ⅱ
	洗白河	河流	Ⅲ	Ⅱ	Ⅱ
威信县	扎西水库	湖库	Ⅲ	劣Ⅴ	劣Ⅴ
	后山水源	河流	Ⅲ	Ⅱ	Ⅱ
永善县	云荞水库库内	湖库	Ⅲ	Ⅲ	Ⅲ
	云荞水库出水口		Ⅲ	Ⅲ	Ⅲ
	均值		Ⅲ	Ⅲ	Ⅲ
水富县	牛皮滩取水点	河流	Ⅲ	Ⅲ	Ⅲ
绥江县	铜厂河水厂取水口	河流	Ⅲ	Ⅲ	Ⅲ
彝良县	花鱼洞	河流	Ⅲ	Ⅱ	Ⅱ
巧家县	龚家沟	河流	Ⅲ	Ⅰ	Ⅱ
	大龙潭	河流	Ⅲ	Ⅱ	Ⅱ
鲁甸县	气象路深井水	地下水	Ⅲ	Ⅱ	Ⅲ
大关县	出水堰	河流	Ⅲ	Ⅱ	Ⅱ
盐津县	油坊沟	湖库	Ⅲ	劣Ⅴ	劣Ⅴ
	豆芽沟	河流	Ⅲ	—	Ⅱ

根据昭通市总体环境质量特征，选择大气环境容量和水环境容量作为环境条件评价的主要指标，以饮用水水源地水质评价为辅助指标。其中，大气环境容量以二氧化硫为主要特征污染物，水环境容量以水体中最主要的污染物化学需氧量为主要特征污染物。考虑到大气容量在该区域差异性不明显也不是重要限制性因素，故只作为参考指标。

二、环境容量超载状态

1. 大气环境容量超载状况

从污染物排放来看，二氧化硫排放量较高的地区主要分布在东部，年排放量超过5000吨的地区包括镇雄县、威信县和昭阳区。大气环境容量评价结果，昭通市整体大气环境较好，11个区县中只有镇雄县、威信县和水富县为临界超载，其余地区无超载（图6-65、图6-66、图6-67）。

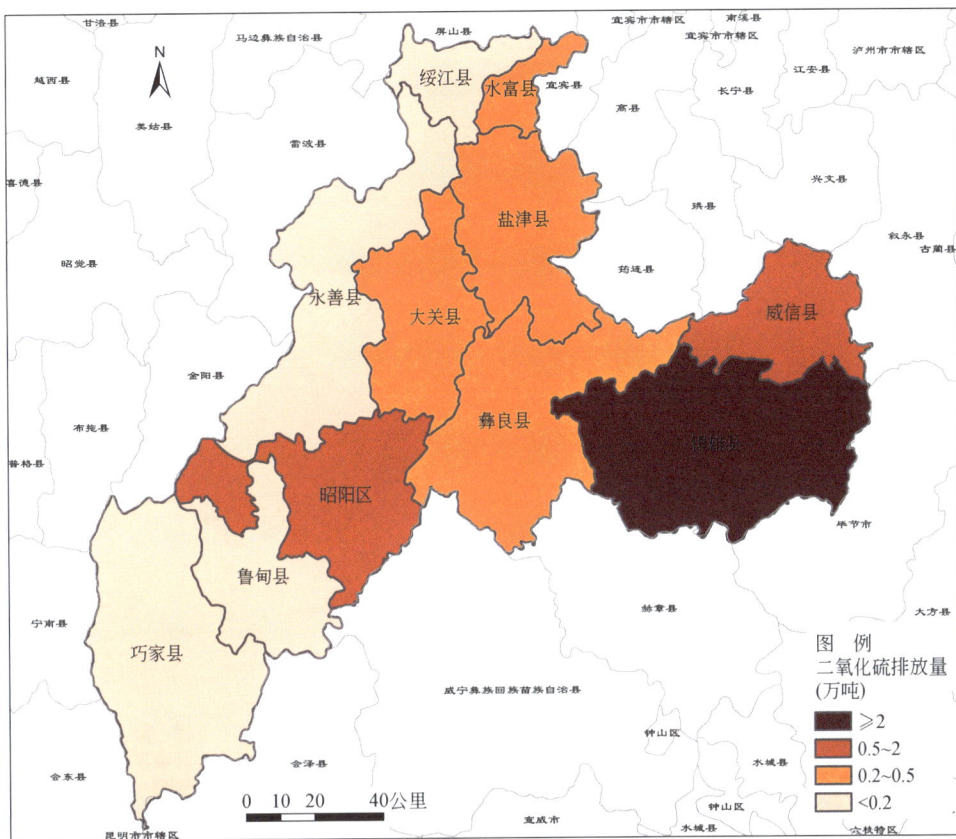

图 6-65　昭通市各区县二氧化硫排放量（2013 年）

图 6-66　昭通市各区县大气环境容量

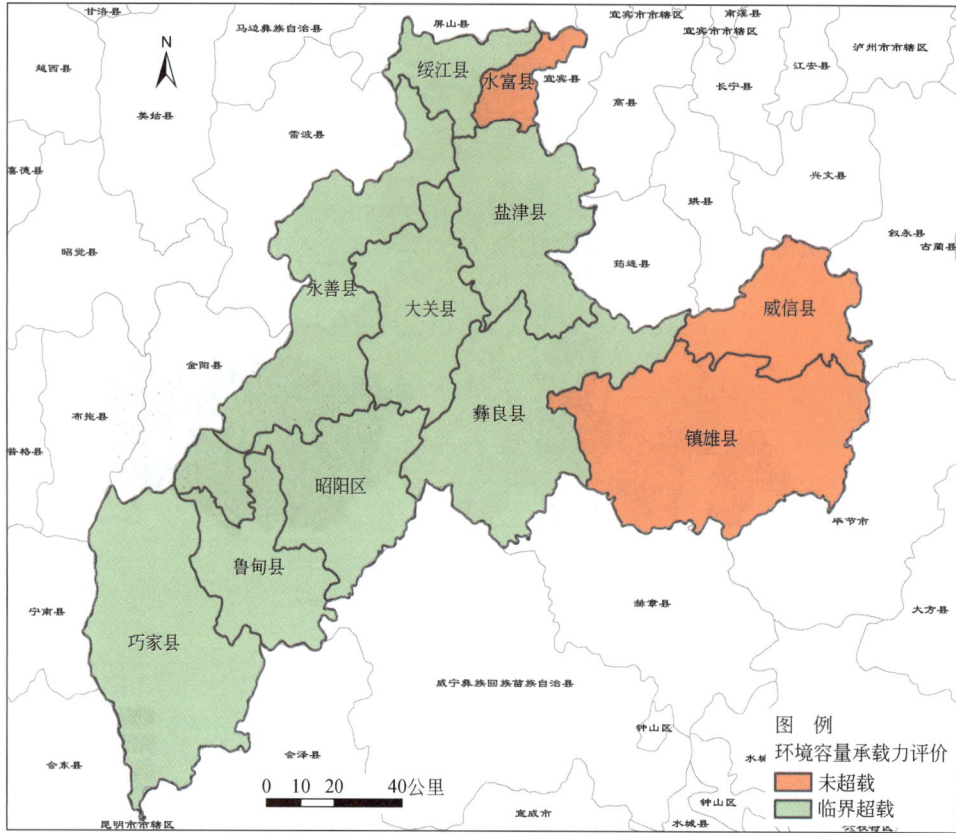

图6-67 昭通市各区县大气环境容量承载力评价

2. 水环境容量超载状况

从污染物排放来看，化学需氧量排放量较高的为昭阳区和镇雄县（图6-68）。水环境容量评价结果，昭通市整体水环境容量未超载。结合各地表水监测断面进行分析，在细化到乡镇层次上，全市大部分地区水质类别符合《地表水环境质量标准》（GB 3838—2002），劣Ⅲ级的为少数乡镇，包括威信县石坎乡、昭阳区凤凰镇、镇雄县中屯乡、威信县扎西镇、盐津县盐井镇。这些乡镇断面水质化学需氧量较其他地区高，盐津县盐井镇例外，富营养化问题突出。全市19个饮用水源地监测中，湖库类型7个，河流类型9个，地下水3个。饮用水源地水质达标的17个，不达标的2个。全市饮用水源的水质状况良好，局部水质呈现不同程度的污染，威信县扎西水库、盐津县油坊沟水库水质状况呈重度污染（图6-69、图6-70、图6-71）。

3. 环境容量综合评价

总体看来，昭通市环境容量整体较好，临界超载的县分布在东部地区，包括水富县、盐津县、威信县以及镇雄县，另外昭阳区凤凰镇也属于临界超载的乡镇（图6-72）。其中，威信县石坎乡、昭阳区凤凰镇、镇雄县中屯乡、威信县扎西镇以及盐津县盐井镇为重点乡镇，地表水质不达标，主要超标因子为化学需氧量及氨氮、总磷；水富县、镇雄县、威信县大气环境容量承载力临界超载；威信县和盐津县饮用水水源地水质不达标（表6-34）。

图 例
化学需氧量排放
总量(万吨)
≥0.5
0.3~0.5
0.2~0.3
<0.2

0　10　20　　　40公里

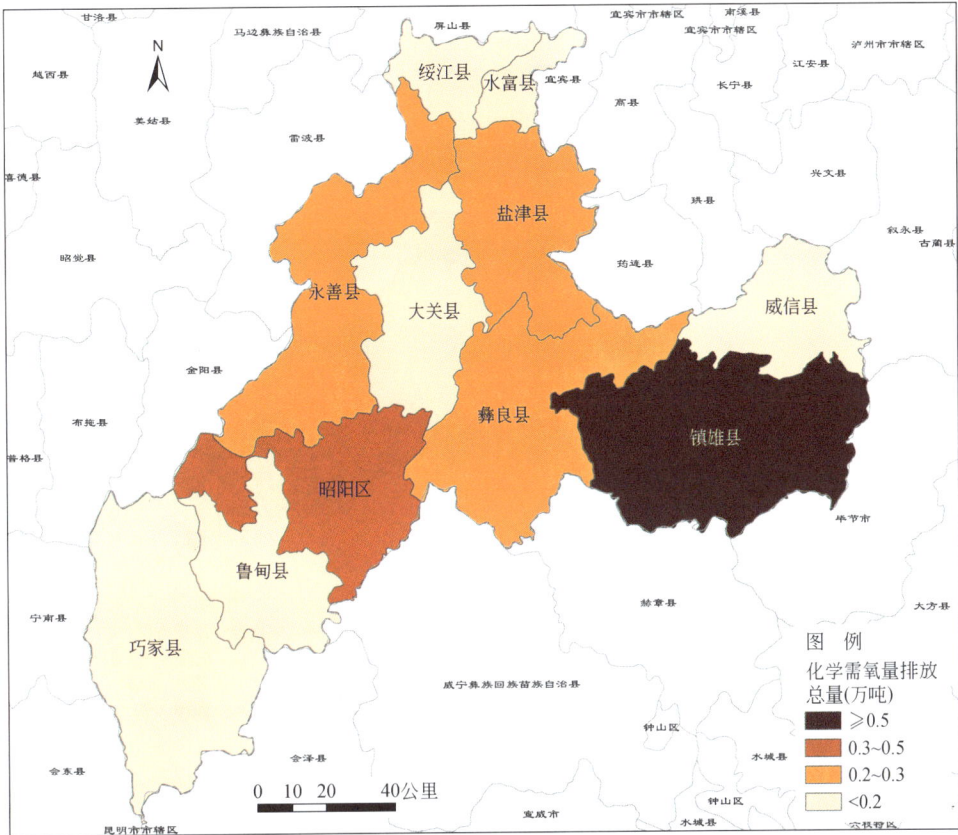

图 6-68　昭通市各区县化学需氧量（2013 年）

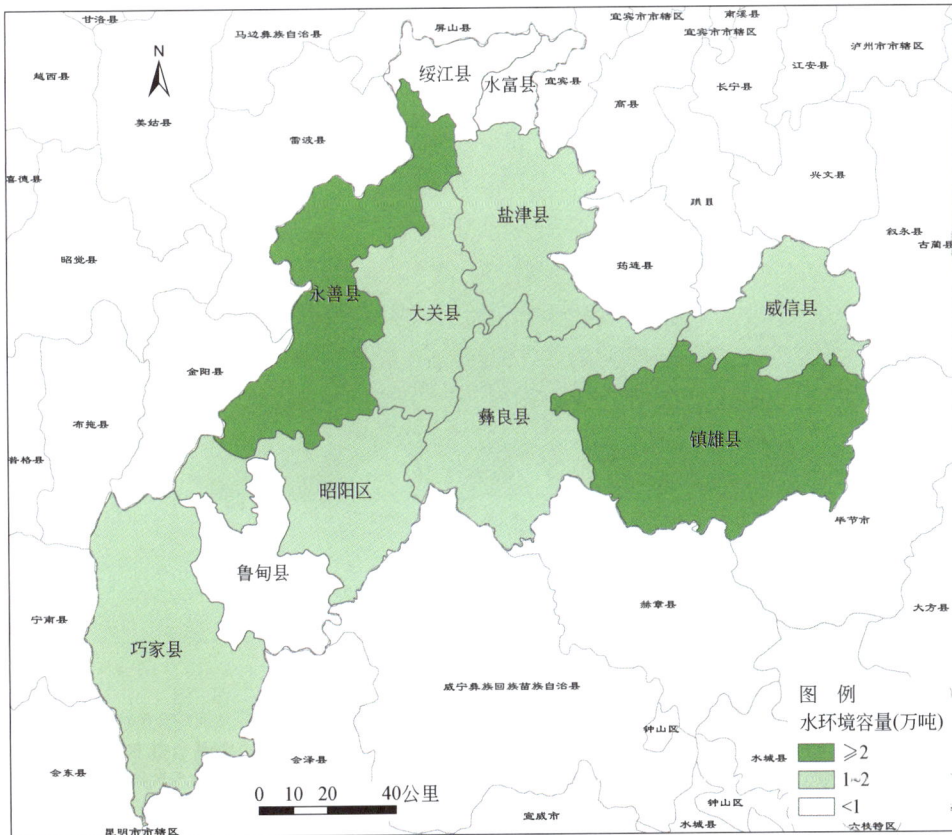

图 例
水环境容量(万吨)
≥2
1~2
<1

0　10　20　　　40公里

图 6-69　昭通市各区县水环境容量

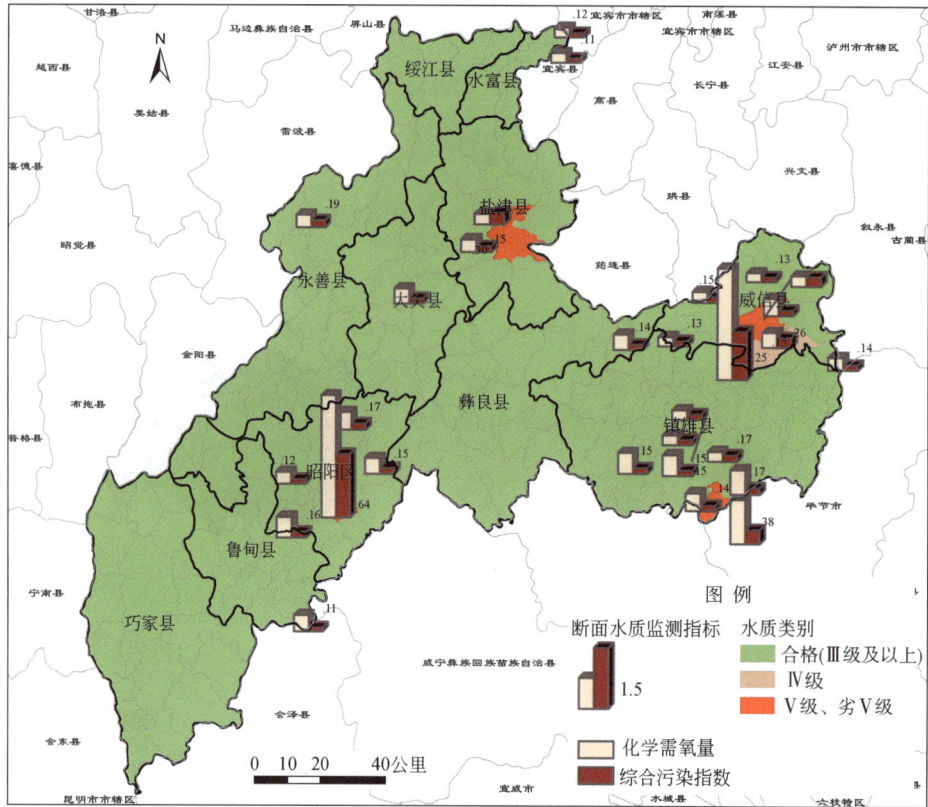

图 6-70　昭通市断面水质监测情况

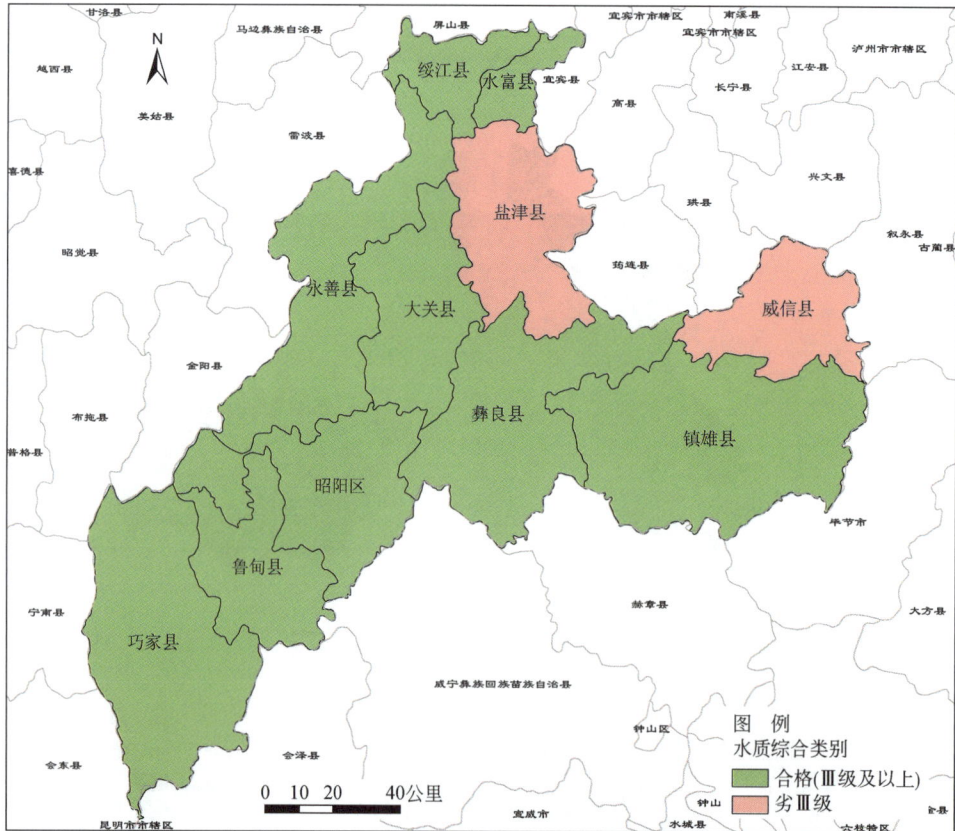

图 6-71　昭通市饮用水水源地监测情况

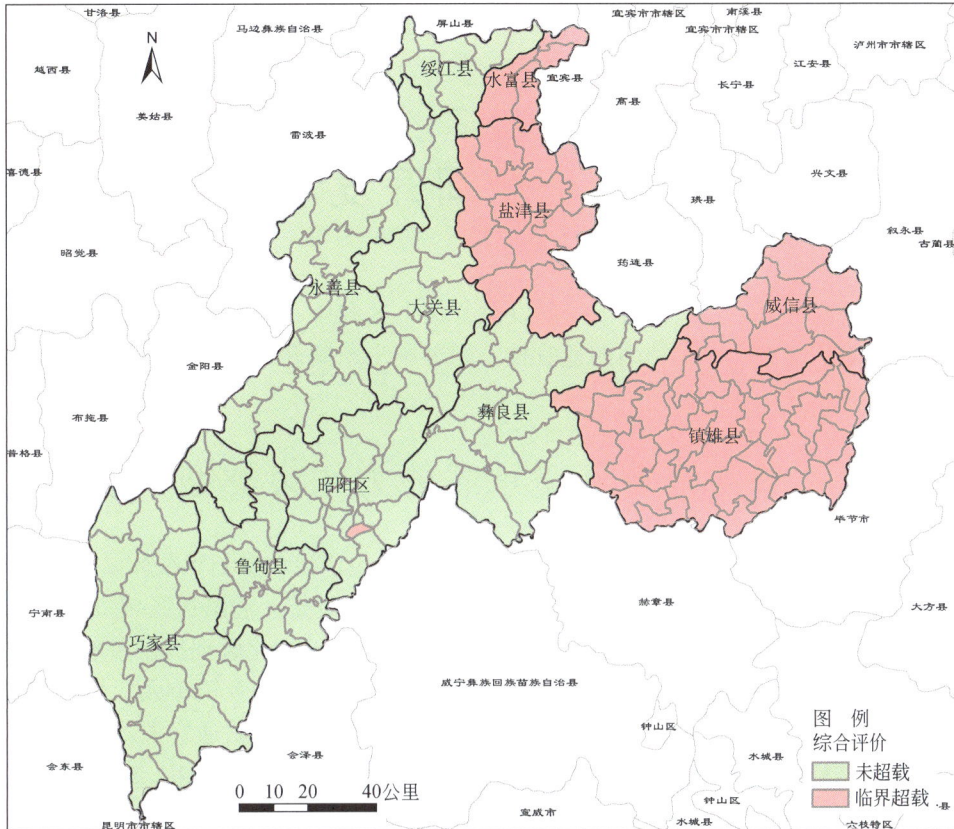

图 6-72　昭通市市域环境容量承载力综合评价图

表 6-34　昭通市市域环境容量承载状态综合评价表

地区	乡镇名称	大气环境容量超载	水环境容量超载	综合评价
水富县	全部乡镇	临界超载	未超载	临界超载
盐津县	其他乡镇	未超载	饮用水水源地水质不达标	临界超载
	盐井镇		地表水质不达标	
威信县	其他乡镇	临界超载	饮用水水源地水质不达标	临界超载
	石坎乡		地表水质不达标	
	扎西镇		地表水质不达标	
镇雄县	其他乡镇	临界超载	未超载	临界超载
	中屯乡		地表水质不达标	
昭阳区	其他乡镇	未超载	未超载	未超载
	凤凰镇		地表水质不达标	临界超载
永善县	全部乡镇	未超载	未超载	未超载
大关县	全部乡镇	未超载	未超载	未超载
彝良县	全部乡镇	未超载	未超载	未超载
鲁甸县	全部乡镇	未超载	未超载	未超载
巧家县	全部乡镇	未超载	未超载	未超载

第七章　国土空间开发功能区划

以资源环境要素评价为基础，从昭通市全域以及鲁甸灾区和中心城区两个尺度识别资源环境承载能力约束类型，评价市域国土空间开发利用的适宜性，划分国土空间开发功能类型，为确定重点城镇的发展方向和布局指引提供依据。

第一节　资源环境承载能力约束类型识别

资源环境承载能力约束类型指一定区域范围内，人类生活生产活动受到承载体要素（资源环境要素）的主导性制约类型。通过资源环境承载能力约束类型的多尺度划分，来识别区域资源环境承载能力的"短板"因素，能够为确定区域约束性要素的容量、开展国土空间精细化管理提供参考。昭通市资源环境承载能力约束类型识别面向应用层面的多尺度需求，采用昭通市全域的乡镇单元、鲁甸灾区和中心城区的自然栅格单元两个尺度，对应不同分类精度所组成的分类体系。根据昭通资源环境要素构成特点，乡镇尺度对应了大类分类精度，包括水资源约束、土地资源约束、生态环境约束、地质环境约束以及衍生的各种复合型约束类型；栅格尺度以亚类为分类精度，将约束类型细化为断层约束、地灾约束、生态约束、地形约束、耕地约束以及水资源约束等类型（表7-1）。

表7-1　昭通市资源环境承载能力约束类型划分体系

尺度	精度	约束类型					
乡镇	大类	水资源约束	土地资源约束		生态环境约束	地质环境约束	
栅格	亚类	水资源约束	地形约束	耕地约束	生态约束	断层约束	地灾约束

1. 识别方法

对乡镇尺度资源环境承载能力约束类型的识别，主要建立在资源环境要素单项评价中对各乡镇要素等级的划分基础上。首先，绘制各乡镇资源环境要素约束图谱，依次提取各乡镇建设用地条件评价的最低级、次低级作为土地资源约束类（value=3），而最高级、次高级为非土地资源约束类（value=1），土地资源中等级别的乡镇划定为一般约束类（value=2），同样，根据水资源适宜性分级划定水资源约束类、非水资源约束类和一般约束类；在生态约束方面则恰恰相反，选取生态保护重要程度的最大值，将最高级、次高级作为生态约束类，最低级、次低级为非生态约束类，中等级别乡镇划定为生态一般约束类，地质灾害易发程度的阈值划分亦是如此，划定了地质环境约束类、非地质环境约束类和一般约束类。然后，对乡镇资源环境要素约束类型进行指标叠加复合，具体划分标准和判别矩阵如表7-2所示。最终共产生11种约束类型，包括水资源约束型、土地资源约束型、生态环境约束型、地质环境约束型4个单一约束型，土地资源-水资源组合约束型、土地资源-生态环境组合约束型、土地资源-地质灾害组合约束型、生态环境-水资源组合约束型以及生态环境-地质灾害组合约束型5个组合约束型，还包括综合约束型以及均为非要素约束类组合的无显著约束型。

表 7-2　乡镇尺度资源环境承载能力约束类型判别矩阵

约束类型	土地资源	水资源	生态环境	地质环境
土地资源约束型	3	2 或 1	2 或 1	2 或 1
水资源约束型	2 或 1	3	2 或 1	2 或 1
生态环境约束型	2 或 1	2 或 1	3	2 或 1
地质环境约束型	2 或 1	2 或 1	2 或 1	3
土地资源–水资源组合约束型	3	3	2 或 1	2 或 1
土地资源–生态环境组合约束型	3	2 或 1	3	2 或 1
土地资源–地质灾害组合约束型	3	2 或 1	2 或 1	3
生态环境–水资源组合约束型	2 或 1	3	3	2 或 1
生态环境–地质灾害组合约束型	2 或 1	2 或 1	3	3
综合约束型	3	3	3	3
无显著约束型	2 或 1	2 或 1	2 或 1	2 或 1

注：由 3 个（或 3 个以上）要素约束类复合或 4 个要素约束类均属于一般约束类的即为综合约束型。

　　对鲁甸灾区和中心城区进行资源环境承载能力约束类型的精细评价，采用主导因素法识别栅格尺度的约束类型，并划分了村社单元的约束类型，具体方法与流程不再赘述。

2. 全域乡镇尺度资源环境承载能力约束类型

　　按照上述识别过程，得到了昭通市乡镇尺度资源环境承载能力约束类型分布图（图 7-1），对各类型

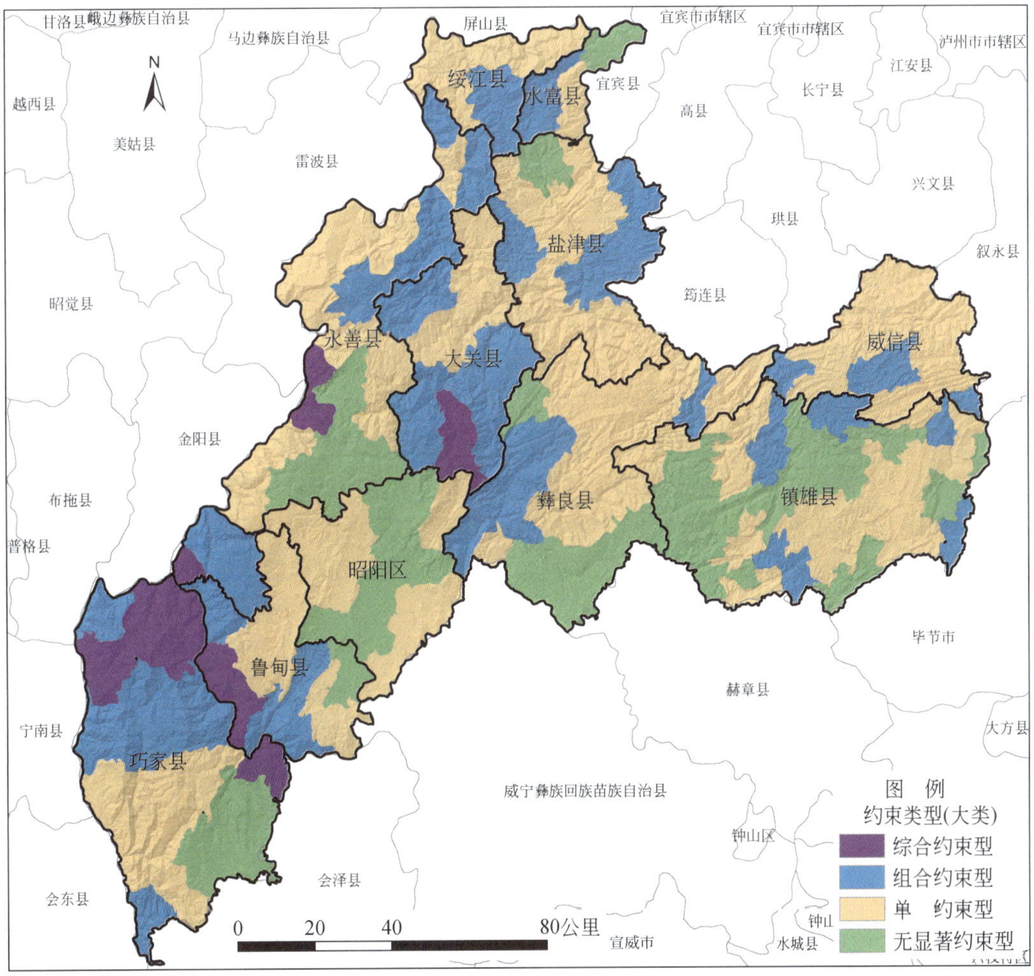

图 7-1　乡镇尺度资源环境承载能力约束类型划分结果

191

区的面积统计结果如表7-3所示。昭通市各乡镇的资源环境承载能力普遍受到要素显著制约，且多种约束类型相叠加，超强度的人类生活生产活动极易引发自然系统的多要素响应，造成人地关系紧张。境内无显著约束型乡镇仅为37个，占乡镇总个数的21.76%，类型区合计面积为4521.48平方公里，占昭通市总面积的20.15%，主要分布在昭鲁坝区和镇雄县中西部，包括昭阳区苏家院、永丰、凤凰、蒙泉、旧圃等乡镇，鲁甸县桃源、茨院等乡镇，镇雄县仁和、大湾、花山、碗厂、五德等乡镇，此外在永善、巧家、彝良、水富等区县已有零散分布，无显著约束型乡镇属于资源环境承载能力相对较强、经济和人口集聚条件较好的区域。

表7-3　昭通市乡镇尺度资源环境承载能力约束类型划分结果

约束类型	乡镇单元		面积	
	数量（个）	比重（%）	数量（平方公里）	比重（%）
单一约束型	78	45.88	10565.67	47.08
土地资源约束型	53	31.18	7787.84	34.71
水资源约束型	4	2.35	402.17	1.79
生态环境约束型	20	11.76	2311.61	10.30
地质环境约束型	1	0.59	64.05	0.29
组合约束型	43	25.29	6036.68	26.90
土地资源-水资源组合约束型	15	8.82	2375.38	10.59
土地资源-生态环境组合约束型	15	8.82	2224.78	9.91
土地资源-地质灾害组合约束型	10	5.88	1153.68	5.14
水资源-生态环境组合约束型	2	1.18	190.98	0.85
生态环境-地质灾害组合约束型	1	0.59	91.86	0.41
综合约束型	12	7.06	1315.96	5.86
无显著约束型	37	21.76	4521.48	20.15

（1）单一约束型

受单一要素约束的乡镇共78个，其中土地资源约束型53个，类型区面积为7787.84平方公里，占总面积的34.71%，是人口规模最大的约束类型，主要分布于昭通市北部以及西部广大地区（图7-2），土地资源匮乏是制约这类乡镇国土开发的核心要素。生态环境单一约束型面积为2311.61平方公里，占总面积的10.3%，主要分布于昭鲁坝区外缘山地区以及镇雄县中西部，包括乐居、苏甲、步嘎、守望、小龙洞、洒渔、大水井、铁厂等20个乡镇。水资源约束型包括落雁、亨地、林口以及栗珠共4个乡镇，基本属于工程型供水难度较大区。仅受地质环境单一约束的乡镇为彝良县洛泽河镇，需要避免人类工程活动对不稳定地质构造扰动、避让地质灾害危险区，并采取必要工程措施治理威胁人口产业集聚区及重大基础设施的小流域地质灾害群。

（2）组合约束型

组合约束型为受两种资源环境要素显著约束的区域类型，此类型区合计43个，占昭通市乡镇总个数和总面积的25.29%和26.9%。其中，土地资源-水资源组合约束型和土地资源-生态环境组合约束型分布面积最广，合计占总面积的20%以上。土地资源-水资源组合约束型主要位于昭通市北部永善、大关、盐津等区县，区内工程型缺水较为突出、土地资源匮乏（图7-3）。土地资源-生态环境组合约束型分布于山区且自然保护区面积较广的乡镇，包括大山包、巧家营、荞麦地、黄葛、悦乐、天星等15个乡镇。此外，昭通境内土地资源-地质灾害组合约束型主要分布于牛栏江流域巧家、鲁甸两县以及彝良县西部角奎、新场、毛坪等10个乡镇，占昭通市总面积的5.14%，在这类乡镇因地制宜地进行居民点选址，最大限度地规避灾害风险是区域国土开发的前提。

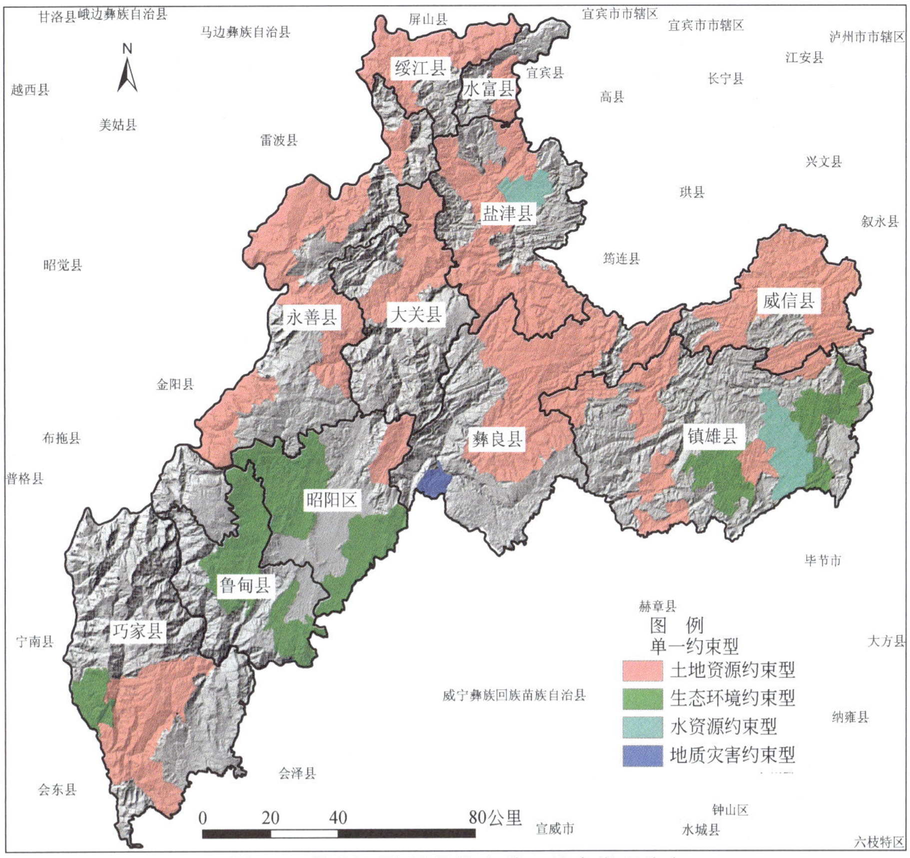

图 7-2　资源环境承载能力单一约束类型分布

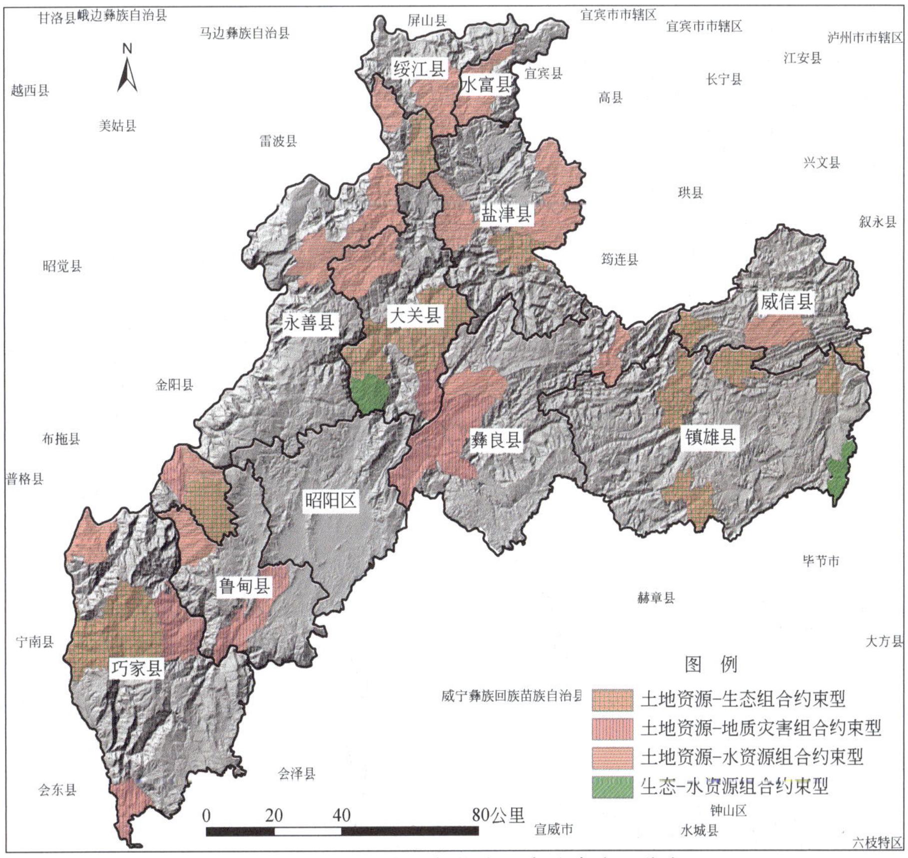

图 7-3　资源环境承载能力组合约束类型分布

（3）综合约束型

昭通市资源环境承载能力受综合约束的乡镇累计12个，类型区面积为1315.96平方公里，占昭通市乡镇总个数和总面积的7.06%和5.86%。从空间分布来看（图7-4），综合约束型区域主要分布于牛栏江与金沙江流域的高山峡谷区，包括巧家县包谷垴、大寨、小河、红山、东坪，鲁甸县翠屏、乐红，大关县玉碗、翠华等乡镇，多属于地形切割较深区域，区内往往生态环境重要性高、地形条件适宜性低、地质灾害威胁十分突出，并在局部区域受水资源供水条件的约束。在综合约束型区域内，对生存环境极其恶劣的村庄居民点考虑进行生态移民整村搬迁，采取适度集中就近安置、县内县外安置相结合的方式卸载对镇域资源环境承载能力的压力。

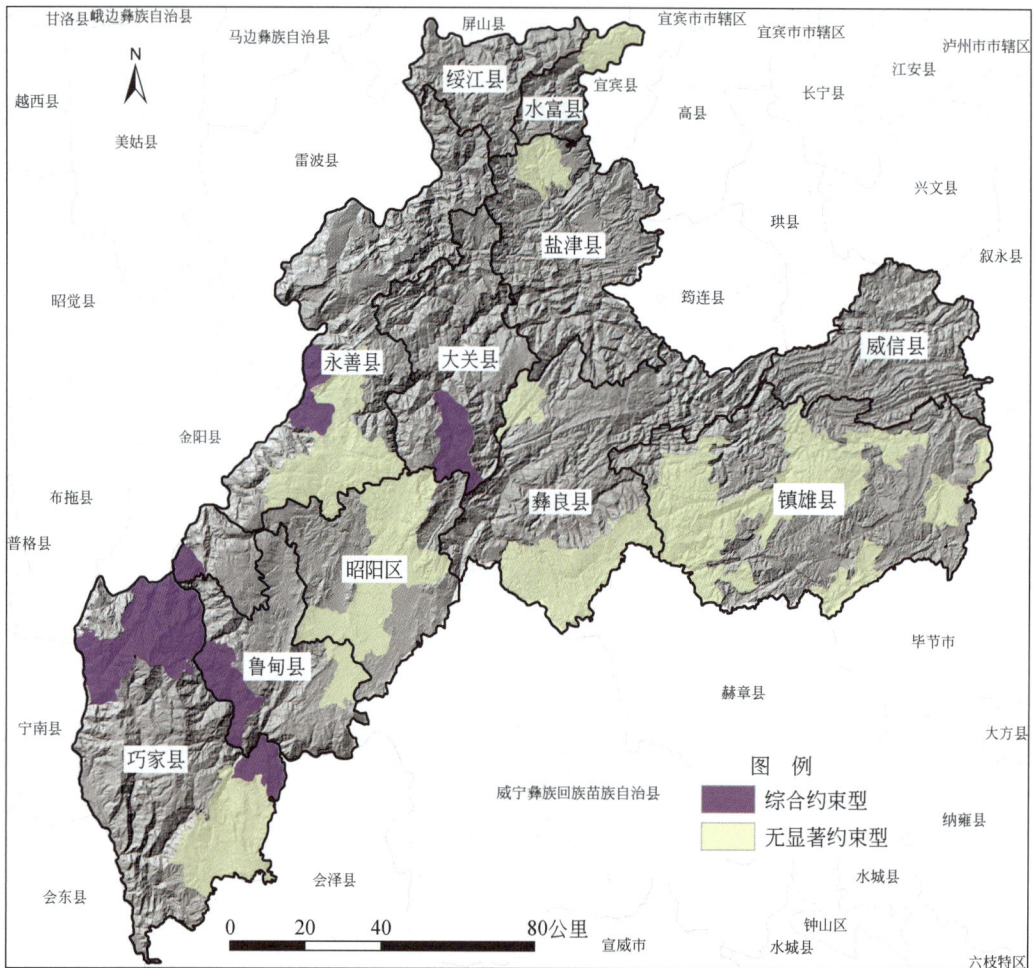

图7-4　资源环境承载能力综合约束与无显著约束类型分布

3. 精细评价区栅格尺度资源环境承载能力约束类型

栅格尺度资源环境承载能力约束类型的精细评价结果显示，中心城区和鲁甸灾区的资源环境承载能力受要素制约显著，且空间分异十分突出，多种约束类型相交织，其中生态约束、地形约束、耕地约束分布最广，且具有全局性影响，三者合计占精细评价区总面积的60%以上（图7-5）。此外，断层约束和地灾约束的比重分别为4%和7%，尽管比重相对较低，但由于区内人口和居民点密度较高，其对国土开发的影响不容忽视。

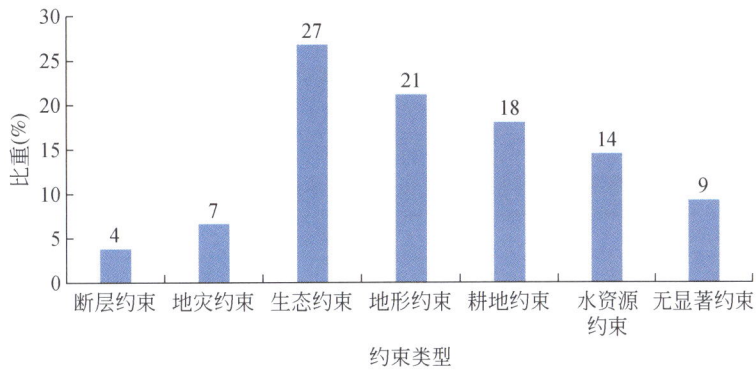

图 7-5　精细评价区各类资源承载能力约束区比重

具体分布图如图 7-6 所示，无显著约束区主要分布于昭鲁坝区；断层约束区沿断层线呈条带状分布，在鲁甸县和巧家县的分布密度较高；地灾约束区主要分布于牛栏江和金山江两岸及周边的高山峡谷区；生态约束区主要位于境内主要自然保护和水源涵养林区；土地资源中的地形约束区集中分布于五莲峰及其余脉山地区，在构造侵蚀十分发育的高中山地区呈现零散条状分布；土地资源的耕地约束区主要位于昭鲁坝区，不难看出，区内较适宜集约利用的国土空间本就十分有限，而较高的垦殖率进一步约束了土地建设与利用；水资源约束区的空间分布主要属于地形起伏度较高、工程取水条件较差的地区。

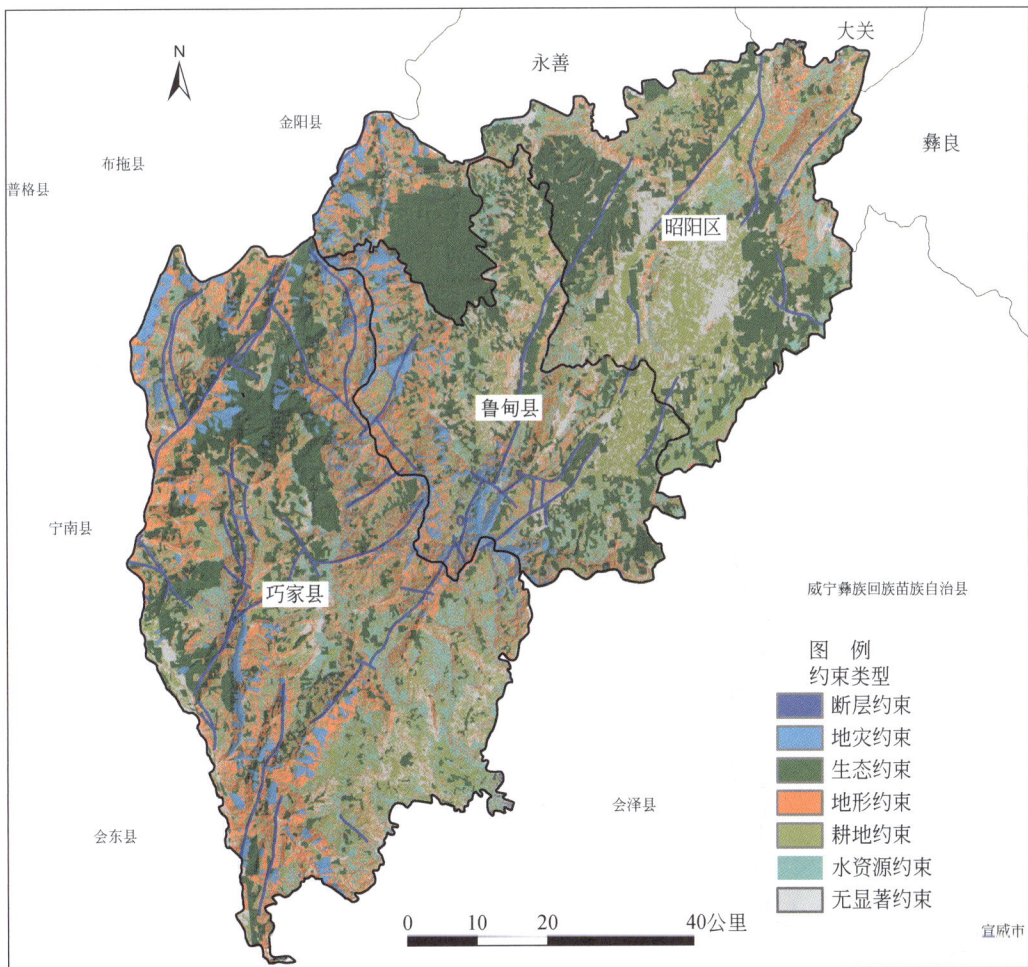

图 7-6　精细评价区栅格尺度资源环境承载能力约束区分布

对比昭阳区、鲁甸县和巧家县的约束类型面积（表7-4），中心城区昭阳区无显著约束区的面积和比重均较高，分别为286.39平方公里和13.24%，同时，其耕地约束的比重也高于其他两县域。鲁甸县资源环境承载能力的主导约束类型主要包括生态约束型和耕地约束型，巧家县则以生态约束和地形约束面积分布最广。

表7-4　精细评价区栅格尺度资源环境承载能力约束类型划分结果

约束类型	鲁甸县		巧家县		昭阳区	
	面积（平方公里）	比重（%）	面积（平方公里）	比重（%）	面积（平方公里）	比重（%）
断层约束	57.05	3.84	152.26	4.76	51.38	2.38
地灾约束	136.92	9.22	267.36	8.36	47.34	2.19
生态约束	366.48	24.67	703.59	22	761.17	35.19
地形约束	278.67	18.76	882.15	27.59	285.07	13.18
耕地约束	302.93	20.39	447.96	14.01	481.09	22.24
水资源约束	193.5	13.02	545.71	17.07	250.61	11.59
无显著约束	149.23	10.04	198.8	6.22	286.39	13.24

除栅格单元外，还划定了精细评价区行政村（社区）单元的约束类型，如图7-7所示。精细评价区的资源环境承载能力约束程度沿昭鲁坝区向外围山区圈层式扩散。其中，无显著约束型村社的比重仅为20.3%，主要位于坝区以及巧家县东南部。综合约束型村社比重达30.2%，分布于巧家县和鲁甸县牛栏江及金沙江沿岸，在昭阳区西侧和东北侧也有少量分布。

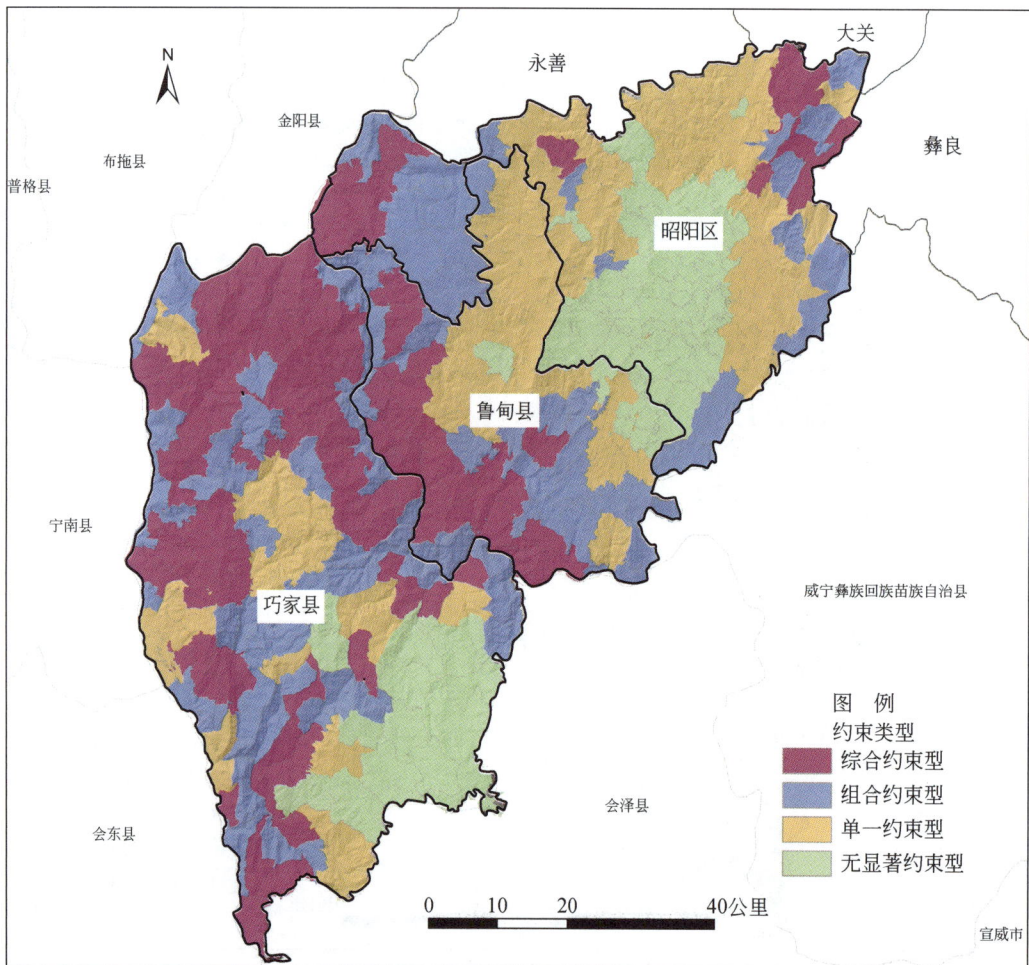

图7-7　精细评价区村社单元资源环境承载能力约束类型分布

第二节　国土空间开发适宜性评价

国土空间开发适宜性主要是指在资源环境承载能力约束下，国土空间承载工业化和城镇化的适宜程度。通过国土空间开发适宜性评价，将国土空间划分为高适宜区、中适宜区、低适宜区以及不适宜区，为昭通市制定分区管制措施及空间利用建议提供依据，也为不同尺度采取国土综合整治、经济投入、政策指引等手段以提升区域承载能力提供决策支撑，最终促进昭通市在"十三五"时期形成经济发展与人口资源环境相协调的空间均衡格局。

1. 评价方法

国土空间开发适宜性评价以资源环境承载能力要素评价为基础，采用分步式判别方法，按照"反规划"理念依次开展不适宜区、高适宜区、中适宜区以及低适宜区评价。具体流程如图7-8所示。

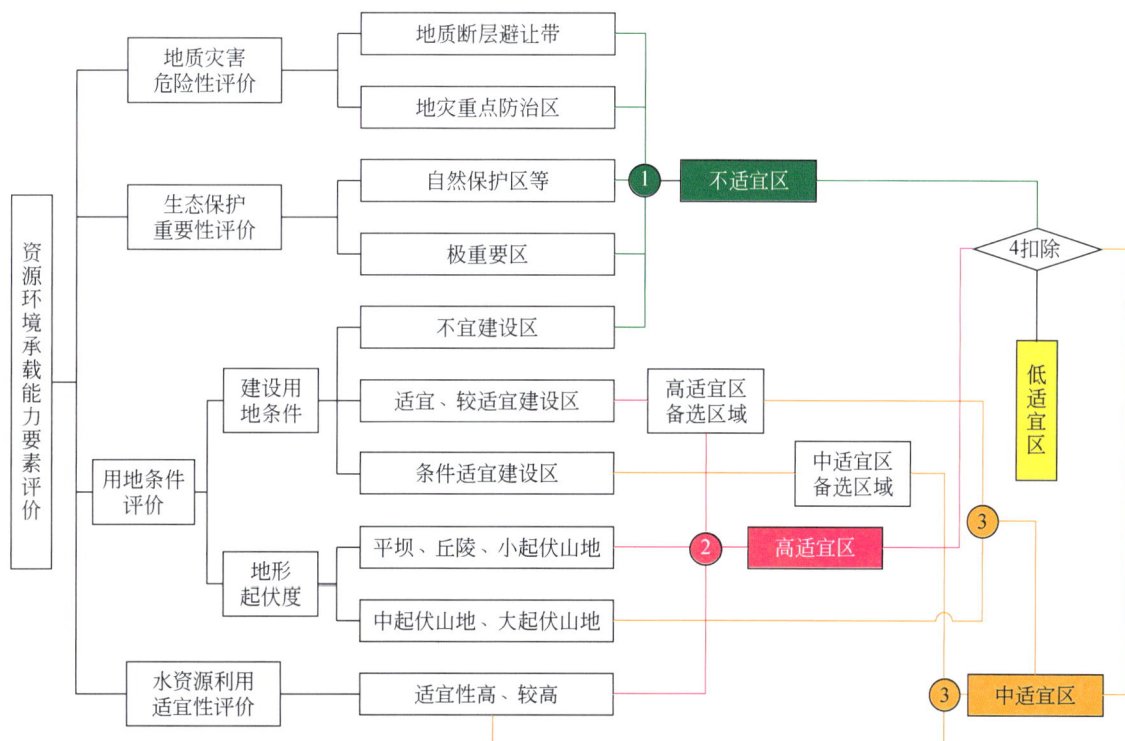

图7-8　国土空间开发适宜性评价流程

（1）确定国土空间开发不适宜区

首先，按照国外经验和国家标准，将地质断层避让带设为断层线两侧各100米的缓冲区，确定为国土空间开发的不适宜区，该类型范围内大中型工程或居民点的"禁建带"。同时，本着"安全第一"的原则，还将地质灾害危险性评价的重点防治区确定为不适宜区，该区内应远离陡峭沟谷、强风化和构造破碎等不稳定地质构造，积极避让避免重大次生地质灾害隐患，并密切重视人类工程活动对次生灾害加剧的影响。然后，将生态保护重要性评价的最高级和法定自然保护区确定为不适宜区，该类型区严格保护重点生态系统，禁止高强度人类活动干扰，维护区域生物多样性。进一步地，将土地资源单项评价划定的受地形条件显著限制的陡坡地（大于25°）确定为不适宜区。

（2）确定国土空间开发高适宜区

首先，在国土空间开发不适宜区外，筛选出建设用地条件评价中的适宜建设区、较适宜建设区，且水资源利用适宜性好和较好的区域，作为国土空间开发高适宜区的备选区域。然后，考虑到国土空间开发的集聚化和规模化，绵延成片的适宜建设区、较适宜建设区才具备城镇建设空间拓展潜力。故采用地形起伏度评价结果，将备选区域中的平坝、丘陵和小起伏山地作为城镇建设空间拓展潜力区域，并最终确定为高适宜区。

（3）确定国土空间开发中适宜区

在国土空间开发不适宜区、高适宜区外，将建设用地条件评价中的条件适宜建设区，且水资源利用适宜性好和较好的区域，不具备绵延成片式城镇化布局的中起伏山地、大起伏山地内的适宜建设区、较适宜建设区，以及无需退耕还林的农业耕作区域，确定为国土空间开发的中适宜区。

（4）确定国土空间开发低适宜区

即国土空间开发不适宜区、高适宜区、中适宜区以外的区域，是水土资源条件适宜性均一般、地质灾害危险程度和生态保护重要程度相对较高的区域，是人类活动适宜程度较低，且对自然系统扰动较大的区域类型，较不适宜进行集中性生产生活选址与空间布局。

2. 评价结果

据上述国土空间开发适宜性评价流程，结合昭通市市域实际情况，确定国土空间开发的适宜性分区，包括高适宜区、中适宜区、低适宜区以及不适宜区。结果如图 7-9 所示。

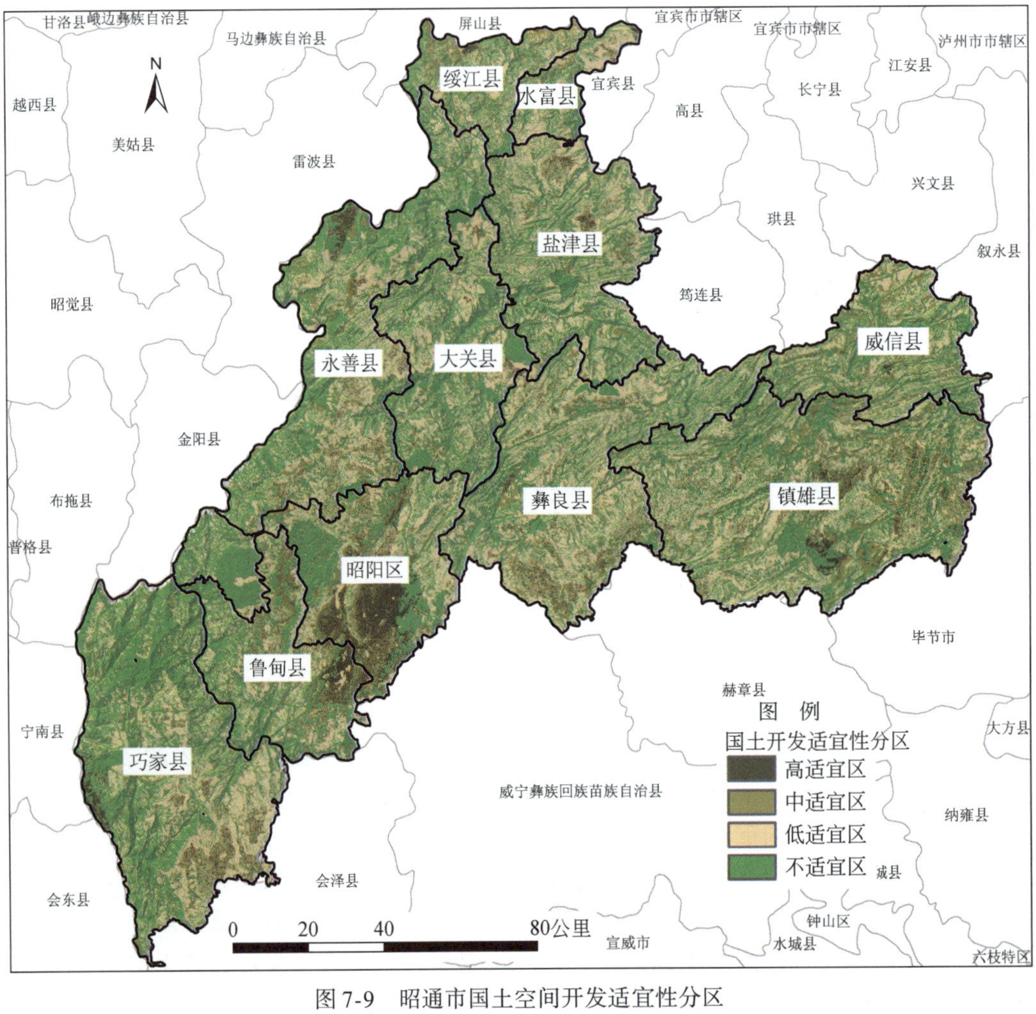

图 7-9　昭通市国土空间开发适宜性分区

（1）昭通市国土空间开发高适宜区十分有限且高度集中于昭鲁坝区

评价结果表明，昭通市国土空间开发高适宜区十分有限，全市高适宜区为806.38平方公里，仅占全市国土总面积的3.63%（表7-5）。从空间分布来看，国土空间开发高适宜区高度集中在昭鲁坝区，在镇雄、巧家、永善、水富、盐津等区县仅呈现零散分布态势。因此，从城镇建设条件和城镇化发育需要的本底条件来看，昭通市应采用集中式城镇化发展和据点式城镇化布局相结合的理念，主要在昭鲁坝区具备集中式城镇化发展模式，而全市其他区域应根据适宜程度，在具有一定规模的高适宜区，如龙树坝子、巧家马树坝子、镇雄坝子、芒部坝子和威信旧城坝子等开展据点式城镇化布局，规避城镇用地与人口规模集疏过程无序蔓延，将国土空间的生态环境保护、资源开发与经济社会发展相协调。

从各区县国土空间开发适宜性统计结果来看，高适宜区占总面积的比重高于全市平均水平的区县仅为昭阳区、鲁甸县和镇雄县，所占比重分别为13.95%、7.12%和3.72%，其中昭阳区、鲁甸县高适宜区占全市全部高适宜区面积的50.26%。进一步表明，昭通市未来城镇化发展应坚持"相对集中适当分散式"的整体思路，一要"集中"，加快昭通市昭通—鲁甸区域的发展，加快昭鲁一体化进程，尽快提高昭鲁地区的人口和经济规模，以中心城区的现代化引领山区整体发展；二要"适当分散"，考虑到本地区地域广阔，人口居住分散，交通不便等特点，还要以小城镇为主体形态，发展基础较好的重点建制镇。

表7-5　昭通市各区县国土空间开发适宜性评价

地区	不适宜区		低适宜区		中适宜区		高适宜区	
	面积（平方公里）	比重（%）	面积（平方公里）	比重（%）	面积（平方公里）	比重（%）	面积（平方公里）	比重（%）
昭阳区	1004.38	46.74	479.66	22.32	364.80	16.98	299.80	13.95
鲁甸县	761.27	51.41	395.63	26.72	218.33	14.74	105.50	7.12
巧家县	1865.58	59.54	953.18	30.42	239.19	7.63	75.51	2.41
盐津县	1084.10	54.26	761.74	38.12	126.52	6.33	25.67	1.28
大关县	1036.25	60.63	540.64	31.63	121.85	7.13	10.26	0.60
永善县	1526.26	55.70	861.67	31.44	286.94	10.47	65.41	2.39
绥江县	376.42	50.61	226.80	30.50	134.88	18.14	5.62	0.76
镇雄县	1686.52	45.87	1160.58	31.57	692.54	18.84	136.77	3.72
彝良县	1293.13	46.45	1045.13	37.54	381.42	13.70	64.53	2.32
威信县	686.42	50.22	442.66	32.39	227.14	16.62	10.50	0.77
水富县	194.13	45.34	192.04	44.85	35.21	8.22	6.81	1.59
昭通市	11514.46	51.97	7059.72	31.71	2828.82	12.69	806.38	3.63

（2）昭通市国土空间具有低适宜或不适宜开发的主导属性

从全市总体来看，全市国土空间具有低适宜或不适宜开发的主导属性。统计显示（图7-10），昭通市国土空间开发适宜性分区中，不适宜区和低适宜区分别为51.97%和31.71%，二者合计占全市国土总面积的八成以上。可见，昭通市应遵循资源环境承载能力的客观约束性，资源环境承载能力较弱、大规模聚集经济和人口条件不够好，应认识到区域生态系统的重要性，按照主导属性确立区域生态服务的主导功能，不适宜进行大规模、高强度工业化和城镇化开发，需要统筹规划和保护的重要区域，这直接关系全省乃至全国更大范围的生态安全。

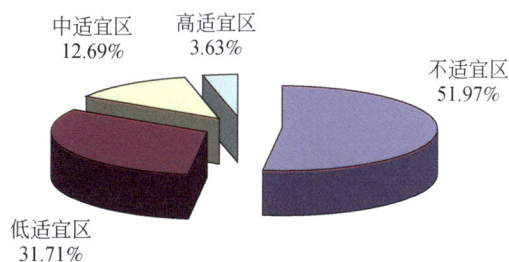

图7-10　昭通市各类国土空间开发
适宜性分区比重

特别在盐津、大关、水富、巧家等区县，不适宜区和低适宜区的比重均在九成以上（图7-11），在这类区县要重点突出水源涵养功能，推进天然林保护和退耕还林，治理水土流失，维护或重建湿地、森林等生态系统。严格保护具有水源涵养功能的自然植被，禁止过度放牧、无序采矿、毁林开荒等行为。加强江河源头及上游地区的小流域治理和植树造林。同时，拓宽农民增收渠道，解决农民长远生计。此外，永善、彝良、威信以及绥江4区县的比重亦大于八成，均高于全市平均水平。

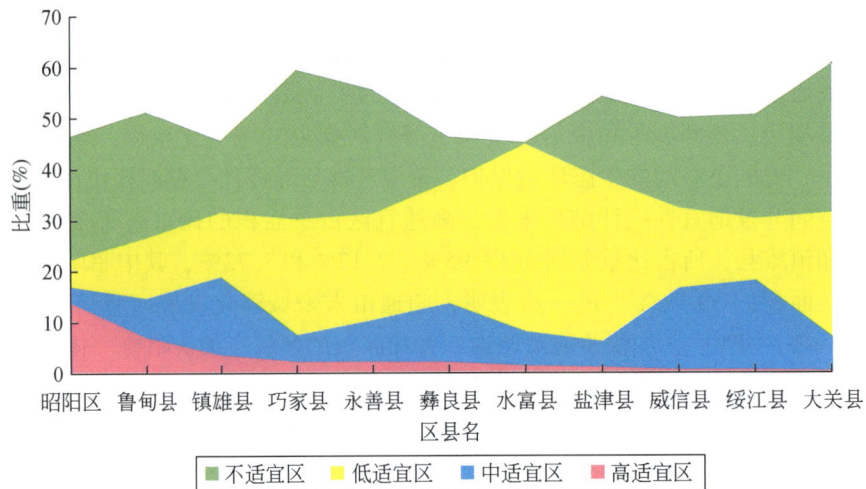

图 7-11　昭通市各区县国土空间开发适宜性分区比重

（3）昭通市乡镇层面国土空间开发适宜性存在巨大差异

乡镇层面各类国土空间开发适宜区比重如图 7-12 所示，高适宜区比重大于 50% 的乡镇均属于昭阳区，包括中心城区街道以及蒙泉、凤凰、太平等镇街，高适宜区比重高于 20% 的乡镇还包括永丰、茨院、桃源、旧圃、文屏、守望、苏家院以及步嘎等乡镇，这些乡镇都位于昭鲁坝区。从不适宜区面积比重看，主要分布于金沙江、牛栏江、洛泽河及横江等主要水系流经乡镇，其中，田坝、东坪、小河、红山、大山包以及大寨等乡镇的不宜建设区比重均高于 80%。

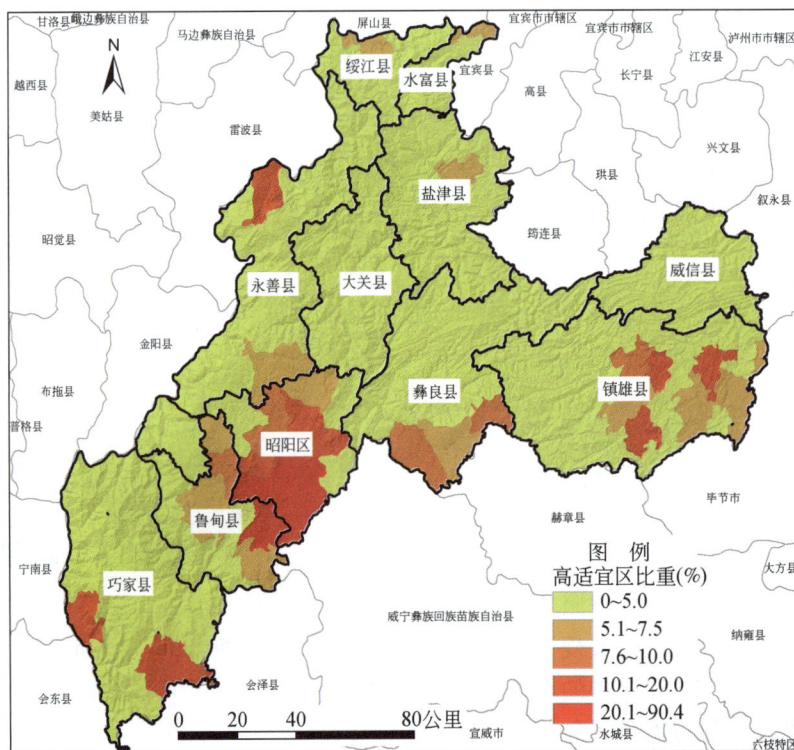

(a)高适宜区比重

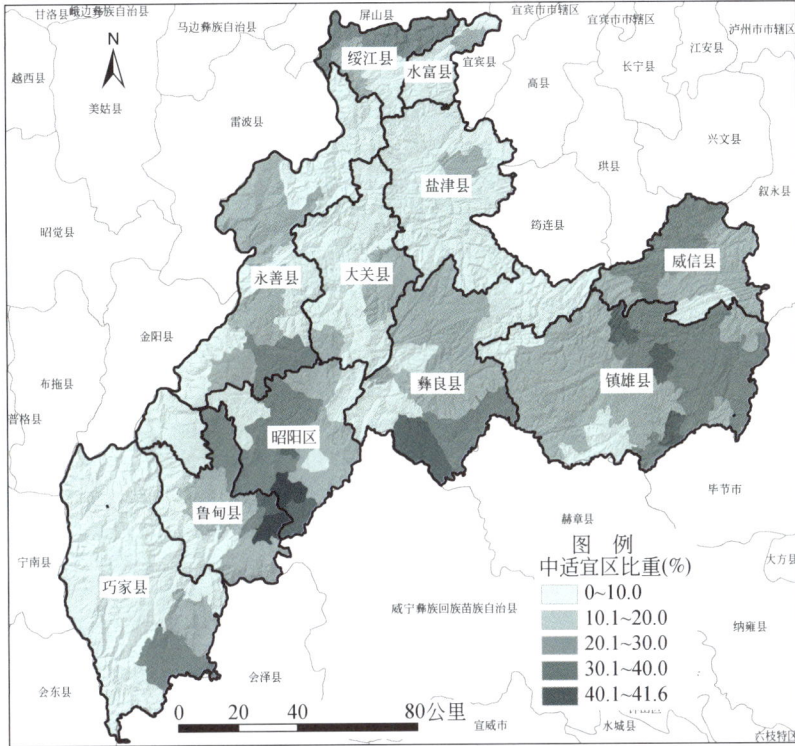

(b)中适宜区比重

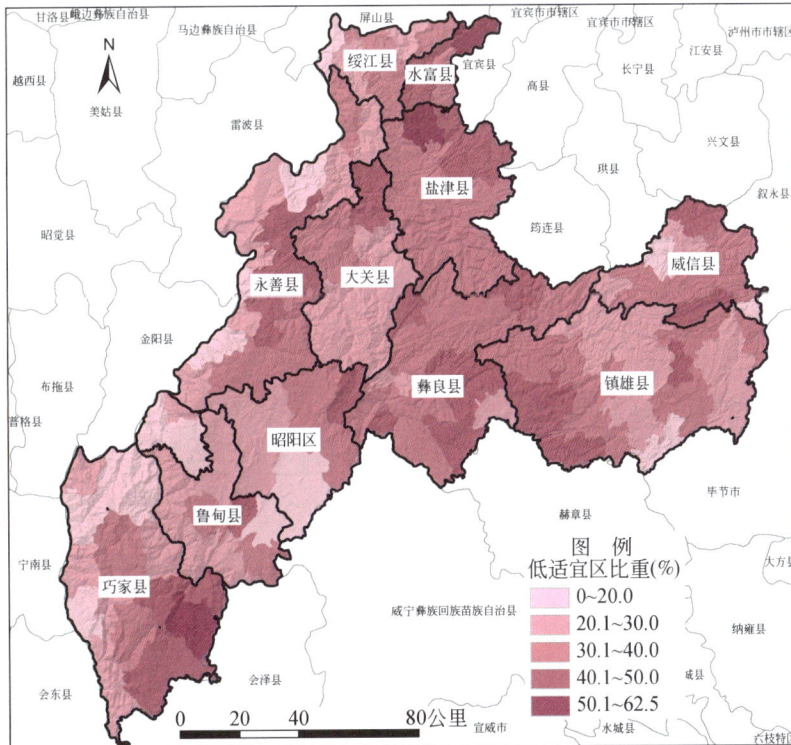

(c)低适宜区比重

201

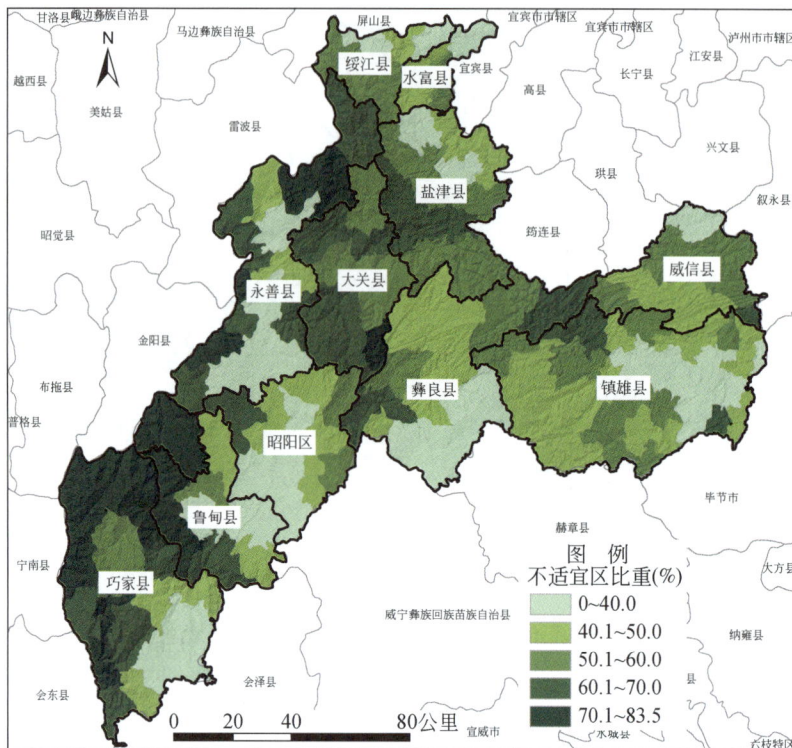

(d)不适宜区比重

图 7-12　昭通市乡镇层面各类国土空间开发适宜区比重

由于昭通市乡镇层面的国土空间开发适宜程度存在巨大差异，亟须因地制宜地进行分类空间管制，对于高适宜区，应在不违背国家法律、法规的基础上，适当放宽人口和产业的管制约束，适当扩大用地供给和环境容量的指标分配，给予优先发展的机会，促进其加快工业化和城镇化发展。而对于中低适宜区，要提高项目准入门槛，实行严格的土地和投资控制，引导其进行生态环境建设和生态旅游开发。同时，在开发建设过程中，要处理好高、中适宜区同低适宜区、不适宜区之间的关系，充分利用后两者的生态隔离功能，加强空间引导，不断优化其人居环境。不适宜区对应极其重要的生态功能保护区，多是依法设立的各级各类自然文化资源保护区域，需要特殊保护，应加大管理力度，禁止工业化、城镇化开发建设。

第三节　资源环境承载能力与国土开发格局耦合分析

1. 昭通市是我国资源环境承载能力最弱的地区之一，近年来区域人口容量严重超载局面凸显

昭通市位于乌蒙山区、金沙江干热河谷区域，是我国自然地理条件最恶劣、资源环境承载能力最弱的区域之一。昭通市总人口为 592 万人，国土面积为 2.3 万平方公里，人口密度为每平方公里 257 人。全市山区面积占 72.5%，河谷区占 23.8%，坝区占 3.7%，仅有高产田 127.66 万亩，人均仅有 0.2 亩，人口承载压力巨大。评价进一步显示，全市国土空间具有低适宜或不适宜开发的主导属性，在昭通市国土空间开发适宜性分区中，不适宜区和低适宜区分别为 51.97% 和 31.71%，二者合计占全市国土总面积的八成以上。境内国土空间开发高适宜区十分有限，全市高适宜区面积为 806.38 平方公里，仅占全市国土总面积的 3.63%。从空间分布来看，国土空间开发高适宜区高度集中在昭鲁坝区，在镇雄、巧家、永善、水富、盐津等区县仅呈现零散分布态势。

近年来，地震多发、水电建设等进一步减弱了鲁甸地震灾区的资源环境承载能力。云南省七大地震

带中有两条经过昭通市，5 级以上地震在过去 10 年中发生 10 次，其中 5 次发生在近 3 年，具有"频度高、强度大、分布广、震源浅、灾害重"的特点，进一步加剧了地形破损、地表松散的程度。2014 年 8 月 3 日的鲁甸地震造成极大破坏，极重灾区受灾面积为 1519 平方公里，受灾人口为 39.32 万人，重灾区受灾面积为 9322 平方公里，受灾人口为 58.43 万人。昭通市新增地质灾害隐患点 793 个，使全市地震灾害隐患点达到 4033 个。金沙江下游溪洛渡、向家坝、白鹤滩 3 座巨型水电站的开发，淹没昭通市 25.1 万亩土地，需搬迁安置移民 16 万人。一大批迁复建项目占用了大量土地，使库区的耕地资源急剧减少。

2. 昭通市城镇化发展与区域资源环境承载能力尚不匹配，昭鲁坝区等国土开发适宜性高的区域城镇化扩张潜力未能充分发挥

比较各区县可看出，目前昭通市城镇化发展与资源环境承载能力的协调性不足，即在国土开发适宜程度高的地区城镇化扩张的潜力未能充分发挥。用国土开发适宜程度与城镇化规模匹配系数（高适宜区面积占全市比重/城镇人口占全市比重）表示城镇化水平与国土开发适宜性的匹配情况。当匹配系数等于 1 时，表明城镇化水平与国土开发适宜性匹配状况较好；当匹配系数大于 1 时，表明二者匹配状况失衡，系数越大城镇人口规模越高于国土开发适宜程度；当匹配系数小于 1 时，表明二者也处于失衡状况，系数越小城镇人口规模越低于国土开发适宜程度，由于具有较强承载能力支撑，其城镇化潜力有待释放。昭阳区、鲁甸县的匹配系数分别为 0.62 和 0.47（表 7-6），为昭通各区县最低，进一步说明尽管两区县具备较强的承载能力支撑优势，但对全市城镇化的贡献相仍不高，未来需要加强城镇化发展潜能挖掘。此外，大关县、绥江县、威信县、水富县 4 县的匹配系数均大于 3，其中，最高的绥江县达到 5.83，表明这类区县的城镇规模已经远大于资源环境支撑能力，未来城镇化发展的潜力十分有限。

表 7-6　昭通市经济社会与资源环境承载能力匹配分析

地区	高适宜区面积占全市比重（%）	城镇人口占全市比重（%）	国土开发适宜程度与城镇化规模匹配系数	年末耕地资源占全市比重（%）	农业产值占全市比重（%）	耕地资源丰度与农业产值规模匹配系数
昭阳区	37.18	22.89	0.62	15.48	18.20	1.18
鲁甸县	13.08	6.18	0.47	8.57	9.24	1.08
巧家县	9.36	6.72	0.72	12.01	13.72	1.14
盐津县	3.18	5.81	1.83	7.01	4.60	0.66
大关县	1.27	5.02	3.94	5.08	3.45	0.68
永善县	8.11	8.30	1.02	8.81	10.10	1.15
绥江县	0.70	4.06	5.83	2.76	2.30	0.83
镇雄县	16.96	24.41	1.44	21.39	15.18	0.71
彝良县	8.00	7.20	0.90	10.76	17.18	1.60
威信县	1.30	6.08	4.67	6.29	4.77	0.76
水富县	0.84	3.33	3.95	1.84	1.26	0.69

另外，运用耕地资源丰度与农业产值规模匹配系数（年末耕地资源占全市比重/农业产值占全市比重），测度昭通市耕地资源与农业产出水平的匹配情况。结果显示，昭通市大部分区县耕地资源产出效率较低，虽然区县的总耕地面积较高，但由于受到山地地形限制、耕作水平、技术水平等因素的影响，昭通市农业生产经营粗放，较高的耕地垦殖率难以带来农业经济的高回报，特别在盐津县、大关县、镇雄县、威信县、水富县等区县尤为突出。因此，陡坡开垦不仅造成水土流失问题，有悖于生态环境保护，而且实际的产出效率低下。对低效坡耕地退耕还林、集约高效利用优质耕地、经济发展林下经济，实行农村产业结构调整，推进农业集约化、产业化进程，是耕地资源现状对昭通市发展现代农业的迫切需要。

3. 昭通市人口快速增长过程显著增强了资源环境负荷，贫困人口高密度分布格局导致人地矛盾进一步加剧

昭通市人口快速增长过程给昭通市本来就较低的承载能力带来巨大压力，居民为满足基本生存需要而进行长期过度开垦，导致水土流失问题严重。新中国成立初期，昭通市人口约176.86万人（1950年），至2012年人口达到529.6万人，每平方公里的人口密度为227人，2014年人口达到592万人，每平方公里257人。同时，昭通市资源环境承载力各构成要素间联系紧密，人口发展、经济增长、污染物排放等承载对象的压力，易触发区域生态系统、地质环境、环境容量等承载体的响应，使之受到水土流失与土地石漠化威胁，造成生态环境退化、人地关系失调，大部分人口被束缚在当地进行粗放式农业生产。统计显示，全市水土流失面积和石漠化面积分别占全市国土面积的49%和23.3%。林草植被的破坏使水源涵养能力减弱，滑坡、泥石流、水土流失、旱涝等自然灾害年年发生。人均耕地面积逐年减少，由1952年的2.60亩下降到2010年的0.72亩。超载的人口负荷，97%的山地实情，决定了400余万农业人口在恶劣的自然条件和生态环境重压下进行生产和生活，加大了脱贫的难度。

昭通市贫困人口相对集中在高寒山区和江边干热河谷地区。从垂直分布来看（图7-13），在不同的海拔都存在贫困人口集中的区域。在昭通市被列入云南省重点扶持村的460个特困行政村中，大于2000米的高寒山区88个，1500~2000米的高二半山区140个，1200~1500米的二半山区91个，小于1200米的江边河谷地区141个。其中，高寒山区的扶贫难度最大，一方面该地区气候寒冷、生态环境恶劣、农作物产量很低，不少地方已基本丧失生存条件；另一方面居民居住特别分散，基础设施严重落后。高二半山区和二半山区是主要粮食作物区，只要保证足够的经济投入，扶贫工作相对好开展一些。而牛栏江、沙坝河河谷地区由于地形具有明显的山高坡陡特征，主要面临工程性缺水的问题，饮用水和灌溉用水可达性较差，需要加大水利工程的投入力度，扭转目前水利基础设施薄弱的局面。

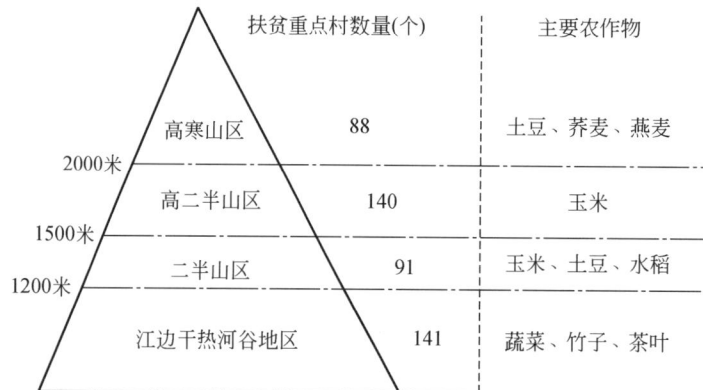

图7-13　昭通市贫困人口的空间分布格局

从水平分布来看，昭通市的贫困人口主要分布在两大片区。① 西南部亚高山地区。本区包括巧家县、鲁甸县的全部和昭阳区、永善县的一部分，属于高温干旱区。其中，金沙江、牛栏江沿岸为典型干旱燥热区，旱灾成为本区经常性、普遍性灾害，严重制约了农业发展和人民生活水平的提高。②东部中山地区。本区位于乌蒙山腹心地段，包括镇雄县、威信县的全部和彝良县的一部分。人口压力大是造成本区贫困集中的一个重要原因。镇雄县是突出的案例。2010年镇雄的总人口达到150.4万人，人口密度为393人/平方公里；按照农民人均纯收入2300元的脱贫标准计，截至2010年年末，全县还有贫困人口120万人，约占全市贫困人口的1/3和全省的1/10。越是贫困地区就越容易陷入"人口增长—贫困加剧—生态退化"的恶性循环（图7-14），导致区域发展生态供给能力降低，农业生产潜力下降，引起贫困问题长期存在。

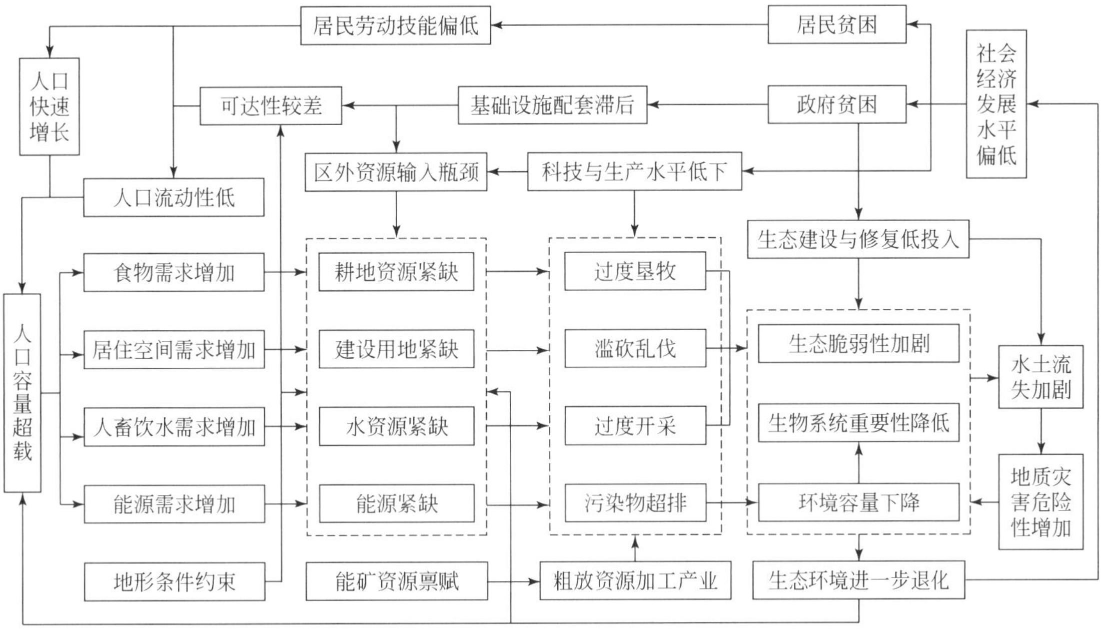

居民劳动技能偏低　　　　居民贫困

人口快速增长　　可达性较差　←　基础设施配套滞后　←　政府贫困　　社会经济发展水平偏低

人口流动性低　　区外资源输入瓶颈　←　科技与生产水平低下

食物需求增加　　耕地资源紧缺　→　过度垦牧　　生态建设与修复低投入

居住空间需求增加　　建设用地紧缺　　滥砍乱伐　　生态脆弱性加剧　　水土流失加剧

人口容量超载　　人畜饮水需求增加　　水资源紧缺　　过度开采　　生物系统重要性降低　　地质灾害危险性增加

能源需求增加　　能源紧缺　　污染物超排　　环境容量下降

地形条件约束　　能矿资源禀赋　→　粗放资源加工产业　　生态环境进一步退化

图 7-14　昭通市贫困区资源环境承载能力要素响应示意图

4. 昭通市生态环境恶化趋势已得到初步遏制，但与"生态文明建设排头兵"的标准仍有较大差距

由于昭通市开发历史悠久，经济发展落后，粗放的资源利用和经济增长方式给本已十分脆弱的自然生态环境带来了巨大的压力。1975 年进行第二次森林资源清查时，昭通市全区有林地面积仅有 222 万亩，活立木蓄积量为 814.2 万立方米，有林地覆盖率仅 6.7%。山区群众生产生活燃料短缺、人畜饮水困难，生态环境极端恶化，滑坡、泥石流等自然灾害频繁，水土流失极其严重，水土流失面积达 12307.93 平方公里，占全市国土面积的 54.9%，分别高出全国、全省 12 个百分点和 13 个百分点，昭通市成为长江泥沙的主要策源地之一。进入 20 世纪 90 年代，以天然林资源保护工程、退耕还林工程、农村能源、生物多样性保护、石漠化综合治理等重点生态工程为依托，昭通市生态环境进入稳步发展阶段，有林地面积每年以 50 万亩的速度递增，森林覆盖率每年增加一个百分点以上，水土流失面积平均每年以一个百分点的速度下降。在生物多样性保护方面，截至 2012 年，全市已建自然保护区 16 处，总面积为 1416.3 平方公里，占全市国土面积的 6.32%，基本涵盖了昭通市 95% 的陆地生态系统类型、90% 的野生动物种类、90% 的野生动物种类和 90% 的高等植物种类，有效保护了重点保护野生动物的主要栖息地和重点保护野生植物的主要分布地。总体来看，昭通市国土绿化步伐明显加快，森林资源大幅增长，林分质量大幅提高，森林生态功能显著增强，生态环境恶化趋势已得到初步遏制。

与此同时，作为云南省争当全国"生态文明建设排头兵"的重要组成部分和保护长江中下游生态环境的重要屏障，昭通市目前的生态环境格局仍然有较大差距。尽管昭通市大力实施水土流失治理，但该区域的水土流失对金沙江下游河道的影响并没有减弱。从控制水文站监测数据可以看出，屏山站位于昭通市的下游，在 2006~2010 年，虽然年径流量均偏小（2008 年除外），但年平均输沙量、年平均含沙量与 2000 年左右相比，没有出现明显的变化，屏山站下游的朱沱站、寸滩站也有类似的规律，这说明屏山站以上流域仍然是金山江下游河道的主要泥沙源，屏山站至宜昌站河段则影响较小。另外，数据显示，三峡库区下游的宜昌站在这 5 年期间，年均输沙量、年平均含沙量明显降低，说明上游的泥沙主要沉积于三峡库区，从泥沙年平均中值粒径来看，在此期间，三峡库区的泥沙淤积仍以粗颗粒为主。因此，在攀枝花至屏山站之间的汇水区，包括昭通市金沙江南北两岸，应该进一步开展长江上游生态屏障建设，推动生态环境持续改善，主要生态系统步入良性循环，森林覆盖率进一步提高，使国家生态安全屏障功能更加牢固。

5. 昭通市经济社会格局优化面临诸多资源环境瓶颈，需要国家重点扶持与地方自力更生协同突破

综合评价结果表明，昭通市资源环境承载能力普遍受到水土地资源、生态与地质环境等要素制约，且多种资源环境约束类型相叠加交织。在"十三五"时期，昭通市要实现经济社会的跨越式发展面临着诸多资源环境瓶颈，需要把生态修复、国土整治作为未来区域可持续发展的重要任务，而开展资源环境综合整治需要大量的资金、人力与技术投入。例如，在林业生态建设方面，昭通市森林资源总量不足，生态环境仍然脆弱，水土流失和石漠化面积占比较高，二者分别占全市国土面积的49%和23.3%；森林覆盖率分别比全省的52.93%水平低20.33个百分点；人均有林地面积仅3亩，人均活立木蓄积量仅6.7立方米。省委、省政府要求到2015年全省森林覆盖率达55%以上，昭通市生态任务仍然十分艰巨。当前的生态建设重点区域主要集中在石漠化严重区、干热河谷区和高寒冷凉的高二半山区，这些区域因自然和立地条件差，建设成本高，生态建设推进速度比较缓慢。同时，现行生态建设投资标准低但质量要求高，目前林业重点工程建设投资标准为人工造200元/亩，封山育林70元/亩，因物价、劳力上涨因素，加上实施区域自然和立地条件较差，交通不便，质量要求较高，建设成本增高，当前的投资标准难以满足建设质量要求。

但是，昭通市地处乌蒙山集中连片特殊贫困地区的腹心地带，全市11县区除水富县外，其余10个县区均为国家重点扶持贫困县和乌蒙山昭通片区特困县，贫困面大、贫困程度深，群众自我积累少、自我发展能力弱，仅靠自身投入与建设难以长期有效保障昭通市资源环境综合整治工作，需要国家重点扶持与地方自力更生协同突破。统计结果显示，2013年全市地方公共财政预算收入47.5亿元，地方公共财政预算支出完成261.13亿元，地方财政支出绝大部分靠转移支付。市县财政对上级财政的依赖程度近90%，2013年全市农村居民人均纯收入为4602元，仅为全国农村居民人均纯收入8896元的51.73%，按照2300元的新贫困标准，全市592万人口中，有309万人属于贫困人口。未来，应在中央、省级政府主导下，进一步加大退耕还林力度的同时，实行资源有偿使用制度和生态补偿制度。加快自然资源及其产品价格改革，全面反映市场供求、资源稀缺程度、生态环境损害成本和修复效益。发展环保市场，推行节能量、碳排放权、排污权、水权交易制度，建立吸引社会资本投入生态环境保护的市场化机制，把贫困区百姓收入、地方财政收入同水电优势资源开发与生态保护效益相挂钩，实现同步增长。

第四节 国土空间开发功能区划

国土空间开发功能区划应主动承接云南省主体功能区划对昭通市及各区县的功能定位，基于生态文明理念，结合现状国土功能，前瞻性、全局性地把握好资源环境承载能力约束类型以及人口和经济的基本格局，在国土空间开发适宜性评价的基础上，科学合理地开展昭通市国土空间开发功能区划。

1. 区划目标与准则

（1）保护生态

立足昭通市不适宜或低适宜开发的主导属性，根据《云南省主体功能区规划》和各类上位生态环境规划要求，始终坚持生态环境保护优先的原则，保护好、维护好"生态"品牌和"生态"优势，不以生态环境为代价换取经济增长，在提升可持续发展能力的基础上推进工业化和城镇化。严格控制人为因素对自然生态和文化自然遗产原真性、完整性的干扰，严格管制不符合功能定位的各类开发活动。保证生态保护为主的类型区域在昭通市总面积中占有相当比重，在生态保护优先的前提下，为其他功能区留有发展空间。

（2）优化结构

面向昭通市国土开发高适宜区十分有限且高度集中于昭鲁坝区的基本现实，积极树立精明增长理念，合理调整功能结构，促进土地集约利用，高效配置存量用地，提升空间利用效率，形成紧凑、集约、高效的全方位、多层次空间布局框架。根据不同区域的资源环境承载力、开发强度和开发潜力，合理确定不同地区的功能属性，立足未来经济联系、人口流动、生态联系等的发展走势，确定开发空间格局，促进昭通市区域发展模式从传统的外延型、粗放型转向集约型、节约型。

（3）复合功能

针对昭通市国土空间开发适宜程度显著的空间差异性，综合功能分区在强调主导功能的前提下，允许在其下一层次并存其他多种功能属性。这些功能属性可能分为两种类型，一种类型是与主导功能相一致，起到强化主导功能的作用，如生态建设区中的重点生态保育区。另一种类型是与主导功能相背离，弱化主导功能的作用，如生态建设区中的休闲度假与旅游区、据点式城镇发展区等，这种类型区域所占面积比较小，对主导功能的影响并不十分强烈，否则应划定为另一种类型区。

（4）逐步实施

功能区建设直接关系到昭通市未来的经济转型以及区域经济协调发展。应该从政府财政支付能力、社会承受能力、居民满意程度等多方面，考虑功能区建设的实施过程和进度安排。在尊重自然规律和经济社会发展规律的基础上，统筹各方面的利益关系，避免一蹴而就的做法。例如，人口产业集聚区的建设应该以产带人，要积极引导园区发展形成规模集聚，从而带动人口向区内集中，还要增强城市基础设施、公共服务对区内人口的承载能力，推动居住与交通站点的合理布局与综合利用开发，营造优越宜居舒适的人居环境，促进城镇化与工业化协同发展。

在国土开发适宜性评价结果的基础上，确定人口产业集聚区、农业发展区和生态建设区三大功能类型。人口产业集聚区的确定主要考虑水资源、土地资源、地理区位条件、经济发展水平、人口集聚程度等要素，并进一步划分为重点集聚区和适度集聚区。农业发展区的确定主要考虑水资源、土地资源、退耕还林格局、垦殖现状、生态重要性等要素，进一步划分为高效农业区和特色农林区。生态建设区的确定则主要考虑生态重要性、环境胁迫度、地理区位条件等要素，划分为生态保育区和生态修复区两个亚类。昭通市国土空间开发功能区划方案如表 7-7、图 7-15 所示。

表 7-7　昭通市国土空间开发功能区划分结果

功能类型	乡镇个数		面积	
	数量（个）	比重（%）	数量（平方公里）	比重（%）
人口产业集聚区	30	17.65	2997.83	13.36
重点集聚区	13	7.65	698.23	3.11
适度集聚区	17	10.00	2299.60	10.25
农业发展区	55	32.35	7594.02	33.84
高效农业区	23	13.53	2802.96	12.49
特色农林区	32	18.82	4791.07	21.35
生态建设区	85	50.00	11847.93	52.80
生态保育区	30	17.65	3904.49	17.40
生态修复区	55	32.35	7943.44	35.40

2. 人口产业集聚区

人口产业集聚区是未来承接昭通市人口产业发展的主要区域，用以提升区域核心竞争力。昭通市属人口产业集聚区的乡镇合计 30 个，占全部乡镇的 17.65%，其面积为 2997.83 平方公里，占总面积比重为 13.36%。具体包括重点集聚区和适度集聚区两类（图 7-16）。

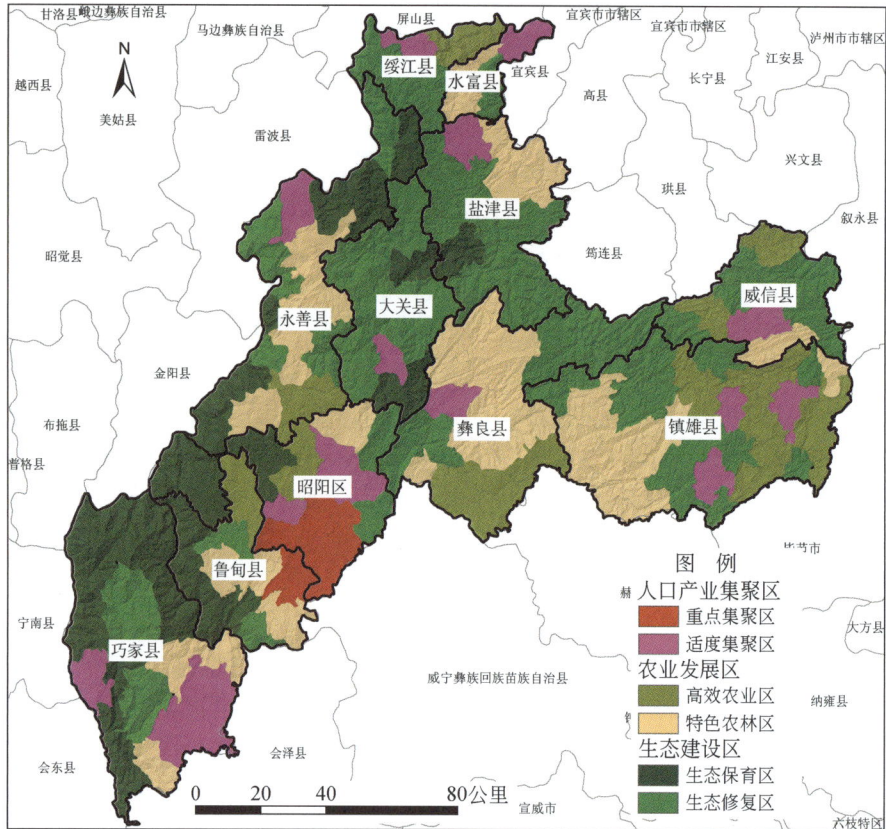

图 7-15　昭通市国土空间开发功能区划方案

（1）重点集聚区

重点集聚区是城镇重点发展区、大型产业园区等高强度国土开发活动布局的核心地区。具体包括高适宜区面积大于 20% 的乡镇，共 13 个乡镇街道，占总面积比重为 3.11%。主要分布于昭鲁坝区，含昭阳区的凤凰、蒙泉、旧圃、土城、永丰、苏家院等乡镇，还包括鲁甸县的文屏、桃源、茨院 3 乡镇。

（2）适度集聚区

适度集聚区是开展据点式城镇发展和特色化产业园布局的主要地区，宜于适度开展高强度国土开发活动。具体包括高适宜区面积大于 10% 的乡镇、高适宜区面积大于 5% 且中适宜区面积大于 20% 的乡镇或低适宜区面积大于 50% 的乡镇，共 17 个乡镇街道，占总面积比重为 10.25%。主要分布于昭鲁坝区边缘的乐居、青岗岭和北闸 3 乡镇，巧家县的马树、老店、新华 3 乡镇，镇雄县的乌峰、尖山、以勒 3 乡镇，水富县的云富镇和楼坝镇，还分布于其他区县的县政府驻地所在乡镇。

3. 农业发展区

农业发展区是充分发挥昭通市现有农业优势、树立全国农业品牌形象的先导区域，是农业现代化与城镇化互动发展的主要空间载体。昭通市属农业发展区的乡镇合计 55 个，占全部乡镇的 32.35%，其面积为 7594.02 平方公里，占总面积比重为 33.84%。具体包括高效农业区和特色农林区两类（图 7-17）。

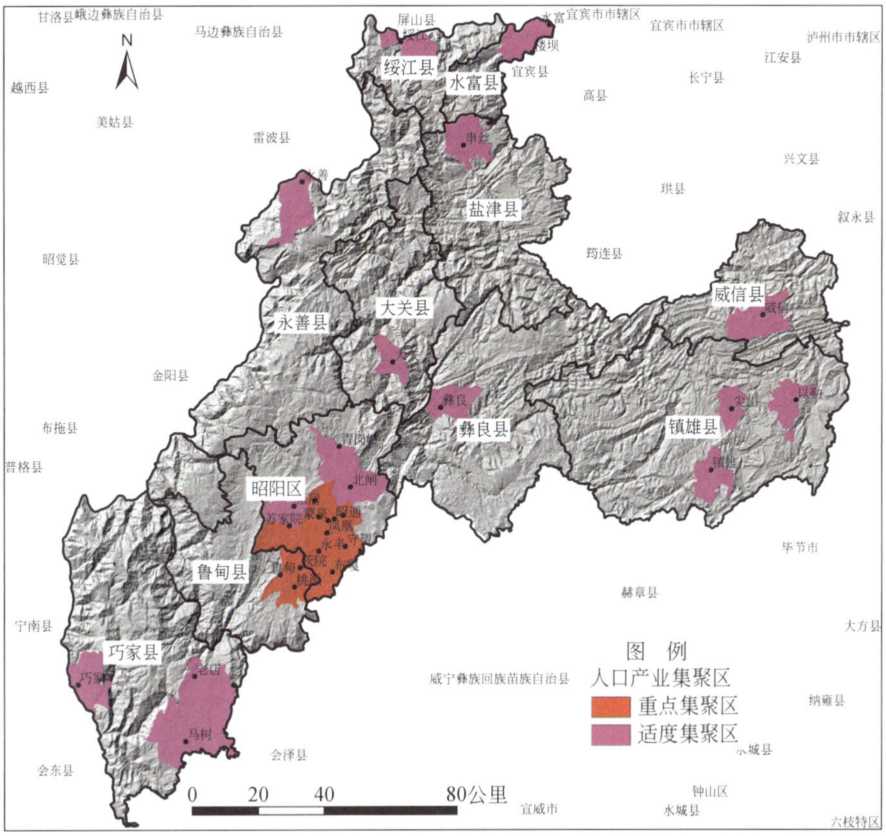

图 7-16　昭通市国土空间开发功能区划之人口产业集聚区

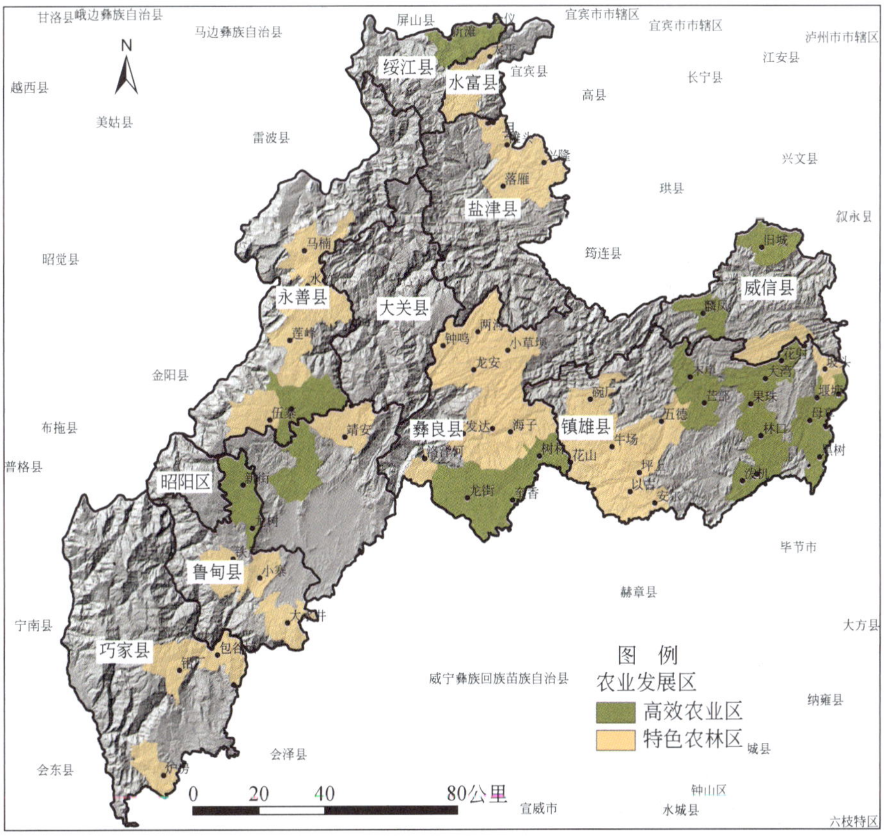

图 7-17　昭通市国土空间开发功能区划之农业发展区

（1）高效农业区

高效农业区是突出规模效应，强调稳定粮食生产，调整农业结构，推进农业区域化布局、规模化经营的主要区域，含粮食主产区、绿色食品供给区、新型乡村社区等。具体包括中适宜区面积大于 20% 的乡镇，共 23 个乡镇街道，占总面积比重为 12.49%。主要分布于镇雄县东部的芒部、泼机、黑树、母亨、大湾、仁和等乡镇，含彝良县南部的龙街、奎香、树林等乡镇，以及昭鲁坝区的龙树、茂林、洒渔等乡镇，金沙江畔的新滩镇和会仪镇。

（2）特色农林区

特色农林区是特色经济作物种植养殖基地和生态休闲农业为主的现代特色农业发展区。具体包括中适宜区面积小于 20% 的乡镇，共 32 个乡镇街道，占总面积比重为 21.35%。主要分布于镇雄县、永善县、彝良县、盐津县、巧家县等乡镇的小起伏山地和丘陵区。

4. 生态建设区

生态建设区具有加强水源涵养、实现生态保育的主导功能，是履行国家生态安全屏障功能、提升区域生态环境质量的重要组成部分。昭通市生态建设区的乡镇合计 85 个，占全部乡镇的 50%，其面积为 11847.93 平方公里，占总面积比重为 52.80%。具体包括生态保育区和生态修复区两类（图 7-18）。

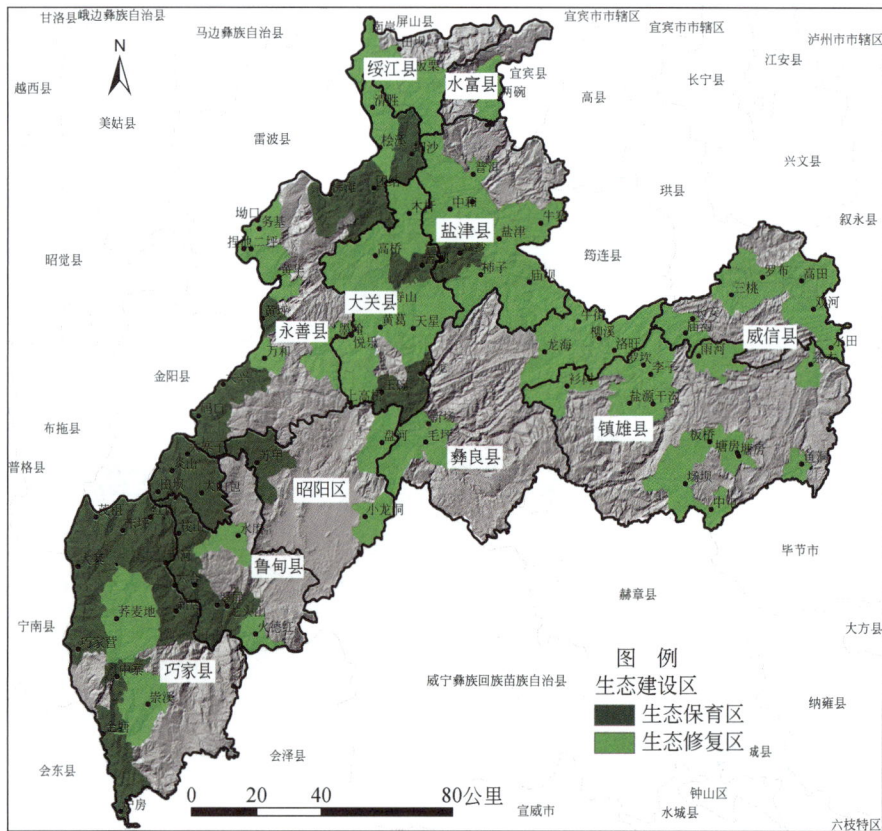

图 7-18　昭通市国土空间开发功能区划之生态建设区

（1）生态保育区

生态保育区包括自然保护区、退耕还林区、世界自然遗产、森林公园、地质公园、风景名胜区等，是贯彻落实昭通市长江上游重要的生态屏障的生态功能定位的战略支撑区域。具体包括不适宜区面积占乡镇总面积 2/3 以上且高适宜区小于 10% 的乡镇，共 30 个乡镇街道，占总面积比重为 17.4%。主要分布于昭通市西部金沙江流域和牛栏江流域的大起伏山地区，其中巧家县含蒙姑、金塘、中寨、大寨等 11 个乡镇，永善县含码口、黄坪、佛滩等 6 个乡镇，鲁甸县含龙头山、翠屏、乐红和梭山 4 乡镇，昭阳区包括西部山区的田坝、炎山、大寨子、苏甲以及大山包 5 乡镇。

（2）生态修复区

生态修复区是未来加强水土流失和石漠化等生态问题治理，提高林草植被盖度和森林覆盖率，增强生态服务功能的重要地区。具体包括不适宜区面积占乡镇总面积一半以上且高适宜区小于 10% 的乡镇，共 55 个乡镇街道，占总面积比重为 35.4%。主要分布于昭通市中部和东部中型或小型起伏山地区域，多属于镇雄、彝良、盐津、威信、大关、绥江等区县（表 7-8）。

表 7-8　昭通市各区县国土空间开发功能区划面积统计

地区	人口产业集聚区				农业发展区				生态建设区			
	重点集聚区		适度集聚区		高效农业区		特色农林区		生态保育区		生态修复区	
	面积（平方公里）	比重（%）	面积（平方公里）	比重（%）	面积（平方公里）	比重（%）	面积（平方公里）	比重（%）	面积（平方公里）	比重（%）	面积（平方公里）	比重（%）
昭阳区	540.46	24.94	341.76	15.77	214.19	9.89	179.82	8.30	613.36	28.31	277.08	12.79
鲁甸县	158.86	10.68	—	—	220.89	14.84	420.58	28.26	476.17	32.00	211.55	14.22
巧家县	—	—	691.46	21.64	—	—	444.296	13.90	1437.88	44.99	622.33	19.47
盐津县	—	—	151.44	7.49	—	—	415.02	20.53	153.15	7.57	1302.39	64.41
大关县	—	—	89.34	5.23	—	—	—	—	329.63	19.29	1290.04	75.48
永善县	—	—	167.98	6.06	253.15	9.14	757.89	27.36	900.35	32.51	690.52	24.93
绥江县	—	—	92.10	12.18	190.38	25.18	—	—	—	—	473.76	62.65
镇雄县	—	—	340.53	9.10	1056.92	28.24	1049.06	28.03	—	—	1295.64	34.62
彝良县	—	—	126.92	4.52	580.34	20.69	1198.92	42.73	—	—	899.30	32.06
威信县	—	—	178.27	12.89	291.44	21.07	146.31	10.58	—	—	766.89	55.46
水富县	—	—	123.38	28.28	—	—	186.61	42.78	—	—	126.25	28.94
昭通市	699.31	3.11	2303.17	10.25	2807.31	12.49	4798.50	21.35	3910.55	17.40	7955.77	35.40

表 7-9　昭通市国土空间开发适宜性评价结果与功能区划（乡镇单元）

地区	乡镇	不适宜		低适宜		中适宜		高适宜		功能类型
		面积（平方公里）	比重（%）	面积（平方公里）	比重（%）	面积（平方公里）	比重（%）	面积（平方公里）	比重（%）	
大关县	翠华	58.39	65.36	23.68	26.50	5.87	6.56	1.41	1.58	适度集聚区
	吉利	85.94	67.75	35.59	28.06	4.78	3.77	0.53	0.42	生态修复区
	青龙	73.80	73.29	23.82	23.65	3.07	3.05	0.00	0.00	生态修复区
	玉碗	69.52	68.09	22.97	22.50	9.48	9.28	0.13	0.13	生态修复区
	高桥	151.88	61.96	87.16	35.56	5.96	2.43	0.12	0.05	生态修复区
	黄葛	69.76	65.15	29.78	27.81	7.53	7.04	0.00	0.00	生态修复区
	木杆	122.19	50.72	107.89	44.79	7.98	3.31	2.84	1.18	生态修复区
	上高桥	65.26	63.48	21.50	20.92	15.00	14.59	1.04	1.01	生态修复区
	寿山	91.67	50.79	70.05	38.81	17.91	9.92	0.85	0.47	生态修复区
	天星	184.47	59.65	86.62	28.01	34.87	11.27	3.32	1.07	生态修复区
	悦乐	67.69	64.83	28.49	27.28	8.21	7.87	0.02	0.02	生态修复区

续表

地区	乡镇	不适宜		低适宜		中适宜		高适宜		功能类型
		面积（平方公里）	比重（%）	面积（平方公里）	比重（%）	面积（平方公里）	比重（%）	面积（平方公里）	比重（%）	
鲁甸县	茨院	7.25	16.32	4.17	9.38	13.87	31.21	19.14	43.09	重点集聚区
	桃源	10.32	13.23	6.94	8.89	31.87	40.85	28.88	37.02	重点集聚区
	文屏	14.16	38.88	2.81	7.70	7.58	20.83	11.87	32.59	重点集聚区
	龙树	49.05	46.31	25.08	23.67	23.56	22.24	8.24	7.78	高效农业区
	新街	51.46	44.76	32.24	28.04	24.27	21.11	7.00	6.09	高效农业区
	大水井	79.31	47.48	50.64	30.32	28.21	16.89	8.87	5.31	特色农林区
	铁厂	62.20	39.13	59.94	37.71	27.40	17.24	9.41	5.92	特色农林区
	小寨	33.27	35.16	42.29	44.71	16.69	17.64	2.36	2.49	特色农林区
	翠屏	56.49	71.09	21.44	26.99	1.53	1.92	0.00	0.00	生态修复区
	乐红	90.90	70.80	35.34	27.52	2.15	1.68	0.00	0.00	生态修复区
	龙头山	91.38	69.39	32.90	24.98	7.40	5.62	0.00	0.00	生态修复区
	梭山	101.24	74.09	29.89	21.88	5.50	4.03	0.00	0.00	生态修复区
	火德红	59.29	64.44	20.88	22.69	9.40	10.21	2.44	2.66	生态修复区
	水磨	60.11	50.28	32.33	27.04	19.53	16.34	7.58	6.34	生态修复区
巧家县	老店	68.44	29.00	132.09	55.96	27.79	11.77	7.71	3.26	适度集聚区
	马树	61.02	20.58	136.99	46.20	65.60	22.12	32.92	11.10	适度集聚区
	新华	95.44	60.07	28.28	17.80	11.97	7.53	23.20	14.60	适度集聚区
	包谷垴	59.34	47.39	57.62	46.02	8.22	6.56	0.03	0.03	特色农林区
	炉房	66.05	48.85	57.88	42.81	9.78	7.23	1.50	1.11	特色农林区
	铅厂	88.67	48.22	81.91	44.55	10.35	5.63	2.94	1.60	特色农林区
	大寨	151.76	79.71	26.94	14.15	11.66	6.13	0.01	0.01	生态修复区
	东坪	132.05	83.06	17.72	11.15	9.21	5.79	0.00	0.00	生态修复区
	红山	88.19	81.84	11.04	10.24	8.53	7.91	0.00	0.00	生态修复区
	金塘	91.75	73.74	26.19	21.05	6.47	5.20	0.02	0.02	生态修复区
	六合	50.63	74.81	14.90	22.01	2.16	3.18	0.00	0.00	生态修复区
	茂租	100.61	75.43	27.86	20.89	4.91	3.68	0.00	0.00	生态修复区
	蒙姑	83.47	68.13	31.44	25.66	7.34	5.99	0.26	0.21	生态修复区
	巧家营	125.89	74.19	35.10	20.68	5.73	3.38	2.97	1.75	生态修复区
	小河	114.38	81.99	21.59	15.48	3.53	2.53	0.00	0.00	生态修复区
	新店	93.27	68.89	36.99	27.32	5.13	3.79	0.00	0.00	生态修复区
	中寨	62.83	71.25	20.84	23.63	4.52	5.12	0.00	0.00	生态修复区
	崇溪	151.59	62.26	80.10	32.90	9.13	3.75	2.65	1.09	生态修复区
	荞麦地	223.91	59.10	121.42	32.05	30.73	8.11	2.81	0.74	生态修复区
水富县	楼坝	14.31	22.47	39.83	62.52	6.42	10.07	3.15	4.94	适度集聚区
	云富	21.11	35.37	30.98	51.92	3.92	6.57	3.66	6.14	适度集聚区
	太平	87.69	46.99	83.46	44.72	15.27	8.18	0.19	0.10	特色农林区
	两碗	74.32	58.87	41.70	33.03	10.07	7.98	0.16	0.13	生态修复区

续表

地区	乡镇	不适宜		低适宜		中适宜		高适宜		功能类型
		面积（平方公里）	比重（%）	面积（平方公里）	比重（%）	面积（平方公里）	比重（%）	面积（平方公里）	比重（%）	
绥江县	中城	35.26	38.28	30.16	32.74	21.54	23.39	5.14	5.59	适度集聚区
	会仪	40.81	39.82	38.10	37.18	23.47	22.90	0.11	0.10	高效农业区
	新滩	43.94	49.99	23.57	26.82	20.00	22.75	0.39	0.44	高效农业区
	板栗	134.77	57.64	78.02	33.37	21.00	8.98	0.04	0.02	生态修复区
	南岸	51.07	58.88	14.05	16.20	21.51	24.80	0.10	0.12	生态修复区
	田坝	78.38	51.16	44.99	29.37	29.74	19.41	0.09	0.06	生态修复区
威信县	扎西	83.25	46.70	60.61	34.00	29.62	16.61	4.79	2.69	适度集聚区
	旧城	55.99	34.78	72.62	45.11	32.22	20.01	0.14	0.09	高效农业区
	麟凤	61.15	46.87	39.52	30.30	26.42	20.25	3.37	2.58	高效农业区
	石坎	68.80	47.02	63.36	43.30	13.41	9.16	0.74	0.51	特色农林区
	高田	98.17	55.95	56.42	32.15	20.66	11.78	0.20	0.11	生态修复区
	罗布	87.39	54.69	39.12	24.48	33.09	20.71	0.19	0.12	生态修复区
	庙沟	26.29	51.69	16.52	32.49	8.02	15.78	0.02	0.04	生态修复区
	三桃	60.32	57.39	20.55	19.55	23.94	22.77	0.30	0.28	生态修复区
	双河	79.34	52.98	50.31	33.59	19.63	13.11	0.48	0.32	生态修复区
	水田	27.89	65.06	7.34	17.13	7.42	17.31	0.21	0.50	生态修复区
	长安	47.34	57.00	20.58	24.77	15.00	18.06	0.14	0.17	生态修复区
盐津县	串丝	55.74	36.81	79.32	52.38	10.95	7.23	5.43	3.58	适度集聚区
	落雁	45.58	37.40	53.54	43.93	13.96	11.46	8.80	7.22	特色农林区
	滩头	61.11	45.07	57.81	42.63	12.42	9.16	4.26	3.14	特色农林区
	兴隆	72.92	46.29	72.92	46.29	10.11	6.42	1.58	1.00	特色农林区
	豆沙	103.66	67.69	46.22	30.18	3.27	2.13	0.00	0.00	生态修复区
	艾田	62.43	56.36	38.23	34.51	9.91	8.95	0.19	0.18	生态修复区
	庙坝	193.64	59.88	102.25	31.62	27.09	8.38	0.42	0.13	生态修复区
	牛寨	77.04	51.36	56.09	37.39	13.31	8.87	3.58	2.38	生态修复区
	普洱	111.37	54.27	81.94	39.93	10.75	5.24	1.17	0.57	生态修复区
	柿子	101.05	58.65	62.81	36.46	8.43	4.89	0.00	0.00	生态修复区
	盐井	106.88	64.08	54.94	32.94	4.41	2.64	0.55	0.33	生态修复区
	中和	109.55	63.00	61.99	35.65	2.36	1.35	0.00	0.00	生态修复区
彝良县	角奎	72.88	57.42	40.37	31.81	9.57	7.54	4.10	3.23	适度集聚区
	奎香	65.06	29.16	92.20	41.32	52.07	23.34	13.81	6.19	高效农业区
	龙街	64.85	27.28	78.54	33.04	75.09	31.59	19.23	8.09	高效农业区
	树林	43.56	36.45	35.68	29.86	30.91	25.86	9.35	7.82	高效农业区
	发达	59.75	48.31	48.53	39.24	15.32	12.39	0.07	0.06	特色农林区
	海子	76.63	38.56	99.36	50.00	22.05	11.10	0.69	0.35	特色农林区
	两河	72.67	44.28	62.99	38.38	26.91	16.39	1.55	0.94	特色农林区
	龙安	63.50	48.85	50.66	38.98	14.75	11.35	1.07	0.82	特色农林区
	洛泽河	30.99	48.30	28.41	44.29	4.13	6.44	0.62	0.96	特色农林区

续表

地区	乡镇	不适宜		低适宜		中适宜		高适宜		功能类型
		面积（平方公里）	比重（%）	面积（平方公里）	比重（%）	面积（平方公里）	比重（%）	面积（平方公里）	比重（%）	
彝良县	荞山	87.88	45.54	83.78	43.42	19.54	10.13	1.76	0.91	特色农林区
	小草坝	99.72	46.92	81.91	38.54	24.49	11.52	6.41	3.01	特色农林区
	钟鸣	45.21	40.08	48.50	43.01	16.28	14.44	2.78	2.47	特色农林区
	柳溪	62.14	65.25	30.79	32.33	2.30	2.41	0.00	0.00	生态修复区
	龙海	76.82	51.30	57.35	38.29	14.67	9.79	0.92	0.61	生态修复区
	洛望	104.81	61.33	52.12	30.50	13.59	7.95	0.37	0.22	生态修复区
	毛坪	139.52	60.47	69.23	30.01	20.42	8.85	1.56	0.68	生态修复区
	牛街	94.69	52.57	73.52	40.82	11.83	6.57	0.06	0.03	生态修复区
	新场	43.54	59.98	17.76	24.47	10.33	14.23	0.95	1.31	生态修复区
永善县	景新	82.82	49.31	39.24	23.36	18.67	11.12	27.24	16.22	适度集聚区
	茂林	88.96	35.14	94.63	37.38	53.82	21.26	15.74	6.22	高效农业区
	莲峰	84.21	39.86	89.80	42.51	30.93	14.64	6.31	2.99	特色农林区
	马楠	74.78	38.23	89.11	45.56	28.35	14.49	3.38	1.73	特色农林区
	水竹	74.98	41.41	88.39	48.82	13.35	7.38	4.34	2.40	特色农林区
	五寨	63.10	37.13	66.80	39.30	32.82	19.31	7.25	4.26	特色农林区
	大兴	114.42	78.25	21.93	15.00	9.86	6.74	0.01	0.01	生态修复区
	佛滩	133.73	74.62	35.68	19.91	9.81	5.47	0.00	0.00	生态修复区
	黄坪	49.25	78.73	8.26	13.21	5.04	8.06	0.00	0.00	生态修复区
	码口	99.08	66.39	37.29	24.99	12.13	8.13	0.74	0.49	生态修复区
	团结	148.21	73.62	49.90	24.79	3.19	1.59	0.01	0.00	生态修复区
	细沙	111.36	68.82	43.62	26.96	6.84	4.22	0.00	0.00	生态修复区
	桧溪	57.58	63.94	29.63	32.90	2.84	3.16	0.00	0.00	生态修复区
	黄华	84.21	61.47	30.80	22.48	21.98	16.04	0.00	0.00	生态修复区
	墨翰	99.68	61.64	51.97	32.13	9.45	5.84	0.63	0.39	生态修复区
	青胜	57.09	61.52	30.92	33.31	4.80	5.17	0.00	0.00	生态修复区
	万和	49.20	62.50	21.15	26.87	8.33	10.58	0.04	0.05	生态修复区
	务基	78.84	60.55	34.83	26.75	16.51	12.68	0.03	0.03	生态修复区
昭阳区	步嘎	25.99	26.74	10.84	11.16	37.12	38.19	23.23	23.90	重点集聚区
	凤凰	0.55	7.37	0.49	6.51	1.14	15.27	5.29	70.85	重点集聚区
	旧圃	4.53	9.80	6.64	14.34	18.08	39.07	17.02	36.79	重点集聚区
	蒙泉	0.03	0.08	0.44	1.30	4.09	12.00	29.54	86.62	重点集聚区
	守望	34.92	48.98	4.72	6.63	11.78	16.52	19.87	27.87	重点集聚区
	苏家院	18.46	17.21	28.05	26.15	31.92	29.76	28.84	26.89	重点集聚区
	太平	18.51	44.19	0.88	2.09	1.36	3.25	21.13	50.47	重点集聚区
	土城	1.84	4.72	1.59	4.07	9.45	24.22	26.14	66.99	重点集聚区
	永丰	4.73	5.24	7.54	8.35	37.60	41.63	40.45	44.78	重点集聚区
	昭阳城区	0.02	0.30	0.21	3.75	0.31	5.52	5.14	90.43	重点集聚区
	北闸	61.95	41.90	47.50	32.13	18.29	12.37	20.10	13.59	适度集聚区

续表

地区	乡镇	不适宜		低适宜		中适宜		高适宜		功能类型
		面积（平方公里）	比重（%）	面积（平方公里）	比重（%）	面积（平方公里）	比重（%）	面积（平方公里）	比重（%）	
昭阳区	乐居	28.99	34.73	19.29	23.11	23.98	28.73	11.21	13.43	适度集聚区
	青岗岭	38.70	35.03	34.46	31.20	25.78	23.34	11.52	10.43	适度集聚区
	洒渔	86.70	40.48	45.79	21.38	62.85	29.34	18.85	8.80	高效农业区
	靖安	82.40	45.83	58.51	32.54	26.60	14.79	12.30	6.84	特色农林区
	大山包	164.77	81.42	31.32	15.48	6.01	2.97	0.26	0.13	生态修复区
	大寨子	48.99	71.19	17.08	24.83	2.74	3.98	0.01	0.01	生态修复区
	苏甲	146.51	68.50	43.91	20.53	19.43	9.08	4.05	1.89	生态修复区
	田坝	46.43	83.51	7.66	13.78	1.51	2.71	0.00	0.00	生态修复区
	炎山	56.21	77.35	14.25	19.61	2.21	3.05	0.00	0.00	生态修复区
	盘河	74.78	50.20	62.13	41.70	11.61	7.79	0.46	0.31	生态修复区
	小龙洞	69.36	54.15	40.15	31.35	12.98	10.13	5.61	4.38	生态修复区
镇雄县	尖山	21.41	25.43	21.95	26.08	30.76	36.54	10.05	11.95	适度集聚区
	乌峰	59.15	45.40	27.02	20.74	19.73	15.15	24.38	18.71	适度集聚区
	以勒	42.56	33.76	33.94	26.92	35.72	28.33	13.85	10.99	适度集聚区
	大湾	47.28	41.35	34.60	30.26	29.28	25.60	3.18	2.78	高效农业区
	黑树	39.16	44.26	21.76	24.59	21.35	24.13	6.22	7.03	高效农业区
	亨地	19.87	33.51	20.99	35.40	14.52	24.50	3.90	6.59	高效农业区
	花郎	25.69	43.61	19.03	32.30	13.82	23.45	0.38	0.64	高效农业区
	栗珠乡	29.03	30.93	39.08	41.63	21.41	22.81	4.34	4.62	高效农业区
	林口	50.12	39.22	40.46	31.66	28.90	22.62	8.29	6.49	高效农业区
	芒部	55.93	35.61	45.18	28.77	41.65	26.52	14.30	9.10	高效农业区
	母亨	38.44	36.65	30.04	28.64	30.44	29.02	5.97	5.69	高效农业区
	木卓	39.31	45.79	19.44	22.64	26.80	31.21	0.31	0.36	高效农业区
	泼机	32.82	48.15	10.11	14.82	23.82	34.95	1.42	2.08	高效农业区
	仁和	11.31	29.72	13.17	34.59	11.36	29.85	2.22	5.84	高效农业区
	堰塘	26.70	44.33	15.48	25.70	15.88	26.37	2.17	3.60	高效农业区
	安尔	46.52	48.89	42.33	44.48	6.17	6.48	0.14	0.14	特色农林区
	花山	74.93	41.65	74.17	41.22	27.91	15.51	2.91	1.62	特色农林区
	牛场	71.69	41.12	83.28	47.76	17.96	10.30	1.43	0.82	特色农林区
	坪上	47.23	45.34	36.48	35.02	18.35	17.62	2.10	2.01	特色农林区
	坡头	35.64	49.28	25.21	34.86	10.98	15.18	0.50	0.69	特色农林区
	碗厂	70.62	45.38	58.30	37.46	23.25	14.94	3.46	2.23	特色农林区
	五德	64.97	40.67	63.82	39.94	27.28	17.08	3.70	2.31	特色农林区
	以古	44.38	41.20	46.00	42.70	13.79	12.80	3.56	3.30	特色农林区
	板桥	83.42	54.19	34.75	22.57	26.91	17.48	8.87	5.76	生态修复区
	茶木	37.18	54.72	18.17	26.74	12.04	17.72	0.56	0.82	生态修复区
	场坝	73.13	51.88	54.77	38.85	11.90	8.44	1.17	0.83	生态修复区
	干沟	42.72	58.17	18.09	24.63	12.63	17.20	0.00	0.00	生态修复区

续表

地区	乡镇	不适宜		低适宜		中适宜		高适宜		功能类型
		面积（平方公里）	比重（%）	面积（平方公里）	比重（%）	面积（平方公里）	比重（%）	面积（平方公里）	比重（%）	
镇雄县	李子	51.19	60.56	17.68	20.91	15.65	18.52	0.01	0.01	生态修复区
	罗坎	75.18	60.61	32.30	26.05	16.53	13.33	0.02	0.02	生态修复区
	杉树	89.01	56.96	52.25	33.44	15.00	9.60	0.00	0.00	生态修复区
	塘房	49.29	52.08	32.31	34.14	12.23	12.92	0.81	0.86	生态修复区
	盐源	71.43	54.47	41.01	31.27	16.17	12.33	2.54	1.94	生态修复区
	渔洞	38.76	63.95	15.29	25.22	6.26	10.33	0.30	0.50	生态修复区
	雨河	70.77	52.37	31.26	23.13	28.37	20.99	4.73	3.50	生态修复区
	中屯	39.40	53.99	12.55	17.19	19.88	27.24	1.15	1.57	生态修复区

第八章　水土保持与生态屏障建设

第一节　生态屏障建设中的土壤侵蚀问题

一、土壤侵蚀对长江上游河流的影响

昭通市地形坡面多，岩石易于风化，土壤质地疏松，森林过量砍伐，陡坡开荒，加之地震多发，山体破碎，使得水土流失问题依然十分严峻。据 2004 年土壤侵蚀现状遥感调查：全市水土流失面积为 10567.5 平方公里，占全市国土面积的 47.11%，年均侵蚀量为 4644 万吨，其中直接输入长江上游河道为 2000 万吨。2004 年与 1999 年两次土壤侵蚀现状遥感调查数据相比较，5 年间，全市水土流失面积减少 740.43 平方公里，减少 6.55%，年均土壤侵蚀量由 4644 万吨减少到 4633 万吨，减少 11 万吨。2004 年与 1994 年调查数据相比较，10 年间，全市水土流失面积减少 2794.99 平方公里，减少 20.92%，年均土壤侵蚀量减少 180 万吨。据昭通市 2012 年最新数据显示，该市水土流失面积为 10110.6 平方公里，占土地总面积的 45.09%，基数仍然很大。因此，尽管经过十几年的治理水土流失面积已经有所减少，但是年均土壤侵蚀量并没有出现质的下降，且昭通市的水土流失也面临着新问题，目前总体情况是点上有治理，面上有扩大，治理与破坏共存，水土流失仍在加剧。

随着水土流失治理力度加大，昭通市的土壤侵蚀模数仍然很大，可能与降雨充沛、多暴雨、山势陡峭、地震频发造成的山体松动，以及泥石流和滑坡等自然灾害多发有关。这些自然灾害不仅破坏了原来的地表，同时也为水土流失的发生提供了充足的沙源。据 2004 年长江上游水土保持重点防治区第 2 次滑坡、泥石流灾害调查统计，昭通市境内滑坡体积在 1 万立方米以上、泥石流流域面积大于 1 平方公里的滑坡泥石流灾害点共 1222 处，其中滑坡灾害点 972 处，涉及滑坡体积 71223.43 万立方米，泥石流灾害点 250 处，涉及泥石流沟流域面积 4023.04 平方公里（雷云，2009）。

昭通市水土流失对长江河流泥沙贡献有非常重要的影响。金沙江攀枝花站的集水面积为 284540 平方公里，1987 年当年的年径流量为 628 亿立方米，当年输沙量为 0.573 亿吨。以该年横江的径流量、含沙量低于多年平均来推断，该年金沙江下游河段处在偏枯水的年份。因此，与多年平均输沙量相比，20 世纪 80 年代前，金沙江在攀枝花至屏山河段产沙量约为 2 亿吨。

21 世纪以来，金沙江向下游河段输送泥沙的情况，可以由三峡大坝合龙前后的变化看出来（图 8-1，表 8-1）。宜昌站位于三峡（三斗坪）和葛洲坝的下游，能够准确地监测长江坝区的水文情况。从 2002 年 11 月 6 日三峡大坝合龙后，仅 2003 年一年时间（比 2002 年流量偏小，对比重庆寸滩站），在三峡大坝和葛洲坝库区（以下简称库区）内泥沙沉积 1.084 亿吨；对比 2002 年宜昌本身的输沙量，该年库区沉积约 1.304 亿吨；比较多年平均值，该年库区沉积约 4.034 亿吨。此外，屏山站的泥沙平均中值粒径为 0.015 毫米，而长江出库区以后，成为 0.009 毫米，表明库区的沉积以粗泥沙为主（长江泥沙公报，2002～2003 年）。

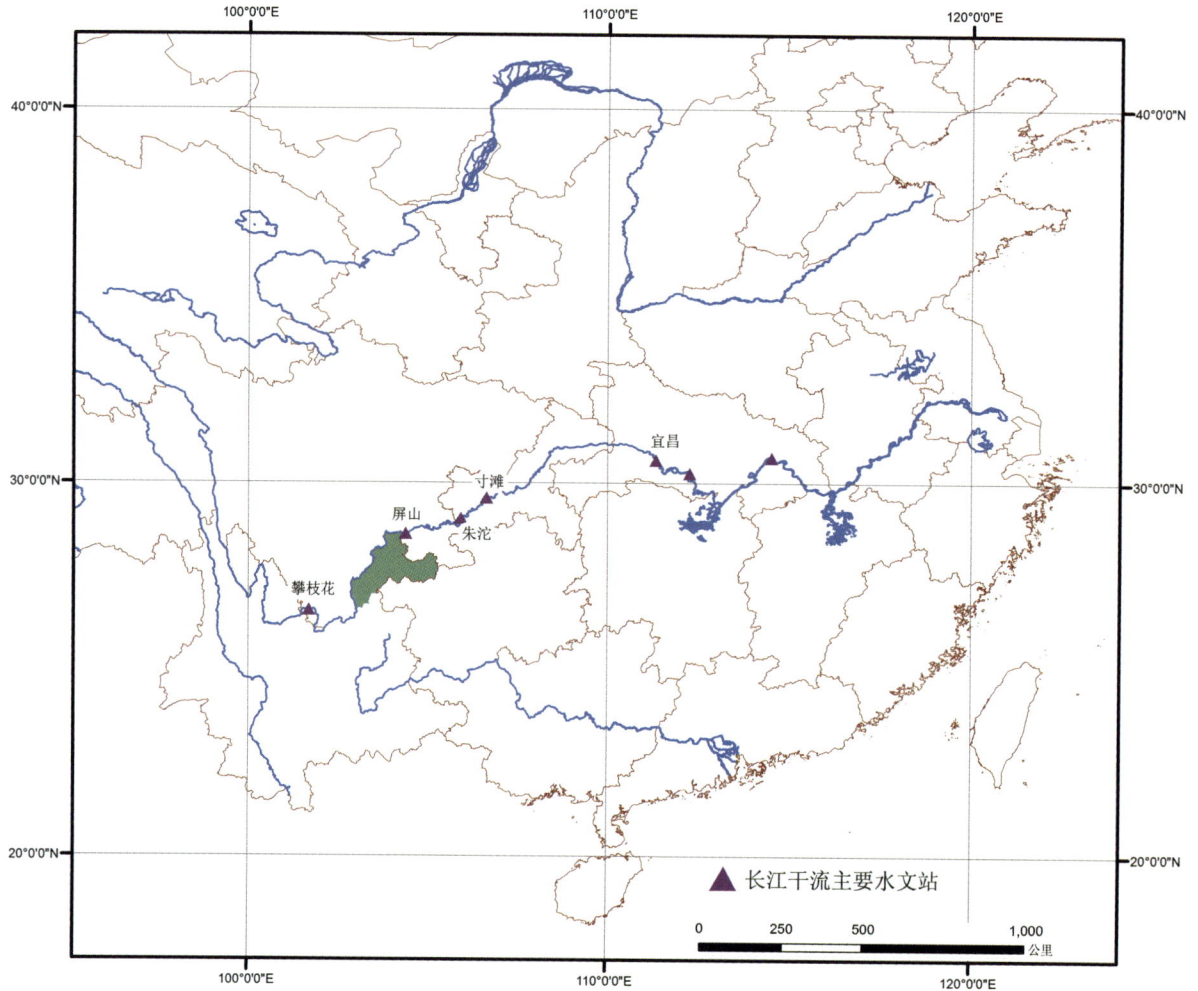

图 8-1　昭通市位置及长江干流主要水文站输沙量与粒径示意图

　　综合分析，库区年泥沙沉积量在 1 亿吨以上，以粗泥沙为主。其中，2000 年前后，屏山以上的河段贡献率为 50.9%；攀枝花至屏山之间（即昭通市所在的河段）对库区的保守贡献率为 39.5%，占屏山站输沙量的 77.5%。

　　尽管，十几年以来，昭通市大力实施水土流失治理，但该区域的水土流失对金沙江下游河道的影响并没有减弱。从控制水文站监测数据可以看出（长江泥沙公报，2006～2010 年）。屏山站位于昭通市的下游，在 2006～2010 年，虽然年径流量均偏小（2008 年除外），但年输沙量、年平均含沙量与 2000年左右相比（表 8-2），没有出现明显的变化，屏山站下游的朱沱站、寸滩站也有类似的规律，由此可见，屏山站以上流域仍然是金沙江下游河道的主要泥沙源，屏山站至宜昌站河段则影响较小。另外，数据显示，三峡库区下游的宜昌站在这 5 年期间，年输沙量、年平均含沙量明显降低，说明上游的泥沙主要沉积于三峡库区，从泥沙年平均中值粒径来看，在此期间，三峡库区的泥沙淤积仍以粗颗粒为主。

表 8-1　长江干流七站实测水沙特征值多年平均值对比

水文控制站名		屏山	朱沱	寸滩	宜昌	沙市	汉口	大通
流域面积（万平方公里）		48.51	69.47	86.66	100.55		148.8	170.54
年输沙量（10⁹t）	多年平均	2.55（1956~2000）	3.05（1956~2000）	4.18（1950~2000）	5.01（1950~2000）	3.70（1991~2000）	4.04（1954~2000）	4.33（1950~2000）
	2002年	1.87	1.87	1.95	2.28	2.41	2.39	2.75
	2003年	1.56	1.91	2.06	0.976	1.38	1.65	2.06
年平均含沙量（千克/平方米）	多年平均	1.76（1956~2000）	1.13（1956~2000）	1.23（1950~2000）	1.14（1950~2000）	0.908（1991~2000）	0.573（1954~2000）	0.486（1950~2000）
	2002年	1.24	0.769	0.657	0.578	0.642	0.310	0.277
	2003年	1.01	0.737	0.610	0.238	0.352	0.224	0.223
年平均中值粒径（毫米）	多年平均	0.031（1956~2000）	0.028（1956~2000）	0.027（1950~2000）	0.022（1950~2000）	0.012（1991~2000）	0.018（1954~2000）	0.017（1950~2000）
	2002年	0.014	0.010	0.011	0.008	0.009	0.012	0.012
	2003年	0.015	0.011	0.009	0.007	0.018	0.012	0.010

表 8-2　长江干流七站实测水沙特征值及多年平均值对比（2006~2010年）

水文控制站名		屏山	朱沱	寸滩	宜昌	沙市	汉口	大通
流域面积（万平方公里）		45.86	69.47	86.66	100.55		148.8	170.54
年输沙量（10⁹吨）	多年平均	2.490（1956~2005年）	3.020（1956~2005年）	4.180（1950~2005年）	4.700（1950~2005年）	4.150（1991~2005年）	3.840（1954~2005年）	4.140（1950~2005年）
	2006年	0.903	1.130	1.090	0.091	0.245	0.576	0.848
	2007年	1.500	2.010	2.010	0.527	0.751	1.140	1.380
	2008年	2.040	2.120	2.130	0.320	0.492	1.010	1.300
	2009年	1.390	1.520	1.730	0.351	0.506	0.874	1.110
	2010年	1.360	1.610	2.110	0.328	0.480	1.110	1.850
年平均含沙量（千克/立方米）	多年平均	1.720（1956~2005年）	1.130（1956~2005年）	1.200（1950~2005年）	1.080（1950~2005年）	1.050（1991~2005年）	0.540（1954~2005年）	0.461（1950~2005年）
	2006年	0.829	0.564	0.438	0.032	0.088	0.108	0.123
	2007年	1.160	0.845	0.672	1.131	0.198	0.176	0.179
	2008年	1.310	0.770	0.622	0.077	0.127	0.149	0.157
	2009年	0.995	0.625	0.538	0.092	0.137	0.139	0.142
	2010年	1.030	0.634	0.620	0.081	0.126	0.149	0.181
年平均中值粒径（毫米）	多年平均	0.031（1956~2000年）	0.028（1956~2000年）	0.027（1950~2000年）	0.022（1950~2000年）	0.012（1991~2000年）	0.018（1954~2000年）	0.017（1950~2000年）
	2006年	0.012	0.008	0.008	0.003	0.099	0.011	0.008
	2007年	0.015	0.010	0.009	0.003	0.017	0.012	0.013
	2008年	0.016	0.010	0.008	0.003	0.017	0.017	0.012
	2009年	0.014	0.010	0.008	0.003	0.012	0.007	0.010
	2010年	0.017	0.010	0.010	0.006	0.010	0.013	0.013

所以在攀枝花至屏山站之间的汇水区，包括金沙江南北两岸，应该大力开展长江上游生态屏障建设，尤其是水土保持工程。在西部大开发的形势下，随着攀西—六盘水经济区的开发力度逐渐加强，昭通市的生态压力会进一步增加。因此，应当抓紧时机，在制定"十三五"规划时，就制定出相应规划，立足区域长远建设和长江流域的生态平衡，注重实效，加强水土保持。

二、土壤侵蚀主要类型和空间特征

流水和重力侵蚀是昭通市土壤侵蚀的主要类型。全区多年平均降水量为1100毫米，干湿季明显，雨季（5～10月）集中了全年降水量的75%～95%。强降水集中在7～9月，一日的降水量可达100～150毫米。在植被覆盖率较历史时期下降的情况下，随着人口密度和耕地比重的大幅增加，面蚀、沟蚀加剧，诱发和促进了崩塌、滑坡与泥石流灾害。根据考察，昭通市陡坡垦殖的现象还广泛存在，是水土流失的主要诱因。据统计，全市坡耕地占总耕地的77.1%，25°以上的坡耕地为209.8万亩，占总耕地面积的22.4%。

流水侵蚀的作用广泛存在，约占总面积的51.5%（表8-3），以中强度为主，合计55.8%；其次为轻度，占流失总面积的42.91%。说明昭通市平均每年约有一半的地区，因水力的面蚀或沟蚀，损失了0.37～5.9毫米的表层土壤。水土流失在空间分布上，巧家县、鲁甸县、昭阳区及镇雄县水土流失更为严重。

表8-3　昭通市水土流失强度及面积

地区	土地总面积（平方公里）	无明显流失面积		水力侵蚀面积和比重									
		面积（平方公里）	占土地总面积（%）	轻度流失		中度流失		强度流失		极强度流失		剧烈流失	
				面积（平方公里）	比重（%）	面积（平方公里）	比重（%）	面积（平方公里）	比重（%）	面积（平方公里）	比重（%）	面积（平方公里）	比重（%）
昭阳区	1779.13	1047.67	58.89	230.83	31.56	355.99	48.67	138.04	18.87	6.60	0.90	0.00	0.00
鲁甸县	1397.06	369.88	26.48	424.87	41.36	339.21	33.02	246.83	24.03	16.27	1.58	0.00	0.00
巧家县	3195.39	1321.69	41.36	564.38	30.12	609.89	32.55	607.26	32.41	80.97	4.32	11.20	0.60
盐津县	2021.96	940.09	46.49	529.78	48.97	486.18	44.94	65.91	6.09	0.00	0.00	0.00	0.00
大关县	1719.02	809.67	47.10	384.04	42.23	429.34	47.25	95.67	10.52	0.00	0.00	0.00	0.00
永善县	2777.88	1768.26	63.66	318.85	31.58	558.19	55.29	132.58	13.13	0.00	0.00	0.00	0.00
绥江县	746.33	529.28	70.92	138.14	63.64	75.01	34.56	3.90	1.80	0.00	0.00	0.00	0.00
镇雄县	3695.98	1395.18	37.75	1038.86	45.15	917.03	39.86	314.19	13.66	19.42	0.84	11.30	0.49
彝良县	2795.76	1496.10	53.51	709.84	54.62	409.46	31.51	180.36	13.88	0.00	0.00	0.00	0.00
威信县	1392.70	670.69	48.16	441.26	61.12	232.41	32.19	48.34	6.70	0.00	0.00	0.00	0.00
水富县	439.97	304.74	69.26	71.33	52.75	46.66	34.50	17.24	12.75	0.00	0.00	0.00	0.00
合计	21961.18	10653.25	48.51	4852.18	42.91	4459.67	39.44	1850.32	16.36	123.26	1.09	22.50	0.20

注：侵蚀强度分级如表8-4所示。

表8-4　中国水力侵蚀土壤侵蚀强度分级指标

级别	微度	轻度	中度	强度	极强度	剧烈
平均侵蚀模数［吨/（平方公里·年）］	<500	500～2500	2500～5000	5000～8000	8000～15000	>15000
平均侵蚀厚度（毫米/年）	0.37	0.37～1.9	1.9～3.7	3.7～5.9	5.9～11.1	>11.1

昭通市受滑坡、泥石流灾害为主的重力侵蚀危害严重，且20世纪80年代以后，侵蚀危害频率和强度均呈加大趋势。据1989年统计数据（刘丽和王士革，1995），全区共有滑坡、泥石流灾害点609处，其中滑坡279处，泥沙流330处；至1994年（昭通市水利局，1994），重力侵蚀点有662个，其中崩塌71处，滑坡414处，泥石流177处，影响128个乡镇；到2004年（雷云，2009），境内滑坡体积在1万立方米以

上、泥石流流域面积大于1平方公里的重力侵蚀灾害点有1222处，影响村庄790个；据2012年最新数据显示，全市现有滑坡、泥石流、崩塌等重力侵蚀灾害点已达1833处，昭通全市重力侵蚀危害逐年间距趋势明显。目前，滑坡和泥石流灾害主要分布在金沙江干流及其主要支流牛栏江流域，横江及其主要支流洛泽河，洒渔河及白水江流域，乌江、赤水河、南广河上游，镇雄—威信地带的泼机河、罗布河、以萨河流域等（表8-5）。

表8-5　昭通市滑坡（崩塌）、泥石流灾害点分布密度表

流域	其中：滑坡（崩塌）		泥石流	
	灾害点（个）	每千平方米密度	灾害点（个）	每千平方米密度
金沙江水系	163	22.59	59	8.07
横江水系	207	17.62	102	8.95
乌江、赤水河、南广河水系	113	33.29	16	4.71
合计	483	21.61	177	7.75

此外，由植被破坏，水土流失所引起的石漠化问题较为严重。根据2009年数据统计（表8-6），昭通市石漠化土地占全市总面积的15.3%，潜在石漠化土地占土地总面积的7.8%，石漠化地区集中分布在昭阳、鲁甸、巧家、盐津、大关、永善、镇雄、彝良、威信9个区县，其中巧家县分布面积最大（熊启华，2014）。

表8-6　昭通市石漠化现状统计　　　　　　　　　　　　　　　（单位：公顷）

类型	昭阳区	鲁甸县	巧家县	盐津县	大关县	永善县	镇雄县	彝良县	威信县	合计
石漠化	22492.8	24452.4	96904.6	12791.9	32336.8	48776.1	42980.9	50329.8	16994.6	348059.9
潜在石漠化	8895.1	9525.3	42945.2	13324.2	13284.2	40104.1	10023.7	30312	9800.2	178250

同时，通过结合降水、土壤质地、地形和地表覆盖等自然环境条件，对昭通市土壤侵蚀及石漠化潜在危险程度的分析和统计表明，全市轻度危险地区面积为1882155公顷，占昭通市国土面积的83.84%，主要分布在绥江、威信、盐津、镇雄等县；中度危险地区面积为133273公顷，占昭通市面积的5.94%（表8-7）。对昭通市而言，土壤侵蚀的潜在危险性为轻中度的区域分布面积较大，多集中于人口较为密集、开发强度较大的区域。土壤侵蚀高度潜在危险区则多分布于降雨量较大、紫色土和石灰土分布集中的区域，这些位置应是昭通市土壤侵蚀防治的重点区域。

表8-7　昭通市土壤侵蚀潜在危险程度及分布面积

地区	无危险		轻度		中度	
	面积（公顷）	比例（%）	面积（公顷）	比例（%）	面积（公顷）	比例（%）
昭通市	229539	10.22	1882155	83.84	133273	5.94
昭阳区	67113	31.00	147158	67.98	2204	1.02
鲁甸县	40189	27.03	97954	65.87	10557	7.10
巧家县	32011	10.01	272286	85.13	15540	4.86
盐津县	3121	1.54	193474	95.73	5506	2.72
大关县	5871	3.42	144304	84.04	21542	12.55
永善县	19888	7.14	234922	84.36	23663	8.50
绥江县	1460	1.96	72423	97.04	752	1.01
镇雄县	31428	8.50	318204	86.09	19966	5.40
彝良县	24383	8.71	227640	81.29	28022	10.01
威信县	310	0.22	133584	95.82	5515	3.96

昭通市的大部分地区是石漠化潜在危险区，面积为 1592941 公顷，占昭通市国土面积的 70.96%。无石漠化潜在危险的区域面积为 651936 公顷，占昭通市国土面积的 29.04%（表 8-8）。由于昭通市经济发展相对滞后，农业生产水平较低，土地的不合理利用和土地垦殖强度较大，这些因素将会加大该区石漠化的进程。

表 8-8　昭通市石漠化潜在危险程度及分布面积

地区	无危险		轻度		中度		高度		极度	
	面积（公顷）	比例（%）	面积（公顷）	比例（%）	面积（公顷）	比例（%）	面积（公顷）	比例（%）	面积（公顷）	比例（%）
昭通市	651936	29.04	504153	22.46	763452	34.01	273023	12.16	52313	2.33
昭阳区	117061	54.08	35094	16.21	46434	21.45	10741	4.96	7143	3.30
鲁甸县	56003	37.66	25136	16.90	43599	29.32	18813	12.65	5150	3.46
巧家县	95051	29.72	55071	17.22	112308	35.11	44143	13.80	13265	4.15
盐津县	37812	18.72	55407	27.43	62641	31.01	43510	21.54	2642	1.31
大关县	29038	16.91	54493	31.73	61392	35.75	23480	13.67	3314	1.93
永善县	80063	28.75	40705	14.62	105534	37.90	39921	14.34	12250	4.40
绥江县	38411	51.47	16278	21.81	15878	21.27	3394	4.55	673	0.90
镇雄县	99387	26.89	77616	21.00	151101	40.88	37696	10.20	3798	1.03
彝良县	54358	19.41	96981	34.63	91783	32.77	34541	12.33	2380	0.85
威信县	26660	19.12	38268	27.45	57930	41.55	15552	11.16	998	0.72
水富县	18092	41.14	9104	20.70	14852	33.77	1232	2.80	700	1.59

三、土壤侵蚀主要影响因子

1. 降水

昭通市位于湿润地区，多年平均降水量为 1110.5 毫米，稍多于云南省 1100 毫米，长江流域 1050 毫米的降水量，属于雨量比较充足的区域。高值区分布在威信、盐津、绥江一线的坡面地形上，五莲峰的北段和巧家县的药山。绥江县的罗汉坪、盐津县的大东山、威信县的茶场等地，降水量丰富，可达 1600 毫米以上，最多是彝良县北缘 1800 毫米（图 8-2），属于"多雨区"。五莲峰南段山区和乌蒙山西侧的地形过渡带，"雨量充足"，其值在 1200～1500 毫米。降水量的低值区，是西部及南部的金沙江和牛栏江、中部的横江、东部的赤水河河谷区和昭鲁坝区，年降水量最多在 800 毫米以下。最小值是巧家县的蒙姑和永善县的黄华仅为 600 毫米，降水量主要集中在 5～10 月，降水量占全年降水量的比例，由东北部的 75%～85%，增至中部和西南部的 85%～92%。

雨量充沛汛期降水分布集中，是发生大面积水土流失，引发滑坡泥石流灾害的主要外力因子。但是昭通市充沛的降雨条件，在植被较好、土地利用合理的情况下，能够起到涵养水源、调节水资源季节分配的作用。如果植被遭到大幅度破坏，再加上陡坡开荒等不合理人类活动，就会促使大面积的水土流失。由于昭通市存在垂直地带性，降水山地分布较平坝雨量更大，山地坡面上的土壤就会遭受严重侵蚀。

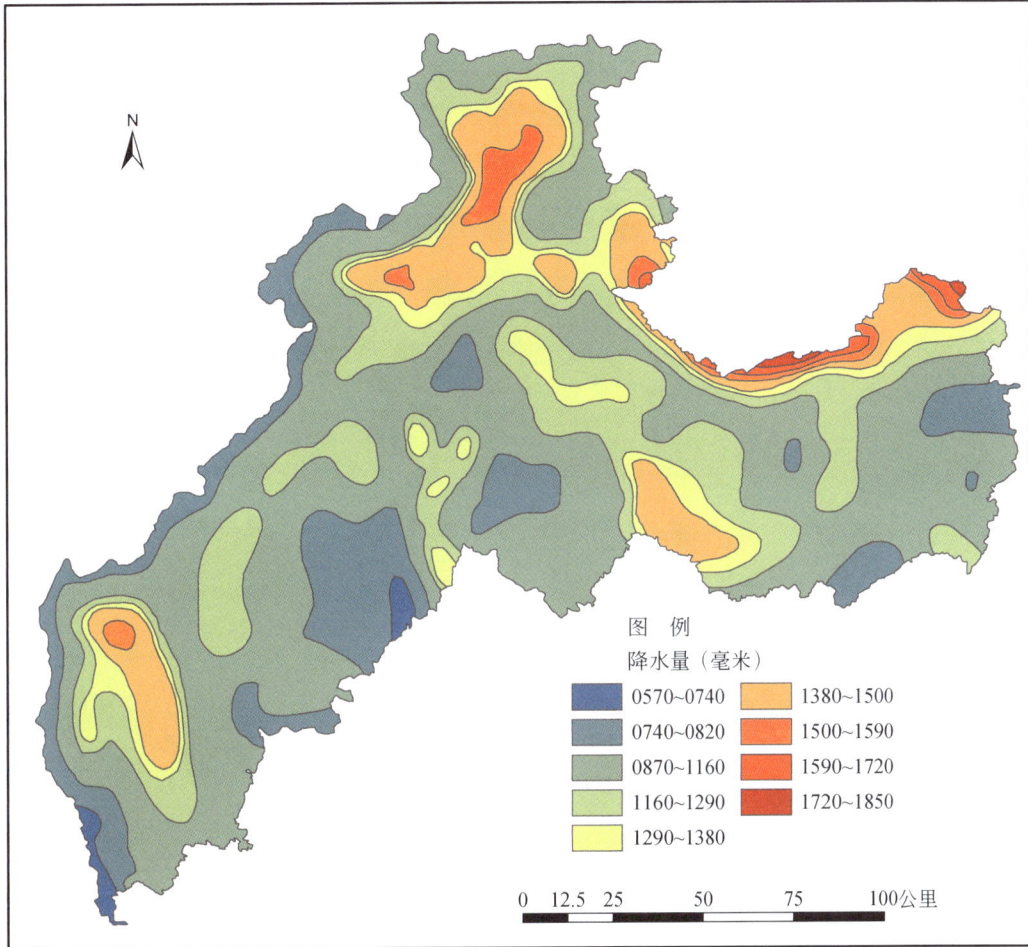

图例

降水量（毫米）

0570~0740	1380~1500
0740~0820	1500~1590
0870~1160	1590~1720
1160~1290	1720~1850
1290~1380	

0　12.5　25　　50　　75　　100公里

图 8-2　昭通市降水空间格局

2. 暴雨

昭通市除雨量大之外，降水的另一个特点就是干湿季节分明，暴雨较多。南部巧家县平均降水量为780 毫米，汛期降水量为 716 毫米，占 92%，枯季（11 月～次年 4 月）只有 8%，最大 6 月为 178 毫米，占 22%；最小 12 月为 5.8 毫米，仅占 0.7%。昭通市暴雨的特点是，受地形的影响较大，北部弧形坡面暴雨量大，向南迅速衰减，在北部威信县、盐津县、绥江县及五莲峰北段，日暴雨均值为 70.0~100.0 毫米；在西部和南部金沙江、牛栏江河谷和昭鲁坝区，日暴雨均值为 50.0~70.0 毫米；暴雨历时短，雨量集中在 6 小时内，最大 1 小时降雨量占最大 24 小时降雨量的 48%；最大 6 小时降雨量占最大 24 小时降雨量的 80%。暴雨强度衰减迅速，分布面积较小，由中心向外围递减梯度大。受中小尺度天气的影响，点暴雨发生频繁，量级较大，以北部为主。以全区暴雨天数的分布为例，东北大于西南（图 8-3）。昭通市的暴雨特征也是造成该区水土流失、泥沙流及滑坡十分严重的重要因素。

3. 地形和坡度

昭通市山多、坡陡、海拔落差大的特点加剧了该区水土流失的危险性。昭通市平地（坡度为 0°~5°）面积约为 1799.68 平方公里，仅占全区总面积的 8.01%，只零星分布在昭鲁坝、大关等局部区域。坡度为 5°~25°的山地，面积约 9924.39 平方公里，占全区总面积的 44.2%，而坡度大于 25°的区域所占比例更为突出，面积为 10729.84 平方公里，占全区总面积的 47.79%（图 8-4）。坡度是影响坡面土壤侵蚀最为显著的因素，在一定条件下，土壤侵蚀与坡度成正比关系，坡度的增加不仅会增加坡面径流的势能，而且对径流的流速也有重要影响，同时坡度增加，坡面对水流的阻力也会相应减小，这些因素的变化都会对坡面侵蚀产生影响，加剧水土流失。同时，坡度增加还会影响坡面的稳定性，在径流冲刷、降雨入渗的综合影响下，坡体发生重力侵蚀的潜在危险性也将加剧。

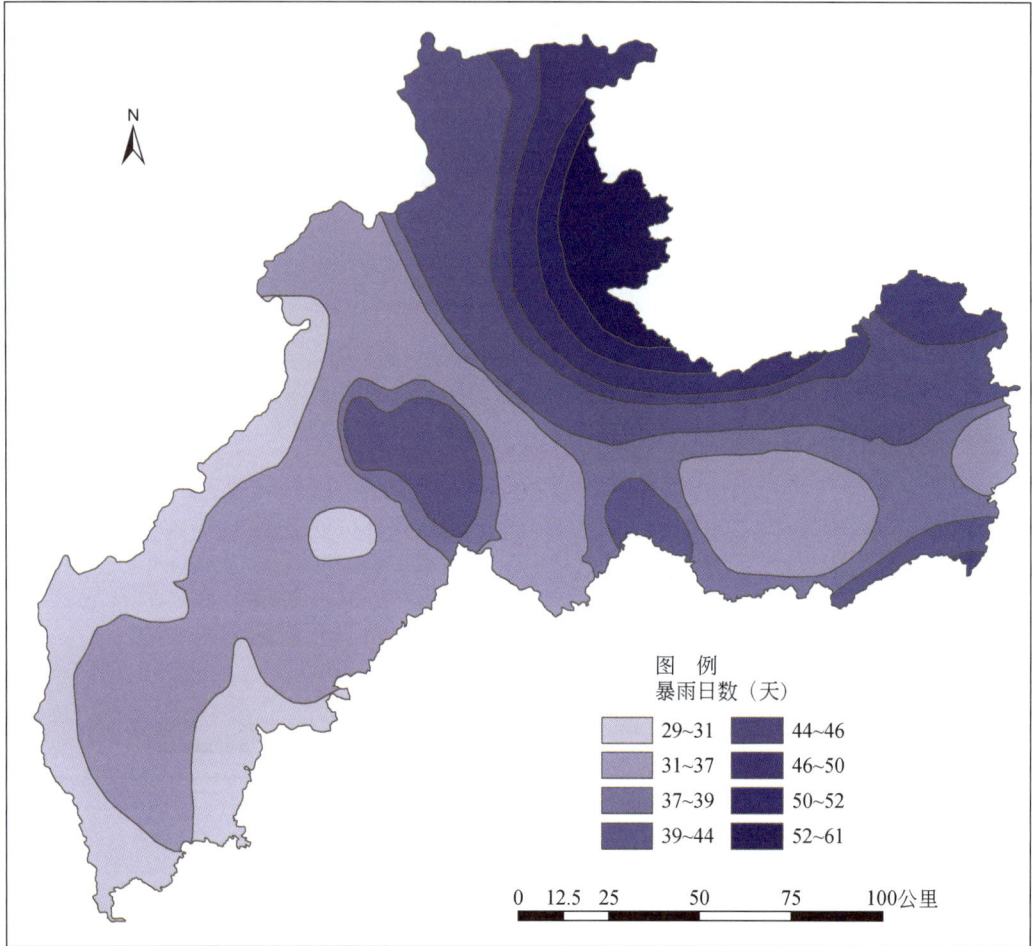

图 8-3 昭通市暴雨日数空间格局

4. 植被

对应土壤流失的等级，按照植被覆盖程度，将昭通市的植被分为 6 个等级。植被的覆盖依据 2009 年 8 月（夏季时相）的 TM-5 影像，采用 NDVI 等间距分类。归一化植被指数 NDVI 定义为 NDVI =（Rn－Rr）/（Rn+Rr）。其中，Rn 为近红外反射率，Rr 为红光区反射率。NDVI 的取值范围为 –1.0 ~ 1.0，其正值的增加表示绿色植被的增加；负值表示地表无植被覆盖，如水体、冰雪和云。对于 NOAA AVHRR，常使用定标后的 1 通道（0.58 ~ 0.68 米）和 2 通道（0.725 ~ 1.10 米）反射率计算 NDVI。由于 NDVI 能够很好地反映植被的动态变化，并且与叶面积指数（LAI）和光合作用有效能（FPAR）建立定量关系，它常被作为生态系统监测的首选指标。

从图表中反映出，在夏季，昭通市植被的整体覆盖程度较高（表 8-9，图 8-5）。这是由于农作物进入长势旺盛时期，山地坡面上的草本植物也进入一年中的生长期。同时也说明昭通市近 10 年来实施退耕还林还草及生态保护的成效显著。由于昭通市降雨充沛，水热条件较好，所以在该区只要进行林草措施建设，植被就可以迅速恢复。同时，植被覆盖度小于 30%（表 8-9）的区域还占有较大比例，这些区域因利

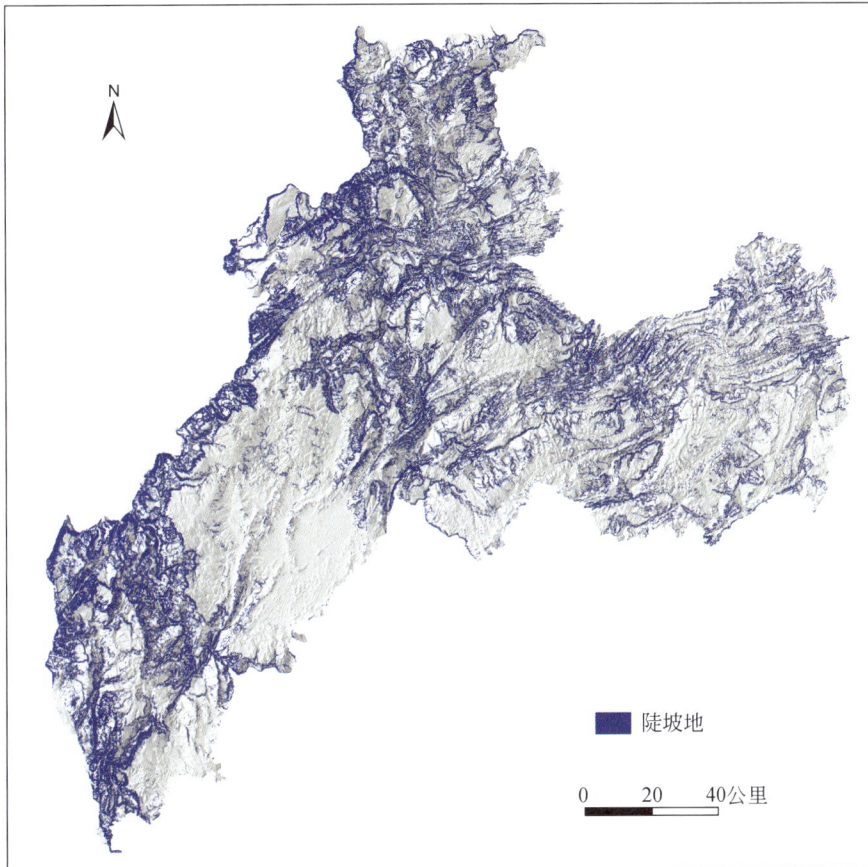

图 8-4　昭通市陡坡地（>25°）分布

用程度较高，人类活动强度较大，是区域内生态脆弱的地区。

表 8-9　植被指数及其分级

级别	覆盖率（%）	NDVI	面积（平方公里）	比例（%）
1	<10	−0.543～0.484	3670.06	16.34
2	10～30	0.485～0.547	3879.80	17.27
3	30～50	0.548～0.584	3794.12	16.89
4	50～70	0.585～0.616	3990.67	17.77
5	70～90	0.617～0.647	3752.86	16.71
6	>90	0.648～0.800	3375.94	15.03

5. 地震

地震对水土流失也有重要影响。首先地震会造成地表破坏、山体松动，崩塌滑坡活动大量增加，为水土流失提供了充足的物质条件，在短历时强降雨条件下，原本松散的山体还会产生新的次生山地灾害，加剧水土流失；其次地震会破坏地表植被，甚至造成大量木本植物连根拔起，特别是在地势陡峭的地区，破坏会更加严重，造成地表的抗侵蚀能力显著降低，进一步加剧水土流失；最后，地震会导致大量水土保持措施及水利设施遭受破坏，也会使得水土流失强度显著增加。昭通市是云南省地震灾害频发的区域。据统计，1900～2012 年，昭通市共发生 5.0 级以上地震 22 次，其中 5.0～5.9 级地震 20 次，6.0～6.9 级

225

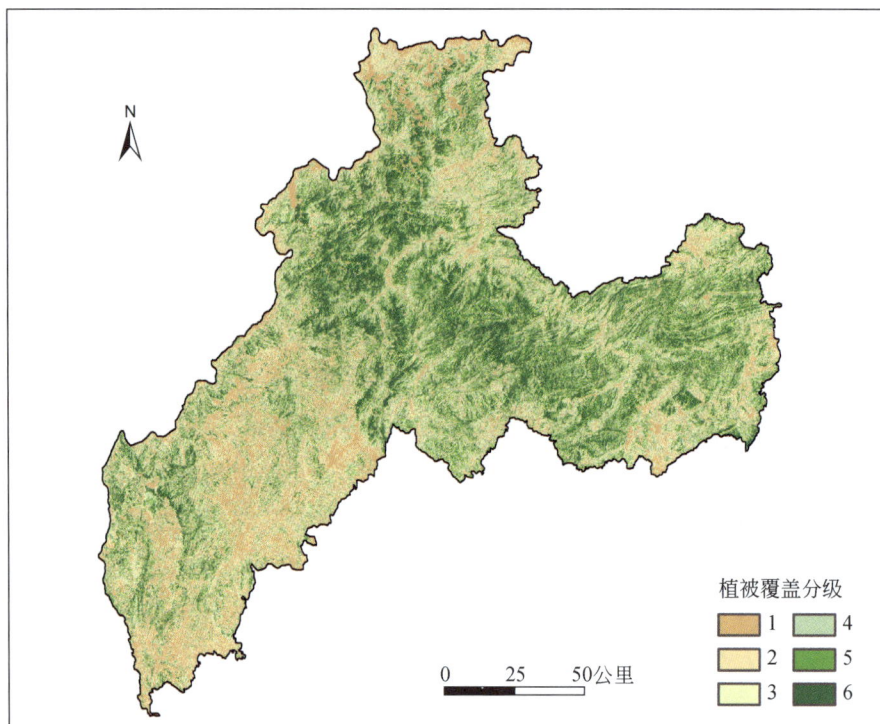

图 8-5　昭通市植被覆盖分级

地震 1 次，7.0 级以上地震 1 次（白仙富等，2013）。特别是近年来昭通市地震频发，2012 年以来发生 5.0 级以上地震 4 次，这些地震震源浅，危害大，造成大量山体松动、裂隙、崩塌，地表植被破坏严重，使得本就十分破碎的下垫面变得更不稳定，水土流失问题日益严重。

6. 其他影响因子

影响水土流失的因子还有地质构造，土地利用和土壤等因素。区内北西从小江断裂起为川滇经向构造带，东部与华夏构造带相接，所以南北向、北东向构造最为发育，是昭通市的基本构造。滑坡主要产生在软硬相间的层状砂页岩，板岩、煤系地层和残坡堆积体上。昭通市土壤包括红壤、黄壤、黄棕壤、棕壤、暗棕壤、亚高山草甸土，以及燥红土、水稻土、红色石灰土、沼泽土、紫色土等，总体上呈现坡、瘦、板、酸等特征。由于昭通市平坝不足 9%，土壤分布以山地为主，坡耕地上的土壤所占比例大，具有垂直地带性，容易发生土壤侵蚀。

第二节　水土保持空间布局与综合治理

一、水土保持重点区域识别

1. 针对严重土壤侵蚀的水土保持重点区域

在昭通市的水土流失中，根据地形、当前植被覆盖和土地利用方式等特征，首先解析出水土流失不同等级的面积。在此基础上，制定出相应的水土保持措施。根据本区域特征，选择坡度、植被盖度和土地利用方式作为评价水土流失程度的指标。水土流失程度的评价采用 AHP（analytic hgierarchy process）和模糊综合评判（fuzzy assessment）方法，权重矩阵构造如表 8-10 所示。

表 8-10　水土流失权重矩阵

	植被覆盖度	土地利用	坡度	权重	等级
植被覆盖度	1	2	4	0.558	1
土地利用		1	3	0.320	2
坡度			1	0.122	3

注：植被覆盖度用 NDVI 指标表示。

　　经计算权重矩阵的特征根 λ 为 3.018，一致性指标 CI 为 0.009，判定矩阵的随机一致性比例 CR 为 0.015，小于 0.10，完全符合评价需要。一个对象在评价指标上的隶属度，依据线性特征，映射到模糊空间中，判定矩阵如表 8-11 所示。

表 8-11　水土流失程度评价因子判定矩阵

赋值	0	0.2	0.4	0.6	0.8	1
坡度（°）	0 ~ 4	5 ~ 9	10 ~ 14	15 ~ 19	20 ~ 24	25 ~ 30
	>70	63 ~ 70	55 ~ 62	47 ~ 54	39 ~ 46	31 ~ 38
植被覆盖度（NDVI）	0.424 ~ 0.702	0.147 ~ 0.424	−0.13 ~ 0.147	−0.407 ~ −0.13	−0.684 ~ −0.407	−0.962 ~ −0.684
土地利用	113，21，22，42，43，51，64	111，23，31，44，52，66	112，24，32，41，46	123，33	122，53	121，124

注：111-山区水田、112-丘陵区水田、113-平原区水田、121-山区旱地、122-丘陵区旱地、123-平原区旱地、124-大于25°坡区旱地；21-有林地、22-灌木林地、23-疏林地、24-其他林地；31-高覆盖度草地、32-中覆盖度草地、33-低覆盖度草地；41-河渠、42-湖泊、43-水库和坑塘、44-冰川和永久积雪地、46-滩地；51-城镇用地、52-农村居民点用地、53-公共建设用地；64-沼泽地、66-裸岩石砾地。

　　在昭通市的水土流失评价中，植被覆盖、土地利用（即人类对自然的干扰程度）和坡度至关重要。在评价中，土壤属性、降水方式等因子也很重要，这里将它们弱化到土地利用和植被等因子当中。评价结果按照 6 个等级，和《中国水力侵蚀土壤侵蚀强度分级指标》（表 8-4）相对应，空间分布如图 8-6 所示。

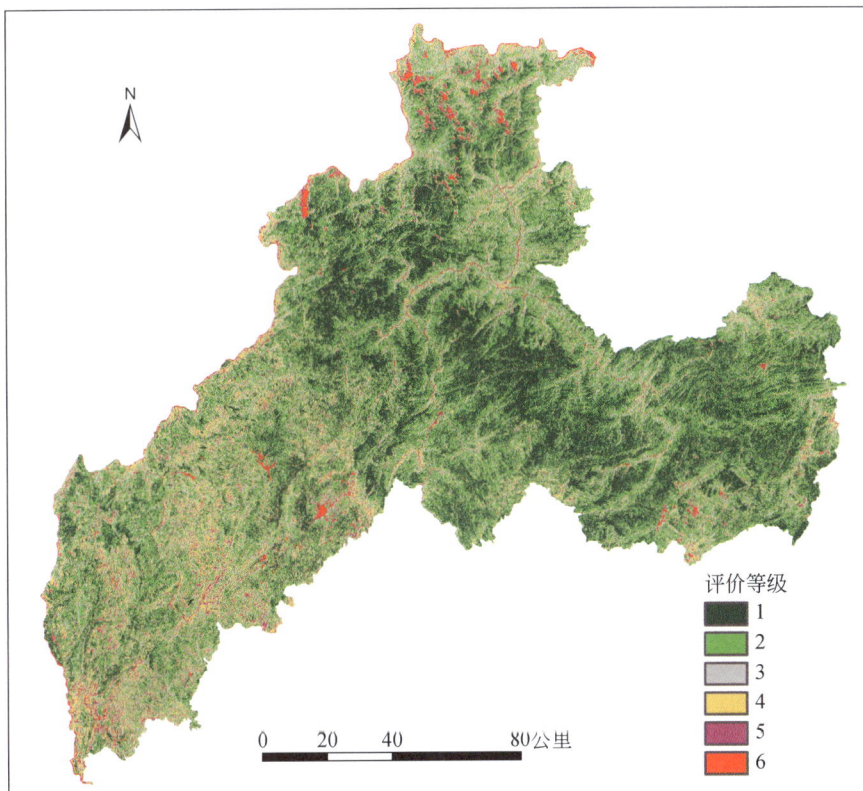

图 8-6　昭通市水土流失程度评价结果

227

从评价结果上统计，昭通市的水土流失各程度面积如表8-12。

表8-12　昭通市水土流失评价

水土流失等级	面积（平方公里）	比例（%）	流失量（万吨）
1（微度）	2747.81	12.26	0.00
2（轻度）	9127.25	40.71	456.36
3（中度）	5486.60	24.48	1371.65
4（强度）	4714.19	21.04	2357.10
5（极强度）	337.81	1.51	270.25
6（剧烈）	0.63	0.03	0.94

从表8-12可以看出，如果在昭通地区所有范围内降水条件相似的情况下，全区每年将被流失4456万吨左右的土壤。根据昭通市相关部门统计数据显示，2004～2009年，水土流失面积基本维持在10567.5～11307.93平方公里，年土壤侵蚀量为4633万吨左右，与表8-12中的估算量大致相当。此外，也可由金沙江在昭通市上下游的水文控制站的水文数据来估算评价的精度。2002～2009年，屏山站测得多年平均输沙量为15800万吨，华弹站为12500万吨，那么昭通市对金沙江下游泥沙的贡献量为3300万吨（童辉和袁晶，2012），考虑到长江上游的泥沙输移比至少为0.7～0.8（景可，2002），在此可取0.8，得出昭通市2002～2009年的年土壤流失量为4125万～4714万吨，与估算结果也基本一致。

中度（3级）水土流失程度以上地区，都是水土保持的重要区域。它们流失的程度，从2500吨/（平方公里·年）到超过10000吨/（平方公里·年）（表8-4），其面积为10539.22平方公里，占昭通市国土总面积的47%。这些区域水土流失强度变幅大，影响因素复杂，在当前植被覆盖和土地利用方式下，是需要进行水土流失重点治理的区域（图8-7）。

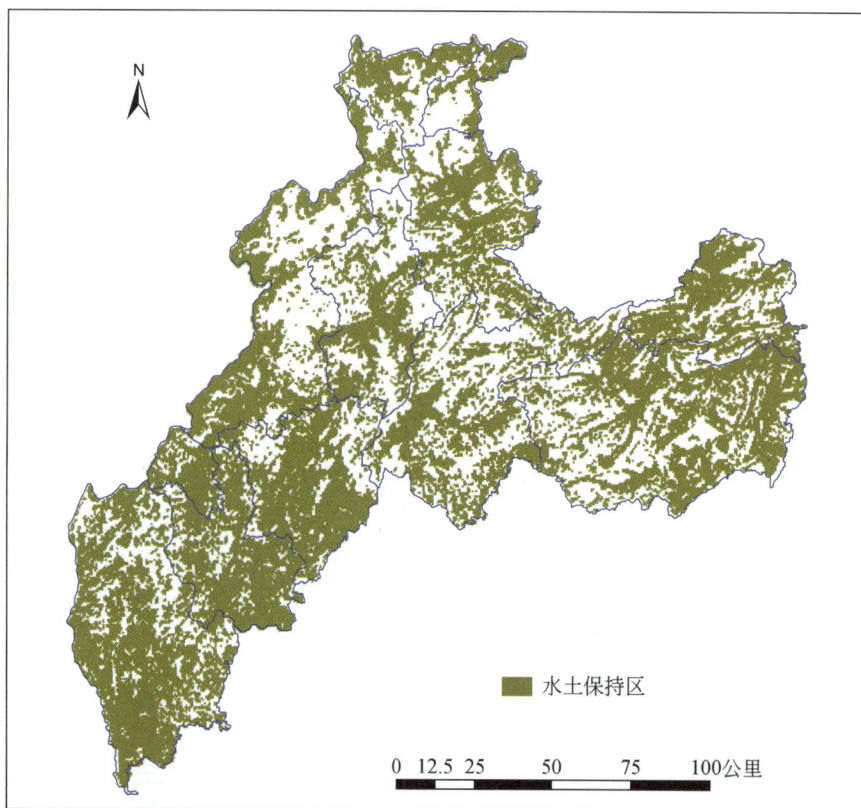

图8-7　昭通市水土保持地区分布

其中，对于水土流失等级为强度（4级）及以上区域，由于水土流失等级高、流失量大、危害程度高，主要因素较为明确，因此在前期侧重治理，而在后期重点应在预防和自然恢复，尽量避免人为破坏。这些区域的面积约为5052.62平方公里，占昭通市国土总面积的22.54%（图8-8）。

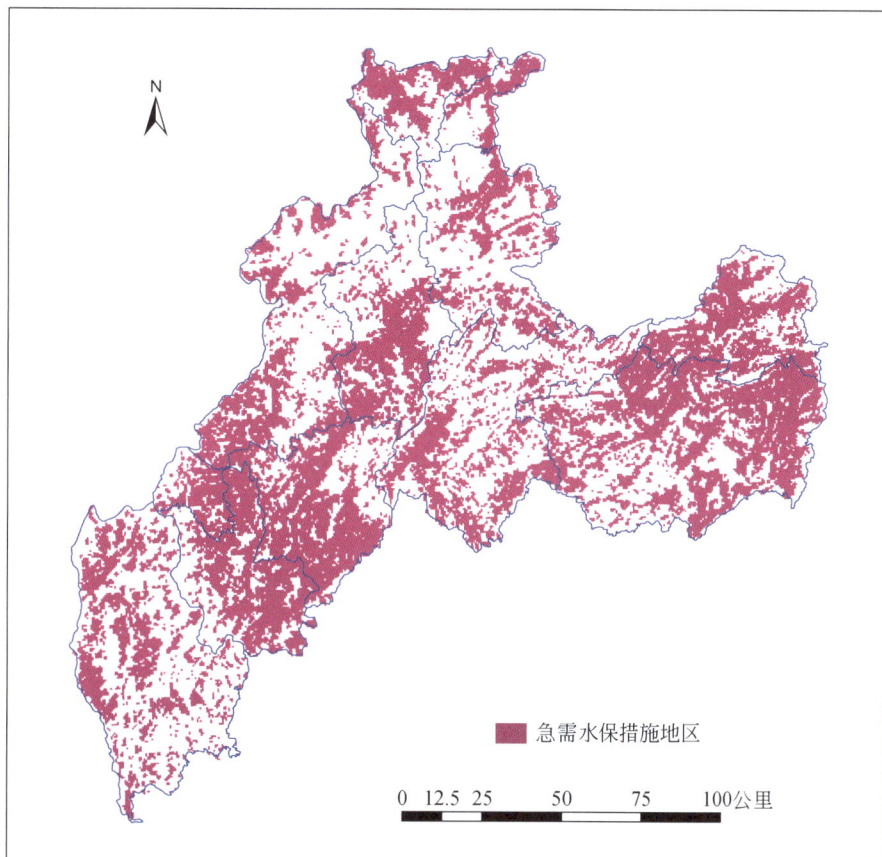

图 8-8　昭通地区急需水保措施地区分布图

2. 面向国土开发的水土保持重点区域

随着昭通市经济建设步幅加快，昭通市与其他区域的经济联系越来越强，道路设施和城镇建设不断发展，尤其是区域内向家坝和溪洛渡水电站的建设，为昭通市的经济面貌和社会发展带来前所未有的机会和挑战。

在工程建设和城镇规划中，应该密切注意因开发带来的水土流失问题。主要是公路修建中的矸石排放，大坝蓄水后引起地下水位上升所可能诱发的新滑坡，城镇建设中的地基稳定等问题。

（1）面向库区建设的水土保持重点区域

随着向家坝、溪洛渡水电站的修建，库区工程、移民安置点新址建设以及相应的配套道路建设等施工项目的实施，必然造大成面积地表裸露，同时场平工程土石方开挖回填量大，扰动地表面积大，堆渣边坡陡、稳定性差，也必然加剧水土流失，因此这些施工区是库区建设前后很长一段时期内，水土保持的重点区域。同时，水库蓄水运行后，由于水位的变化，也必然影响库区山体的稳定性，可能诱发地震、滑坡、泥石流和崩塌等地质灾害的频率加剧，因此为了保持库区的稳定性，应该考虑库区因水位上升造成的环境问题。由于地下水位将随着库区水面的抬高而上扬，原来相对稳定的滑动面或边坡有可能在强降水的情况下发生崩塌、滑坡等灾害。所以，应该在库区水位上涨之前，根据滑坡发生的临界坡度，即25°~45°，对库区的金沙江汇水坡面进行前期整治。从目前向家坝、溪洛渡库区蓄水前后的水位变化看出，从库区的稳定性角度考虑，需要治理的边坡面积仍然非常大。同时，水富县城的城址将随着向家坝的蓄水而搬迁，计划搬迁的新址也是高危边坡，所以，对未来的新城而言，城建基础的稳定性是县城安全首要的考虑因素。

（2）面向城镇开发的水土保持重点区域

近10年来，昭通市正处于城镇化发展的快速期，据统计数据显示，2005~2010年，昭通市城镇化水平由17%上升到21%，增长了23.53%，城镇（含乡）建成区面积由113.4平方公里增加到161.2平方公里，增长了42.15%。由此可以看出昭通市的土地城镇化速度远高于人口城镇化的速度。伴随着昭通市土地城镇化的快速发展，相应的城镇开发项目迅速增加，由于该区位于长江上游金沙江分水岭地带，是川南丘陵向云贵高原的过渡地段，这里多为碳酸盐岩喀斯特集中连片分布和发育的高山峡谷区，受金沙江水系强烈切割，山高谷深，沟壑纵横，地势落差大。特殊地形特征决定了昭通市在实施城市建设中，必然需要大量强烈的切坡和平整地基活动。在此过程中，居民小区、办公及工商用地不仅挤占了原来的林灌用地，造成生态功能下降，而且场地平整，基础开挖，弃土（石）、弃渣、废料、垃圾等堆积，扰动剥离地表，造成地表裸露，在降雨径流的作用下极易产生严重水土流失。同时，基础设施建设过程中切挖山腰或坡脚，造成山丘边坡失稳，容易引发严重的滑坡、泥石流等环境地质灾害，同时也显著增大了基础设施内侧边坡坡度，加剧了水土流失。因此，城镇开发区的水土保持形势亦十分严峻，需要引起足够重视。

（3）面向道路施工的水土保持重点区域

昭通市的213国道线穿越了昭鲁坝，北部山地和横江河谷，地形复杂。沿途有横江众多的大小支流以近似直角方式汇入横江，公路从这些河流上穿过。由于昭通市是云南省泥石流的高发地带。地形、松散的固体物质和水体供给是泥石流形成的必要条件，人为不合理活动，如毁林开荒、工程建设不当等，为诱发泥石流的重要因素。坡面泥石流多发生在15°~35°的中陡斜坡上。典型的高频率泥石流沟流域形态呈漏斗状。昭通市是以坡地为主的地形，213国道沿线的汇水区域大多是汇水面积较大而出口狭窄的区域，符合泥石流发生条件的小流域沿程共43个（图8-9）。它们大多分布在昭通市北部豆沙关下游的横江干流上，即水富、盐津和大关一带，昭阳区也有少量的小流域符合泥石流爆发条件。

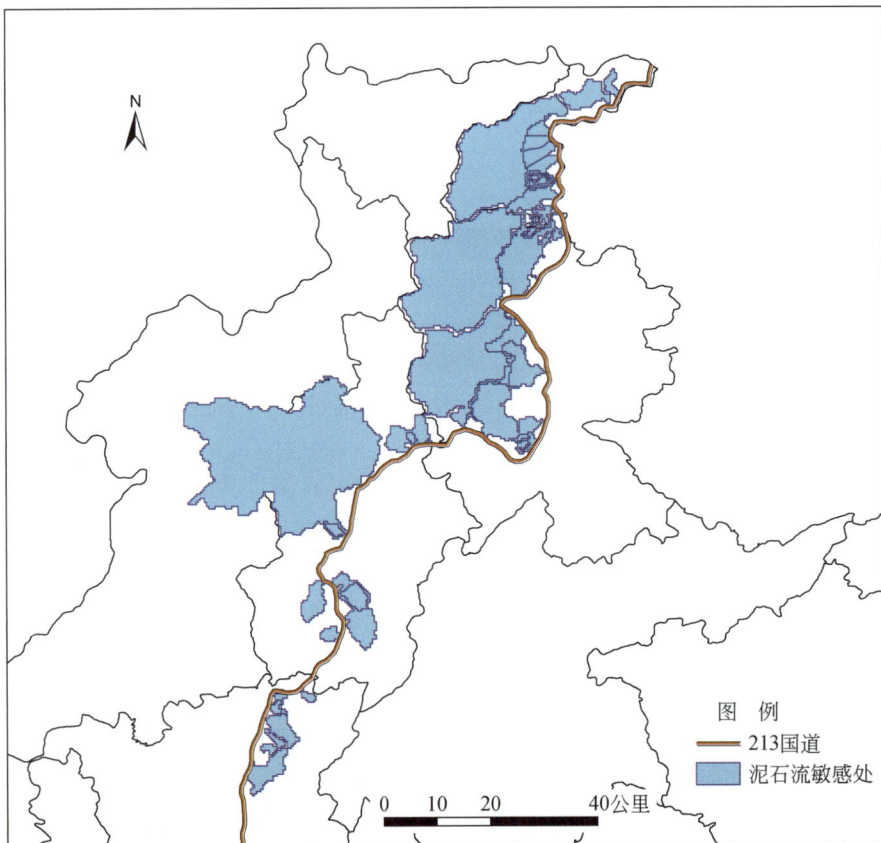

图8-9　昭通市213国道沿线43处泥石流敏感位置

值得注意的是，近期昭通—宜宾高等级公路正在加紧施工，沿横江对岸另行开辟新线。这无疑将加大公路沿线的泥石流防护难度。根据经济开发的通例，交通干线沿途是人类活动强烈的地带，会进一步增加泥石流爆发的人为因素。

3. 地震频发区的水土保持重点区域

由于昭通市近年来地震频发，仅2012年以来，发生的5.0级以上地震就达4次，特别是2014年8月3日发生的鲁甸地震，震级更是达到6.5级，且均为浅源地震（表8-13）。这些频发的高强度地震必然对昭通市的水土流失产生重要影响。

表8-13　昭通市地震信息（2012～2014年）

地震时间	震中烈度	震级（M_s）	有感半径（公里）	地震地点
2014.8.17	Ⅵ	5.0	150	永善县务基镇（28.1°N, 10.5°E）
2014.8.3	Ⅸ	6.5	340	鲁甸县龙头山镇（27.1°N, 103.3°E）
2014.4.5	Ⅶ	5.3	180	永善县溪洛渡镇（28.1°N, E103.6°E）
2012.9.7	Ⅷ	5.6	210	彝良县洛泽河镇（27.6°N, 104.0°E）

地震后的水土保持重点区域可由地震的破坏程度（烈度）确定。受发震构造和场地的影响，近场的地震烈度衰减规律一般呈椭圆形，在远场则逐渐变为圆形（秦娟等，2014），基于此，同时从水土保持最安全的角度考虑，可根据地震烈度在远场区衰减形状趋于圆形，有感烈度值为Ⅲ～Ⅳ度的特点（肖亮和俞言祥，2011），把烈度为Ⅳ度的等震线作为地震造成影响的最远边界，在震源和有感边界间的区域采用等值等距衰减的方法确定烈度分布。有感半径与震级的关系如表8-14所示（汪素云和时振梁，1993）。

表8-14　有感半径与震级关系

震级（M_s）	5	5.25	5.5	5.75	6	6.5	7	7.5	8	8.5
有感半径（公里）	150	170	200	230	260	340	450	600	800	1100

根据以上分析，昭通市2012年以来的4次地震震中的烈度可以由当时的监测数据获得（表8-13），有感半径由表8-14推算获得，有感半径上的烈度采用4度。最后，昭通市的地震破坏程度区域分布可由4次地震的烈度分布获得，根据4次地震绝对烈度值的分布和数据叠加后的相对烈度值分布，来确定地震引起水土流失敏感区。

根据中国地震烈度划分标准，烈度为Ⅳ级及以下的区域为地震对水土流失无危害区，烈度为Ⅴ～Ⅵ级的区域为地震对水土流失的轻度危害区，烈度为Ⅶ～Ⅷ级的区域为地震对水土流失的中度危害区，烈度为Ⅸ级及以上的区域为地震对水土流失的强度危害区。根据此划分标准，需要重点防治和治理的水土流失区是中度及以上的地震影响区。根据2012年以来，昭通市发生的4次地震建立的烈度值缓冲区来看，水土流失重点治理区主要集中在鲁甸县龙头山镇及周围大部分区域、彝良县洛泽河镇及周围区域。此外，永善县的两次地震震中的烈度尽管较低，但发生地震的时间间隔很短，考虑到地震的叠加效应，水土流失重点治理区还应包括永善县的务基镇和溪洛渡镇。

二、水土保持空间布局

根据昭通地区水土流失危害程度评价（图8-6）和分步骤分期治理的思路，从评价图中解析出昭通市近期着重治理的区域，即属于潜在强度水土流失的地区，平均水土流失量超过5000吨/（平方公里·年），地表平均侵蚀厚度在3.7毫米/年以上。

水土流失的治理区域，根据评价标准，都是植被覆盖条件差，以坡耕地为主和坡度大的地带。在实际的治理中，应当考虑到便于成片治理，因此按照流域界限，对昭通市水土流失治理地区进行划分。

　　根据昭通市 1∶5 万分幅地形图生成 DEM，因昭通市的地形复杂，在制作时考虑使用 50 米分辨率。利用 DEM 计算出昭通市全境内的流向、流路和汇水区域，在此基础上按照河口位置设置断口提取出流域，进一步得到流域面积。

　　从近期重点治理的面积上看，横江是最重要的流域，为 2259.47 平方公里；其次为金沙江沿江小流域，为 898.04 平方公里；再次为赤水河，为 342.45 平方公里。牛栏江为过境水域，上游多年平均输沙量为 1190 万吨，境内治理面积为 342.45 平方公里，仍为水土流失潜在危害较严重区域。其余南广河、以萨河等流域境内治理面积分别为 217.55 平方公里、178.15 平方公里（表 8-15）。

表 8-15　昭通市近期重点治理区域在各流域分布

区域	重点治理面积（平方公里）	境内流域面积（平方公里）	占流域比例（%）
横江	2259.47	11530.02	19.59
牛栏江	342.45	2009.00	17.05
南广河	217.55	844.42	25.76
以萨河等流域	178.15	671.62	26.53
赤水河	551.49	1887.49	29.24
金沙江沿江小流域	898.04	5402.72	16.64

　　总体上看，昭通市 2016~2020 年期间需要治理约 4447.15 平方公里的不同地区，约占昭通市总面积的 20%。如果考虑到工程城镇建设和人口压力，治理的难度将更大（图 8-10）。

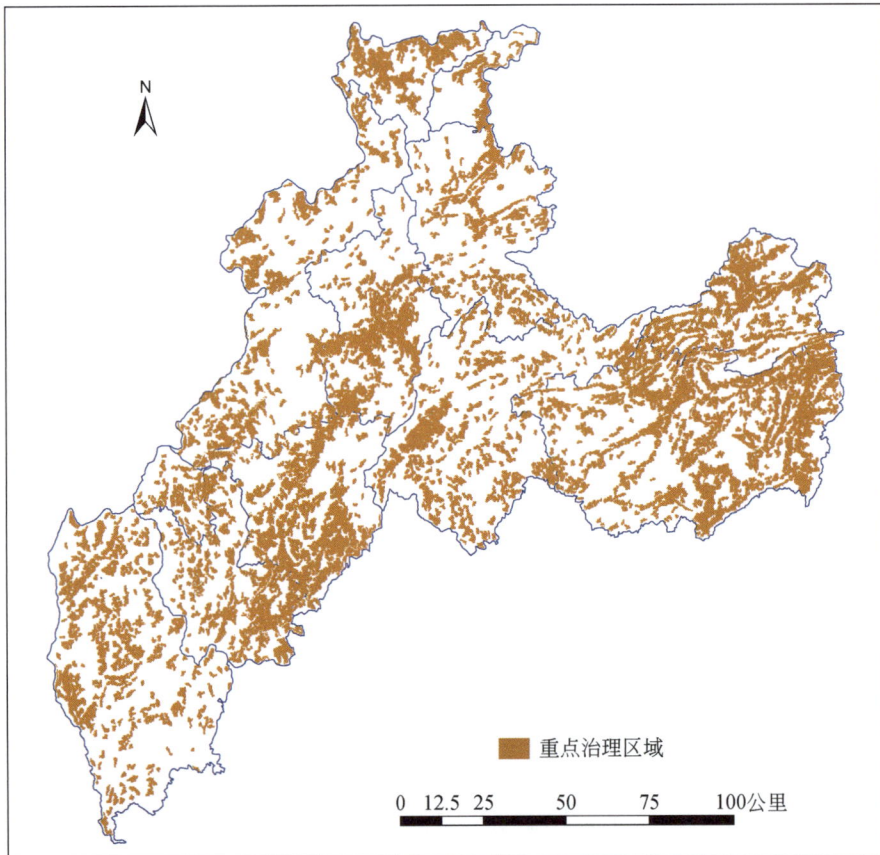

图 8-10　昭通市 2016~2020 年期间重点治理区域分布

三、水土流失治理的基本思路

针对水力侵蚀、滑坡和泥石流灾害等土壤侵蚀问题，我国及长江中上游地区展开了长期和多项措施来改善生态建设，包括水土保持政策调整、林草恢复措施、工程建设措施和水保型耕作措施等。随着人口增长，水土保持中出现了一些新的问题，涉及协调人口和环境之间的关系。昭通市生态屏障建设过程中，造林种草用地和粮食生产用地之间也存在平衡和协调的问题，并且造林种草缺乏资金和科技投入。昭通市水土保持不仅是自身可持续发展的需要，也是长江流域生态建设的必要环节。因此，在不同的管理实施层面上都应该充分认识到昭通市水土保持的难度，注意解决新时期的各项问题。例如，随着长江流域水土流失治理和长江流域生态屏障建设的全面展开，出现了政策兑现和农民受益的平衡协调问题、盲目栽植和一刀切管理、退耕还林还草和基本农田建设协调发展问题，林草植被建设的合理规划、区域布局和合理配置等问题。

在水土保持实施过程中，首要问题是如何因地制宜和优先治理。由于大部分地区存在不同程度的水土流失，一段时间内只能分期分批进行水土保持工程。受地区自然条件和管理方向的影响，一个地区基本上可采用两种方法来逐步达到水土保持的目的：一是首先治理水土流失强度较大的区域，这种思路强调水土流失剧烈的区域在土壤侵蚀中的关键地位，用解决主要矛盾的方法来控制土壤侵蚀，当这些地区生态改善后，再在其他区域全面展开水土保持；二是根据当前有限的资金投入，坚持先易后难的原则，先在水土流失强度较弱的地区展开水土保持工程。水土流失强度较小的区域往往面积较大，按照这种思路进行治理，能够在短时期大面积范围内收到比较好的效果。

1. 水土流失治理基本思路

昭通市面临的主要环境问题是，随着经济的发展，人类活动与生态环境的矛盾依然十分突出。由于该区地形复杂，多为山地、坡度陡，地势落差大，加之雨季多暴雨，人类活动强烈，使得水土流失程度及风险显著增加。因此，仅按照一种思路进行治理，土壤侵蚀量不能得到有效控制，山地坡面的侵蚀仍然会对缓坡和平地带来大量泥沙堆积等不利影响，也不能减轻下游地区水库泥沙沉积的压力。在此条件下，比较妥善的方法是，政府主导的生态屏障建设的资金和技术投入，应首先用于强度较大的水土流失区域的治理，即从宏观上主导治理工程的方向和进程；同时，引导土地使用者对使用范围内的土地实施水土保持措施。

在水土保持实施中，昭通市还面临资金和技术投入严重缺乏的困难。目前，水土保持工程已经在巧家县、永善县、镇雄县、水富县和绥江县等地有效展开。从社会效益上来看，这些区域的治理带有示范的性质，预期在有后续工程的推动下，可以发挥先导工程的作用；从治理面积上来看，示范区大小在30~260平方公里，只占全县或流域的很小面积，是以行政村为实施单位；从空间布局上来看，以小流域为主，如以礼河、大汶溪和乌江上游地区。昭通市的流域以横江、牛栏江等金沙江支流为主，尤其横江在昭通市的水系较为完整，产沙量占整个昭通市的1/3弱，是主要的产沙区域，流域治理应当首先针对横江的水土流失特点进行布局。从已经实施项目的设计上看，它们基本上是根据工程的资金投入量进行规划，对地区长远的水土保持考虑相对较少，后续工程的接口性较差。因此，近5年内昭通市水土保持应依据土壤侵蚀的空间特征和强度，全面规划水土保持工程及其措施，因地制宜，分期实施，以期实现昭通市可持续发展和长江上游生态屏障建设的目标。

按照不同的投入和治理目标，昭通市的水土保持可以分为示范工程、重点工程、库区工程、横江流域工程和全面治理（表8-16）。示范工程主要是为了试点推广，面积较小，对减沙的作用有限；重点工程是针对侵蚀模数为5000吨/（平方公里·年）以上的区域，治理的效果较好，能减少昭通市一半左右的侵蚀量，但是面积较为分散，规划设计的工作量大；仅治理向家坝、溪洛渡库区的直接汇水区域，有一定效果，但是面积较为分散，对整个长江的减沙贡献一般；横江流域是昭通市最大的流域，整治该流域可减少约四分之一的泥沙。在充分投资的情况下,昭通市的水土流失可以基本得到有效控制,把侵蚀强度控制在微度和轻度水平,但是面积很大,实施步骤复杂,应作为远景水土保持目标。总之,昭通市的水土保持效益,以实施重点工程治理方案为最佳,治理面积约占昭通市整体面积的20%,却能够减少约50%的输沙量,是近期昭通市水土保持规划、工程的首选方案。

表8-16 昭通市不同水土保持效益分析

水土保持方案	减沙效益（万吨）	治理面积（平方公里）	占昭通市面积（%）
示范工程	271.18	338.43	1.50
重点工程	2628.28	5052.62	22.54
库区工程	449.02	898.04	4.00
横江流域工程	1129.74	2259.47	10.08
昭通全面治理	3999.93	19666.47	87.74

2. 水土流失治理目标

以科技为先导,以开发利用水土资源为主体,以治理水土流失为前提,以提高经济效益为中心,以增加农民收入和改善生态环境为目的,实现治理一个流域,建立一个基地,发展一方经济,富裕一方群众的目标。以预防为主,以人为本,突出重点,综合治理,寓治理于开发之中,实现可持续发展战略。以流域为依托,以坡改梯、经济林、水保林为主线,全面实行封山禁牧,充分发挥生态的自我修复能力,恢复植被达到流域内山川秀美这个目标。

3. 社会效益目标

减少下游地区的洪涝灾害;有效地改善当地农业生产条件,合理调整农业经济结构,提高土地利用率;有效地提高劳动生产率,增加农村就业机会;促进土地利用结构和农村产业结构的合理调整,实现农业高产、稳产;提高环境容量,缓解人地矛盾;提高人民群众物质文化生活水平,加快脱贫致富奔小康步伐;促进社会进步和农村两个文明建设。坡耕地改造,兴修基本农田,在促进陡坡退耕恢复林草的同时,有利于实行科学种田,增加粮食产量,解决当地粮食不足问题。沟道治理工程、小型水利水保工程可以解决农村生产、人畜饮水问题,缓解干旱缺水困难。道路可极大地方便群众交通,促进农村经济发展。另外,还会带动当地农业、畜牧业、建材工业和其他商品的流通。

4. 水土流失治理的主要措施

（1）坡改梯

在25°以下生产用地的坡耕地上进行,交通方便,宜石则石,宜土则土。坡改梯防治标准为当地实际发生的10年一遇3~6小时最大降雨。

（2）坡面水系工程

蓄水池,主要布置在新增坡改梯地块中,有引水条件的按2方/亩布设,仅靠地表径流蓄水的按1方/亩标准布设。水池为圆形,容积为30立方米和50立方米,采用75#水泥砂浆块石支砌。沉沙池和沟渠、蓄水池配套使用,容积为5立方米。排灌沟渠,配套坡改梯使用,断面为0.3米×0.5米,建设标准为10年一遇3~6小时最大降雨,尽量结合作业道路合并修建。

（3）作业道路

布设在新增的坡改梯和经果林地块中,尽量和沟渠结合,宽度为1米,用块石或碎石辅助。

（4）植物护埂

土坎坡改梯全部实行植物护埂,采用乡土树种,注重经济效益,选用花椒、蚕桑等具有经济价值的低矮植物。

（5）保土耕作

对 25°以下未进行坡改梯的坡耕地采用保土耕作是坡耕地改造的重要措施，保土耕作主要在耕作时注意改变不良的耕作习惯。在作物配置时使地表四季都有作物覆盖。

（6）塘堰整治

主要对与群众生产、生活密切相关的现有病险塘堰进行整治，库容控制在 10000 立方米以下，整治内容包括清淤、防渗加固等工作。

（7）溪沟整治

主要对由于溪沟河堤损毁或泥沙淤积而导致耕地受损的地段实施，治理后不能降低溪沟原有行洪能力。工作内容包括修复河堤和疏浚河道。

（8）谷坊

在沟蚀严重，对生产用地构成威胁的坡面侵蚀沟因地制宜布设。坝址"口小肚大"，地质条件好，设计标准为 10~20 年 3~6 小时最大暴雨，采用干砌石谷坊，标准断面为坝高 6 米（含基础 1 米），坝底宽 5.5 米，顶宽 1.0 米，容积 300 立方米，坝顶长 20 米，底长 5 米。溢流口设在谷坊顶中部，尺寸为 2 米×1 米。谷坊间距由"顶底相照"原则确定。

（9）拦沙坝

选择坝轴线短，库容大，拦沙效果好，地质条件好，有保护农田或村庄作用的地段布置，设计标准为 10~20 年一遇洪水设计，30 年一遇洪水校核。标准断面为坝高 9.5 米，底宽 9.95 米，顶宽 2 米，内坡比为 0，外坡比为 1:0.7，干砌石结构，底长 4 米，坝顶长 22 米，溢流口设在中央，尺寸为 2 米×1.5 米。采用浆砌石结构，坝体上预留排水口。

（10）经果林

以规模经营，建立示范为主，确保产权明晰，用坡改梯整地，设计原则是适地适树，设计标准为 10 年一遇 3~6 小时最大降雨量作为工程整地标准，正方形配置，树种选用板栗、桃、李、梨，株行距采用 3 米×3 米。注意后续管理和病虫害防治。

（11）水土保持林

布置在群众自觉退耕的坡耕地和生产用地周边难以自然恢复植被的侵蚀劣地上，做到整地造林，乡土树种混交造林，树种以杉为主，正方形配置块状整地。株行距 2 米，冬季适时栽种。

（12）种草

种畜配套，示范为主，主要布设在 15°~25°的坡耕地上，草种选择黑麦草、三叶草，采取混播种植，注重病虫害的防治。

（13）植物篱

以示范为主，布置在不宜进行坡改梯的坡耕地上，以种植花椒、蚕桑为主，兼顾生态效益和经济效益，配套截流沟和排洪沟，篱带宽为 2 米。

（14）封禁治理

在江河分水岭具有明显走向的大山脊和河流源头集水区，分别划出 150~200 米和 500 米（干流）至 300 米（支流）布设水源涵养林，实施封禁和生态恢复措施，以含蓄水源和防止溯源侵蚀。在有水土流失的疏林、荒山荒坡、天然草地上采取完全封禁的治理模式，不准在封禁区内樵采、放牧、进行多种经营等一切不利于林木生长繁育的人为活动，让植被进行自然修复。

（15）辅助措施

主要是在农村聚集地推广沼气池，减轻林灌植被的过度依赖。

第三节　典型流域治理

一、巧家县以礼河

以礼河位于巧家县城南部，地处金沙江沿岸，流域发源于会泽县的毛家村，流经会泽老厂与巧家县壁山交界处入境，再与马树河、荞麦地河交汇注入金沙江，属金沙江一级支流，境内流长 48 公里。本区受地质构造、地表岩性、降雨、地形地貌、人类活动等自然因素和人为因素的影响，水土流失极为严重。据 1999 年全国第二次遥感调查成果和外业实地调查，全区土地总面积为 265.80 平方公里，水土流失面积为 148.07 平方公里，占土地总面积的 55.71%，其中轻度水土流失面积为 40.42 平方公里，占水土流失面积的 27.30%；中度水土流失面积为 47.82 平方公里，占水土流失面积的 32.29%；强度水土流失面积为 34.92 平方公里，占水土流失面积的 23.58%；极强度水土流失面积为 24.04 平方公里，占水土流失面积的 16.24%；剧烈水土流失面积为 0.87 平方公里，占水土流失面积的 0.59%。土壤侵蚀模数为 3146 吨/（平方公里·年），土壤侵蚀总量为 83.82 万吨/（平方公里·年）。

依据水土流失强度，把以礼河流域划分为极强度流失类型区和强度流失类型区。极强度流失类型区涉及以礼河、谢家沟、龙潭箐、荒田河、噜布河 5 条小流域，水土流失面积为 76.61 平方公里，占水土流失面积的 51.7%；强度流失类型区包括煤炭沟、瓦厂沟、没落河、大沙沟、干海子 5 条小流域，水土流失面积为 71.46 平方公里，占水土流失面积的 48.3%。流失特点以面蚀、溪沟侵蚀和重力侵蚀占主要地位。严重的水土流失不仅造成土地资源的破坏，导致农业生产条件和生态环境的恶化，生态平衡失调，水旱灾害频繁，而且给国民经济发展造成了巨大的经济损失，甚至造成对人类生存环境的严重威胁，阻碍可持续发展战略的实施，是当地广大人民群众生产、生活、生命财产的一大灾难。

1. 建设任务和规模

根据各类型区典型小流域措施配置比例，推算出各项治理措施的数量，再用治理目标和土地利用规划进行校核，最终确定各项措施数量为坡改梯 1197.62 公顷，蓄水池 338 口，沟渠 97 公里，沉沙池 160 口，保土耕作 349.36 公顷，作业便道 45 公里，植物护埂 1842 公里，塘堰 44 座，溪沟整治 16 公里，谷坊 70 座，拦沙坝 10 座，水保林 383.36 公顷，经果林 383.49 公顷，种草 44.00 公顷，沼气池 784 口，省柴灶 1600 口，封禁治理 11436.93 公顷。

2. 土地利用调整

根据典型小流域的土地利用结构调整结果，提出土地利用结构调整方案，确定生产用地为 3296.47 公顷，生态用地为 21997.83 公顷，居民及交通用地为 1285.20 公顷。生产用地和生态用地及其他用地比例调整为 12.4∶82.8∶4.8。

3. 分区治理方案

根据水土流失特点、土地利用方式、防治措施等方面的相似性和差异性，该治理流域划分为极强度流失治理类型区和强度流失治理类型区，在强度流失治理类型区中实施的小流域有以礼河、谢家沟、龙潭箐、荒田河、噜布河 5 条小流域；在极强度流失治理类型区中实施的小流域有煤炭沟、瓦厂沟、没落河、大沙沟、干海子 5 条小流域。各强度类型区按高度不同，采用不同的治理方案。

高原中山深切割地貌类型区，涉及金塘、炉房、崇溪 3 个乡，8 个村民委员会，1.99 万人，农业劳动力 1.17 万人，规划实施治理小流域有以礼河、荒田河、噜布河、谢家沟、龙潭箐 5 条小流域，土地总面积为 140.96 平方公里，水土流失面积为 76.61 平方公里。该区人民群众生活贫困，社会经济基础条件较差，农业基础薄弱，自然条件相对较好，自然资源丰富，水土流失严重，在治理方法上，以工程措施为主，采取乔、灌、草、针、阔、混相结合，坡面治理与农艺措施相结合，人工治理与自然修复相结合。高原低山深切割地貌类型区，涉及金塘、蒙姑2个乡（镇），7个村民委员会，1.35万人，农业劳动力0.72万人，规划施治理小流域有煤炭沟、瓦厂沟、没落河、大沙沟、干海子5条小流域，土地总面积为124.84平方公里，水土流失面积为71.47平方公里。该区人民群众生活相对较好，社会经济基础条件一般，农业基础脆弱，自然条件相对较好，光能资源丰富，植被资源差，水土流失严重，在治理方法上，以工程措施为主，采取乔、灌、草相结合，坡面治理与沟道治理相结合，以人工治理与自然修复相结合。

高原中山深切割地貌类型区，以荒田河小流域为代表，水土流失治理面积为1396.67公顷，治理措施布局为坡耕地治理工程，坡改梯为124.00公顷，其中石坎梯田为26.00公顷，蓄水池27口，沟渠11米，沉沙池15口，作业道路4公里，植物护埂186公里。小型水利水保工程塘堰整治6座，溪沟整治1公里，谷坊6座，拦沙坝2座。植物防护工程，水保林52.00公顷，经果林29.33公顷。辅助措施，沼气池100口，省柴灶200口，封禁治理1191.34公顷。高原低山深切割地貌类型区，以瓦厂沟小流域为代表，水土流失治理面积为1782.00公顷，治理措施布局为坡耕地治理工程，坡改梯为138.60公顷，其中石坎梯田为46.00公顷，蓄水池30口，沟渠23公里，沉沙池20口，保土耕作9.21公顷，作业道路8公里，植物护埂153公里。小型水利水保工程塘堰整治6座，溪沟整治1公里，谷坊8座，拦沙坝2座。植物防护工程，水保林38.66公顷，经果林41.49公顷，种草0公顷。辅助措施，沼气池64口，封禁治理1526.00公顷。

二、威信县扎西地区

威信县扎西地区属赤水河流域，辐射扎西镇、石坎乡15个村民委员会46个村民小组，土地总面积为269平方公里，占威信县总面积的19.3%。本区水土流失面积为145.7平方公里，占总土地面积的54%，在水土流失面积中极强度侵蚀面积为6平方公里，占水土流失面积的4.1%；强度侵蚀面积为25.24平方公里，占水土流失面积的17.3%；中度侵蚀面积为86.98平方公里，占水土流失面积的59.7%；轻度侵蚀面积为27.7平方公里，占水土流失面积的19%。水土流失使土层变薄，质地变粗，肥力下降，涵养水源能力差，形成耕地贫、脊、瘦等特征。使土地失去农业利用价值，降低复种指数，亩均单产低，人均占有粮食总量严重不足。每年流失土壤72万吨，从而导致耕地面积逐年减少，相当部分耕地的N、P、K比例仅为1：0.02：0.004，据土地详查资料和外业调查工作表明17～23厘米耕地占35%。

1. 土地利用调整方案

根据土地适宜性评价，结合该区实际，将土地调整规划生产用地133.42平方公里，其中水田1.35平方公里，梯坪地70.9平方公里，坡耕地55.31平方公里，果园用地5.76平方公里，生态用地136.73平方公里，其中用材林81.53平方公里，经济林6.83平方公里，薪炭林9.36平方公里，水土保持林31.15平方公里，人工草地6.5平方公里。

2. 分区治理方案

中部低山中度侵蚀区分为桂花小流域、干河小流域、玉京山小流域、田坝小流域、观音小流域、庙坝6条小流域，辖扎西镇9个村民委员会，土地总面积为144平方公里，2003年总人口为4.62万人，其中农业人口为3.03万人，农业人口密度为305人/平方公里，水土流失面积为80.64平方公里，其中极强度流失面积为3.31平方公里，占水土流失面积的4.1%；强度侵蚀面积为13.95平方公里，占水土流失面积的17.3%；中度流失面积为48.14平方公里，占水土流失面积的59.7%，轻度流失面积为3.52平方公里，占水土流失面积的19%。该区以大力发展水保林为重点，适当发展经果林，固定耕地，改良土壤，建设高产稳产农田，逐步建设水保科技大示范，建设生态立体农业，实现人与自然和谐的理念。

南部低山中度侵蚀区分为龙里小流域、大山小流域、大河小流域、杨家寨4条小流域，辖石坎乡镇6个村民委员会，土地总面积为125平方公里，2003年总人口为3.6万人，其中农业人口为3.43万人，农业人口密度为274人/平方公里，水土流失面积为64.34平方公里，其中极强度流失面积为2.69平方公里，占水土流失面积的4.1%；强度侵蚀面积为11.28平方公里，占水土流失面积的17.53%；中度流失面积为38.84平方公里，占水土流失面积的59.7%，轻度流失面积为12.18平方公里，占水土流失面积的19%。该区以坡改梯为重点，适当发展经果林，固定耕地，改良土壤，建设高产稳产农田，调整农业产业结构，发展农村经济。

三、镇雄县渔洞河流域

该区包括大湾、果珠、尖山三乡（镇）共16个行政村，总土地面积为256.05平方公里，其中水土流失面积为147平方公里，占土地总面积的57.4%，同属赤水河水系，是镇雄县水土流失比较严重的区域。其中，轻度流失面积为37.9平方公里，占水土流失面积的25.8%；中度流失面积为61.6平方公里，占水土流失面积的41.9%；强度流失面积为32.8平方公里，占水土流失面积的22.3%；极强度流失面积为14.7平方公里，占水土流失面积的10%。土壤侵蚀模数为2695吨/（平方公里·年）。由于受地形、地貌、成土母岩等因素的影响，其水土流失主要是石灰岩地区的坡耕地水土流失，水土流失强度随着耕地坡度的增加而加强，如大湾镇大湾村的大水社。5°以下的耕地基本不流失，5°～10°为轻度流失，10°～15°为中度流失，15°～25°的耕地基本上是强度流失，25°以上的耕地属极强度流失。同时，水土流失主要发生在降雨比较集中的6～9月，因为水力冲刷是水土流失的外力，如无保护设施，土壤就随着雨水的冲刷而流失。

1. 土地利用调整

从大湾小流域和长安小流域初步设计土地利用调整的结果可以看出以下变化：梯地增加1232.28公顷，坡耕地降低1408公顷，经果林增加106.34公顷，林地增加255.4公顷，草地增加55.59公顷，荒山荒地减少86.58公顷，难利用地减少150.98公顷。根据上述变化可以看出土地利用结构的调整方向为以改造坡耕地为梯地，提高粮食产量为主，同时适当发展经果林、用材林、种草等恢复生态措施。因此，土地利用结构的调整方案也应为降低坡耕地，增加梯地，保证人均1亩高标准生产用地的需求，以提高粮食产量来促进生态用地自然修复。土地利用结构调整结果为生产用地10999.53公顷。生态用地为14605.47公顷，生产用地减少151.47公顷，生态用地增加151.47公顷。生产用地中耕地10523.23公顷，其中坡耕地为3701.56公顷，生态用地中，林为12838.86公顷，草地为225.6公顷。

2. 分区治理方案

区内水土流失的特点是大湾镇区域以中度侵蚀为主，果珠、尖山两乡以轻度侵蚀为主，在气候方面，大湾镇气温相对较高，果珠乡、尖山乡相对较低。在土地利用方面，大湾镇适合发展以粮食、烤烟、经济林果相结合的农业经济，果珠乡、尖山乡适合发展以粮食、烤烟、畜牧为一体的农业经济，在水土流失防治措施上，三个乡镇都以布设治理坡耕地的水土流失措施为主，这是相似的。主要区别是大湾镇的耕地坡度较大，果珠乡、尖山乡丘陵地居多，耕地坡度较小，因此分为两个类型区：①大湾镇为中山轻度流失区；②果珠乡、尖山乡为中山中度流失区，共划分为11条小流域。

中山中度流失区涉及大湾镇8个行政村土地总面积为119.35平方公里，水土流失面积为70.43平方公里，占总面积的59%。整个类型区属中山侵蚀溶蚀相间地貌，岩溶地质发育。受地质构造影响，该类型区内地层发育，寒武系、志留系、奥陶系等地层均有出露。最高海拔1588米，最低海拔1050米。年平均气温13.7℃，平均日照1350小时，最高气温38.5℃，最低气温-9.1℃，年平均降雨量970毫米，3～6小时最大降雨124.7毫米，24小时最大降雨162.6毫米，区域内光热条件较好，适合各种农作物、经济作物的生长。

中山轻度流失区涉及尖山、果珠两乡的 8 个行政村，土地总面积为 136.70 平方公里。整个类型区属中山侵蚀，溶蚀相间地貌，岩溶地质发育，受地质构造的影响，该类型区内出露的地层和前类型区基本相似。以石灰岩为母岩形成的土壤为主。最高海拔 2100 米，最低海拔 1100 米，相对高差 1000 米，年平均气温 13.4℃，平均日照 1320 小时，最高气温 37.2℃，最低气温 -10.7℃，年平均降雨量为 991 毫米，3~6 小时最大降雨量为 141 毫米，24 小时最大降雨量为 184.1 毫米，区域内气候温和，降雨较前类型区充沛，适合多种农作物、经济作物的生长，同时由于气候温和，各种灌草也易生长，植被容易恢复，生态自然修复条件好。生活主要用煤，不需要烧柴。2003 年共有人口 4.96 万人，农业劳动力 2.33 万人，农业总产值 3890 万元，人均纯收入 856 万元，人均有粮 275 千克，水土流失面积 76.57 平方公里。水土流失以面蚀为主，轻度居多，坡耕地丘陵地流失为主。水土流失的治理方向也是坡耕地水土流失。

四、水富县大风溪流域

大风溪小流域位于水富县西南部，最低海拔 370 米，最高海拔 1420 米，东部与楼坝镇以吴家沟为界，西北部和太平乡古楼村相连，东南部隔中滩溪与两碗乡新滩村相望，东北部与绥江县会仪镇接壤，为水富县太平乡太平村。有 23 个村民小组，农业人口 5018 人。土地总面积为 26.46 平方公里。水土流失的主要类型是面蚀，区内水土流失总面积为 5.16 平方公里，占地总面积的 19.50%。其中，轻度流失面积为 0.81 平方公里，占地总面积的 15.80%；中度流失面积为 3.99 平方公里，占地流失面积的 77.4%，强度流失面积为 0.23 平方公里，占流失面积的 4.5%；极强度流失面积为 0.13 平方公里，占流失面积的 2.3%。土壤侵蚀模数为 1001 吨/(平方公里·年)，年侵蚀总量为 5165 吨。

1. 分区治理方案

根据土地利用现状和水土流失现状，按照生态修复建设目标，划分为工程性修复区和自然修复区。工程性修复区：范围主要集中在水清坝、大风溪、两碗水、刘家弯一带，共有图斑 155 个，土地利用现状以水田、坡耕地为主。区内农民的农业生产条件经治理有所改善，但仍存在一些问题，主要表现为：水利设施简单甚至没有水利设施。仅靠地表径流灌溉，部分水利设施损毁，燃料资源匮乏，种植的结构单一，经济水平不高。鉴于这些问题，在工程修复区的治理措施以水利水保工程，坡面水系整治工程为主，辅以植物防护工程和沼气池、省柴灶。自然修复区：范围主要集中在斑竹、官村、狮子牙巴、茅丝埂一带。植被以林地、灌木林为主。区内恢复植被主要存在的问题：人为地砍伐作柴烧和作建筑材料，小型滑坡泥石流的活动，以及少部分的放牧。生态示范村：根据现有治理基础和农业生产条件，选取条件较好的金竹村作为生态示范村，该村包括生产用地和生态用地二元结构，该村位于太平水清坝小学片区，有会太公路穿过，区内治理情况和群众基础均较好。农业村土地总面积为 3.5 平方公里，206 户，农业人口 967 人，农业劳动力 452 人，粮食总产量 26 万千克，农业总产值 52 万元，农村经济总收入 76 万元，农业人均年纯收入 780 元。

2. 对应治理措施

1）行政措施。作为加快经济社会发展以及贫困山区脱贫致富步伐，实现可持续发展的重大战略措施，将治理纳入国民经济贫困山区脱贫致富步伐，实行了行政首长目标责任制，签订责任状，向上级备案，向群众公布。逐年进行检查总结，把生态修复建设，作为考核政绩的一项重要内容。以促进土地利用结构调整，加快植被恢复。

2）工程措施。以土地利用规划结果，结合生态修复建设的需要，工程措施的规划是：坡改梯 27.34 公顷，全部采用石埂；坡面水系中蓄水池 16 口，蓄水 408 立方米，沟渠 4.5 公里，作业便道 3 公里；经果林 36.12 公顷；封禁治理 188.74 公顷；水保林 264.23 公顷；塘堰整治 1 口；辅助措施中，新建沼气池

70 口，节柴灶 70 口。

3）管护措施。按照"谁受益，谁管护"的原则：一是实行封禁治理，制定管护制度，落实管护人员 10 人，保护现有林草植被，封禁治理 188.74 公顷；二是结合经果林和坡面水系工程建设，明晰产权，落实管护责任，保护治理成果。

4）监测措施。在典型村选定典型户，并在农户承包的林地、荒地建立观测样方，开展跟踪调查和对比观测，重点监测农户生产生活条件改善对促进生态修复的效果。

五、绥江县犇溪流域

犇溪流域地处县城西北面，最近是与县城大汶溪桥为界，属绥江县中城镇境内的一条小流域，辖农业、大沙两个村民委员会，农业人口 10395 人。流域面积为 26 平方公里，其中生产用地面积为 835.73 公顷，占总土地面积的 32.1%；非生产用地面积为 1764.27 公顷，占总土地面积的 67.9%。流域内交通便捷，马刁路、绥南路贯穿其中。

水土流失的类型主要以面蚀、沟蚀为主，有少量泥石流，流失强度以轻度居多。区内土地总面积为 2600 公顷，微度侵蚀 1761.07 公顷，占区内土地总面积的 67.7%；轻度流失以上侵蚀面积为 838.93 公顷，占区内土地总面积的 32.3%。水土流失面积中轻度侵蚀 427.96 公顷，占流失面积的 51.0%，中度流失面积为 326.81 公顷，占流失面积的 39.0%，强度流失面积为 84.16 公顷，占流失面积的 10.0%。土壤侵蚀模数为 3723.15 吨/（平方公里·年），年侵蚀量 3.12 万吨。

1. 分区治理方案

根据土地利用现状和水土流失现状，按照生态修复建设目标，划分为工程性修复区和自然修复区。工程性修复区：范围主要集中在农业的凉水井、檀香林和大沙的梁窝坡、石栏杆、大坪上、青岗嘴一带，共有图斑 31 个，土地利用现状以水田、坡耕地为主。农业生产存在的主要问题是水利设施不足和燃料能源匮乏。自然修复区：范围主要集中在农业的安子寺、马刁林、牟村、官斗山、石房子和大沙的大坪上、梁窝坡、缺金山、温家坡、石栏杆一带，植被以林地、灌木林为主。需要解决林地封得住，坡耕地退得下的问题。生态示范村：根据现有治理基础和农业生产条件，选取条件较好的农业村作为生态示范村，该村包括生产用地和生态用地二元结构，交通方便，群众基础好。

2. 对应治理措施

1）行政措施规划。根据产业结构调整，结合国家退耕还林政策的实施，退耕还林 168.62 公顷，发展舍饲养畜 5000 头。促进土地利用结构调整，加快植被恢复。

2）工程措施。以土地利用规划结果，结合水土保持的需要，工程措施的规划是：坡改梯 35 公顷，全部采用土埂；坡面水系中蓄水池 10 口，蓄水 3000 立方米，沟渠 9.6 公里，沉沙池 15 口；作业便道 3.9 公里；植物护埂 21 公顷；经果林 38.19 公顷；辅助措施中，新建沼气池 50 口，省柴灶 120 口。

3）管护措施。按照"谁受益，谁管护"的原则，一是实行封禁治理，制定管护制度，落实管护人员 10 人，保护现有林草植被，封禁治理 300.82 公顷。二是结合经果林和坡面水系工程建设，明晰产权，落实管护责任，保护治理成果。

4）监测措施。在典型村选定 10 个典型户，并在农户承包的林地、荒地建立观测样方，开展跟踪调查和对比观测，重点监测农户生产生活条件改善对促进生态修复的效果。

生态示范村选在农业村，重点布设坡面水系和辅助措施。调整农业产业结构，建设高稳产农田，人均 0.5 亩经果林。配套坡面水系工程渠道 2500 米，蓄水池 4 口。辅助措施建设沼气池 50 口，省柴灶 120 口。

六、永善县金沙小河地区

　　小河整治区位于永善县城西南方向，南与昭阳区交界；西临金沙江，与四川省金阳县以金沙江为界隔江相望，南北跨度6.5公里，东西跨距14.5公里。根据土壤侵蚀遥感调查，全区土壤侵蚀为水力侵蚀类型区，侵蚀方式有面蚀和沟蚀两种类型。据统计水土流失面积为148.60平方公里，占总面积的66.6%。其中：轻度流失面积为46.38平方公里，占流失面积的31.2%；中度流失面积为45.71平方公里，占流失面积的30.8%；强度流失面积为56.51平方公里，占流失面积的38%；年土壤侵蚀量为5163.38吨/平方公里，平均侵蚀模数为5784吨/年。由于山大坡陡，坡面长，沟狭谷深，陡坡耕地面积比重大，特别是在夏季，降雨比较集中，时有暴雨出现，加之植被少，坡面径流在山顶还是涓涓细流，山脚却是滚滚洪流，时有滑坡泥石流发生，往往造成严重的水土流失。

　　具体水土流失治理方案包括：优先确保粮食生产稳定增长，建立粮猪型经济结构的商品粮基地的前提下，进一步发展多种经营，继续建立和建设好金江花椒、金江芋角、蔗糖、樱桃、花生等为主的名、优、特产品基地，集中开发热区，建造甘蔗、橘园、金江花椒的优质基地。用材林、水保防护林、薪炭林、经济林果并重，林草结合，尽快增加植被，工矿区要做好矿区的水土保持，从多方面改善生态环境，减轻水土流失。有计划地、稳妥地将大于35°的耕地，特别是小片开荒地逐步退耕还林还草，采取改土措施，逐年坡改台（梯）地，一时不能改成台（梯）地的，可采取粮、林间作等多种耕作，农耕地措施，减轻土壤冲刷，达到保持水土的目的。为解决群众烧炊，本区应大力推广建造沼气池，逐步普及推广节柴灶，开发小水电等。做好水土保持法规和森林法的宣传，加强预防监督执法工作，坚持制止对现有林木的乱砍滥伐和对陡坡荒地的乱开乱挖，制止人为新增水土流失发生，并做好治理措施规划。

第九章　绿色经济体系与产业引导

第一节　经济发展现状与条件

一、经济发展总体条件与特征

1. 区位条件独特

昭通市位于云南、贵州、四川三省交界处，是滇中与成渝经济区联系的枢纽。昭通市是云南省三大文化发祥地之一，是古南方丝绸之路上的重要节点，自古就有"咽喉西蜀、锁钥南滇"之称。自"秦开五尺道，汉修南夷道"之后，昭通市成为中原文化和商贸进入云南省的重要通道，滇、川、黔结合部的经济文化中心。昭通市历史的繁荣与其作为滇中与成渝、云南与内地联系的枢纽有着紧密的关系。但是，随着周边现代交通运输体系的发展，昭通市作为云南省对外通道的优势地位逐渐被削弱，对外交通联系不便，面临被边缘化的危险。昭通市远离经济发达的滇中经济区和成渝经济区，缺乏成都、重庆、昆明等区域性中心城市的辐射带动，形成相对"内向化"的经济发展模式和落后的经济体系。

在集中连片区扶贫攻坚、"一带一路"和长江经济带建设以及云南省推进新型城镇化的背景下，未来昭通市的区位条件具备一定的潜在价值。首先，昭通市作为内地经云南省连接东盟国家的重要通道，以及联系滇中、成渝经济区和长江经济带的重要枢纽，具备成为云南、贵州、四川三省交界地区区域性中心城市的优势。其次，昭通市是乌蒙山片区扶贫攻坚的核心城市和对外联系的重要门户，是推动乌蒙山区社会经济发展的重要节点。最后，昭通市作为滇东北经济区的中心城市，具备成为云南省新的增长极的后发优势。把握新时期的发展契机，有望将昭通市潜在的区位价值转变为区域发展的现实动力。

2. 经济实力薄弱

从经济总量来看，昭通市经济总量位居云南省末位；与毗邻地区相比，也明显落后，处于区域发展低谷。2013 年昭通市生产总值总量达到 634.7 亿元，其中，第一产业增加值为 128.65 亿元，增长 7.2%；第二产业增加值为 318.94 亿元，增长 19.8%；第三产业增加值为 187.1 亿元，增长 6.2%，GDP 仅占云南省总量的 5.4%。人均生产总值为 11933 元，只相当于云南省平均水平（25083 元/人）的 47.6% 和全国平均水平（41908 元/人）的 28.5%。与周边曲靖市、泸州市、宜宾市、毕节市地区相比，昭通市在经济总量和工业增加值等方面也表现出较大的差距（表 9-1）。

表 9-1　昭通市与毗邻地区经济指标对比（2013 年）

地区	地区生产总值		工业增加值		规模以上工业增加值		城镇居民人均可支配收入	
	数额（亿元）	排名	数额（亿元）	排名	数额（亿元）	排名	数额（亿元）	排名
昭通市	634.70	7	241.99	7	181.91	7	18724	7
曲靖市	1583.94	1	736.41	1	525.79	3	24262	1

地区	地区生产总值		工业增加值		规模以上工业增加值		城镇居民人均可支配收入	
	数额（亿元）	排名	数额（亿元）	排名	数额（亿元）	排名	数额（亿元）	排名
泸州市	1140.50	4	558.00	3	516.30	4	22821	2
宜宾市	1342.89	2	610.00	2	633.45	1	22718	3
凉山州	1214.40	3	486.30	4	533.50	2	21699	4
六盘水市	882.11	6	452.43	5	351.75	5	19625	6
毕节市	1041.93	5	373.06	6	256.30	6	19851	5

在"十二五"期间，昭通市积极调整产业结构，经济增长速度保持良好。但从三次产业结构看，2013年昭通市第一、第二、第三产业的产值结构为20：50：30，仍以第二产业为主，第一产业比重也较大。昭通市的产业结构水平与云南省平均水平（16：42：42）相比，仍有较大的差距。

3. 产业增长乏力

昭通市工业经济结构单一，大多数行业属原料输出型，长期处于产业链上游。近年来，受宏观经济下行影响，昭通市主要工业品如煤炭、铅锌、电石等价格下滑，企业亏损面扩大，效益下降，主要行业增速放缓，影响工业快速增长。2014年1~9月，全市193户规模以上企业中，亏损企业77个，同比增加28个，亏损面达40%。亏损企业亏损额达7.1亿元，增长66.7%。规模以上企业虽然实现利润34.3亿元，但电力业就实现了28.2亿元，主要依靠向家坝、溪洛渡两大电站投产发电来拉动。由于卷烟结构下行调整，卷烟增加值仅增长1.5%，对工业经济拉动力减弱；全市237户煤矿企业因煤炭价格下滑或安全问题等有91户全年处于停产中，煤炭企业潜能未完全释放；因铅锌价格下滑，全年铅锌采选业仅实现增加值6.2亿元，比2013年下降32.8%。

同时，昭通市产业园区规模小，发展水平低，缺乏投资规模大、发展前景好、带动能力强的大项目入园建设。工业园区缺乏横向互补、纵向相连的龙头企业和骨干企业，缺乏高新技术项目，产品的互补性不强，上下游没有形成配套，集聚效应难以体现。全市11个区县先后成立了工业园区，其中，省级工业园区4个（昭阳区、水富县、鲁甸县、彝良县）、市级工业园区7个，园区已开发面积为38320亩，园区累计完成固定资产投资377亿元（不含溪洛渡、向家坝电站）；单位土地面积投资强度为99万元/亩，单位土地面积产出强度为66万元/亩，但与全省平均水平相比，投入和产出强度差距较大。在云南省省级工业园区中，以2013年全部工业企业的主营业务收入排序，昭通市园区的排名明显靠后。其中，昭阳工业园区排第47位，彝良工业园区排第48位，鲁甸工业园区排第58位，水富工业园区排第59位。

二、农业发展条件与特征

昭通市农业发展基础较好，对经济发展的贡献明显。但昭通市农业开发的强度大，大量农村人口依赖有限的耕地面积和土地产出，农业结构转型缓慢。

1. 特色农产品优势突出

由于海拔较高以及特殊的立体气候，昭通市农作物质量好产量高，素有"高原粮仓"的美誉，农业综合生产能力较强。2014年粮食总产量达220.69万吨，实现"八连增"，增幅位居云南省第一。近年来，昭通市第一产业结构调整成效明显，特色产业规模扩大，形成了以种植业和畜牧业为主的农业产出结构（图9-1）。昭通市通过大力发展苹果、马铃薯、魔芋、蔬菜、蚕桑等优势产品，种植业内部的粮经比变化明显，由2010年的62：38调整到2013年的59.5：40.5。商品蔬菜直销昆明、四川、重庆、广东、福建、上海等省市。马铃薯种植面积居云南省第二，且产销体系健全，远销南亚、东南亚等地区。

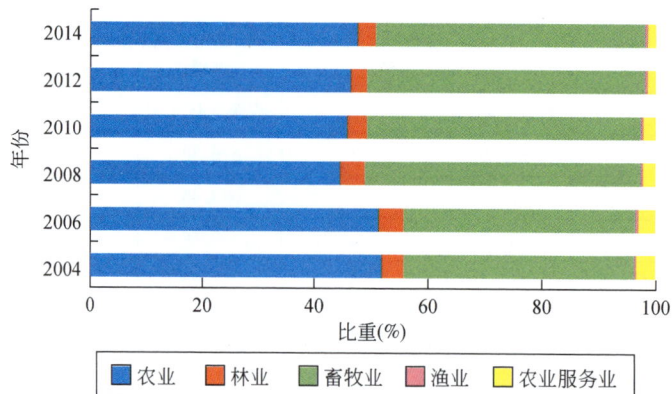

图 9-1　昭通市农林牧渔业产值比重变化

昭通市畜牧业草场资源充足，全市有天然草场 68.76 万公顷，其中有效面积 56.16 万公顷，自 1982 年以来累计人工种草 4.6 万公顷。通过人工种草改良天然草山草坡，提高了草地的生产能力。2013 年畜牧业产值占农林牧渔业产值的比重超过 50%。畜牧业已成为农户家庭收入的主要来源之一，对于部分贫困农户，畜牧业占其家庭总收入的比重已超过 60%。

2. 农特产品基地初具规模

昭通市山地气候垂直变化明显，生物资源和农副土特产品资源丰富。经查明的大宗药材有天麻、杜仲、半夏、何首乌等 65 种，目前建设了天麻、五倍子、半夏、杜仲等一批药材种植基地。苹果、天麻、杜仲、魔芋、土豆等特色产品驰名省内外，是全国山嵛菜、马铃薯、白魔芋种植最适宜生长和种植面积最大的区域，中国南方最大的优质苹果基地，全国品质最优的野生天麻核心区域。彝良县、镇雄县是中外闻名的天麻产地。

为了发挥农产品生产的规模优势和比较优势，近年来，昭通市各区县不断加大农产品生产基地和园区的建设力度，部分地区生产基地相对集中连片，具备一定规模（图 9-2）。在城乡结合部和有比较优势

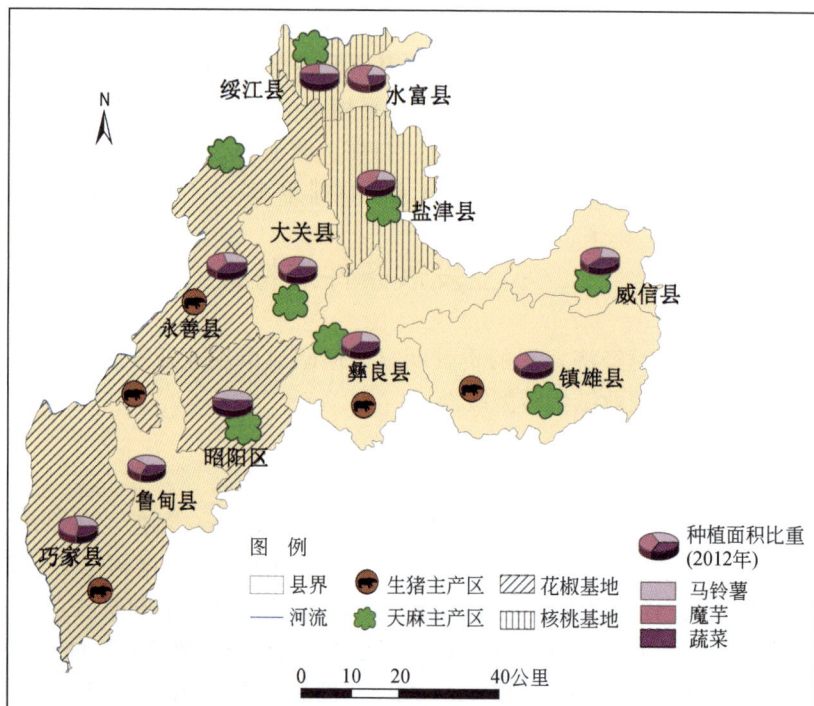

图 9-2　昭通市特色农产品空间格局

的地区已出现较集中连片的商品蔬菜基地，如昭阳区北闸镇、苏家院乡等。魔芋生产形成以永善县、绥江县为代表的白魔芋和以镇雄县和大关县为代表的花魔芋两大集聚区。昭阳区、永善县花椒种植面积为70万亩，占全市的 63.6%。

3. 农业结构升级压力大

昭通市农业人口比重大。按历年统计年鉴户籍人口计算，与 2003 年相比，2013 年昭通市农业人口占总人口的比重仅下降了 1.33 个百分点，农业人口比重长期居于云南省首位（图 9-3）。全市 70% 以上的人口居住在生活条件非常落后的农村地区。2013 年人均耕地面积仅 0.062 公顷（约 0.885 亩），已接近联合国粮食及农业组织公布的人均耕地 0.8 亩的警戒线。大量农业人口高度依赖有限的耕地面积和土地产出，人地矛盾非常突出。农产品市场销售渠道短而窄，产销结构不稳定，多数以农户分散销售为主，产业链短，产品附加值低，导致抵御市场风险能力弱。农业结构升级还面临农产品基地配套设施不完善、灌溉设施不足、抗灾能力低等问题。

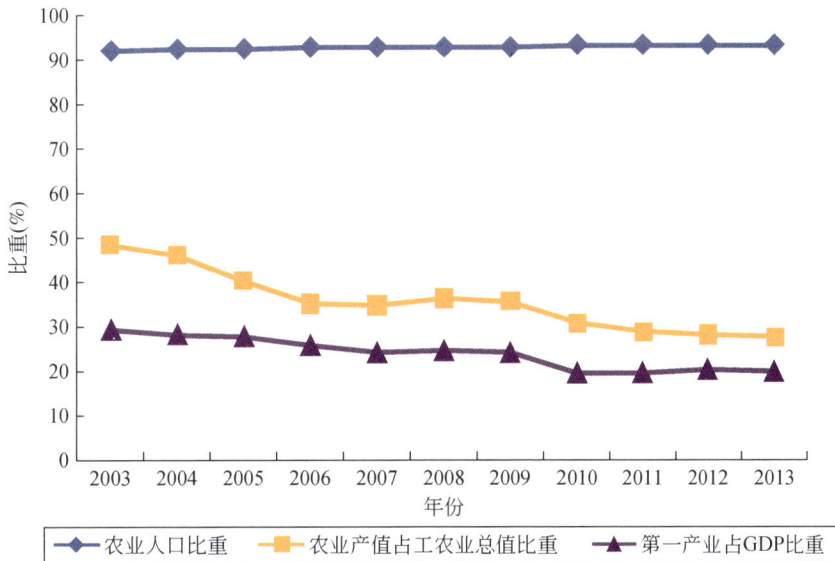

图 9-3　昭通市农业结构变化（2003~2013 年）

综上所述，未来昭通市农业结构调整面临着资源环境和市场供求的双重约束。对于这一生态脆弱地区，农业结构调整已不再是单纯调整面积、产量的问题，而是通过农业结构调整切实提高农民收入水平。因此，本区农业结构调整和升级的压力仍然很重。

三、工业发展条件与特征

昭通市依托丰富的资源优势，积极创建工业园区，工业经济水平有了显著提高。但总体而言，昭通市的工业规模小、基础仍比较薄弱。县域工业经济相对滞后，对农业产业化和城镇化的带动作用有限。

1. 资源禀赋优势突出

昭通市矿产资源种类多、品位高、开发潜力大。境内已知矿产资源 33 种，现已探明储量 22 种，其中，昭通市重晶石居云南省首位，煤、硫储量、石膏居云南省第二（表 9-2）。全市含煤面积为 4271 平方公里，11 个区县均有煤炭分布，其中昭阳、镇雄、彝良、威信、大关、盐津、绥江 7 个区县煤炭资源赋存条件好，矿体地质构造较简单，煤层稳定，厚度适中，煤层连续性好。煤炭埋深在 1000 米以下的资源总量有 165 亿吨，占云南省保有量的 35%，昭通市盆地褐煤储量达 81.98 亿吨，为我国南方第二大褐煤田。铅锌矿已探明储量 166.92 万吨，预测储量在 1000 万吨以上，主要分布在巧家、彝良、鲁甸等县；昭通市石灰岩分布最广，品质优良，开采方便；石英矿资源广泛分布于彝良县、大关县一带，2010 年探明石英矿储量 80 亿吨；昭通市硫铁矿均为黄铁矿型，是全国五大矿区之一，主要分布在镇雄、威信两县。

表 9-2 昭通市主要矿产资源简表

矿种	资源储量单位	探明资源储量	保有资源储量		
			资源储量	占全省总量比重（%）	在全省州（市）中排名
煤炭	千吨	10133601.10	10115495.10	35	第 2 位
铅锌	吨	2667958.64	1614020.64	6	第 5 位
硫铁矿	矿石千吨	71678.00	70532.00	15	第 2 位
重晶石	矿石千吨	7890.00	1007.00	37	第 1 位
石膏	矿石千吨	197940.00	197940.00	25	第 2 位
电石灰岩	矿石千吨	29560.00	29560.00	15	第 3 位
普通萤石	CaF_2 千吨	883.70	767.70	15	第 3 位
磷	千吨	79696.00	79696.00	2	第 4 位
饰面大理岩	千立方米	4170.00	4170.00	11	第 4 位

在水能资源方面，昭通市境内主要有金沙江、牛栏江、白水江、横江、洒渔河等江河，水能资源理论蕴藏量 2080 万千瓦，占云南省的 20%；可开发装机容量 1800 万千瓦，占云南省的 25%，居云南省首位。目前，已在金沙江下游昭通市境内规划并建设有溪洛渡、向家坝、白鹤滩三座巨型电站。此外，地方中小水电资源理论蕴藏量为 372 万千瓦，规划总装机 3466 万千瓦。中小水电主要在牛栏江、白水江、横江、洒渔河、赤水河、洛泽河、关河等"三江四河"进行开发。截至 2014 年 9 月，全市已建成中小水电 253 座，装机 188 万千瓦（表 9-3），比 2010 年 131 万千瓦增加 57 万千瓦，约占全市中小水电可开发总量 309.8 万千瓦的 61%。5 万千瓦以上的中型电站 11 座，装机 109.1 万千瓦，库容 1.9 亿立方米。

表 9-3 昭通市大中型水电站基本情况（2013 年）

地区	水电站	装机（万千瓦）	库容（万立方米）
鲁甸县	洪石岩	8.0	69.3
巧家县	白鹤滩	1600.0	2051000.0
鲁甸县、巧家县	天花板	18.0	6570.0
	黄角树	32.0	2346.0
盐津县	撒渔沱	6.0	1041.0
	万年桥	6.4	1816.0
大关县	高桥	9.0	1347.0
	油房沟	6.8	83.5
永善县	溪洛渡	1386.0	1267000.0
	柏香林	5.0	32.0
彝良县	庙林	6.5	1298.2
水富县	向家坝	640.0	516300.0
	张窝	6.0	1200.0
	杨柳滩	5.4	3205.0

2. 工业园区成为增长载体

昭通市部分工业产品具有一定的产出能力和竞争优势（表9-4）。2013年，昭通市卷烟产量占云南省的39.8%，优势明显。利用丰富的煤炭资源和水能资源，昭通市发电量占云南省的15.3%。随着三大水电站和中小型水电站不断发展，电力运输发展潜力大。

表9-4　昭通市主要工业产品产出能力（2013年）　　（单位:%）

产品名称	单位	数量	占云南省比重	比上年增长
铅金属含量	吨	27195.00	5.5	20.8
锌金属含量	吨	111789.00	11.6	5.4
十种有色金属	吨	154729.00	5.2	35.5
卷烟	万支	3014490.00	39.8	-1.2
农用氮磷钾化肥	吨	324641.00	1.9	7.8
发电量	亿千瓦·时	298.74	15.3	91.3
火力	亿千瓦·时	71.87	15.0	32.5
水力	亿千瓦·时	226.87	15.8	122.7
自来水生产量	万立方米	3198.00	6.6	31.8

近年来，工业园区的建设有力地促进了昭通市工业的优化布局和产业的聚集发展，初步形成了以能源、矿冶、电石、建材、化工、农特产品加工为主的空间格局。工业园区已成为推动昭通市工业化、城镇化进程的重要力量。根据企业数量、工业产值、就业人数，各区县工业园区综合评价结果如表9-5和图9-4所示。综合来看，目前昭通市形成的主要工业集聚区如下：昭阳、鲁甸、巧家园区以矿冶、建材、玩具加工和农特产品加工业为主；镇雄、彝良、威信园区以煤电、化工业为主；盐津、大关园区以矿冶和农特产品加工业为主；永善园区以农特产品加工业为主；绥江、水富园区以化工和农特产品加工业为主。

表9-5　昭通市各区县工业园区规模概况（2014年）

园区	企业规模（个）	产值规模（亿元）	就业规模（人）	综合规模指数
昭阳区	60	54.56	6950	0.90
水富县	14	74.57	3980	0.52
彝良县	20	16.72	3256	0.27
镇雄县	5	17.10	1283	0.07
鲁甸县	44	34.27	7262	0.72
巧家县	6	4.66	1025	0.01
盐津县	47	28.53	3710	0.54
绥江县	8	11.40	1241	0.07
大关县	28	14.68	3350	0.33
永善县	4	73.57	1420	0.32
威信县	11	10.87	3640	0.21

注：综合规模指数是通过熵值法客观赋权计算出的园区综合规模评价。

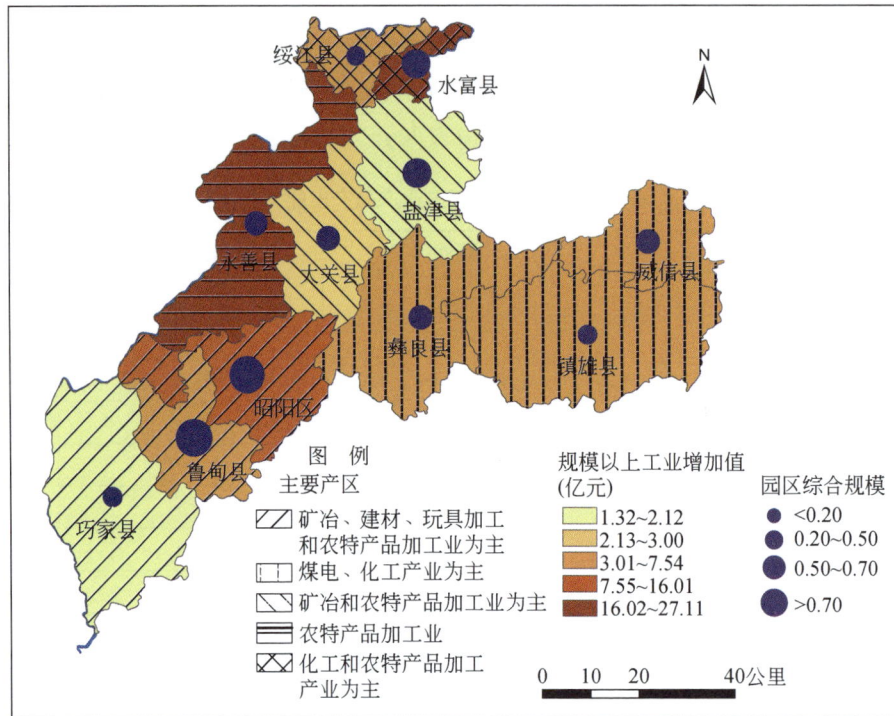

图 9-4 昭通市工业园区总体发展水平（2014 年）

3. 工业化水平相对较低

昭通市长期以来工业结构单一，以烟草加工业为主体。近年来，通过结构调整，昭通市工业结构有了明显的变化。2013 年轻重工业产值比约为 30∶70；形成了电力及热力生产、烟草加工、煤炭开采和洗选业、化工、有色冶金等行业为主体的工业结构，"一烟独大"的状况大为改观（图 9-5）。但昭通市工业总产值在云南省所占比重相对较低（表 9-6）。

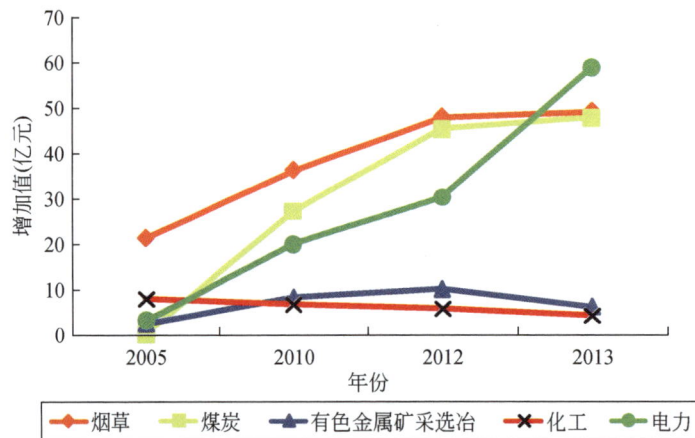

图 9-5 昭通市重点工业规模以上企业的增加值对比

表9-6 昭通市工业总产值与云南省发达地（州）市对比

年份	昭通市		昆明市		玉溪市		曲靖市		红河哈尼族彝族自治州	
	产值(亿元)	比重(%)	产值(亿元)	比重(%)	产值(亿元)	比重(%)	产值(亿元)	比重(%)	产值(亿元)	比重(%)
1978	2.87	5.18	23.42	42.25	3.95	7.13	6.20	11.19	6.35	11.46
2003	39.75	2.55	580.84	37.30	268.54	17.25	219.61	14.10	182.76	11.74
2006	97.72	2.88	1331.36	39.24	461.00	13.59	503.31	14.83	388.70	11.46
2009	163.13	3.15	1840.83	35.55	751.71	14.52	812.71	15.69	574.39	11.09
2010	204.92	3.17	2226.65	34.44	941.44	14.56	1005.84	15.56	709.62	10.98
2011	264.01	3.39	2603.74	33.46	1110.90	14.28	1203.54	15.47	874.94	11.24
2012	326.11	3.54	3010.28	32.63	1455.10	15.77	1258.46	13.64	997.94	10.82
2013	377.83	3.67	3224.76	31.34	1332.90	12.95	1694.92	16.47	106159.00	10.32

注：2008年前各州市工业总产值是以全部国有及年主营业务收入500万元以上非国有独立核算工业企业统计；2008年后是以规模以上工业企业统计；比重为占云南省的比重。

昭通市的工业发展仍未摆脱资源依赖，大多数企业属于初级原料加工，规模小、附加值低、市场竞争力弱。工业园区缺乏龙头企业和规模化的后续产业群体。县域工业经济实力薄弱且差距较大。2012年，仅昭阳、镇雄、鲁甸和水富4个区县规模以上工业产值超过30亿元，这4个区县占全市工业总产值的75.2%。县域工业经济滞后，使其对农业产业化和城镇化的带动作用非常有限。

四、服务业发展条件与特征

昭通市新兴服务业起步晚，基础薄弱，第三产业总体发展缓慢。在第三产业结构中，交通运输、邮电通信、批发零售、餐饮业等传统行业增加值所占比重较高，而金融保险业、房地产等新兴服务业比重较低。尽管服务各行业门类齐全，但投入不足，规模较小，整体发展水平不高，产业层次和质量有待提升。

1. 旅游业的带动效应初步显现

近年来，昭通市充分发挥旅游资源优势，把旅游业作为新的经济增长点，初步带动了昭通市服务业整体发展（图9-6）。2013年昭通市旅游总收入为58.22亿元，占全市GDP的9.17%，比2003年提高6.48个百分点。接待海内外游客共1378.879万人次，是2003年的10.63倍，旅游接待能力大大提高。其中，水富县旅游业综合收入位居昭通市前列（图9-7）。

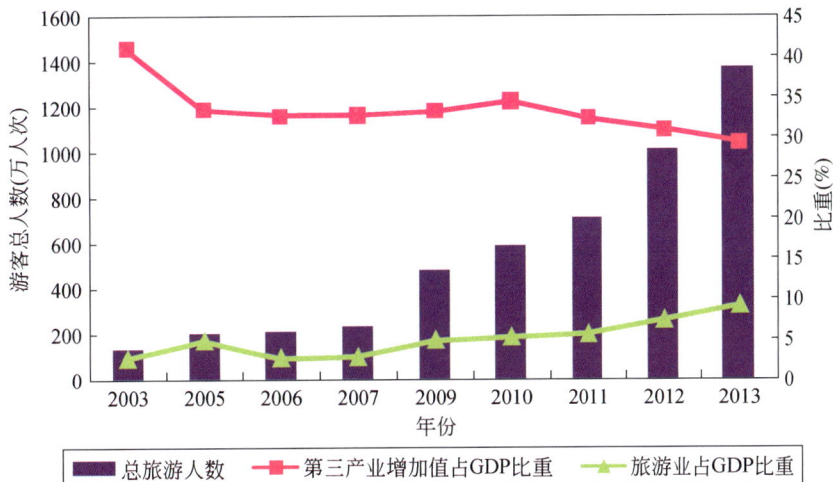

图9-6 昭通市第三产业产值比重年际变化

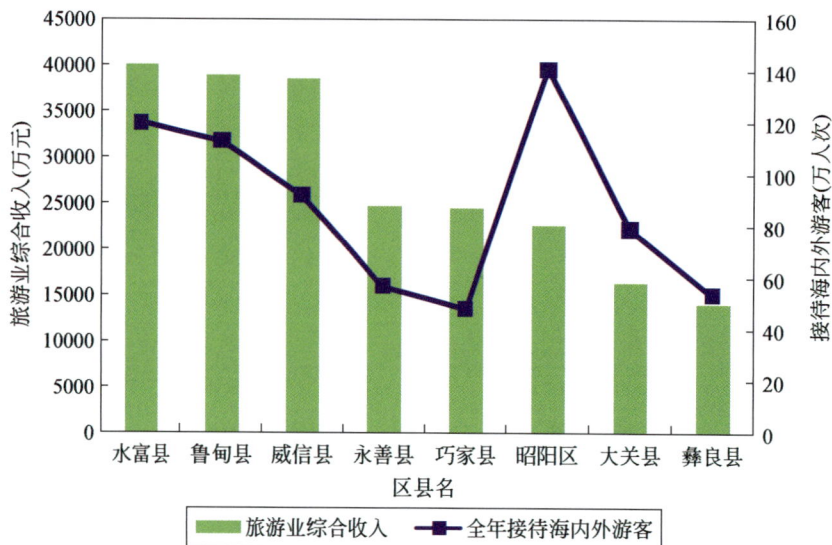

图 9-7　昭通市各区县旅游业概况（2012 年）

　　然而，昭通市旅游经济面临着投入不足、基础设施落后、旅游管理手段和管理技术水平落后、宣传力度不够等因素的制约。特别是落后的旅游基础设施大大限制了旅游业的发展。昭通市域范围内公路里程处于云南省平均水平，但技术等级低，公路网整体技术等级水平系数仅为 4.21。全市大部分公路等级低、路况差，公路通车里程中二级公路仅为 858 公里（2012 年），占全市公路通车里程的比例仅为5.61%，四级和不列入等级的公路所占的比例高达 92.41%，通行能力和服务水平较低。主要景区的通达性差，特别是由主干道通往腹地县乡和旅游景区的道路，不能满足旅游业发展的需要。落后的交通现状使景区景点不能连（点）线成（线）片。另外，旅游景点前期规划不足，散、乱、差、小问题突出，游客数量远远少于其他市州。

2. 商贸物流业服务能力有待提升

　　商贸物流业是一个涉及面广、区域跨度大的综合性产业。昭通市作为连接成渝经济区和滇中经济区商贸物流链的重要节点，具备成为滇川黔渝通过昭通市走向东南亚的物流中心和集散地的发展潜力。目前昭通市商贸物流业初具规模，以批发和零售企业及个体经营户为主。批发零售贸易业的社会消费品零售总额为 143.37 亿元，占其总额的 87%，其中私有经济占 33.3%。传统的流通方式和经营形式仍占据商品市场的主导地位，现代化程度较低。商贸流通领域现代企业组织少。在零售环节，百货商店、个体商户及集贸市场等传统贸易方式是最主要的零售经营形式，订单交易、电子商务等新型交易方式还处于探索阶段。

　　县域商贸物流业基础设施投入不足，如专业批发市场、仓储以及配送设施还不够完善。城乡市场发展不平衡，农村市场发展滞后。2013 年，全市社会消费品零售总额为 169.33 亿元，其中城镇占 75%，农村占 25%。近些年来农村物流网点数量在增多，但是投入有限，相关配套设施不完善，市场秩序不规范。此外，昭通市商贸物流业缺乏统一规划，信息化建设滞后。昭通市现行的物流运输方式以传统的汽车运输为主。由于对外交通不便，运输成本高，效率低，对县域商贸业发展仍有一定的制约作用。

五、经济绿色转型的制约因素

1. 经济发展受资源环境承载力的客观约束

　　昭通市生态环境本底脆弱，生态承载力低。全市总面积为 23021 平方公里，其中山区面积为 16699 平方公里，占 72.5%；河谷区面积为 5479 平方公里，占 23.8%；平坝区为 843.1 平方公里，占 3.66%，其中有高产田 127.66 万亩，人均仅有 0.2 亩。地形地貌受地质构造控制，河流、山脉、岭谷多沿构造线发育、展布。区内独特的自然地理特征，造成生态环境的本底脆弱，极易发生水土流失，且地震多发，进一步加剧了地形破损、地表松散的程度。云南省七大地震带中有两条经过昭通市，5 级以上地震在过去 10 年中发生 10 次，其中 5 次发生在近 3 年，具有"频度高、强度大、分布广、震源浅、灾害重"的特点。2014 年 8 月 3 日的鲁甸地震造成了极大的破坏和严重的损失。密集的人口和高强度的人类活动，使生态环境变得更加脆弱，抵御自然灾害的能力进一步减弱。

尽管近年来昭通市人口增长的速度有所减缓，但农业人口比重居高不下，人们为了生存大量开垦荒山荒地、过度放牧、砍伐森林植被，导致水土流失进一步加剧。农业结构单一，未能摆脱生态环境和水土条件的严重制约，形成"荒地开垦—植被破坏—水土流失—环境恶化—粮食、燃料、肥料、饲料短缺—经济贫困—扩大垦殖"的恶性循环和累积。区域生态供给能力（如自然资源和环境容量）降低，农业生产潜力下降，贫困问题长期存在。

2. 工业结构升级路径存在生态隐患

昭通市工业发展质量不高，结构不合理。目前，昭通市重点发展烟草加工业、能源产业、煤化工产业、矿冶建材产业、农特产品加工等产业，目标是在 2020 年前把昭通市建设成为"云南重要的能源基地、重化工基地、农特产品加工基地"。这一目标充分结合了地区经济发展的资源优势，但整体仍未摆脱"资源开发型和资源密集型"的产业发展思路。特别是能源、重化工基地的建设，必然使地区发展面临着资源合理开发利用与生态环境保护的双重压力，环保任务将更加繁重。假若处理不当，将会导致工业污染加剧，其产生的废气、粉尘、化工废料等问题将给昭通市的生态环境建设蒙上新的阴影。

3. 服务业对绿色转型的催化作用有限

服务业发展层次不高，相对滞后，难以对产业绿色转型产生强大的集聚和带动效应。昭通市商贸物流业档次偏低、规模较小，市场现代化水平不高，缺乏辐射大区域的大型专业市场。且当前交通落后，主干道路网没有形成，仓储、包装、运输条件差，电力和通信等设施相对落后，信息化程度水平低，在很大程度上制约了产业绿色转型中人才、资金、技术、信息、物流等要素流通，阻碍了招商引资和产业升级。

旅游业作为服务业中的支柱产业纳入到"十一五"规划后，成效显著，但昭通市旅游业尚处于起步发展阶段，对产业绿色转型的带动作用有限。目前，昭通市的旅游业面临资源保护与快速发展的矛盾与冲突，部分地区在发展旅游业的过程中，不注重环境保护，导致城镇周边环境、河流污染没有得到有效治理。旅游规划缺乏强制约束性，致使旅游项目难以推进，阻碍行业整体优化升级的发展进程。

4. 产业绿色转型面临体制机制障碍

昭通市产业面临绿色转型压力大，结构矛盾突出，可持续发展能力较弱，政府和企业在推动产业绿色转型的内在动力且外部条件上面临障碍。首先，现行的以 GDP 为导向的政绩考核体系仍在地方政府决策中发挥重要作用，尚未形成产业绿色转型的激励机制和制度环境。其次，产业转型缺乏技术创新体系和人才支撑，市场营销体系、农产品质量监测体系、市场信息体系、标准化技术培训推广体系以及基地、产品的认定、认证体系等尚未健全。最后，环境补偿机制不完善，缺乏自然资源损耗与环境治理成本的核算体系，导致生态脆弱或资源富集地区的利益长期受损，制约了地区绿色经济体系的构建。

第二节　重点产业发展战略及导向

一、农业战略定位与区域模式

昭通市农业发展的总体导向是大力发展和推广高效生态农业。高效生态农业是根据生态经济学的理论，运用系统生态学的方法，以合理利用自然资源和保护生态环境为前提，按照能量转化和循环利用以及废弃物再生的原理，将农业各部门（种植业、养殖业、林业和农副产品加工业）的生物过程、物理化学过程、经济过程和社会过程进行科学合理的组织，提高太阳能的利用率、生物能的转化率和废弃物的再循环利用率，实现生态要素与环境资源的最佳配置，取得"生态效益、经济效益和社会效益"同步增长、生态平衡、农业良性循环的综合效果。

1. 农业发展的基本定位

1）以提高生态效益为基础，以提高经济效益为中心，以农民增收为目标，以调整农村产业结构为主线，大力发展现代集约型生态农业。改变以粮为主、生产率低、竞争能力弱的传统农业生产方式，发展具有地区优势的、附加值高的农牧产品。

2）以绿色种养业为中心，以畜牧业、中药材等优势特色产业为突破口，强力推进农业产业化进程。通过重大农业产业化项目的实施，培育一批农业产业化龙头企业，带动农业结构调整和农民增收，提高农业的整体效益。通过"公司+农户"、"龙头企业+中介组织+农户"或"订单农业"等多种产业化经营模式，实现企业与农户间的紧密联结，促进农业的产业化经营。

3）优化产品布局，抓好农产品基地建设。以发展优质、高效、高产、生态、安全农业为核心，推进优势农产品向优势产区集中，提高绿色农业市场竞争力。积极培育市场主体，打造绿色品牌。

4）推动天保工程、退耕还林等生态工程建设项目与农业优势产业有机结合。进一步做好生态环境建设，构筑经营绿色农业的基础平台；结合退耕还林，加强林特基地建设，巩固提升蚕桑、茶叶、烤烟等传统产业，大力推广新技术，不断开发新产品，为特色工业提供充足的绿色原料；增加科技含量，延长产业链条，提高产业化经营水平。

2. 生态农业发展模式

根据生态农业建设的科学原理和昭通地区不同海拔区域的自然和社会经济条件，按照因地制宜的原则，提出以下几种可供推广的生态农业发展模式。

（1）河谷地区高效生态农业模式

河谷地区人口高度密集，人地矛盾尖锐，水土流失严重，生态环境压力大。为缓解上述矛盾，在本区设计推广果—粮—菜—猪—沼—渔水陆循环型高效生态农业模式（图9-8）。

在河谷地区重点以粮食生产、水果生产、蔬菜生产为基础，以营造水果园、茶园来增加植被；以坡改梯和沃土工程、排灌工程来保持水土，提高地力；以发展生猪和畜禽养殖，开发沼气来取代其他能源，保护小流域的生态植被；用沼液、沼渣培养浮游生物养鱼，用鱼塘污泥肥沃农田，形成水果—粮食—蔬菜—畜禽养殖—沼气—渔业等产业循环再生的生态农业模式。把河谷地区建成优质粮食基地、优质蔬菜基地和优质林果基地，形成农林牧复合经营的立体生产体系。通过该模式的建设，可以促进河谷地区农林牧渔有机结合、全面循环发展，最大限度地提高土地生产能力和农业整体经济效益，真正实现"以农促农、以农养农"的良性循环，带动全市农业产业化发展步伐，确保农业生产的经济效益、生态效益和社会效益的协调统一。

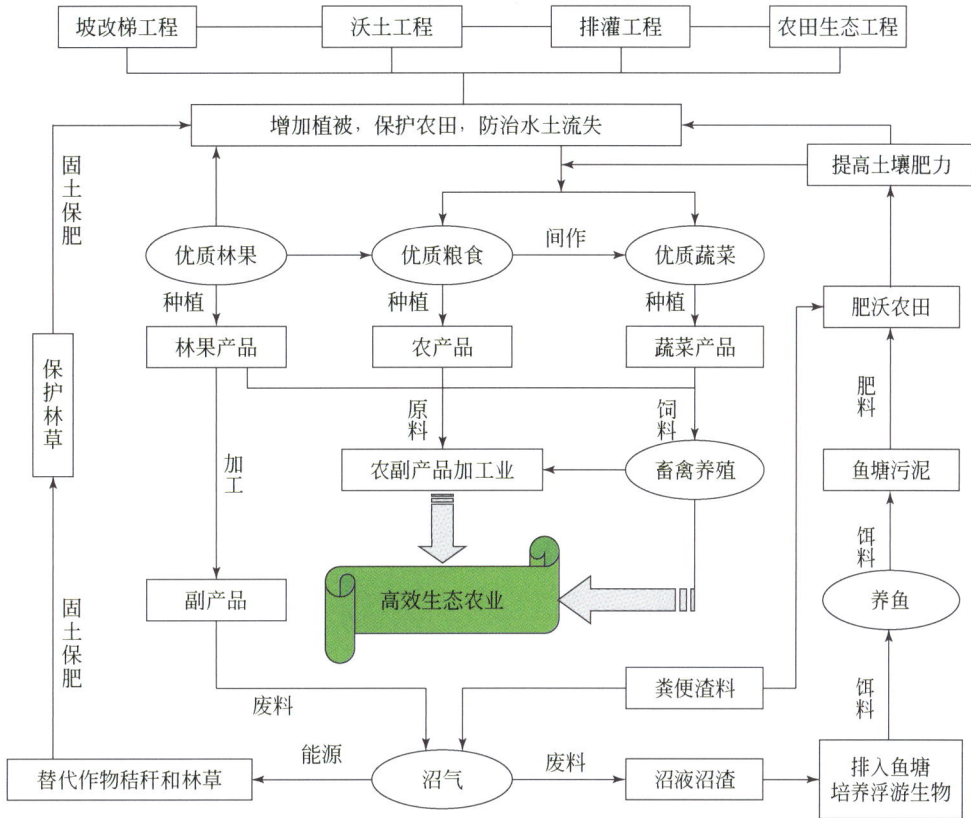

图 9-8　河谷地区高效生态农业模式

（2）低山丘陵区高效生态农业模式

低山丘陵区内热量条件适中，人口亦较密集。该区发展高效生态农业的条件相对较好，通过实行坡改梯工程、沃土工程、水土保持工程等，重点发展大宗粮油、大宗水果和蔬菜、生猪畜禽、部分林特产品、大宗农副产品加工及其产业化。

以优质的柑橘、苹果、桑树等高效经济林及用材林为保土固肥的主要树种，利用肥沃、保收的土地，采取轮作、间作套种等方式，发展水稻、小麦等粮食作物及高收益的油料、豆类等经济作物，用粮食、油料、蚕茧的副产品发展生猪、鸡鸭等畜禽，以畜禽、蚕茧的粪便发展沼气，以沼气替代农村能源，用沼液沼渣增加农田的有机质和养分，进而促进粮油生产，推广果—粮—经—畜—桑—沼互惠共生型高效生态农业模式（图 9-9）。该模式与河谷地区高效生态农业相结合，把农业生态环境保护与农业经济发展、农业资源开发、农业产业化经营有机结合起来，形成互惠共生型高效、立体生态农业发展模式。

（3）中低山区水土保持型高效生态农业模式

昭通市的中低山区占有较大的比重。该区海拔相对较高，地形坡度较大，热量条件稍差，水土流失较严重。但土质比较肥沃，适于发展杂粮和优质油菜籽、烟叶、魔芋、饲草、草食性畜牧业。因此，可重点发展生态保护林—杂粮—油料作物—优质人工牧草—草食性畜牧业的水土保持型生态农业模式。

以植树造林、水土保持、草场改良为保护型生态条件，采用轮作、间作套种等方式，发展玉米、小麦、各种杂粮、油料、薯类、魔芋等农作物，用这些农作物及其副产品发展草食性畜牧业，同时通过人工种草为畜牧提供优质饲料，牲畜粪便施入农田促使杂粮、魔芋、薯类等农作物、水土保持林和草类生长，形成相互保护、相互促进的水土保持型高效生态农业发展模式（图 9-10）。

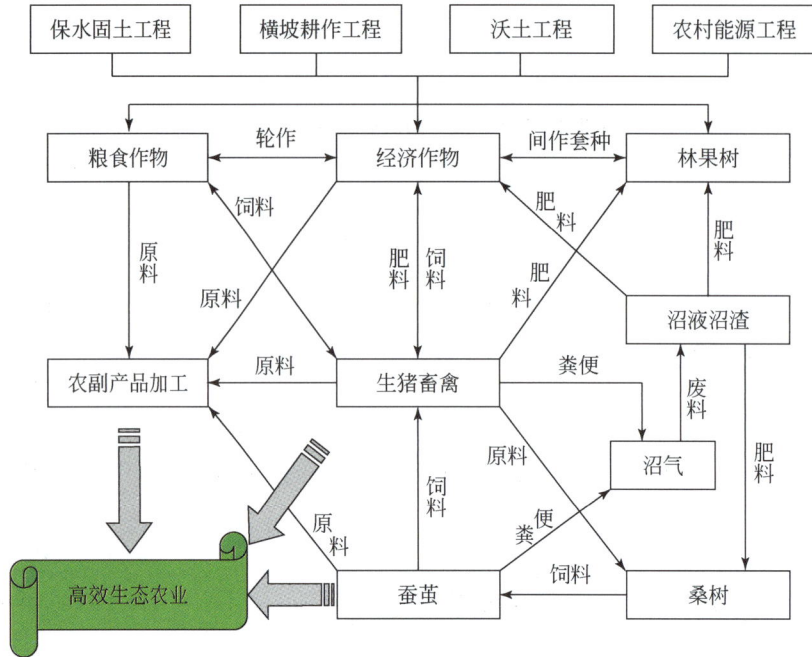

图 9-9　低山丘陵区高效生态农业模式

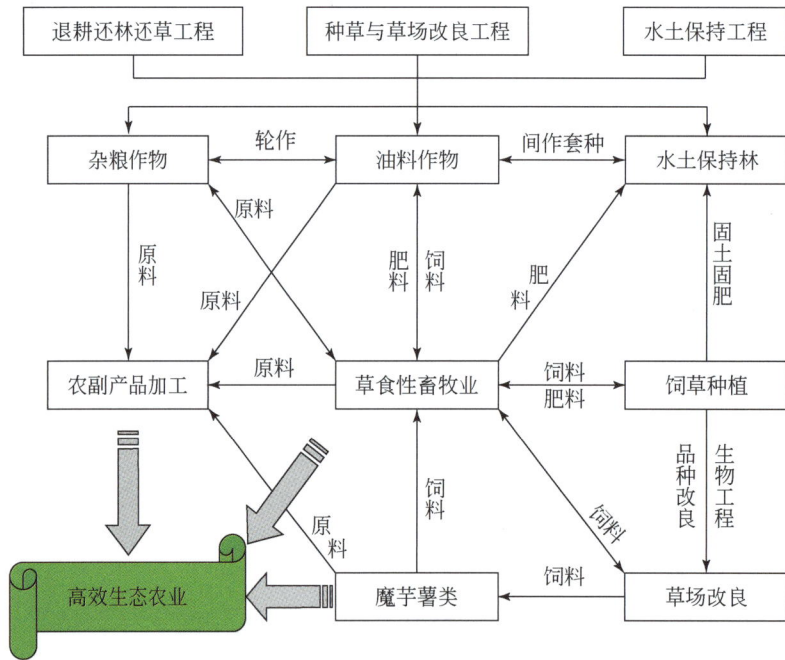

图 9-10　中低山区水土保持型高效生态农业模式

　　该模式突出了低山地区水土保持的建设内容，农业发展以保护中低山生态环境为硬约束条件，退耕还林还草是这一模式建设的基本原则，同时大力发展杂粮和草食性畜牧业是这一模式建设的重点。

　　（4）中高山区高效生态农业模式

　　中高山地区山高人稀，耕作粗放，水土流失严重，土壤肥力差，交通不便，是全市贫困人口的主要分布区。但草场草坡面积辽阔，适宜种草养畜。由于山地气候垂直变化明显，农副土特产品种类多，经营门类广，适于发展名优土特型高效生态农业模式。

以经济林和用材林种植作为保护型生态条件，大面积发展花椒、茶叶等经济作物，利用中高山地优势，采取轮作、间作等方式发展天麻、黄连等中药材，种植高山反季节蔬菜、烤烟和人工牧草，用种植的牧草和改良后的天然草场发展山羊等草食性牲畜，形成以高山名优土特产为主体的高效生态农业模式。

该模式建设重点应围绕脱贫奔小康目标进行综合开发。坚持种养业为基础，通信、交通、水利、电网等基础设施建设和生态环境建设为依托，加快发展以节粮型为主的畜牧业，以药材、烟叶、苦丁茶等土特产品为主的特色农业、林产品开发和农副产品开发为主的加工企业、"回归大自然"为主的山区旅游业，努力建设成为名优土特资源综合开发区。在山上营造经济林和优质用材林，培植中药材，保护原始森林，建设森林公园，防治水土流失。对现有草场进行人工培植，用于发展草食性畜牧业（图9-11）。把种植药材和无公害蔬菜作为高山地区农民收入的主要来源。

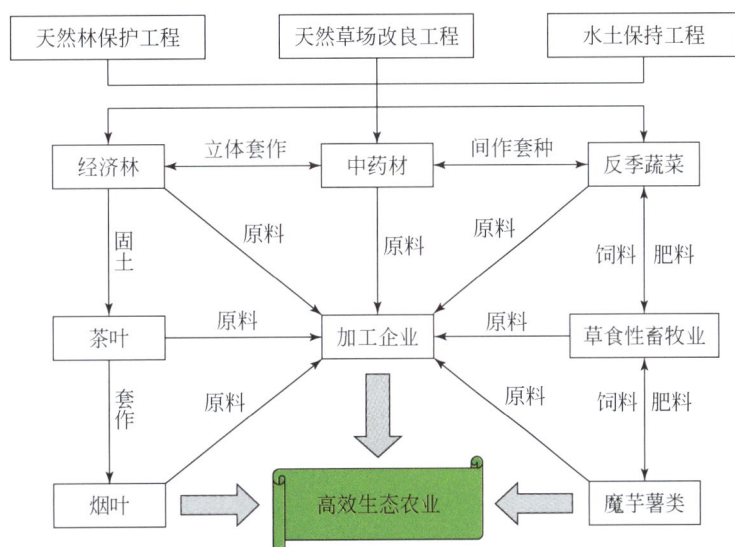

图9-11　中高山区名优土特型高效生态农业模式

二、工业战略定位与产业导向

1. 工业发展的基本定位

1）提高经济增长质量，培育支柱产业，发展特色绿色经济，优化工业生产结构，走尽可能减少生态环境代价的新型工业化道路。

2）增强企业核心竞争力，利用现有大企业集团的优势，通过发展循环经济，发挥其对区域发展的带动作用。

3）以重点项目建设为切入点，加大工业投入力度，积极推动投资主体多元化。

4）加快生态工业园区建设，提高生产要素集中度。

2. 工业发展重点

立足现有的工业基础和资源条件，优化产业升级发展环境，加快发展电力、煤炭、化工、矿冶等高载能产业，着力提升壮大农特产品加工、生物制药、纺织业等产业，打造昭通区域新型工业化发展格局，加快工业绿色转型。

（1）培育壮大能源产业

昭通市能源蕴藏量巨大。应发挥能源资源质优、量大、门类全的优势，突出推进水电、火电、风电能源，协同推进生物质能、燃料乙醇、太阳能等产业发展，形成能源互补、多样化发展的产业格局，打造国家重要能源基地。重点发展以水电为主的能源工业，适度控制火电规模，强化能源产业在昭通市经济社会发展中的支柱地位。

电站建设要适度超前，有序开发，充分发挥水电站发电能力。以金沙江水电开发为契机，积极推进有综合利用能力的中小水电龙头水库建设，缓解中小水电结构性矛盾，优先开发龙头水库梯级电站；火电建设要优先落实煤炭资源保障。以区内丰富的煤炭资源为依托，适度发展火电，加快推进滇东北火电基地建设；加大风能场筹备建设力度，加强电力设施建设，为产业发电提供保障。通过大能源产业发展，辐射带动下游产业发展，打造新型载能产业基地。

未来应以大基地建设促进大集团大公司的形成，以大集团大公司发展带动大基地建设。以生态园区为载体，完善基础设施，拉长产业链，引导高载能产业向水电富集区布局。围绕牛栏江和横江流域布局符合产业政策要求的高载能产业，就地消纳两流域的水电，缓解输电走廊资源紧张的局面；继续深化电力体制改革，建立煤炭中长期合约交易。电量供给方式采取大用户直购或直供等方式解决，处理好电源、调度、售电之间的关系。

（2）发展电—矿—化循环经济

鼓励大型企业集团实施煤炭资源就地转化。昭通市能源资源和矿产资源的空间匹配度较好，有利于推进水能/煤炭—电—化/冶—建循环经济产业链发展和能源工业的重建。一方面，沿金沙江流域分布三大国家巨型水电站及众多中小型水电站，水电资源丰富。沿线地区矿产资源储备大，种类多，开采条件较好；另一方面，昭通市中西部地区，尤其以昭阳区、镇雄县、威信县的煤炭储量大，主要以火电为主。矿产资源和水/火电资源空间组合特征良好。

新型煤化工是未来中国能源技术发展的战略方向，紧密依托昭通市优质煤炭资源的开发，并与其他能源、化工技术结合，形成煤炭—能源化工一体化的新兴产业对于增强昭通市的工业经济能力尤为重要。因此，煤炭工业要积极发展高附加值产品，重点开发研究优质无烟煤深加工，如阴极炭块、碳素、煤层气等，褐煤将做液化和煤能转化等项目。加快煤炭整合工作，保护生态环境，提高废弃物处理能力，减少"三废"排放，重点向火电、煤化工项目配置。铜矿资源开发，要坚持走政府引导、市场化运作的探矿模式，做好铜矿资源开发的前期工作；要坚持以市场为导向，建设高效率、低污染的新型环保灭烟炉，促进硫铁矿、硫黄资源的加工转化升值，并延伸产业链。严格控制个体对矿产资源的私挖滥采，鼓励国内外有先进技术和丰富经验的采矿集团到昭通市进行矿产资源开发和综合加工。

未来应加快培育和发展以煤化工为重点的化工产业，发展电—矿—化循环经济。以云南云天化股份有限公司为龙头，昭阳褐煤化工为重点，在扩大现有化肥、合成氨、硫酸生产能力的基础上，依托科技创新改进生产工艺，扩大生产规模，形成以水富县为中心的化肥、有机化工、玻璃纤维和生物制药为主的化工基地。着力培养煤化工基地，逐步培育和发展壮大煤化工工业。充分发挥煤炭、煤气层、石灰岩、电、硅矿和生物等资源优势，在巩固现有产业的基础上，积极拓展煤化工、生物化工，以及硅铁和电石等为主的化工产业，积极推进"电、矿、化结合"的发展模式（图9-12），提高昭通市化学工业的整体水平和市场竞争力。

（3）推进绿色农特产品产业化运营

生物资源的多样性为昭通市农特产品的开发奠定了物质基础。目前，昭通市有机及绿色食品加工业的难点在于，一是在生产源头上缺乏技术保障，农业技术推广体系不健全，直接影响到农作物产量的高低；二是在产销链条中，缺少以"龙头企业"为核心的加工体系和完善的市场开拓机制。由于加工能力有限，农产品的基地化建设缺少牵动力，绿色产品的市场化进程缺少推动力，导致分散的小农经济与社会化的产品市场需求之间的传导路径中断。因此，未来农产品加工业应把握好产业链条的"两头"，推广技术，标准化生产，加强农产品源头监管，打造"绿色、无公害"农产品品牌。

结合昭通市的特点，未来应以现代农业园区和基地建设为载体，市场为主导，规模化效益为起点，以"绿色、无公害"为品牌，强化"龙头企业+园区/基地+农户"的产业化运作模式，形成"合同农业"、"订单农业"、"贸工农"一体化，"产供销"一条龙，"专业合作组织"的经营方式和产业组织形式

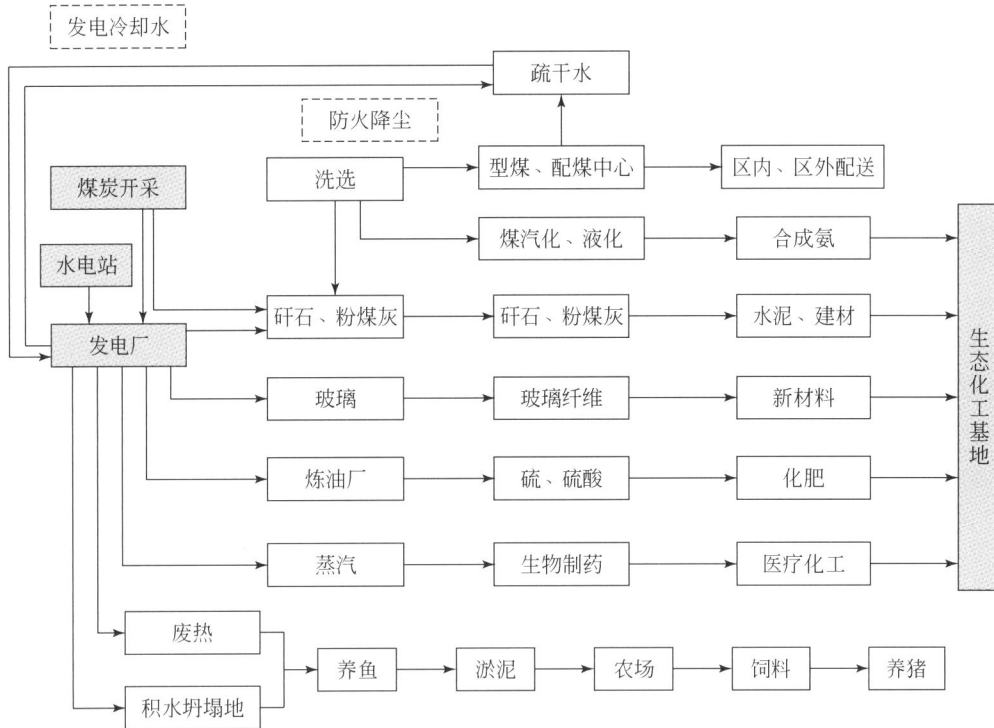

图 9-12　昭通市电—矿—化生态工业基地图示

（图 9-13）。重点发展水果、魔芋、马铃薯、蚕丝、林竹制品、核桃深加工、亚麻制品畜禽制品以及地毯、地方特色糕点、白酒等各具特色的优势产业。

　　鉴于本区原有的加工能力薄弱，因此未来昭通市农特产品的产业化开发一方面要投入资金和技术，扩大本区的加工能力；另一方面可以考虑与区外已有的优势企业和企业集团建立原料供应关系，或在昭通市建立分厂和分公司，利用这些企业已有的技术研发优势、品牌优势和市场优势。国家在投资、信贷和税收等方面可给予倾斜，鼓励区外企业到昭通市投资建设农产品生产和原料供应基地，将原料基地建设作为企业的第一车间纳入企业的战略决策体系，使昭通市快速步入农特产品产业化经营的轨道上。

　　（4）承接绿色产业转移

　　昭通市利用劳动力资源优势和特殊的地理位置，积极承接东部劳动密集型产业转移。未来昭通市一是加大园区建设，加快推进生态工业园区化和园区产业化，及早完成水、电、路等配套设施建设。二是做好东部产业对接工作，加速推动食品、饮料、服装、玩具、五金、家电、建材、机电及其关联产业的发展，走规模化、集约化、产业化的发展道路，大力发展制造业。三是承接生产性服务业、新能源、节能环保装备制造、电子信息、生物、新材料、玩具、袜子、制鞋、汽车制造及配套等战略性新兴产业，加大招商引资力度，着力打造昭通市玩具加工基地，建设产业转移基地。

三、旅游业战略定位与重点旅游产品开发导向

　　昭通市优美的自然风光与多姿多彩的民族风情、兼容性的地域文化特征和革命历史文化名胜相结合，构成了独具特色的旅游资源，为昭通市生态旅游业的发展奠定了良好的基础。

1. 旅游业发展的基本定位

（1）打造专项旅游

以自然风光及具有地方特色的风土民情为基础，以生态思想为指导，建立可持续发展的旅游体系，

```
                                    ┌── 品种选育、引进
                                    ├── 新品研发、改良
                      ┌── 繁育体系 ──┼── 种子质量监测 ═══▶ 研发中心
                      │             ├── 测土配方施肥
              源头 ───┤             └── 水肥一体化
                      │                                   培养种植大户
                      │             ┌── 地膜覆盖
                      │             ├── 规格化套种
                      └── 种植体系 ──┼── 调整品种结构 ══▶ 农户          技术现代化
                                    ├── 专业化高产创建
                                    └── 病虫防疫监测       专业合作社
加工                                                                   农业产业化
产业 ───┤             ┌── 化妆美容产品
链条                  │             ┌── 食品加工
              加工 ───┴── 加工体系 ─┼── 医药产品 ══▶ 龙头企业
                                    └── 饲料、化工原料
                                                                        质量标准化
                      ┌── 国内外营销网络
                      │             ┌── 专业批发市场
              产出 ───┴── 营销体系 ─┼── 储运、购销网点 ══▶ 公司 / 中介组织
                                    ├── 个体营销点
                                    └── 专业协会中介
```

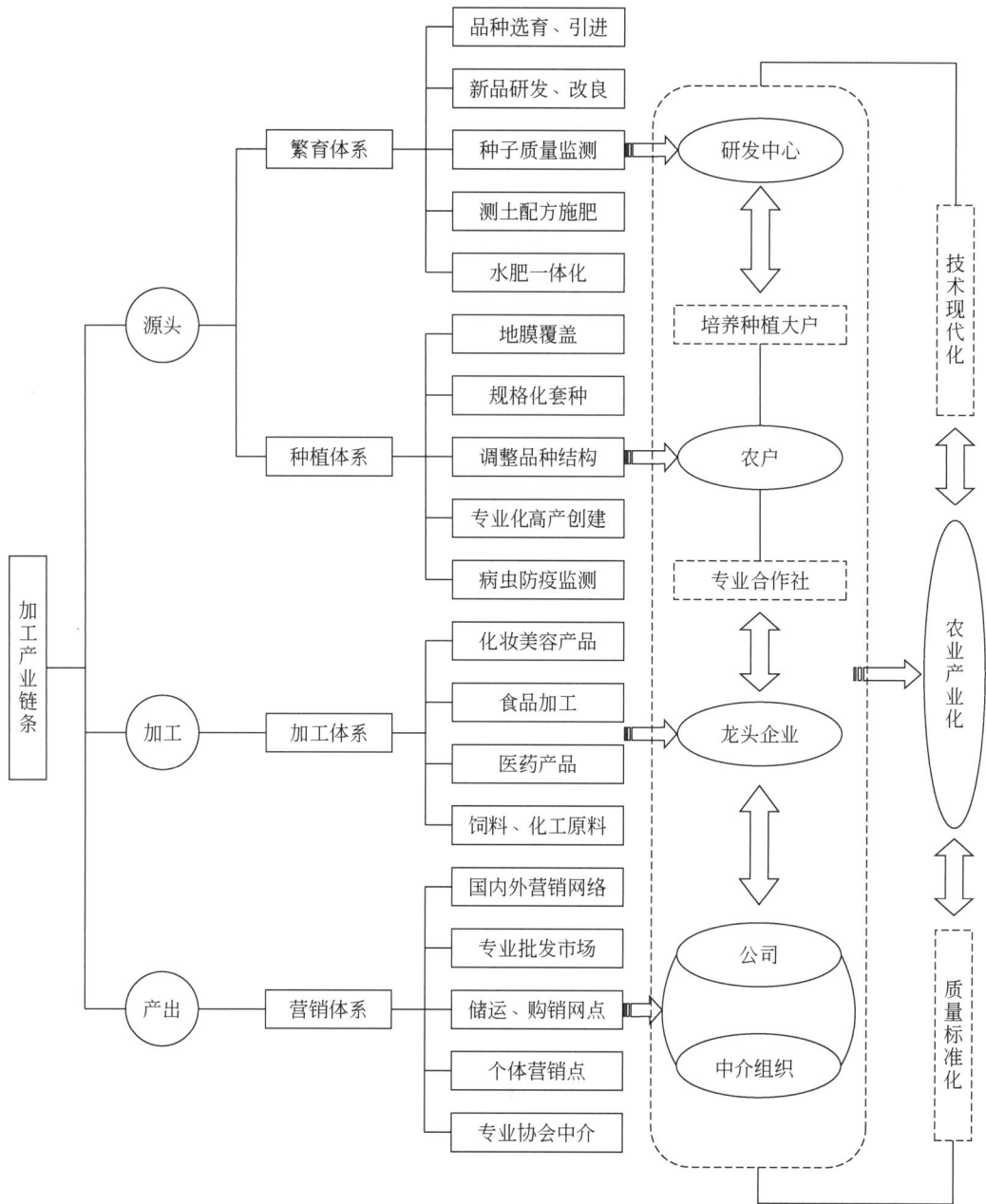

图 9-13　昭通市加工产业产业化发展模式

使旅游资源转化为经济效益，同时兼顾生态效益、社会效益。深入挖掘区域的旅游资源内涵，构建多元、多功能的生态旅游产业体系。形成生态旅游促进生态环境保护，生态环境保护支持生态旅游业的良性循环模式。着重挖掘红色旅游、乡村旅游、生态观光旅游、民族风情文化体验等专题旅游。

（2）实施精品战略

结合昭通市的自然和人文景观优势，努力建设和推出一批在海内外旅游市场上影响大和竞争力强的旅游景区、景点和旅游线路。推进旅游产品多样化，积极探索新型旅游方式，开发适销对路的特色旅游产品，建设若干国家生态旅游示范区、旅游扶贫试验区、旅游度假区，打造休闲度假旅游、红色旅游、高峡平湖旅游等精品路线。

（3）突出地方特色和民族特色

大力开发旅游纪念品、手工艺品和特色商品，努力提高质量，促进产销紧密结合，建立多渠道、多形式的产销体系，增加就业机会，提高旅游创收、创汇。

（4）打破区域限制，加强跨区域旅游联合

利用与周边地区旅游资源的差异性和互补性，以及结合区内资源独特性，加强与周边地区、省（市）的协作配合，互通信息，客源共享，打造滇—川—黔旅游"金三角"，打造"滇东北旅游圈"、"乌蒙旅游圈"。

（5）坚持旅游资源的严格保护、合理开发和永续利用相结合的原则

处理好自然景观和人文景观的保护、研究、利用的关系，协调好经济效益与社会效益、眼前利益与长远利益、局部利益与全局利益的关系，实现旅游业的可持续发展。

（6）以旅游业发展为契机，推进相关镇区基础服务业的发展

优化商贸物流业的空间布局，推进城乡流通组织化建设和市场组织体系的完善。

2. 重点旅游产品

结合昭通市旅游资源的特点，未来应主要开发如下旅游产品（表9-7）。

表9-7　昭通市生态旅游产品组合

定位	类型	主要旅游资源
民俗风情体验游	节日庆典	开斋节（昭阳区、鲁甸县）、古尔邦节（昭阳区、鲁甸县）、花山节（威信县、大关县）、火把节（镇雄县、彝良县）、"十月年"节（镇雄县、彝良县）
	音乐舞蹈	芦笙舞、跳脚舞、酒礼舞、撒麻舞、锅桩舞、唢呐音乐等
	民族婚俗	苗族"游方"、彝族"哭嫁"
	戏剧	花灯、京剧、川戏、杂技、评书
	宗教信仰	伊斯兰教（昭阳区、鲁甸县）、基督教、佛教、道教
	民族服饰	回族服饰（昭阳区、鲁甸县）、苗族服饰（威信县、大关县等）、彝族服饰（镇雄县、彝良县等）、壮族服饰（巧家县）
历史文化遗迹鉴赏游	人类文化遗址	野石新石器时代遗址（鲁甸县）、马厂营新石器时代遗址（鲁甸县）、闸心场遗址（昭阳区）、过山洞遗址
	经济文化遗址	乐马古银矿遗址（鲁甸县）、杨柳古渡遗址（巧家县）、秦汉古道遗迹（大关县）
	古城遗址	巧家营废城遗址（巧家县）
	军事遗址	李蓝义军古战场遗址（盐津县）、大竹林太平军遗迹（鲁甸县）
	墓棺	安土司墓（永善县）、金银山崖墓群、深基坪古墓群（绥江县）、东晋霍承嗣壁画墓（昭阳区）、长安僰人悬棺（威信县）、石门僰人悬棺（盐津县）
	摩崖字画	灵官岩石刻（大关县）、二十四岗古驿道摩崖石刻、黑铁关摩崖石刻（永善县）、莲花山岩壁石刻（镇雄县）、良姜观音阁摩崖石刻、楠竹林沟摩崖石刻（绥江县）、唐袁滋题记摩崖（盐津县）、滩头营明代摩崖石刻（盐津县）、瘦石山石刻（彝良县）
	古驿道、关隘	石门关（盐津县）、石门关五尺道（盐津县）、云台山五尺道（大关县）
	红色之旅	扎西会议纪念馆、扎西烈士陵园（威信县）、水田寨中央红军总部驻地旧址（威信县）
科考探险游	峡谷漂流	金沙江峡谷（水富县、绥江县、永善县、昭阳区、巧家县）、牛栏江峡谷（鲁甸县、巧家县）、大雪山峡谷（威信县）
	洞穴探险	青龙洞（大关县）、天生桥溶洞（鲁甸县）、仙人洞（巧家县）、大龙洞（昭阳区）、天台山溶洞（威信县）、莲花洞（盐津县）
	地震博物馆	堰塞湖、地震遗迹（鲁甸县）
	森林物种考察、生态游	铜锣坝国家原始森林（水富县）、天星国家原始森林（威信县）、小草坝自然保护区（彝良县）、海子坪原始森林（彝良县）、罗汉坝（大关县、盐津县）、二江口原始森林（永善县）、大山包黑颈鹤自然保护区（昭阳区）、药山国家级自然保护区（巧家县）

定位	类型	主要旅游资源
休闲观光游	观光农业	万亩苹果园观光旅游（昭阳区）、高效农业立体开发
	观光工业	巨型电站电厂（三大电站）、生态工业园区
	休闲疗养度假游	金沙江峡谷温泉（水富县）、朱堤江峡谷温泉（盐津县）、花溪温泉（彝良县）
	瀑布山水景观游	黄连河瀑布群（大关县）、三股水瀑布（盐津县）、雷家岩瀑布（盐津县）、金沙江标水岩瀑布（巧家县）、老板厂瀑布（昭阳区）、小草坝瀑布（彝良县）

（1）历史文化遗迹鉴赏游

昭通市作为历史上云南省与中原内地交往的重要通道，开发历史悠久，文化积淀深厚，是早期云南省文化的发祥地之一。在这里，沉淀了丰富的历史文化资源，以秦开五尺道、炼银厂、楼阁寺庙、古塔古道、古渡口、古墓群等为代表的历史文化遗迹，反映了云南省与内地交往的历史变迁和文化交融，为昭通市重点旅游产品。同时，昭通市作为云南省近现代革命老区，历史上的革命战争遗留下了一批重要的革命历史遗迹，具有重要的革命历史教育意义，红色旅游是昭通市又一具有特色的旅游产品。

（2）民俗风情体验游

昭通市是多民族聚居区，有回族、彝族、苗族、傣族、水族、白族等多个少数民族。少数民族人口占全市总人口的10%。古往今来，众多的少数民族，不同的文化传承，特定的居住环境，独特的民族文化，造就了绚丽多姿的民俗风情旅游资源，尤以苗族和彝族风情最为浓郁。以民俗集镇、特色村落、节日庆典、音乐舞蹈、宗教信仰、民族服饰、民居建筑等为代表的旅游资源，为昭通市开展民俗风情旅游创造了优越的条件。

由于昭通市地处以少数风情浓郁著称的云南省，且省内其他地市已有比较成熟的旅游线路，因此未来昭通市民俗风情体验游作为单品开发的优势不明显。今后开发的重点是实现昭通市民俗风情与历史文化遗迹鉴赏游和山水景观游等旅游产品的有机组合。通过综合考察和评估，把交通便利、民俗风情浓郁、自然景观优美，能充分展示少数民族的饮食、服饰、宗教、文化及具有一定接待能力的村寨进行重点开发，对接待户进行旅游知识、接待礼仪等方面的培训，打造诸如"苗家乐"、"彝族风情"等为代表的特色旅游精品。

（3）科考探险游

昭通市境内地势山峦起伏，高差悬殊，形成诸多峡谷险关。以豆沙关、金沙江峡谷、白水江峡谷、两合岩峡谷、小山峡峡谷为代表，适宜开发峡谷漂流探险等特色旅游产品。同时，该区岩溶地貌也有一定程度的发育，为洞穴探险等旅游产品的开发奠定了物质基础。加之昭通市丰富的森林资源和物种多样性的特征，适宜开展森林生态旅游和物种考察等特色旅游产品的开发。此外，还可以利用地震灾害形成的堰塞湖、地震遗迹等景点，建设地质博物馆等，拓展科考探险游的内容与品牌。

（4）休闲观光游

结合昭通市旅游资源的特点，休闲观光游重点开发都市休闲观光（包括观光农业、观光工业、休闲购物等）、度假山庄、疗养山庄等系列休闲旅游产品的开发。休闲观光与周边瀑布山水观光游有机结合，使昭通市休闲观光游的内容更加丰富多彩。

3. 重点旅游线路开发导向

从昭通市旅游资源的特点和区域通达性来分析，应把昭阳区作为旅游集聚地和中转枢纽，以昭阳区为中心重点开发以下两条精品路线：

把宜宾—水富—盐津—大关—昭阳—昆明作为滇东北旅游开发的主要线路，旅游客源的重点是吸引川、渝、黔的游客。

把昆明—昭阳—彝良—镇雄—威信—宜宾和泸州作为昭通第二条旅游线来开发建设，将昭阳区自然和人文景观、彝良罗炳辉将军纪念馆、彝良朝天马风景区、镇雄县的风景区、威信县的自然风景区、扎西会议纪念馆等历史文化景点连接为一个旅游片区。该片区以历史人文景观为主，同时把自然风景区与历史人文景观结合起来。

抓好昭阳区的旅游基础设施建设，保护、发掘和开发历史文化资源，抓好"昭阳八景"历史人文景点的开发，重点建设好清官亭公园、大龙洞公园、景风公园、渔洞水库、大山包黑颈鹤自然保护区等景区。把昭阳区的旅游网点建设成为既是自成一体的旅游片区，又是前两条旅游线和两大旅游片区的龙头片区，使其成为由滇入川旅游的起点和由川入滇旅游的重要中介。

做好跨区域旅游线路的开发，形成北接四川宜宾竹海、九寨沟、乐山大佛、峨眉山，南连昆明、西双版纳的滇东北旅游片区。

四、商贸物流业发展定位与发展重点

随着昭通市第二产业和第三产业，尤其是烟草业、矿电冶金业、农特产品加工业、商贸业等产业的发展，以及交通条件的改善和区位潜力的发挥，昭通市商贸物流业将会有进一步的发展。

1. 商贸物流业的基本定位

1）大力发展第三方物流，培育和引进一批现代化的物流龙头企业。抓好各地区批发中心、零售中心和货物储运中心建设，把昭通市打造成为区域性现代综合物流中心。

2）加快城区配送中心、各类综合市场（超市、商场、批发市场等）、专业市场和人才、劳务等无形市场建设，积极发展物联网，搭建平台，构建完整的商贸物流网络体系。

3）坚持与周边大物流商进行区域合作，建设乡镇特色物流园区。完善商贸物流基础设施建设，形成"多式联运"的物流网络系统。

2. 发展重点和方向

突出商贸物流业的模式创新和新型业态开发，加快推进传统服务业转型升级和新兴服务业快速发展，将昭通市打造成为区域物流商贸中心。

（1）打造综合物流商贸中心

重点打造昭阳区、水富县两大现代综合性物流中心，大力建设物流基础设施，创建和引进一批以第三方物流为主的大型物流企业。其中，昭阳区主要依托公路、铁路、航空综合交通体系，建设成"多式联运"型的商贸服务型综合物流园区。整合农贸批发市场、建材市场等，发挥物流园区商贸商务、配套服务、基础物流等综合性功能。水富县依托黄金水岸，建设集装箱装配基地，主要承载大型仓储、货物分拣、分拨处理的基础物流和贸易采购、商品展示、检测检验、信息发布等保税物流功能。

积极发展"物流、批发、零售、餐饮"四大领域，打造城区现代商业中心区。乡镇根据自身特点建设特色物流园区，形成特色物流园区和商贸集散地。

（2）搭建"智慧"物流服务平台

着力搭建物流、商务、政务管理的物联网服务平台、便捷高效的综合性交通运输网络平台、以政务网为基础的公共物流信息平台、以市—乡—村为节点的商业网络平台，进一步提升优化商贸物流业发展环境。

引进物联网运营商，推广物联网技术，引导和鼓励企业开展电子商务与连锁经营、物流配送相结合，发展电子商务，扩大网上采购与销售规模。将物联网应用于物流过程中的智能管理，可实现在生产、运输、配送、零售等环节中的统一管理和商流、物流、信息流、资金流的全面协同，能够面向大量的个性化需求和订单采购，并且减少物流交通成本。

（3）构建农村物流经营网络

以昆明—昭通为商贸物流节点，与成渝经济区、滇中经济区等周边大物流商进行协商合作。重点发展以烟草、冶金、矿产、建材等支柱产业和骨干企业为主的工业物流体系，大力发展以粮棉油、食品等物流为主的农副产品物流体系；积极发展以电子商务、快递为主的城市配送物流体系。

　　建设和完善各乡镇农贸综合市场，鼓励各类大型连锁企业和农资经营龙头企业加快商品配送中心建设，有效整合农村商业经营网点资源，逐步建立以城区店为龙头、乡镇店为骨干、村级店为基础的集生活消费品、农资销售以及农副产品收购为一体的农村经营网络。

第三节　产业发展的空间组织形式

　　绿色经济体系的构建和产业引导，必须与产业的空间结构调整有机结合起来，才能形成高效的区域经济发展空间组织形式。目前，昭通市中心城区经济实力弱小、功能不完善、要素集聚能力低，制约着昭通市竞争优势的充分发挥。结合昭通市的生态环境背景，未来昭通市产业发展空间组织的总体布局态势应是中心城市突出、点轴辐射、轴线拓展、面上协作的空间配置格局（图9-14）。

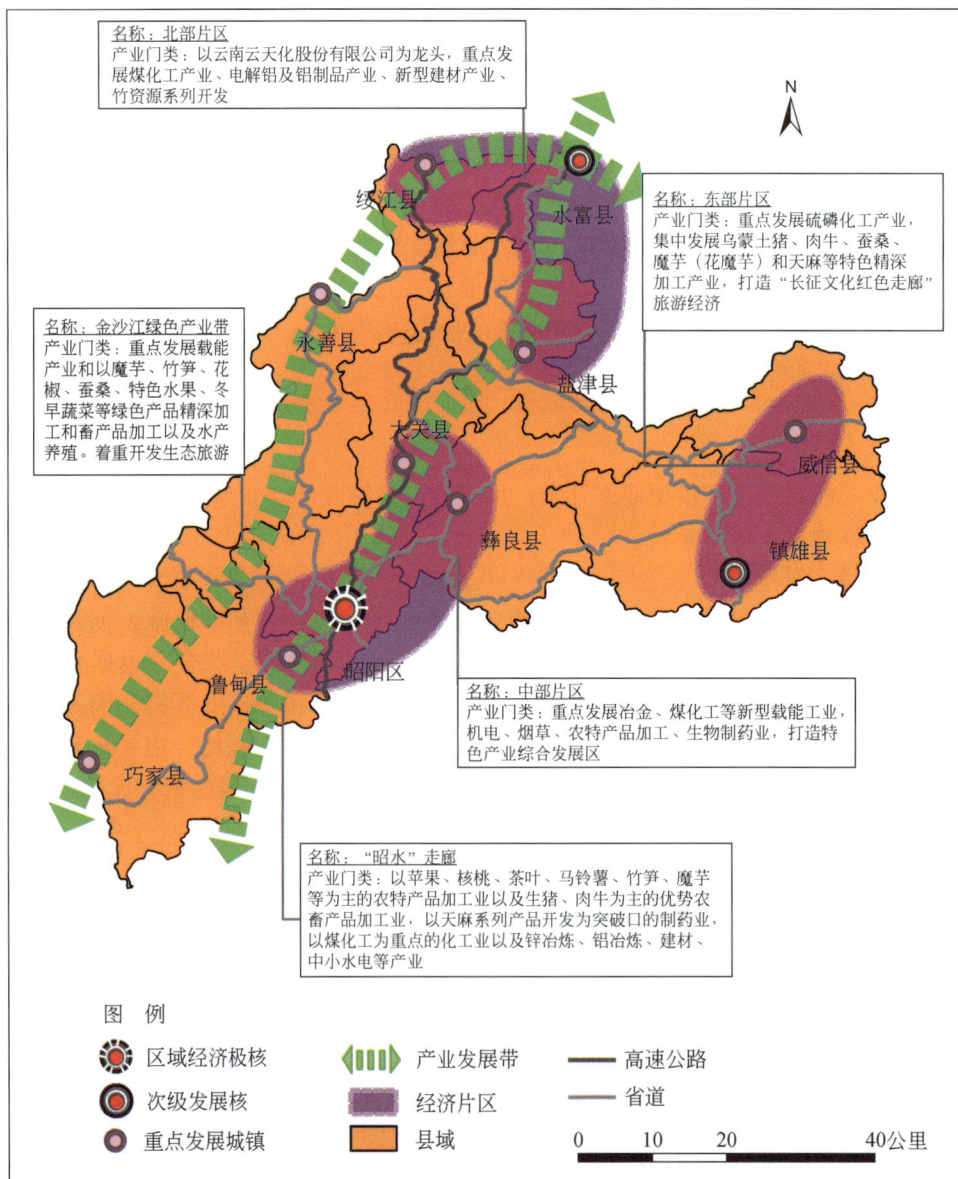

图9-14　昭通市产业空间组织形式示意图

一、区域经济极核

1. 昭鲁核心区

昭鲁坝子土地相对平整，自然条件优越。昭阳区、鲁甸县利用这一优势条件，形成昭鲁核心区，能为经济活动的进一步集聚提供保障。未来昭阳区、鲁甸县应以园区建设为平台，加强昭鲁产业一体化，优势互补。加大产业项目的外引和内联力度，加强人才、科技、资金和市场等资源的集聚，提升核心城区的产业集聚能力。强化中心城区的中心功能、极化功能和创新功能，将昭鲁地区建设成为滇东北地区最大的产业集聚地。

昭鲁核心区重点发展烟草加工及配套机械、医药化工、煤炭和电力、造纸、生物制造等优势产业，着力把以天麻、苹果等为代表的农特产品产业做特做优、做大做强。以大型骨干企业为龙头，带动市区工业产品结构调整，形成特色产业体系；发挥地区优势，培植一批特色突出，有较强竞争力的民营企业群体，推动民营企业的规模化和特色化。

2. 北部门户——水富县

水富县是云南省依托长江黄金水道打造中国经济升级版支撑带的门户城市，也是昭通市次级区域中心城市。水富县地处长江经济带、成渝经济带和昆明经济圈三大经济区域交替处，是长江、金沙江、横江交汇地带，素称"云南北大门"，是云南省唯一的铁路、公路、航空、水运和天然气管道"五通"县。水富工业园区是云南省40个重点工业园区、8个特色产业园区之一。

该区未来应充分发挥水富县交通枢纽功能和独特的区位优势，把水富县建设成昭通市北部区域中心城市、金沙江水电资源开发重要依托城市和依山傍水的生态旅游城市。重点培育三大支柱产业，即化工、生态旅游和水电开发产业。依托金沙江黄金水道优势，打造以运航为中心的云南省最大现代化物流中心。以生态旅游业为突破口，打响区域品牌，使水富县发展成为川、渝、黔、滇四省（市）交汇处的明星城市。

3. 东部核心——镇雄县

镇雄县在发展传统粮烟产业的基础上，未来应集中建设特色经作杂粮、高效林业、天麻产业等特色产业基地。同时，依托丰富的煤炭资源，打造滇东北火电基地。加大招商引资力度，集中培育能源产业，培育壮大煤炭、电力、化工、建材、轻工、生物资源加工六大工业支柱，大力发展园区经济。依托煤炭、硫铁矿等资源，拓展发展空间，将产业链延伸至新型合金材料、复合材料等，推动制造业的发展。同时还应引入龙头企业，加大农特产品品牌培育力度，以此提升辐射带动能力和区域经济发展实力。

二、"昭水"走廊

"昭水"走廊主要由昭阳、鲁甸、大关、盐津、水富等区县组成。以昭阳—鲁甸为核心区，以昆水公路和内昆铁路为依托，以昭阳、水富省级工业园区为两极带动，沿线重点布局烟草及其配套业，以苹果、核桃、茶叶、马铃薯、竹笋、魔芋等为主的农特产品加工业，以生猪、肉牛为主的优势农畜产品加工业，以天麻系列产品开发为突破口的制药业，以煤化工为重点的化工业以及冶炼、建材、水电载能等产业，积极发展和引进科技型的新兴产业和劳动密集型的加工制造业，如机电、玩具、耐用消费品组装等产业。努力建设成为长江上游重要的农特产品生产加工输出带和载能产业、加工制造业综合发展的产业轴带。

三、金沙江绿色产业带

金沙江绿色产业带由巧家县、永善县、绥江县、水富县组成。以金沙江下游干流和沿江公路为依托，围绕金沙江流域的白鹤滩、溪洛渡、向家坝三大巨型水电站，充分发挥河谷光热资源，建设特色经作养殖基地、能源基地、载能产业基地和绿色产业开发带。重点发展以水电为主的载能产业和以魔芋、竹笋、花椒、苦丁茶、蚕桑、特色水果、冬早蔬菜、禽畜产品等绿色产品为主的精深加工业和水产养殖业。打破乡镇行政区划界限，利用金沙江流域得天独厚的气候条件和绿色资源，以金沙江、昭永公路等沿线上的集镇村庄为载体，在江边河谷地区重点发展花椒、水果为主的经济林果产业群；在二半山区大力发展蚕桑、魔芋、竹子三大产业群；在高二半山区发展生猪、家禽、牛、羊为主的山地畜牧产业群。把绥江县建设成云南省规模较大的生态白酒基地；在稳定竹生产基础上发展竹纤维产业。利用江滨带区位优势，打造"巧家—水富"高峡平湖旅游路线，发展生态旅游业。

四、三大经济区

1. 中部经济区

中部经济区由昭阳区、鲁甸县、彝良县、大关县组成。昭阳—鲁甸地区作为滇东北城镇极核，应加强两区县的产业对接和转移，明确职能分工，延长产业链，提高工业化和农业产业化水平。昭阳—鲁甸地区应以昭阳工业园区和鲁甸工业园区为依托，建设昭鲁经济圈，重点发展冶金、煤化工等新型载能产业，积极发展机电、烟草、农特产品加工业和生物制药业。

彝良县、大关县、鲁甸县应整合优势资源，积极推广生态工程和高效农业，打造特色产业综合发展区，增加农民收入是该区经济发展的重点。鲁甸县应把握地震灾后重建机遇，依托特有的生态条件和自然资源，大力发展特色农业及其加工制造业。面对灾区山高坡陡的自然环境和泥石流、滑坡等地质灾害频发现象，应积极调整粮经结构，适当减少玉米等粮食作物面积，大力发展花椒、苹果、蚕桑等多年生特色经济林果以及山地畜牧业。将产业链延伸至精深加工业、生态农业和休闲观光农业等领域，培育云香食品有限公司等企业成为主营业务收入10亿元以上的重点龙头企业。

2. 东部经济区

东部经济区由镇雄、威信两县组成。依托煤炭资源开发和洛泽河、白水江、赤水河流域水电建设，围绕镇雄县火电建设，建立云南省重要的火电基地。重点发展硫磷化工产业和电—磷—化循环经济。加快产业整合，提高产业集中度。加大镇雄县、威信县大型硫铁矿和沿江铅锌矿、磷矿等优势资源开发和综合利用力度，引进精细硫磷化工先进技术和重大企业集团。推动跨区域的联合重组，加快形成一批大型企业，积极培育精深加工型中小企业，建设国家级磷复肥基地和精细磷化工产品基地。集中发展乌蒙土猪、肉牛、蚕桑、魔芋（花魔芋）和天麻等特色精深加工产业，建设种养殖基地。充分利用历史文化资源，发展以红色旅游为主题的旅游业。打破区域限制，联合周边地区（如贵州省）开发区际旅游线路，打造"长征文化红色走廊"。

3. 北部经济区

北部经济区由水富县、绥江县、盐津县组成。该地区能源资源、矿产资源空间匹配较好，有利于通过水电冶、煤电冶产业链发展新型冶金工业。未来应以云南云天化股份有限公司为龙头，利用水电优势和水富港航运交通优势，坚持走开采与精深加工相结合的路子，重点发展煤化工、电解铝及铝制品、新型建材和竹资源系列开发产业。

第十章 新型城镇化与扶贫开发

第一节 人口城镇化路径

昭通市人口问题的显著特征是农村人口比重大，城镇化水平低。由于城镇化水平低，大量的人口依靠土地生活，土地的开发强度较大，人地关系十分紧张。未来解决这一矛盾的有效方式就是大力推进城镇化进程，减少农村人口，减轻土地压力。在土地资源有限、开发强度大和人口众多的发展环境下，必须走适合于本地特色的新型城镇化发展道路。

1. 人口城镇化历史进程和发展趋势分析

（1）人口城镇化历史过程及主要特征

区域城镇化水平可以用区域城镇人口占总人口的比重或区域非农业人口占总人口的比重来衡量。在计划经济时代，用区域非农业人口与区域总人口的比重来表示区域城镇化水平，是比较准确的。但随着市场经济的逐步建立，越来越多的农业人口居住在城镇从事非农行业，用非农业人口的比值就明显偏小了。而市镇人口的比重又由于行政区划的改变波动很大，且实际值远大于真正的城镇化水平，时间系列的可比性很差。基于公安部门统计的非农业人口数据相对比较平稳，因此，本书采用非农业人口作为基本数据。但由于非农业人口统计范围普遍偏小，在进行城镇化水平测定时，需要分时段采用第四次人口普查和第五次人口普查中的城镇人口数量对非农化程度进行调整。调整系数由下式求得：调整系数 C1 = "四普"市镇人口/1990 年非农业人口，调整系数 C2 = "五普"市镇人口/2000 年非农业人口。1990~1995 年按照调整系数 C1 进行调整，1996~2000 年采用调整系数 C2 进行调整，2001~2012 年采用实际统计数据。调整后的城镇化水平如表 10-1 所示，可以看出，昭通市人口城镇化呈现两个显著特点。

第一，城镇化水平非常低。2003 年城镇化率只有 16.07%，只相当于云南省 20 世纪 80 年代末和全国的 70 年代末的水平。2005~2011 年，全市城镇化水平由 18.30% 上升到 24.38%，平均每年增加 0.8 个百分点。到 2010 年年末，全国的城镇化水平为 47.5%，高于昭通市 26.5 个百分点；全省城镇化水平为 34.80%，高于昭通市 13.80 个百分点。2012 年昭通市的城镇化水平提高到 32.21%，考虑到 2012 年城镇化率的变动中行政区划因素的影响，昭通市实际的城镇化率估计在 25% 左右，远远落后于全国、全省和周边地区的发展水平。根据城镇化的一般规律，城镇化水平在 10% 以下为萌芽阶段，10% 以上为起步阶段，30% 以上为腾飞阶段，50% 以上为成熟发展阶段，昭通市城镇化进程还处于起步阶段，加快推进城镇化进程任重而道远。

第二，整个 20 世纪 90 年代城镇化水平提高非常缓慢。1990~2000 年，昭通市的城镇化水平只提高了 2.74 个百分点，而同期云南省的城镇化水平提高了 6.04 个百分点。特别是 90 年代后期，当云南省城镇化进程步伐不断加快的时候，昭通市的城镇化发展仍在很低的水平上缓慢爬升。进入 21 世纪之后，昭通市的城镇化发展迎来了一个新的阶段，城镇化发展速度开始加快。2001~2011 年的发展阶段，城镇化的发展稳定在新常态，城镇化率平均提高 1 个百分点。

表 10-1 昭通市与云南省城镇化水平对比（1990~2012 年）

年份	云南省			昭通市		
	常住总人口（万人）	调整后城镇人口（万人）	调整后的城镇化率（%）	常住总人口（万人）	调整后城镇人口（万人）	调整后的城镇化率（%）
1990	3730.6	645.21	17.30	429.00	36.27	8.46
1991	3782.1	660.96	17.48	435.30	37.54	8.62
1992	3831.6	681.49	17.79	440.40	38.95	8.84
1993	3885.2	709.59	18.26	445.77	40.23	9.02
1994	3939.2	737.73	18.73	451.82	41.18	9.11
1995	3989.4	794.42	19.91	457.10	44.31	9.69
1996	4041.5	850.85	21.05	461.60	45.03	9.75
1997	4094.0	886.44	21.65	467.06	46.87	10.03
1998	4143.8	913.46	22.04	472.40	47.90	10.14
1999	4192.4	961.37	22.93	477.90	49.20	10.30
2000	4240.8	989.87	23.34	491.90	55.10	11.20
2001	4287.4	1066.00	24.86	496.20	58.30	11.75
2002	4333.1	1127.00	26.01	501.40	78.00	15.56
2003	4375.6	1163.90	26.60	507.30	81.50	16.07
2004	4415.2	1240.70	28.10	507.40	92.35	18.20
2005	4450.4	1312.90	29.50	507.50	92.87	18.30
2006	4483.0	1367.30	30.50	511.80	95.71	18.70
2007	4514.0	1426.40	31.60	525.20	99.79	19.00
2008	4543.0	1499.20	33.00	530.40	101.84	19.20
2009	4571.0	1554.10	34.00	534.30	104.72	19.60
2010	4601.6	1601.80	34.80	521.90	109.60	21.00
2011	4631.0	1704.20	36.80	525.90	128.21	24.38
2012	4659.0	1831.50	39.30	529.60	170.53	32.21

注：2012 年城镇化率相对于 2011 年城镇化率增长了 8 个百分点，是由行政区划的原因造成的，真实的城镇化率估计在 25% 左右。

（2）人口城镇化发展趋势分析

1998 年以来，昭通市户籍人口以稳定速度增长。但从趋势上判断，增长速度逐渐趋缓。2000~2010 年，昭通市户籍人口由 496.58 万人增长至 574.2 万人，年均增长率为 14.63‰。目前，昭通市人口自然增长率已稳定在 10‰ 以下，机械增长率多数年份为负，迁出人口超过迁入人口。2010 年昭通市人口自然增长率降至 8.45‰。从人口结构来看，常住人口增速逐渐趋缓。1982~2010 年的 28 年间，昭通市常住人口由 363.14 万人增长至 521.90 万人，年均增长率达到 10.8‰。其中，1982~1990 年、1990~2000 年增长速度较快，1990~2000 年平均增长率达到 7.6‰；2000~2010 年增长速度恢复至 12.77‰。但是外来暂住人口波动较为剧烈，近 10 年来一直在 3 万~9 万人变动。

根据《昭通市城市总体规划（2011—2030）》预测，2015 年市域外迁规模将达到 63 万人；2020 年降低新增农村富余劳动力向市外输出规模，引导农村富余劳动力就近就业，外迁规模小幅增长至 70 万人；2030 年吸引外迁人口回流，实现劳动力资本与本地支柱产业的有效融合，外迁规模降低至 35 万人。预测到 2020 年，昭通市域常住人口达到 540 万人；到 2030 年，昭通市域常住人口达到 615 万人。结合对我国城镇化发展背景的讨论，以及上级规划对昭通市的要求，综合城镇化率增长法、经济相关法、农村剩余劳动力转移法等方法对昭通市域城镇化进程的预测。预测 2020 年和 2030 年，昭通市城镇化率分别达到

42%和55%，相应城镇人口规模分别达到184万人、227万人、338万人。

2. 资源环境承载力与城镇总体分布格局

昭通市属典型高原山地构造，山高谷深，山地多、平地少。昭通市城镇建设的突出问题是土地资源制约较大，城市建设用地相当紧张。加之本地耕地资源短缺，人均耕地资源非常少，可开发的耕地后备资源又不足，受耕地总量动态平衡政策的限制，城镇化发展所需的城镇用地扩张受到进一步的制约。另外，脆弱的生态环境也使得建设用地开发容易造成严重的水土流失。

昭通市可供城镇产业和人口集聚的盆地（坝子）数量虽然较多，但规模普遍偏小。其中，面积大于2平方公里的坝子仅有昭鲁坝子、龙树坝子、巧家马树坝子、镇雄坝子、芒部坝子和威信旧城坝子等。昭鲁坝子是昭通市适宜建设条件最好的区域。昭鲁坝子地势平坦，面积约525平方公里，属云南四大坝子之一。昭鲁两城区直线距离仅17公里，均位于地势平坦的昭鲁坝子。实施昭鲁经济一体化战略，有利于昭鲁打牢发展基础、调整经济结构、优化资源配置，对于提升昭鲁区域综合竞争实力具有重要的现实意义。其他山地丘陵地区的资源环境承载力特征决定了这类区域不具备大规模集中建设城镇的条件，而局部适宜建设也较为分散。基于这一特征，昭通市山地丘陵地区城镇化适宜走相对集中适度分散的发展道路。

未来城镇化发展应坚持"相对集中、适当分散式"的整体思路。一要"相对集中"，加快昭通市地级市的发展，加快昭鲁一体化进程，尽快提高昭鲁地区的人口和经济规模，以中心城区的现代化引领山区整体发展。二要"适当分散"，考虑到本地区地域广阔、人口居住分散、交通不便等特点，还要以小城镇为主体形态，发展基础较好的重点建制镇，提升一些重点建制镇的综合功能、基础设施水平和规模，使建制镇承载一部分人口。逐步形成一个核心（中心城市）、二个次中心（水富县、镇雄县）、八个县域中心城市（巧家县、鲁甸县、彝良县、盐津县、永善县、绥江县、大关县、威信县）、若干中心镇所构成的城镇网络体系（表10-2和表10-3）。

表10-2　昭通市规划城镇等级结构（2030年）

城镇等级	城镇名称	数量
市域中心城市	昭通中心城区	1
市域副中心城市	水富县、镇雄县	2
县域中心城市	巧家县、鲁甸县、彝良县、盐津县、永善县、绥江县、大关县、威信县	8
中心镇	昭阳区（4）：永丰、靖安、北闸、守望； 鲁甸县（3）：桃源、水磨、茨院； 巧家县（3）：老店、大寨、蒙姑； 盐津县（2）：豆沙、普洱； 大关县（2）：天星、木杠； 永善县（3）：黄华、莲峰、细沙； 绥江县（1）：南岸； 镇雄县（5）：芒部、以勒、赤水源、罗坎、牛场； 威信县（2）：旧城、麒凤； 彝良县（3）：牛街、洛泽河、小草坝	28
一般镇	略	55

表 10-3 昭通市规划城镇规模结构（2030 年）

规模等级	城镇名称	数量	城镇人口（万人）
>50 万人	昭通中心城区	1	70
20 万~50 万人	镇雄县	1	30
10 万~20 万人	巧家县、永善县、水富县、鲁甸县	4	55
5 万~10 万人	大关县、威信县、彝良县、绥江县、盐津县	5	40
2 万~5 万人	永丰、北闸、以勒、芒部、普洱、赤水源、黄华、罗坎、靖安、天星、莲峰、龙头山、旧城、桃源、牛场、洛泽河、麟凤、水磨、木杆、牛街、老店、蒙姑	22	75
<2 万人	守望、洒渔、乐居、布嘎、青岗岭、苏家院、小龙洞、茨院、龙树、大寨、药山、小河、马树、金塘、茂租、豆沙、中和、滩头、柿子、庙坝、兴隆、玉碗、吉利、悦乐、寿山、高桥、茂林、桧溪、大兴、细沙、码口、墨翰、务基、南岸、新滩、会仪、板栗、拨机、黑树、母享、坡头、大湾、塘房、雨河、五德、以古、场坝、中屯、林口、果珠、碗厂、盐源、罗布、双河、长安、水田、奎香、龙安、洛旺、海子、小草坝	61	30

另外一个重要的发展思路是要适度推进半城镇化进程。在平原地区的城市建设中，如何实现城乡统筹，让农民进城进得去、留得下，有尊严并逐步消解城镇内部半城镇化现象，不仅是每个进城务工农民的美丽梦想，也是新型城镇化以人为本的基本要求和全面建成小康社会的重要条件。但是在资源环境承载力的制约下，以分散在农村地区劳动密集型工业、休闲服务业和其他非农产业快速发展为特征的半城镇化将是职能城镇化的重要补充。未来的昭通市城镇化，要发挥山地丘陵地区休闲旅游资源、能源和矿产资源、生物多样性资源和农副产品资源优势，通过半城镇化、非农产业和农业现代化的协同发展，加快山区产业转型和农村富余劳动力就业转移，促进其就业的主体形态、收入来源构成、公共服务和基础设施条件、生活方式以及社区文化等与城镇人口和城镇化地区接近。

3. 公共服务均等化与中心地体系

在昭通市综合运输体系中，公路占据主导地位，承担着全市客运量的 90.4%、货运量的 75.06%。尽管公路总里程数较高，但是道路质量差、技术等级低，路网结构布局不合理，导致通行能力较差，综合效率不高。城镇的核心功能是作为区域公共服务均等化的重要载体，但是交通条件滞后严重制约了城市中心地职能的发挥。距离昭通市最远的县城是绥江县城，为 287 公里；其次是镇雄县城、威信县城、永善县城和水富县城，分别为 258 公里、230 公里、228 公里和 224 公里。从昭通市中心城区出发，1 小时能够到达的县城只有鲁甸；彝良、大关县城的通勤时间在 1.2 小时和 1.5 小时，威信、水富县城的通勤时间在 4 个小时，镇雄和绥江县城的通勤时间高达 4.5 和 5 个小时（表 10-4）。中心城市公共服务职能难以有效地辐射偏远地区。

表 10-4 昭通市市政府驻地至各县城距离和用时

地区	距离（公里）	平均用时（小时）
鲁甸县	29	0.3
巧家县	159	3.0
盐津县	136	3.0
大关县	69	1.5

地区	距离（公里）	平均用时（小时）
永善县	228	3.0
绥江县	287	5.0
镇雄县	258	4.5
彝良县	64	1.2
威信县	230	4.0
水富县	224	4.0

　　县域内部交通条件不便的情况同样突出（图 10-1）。从通勤距离来看，乡镇到县城的平均距离为 55.23 公里。其中，52 个乡镇从驻地到县城的通勤距离超过 50 公里，占乡镇总数的 47%；24 个乡镇从驻地到县城的通勤距离超过 80 公里，占总数的 21%。从通勤时间来看，乡镇从政府驻地到县城的平均通勤时间为 1.91 小时。其中，78 个乡镇从驻地到县城的通勤时间超过 1 个小时，占乡镇总数的 68%；52 个乡镇从驻地到县城的通勤时间超过 2 个小时，占乡镇总数的 47%。交通条件最差的是伍寨乡，其政府驻地到永善县城的距离为 175 公里，通勤时间需要 6 个小时。

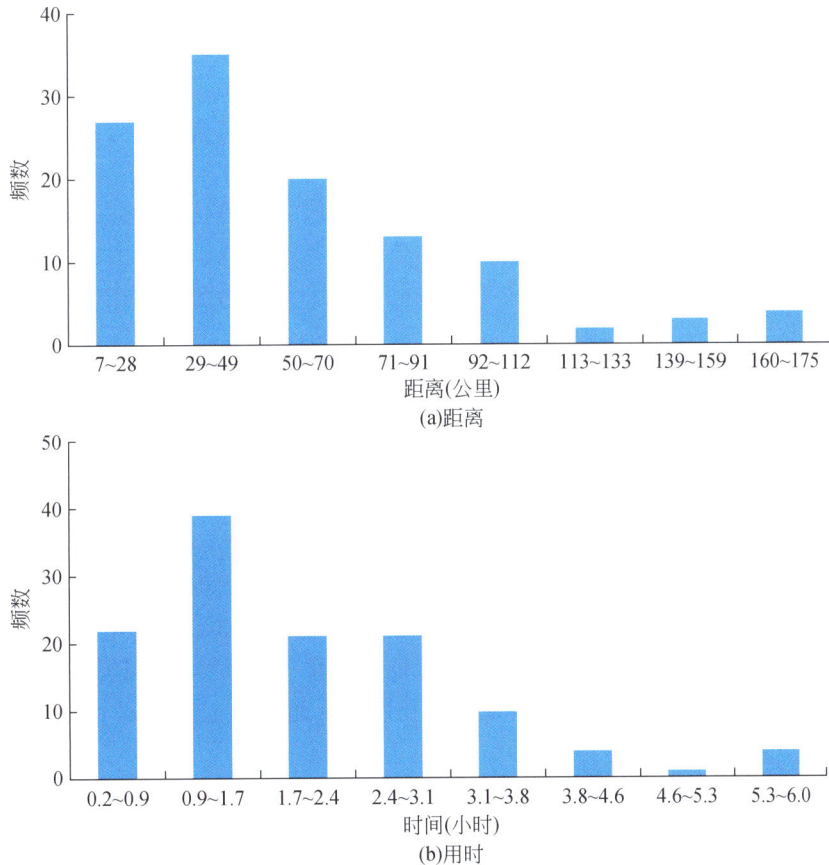

图 10-1　乡镇政府驻地至各县城距离和用时

　　由于交通条件的制约，中心地理论所提出的空间组织模式无法概括山地丘陵地区的城镇体系空间分布的实际特征。

　　一是昭通市虽然市域土地面积广大，但中心城市的经济腹地较小。昭通市中心城市公共职能的辐射范围仅限于昭阳、鲁甸、大关一带，市域其余地区则处于昆明、重庆、宜宾和贵阳等城市的经济腹地覆盖之下。其中，巧家县处于昆明市经济辐射下，镇雄县处于贵阳市经济辐射下，威信县处于重庆市经济辐射下，水富县、盐津县和绥江县则处于宜宾市经济辐射之下。

二是中心地商品的最大销售范围往往超过其门槛距离。在这种发展情况下，中心地的公共服务职能难以按照市场方式有效提供。事实上，昭通市各级别城市基础设施配套不完善的情况非常突出。城镇每千人病床数、自来水普及率、燃气普及率、人均公共绿地面积、人均拥有铺装道路面积、每万人拥有公厕数量、污水处理率、垃圾无害化处理率等指标均低于全国、全省平均水平，严重制约了人口城镇化进程。全市城镇基础设施建设投资渠道单一，投入严重不足，设施建设层次低，配套性差，城镇功能亟待完善。

山地丘陵地区城镇化的发育特征要求，在布局不同层级城镇过程中，中心服务功能建设对服务范围内基本服务均等化和居民生活质量改善起着决定性作用。因此，昭通市山地丘陵地区中心地体系的打造应该基于各中心地在服务体系中的级别和服务范围来组织、配置，即在城镇化空间组织过程中，率先进行基本公共服务体系配置，将其作为城镇化空间配置的最重要的支撑条件，特别是中心城市、县城及其以下重点镇、一般镇和集市贸易镇的空间组织应与基本服务合理吸引半径、影响范围和区内居民接受服务的通达性来统筹考虑。

昭通市中心地体系的建设应该重点强调三点内容。

一是加大对中心地公共服务职能的财政投入。政府投入的基本思路是使得中心地的市场门槛能够和最大辐射范围相一致，以推进公共服务的均等化进程。政府财政支持的重点是，完善和统筹现有的高中教育和中小学基础教育资源配置；围绕城乡人民群众的基本卫生需求，构建布局合理、功能完备、公平的区域网络化卫生服务体系；创造具有良好社会效益的多核心、多层面、城乡一体、布局合理的文化娱乐及体育设施布局体系；形成专业市场与综合市场相结合，城市、街道、社区、村庄四级商贸设施互为补充、科学布局的综合性区域商业设施体系。政府投入可以通过政府购买的方式实现，以提高财政投入的经济效率。

二是应该打破行政区划的限制，按照就近原则开展公共服务均等化的配置。把水富县、盐津县和绥江县置于宜宾市公共服务辐射，镇雄县纳入毕节市的公共服务辐射范围，在大区域范围内统一配置公共服务资源。把永善县的莲峰镇、墨翰乡纳入大关县城的公共服务辐射范围，在市域范围内统筹配置公共服务资源。同时加快区域性公共服务副中心的建设。永善县处于宜宾市和昭通市公共服务辐射范围的断裂点，盐津县、威信县和巧家县也无法有效地接受昭通中心城区公共服务的辐射。所以永善县、威信县、巧家县的中心地公共服务职能应该高层次配置，打造成为本区域公共服务的副中心，并围绕公共服务均等化加快县乡交通通道的建设。

三是积极构建"中心地—城市—市—镇—村—户"服务体系的综合评价模式，推动区域基本公共服务均等化、共享化发展。而这其中由于交通条件制约和到中心地距离的加大，山地丘陵地区居民到中心地的通行条件和接受中心地服务的可达性就成为地区提升服务质量的重要方面。基于以上考虑，应从以下两个方面进行配套设施建设，一方面，是加快村镇道路体系建设和综合交通体系完善；另一方面，是推进流动性服务体系发育、发展，尤其是山区中小学校车配置、流动性医疗巡回点设立等方面，通过推动点状服务枢纽与线状服务线路体系架构，加大山地丘陵地区面状受益腹地。

4. 产业培育与城市—区域协同发展

昭通市城镇化产业支撑能力的建设面临着三个挑战。

一是昭阳区的经济规模、城市基础设施、市场体系等都还和滇东北区域中心城市的要求有较大的差距。昭阳区人口首位度和首位比分别为1.92和31%，经济首位度和首位比分别为2.96和35%。与区域城市首位度低相反，县域范围内县城的城市首位度较高，区域内各县县城的首位度均大于3。县域经济中县城的中心地位非常明显，县域中心城镇具有强大的政治、经济、文化凝聚力，与其他城镇之间，特别是与周边广大农村地区形成鲜明的二元结构。未来昭通市城镇化的重要任务是抓住国家西部大开发的机遇，根据各城镇自身资源、交通、区位等条件，积极培育和构筑符合实际情况的主导产业、优势产业和新兴产业，增强城镇的人口吸纳能力。

二是昭通市区位条件优势没有得到充分发挥。昭通市位于滇、川、黔、渝三省一市结合部，西、北与四川省凉山州、宜宾市毗邻，东与四川省泸州市和贵州省毕节地区接壤，南与云南省曲靖市相连。事实上，作为区域第二位的城镇镇雄县与贵州省毕节市的经济、物流、人流联系更多。而位于北部的威信、水富、永善、绥江、盐津等县，更直接受成都市、重庆市的辐射和影响；南部的巧家县更直接受曲靖市、昆明市的辐射。在这种发展背景下，昭通市应加强与金沙江经济带、成渝经济圈、贵州经济圈和滇中城市群的密切联系，在发挥比较优势中实现合理的分工，获得更多发展机会。

三是产业区位与城镇区位互动发展是昭通市山地丘陵地区的重要任务。协调产业区位选择与城镇体系布局，促使工业化和城镇化在空间关系上形成良性互动，对于促进山地丘陵地区工业化与城镇化协同发展、加快城镇化健康发展具有重要的理论意义与实践价值。根据产业区位与城镇化布局的耦合性结果，可将地区类型分为两种，即完全耦合性和非完全耦合性。前者通常出现在商贸、医疗卫生、教育以及交通运输服务等第三产业区位与城镇区位选择高度耦合的情况下，后者则主要是指工业区位选择，特别是山地丘陵地区产业发展多依托本底资源，产业发展主体类型多是水电矿产资源开采、农副产品加工和自然景观、人文景观旅游资源开发等资源密集型产业，并成为其特色产业、支撑产业与最具竞争力产业，而这三类产业在空间上通常具有分散分布特征，只有面向当地市场需求发展的小型制造业与生产资料加工业才具有集聚于城镇的趋向。

昭通市实现城市—区域协同发展面临着三大战略任务。

一是昭通市应积极争取区域联动战略，加强与周边城市经济圈的互动融合。要着力加强与以昆明市为核心的滇中城镇群相对接，积极接受昆明中心城市经济辐射，在承接产业梯度转移的机遇中寻找契机，争取重点项目和大型企业的入驻。同时，以水富县为主要门户，积极融入长江经济带，与宜宾市等港口城市协同发展，主动承接成渝经济圈辐射。另外，随着未来成都—贵阳客运专线（经镇雄县、威信县）的建设开通，将镇雄县建设成为对接毕节市和贵州省、引领市域东部发展的市域副中心城市，加强与贵阳经济圈的联系。

二是在区域发展背景下，合理地确定不同城市的主要职能。根据产业基础和在本区域承担的职能，把昭通中心城区（含昭阳片区、鲁甸片区）、水富县城、镇雄县城、巧家县城、彝良县城、盐津县城、永善县城、绥江县城、大关县城、威信县城发展成为综合型城市（表 10-5），把北闸、洛泽河、龙街、老店、大寨、莲峰、南岸、赤水源、罗坎、牛场、麟凤建设成为工业型城镇，把豆沙、小草坝、木杆建设成为旅游型城镇，把靖安、龙树、普洱、天星、蒙姑、牛街、黄华、细沙、芒部、泼机、旧城建设成为商贸型城镇，把以勒、龙头山、盘河、洒渔、黄华、药山等建设成为农业服务型城镇。

表 10-5　昭通市规划城镇职能结构（2030 年）

城镇名称	城镇职能
昭鲁中心城区	云南省重要的工业基地，集商贸集散、生态旅游为一体的滇东北经济中心城市，南北大通道的综合枢纽，具有浓郁本土风情文化的生态城市
水富县城	昭通市次中心城市，国家水电基地和云南省重要的化工基地之一，川滇交界地区重要的交通枢纽，以商贸旅游业为主体的现代化滨江小城市
镇雄县城	为昭通市次中心城市，滇东北集商贸重工为一体的现代化生态城市
巧家县城	以发展旅游、生物制药为主的湖滨旅游山地园林生态城市
永善县城	中国大型水电能源基地之一，川滇两省边区商贸重镇和山水园林生态型城市
彝良县城	以发展能源冶金化工为支柱产业，旅游业为特色产业的山水园林城市
威信县城	以旅游业、绿色农产品加工业、煤炭能源服务业为主，具有红色历史文化底蕴的省级历史文化名城
盐津县城	以旅游业、新型工业和绿色产业为主导业，以丰富而神秘的古滇川文化为特色的生态峡谷城市
绥江县城	以山水结合为特色的湖滨生态园林和旅游城市
大关县城	黄连河生态旅游休闲服务基地

三是以组团式园区建设为依托，加快产城融合发展。受到建设用地条件的限制，昭通市的工业园区应该采取"一园多区"的空间布局模式（图10-2）。基于以上考虑，未来发展城镇布局过程中除了按照中心地理论布局之外，特别是中心城市布局和整个城镇体系布局中还应强调以下3个方面：①城镇化与工业化要互动发展。针对工业化分散布局、产业区位与城市区位不耦合的特征，应采用"生产在园区、居住在城镇"的城镇化模式，在若干园区集中地区合理布局中心城市，而小城镇在规划建设初期就应统筹考虑在园区周边进行合理布局。②城镇化与农业现代化协同发展。山地丘陵地区城镇化是调整地区经济结构、转变发展方式、解决农村剩余劳动力的重要途径，这一过程中应注重发挥加工型、物流配送型、生产服务型企业对农业基地建设、农户龙头企业发展的拉动、辐射作用，构建以城镇为中心，以周边农业基地和农业企业繁荣为节点的发展模式。③城镇化与服务型产业协同发展。采用"高端服务功能相对集聚、便民服务功能相对均衡"相兼顾的布局模式，推进地区城镇化与基本公共服务业协调发展，有利于改善贫困山区人民生活条件，加快地区和谐社会建设。

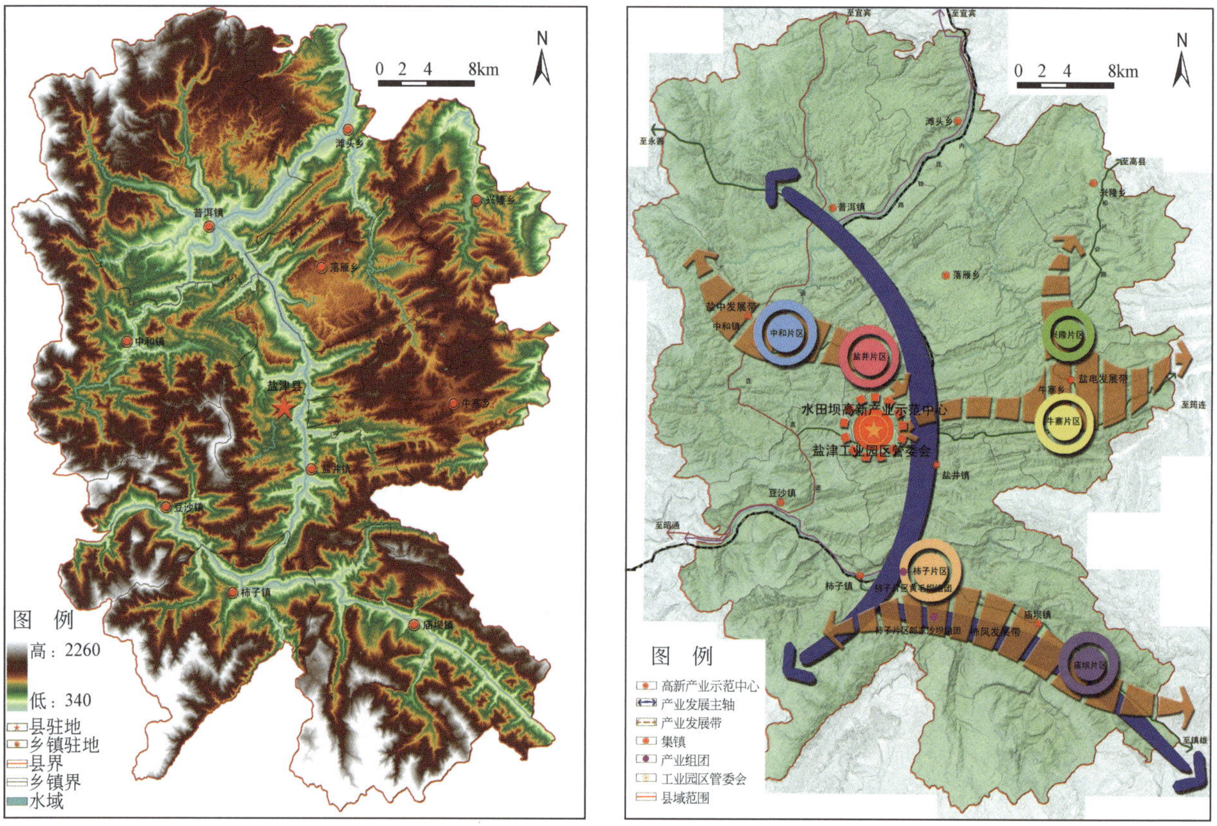

(a)盐津县高程图　　　　　　(b)盐津县工业园区空间分布图

图10-2　盐津县高程图和工业园区空间分布图

资料来源：盐津工业园区概念性总体规划（2006-2020）。

5. 规模报酬与点—轴发展格局

受自然条件限制，昭通市城镇呈集聚型分布。城镇分布主要有三种指向：平坝内集聚、沿路分布和沿江分布。

一是平坝内集聚。昭通市的崇山峻岭之中，镶嵌着许多山间盆地（坝子），主要的城镇即分布其中。

二是沿路分布。GZ40线纵贯昭通市南北全境，是昭通市北上川渝、南下昆明的主要通道，沿线分布有鲁甸县城、永丰镇、昭阳区、大关县城、玉碗镇、吉利镇、盐津县城、普洱镇、豆沙镇、水富县城十个城镇。巧威公路横贯昭通市东西，是昭通市重要的经济干线，沿线分布有巧家县城、药山镇、鲁甸县城、永丰镇、昭阳区、北闸镇、洛泽河镇、牛场镇、五德镇、镇雄县城、赤水源镇、芒部镇、雨河镇、威信县城十四个城镇。

三是沿江分布。昭通市境内的最主要河流是金沙江，沿江分布有县城四座，巧家县、永善县、绥江县和水富县；城镇七座，大寨镇、大兴镇、桧溪镇、黄华镇、南岸镇、新滩镇和会仪镇；以及一批相对比较发达的乡集镇。境内另一条主要河流横江（上游称洒渔河，中段称关河），沿江分布有县城三座，大关县、盐津县和水富县；城镇三座，吉利镇、豆沙镇和普洱镇；以及一批相对比较发达的乡集镇。

区域发展空间结构的演化呈现出增长极—点轴系统—网络系统的演化规律。在规模报酬的驱动下，经济要素总是倾向于在交通方便、资源富集、消费市场等发展条件较好的区位集中，呈斑点状分布。这种经济中心既可称为区域增长极，也是点轴开发模式的点。随着经济的发展，经济中心逐渐增加，点与点之间，由于生产要素交换需要交通线路以及动力供应线、水源供应线等，相互连接起来就是轴线。这种轴线首先是为区域增长极服务的，但轴线一经形成，对人口、产业也具有吸引力，吸引人口、产业向轴线两侧集聚，并产生新的增长点。点轴贯通，就形成点轴系统。因此，点轴开发可以理解为从发达区域大大小小的经济中心（点）沿交通线路向不发达区域纵深地发展推移。

目前，昭通市正处于城镇化的初级阶段，县域城镇规模普遍偏小。2010 年昭阳区人口为 24.53 万人，10 个县城中只有镇雄、永善、巧家 3 个县城的人口超过 5 万人，其余县城的城市人口均在 1.5 万～5 万人，多数建制镇的镇区人口均不足 1 万人，大多数城镇的人口数量小于 5000 人。除少数城镇有大型厂矿，或处于交通要道外，一般城镇多是在集市贸易的基础上形成，仅有的工业多以农副产品、农作物加工和地方矿产资源粗加工为主，还未形成城镇体系。

根据区域经济发展的客观规律，依照昭通市域市场发育程度、交通网络、城镇综合辐射能力的分析，确定城镇布局采用点轴模式。近期着力培育一级重点开发轴。以 GZ40 线和内昆铁路为主轴，以昭阳、水富省级工业园区为两极带动，以沿线鲁甸、昭阳、彝良、大关、盐津、水富等增长点为支撑，重点发展中小水电、矿冶、化工、载能、建筑建材、生物资源创新、文化旅游、农特产品加工、烟草及配套产业等产业，建设成为昭通市生产力布局的主框架和人口城镇化的主要空间载体。

特别是要加快昭鲁一体化进程，尽快吸纳地震灾区超载人口。鲁甸地震灾后恢复重建和可持续发展，近期难点在山区，长远出路在坝区。昭鲁坝面积为 524.76 平方公里，坝区发展对引导灾民异地重建、实现扶贫攻坚任务、促进云南省区域协调发展具有战略意义。可考虑在昭通市区和鲁甸县城之间，建设两个产城融合园区：位于鲁甸工业园区以核桃、花椒等农副产品深加工产业链为特色的产城融合区，以及位于鲁甸县城和昭通市区之间以高耗能产业链为主导的昭鲁一体化产城融合区。可在进一步开展园区选址论证、产业方向论证、产城融合模式论证，以及昭鲁一体化总体发展战略论证的基础上，通过吸纳灾民就业、引导异地安置，缓解鲁甸地震灾区资源环境严重超载的矛盾，促进区域工业化和城镇化协同发展。这两个产城融合区不仅是长期吸纳灾区超载人口容量的主要载体，也是推进灾后恢复重建，走新型城镇化和扶贫综合开发道路，打造滇东北城市群中心城市的重要增长极。

中期结合巧威公路的建设，重点开发建设巧威公路沿线城镇发展轴带。把昭通中心城市、水富县、镇雄县和巧家县的开发建设作为增长点，加以重点开发建设。把水富县和镇雄县分别建设成为昭通市北部和东部经济片区的经济、文化、信息、交通和物资集散、加工中心和市域次中心城市。同时重点建设 8 个县城和 66 个小城镇，形成 GZ40 线和内昆铁路、巧威公路三个区域经济发展轴。

远期随着一、二、三级城镇发展主轴，特别是随着沿江公路沿线城镇的不断发展，市域城镇体系空间结构将由现在的弱核单心体系结构向强核三心体系结构发展，最终形成发育比较完善的点轴开发形态。

第二节　交通和能源基础设施建设

交通基础设施建设滞后成为制约昭通市经济社会发展的主要瓶颈，并在一定程度上加剧了农村能源以生物质能为主的消耗结构，从而使得昭通市的人口城镇化、生态屏障建设和区域可持续发展面临着巨大压力。交通基础设施建设是人口空间布局优化和生态环境建设的重要支撑体系，是昭通市可持续发展的基本保障。

1. 昭通市基础设施存在的突出问题分析

良好的交通基础设施可以更好地促进稀缺资源的优化配置，有利于吸引人口合理集聚，可以缓解大范围区域尤其是山区的人口和环境压力，对生态环境保障具有积极作用。昭通市生态环境本底脆弱，生态承载力低，交通基础设施尚未对生态环境保护形成良好的支撑系统，交通—经济—生态之间的矛盾非常突出。

（1）公路基础设施建设存在巨大缺口，不足以支撑区域空间格局的优化

公路网络技术等级低、路网结构不完善，难以适应经济社会快速发展的要求。一是路网技术等级低，结构不合理。按行政等级分，村道、乡道和县道分别占到了公路总里程的11%、48.6%和22.9%，国道和省道仅分别占2.8%和9.5%；按技术等级分，四级公路及等外公路占到了公路总里程的92.6%，二级和三级公路仅占总里程的6.6%，高速公路占0.8%。特别是农村公路畅通性差，其中有相当一部分道路为低级路面甚至无路面公路。二是骨干公路网尚未形成，不利于支持高效空间结构的形成。根据昭通市区域流量的调查，发现区域内的交通流量主要以昭阳区为中心，通往周围县城（图10-3）。但昭通市现有的公路交通还未形成匹配的路网结构，满足不了中心城市与县域之间人流和物流的联系需要；由于缺乏骨架交通轴线，对农村人口分布也没有起到集聚的功能，不能改变人口分布分散的局面，造成小城镇规模小。三是交通基础设施标准低。由于道路施工难度大、路况差、抗灾能力弱，加之部分国道路段交通量超过设计通过能力，造成路网服务水平严重滞后。

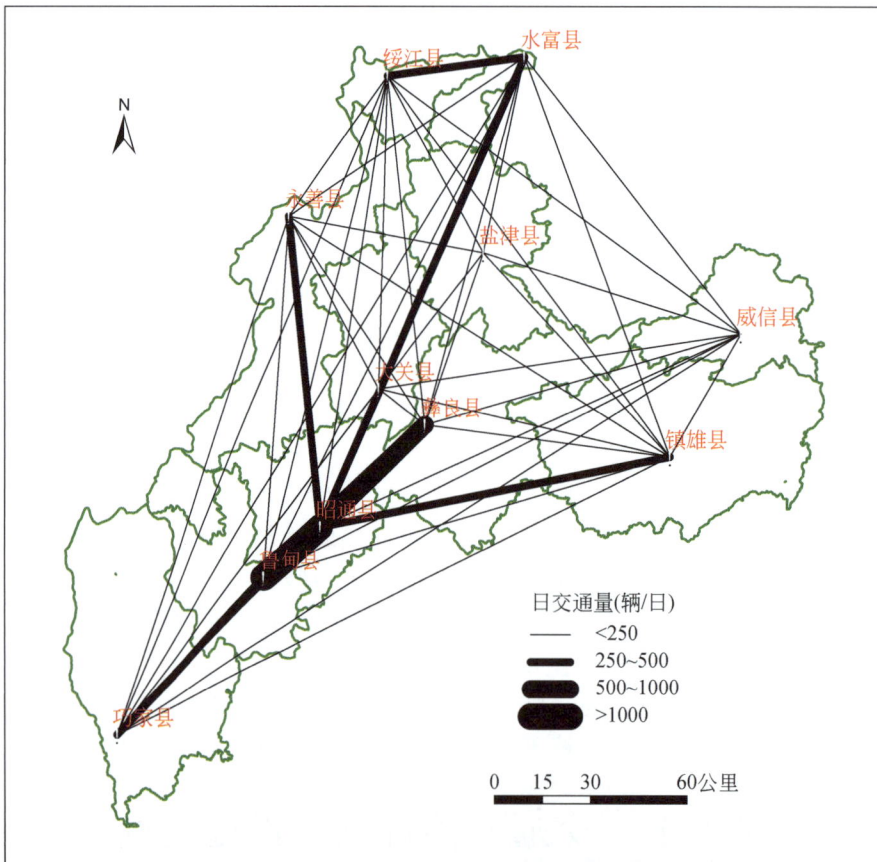

图 10-3　昭通市县际交通流量分布图

数据为 2004 年 7 月 16 日早晨 7：00 至 17 日早晨 7：00，昭通市交通局在全市范围内组织的公路交通起终点调查（OD 调查）和椴木交通量观测

（2）铁路、水运等基础设施发展缓慢，综合交通优势还没有得到充分发挥

由于地形及自然条件的限制，昭通市的客货交通运输均以公路为主，铁路运输量相对较小，水运和航空运输量比重很小。一是铁路运输发展相对滞后。直到 2002 年由于内昆铁路的修通，才结束了昭通市没有铁路的历史。内昆铁路在昭通市境内为 238 公里，共设 23 个车站，开通了成都、重庆、昆明等地的客货列车。但由于客货站场容量小，公路、桥梁等设施不配套，客货运输所占交通运输总量不大，不能很好地满足全市经济社会发展对铁路运输的需求。二是水运优势没有得到很好的发挥。昭通市内河航运在云南省航运中处于重要地位，其内河航运里程、港口码头客运吞吐能力均排列全省第 2 位，货物吞吐能力排列全省第 1 位，但由于航道整治、港口码头设施滞后，昭通市内河航运作为云南省直接进入长江流域内河航运的通道，还没有显示出应有的交通枢纽地位和对内开放的区位优势。三是民航发展和经济社会需求存在差距。昭通市机场复航以来，对加快昭通市经济社会发展，提升昭通市对外开放形象起到了重要作用，但由于航线单一，航班较少，其作用也未得到充分发挥。尤其是公路、铁路、水运、航空综合交通联运体系建设有待加强。

（3）农村清洁能源体系建设滞后，对生态屏障建设造成巨大胁迫

虽然煤炭资源丰富，但分布极不均衡，加之交通不便，全市仍有 35 万户农户使用薪柴和秸秆作为燃料，他们主要分布在昭通市南部的昭阳区、鲁甸县、巧家县，以及永善县南部的高寒地区、高二半山区和江边河谷区的无炭区域。薪柴的过量采伐和以燃柴为主的农村生活能源结构，仍然是生态环境恶化难于逆转的主要原因。目前，全市年均消耗柴草折合木材 103 万立方米，相当于 20 万亩中幼林蓄积量，对森林资源构成严重威胁。2001 年，昭通市实行煤炭规模化开采，下令关闭了小煤窑，煤价上涨，农村用能向使用木柴方向转移，使全市 2002 年的农村柴草消耗量合计到近 150 万立方米木材，相当于消耗 32 万亩中幼林的森林蓄积量，这对昭通市的退耕还林、天保工程等生态建设工程的成果造成了巨大的威胁。

2. 基础设施建设的国家政策导向和昭通市战略选择

（1）国家宏观政策导向为西部基础设施建设提供机遇

西部大开发战略的实施为西部地区公路的大发展创造了一次难得的历史机遇，国家实施了一系列的若干政策支持，包括资金扶持政策，优先安排建设项目，加大财政转移支付力度，加大金融信贷支持。一是增加国家财政资金投入。西部大开发实施以来，国家财政逐年加大了对西部地区基础设施建设投资和生态环境建设的投资力度。其中，交通部对西部地区采取了投资倾斜政策，西部地区重点项目投资标准平均提高 30% ~ 40%。二是优先安排建设项目。水利、交通、能源等基础设施，优势资源开发与利用，有特色的高新技术及军转民技术产业化项目，国家将优先在西部地区布局。三是加大金融信贷支持。国家支持银行根据商业信贷的自主原则，加大对西部地区基础设施建设的信贷投入，重点支持铁路、主干线公路等基础设施项目建设。并且为吸引国内外投资参与西部地区的基础设施建设，国家采取更为灵活的税收、投融资政策。

随着社会对"三农"问题及贫困地区的高度重视，我国政府在确定国民收入分配格局、制定重大经济决策时把发展农村经济摆在优先位置，加大对农村的扶持力度，制定相关优惠政策，为农村基础设施建设创造了良好的政策环境。一是加强农村基础设施建设的财政政策。中央和地方将逐渐加大对农村基础设施的财政支持力度，在资金上提供保障。特别是国家扶贫投入力度的加大以及扶贫开发政策的继续实施将进一步加快贫困地区农村公路和生活能源的建设，为贫困地区农村公路和农村能源的发展提供资金和政策上的保障。二是逐渐完善农村公路发展、能源建设的法规环境。近年来，中央及地方部门相继制定和出台了一系列相关法规、条例，如《中华人民共和国公路法》、《关于加快农村公路发展若干意见》、《中华人民共和国可再生能源法》、《农村公路规划指导性意见》和《县际及农村公路改造工程实施以及》等关于农村基础设施发展相关的管理办法、政策和意见，这些相关的政策法规为地方农村公路和能源建设创造了条件。

（2）昭通市基础设施建设的战略重点

随着国家西部大开发的不断深入，国家对"三农"问题的日益关注，金沙江下游水电开发的启动，云南省建设国际大通道的加速，昭通市迎来了千载难逢的历史性发展机遇。在此大背景下，昭通市的基础设施建设更应该从实际出发，以可持续发展为前提，寻求基础设施建设—生态环境保护—经济社会三者之间的和谐发展。考虑到昭通市地形复杂、经济落后，以及生态环境建设任务艰巨的实际情况，昭通市的基础设施建设定位为"以公路建设为重点，加强农村沼气等可再生能源建设"，基础设施建设的过程中应结合生态屏障建设和扶贫工作，以达到改善交通运输条件，促进经济发展，提高农民生活质量的目标。

一是以交通基础设施建设为依托，促进经济发展。昭通市在今后相当长的一段时间内，都需加强对外运输通道以及区内公路骨架网建设，提高路网等级质量，加强农村"经济路"和"出口路"公路建设，逐步消除经济发展的瓶颈制约，促进当地资源合理、充分的利用，发展商品经济，尽快脱贫。

二是发展农村能源，保障生态环境建设成果。农村能源问题的解决，对生态环境建设成果的保障有重要作用。昭通市贫困人口多，且居住分散，农村能源主要来源于生物质能，森林砍伐现象严重，对生态环境造成严重威胁。因此，要保障生态环境建设的成果，必须加快建设清洁农村能源，特别是开发利用沼气等可再生能源。

3. 综合交通运输网络建设研究

（1）构建以公路为主的交通运输网络

随着经济的发展以及生态屏障建设、扶贫的需求，昭通市对交通运输的需求将保持持续增长的态势。根据昭通市城市发展的布局，未来交通建设的方向以公路建设为重点，提高路网等级，建设对外通道，形成以昭通市为中心的交通运输网络系统，为区域经济发展和生态环境建设提供良好的环境。一是发挥滇东北地区桥头堡的区位优势，加强对外通道建设。形成以昭通为中心东向遵义、贵阳，东北向宜宾、重庆，西北向乐山、成都，西向西昌、攀枝花，南向曲靖、昆明的便捷连接相邻周边地级市和州首府的公路交通网络，加强昭通市与周边地区的联系。二是引导经济空间配置格局，加强核心辐射型公路网络建设。在市域范围内形成完善的高等级公路网络结构，基本形成市域中心城区、县城、主要乡镇、主要景区、主要资源开发区逐级连接的快速网络，使全市居民能够享受高效、安全、快捷的公路运输服务（表10-6）。

（2）实现各种运输方式优势互补

推动综合交通运输体系建设，实现各种运输方式之间的有机衔接。在铁路建设方面，完成内昆铁路昭通站扩能改造，完成成贵客运专线铁路建成投入运营，加快渝昆铁路、隆黄铁路、昭攀丽铁路昭通段建设。在水运建设方面，完成水富港后续扩建和水富至宜宾3级航道整治；建成水富港与铁路、公路、相衔接的对外交通、场站、仓库等设施；协调完成绥江港复建。在航空建设方面，加快昭通机场迁建并投入运营。争取开通成都、重庆、贵阳、北京、上海、广州等城市航线，尽快启动镇雄、巧家、永善、彝良、威信等通用航空项目建设工作。

（3）积极建设人口、经济要素流动通道

交通通道建设要和未来人口分布格局相吻合，引导人口、产业沿交通轴线集聚。昭通市人口过多已成为经济发展的制约因素和生态环境破坏的重要因素，而地形破碎、平地零散而狭小限制着人类活动和产业的聚集。目前，昭通市未解决温饱的贫困人口，大部分居住在高寒山区、干热河谷地区和少数民族聚居区，如果单凭改善这些地区的交通建设来脱贫，必须付出数倍于其他地区的人力、物力和财力。因此，为了保障生态建设的成果，昭通市应该适当通过交通基础设施建设来引导人口、产业向生产环境较好的河谷地带、平地以及流域沿岸、重点城镇集聚，这些地区经济较为发达，生态环境问题也比较突出，交通建设应很好地和经济、生态建设结合起来考虑。同时，对不适宜修路或修路成本过高的高寒地区，实行人口迁移政策，以此来解决这些地区的贫困问题。

（4）积极建设旅游通道

交通通道建设还要和旅游资源的开发相结合，积极建设旅游通道。昭通市复杂的自然地理条件和特殊的地形地貌环境，形成了特色鲜明的风景旅游资源，已有的省级以上级别的旅游资源有：威信县革命遗址、自然景观片区，大关县黄连河风景名胜区盐津豆沙关风景名胜区，此外还有很多尚未开发完全的旅游资源。交通是旅游业发展的动脉和支柱，昭通市的对内和对外交通条件都比较差，成为限制旅游业进一步发展的主要障碍。因此，配合昆明—昭阳—大关—盐津—水富—宜宾、昆明—昭阳—彝良—镇雄—威信—宜宾和泸州等主要旅游线路，改造和修建配套的交通干线是昭通市旅游业大发展的基础条件。

（5）提升县乡道路及乡村公路的发展质量

继续加大农村公路投资，改善农村公路质量，下大力气解决贫困地方交通瓶颈制约。一是优化农村路网布局。努力提高市到县、县到乡的公路通达率，打通连接昭通市域内的所有节点以及节点与干线公路之间的通道以及其他乡村公路，强化 11 个区县与各自乡镇之间的纽带联系，形成以县道为区域骨干、乡村公路干支相连、布局合理的农村公路网。二是提高农村路网的质量。适应全面建设小康社会的总体要求，以建制村通沥青（水泥）路为农村公路建设重点，启动自然村通达建设，同时进行危桥改造和桥梁建设，提高晴雨通过率，提高路网密度和技术等级，使农民群众出行更便捷、更安全、更舒适。

表 10-6　昭通市公路网络建设重点

类型	序列	名称	职能
五纵	一纵	渝昆高速公路	昭通市北上川渝、南下昆明的主要通道，也是人口经济主要集聚地带
	二纵	向家坝至蒙姑沿金沙江公路	连接昭通市沿金沙江西部城镇发展区的交通通道和旅游通道
	三纵	绥江至二龙关公路	绥江、盐津、彝良、镇雄 4 个资源重点开发县连接线和能源运输通道
	四纵	永善至昭阳公路	昭通市北上川渝的主要通道
	五纵	宜宾至毕节高速公路	威信、镇雄两个人口和资源大县南北向的主要对外通道
四横	一横	都匀至西昌高速公路	攀西—六盘水经济开发区交通大通道
	二横	金塘至双河公路	昭通市出省至贵州、重庆的重要通道，也是重要的旅游通道
	三横	河口至叙永公路	串联永善、大关、彝良、威信 4 个县的连接通道，也是重要的旅游通道
	四横	永善至电流坡公路	连接国道 G213、G85 国家高速公路至四川宜宾筠连的通道

4. 因地制宜加强农村清洁能源体系建设

（1）探索适合昭通市的农村能源发展模式

根据各种能源的特点以及"因地制宜，多能互补，综合利用，讲求效益"的思路，昭通市农村能源建设的总体战略应为优先发展沼气能源，鼓励发展太阳能等其他可再生能源，适当推广节柴灶和节煤炉，建立薪炭林培植基地，遵循长大于消的原则，适当进行合理的砍伐。根据各地的资源、环境、交通等情况，昭通市的农村能源建设可分为 3 种开发模式。

一是以沼气为主，用煤为辅。对境内适合沼气池的地方，建沼气池解决能源问题。这些地区主要是海拔比较低（一般在 2000 米以下）、生态环境脆弱的地区，主要分布在江边干热河谷地区、高二半山区和二半山区，以及主要交通干道沿线、江河流域沿岸以及经济较发达的昭鲁坝等地区，这些地区是昭通市主要的经济作物和粮食作物区，沼气原材料较为丰富，同时海拔较低，沼气的可利用时间较长。

二是以煤为主，烧柴为辅。对境内海拔高不适宜建沼气的地方或煤炭资源丰富且交通方便的地方，进行节能改灶，推广节煤炉。例如，镇雄县、威信县等境内煤炭资源丰富，在交通便利而又不适宜沼气建设的地方，可以采取以煤为主的能源结构。

三是以柴为主，以煤为辅。对境内高海拔、交通极不便的贫困地区，进行节柴改灶，推广节柴灶。主要是在海拔高于 2000 米的高寒地区，这些地区不利于沼气池的建设，同时交通不便，煤炭资源较少或不利于开采，可以配合薪炭林的培植，燃料以柴为主。

（2）全面推进农村沼气能源建设

昭通市沼气池建设应以适宜区域为重点逐步展开。先期重点放在213国道线、昆水公路沿线、巧威公路沿线的第一面山、省级重点扶贫村、天保工程实施区、江河流域沿岸、溪洛渡电站周边、经济较发达区域。后期再在全市农村进行大面积沼气池的建设。通过沼气建设项目的实施，使全市80%的山区农户用上沼气，并带动农村畜牧业、种植业的发展，增加农民收入，保护生态环境。

第一，生态效益分析与评价。沼气作为农村生活燃料，其直接的功能就是节柴。一个8立方米的沼气池可年产沼气400立方米，基本可满足一个4~5口农家的炊事和照明用能需要，等于年保护3~4亩森林资源，同时为农户提供27.3吨农家肥，年可节约薪柴2.5吨。按每户沼气池每年减少消耗木材2立方米计算，2015~2020年建设项目实施后产生的生态效益如表10-7所示。从表中可以看出从2020年开始，每年减少消耗木材可达140.0万立方米。相当于每年保护29.8万亩中幼林，按每亩森林蓄水20立方米计算，年蓄水功能达595.7万立方米。因此，沼气建设可以减少森林砍伐，降低森林资源消耗，从而使水土流失得到有效控制，为退耕还林、还草起到保障作用，为节约能源、保护环境、改善生态起到积极的推动作用。

表10-7　昭通市70万户沼气建设生态效益测算

年份	2015	2016	2017	2018	2019	2020
数量（万户）	50.0	54.0	58.0	62.0	66.0	70.0
减少木材消耗量（亿元）	100.0	108.0	116.0	124.0	132.0	140.0
折算成中幼林面积（万立方米）	21.3	23.0	24.7	26.4	28.1	29.8
年蓄水功能（万吨）	425.5	459.6	493.6	527.7	561.7	595.7

注：①减少木材消耗按每户沼气池每年节约木材2立方米计算；②中幼林蓄积量按每亩中幼林4.7立方米蓄积量计算；③蓄水功能按每亩中幼林蓄水20立方米计算。

第二，经济效益分析与评价。建一口8立方米的沼气池，在昭通市的平均投资为1500元左右。其经济回报是：每天可节约平均劳动力0.17人，按每个劳动力年均创收2000元折算，年产生经济效益340元；沼气用户户均年增加养猪1.5头，折算纯收入220元；年平均每户节约薪柴或煤炭支出达500元。就以上几项，每口沼气池每年为农户增加经济收入达1060元。如果按每户农村家庭4.5人计算，则受益区平均每个农村人口通过沼气建设每年直接增加收入235.5元。全市可增加收入如表10-8所示，从表中可以看出，到2020年，该项目建设将年均增加农村经济总收入稳定在7.42亿元，可使70万户农户，300万农村人口受益。

表10-8　昭通市70万户沼气建设经济效益测算

年份	2015	2016	2017	2018	2019	2020
数量（万户）	50.00	54.00	58.00	62.00	66.00	70.00
每年增加经济效益（亿元）	5.30	5.72	6.15	6.57	7.00	7.42

注：表中的经济效益为沼气建设后的经济效益，没有去除前期建设成本。

第三，社会效益分析与评价。通过建沼气使用清洁能源，减少因烧柴产生的烟尘对周围环境和大气的污染，将改变农村家庭的环境和卫生状况；沼气无害化处理，使苍蝇、蚊虫明显减少，将减少疾病的发生。据测定：单级沼气池发酵后，能消灭人畜寄生虫卵达90.6%，消灭细菌达99.6%，消灭大肠杆菌达99.9%。农村妇女减轻了劳动强度不再为薪柴劳作，从烟熏火燎中解脱出来，从事其他经济活动，通过学习沼气发酵工艺，灶具点火原理和使用管理等相关知识，将提高农民的科技意识和技术水平。因此，沼气建设既将改善农村卫生条件，提高农民健康水平，又将节省农民砍柴工日，减轻农村妇女的劳动强度，改善农民的生活质量。

第三节　扶持贫困人口发展

昭通市是我国贫困程度较深的贫困区，全市 11 个区县除水富县之外，其余 10 个区县全部属于国家级贫困县，贫困问题是昭通市目前的主要问题。因此，在大力推进城镇化、推动农村人口向城市转移的过程中，如何解决昭通市贫困人口的脱贫问题，也是目前急需解决的重要问题。

1. 贫困状况与特殊困难

（1）贫困人口规模大、程度深

昭通市 10 区县均属国家重点扶持县和乌蒙山昭通片区特困县，其中威信、镇雄、彝良三县是土地革命战争时期的革命老区县。2010 年，农民人均纯收入 2745 元，仅相当于全国平均水平的 46.36%，全省的 69.46%；按照 1196 元的标准统计，还有贫困人口 139.83 万人，贫困发生率为 30.39%（以乡村户籍人口为基数计算），比全国高 30 个百分点；按照 2300 元的新标准，经 25 个监测点监测情况推算，贫困人口有 298.55 万人（表 10-9），贫困发生率为 34.53%。10 区县还有 5.2 万户贫困群众居住茅草房，有近 30 万人生活在丧失基本生存条件的地方，有工程移民需异地搬迁人口近 20 万人。2014 年鲁甸地震对 8105 户近 35000 人的生计产生了极大的影响，增加了受灾居民陷入贫困的风险。解决受灾人口发展问题困难更大，成本更高。

表 10-9　昭通市各区县贫困人口规模（2010 年）

地区	贫困人口（万人）		农村居民人均收入（元）	地区	贫困人口（万人）		农村居民人均收入（元）
	年收入 2300 元以下的贫困人口	年收入 1196 元以下的贫困人口			年收入 2300 元以下的贫困人口	年收入 1196 元以下的贫困人口	
昭阳区	26.30	20.10	3226	永善县	34.50	26.10	2723
鲁甸县	28.97	21.10	2572	绥江县	8.49	6.40	2911
巧家县	8.20	8.23	2745	镇雄县	120.00	54.30*	2482
盐津县	12.40	12.14	2730	彝良县	30.19	12.20	2650
大关县	20.50	9.56	2600	威信县	28.94	11.70	2818
水富县	15.06	12.30	3318	昭通市	309.00	174.94	2745

*镇雄县贫困人口按照 1274 元标准线计算。

昭通市目前有 112 万不稳定解决温饱的贫困人口，这部分人群仅能维持家庭简单再生产，获取满足衣食住行等人类基本生存需要的最低收入，处于解决温饱但还不稳定的状态。由于昭通市农业基础薄弱，易涝易旱面积较大，农业抵御自然灾害的能力较低，农业生产系统容易受到霜冻、冰雹、洪涝、干旱、山体滑坡等自然灾害的破坏，所以低收入人群的返贫率较高。另外，由于农户经济实力差、卫生服务系统建设滞后、农户基础卫生知识缺乏、人畜共居的传统生活方式仍占主导地位等因素共同作用，使广大贫困地区农户常因生病就医、孩子上学读书等因素造成返贫。

（2）稳定脱贫具有极大的依赖性

昭通市作为云南省重点扶持攻坚地区，要基本实现解决温饱的目标，对各类投入的需求较大。按照国内外有关材料所提供的"解决 1 个贫困人口的温饱，需要直接投入种植、养殖的资金 1500 元"的标准，解决昭通市 175 万贫困人口的温饱需要投入资金 26.25 亿元。昭通市各区县社会事业的欠账较大，教育、医疗、卫生、计生、文化体育、广播电视等社会事业总体水平仍然落后，公共服务与民生需求还有较大差距，与人们物质文化生活和切身利益密切相关的教育、医疗、就业、分配、文体设施等方面还存在许多薄弱环节等。但是昭通市各区县财政基本处于入不敷出的状态。例如，水富县 2010 年实现地方财政一般预算收入 1.59 亿元，比上年增长 24.7%；地方一般预算支出 5.67 亿元，比上年增长 48.6%。昭通市各区县长期靠国家财政补贴过日子，为典型的"要饭"财政。昭通市贫困现状的根本改变，脱贫目标的实现，仅靠自身难以完成，必须得到广泛的外界支持。

2. 区域性贫困的成因分析

（1）恶劣的自然环境和超载的人口容量是昭通市大面积贫困的基本原因

昭通市处于云贵高原向四川盆地逐步过渡的倾斜地段，地形以山地为主。全市山地占总面积的96.6%，坝子仅占3.4%。昭通市地跨金沙江下游、长江上游和乌江三大水系，属于金沙江—长江流域。区域牛栏江、大关河、横江等393条河流呈西南-东北高原羽状水系向金沙江、长江倾泻。山地与河谷间高差悬殊，地形起伏，形成垂直型地带变化明显的立体地形。最高峰为南部巧家县药山，海拔4040米，最低为北部水富县滚坎坝267米，相对高差3773米。按照水平距离计算，药山至金沙江17.3公里，高差3400米；药山至牛栏江12公里，高差3300米。这种重力地貌形态导致坡耕地成为本区耕地的主体，坡耕地的水土流失比较严重。自然条件恶劣，劳动生产率低下，是区域贫困的基本原因。

新中国成立初期，昭通市人口约176.86万人（1950年）；2012年，人口达到529.6万人，每平方公里的人口密度为227人；到2014年，人口达到592万人，每平方公里257人。而且劳动者的科技文化素质较低，观念陈旧。例如，绥江全县6.68万农村劳动力中，文盲和半文盲约占1/3，其余的2/3绝大多数仅有小学和初中文化水平。农户迫于生存压力，毁林开荒，陡坡耕种，致使水土流失加剧。据统计，全市水土流失面积和石漠化面积分别占全市国土面积的49%和23.3%。林草植被的破坏使水源涵养能力减弱，滑坡、泥石流、水土流失、旱涝等自然灾害年年发生。全市现有滑坡、泥石流、崩塌灾害点662处。人均耕地面积逐年减少，由1952年的2.60亩下降到2010年的0.72亩（图10-4）。超载的人口负荷，97%的山地实情，决定了400余万农业人口在恶劣的自然条件和生态环境重压下进行生产和生活，加大了脱贫的难度。

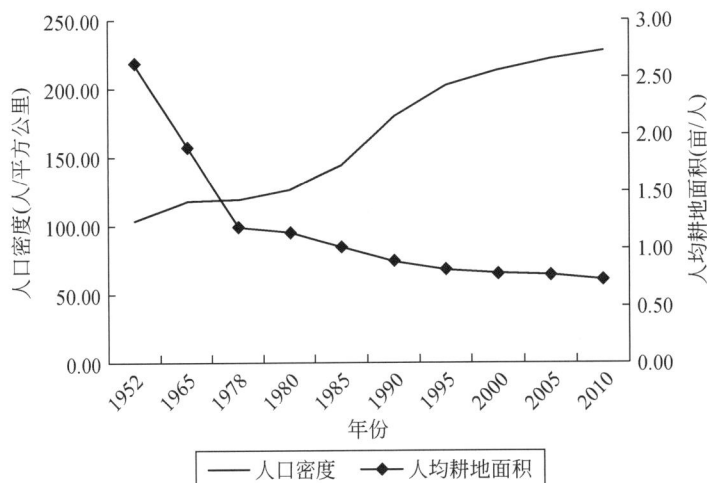

图10-4　人口密度与人均耕地面积的变化

（2）薄弱的基础设施严重制约了昭通市的经济发展和脱贫步伐

昭通市交通、水利、通信等基础设施落后状况并未得到根本改变。昭通市10区县内公路、水利、电力、通信设施落后。据统计，2014年在1177个行政村、20368个自然村中，有948个行政村是简易公路，有144924个自然村不通公路，分别占行政村和自然村总数的80.54%和71.18%；有3个行政村和7423个自然村不通电，不通电自然村占自然村总数36.44%；有10496个自然村不通电视，20115个自然村不通电话，分别占自然村总数的51.53%和98.76%；有效灌溉率仅为31.7%，低于全国16个百分点、全省7个百分点；水库库容仅5.8亿立方米，占全省的5.3%，人均水库库容仅114立方米，少于全国人均326立方米、全省180立方米；农村饮水不安全人口占总人口的46%，高于全国30个百分点、全省21个百分点；自来水普及率仅 26%，低于全省 19 个百分点。条件性贫困是区域贫困的重要组成部分。

城镇发育程度低，教育、文化、卫生、体育等方面软硬件建设滞后，城乡居民就业不充分。"十一五"期间人均教育支出 631 元，人均卫生支出 319 元。由于上述原因，昭通市劳动者素质低，素质性贫困相当突出。据统计，2014 年 10 区县农村劳动力文盲、半文盲率为 3%，人均受教育年限为 7 年，比全省平均值少 1 年；现有外出务工人员中文盲、半文盲占 4.3%，其中小学文化占 45.3%，初中文化占 43.4%，高中、中专文化占 6.3%，大专以上文化占 0.7%。中高级专业技术人员缺乏，科技对经济增长的贡献率低。外出务工的 100 多万人员中，从事脏、累、苦、险等工种的占 80% 以上，工作环境较差，收入普遍偏低。劳动力素质低下是造成贫困落后的重要原因。

（3）现代产业发展缓慢和市场体系不完善是昭通市贫困的直接原因

恶劣的自然条件和远离市场的封闭环境阻碍了昭通市产业经济的发展。昭通市经济仍然以烟草加工业和化学原料及化学制品制造业为支柱。2010 年昭通卷烟厂、云南云天化股份有限公司、侨通公司三大工业企业总产值占全社会工业总产值的 65.7%，占规模以上工业企业的 76%。特别地，县域经济的发展面临着更大的困难。县域经济产业化程度低，农村经济主要以一家一户分散经营为主体，且大多数以粮、猪型结构为主，缺少龙头企业带动，出售的多为初级产品，附加值低，农户收入来源单一，没有积累，自我发展和抵御自然灾害的能力弱，增收步伐缓慢。以绥江县为例，继 2000 年，按照省政府的要求，绥江卷烟厂政策性关闭后，绥江县唯一的支柱产业已不复存在，经济结构又恢复到农业占主导地位的阶段，而农业结构又由原来的粮、烟、畜三大支柱变为典型的传统粮猪结构。在绥江县现有的经济结构中，农业增加值约占国内生产总值的 50%。产业结构单一，加之市场体系不健全，交易手段落后，农民增收渠道狭窄，参与市场竞争的能力差，基本上无稳定的收入来源。

（4）水电站移民和地震灾害加剧了农户可持续生计建设的难度

昭通市地处国家西电东送的能源基地，中国长江三峡集团公司规划建设总装机达 3426 万千瓦的溪洛渡、向家坝、白鹤滩 3 座巨型水电站淹没影响区涉及全市 5 县 1 区 27 个乡镇，近 16 万移民需要搬迁安置，迁建资金缺口大。尽管移民迁建明显改善了库区交通、水利等基础设施，但库区产业的恢复和培植是不可能一蹴而就的，还需要较长的时期以及大量的项目、资金和政策支持，而目前的移民后期扶持政策难以满足数万移民，特别是城镇化安置移民就业、发展的需要。

2014 年地震灾害对农户生计资产产生了巨大的破坏。受堰塞湖和次生灾害影响，昭通市需异地搬迁安置 8105 户近 35000 人，异地安置以城镇化安置、园区就业安置、集中安置等形式为主，大部分灾区群众有意向到城镇安置。因灾区资源环境承载能力有限，地方政府在推进昭鲁一体化进程、灾区产业发展、工业园区和集中安置点配套基础设施建设等方面面临巨大困难，切实解决好 8105 户近 35000 人的异地搬迁安置和长远生计问题压力巨大。

3. 主要扶贫举措的效果及评价

（1）小额信贷

昭通市小额信贷从 1997 年开始试点。实践表明，小额信贷扶贫到户是解决贫困户温饱问题最直接、最有效的措施。小额信贷通过发挥小组之间的互帮、互督、互助作用，有效地解决了贫困户缺乏必要的投入，想开发的家庭经营项目难以启动的困难和问题；同时通过小额信贷逼着农民进入市场，使千家万户通过市场增强商品意识和促进自身的发展；通过因地制宜落实一家一户的经营骨干项目，为农村产业结构调整打下坚实的基础；还促进了农村的精神文明建设，通过党员干部包扶到户挂起钩来，进一步明确和增强了机关干部的帮扶责任，密切了党群、干群关系，取得了明显的经济和社会效益。小额信贷成为很受群众欢迎的开发式扶贫方式，还贷率达到 85% ~ 90%。

小额信贷的资金主要来自省财政周转金和农村信用社银行的扶贫贷款。小额信贷的发展主要面临 3 个问题。①小额扶贫贴息贷款资金供给不足，资金供需矛盾突出。目前，昭通市仅有农村信用社发放小额扶贫贴息贷款，资金供应渠道狭窄，总量不足。随着社会主义新农村建设的推进和农业产业结构调整，广大农民，尤其是贫困农户，迫切需要资金支持。小额扶贫贴息贷款资金在总量上存在着难以满足贫困农户所需的问题。②农户抗风险能力较弱，风险保障机制欠缺。昭通市的农业基本没有形成集约化、产业化经营，处在粗放式经营的自然经济时期，靠天吃饭的现象十分普遍，农民一旦遭遇天灾影响，导致收成减少，便会无法及时还贷，对提供小额扶贫信贷服务的金融机构造成冲击。③政府机构中缺少固定人员编制。昭通市缺乏领导和组织小额信贷的固定机构，各乡镇从事小额信贷的工作人员也以兼职偏多而专职偏少。这些工作人员没有多余的报酬，而且工作量很大，一天走几十里山路，只能收回几个贫困户的还款。农户小额信用贷款的具体工作量多和基层农村信用社人手少的矛盾，从一开始就显现出来。

（2）劳务输出

昭通市"人地矛盾"十分突出，农村隐性失业严重。工业化、城镇化和产业化发展滞后，不能吸纳更多的农村富余劳动力。劳务输出成为增加农民收入和促进区域人口、生态、环境可持续发展的重要手段。到2013年，全市已输出农村劳动力138万人，农民人均务工纯收入超过400元，极大地带动了农村经济的发展。劳务输出减轻了人口对耕地的巨大压力，按全年300天每人每天消费1斤①粮食计算，75万人外出打工可以节约粮食达4.14亿斤，确保了粮食安全。如果一个外出务工人员的收入连自己在内可以养活3个人，那么138万人在外打工就等于解决了近400万人的吃饭问题。在政府投入微乎其微的情况下，能够发挥这么大的社会效益，也是巨大的贡献。外出打工带动农村社会经济发展的例子很多，如盐津县关河边老黎山境内的水田村、镇雄县坪上乡河坝村竹林村民小组等。

昭通市的劳务输出工作还存在着许多困难和问题。①资金投入不足。昭通市自1996年实施世行贷款西南扶贫项目以来，每年投入劳务输出分项目的资金在900万元左右（含世行回补资金），2001年该项目实施结束后，就无任何资金来源。②劳动者缺乏技能。外出务工人员以男性青年劳动力为主，绝大部分从事临时性、短期性的重体力劳动，收入较低。在外出打工人员中从事脏、苦、累、险等工种的建筑建材、矿工冶炼等重体力劳务的占71.2%，从事家政、批发零售、餐饮服务的占22.5%，从事技术型的仅占6.3%。③管理服务滞后。农民外出就业通过政府组织方式转移的比重依然很小，不足全市外出务工人员的1/10；大部分外出务工人员是靠血缘、地缘、人缘关系转移或输出的，盲目性和无序性比重较大。由于信息不灵，管理服务跟不上，维权救助、跟踪监测不到位，外出务工人员的合法权益难以得到保障，上当受骗现象时有发生。

（3）异地搬迁

昭通全市需要采取各种方式进行搬迁的群众尚有51.86万人，其中居住在丧失基本生存条件地区，需实施易地扶贫搬迁32.84万人；居住在地裂、危岩、滑坡等地质灾害多发区，需防灾避灾搬迁8.17万人；居住在生态极脆弱区域，需生态移民10.85万人。尽快解决这部分群众脱贫致富问题，事关全面建成小康社会宏伟目标的如期实现。

异地搬迁项目存在的突出问题是补助标准偏低。按照现有易地扶贫搬迁政策，贫困农户搬迁补助标准为每人6000元，其中用于补助搬迁安居房建设，一般为每户2万元左右，按户均建房面积60~70平方米计算，资金缺口一般在4万元以上。扶贫安居工程户均补助1万元，贫困家庭要新建住房，需自筹资金比例更高。按照规定，生存条件最恶劣、贫困程度最深的群众应择优纳入扶持对象，在许多情况下，那些基本处于"一穷二白"的最贫困群体，由于家庭没有任何积蓄或可以变卖的财产，如果借贷无门，哪怕是自筹很少量的资金，都可能导致这部分群众对项目"望而却步"。

（4）世界银行贷款扶贫项目

世行贷款西南扶贫项目覆盖昭通市镇雄、彝良、巧家、永善、鲁甸、盐津、大关7县61乡镇17.5万户92.6万人，总投资7.7亿元。项目涉及教育、卫生、劳务输出、基础设施建设等七大类200多个子项目，是我国利用外资进行跨行业综合扶贫的首次尝试。西南扶贫项目取得了积极的成果，到1999年年底，

---

① 1斤=0.5千克。

西南项目村除个别村外，基本上实现了村村通的目标，同时拥有电话、能接收电视节目的村所占比重也有明显增加。在教育方面，1999 年各省的教学子项目基本接近尾声，新建扩建小学的活动基本停止，因而有小学的村所占的比重，学校危房面积比重保持不变，但教师合格率和学生入学率稳定增加。卫生所和村级保健人员不断增加，孕产妇卫生保健状况得到改善。

但是世行贷款扶贫项目也存在着很多的问题。

首先，国内配套资金没有足额到位，影响项目实施进度。在财务安排上，世行要求西南扶贫项目按照 1∶1 的原则提供国内配套资金，国内配套资金中中央承担 25%，项目省和地市承担 50%，项目县承担 25%（含投老折价）。但是事实上，中央政府和省政府没有把配套资金列入计划，而地市政府和县政府由于财政困难也没有资金来配套，所以世行贷款扶贫项目并没有充足的资金保障。例如，以工代赈项目，昭通市每公里的公路只有 2 万元的资金投入，而世行的标准是每公里 10 万元，所以项目的实施效果比较差。

其次，物资的国际、国内招标滞后，小型工程招标难以施行。《世界银行采购指南》规定：土建工程所需的钢材、作物种植和牲畜饲养所需的化肥和农药必须通过国际招标，水泥通过国内招标，乡镇第二、第三产业的设备也要国际、国内招标，否则即为不合格支付，世行不预办理提款报账。在工程项目实施的过程中，招标物资（如俄罗斯的化肥）不能及时到位，延缓了项目实施进度；乡镇企业子项目由于招标工作难以开展而使整个子项目的提款报账几乎处于停止阶段；小型的供电、供水工程实行国内招标，也因无法引起建筑商的兴趣而难以实施。

再次，项目前期准备工作不充分。世行贷款扶贫项目开始的比较仓促，很多具体项目的选择带有较大的盲目性，致使很多投资都以失败而告终。现在经济效益比较好的只剩下彝良县的小水电站和大关县的江盛达食品加工厂，其余的都被市场淘汰了。另外，干部和群众的思想也没有转变过来，世行贷款的财务制度没有得到足够的认识。世行贷款通过提款报账才能实现，即项目单位先垫付资金，待项目完成验收合格之后，填制项目提款申请书向世行提款报账。项目实施的头两年，由于项目管理人员操作不熟悉，规划不够落实，干部群众参与意识较差，进度慢，质量差，一直被世行检查团所关注。

最后，世行贷款客观上加大了贫困地区的财政负担。由于利用世行贷款兴办的企业经济效益不理想，尤其是贷款的相当一部分投入到了教育、卫生、农村基础设施，如小水窖等不直接产生经济效益的公共部门，所以造成很多投资无法收回。地方政府还贷的压力很大，有的地区干脆把世行的汇款留在财务里，转过去用作还贷。这样不仅不能改善地区贫困人口的生活条件，还承担了贷款的利息。实地调查表明，90% 的贫困户不愿意用世行的贷款。

4. 综合扶贫战略重点

（1）着眼于具有相对较好发展条件的地区和农户，加快特色产业的培育

一是推广扶贫到户的小额信贷，支持贫困农户发展生产。小额信贷将来的发展要解决这样几个问题。①运作载体和资金来源。由于农村信用社是昭通市覆盖面较高的金融机构，小额信贷的运作载体可以由农村信用社来承担。小额信贷的资金供给可以由国家的扶贫信贷资金承担，而不应由农村信用社自筹解决。②小额信贷的大规模开展需要国家的扶持。国家应该从每年的救灾款中拿出一部分来建立小额信贷的保险基金，减少信用社在小额信贷上的风险；还应该加强对农民的培训，使他们掌握一定的技术，并增强信用意识。③组织机构和工作经费。作为开发式扶贫的小额信贷是一项长期的工作，应该建立组织小额信贷工作的固定机构，并把这个机构纳入政府的行政编制。同时落实小额信贷工作站的运作经费，运作费用建议由国家的扶贫资金来解决和承担。④正确处理贷款利率。要让参与小额信贷的金融机构能赢利，这是这些金融机构愿意扩大并能持续提供小额信贷的根本保证。扶贫贷款执行统一优惠利率，优惠利率与基准利率之间的差额由中央财政据实补贴。

二是继续推进重点村"整村推进"工程。以 460 个重点扶持贫困村为基本单位，以村级扶贫规划为载体，以提高贫困人口综合素质和贫困村自我发展能力为主线，以稳定增加贫困群众收入为核心，以改

善基本生产生活条件、产业开发、剩余劳动力转移为重点，创新扶贫工作体系，整合财政扶贫资金、以工代赈资金和贷款扶贫资金集中投入，分批实现整村脱贫目标。在整村推进工程实施过程中，需要注意两点内容。①加强和提高贫困群众的参与性。在充分尊重扶贫主体的积极性、主动性和创造性的基础上，鼓励广大群众参与规划、管理和实施项目。②加强资金的管理。资金实行专户专储加审计和报账制，杜绝随意动用扶贫资金和资金使用错位挪用等现象。扶贫项目和资金要直接到村到户，使贫困村农民能够直接受益。

三是改善基础设施和生态环境建设。继续抓好贫困地区改土、治水、办电、通路、绿色工程的实施。把贫困地区公路建设纳入综合规划，加快改造，提高等级；围绕水资源的开发保护，抓好以蓄水改土为中心的农田基本建设，兴建"五小"水利工程，改善农业生产条件，增强抗御自然灾害的能力；加快农村电网改造，努力降低用电成本，提高农户用电率；实施退耕还林和天然林保护工程，发展以沼气为主的新能源，有效控制水土流失，努力改善生态环境。按照"一事一议"的原则，引导和组织农民自愿投工投劳参与建设。充分利用以工代赈、财政专项和其他渠道的资金，切实改变贫困地区基础设施落后的状况。

（2）着眼于丧失生存条件地区的贫困人口，加快实施异地搬迁

昭通市需要采取各种方式进行搬迁安置的贫困群众数量大，任务艰巨。国家、云南省应该加大对昭通市易地开发扶贫力度，加快易地搬迁步伐，以切实帮助丧失基本生存条件地方贫困群众早日摆脱贫困奔小康。

一是提高易地扶贫开发项目补助标准。建议根据国家的扶持力度和物价上涨因素，适时提高人均补助标准，建议易地扶贫搬迁安置人均补助不低于1.5万元，扶贫安居工程户均不低于3万元，"雨露计划"人均补助不低于3000元/学年。二是整合项目资金。在全面落实普惠涉农政策的前提下，协调整合各有关部门资金，支持安置地做好基础设施建设。三是实行差别式扶贫。针对极端贫困群众，采取全额补助的办法特殊处理，不搞一刀切。四是建立易地扶贫开发后续发展机制。制定优惠政策支持、引导和激励移民搬迁；竭力培养新型产业农民，对移民安置群众实行免费的短期劳动技能培训，增强其创业和就业能力；大力培育支柱产业，根据安置地资源禀赋条件，合理布局培育龙头企业；积极引导和鼓励从事第二、第三产业。五是建议加大"雨露计划"的扶持力度，将昭通市10个贫困区县全部纳入规划实施。

（3）努力减缓人地关系紧张局面，大力提高人口素质

引导贫困群众转变生育观念，少生优生。把扶贫和计划生育政策结合起来，对农村独生子女户、两女结扎户和二孩结扎户，在到户扶贫项目中可以给予优先安排，并提高补助标准。控制计划外多孩，努力减少生育缺陷，提高出生人口素质，做好基层计划生育管理和服务网络建设，控制贫困地区人口的过快增长。把因生育子女过多而导致的贫困或返贫现象控制到最低限度，从根本上改变贫困地区"越穷越生、越生越穷"的状况。同时加大贫困地区农村教育投入力度，结合中小学校布局调整，加强中小学危房改造，新建、改扩建一批寄宿制和半寄宿制小学，改善办学条件，使适龄儿童入学率达到98%以上，实施"普六"，有条件的逐步实现"普九"目标。实行农科教结合，统筹普通教育、职业教育、成人教育发展，有针对性地通过各类职业技术学校和各种不同类型的短期培训，增强农民掌握先进实用技术的能力。

全方位、大规模地组织贫困地区劳动力向多产业、宽领域转移和输出。劳务输出的持续发展要解决3个问题。①多渠道筹集资金，加大投入力度。从本年起，本届政府在任期内，每年安排市级财政资金100万元，每年从上级下达的财政扶贫资金重切块15%，整合每年农业、扶贫、劳动和社会保障等上级部门下达的农村劳务输出专项资金，统一安排使用，集中用于农村劳动力培训、市场开拓、监测服务、维权救助、中介组织培育等开支。农村人力资源开发办事机构必要的工作经费同级政府要给予保证。②加强对劳动力的培训。重点培训人均纯收入637元以下的贫困群体，需要易地搬迁的农户，农村中尚未就业的大中专和初高中毕业生及有一技之长的劳动力；当前培训的重点是家政、餐饮、酒店、保健、建筑、机修制造等工作量大的行业的初级技能。③加强组织管理，开展维权救助活动。昭通市2004年成立了农村

人力资源开发领导小组,将来要形成市、县、乡、村四级的农村人力资源开发管理体系,同时加大劳动监察的执法、检查力度,加强劳动力市场特别是职业中介机构和中介活动的管理,最大限度地维护农民工的合法权益。

(4) 完善水电移民发展扶持政策,建立库区移民发展的长效机制

完善水电移民工作机制体制。一是国家层面尽快组建专门的移民工作管理机构,理顺水电移民工作机制体制,定期协调参建各方解决移民工作中的重大问题,指导并帮助库区解决移民就业和发展。二是进一步完善水利水电移民工作政策法规,严格实行"先移民,后建设"的水电开发方针,坚决杜绝"水赶人走"的局面,坚持"以人为本"的理念,减轻地方工作压力。三是建议优化移民工程核准程序和变更程序,确保工程建设快速、有序推进。

完善水库移民的后期扶持政策。近期着力解决水库移民的温饱问题以及库区和移民安置区基础设施薄弱的突出问题,建立水电开发的利益分享机制,建立水电开发带动库区居民生计建设的长效机制。中远期在提高后期扶持标准帮助解决水库移民温饱问题的同时,继续从其他渠道积极筹措资金,加强基本口粮田及配套水利设施建设,加强交通、供电、通信和社会事业等方面的基础设施建设,加强生态建设、环境保护,加强移民劳动力就业技能培训和职业教育,加大贴息贷款、投资补助等对移民生产开发项目的支持,解决库区和移民安置区长远发展问题。

建立库区环境修复和库岸地质灾害防治应急长效机制。受水电站建设和移民迁建影响,昭通市库区生态环境破坏较为严重,库岸滑坡、塌岸等地质灾害经常发生。由于库区生态环境修复不是一蹴而就的,需要一个循序渐进的恢复过程。对此,应尽快编制"两站"库区环境修复规划,建立长效修复机制,由电站建设业主单位负责筹资、地方政府负责实施。与此同时,国家和省级在环保项目、资金上给予库区最大的支持。同时尽快建立库区地质灾害防治应急专项基金,结合防治责任区,制定快速提取制度。当责任区内出现地质灾害险情时,快速提取资金及时处置,避免处置延误造成不良社会影响。

第四节 农户可持续生计建设

农户是昭通欠发达地区人类活动最基本和最主要的微观单元,农户生计行为的分析也构成昭通欠发达地区生态屏障建设和可持续发展战略研究的着眼点。本节基于农户微观层面的调查数据,对昭通欠发达地区农户可持续生计建设进行研究,以丰富和加深扶贫开发和可持续发展关键问题的理解。

1. 问卷设计说明与农户层面数据收集

(1) 微观分析框架与问卷设计说明

基于 Sen 以及 Chambers 和 Conway 对能力贫困的研究,20 世纪 80 年代末期和 90 年代初期产生了可持续生计(the sustainable livelihoods approach)这一思想和研究框架。根据 Scoones(1998),可持续生计定义为:"某一个生计由生活所需要的能力、有形和无形资产以及相应的活动组成。如果能够应付压力和冲击且恢复,并且在不过度消耗其自然资源基础的同时维持或者改善其能力和资产,那么该生计具有持续性"。可持续生计方法勾绘出人们如何利用大量的财产、权利和可能的策略在特定的脆弱环境里去追求某种生计出路的途径(图 10-5)。

作为在最近 10 年发展的能对贫困进行多方面评价的新方法,可持续生计方法为人们提供了一种理解多种原因引起的贫困并给予多种解决方案的集成分析框架。可持续生计的概念使人们认识到,贫困的减缓依赖于穷人利用经济增长带来的发展机会的能力,因此对于限制或者阻碍穷人改善自己生计的因素的分析,是制定减贫政策的基本出发点。"可持续生计"这一概念和理论体系也为人们从微观上理解欠发达地区发展过程中贫困—农业—环境相互作用的关系提供了一个全新的分析框架,为我们提供了一个从微观上探讨农户生计与区域发展、区域生态环境变化的有效工具。

结合昭通市的实际情况,问卷主要由 4 个部分构成。第一部分是农户的基本信息,包括家庭人口、

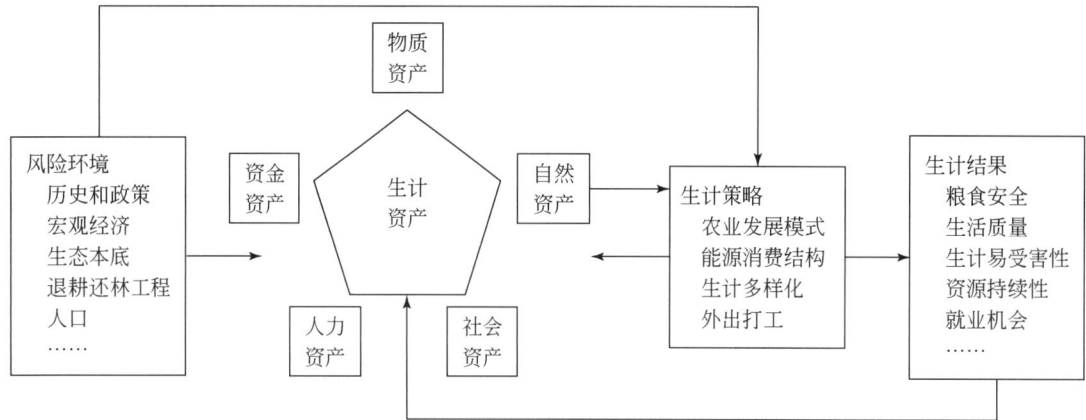

图 10-5 可持续生计分析框架

性别、受教育程度和职业类别。第二部分是农户的生产和生活情况调查，包括农业用地结构、农作物产量、牲畜存栏情况、家庭收入来源、家庭支出结构和当前生计面临的困难。第三部分是农村能源使用情况的调查，包括家庭能源消费结构、各种能源消费品的来源和主要用途、各种能源消费品与过去相比消费量的变化。第四部分集中在退耕还林工程对农户生计的影响方面，包括退耕还林工程对区域生态环境的影响、退耕还林工程实施以后农户生计策略的变化以及农户对退耕还林工程补贴结束以后生计的预期。

（2）问卷调查方法和调查农户地理区位

整个问卷工作是在 2005 年 8 月完成的。按照调查地点的选择要涵盖不同的地理条件，并且在不同地区少数民族农户和退耕还林农户要占到一定比例的基本标准，我们最终确定了 11 个自然村。在大关县林业局、农业局和鲁甸县统计局给予我们大力的协助下，我们把问卷分发到各个自然村，把每道问题向村干部进行详细的讲解，委托村干部对本村的农户进行访问和问卷填写。随后我们对村干部的工作方法和态度进行了考察，并对被抽样的农户进行了回访，结果是令人满意的。调查累计发放问卷 1000 份，回收987 份。为了判断问卷的可信程度，我们在问卷的第三部分设置了两个密切相关的问题，以其答案的相似度来判断问卷的质量。如果这两个问题的答案是一致的，我们认为该问卷是有效的。根据这一标准，总计回收有效问卷 946 份。

根据不同的自然地理条件，调研的小河、益珠、寿山、甘海、水塘、铁厂、仙人洞、黄泥寨、龙泉、光明、茨院 11 个自然村可以划分为山区和坝区两个大类。坝区共调查 99 户，山区调查 847 户。山区调研农户根据居住地点又可以划分为三个组成部分：海拔在 1200~1600 米的河谷区农户 293 户，海拔在 1600~1800米的二半山区农户 221 户，海拔在 2000 米以上的高山地区农户 333 户。在农户总体样本中，少数民族农户196 户，占 20.7%；退耕农户 56 户，占 5.92%。调查地区情况和调查村的分布分别如表 10-10 和图 10-6所示。

表 10-10 昭通市农户可持续生计调查样本及其分布情况表

县名	乡名	村名	汉族（户）	少数民族（户）	地理位置	海拔（米）
大关县	寿山	小河	55		河谷	1690
	寿山	甘海	149	39	二半山	1800
	寿山	益珠	120	33	高二半山	2480
	寿山	寿山	70		河谷	1680

县名	乡名	村名	汉族（户）	少数民族（户）	地理位置	海拔（米）
	大水井	水塘	59		河谷	1720
	大水井	仙人洞	35	27	高二半山	2360
	铁厂	铁厂	65	6	高二半山	2330
鲁甸县	铁厂	黄泥寨	47		高寒山区	2420
	龙山头	龙泉	99	10	河谷	1540
	龙山头	光明	33		一般山区	1620
	茨院	茨院	18	81	坝区	1920

注：河谷的海拔为 1200~1600 米，一般山区为 1600~2000 米，高二半山为 2000~2400 米，高寒山区为大于 2400 米。

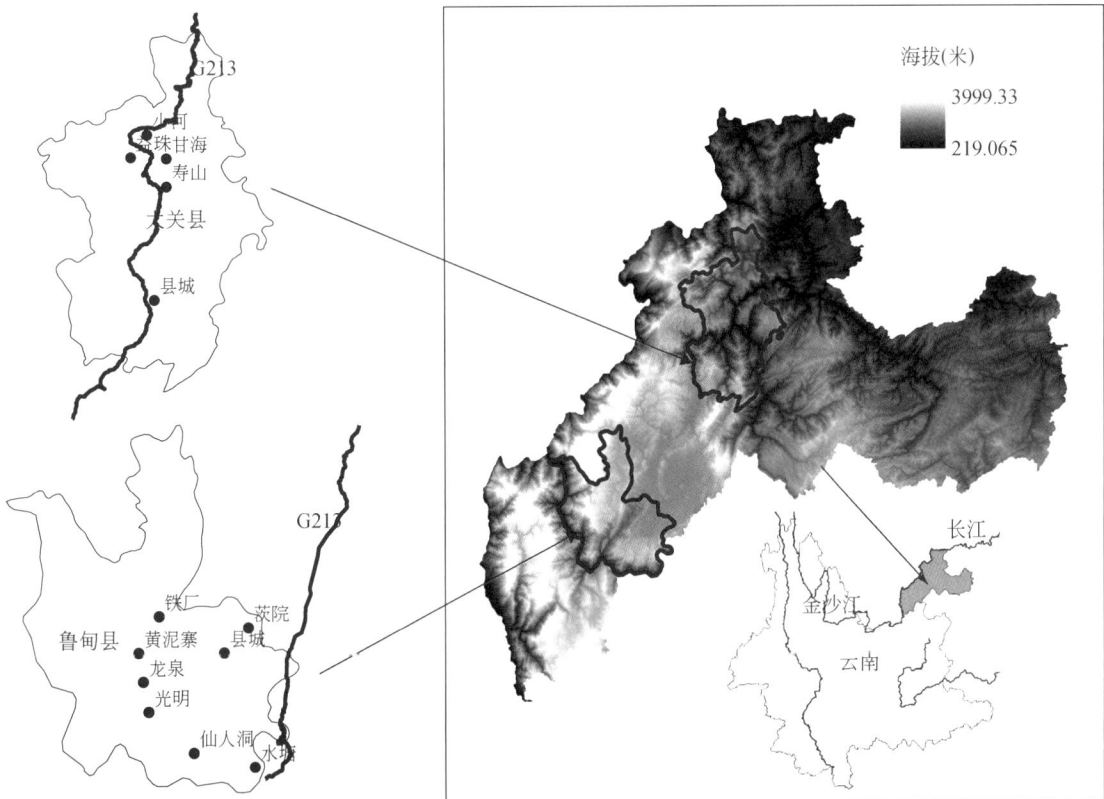

图 10-6　昭通市与被调查村的位置

坝区：坝区的自然条件相对来说是最好的。年均气温为 12.3℃，全年无霜期在 229 天，≥10℃ 的积温为 3117℃，年降水量为 908 毫米，干燥度为 0.7，年日照时数为 1931 小时，日照百分率为 44%，太阳总辐射为 121.06 千卡①/（平方厘米·年），适宜多种喜温作物的生长。而且坝区的交通比较方便，水利基础设施条件较好，耕作较为精细。牲畜以厩养牵放为主，饲养管理水平较高，特别是回族喂养牛有一定的专长，各种牲畜的商品率较高。

河谷地区：河谷地区的热量条件较好，年均气温为 14.6℃，全年无霜期在 287 天，≥10℃ 的积温为 4062℃，年降水量为 1026 毫米，干燥度为 0.7，年日照时数为 1547 小时，日照百分率为 35%，太阳总辐射为 107.3 千卡/（平方厘米·年）。本区的耕地大部分分布在河谷边缘的陡坡上，植被较差容易受到雨水

---

① 1 千卡 = 4.186 千焦。

的侵蚀，土壤耕作层逐年变薄。本区岩石属于石灰岩、玄武岩，难以找到可供水库蓄水的地基，而且地势陡峭，河道里面的水难以引做灌溉，导致本区水源缺乏，干旱严重。粮食产量也是不高不稳，发展不够平衡。

二半山地区：二半山区气候凉爽，年均气温为 13.2℃，全年无霜期在 253 天，≥10℃ 的积温为 3600℃，年降水量为 908 毫米，干燥度为 0.7，年日照时数为 1931 小时，日照百分率为 44%，太阳总辐射为 120.85 千卡/（平方厘米·年）。地势较河谷地区渐缓，适于旱粮生产，是玉米、洋芋和黄豆的主产区。水利条件差，山地作物多靠降雨。

高寒山区：高寒山区气候寒冷，年均气温为 7.3℃，全年无霜期在 113 天，≥10℃ 的积温为 1000℃，年降水量为 1251 毫米，干燥度为 0.2，年日照时数为 1431 小时，日照百分率为 32%，太阳总辐射为 103.25 千卡/（平方厘米·年）。本区温度低、蒸发小、湿度大，因而常出现冷涝霜冻等灾害。宜牧地面较广，但是牧草管理不善，破坏严重，1 亩草场仅产鲜草 200~350 千克。土地分布在丘状高原中的混合丘原，人均占有土地 16.86 亩。但是大部分地区交通不便，运送物资化肥多靠人背马驮。

2. 农户生计资产的基本特征

生计资产的建设对于农户的生计安全是至关重要的，也是在人口稠密的农业地区保护生态环境的一项基本措施。首先，农户拥有的土地、树木等生计资产是区域自然生态系统的直接组成部分，加强土地投入、治理水土流失和植树造林等生计资产的累积过程成为生态环境建设的重要内容。其次，当农民拥有更多的生计资产时，就会拥有更多潜在的选择机会，从而减轻对土地等自然资源的过度依赖而造成的过度开垦、毁林开荒等环境破坏活动。但是昭通欠发达地区农户生计资产基础是非常薄弱的，土地、牲畜和低素质的劳动力仍然是目前农户生计资产的主要组成部分。

（1）耕地、牲畜和劳动力

首先，耕地的生产率低下。耕地和林地在不同收入阶层①之间的差异并不明显，高收入阶层农户（Ⅳ）占有的耕地比低收入阶层的农户（Ⅰ）仅多 0.92 亩。而耕地和林地在不同地区之间的差异比较大，高山地区的农户占有的耕地和林地要比河谷地区的农户分别多 3.33 亩和 4.35 亩（表 10-11）。这种现象是由我国农村基本土地制度决定的。尽管从总体看来农户占有的耕地数量比较多，平均每户占有 3.90 亩，但是耕地的水利条件差，旱地的比重为 89%。而且除了茨院村坝区以外，耕地大部分都分布在干热河谷边缘、二半山或高寒山区的陡坡上，水土流失使土壤耕作层逐年变薄。尤其是高山地区，由于气温较低，耕地生产潜力的提高受到很大的制约。

表 10-11　不同收入阶层、地区和民族的农户生计资产结构

项目		耕地（亩）			林地（亩）	牲畜			劳动力	
		水浇地	旱地	水田		牛（头）	羊（只）	猪（头）	数量（人）	教育年限（年）
收入阶层	Ⅰ	0.06	3.49	0.08	1.69	0.21	0.38	1.87	2.14	4.92
	Ⅱ	0.25	3.19	0.25	1.65	0.35	0.60	2.91	3.32	4.89
	Ⅲ	0.24	3.22	0.27	1.38	0.51	0.85	3.06	3.45	5.13
	Ⅳ	0.19	3.97	0.39	1.87	0.64	1.56	3.54	3.83	5.12

---

① 收入阶层以总收入来划分，总收入中粮食和牲畜的计算标准：玉米、水稻、小麦以 1.35 元/千克，薯类按照 5∶1 折成主粮后每千克以 1.8 元计算，生猪按 7 元/千克计，猪肉按照 9.20 元/千克计。把农户按照总收入由小到大排列，利用分位数的方法将其分为高收入阶层（Ⅰ）、中等收入阶层（Ⅱ）、中等偏下收入阶层（Ⅲ）和低收入阶层（Ⅳ）四个组成部分，每部分 235 家农户，分位数分别是 4100 元、5891 元和 9000 元。

项目		耕地（亩）			林地（亩）	牲畜			劳动力	
		水浇地	旱地	水田		牛（头）	羊（只）	猪（头）	数量（人）	教育年限（年）
地区	坝区	0.28	1.99	1.14		0.57		0.36	3.21	4.32
	河谷	0.13	2.83	0.03	0.05	0.45	0.51	4.01	3.01	5.32
	二半山		2.94		0.35	0.17	0.36	2.46	3.52	4.84
	高山	0.37	5.57	0.38	4.40	0.54	1.71	3.41	2.97	4.73
民族	汉族	0.19	3.38	0.19	1.85	0.38	0.98	3.40	2.95	5.09
	少数民族	0.14	3.75	0.49	0.87	0.59	0.32	1.71	3.28	4.87
总体平均		0.18	3.47	0.25	1.65	0.43	0.84	3.05	3.12	4.98

其次，牲畜的占有量是农户生活质量的重要标志。在低收入阶层中，每家农户平均拥有0.21头牛、0.38只羊和1.87头猪，而在高收入阶层的农户平均拥有0.64头牛、1.56只羊和3.54头猪。牲畜的占有量还受民族生活习惯的影响；由于茨院村被调查农户中有81户为回族，因此坝区农户牲畜尤其是猪的占有量比较低。河谷地区和高山地区农户牲畜的占有量相对较多，说明养殖业的发展主要受到资金信贷、市场和饲料来源可及性的限制。

最后，劳动力资源比较丰富。从总体来看农户平均拥有劳动力3.12人。农户劳动力的数量与总收入呈正相关，高收入阶层农户的劳动力数量平均为3.83人，而低收入阶层的农户只有2.14人。由于没有农业剩余，农户无力进行像样的人力资本投资，劳动力的文化素质普遍偏低。相对于河谷地区，二半山和高山地区农户劳动力的素质更加低下。即使读了几年书，由于教学质量低劣，教学内容与实践脱节，或者达不到最低受教育年限（通常为6~8年），而在离开学校后不能发挥其应有效用。

（2）资金和技术

更重要的是，由于区域要素市场发育滞后，农户缺少获取信贷资金和技术的渠道。生产资金和技术获取的困难极大地制约了农户利用现存的或者可能出现的经济机会的能力。当问及"您目前最希望政府帮您做的事情是什么（最多选3项）"时，21%的农户认为是提供生产资金，15%认为是提供农业科技，13%认为是发展教育，9%认为是提供生产资料（图10-7）。考虑到这些因素，有理由认为昭通欠发达地区农户生计资产的累积过程将是非常缓慢的，区域可持续发展也应当是一个长期的发展战略。

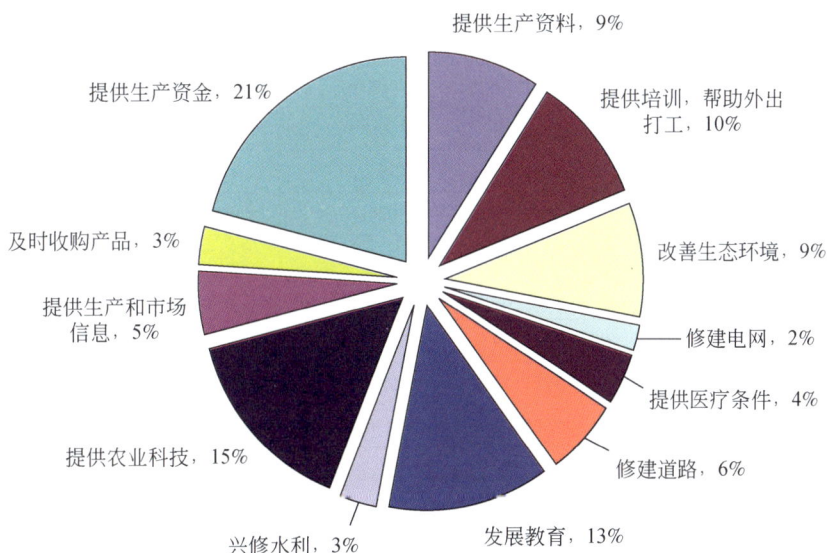

图10-7　农户最希望政府帮助做的事情

首先是小额信贷项目的萎缩。小额信贷扶贫到户是解决贫困户温饱问题最直接、最有效的措施，它有效地解决了贫困户缺乏必要的投入，想开发的家庭经营项目难以启动的困难和问题。但是由于交易成本太高、没有利率政策的支持等因素，小额信贷在经济上难以继续维持下去。其次是农业技术进步的停滞。在传统农业生产条件下，欠发达地区的农民通常只能像其祖辈那样使用世代相传的经验型技术，而依赖试错改错过程进一步发展的空间已经微乎其微；生活在边缘地带的农民由于贫困和"习俗经济"的强大约束，不大可能问津实验型的技术。因此，劣质土地、劣质劳动加上劣质资本品的投入合力作用的结果表现为技术停滞的趋势，而且这种技术停滞与人口规模没有关系，它是由于普遍的贫困和缺乏持续不断的实验型技术发明的支持而导致的结果。而长期的技术停滞又累积加深了贫困区域化，使得贫困固化持久且难以自拔。因此，即使是在持续的不断增长的人口压力下，现代意义上的技术进步也难以自发地在昭通市这样的一个落后经济系统内部发生。

3. 农户的经济活动及其对区域可持续发展的影响

生计策略的选择对于区域生态环境变化具有直接的影响。外出打工、现代农业技术和清洁能源的使用对于减轻人口增长对土地的压力和保护环境具有积极作用，而以农业为主要生计、粗放的耕作方式和能源消费模式、过多的生育只会加剧人地关系的矛盾冲突，这正是昭通欠发达地区生态环境问题的直接原因。

（1）农业生产活动

从总体来看，农业是农户最主要的生计活动和收入来源，种植业（小麦、玉米、荞麦、薯类、烟草和稻谷）和养殖业（牛、羊和猪）在农户总收入中的比重为68%。在低收入阶层的农户总收入中，这一比重更是高达94%（表10-12）。烤烟是重要经济作物。1亩地一般生产2担①烟，差的叶子（下台和上台）只卖7元/千克，中间的叶子质较厚，达到优质的可以卖到14元/千克。国家对烤烟实行收购量控制，三、四级则基本不收购。年成好时，1亩地的烟叶在抽去20%的税后，收入一般可以达到800~1200元，去掉5次农药的125元、20~30元的薄膜、200元的化肥和100元的烘烤用煤共计455元后，1亩地的收入可能在500~600元。

表10-12 不同地区、收入阶层和民族的农户总收入结构 （单位：元）

项目		家庭经营收入			工资性收入	转移性收入	总收入
		种植业	饲养业	非农产业			
收入阶层	Ⅰ	1312.78	1234.49	51.02	268.80	58.67	2715.30
	Ⅱ	2069.49	1841.78	143.39	754.72	87.58	5004.09
	Ⅲ	2937.72	3141.53	401.60	1414.44	11.06	7318.59
	Ⅳ	3915.30	3181.29	1099.84	4045.17	1097.13	13512.97
地区	坝区	4543.33	1022.72	1993.23	625.25	1597.98	10734.04
	河谷	2294.02	2627.89	624.67	3231.46	245.03	9043.17
	二半山	1869.69	2104.76	14.16	1489.94	59.42	5568.74
	高山	2635.99	2787.62	154.85	752.25	217.18	6557.98
民族	汉族	2330.32	2564.29	297.2	1911.14	238.72	7073.56
	少数民族	3399.09	1751.17	939.49	809.79	698.60	7994.28
总体平均		2551.76	2395.82	430.49	1682.93	333.99	7264.32

注：坝区的转移性收入主要是救济金，在1597.98元中，救济金为1382.83元。

① 一担=50千克。

但是由于耕地的生产力很差以及农户缺乏现代的生产要素（如良种、化肥、机械等），农户只有通过广种薄收来保障粮食安全和增加收入。关于这一点，舒尔茨在《改造传统农业》书中的开篇伊始就明确地说道：一个得到并精通运用有关土壤、植物、动物和机械等科学知识的农民，即使在贫瘠的土地上，也能生产出丰富的食物；而一个像其祖辈那样耕作的人，无论土地多么肥沃或他如何辛勤劳动，也无法生产出大量食物。当问及"您认为生态环境重要吗"时，36% 的农户认为非常重要，43% 的农户认为比较重要；但是当问及"您在生产活动选择时是否考虑对生态环境的影响"时，回答"偶尔考虑"的农户占 56%，回答"基本不考虑"的农户占 27%。粗放型农业种植方式是区域生态环境问题的基本原因。从农户对生态环境的重视程度来看，至少为生态环境重建提供了这么一个信息，即只要能够解决农户温饱和发展致富的要求，又有利于生态环境保护的政策，农民在心理上是会积极支持的。

（2）农户生计的多元化

生计的多样化程度与收入的高低是密切相关的，同时生计的多样化可以减轻人口的增长对资源环境的压力。相对来说，坝区和河谷地区的农户生计多元化程度和总收入是比较高的。坝区的农户有务工经商的传统，家庭经营收入中非农产业收入比较多。河谷地区的农户收入结构中，饲养牲畜和外出打工的收入已经超过了种植业的收入。因此，坝区和河谷地区的农户经济活动和生态环境之间的矛盾冲突相对较小。而二半山和高山地区，由于农户收入结构比较单一，面临着更大的生态环境压力。

多元化生计策略的选择同样受到薄弱的生计资产基础的约束。首先，农户的家庭经营收入增长困难。由于缺少生产资金和技术，而且肥料等农业生产要素的价格逐年上涨，如普通复合肥由 50 元/包增长到 80 元/包，农户对加强土地投入、圈养牲畜等经济活动没有能力去投资。而农户收入中的非农产业家庭经营收入，绝大部分来自服务于社区的餐饮、零售等行业。其次，务工收入逐渐成为退耕户家庭主要的现金收入，但是受到劳动力素质的制约，外出劳务的农民在劳动市场中的价格普遍偏低。高强度体力劳动的工资标准仅为 10～15 元/天，而且极不稳定，仅能维持自己在外的基本生活，基本原因在于大部分外出务工者均在邻近地区，仅有少数远在广东等外省（自治区）的打工者收入较高，每年能为家庭留存积蓄。即使如此，相对较低并且不稳定的外出劳务收入也已成为退耕农户的主要经济来源。调查发现较多农户能明确意识到外出打工面临的尴尬与困难。部分农户明确提到，当前劳务市场供过于求导致打工难和打工收入普遍偏低，自己又缺乏经验和技能，盲目外出打工风险极大、困难很多，希望政府提供相关的就业信息，组织外出打工，或者对农户进行技术培训，帮助发展其他产业。最后，当地打工收入的较快增长，并不是由于本地建立起了支柱产业，而是与 1999 年后"西部大开发战略"实施后国家大规模进行西部道路、水电站等基础设施投资的阶段性增长有比较强的关系，没有理由预期这样的趋势会持续下去。

（3）农户预期行为与生态环境的变化

在这里，农户预期行为反映的是今后一段时期内，为了增加收入，提高家庭生活水平，农民将采取哪些措施。当问及"您认为如何才能够提高您的生活水平（最多选 3 项）"时，25% 的农户认为是饲养更多的牲畜，24% 认为是加强土地投入，22% 认为是外出打工，6% 认为是扩大耕地面积（图 10-8）。

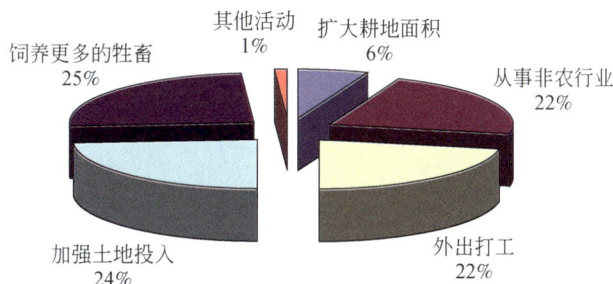

图 10-8 农户认为能够提高生活水平的策略

加强土地投入和外出打工可以减轻生态环境的压力，但是牲畜饲养规模的扩大和耕地面积的扩大将会对生态环境带来负面影响。尤其在高寒山区，当前很多农户仍然延续着传统的放养模式，牲畜规模的扩大将有可能加剧生态环境的破坏。高寒山区农户的生计来源比较单一，农户只能依靠扩大牲畜规模来满足新增人口的生产和生活需求。农户往往重视自有牲畜的数量和质量而忽略了不属于自己的公有草场的承载力。人口的不断发展和市场的拉动，客观上要求牲畜的快速发展和周转，在天然草场饲草生产能力逐步下降的情况下，农户不得不对草场进行过度利用，甚至对没有户主的公共草场进行掠夺式的索取，将进一步激化本来就十分严重的草畜矛盾，从而加剧草场的退化和沙化。另外，仍然有6%的农户认为扩大耕地面积是增加收入的手段，这将导致陡坡垦殖和水土流失。从对农户预期行为的分析可以看出，生态屏障建设和区域可持续发展的机遇与困难是并存的，关键是市场和政府最终引导农户行为向哪个方向转变。

（4）农户的能源消费结构及其对区域可持续发展的影响

不同的能源消费结构对区域生态环境的压力不同，研究表明大量的天然林采伐是导致生态环境退化的重要原因。2004年农户的能源消费支出为90.65元，占总支出的5%～7%；无成本能源是农户能源消费结构的重要组成部分。昭通市农户能源消费对区域生态环境的影响主要表现在两个方面：砍伐薪柴造成对自然生态系统的破坏和燃烧秸秆造成的土壤有机物质的流失。2004年消费的薪柴和秸秆共913.07千克标准煤当量，在农户的能源消费结构中占44.29%；在低收入阶层的农户和高山地区的农户中，这一比例更是高达69.62%和81.97%（表10-13）。

表10-13　不同地区、收入阶层和民族的农户能源消费结构　（单位：千克标准煤）

		秸秆	煤炭	沼气	电力	薪柴	树叶和草	总计
收入阶层	Ⅰ	241.14	537.59	8.12	0.03	1169.40	69.56	2025.84
	Ⅱ	409.67	1001.62	16.24	0.05	319.48	44.87	1791.93
	Ⅲ	392.29	1308.83	48.03	0.07	302.95	4.86	2057.03
	Ⅳ	323.55	1516.34	48.34	0.10	531.41	3.78	2423.52
地区	坝区	205.52	2233.06	16.25	0.06	0.00	89.21	2544.10
	河谷	411.74	1338.04	72.16	0.09	94.73	3.57	1920.33
	二半山	548.11	1282.20	40.36	0.07	65.93	17.15	1953.82
	高山	164.94	369.01	0.00	0.04	1513.86	0.00	2047.85
民族	汉族	368.50	977.51	40.54	0.06	589.68	34.47	2010.76
	少数民族	206.47	1452.95	0.00	0.06	527.28	13.56	2200.32
总体平均		335.14	1077.55	40.54	0.06	577.93	30.15	2061.38

注：秸秆、煤炭、电力、薪柴及树叶和草的标准煤折算系数分别是0.485千克标准煤/千克、0.714千克标准煤/千克、0.404千克标准煤/千瓦·时、0.571千克标准煤/千克和0.361千克标准煤/千克。建一个8立方米沼气池可年产沼气400立方米，1个沼气池每年大约可替代800千克标准煤。

沼气池建设工程是改善农户生计的有效手段，整个工程还包括改厨、改厕和改圈。沼气作为农村生活燃料，其直接的功能就是节柴。一个8立方米的沼气池可年产沼气400立方米，基本可满足一个4～5口农家的炊事和照明用能需要，等于年保护3～41亩森林资源，同时为农户提供27.3吨农家肥，年可节约薪柴2.5吨。因此，沼气建设可以减少森林砍伐，降低森林资源消耗，从而使水土流失得到有效控制，为退耕还林、还草起到保障作用，为节约能源、保护环境、改善生态起到积极的推动作用。不仅如此，沼气建设还可以为农村剩余劳动力转移提供空间。沼气发酵需要充足的粪便原料，每户需养猪2～3头，从而带动了农村养殖业的发展，增加农民收入。沼气建设又可以提供大量优质的有机肥料，从而促进种植业的发展，同时实现农业生态环境的良性循环。沼气池的建设在昭通市取得了很好的社会和经济效果，农户对沼气池的建设非常欢迎，他们发自内心地感谢政府办了好事、实事。但是每口沼气池造价大约3000元，地方政府和农户无力进行建设，而国家补贴只有1000元。资金的缺乏使沼气池的建设进展缓慢，因此沼气在不同收入阶层、地区和民族的消费都比较低。

昭通市的煤炭资源比较丰富，从总体来看，煤炭是样本农户消费的主体，主要被用来做饭、烤烟和煮猪食。煤炭在农户家庭中的消费主要受到家庭收入和区域交通条件的影响。2004 年煤炭消费在低收入阶层中为 537.59 千克标准煤，而在高收入阶层中为 1516.34 千克标准煤；高山地区由于交通条件较差，农户的煤炭消费量只有 369.01 千克标准煤，而在交通便利的坝区，煤炭消费量为 1205.52 千克标准煤。随着国家关闭小煤窑政策实施力度的加大和运费的提高，尤其是煤炭需求的增长，煤炭的市场价格由 2004 年的 120～150 元/吨迅速提高到 2005 年的 300 元/吨。这将导致农户，尤其是收入较低或远离市场的农户，更多地依赖生物质资源，形成产煤地区的农户没有煤烧的现象①，从而增加对生态环境的压力。

4. 农户的生育行为及其对区域可持续发展的影响

现代微观经济学家庭生育理论认为，在资金、技术等生计资产薄弱和以农业为主要生计来源的环境里，过多的生育成为农户改善生计和规避风险的重要手段。一方面，相对贫困农村生育孩子的成本低。首先是孩子的抚养成本低，相对贫困地区经济收入少，其经济收入主要用来购买基本的生存资料，养育子女是以其能够存活为标准，很少考虑饮食的营养搭配。其次是教育成本低，相对贫困地区有些家庭收入只能勉强维持生存，孩子上学是有钱就上，没钱就下地干活；很多孩子没有念完小学就去参加一些家庭辅助劳动，特别是女童，教育投入更少。而另一方面，相对贫困地区生育孩子的预期收益较高。在调研过程中，我们看到贫困地区十来岁的孩子就到地里干活，七八岁的孩子放牛、放羊；更小的留在家里照看弟弟妹妹，更不用说长大后可以增加家庭经济收入，创造劳动财富。姜绍军（1991）通过我国农村贫困地区目前培养一个劳动力家庭的实际支出与农村劳动力收入水平计算指出，家庭培养一个劳动力支出的费用，待劳动力投入生产后，少则两三年，多则三五年即可以全部回收。

孩子的预期收益大于预期成本，构成了相对贫困地区家庭生育孩子最基本的经济动机（图 10-9）。在总体样本中，农户平均生育孩子为 2.72 人；而在高收入群体中，农户孩子的平均规模是 3.12 人。人口的增长减少了人均资源的占有量，农户为了满足粮食和燃料的需求，不断地毁林开荒，使本来就脆弱的生态环境进一步恶化。当问及"您认为当地生态环境问题的主要原因是什么（最多选两个答案）"时，53.27% 的农户认为是人口的快速增长，42.28% 的农户认为是陡坡垦殖，36.15% 的农户认为是过度砍柴。

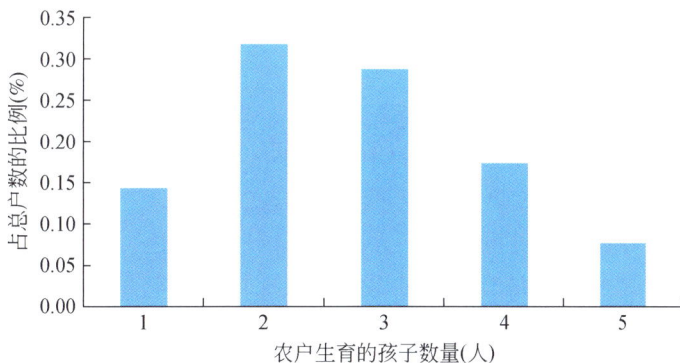

图 10-9　农户生育孩子的频数

---

① 我们在调研过程中，当地的政府和农民向我们反映过这种情况。更为详细的描述可见新华网成都（2005-8-22）的报道：在镇雄县的小煤矿，生产一吨块煤的成本价约为 100 元，但井口价卖到 240 元，这样还是供不应求，因为这一吨煤运到浙江、上海，市场价高达 700～800 元。从四川省叙永县经云南省威信县到镇雄县的交通主干道上，每隔两三分钟就能看见川、云、湘、贵等地牌照的 5 吨或 10 吨载重卡车，满载着煤炭往四川省方向运。然而，镇雄县产煤乡镇的农民家中存煤少得可怜，部分人家已经断煤多时。初夏的滇东北高寒山区依然寒气逼人，农民仍需烤火取暖，而当地的主要作物烤烟、玉米烘烤也需要大量煤炭。但面对节节高涨的煤价，农民守着煤山只有"望煤兴叹"，重又烧起了柴。果珠乡渔洞村民委员会下石院村民小组组长汪继贵说："煤运到这里每吨要 280～300 元，普通农村家庭每年不种烤烟也需要 4 吨生活燃煤，要 1000 多元，可我们村去年人均现金收入只有 200 元左右，怎么烧得起？寨子里的 50 多户已有 40 多户砍柴烧了，不砍柴这生活没法过过！"

随着计划生育政策宣传和实施力度的加大，农户逐渐认识到应该为孩子提供良好的教育重要性。在农户调研过程中，他们告诉我们自己最大的希望是孩子能够好好读书，长大以后摆脱山区艰苦的农业劳动，到外面的城市过上更好的生活。但是对于大多数农户来说，孩子的教育成本是很高的。就目前的收入水平和经济状况来看，17%农户认为他们最多能够供孩子上完小学，34%的农户能够供孩子上完初中，34%的农户能够供孩子上完高中或者中专。孩子抚养成本的增加使农户的生育观念也正在发生变化，在农户就关于"如果国家生育政策放开，您是否愿意生育更多的孩子"的回答中，我们听到的最多的回答是不打算再要了（76%）。但是农户人口构成中24岁以下的人口占43.82%，属于典型的年轻型人口结构。由于人口增长的惯性，在未来几十年内，人口规模还将进一步扩大，人口问题将依然是一个十分突出的问题。

5. 农户可持续生计建设路径选择

很多宏观政策的制定都脱离了政策所影响的目标人群。实际上，对于政策对目标人群的实际影响，以及目标人群对政策的实际作用，关系到生态屏障建设效果和区域可持续发展的长效机制。生计方法试图在两者之间建立桥梁，它不仅强调宏观层面上政策和制度对于社区和人的生计选择的重要性，同时它也强调更充分认识在基层工作中所获得的经验和对事物的内在理解和观念，是高层次的政策发展和计划工作所必需的。

（1）加强农户的生计资产基础建设

可持续生计建设首先要改进制度安排，提高农户对资金和公共服务等资源的可及性。实践证明小额信贷在解决贫困人口温饱和提高农户收入中发挥着重要作用，能够有效地解决农户由于缺乏必要的投入，想开发的家庭经营项目（尤其是非农产业项目）难以启动的困难和问题。小额信贷的制度设计要解决运作主体和资金来源的问题。由于农村信用社是昭通市覆盖面较高的金融机构，小额信贷的运作载体可以由农村信用社来承担。小额信贷的大规模开展需要国家的扶持，其资金供给应当由国家的扶贫信贷资金承担。

农业经济增长的关键在于农户获得并有效地利用某些现代生产要素。在这一点上，加强农户人力资本投资，以使他们获得必要的新技能和新知识，学会有效地使用现代农业要素。因此，国家发展小额信贷的同时还应该加强对农民的培训，使他们掌握一定的种植和养殖技术，从而使农户有能力利用现存的或者即将出现的经济机会。

（2）改善农户的生计策略

生态农业是改变昭通市农业粗放发展模式的有效途径。生态农业是指生态上能够自我维持，经济上有生命力，在环境、伦理和审美方面可以接收的小型农业，其目的在于建立一个能自身维持土壤肥力、减少对环境污染和控制病虫害的持续发展的农业系统。生态农业建设一方面可以减少农业生产过程中化肥、农药的使用量，从而减轻农户的负担；另一方面还可以通过绿色、健康食品品牌的培育，使农户获得更多的经济效益。昭通地区生态农业的建设可以和沼气建设紧紧联系在一起，采取养猪—沼气—种粮的循环发展模式。

劳动力外出打工是农户生计来源多元化和减缓人地关系矛盾的最直接的手段。对于政府、非政府组织和私营机构来说，存在着可以帮助农村劳动力外出打工的诸多机会。首先应该加强对劳动力的培训，尤其是低收入阶层的农户和高寒山区需要异地搬迁的农户，以及农村中尚未就业的大中专和初高中毕业生及有一技之长的劳动力。当前培训的重点是家政、餐饮、酒店、保健、建筑、机修制造等收入较高行业的初级技能。除此之外，还要加强外出打工人员的组织和管理，并积极开展打工人员的维权救助活动。

（3）加强农村基础设施建设

基础设施建设是农户改善生计策略的重要支撑。除了通过以工代赈的方式进行以公共财政投资为主的水利、公路、电网和通信等大型农村生产生活设施建设以外，还要引导和鼓励农户加强农田基础设施建设。尤其是水土流失地区的坡改梯工程对于提高农作物产量具有重要作用。大量的研究指出，稳定的土地产权有利于土地使用者加大对土地保护的投资强度，因此必须保证农户对现有承包地的承包权和受益权长期不变，以构建有利于农户投资的制度环境。

　　农村能源基础设施建设是可持续发展战略的重要内容。一方面，煤炭对于改善农户的能源消费结构和区域生态环境质量具有重要作用，因此对于关闭小煤窑的政策，国家不能搞一刀切。国家和地方政府应该以解决农村能源为着眼点，有计划地扶持一部分科学规范的企业，并采取措施以保证农户能够从当地的小煤窑买到煤炭。另一方面，随着退耕还林和封山育林的实施，农村迫切需要有一种新的能源代替煤和柴薪。沼气是一种投资少、见效快、永不会枯竭的再生生物能源，相对于电和天然气在农村有更大的开发利用前景，因此国家应当加大对沼气的财政补贴力度，把沼气建设作为未来农村能源发展的重点。

　　（4）解决退耕农户的长远生计

　　解决退耕农户的生计问题是退耕还林工程效果持续性的关键。政府如想在工程结束后继续保持其成果，就必须解决农民收入的增长问题，以保证退耕农户的长远生计不受影响。以下可以提供一些思路：推广环境友好型的农业生产技术以提高农户的粮食产量，保证退耕农户的粮食安全；引进产值高、适合本地生长且生长周期短、兼具生态和经济效益的树种，促进如竹子和水果的深加工等退耕还林后续产业的发展，提高退耕户的林业收入；培育发展劳动力市场，使退耕而节约下的劳动力能够有效地进入市场，提高其工资性收入水平。

　　建立国家主导的长江流域生态环境补偿机制，使农户能够从保护具有公共产品的生态环境中获得利益。当前退耕还林和生态建设资金主要靠国债资金和中央财政预算统筹资金投入，其他资金投入量很少，影响了退耕还林的进展。针对补助期满后确实无收益的生态林，尽快将符合条件的纳入森林生态效益补偿范围。同时，根据生态系统服务价值、生态保护成本、发展机会成本，综合运用行政和市场手段，调整生态环境保护和建设相关各方之间的利益关系，调动全社会力量来投资和进行退耕还林建设。这是环境服务外部性的内在化和激励农户参与环境保护的关键。

第十一章 可持续发展模式与政策支撑体系

第一节 可持续发展战略思路

一、可持续发展总体思路

立足资源环境承载能力的客观约束性，以国土空间开发适宜性和功能区划为基础，加快推进生态文明建设进程，形成优化资源环境承载能力的新型城镇化路径，构建适应资源环境承载能力的绿色经济体系，实施缓解资源环境承载压力的扶贫开发方式，推进协调资源环境承载能力的国土开发格局，强化提升资源环境承载能力的要素整治与调控，协同推进昭通市新型城镇化、工业化、信息化、农业现代化和绿色化发展，全面探索改善昭通市资源环境承载能力的可持续发展模式，使昭通市森林覆盖率有所提高，资源利用更高效，能耗和主要污染物排放大幅下降，城乡人居环境不断优化，生态系统步入良性循环。通过"十三五"期间的不懈努力，巩固并强化昭通市作为云南省争当全国"生态文明建设排头兵"的重要地位，把昭通市建成国家生态安全屏障和能源安全保障示范区、乌蒙山区绿色经济与扶贫开发互动发展先导区、西南水土流失与石漠化综合整治精品区、云南省农业现代化与新型城镇化协同发展样板区，实现天更蓝、水更清、山更绿、空气更清新、人与自然更和谐、经济社会发展更持续，形成安全舒适、高效节约、公平协调、壮丽秀美的区域发展综合品质。

二、可持续发展基本原则

"十三五"时期提升经济社会发展的资源环境支撑保障能力应遵循人文与自然协调、山区与坝区联动、中央与地方合力、分区与重点推进以及近期与远期统筹的基本原则，通过协调联动、共同参与、凝聚合力、齐抓共管、分步实施，突破昭通市"十三五"面临的资源环境承载能力瓶颈，保障昭通市经济社会实现跨越发展。基本原则具体包括以下方面。

1. 人文与自然协调

坚持人文与自然协调可持续发展，把保护好生态环境作为生存之基、发展之本，牢固树立"绿水青山就是金山银山"的理念，坚持绿色、循环、低碳发展，在生产力布局、城镇化发展、重大项目建设中充分考虑自然条件和资源环境承载能力，为子孙后代留下可持续发展的"绿色银行"。同时，要处理好生态环境建设与当地经济社会发展、人民生活水平提高的关系，推动整个社会走上生产发展、生活富裕、生态良好的文明发展道路，不能为了经济发展忽视生态环境建设，也不能为了保护生态环境而忽视当地的经济社会发展，损害当地居民的基本发展权利。把昭通市的生态屏障建设与能源基地、重化工基地和特色农产品加工基地建设有机地结合起来，坚持"生态建设产业化、产业发展生态化"原则，通过生态建设促进昭通市产业结构的升级，通过产业经济的发展为生态建设提供强有力的经济保障。

2. 山区与坝区联动

将山区与坝区作为有机整体，坚持坝区发展离不开山区生态支撑、山区发展须依靠坝区鼎力相助。立足山区资源环境承载能力实际，促进山区与坝区联动发展，实现昭通市全域经济社会和资源环境长远可持续发展。充分发挥坝区用地条件良好、资源环境承载力较强的优势，承担城镇布局、人口集聚和产业发展的主要功能。以昭鲁一体化为发展方向，重点建设昭阳城区至鲁甸县城的轴带区域，发挥该区域对超载人口吸纳的主导作用，促进产城融合、推动滇东北新型城镇化发展。积极促进山区人口内聚外迁加快推进，山区人口向外转移、外出就业将继续增加，常住人口、年轻人口数量将进一步减少。牢固树立山区发展主要不是数量的概念，而是生态的概念；主要不是实物的概念，而是价值的概念；主要不是总量的概念，而是人均的概念，保障山区生产总值重要性下降但生态重要性上升，实物经济比重下降但服务经济比重上升，常住定居人口下降但旅游暂住人口上升。

3. 中央与地方合力

坚持争取国家扶持和发挥地方主动性相结合，从关系到对金沙江及长江流域生态安全和国家能源安全的高度，以争取国家投入为主，在科学规划的基础上，最大限度地争取各种渠道的国家生态建设和环境整治资金。同时，在国家支持的基础上，昭通市也要发挥自己的主观能动性，制定科学合理的资金使用规划，在空间和建设时序上整合各类资金的使用，最大限度地发挥资金的使用效率。并且将政府管理和公众参与相结合，政府作为生态屏障建设的领导力量，应发挥其主导性作用，也要充分认识非政府组织、企业和社区居民在生态环境建设中的巨大作用，要充分调动非政府组织、企业和社区居民参与生态屏障建设的积极性，引导这些力量在昭通市生态建设中发挥积极的作用，从而保障政府的生态建设措施顺利实施。

4. 近期与远期统筹

坚持近期与长远结合、统筹规划分步实施，充分认识改变昭通市资源环境承载能力居民的艰巨性、复杂性和系统性，既要增强紧迫感，抓紧解决突出问题，又要统筹规划，分步实施。鉴于昭通市自然地理条件恶劣、承载能力整体较为有限，要想全面适应并改善这一客观实际，实现资源环境与经济社会的协调发展，还需要经过较长时间的努力。因此，需要统筹资源环境关键领域与一般领域，根据轻重缓急和区域差异，明确目标，统一规划，分步实施，扎实有序地推进资源环境保障能力建设，整体提升昭通市资源环境要素的支撑保障能力。近期坚持在资源环境关键领域寻求突破，明确昭通市国土开发与整治、水资源保障、防灾减灾以及生态屏障建设的重大工程，重点解决灾区、生态极重要区、灾害风险高危区、极端贫困区等区域的薄弱环节和突出问题。

5. 分区与重点推进

坚持功能分区指导与重点项目推进相结合，按照资源环境承载能力约束类型分区、国土开发适宜性分区以及国土空间功能区划，针对不同功能分区存在的实际问题和今后发展的方向实施针对性的政策措施，提出政策实施的监督机制，并通过在不同的功能区建立发展示范区。同时，以重点项目带动，通过昭通市域范围内兴建的大型水电站、火力发电站、矿产资源开发基地等大型产业项目，以及高等级公路铁路等大型基础设施项目，最大限度地促进对昭通市经济社会发展的带动效应，强化安全、环保、能耗等刚性约束，推动传统产业转型升级。但是还必须看到，大型工程项目的建设有可能给生态带来很大的负面影响，需要统筹安排生态建设工程的空间布局和时序，保障重点项目的生态安全。

第二节　可持续发展路径选择

一、形成优化昭通市资源环境承载能力的新型城镇化策略

1. 推进相对集中、适度分散的城镇化布局模式

针对昭通市城镇化进程中资源环境约束性强、开发强度大且人口众多、农村剩余劳动力庞大的矛盾，集中做大"一核多组团"中心城市、均衡布局重点镇和一般镇、适度推进山区半城镇化。

1）构建以综合承载力最强的昭阳城区为核、若干功能城镇（园区）为节点的"一核多组团"式中心城市，培育中心城市的集聚和辐射作用，加大中心城市集约紧凑程度，完善城市配套设施，突出生产中心、商品集散中心、技术信息中心、科教文卫服务中心等综合服务功能，带动山区腹地从相对封闭向全方位开放转变，促进区域投资环境改善和贫困地区面貌改变，以中心城市的现代化引领山区整体发展。

2）均衡布局重点镇和一般镇，以综合承载力较强的县城和重点镇为公共服务均等化的空间载体，结合地方能源矿产开发与加工、生物资源及农副产品加工贸易、自然和人文旅游资源利用等资源主导型产业的发展布局，扶持发展一批红色文化、绿色生态、民族风情、农业基地、商贸流通等各具特色的小城镇，完善功能、改善环境、塑造特色，强化聚集，建成具有一定辐射力和影响力的农村区域经济文化枢纽，以小城镇为主体形态推进山地城镇化进程。

3）适度推进半城镇化进程，发挥山地丘陵地区旅游休闲资源、能源与矿产资源以及生物与农副产品资源优势，变地理位置偏远劣势为专业小市场发育以及物流运输业发展的后发优势，通过半城镇化、非农产业化和农业现代化的一体化发展，加快山区产业转型与剩余劳动力就业转移，促进其就业的主体形态、收入来源构成、公共服务与基础设施条件、生活方式与社区文化等，与城镇化人口和城镇化地区接近（图11-1）。

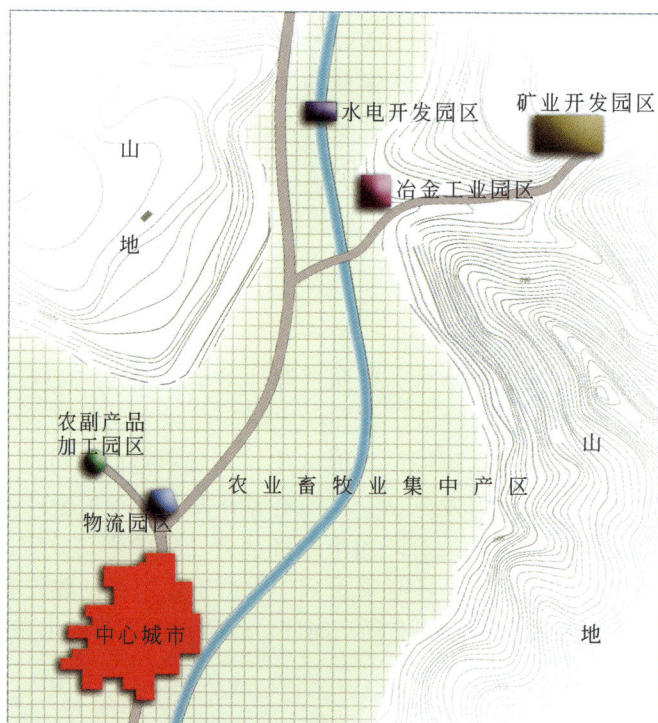

图11-1　昭通市产业园区与城镇化协同布局示意图

2. 促进产业区位选择与城镇体系布局协调

将昭通市产业区位与城镇化布局的耦合性关系分为完全耦合性和非完全耦合性，前者通常出现在商贸、医疗卫生、教育以及交通运输服务等第三产业区位与城镇区位选择高度耦合的情况，后者则主要是指工业区位选择，特别是昭通山地丘陵地区产业发展多依托本底资源，产业发展主体类型多是水电矿产资源开采、农副产品加工和景观旅游资源开发等资源密集型产业，并成为其特色产业、支撑产业与最具竞争力产业，而这三类产业在空间上通常具有分散分布特征。基于以上考虑，未来昭通市的城镇发展布局过程，应强调以下三个方面。

（1）促进城镇化与工业化互动发展

针对地区资源指向型工业化分散布局、产业区位与城市区位不耦合的特征，应采用"生产在园区、居住在城镇"的城镇化模式，在若干园区集中地区合理布局中心城市，而小城镇在规划建设初期就应统筹考虑在园区周边进行合理布局。

（2）促进城镇化与农业现代化协同发展

昭通市的城镇化是调整地区经济结构、转变发展方式、解决农村剩余劳动力的重要途径，在这一过程中应注重发挥加工型、物流配送型、生产服务型企业对农业基地建设、农户龙头企业发展的拉动、辐射作用，构建以城镇为中心，以周边农业基地和农业企业繁荣为节点的发展模式。

（3）促进城镇化与服务型产业协同发展

既要加快昭通市服务型产业功能层次分异，充分发挥不同层级中心地服务功能，实现基本功能服务均等化，又要注意规避各级中心地服务功能设施配置过于重复、超前，应当采用"高端服务功能相对集聚、便民服务功能相对均衡"相兼顾的布局模式，推进昭通市城镇化与基本公共服务业协调发展。

3. 因地制宜地探索"城镇化上山"模式

根据昭通市人多地少、山地多平坝少的资源环境特征，因地制宜地开展"城镇化上山"具有合理性，但"上山"要以解决哪些"山"可以上、哪些风险需要控制等一系列问题为前提。探索昭通市"城镇化上山"模式时需要注意以下方面。

1）昭通市资源环境承载能力的复杂性要求须对"城镇化上山"进行精细化管理，实施可行性研究，评估资源环境支撑条件，规划先行的同时，引导"城镇化上山"建设过程的集约高效，坚决杜绝粗放式开发对国土空间资源的浪费，规避对生态环境的负面影响。

2）杜绝城镇"上山"但坝区过度开发的情况发生，坝区要切实严格控制建设用地，要按照底线管理进行开发强度控制，建立生态红线、水红线、环境红线、土地红线等部门红线的管控体系，促进城镇发展模式从传统的外延型、粗放型转向集约型、节约型。

3）城镇化开发应满足区域国土品质的整体要求，要凸显昭通市不同民族文化符号，尽可能体现出民族风貌、风情、习俗等特色，力求通过提高城镇自身建设品质，将城镇建设与山水景观相得益彰、与民族文化相辅相成，提升国土空间品质，不仅要提高山地居民的幸福感，也要为全省乃至全国生态文明建设体系的构筑作出独到的贡献。

二、构建适应昭通市资源环境承载能力的绿色经济体系

1. 壮大特色高效农业

因地制宜地发展立体生态农业和特色经济林果业，建设河谷坝区优质粮食基地和优质蔬菜基地、低山丘陵区优质经济林果基地和农林牧复合经营基地、中高山区水土保持型高效生态农业基地，逐步形成基地化、规模化、产业化的新型农林业体系。

1）河谷地区重点以粮食生产、水果生产、蔬菜生产为基础，以营造水果园、茶园增加植被；以坡改梯和沃土工程、排灌工程来保持水土，提高地力；以发展生猪和畜禽养殖、开发沼气来取代其他能源，保护小流域的生态植被；用沼液、沼渣培养浮游生物养鱼，用鱼塘污泥肥沃农田，形成水果—粮食—蔬菜—畜禽养殖—沼气—渔业等产业循环再生的生态农业模式。

2）低山丘陵区以优质的柑橘、苹果、桑树等高效经济林及用材林为保土固肥的主要树种，利用肥沃、保收的土地，采取轮作、间作套种等方式，发展水稻、小麦等粮食作物及高收益的油料、豆类等经济作物，用粮食、油料、蚕茧的副产品发展生猪、鸡鸭等畜禽，以畜禽、蚕茧的粪便发展沼气，以沼气替代农村能源，用沼液沼渣增加农田的有机质和养分，进而促进粮油生产，推广果—粮—经—畜—桑—沼互惠共生型高效生态农业模式。

3）中低山区以植树造林、水土保持、草场改良为保护型生态条件，采用轮作、间作套种等方式，发展玉米、小麦、各种杂粮、油料、薯类、魔芋等农作物，通过人工种草为畜牧提供优质饲料，牲畜粪便施入农田促使杂粮、魔芋、薯类等农作物、水土保持林和草类生长，形成相互保护、相互促进的水土保持型高效生态农业发展模式。

4）中高山区以经济林和用材林种植作为保护型生态条件，大面积发展花椒、茶叶等经济作物，利用中高山的优势，采取轮作、间作等方式发展天麻、黄连等中药材，种植高山反季节蔬菜、烤烟和人工牧草，用种植的牧草和改良后的天然草场发展山羊等草食性牲畜，形成以高山名优土特产为主体的高效生态农业模式。

2. 发展环境友好型生态工业

以环境容量和承载能力为约束，通过循环经济模式，积极发展有机及绿色食品加工业，延长山地特色农副产品加工产业链条，以能源资源和矿产资源为基础，以水电为依托，以煤化工为突破口，发展电—矿—化循环经济。

1）促进昭通市工业发展与以种植业为主的农业生产结构形成良性循环，积极发展有机及绿色食品加工业，巩固提高烟草及配套产业，延长山地特色农副产品加工产业链条，扩大农林产品的生产与深加工能力。重点培育天麻制品、魔芋制品、亚麻制品、薯类加工、果蔬加工、桑蚕制品、林产品加工、畜禽制品等地区优势与特色产品的品牌化与系列化开发，研发新产品，延伸产业链条，打造具有竞争力的品牌，开拓国内外市场。

2）以地区能源资源和矿产资源为基础，以地区的环境容量和承载力为约束，适度发展化工、矿冶及新型建材产业，实施煤电冶一体化开发，提高资源利用效率和综合竞争能力。严格控制个体对水电资源和矿产资源的盲目开发，鼓励国内有先进技术和丰富经验的企业进行能源矿产资源开发和精深加工基地建设。

3）在推进煤电、煤化工、煤冶、煤层气和洗精煤项目建设过程中，走资源综合开发、综合利用、延长煤炭产业链的发展道路，提高煤炭产品的附加值。同时，推进煤炭资源整合，促进煤炭产业优化升级，全面提高煤炭生产的集中度和安全生产水平。

3. 培育休闲生态旅游业

突出特色自然与人文景观的保护与传承，深入挖掘和系统组织区域旅游资源，积极探索新型旅游方式，建设若干国家生态旅游示范区、旅游扶贫试验区、旅游度假区，打造休闲度假旅游、红色旅游、高峡平湖旅游等精品路线，实现昭通市生态旅游资源的严格保护、合理开发和永续利用相结合。

1）以自然风光及具有地方特色的风土民情为基础，建立可持续发展的旅游体系，使旅游资源转化为经济效益，同时兼顾生态效益、社会效益。深入挖掘区域的旅游资源内涵，构建多元、多功能的生态旅游产业体系。形成生态旅游促进生态环境保护，生态环境保护支持生态旅游业的良性循环模式。

2）针对昭通市自然地理约束下旅游可进入性差的特点，加强与周边地区、省（市）的协作配合，互通信息，客源共享，把宜宾—水富—盐津—大关—昭阳—昆明作为滇东北旅游开发的主要线路，打造滇—川—黔旅游"金三角"，共筑"滇东北旅游圈"、"乌蒙旅游圈"。

3）着力创新退耕林地、传统梯田、生态移民迁出地等生态保育和修复区的再开发再利用，适度发展乡土民俗旅游、周末农业劳动体验、农家乐等项目，打造昭通市旅游新亮点。

三、实施缓解昭通市资源环境承载压力的扶贫开发方式

1. 提升贫困人口自我发展能力

通过技能培训、劳务输出、异地就学等方式提高农村劳动力职业技能和非农就业能力，努力提升贫困人口素质，加大向非农产业的转移力度，促进人口外出就业与农民留守增收同步，加快农业发展区和生态建设区超载人口和剩余劳动力向外地转移。

1）开展以订单、定岗、定向为主要培训模式的就业技能培训援助，确保每个家庭有一名劳动力在餐饮、电工、电子装配、家政、安保、建筑装饰、建材、物流等重点领域经过规范的技能培训，实现稳定就业。鼓励产业园区或大型企业参与劳务移民的保障房建设，创造劳务移民与城市居民或产业工人享受同等待遇的社会环境，建立促进贫困地区人口向沿城镇、坝区转移的长效机制。

2）依托昭通市内外优势教育资源与对口帮扶条件，采取"集中增点、分散接纳"相结合的方式，扩大异地教育规模，采取教育在区内、实习在区外的一条龙方式，增强教育移民能力，实施教育移民扶贫攻坚工程，让外出务工人员输得出、稳得住、能致富，解决昭通市人口与资源环境承载能力的突出矛盾。

2. 改善基本生产生活条件

加强农村公益性基础设施建设，完善贫困地区农业生产基础设施条件，推进农业规模化、集约化和产业化经营，增强农业综合生产能力，实施贫困村整村推进、农村危房危窑改造、村容村貌整治等系列工程，强化农田水利建设、土地整治与农田改造、小流域治理和水土保持，全面改善基本生产生活条件。

1）强化农田路网干道沙石化、桥涵化改造和对外衔接通道建设，推进形成布局合理、衔接顺畅、安全便捷的乡村道路网。着力推进绿色能源建设，引导发展小型农田水利建设和生产用电，进一步把沼气工程、无电人口通电、农网改造、太阳能综合利用等作为农村能源重点工程建设。

2）推进土地整理和高标准农田建设，加快中低产田改造，实施测土配方施肥和耕地质量保护，提高耕地质量。开展坡改梯及坡面水系工程建设，加强中小河流治理、山洪地质灾害防治以及水土流失综合治理。加快小流域自然资源综合开发利用，合理规划安排农林牧业生产用地，提高水土资源利用效率。

3. 积极稳妥地推进生态移民

按照自愿原则，积极稳妥、分步骤实施易地扶贫搬迁，开展生态移民、地质灾害搬迁等项目，对昭通市境内居住在生存环境恶劣、自然灾害频发地区的贫困人口和村落实施移民搬迁，逐步疏解市域资源环境承载压力。

1）采取县内与县外安置相结合的方式，将开发土地集中安置、适度集中就近安置和因地制宜插花安置相结合，依托城镇郊区、工业园区和商贸物流区建设农民搬迁安置区。把发展特色产业与移民搬迁相结合，依托生态旅游区、观光休闲农业区等规划建设农民集中居住点，引导农民就地或就近适度集中居住，切实解决好搬迁户的后续发展问题。

2）结合并借鉴库区移民经验，搬迁地质灾害避让区内必须搬迁的农户和生态保育区内有搬迁意愿的农户先行实施地质灾害搬迁、生态搬迁和农村危房改造，在总结成效后，再对其他类型区内必须搬迁的农户实施搬迁，通过市场化机制推进有搬迁意愿的农户搬迁。

四、推进协调昭通市资源环境承载能力的国土开发格局

1. 人口产业集聚区

人口产业集聚区作为未来承接昭通市人口产业发展的主要区域，用以提升区域核心竞争力，包括重点集聚区和适度集聚区两类。

（1）重点集聚区

重点集聚区是城镇重点发展区、大型产业园区等高强度国土开发活动布局的核心地区。应充分发挥该区域用地条件良好、资源环境承载力较强的优势，承担城镇布局、人口集聚和产业发展的核心功能，同时，发挥该区域对全域超载人口吸纳的主导作用，促进产城融合、推动滇东北地区城镇化发展，打造昭通市增长极的核心区域。但开发过程中应当处理好经济建设与基本农田保护的关系，实现耕地占补平衡。

（2）适度集聚区

适度集聚区是开展据点式城镇发展和特色化产业园布局的主要地区，宜于适度开展高强度国土开发活动。应根据该区域现有的开发规模、开发强度以及未来的发展潜力，确定管制要求和开发时序，按照底线管理进行开发强度控制，重点调整优化用地结构，着重于开发功能挖潜和特色提升。同时，探索在评估资源环境支撑条件和规划先行的前提下，因地制宜地开展"城镇化上山"模式。

2. 农业发展区

农业发展区作为充分发挥昭通市现有农业优势、树立全国农业品牌形象的先导区域，是农业现代化与城镇化互动发展的主要空间载体，包括高效农业区和特色农林区两类。

（1）高效农业区

高效农业区是突出规模效应，强调稳定粮食生产，调整农业结构，推进农业区域化布局、规模化经营的主要区域，含粮食主产区、绿色食品供给区、新型乡村社区等。高效农业区应以生态农业园等为示范引领，打造一批集设施农业、农副产品深加工、农业生物技术研发为一体的农业园，实现农业生产集约化、栽培设施化、农业生态化、产品精品化，形成昭通市高原特色农业种养殖、加工、贸易、展示核心区。同时，应坚决执行最严格的耕地保护制度，严格禁止乱占滥用耕地行为，确保基本农田总量不减少、用途不改变、质量不降低。

（2）特色农林区

特色农林区是特色经济作物种植养殖基地和生态休闲农业为主的现代特色农业发展区。特色农林区依托立体气候明显、生物资源丰富多样的天然优势，是苹果、天麻、马铃薯、蔬菜、魔芋、蚕桑、核桃和林产业等特色农林业集中分布区域。积极实施多集群发展战略，每个乡镇单元至少打造一个特色农林产业，大幅度提升农业和农村经济综合实力。加快制定和完善农林产品产地质量标准、无公害农产品生产规程、农产品质量安全等地方性标准，大力发展无公害农产品、绿色食品和有机食品。

3. 生态建设区

生态建设区具有加强水源涵养、实现生态保育的主导功能，是履行国家生态安全屏障功能、提升区域生态环境质量的重要组成部分，包括生态保育区和生态修复区两类。

（1）生态保育区

生态保育区包括自然保护区、退耕还林区、世界自然遗产、森林公园、地质公园、风景名胜区等，是贯彻落实昭通市长江上游重要的生态屏障的生态功能定位的战略支撑区域。生态保育区应依法严保各类自然文化资源保护区域，并继续推进天然林保护和退耕还林，增加水源涵养林面积，加强大山包、药山、五莲峰、乌蒙山等江河源头及上游地区的小流域治理和植树造林，因地制宜地推进生态林场和彩色

林区建设，提高生物多样性，建立天然林和人工林结合的水源涵养林体系。

（2）生态修复区

生态修复区是未来加强水土流失和石漠化等生态问题治理，提高林草植被盖度和森林覆盖率，增强生态服务功能的重要地区。生态修复区应利用昭通市气候条件和植物资源，开展生态治理、公益林建设以及石漠化综合修复，推进生态旅游以及生态效益和经济效益双收的林业经济发展。科学利用退耕后坡地，有针对性地开展土壤治理、改良等措施，培育生态林种种植业，推动退耕还林后续产业发展，巩固退耕还林、天然林保护等生态建设工程成果。此外，逐步建立节约型、低碳型土地利用模式，结合生态林和生态屏障建设，增强国土碳汇功能，为碳交易及生态补偿政策实施后，以生态建设换取经济收益创造条件。

五、加强提升昭通市资源环境承载能力的要素整治与调控

1. 土地资源集约开发

（1）促进城乡用地集约高效

从土地投入、土地利用效益、经济社会发展支持等方面建立指标体系，通过对土地投入、产出与开发强度等进行调控，对昭通城市与村镇人均用地规模与建筑容积率进行调控，对开发区土地开发强度、土地投入产出水平和非生产性用地比例进行调控，以达到节约集体利用土地的目的。按照严控增量、盘活存量、优化结构、提高效率的原则，加强土地利用的规划管控、市场调节、标准控制和考核监管，加大"空心村"、砖瓦窑和工矿废弃地的改造利用力度，要采取保留改造、环境整治、置换搬迁、整体新建或部分扩建等方式，开展城乡结合部和农村居民点用地整理，在适宜建设用地丰富类乡镇试点开展低丘缓坡综合开发利用。严格建设用地审批制度，对建设占用土地是否符合土地利用总体规划、林地保护利用规划、城乡规划，是否符合产业政策，是否符合环境标准和要求等市场准入条件，是否落实补充耕地方案等情况进行审核，引导工业向开发区集中、人口向城镇集中、住宅向社区集中。

（2）统筹区域土地资源配置

有效保障昭通市重点集聚区的人口及经济用地需求，适当扩大建设用地供给，提高存量建设用地利用强度，拓展建设用地新空间，促进重点集聚区支柱产业的培育和经济总量的提升。合理安排昭鲁坝区的建设用地，提高中心城市综合承载能力，支持资金密集型、劳动密集型产业发展用地，促进主导产业的培育和发展，积极引导产业集群发展和用地的集中布局，促进城市人口和经济集聚效益的发挥。适度集聚区加强城镇建设用地扩展边界控制，鼓励城市存量用地深度开发，严格控制建设用地特别是工矿用地规模扩大，逐步降低人均工矿用地面积，适度增加城镇居住用地，限制占地多、耗能高的工业用地，新增建设用地主要用于发展特色产业以及基础设施、公共设施建设。农业发展区和生态建设区应坚持土地资源保护性开发，统筹土地资源开发与土地生态建设，严格限制不符合功能定位的各类土地利用活动，确保食物保障能力和生态服务功能的稳定发挥。

（3）加强优质耕地资源保护

实行最严格的耕地保护制度，将优质耕地划入基本农田实行永久保护，严控建设用地占用优质耕地。推进土地开发复垦整理，加强对中、低产农田的改造，加强对田、水、路的综合整理，提高现有耕地质量，将有条件整理的中低产田改造成高产稳产田，充分挖掘耕地的潜力，实现昭通市现有基本农田总量不减少，用途不改变，质量有提升。建立和完善昭通市耕地质量检测与预警系统，充分应用遥感（RS）、全球定位系统（GPS）和地理信息系统（GIS）等技术手段，建立以高科技为基础的耕地保护监测信息系统，及时监测耕地变更状况，尤其是坝区优质耕地利用情况，为耕地保护和执法检查提供科学依据。完善农村土地产权制度，保障耕地及基本农田使用者的利益，建立可流转的土地产权关系，实现土地产权购买和转移。强化农田生态保护，在强调耕地总量占补平衡时还应注意生态平衡，将可能出现的农田生态问题作为耕地总量平衡的一部分，赋予耕地占补平衡以新内涵。

2. 地质灾害综合防治

（1）加强地质灾害排查与防治

加强地质灾害隐患排查，识别重大地质灾害隐患。应特别重视昭通市地质灾害重度和极重度危险区的地质灾害隐患排查，如昭通市主要构造断裂和河流两侧地质灾害集中分布地带，持续进行灾害监测。采用集中重点防范和局部积极避让相结合的措施。疏导预防为主，防治结合。对重点防治区进行综合治理，做好突发性地质灾害预案。避让地质灾害高危区域，远离陡峭沟谷、强风化和构造破碎等不稳定斜坡区域。对重大地质灾害隐患及时采取工程治理措施，消除或降低隐患，在灾害易发区采取合理的土地经营方式，实行主动防灾减灾。做好强降雨和强地震诱发群发性重大地质灾害的应急预案，严防强震和强降雨叠加诱发大型滑坡–泥石流的风险。加强人类活动影响下地质灾害的风险评估和防范，开展水电工程库区和采矿区等人类活动高强度区地质灾害风险专项评估工作，排查并严密监控人类活动高强度区内的重大地质灾害隐患，合理选择避让或工程治理等措施防治地质灾害隐患。

（2）强化地震监测与应急能力建设

"十二五"时期，昭通市初步建立了涵盖"测震、流体、形变、电磁"四大学科的地震监测网络。但地震监测点位存在布局不均、密度不够，部分地震监测仪器老化的问题。"十三五"时期，昭通市地震监测网络将以"补漏、升级"为着力点，开展监测能力提升工作。在镇雄、彝良、威信、大关、水富5县新建地震监测综合观测站，包括"征地、观测山洞、观测机井、观测用房"建设，开展"测震、流体（深井水位、水温）、形变（四分量钻孔应变、倾斜、重力）"等监测。对全市现有的地震监测台站及观测项目进行清理，选择具备条件的台站建设地震观测机井，对老旧的地震监测设备进行升级换代。同时，加强地震应急能力建设，对全市10区县地震应急指挥中心平台硬件进行升级（鲁甸县在"8·03"地震后新建指挥中心除外）。升级后的指挥中心具备"地震应急指挥辅助决策、地震应急快速响应、地震应急指挥管理、地震应急信息通告"等功能。

（3）强化防灾减灾科技支撑

昭通市地质环境脆弱、地质环境承载能力普遍较差，使得小灾可造成大损失和大伤亡，应加强科学选址，严格避让地质灾害威胁区域，制定适宜本区的地质灾害科学防治避让措施。昭通市地质灾害类型全、分布广、触发因素复杂多样，针对重大地质灾害具有显著的突发性特点，根据不同地区地质灾害的类型和触发条件特征，制定地质灾害排查、风险评估、监测预警和群测群防方案以及避让防治措施。加强防灾减灾科技人才队伍建设，以及防灾减灾信息化和产业化建设，保障专项灾害评估、灾害治理、防灾及救灾抢险物资储备，制定具体灾时响应方案，有效支撑防灾减灾的科学决策。

3. 水资源高效利用

（1）强化水资源红线管理

昭通市水资源丰富，开发利用程度较低，尚有较大的开发潜力。随着经济社会的快速发展与城镇化水平的进一步提高，水资源需求将呈显著增长趋势。应进一步提高节水水平，实行用水总量控制与定额管理制度，满足水资源数量与效率红线要求。昭通市以山地为主，受地形条件的制约，大部分地区取用水难度大、成本高。供水条件较好的区域面积比例较小，主要集中在昭鲁坝区和河谷地带。在人口、产业布局选址时，应充分考虑水资源条件，进行水资源数量与供水成本的论证分析，促进人口产业与水资源协调发展。

（2）完善城乡供水体系

加强城镇集中供水建设，优化水源地配置方案，提高昭通市区、县城、园区的供水保障率，满足城市发展和产业园区的用水需求。昭通市区人口规模较大，应进一步完善多水源供水的城市供水格局，保障用水安全。充分利用现有水库工程，进一步建设小型水利设施与供水工程，按照规模化集中供水、城镇管网延伸、自来水入户三项工程有机结合，实现农村饮水安全工程"提质增效"，提高用水安全保障水平。

（3）提高区域用水能力

推行以清洁生产为特征的污染预防战略，发展循环经济，从源头控制工业用水污染。发展生态型循环农业，降低畜禽养殖和农业面源污染。在昭鲁坝区等产业集中区，加强水环境论证。在昭通市区、县城与较大的城镇，推进生活污水处理设施建设，提高生活污水处理率。以水功能区管理为基础，划定饮用水源地保护区，合理布局产业与排污口，改善饮用水源区水环境，确保水质安全。制定水功能区污水排放总量控制方案，全面实施入河、湖、库等水体、水域污染物限排指标控制制度。加强排污口登记和管理，根据水功能区要求，搬迁、整治排污口。在水功能区和行政区界设立水质监测点，完善水质预警预报系统，提高水质监测能力和应急反应能力。

4. 生态环境保育修复

（1）明确生态保育重点

加大生态保护极重要、重要地区的生态保育，严格执行各类保护区，包括自然保护区、森林公园、重要物种保护区的分布区域等的保护管理条例、技术规范和标准。严禁在保护区核心区和缓冲区进行任何旅游和经营活动，对保护区内组织的参观、旅游活动等加强管理。以自然保护区、森林公园为重点，加强物种多样性的保护，多渠道争取资金，加大对地方各级自然保护区的投资力度，提升自然景观资源品质。建议划定昭阳区及其他县城城市水源一级保护区，大山包等国家级自然保护区核心区和缓冲区作为生态红线区。逐步转移生态红线区中生态极重要和重要地区、生态极敏感和高度敏感区域的人口，减少人口数量。

（2）完善生态环境监管

保障区域大气环境质量和水环境安全，完善污染物排放许可制度，禁止无证排污和超标准、超总量排污，严格控制高污染、高排放行业发展。调整能源结构，加大清洁能源比重，遏制酸雨污染的进一步恶化，对严重污染环境的工艺、设备和产品实行淘汰制度。对凤凰闸、扎西水库等水质不达标的监测断面、河流水库进行集中治理，加强对于其他污染物入河、入库的监测，加快城市污水处理厂建设，确保城市和饮用水水源地水质安全。实行企事业单位污染物排放总量控制，适时调整主要污染物指标种类，纳入约束性指标。健全环境影响评价、清洁生产审核、环境信息公开等制度。建立以环保为核心，由多层环保监控管理平台集成的"智慧环保"系统，基本实施将信息、网络、自动控制、通信等高科技应用到环保领域。

（3）丰富生态经济内涵

对于生态保护中等重要的地区，通过配合自然保护区、国家森林公园的建设和退耕地生态修复，在实施退耕还林还草工程的同时，积极扶持珍稀野生动植物、药材资源生存环境的培育，发展生态效益和经济效益双收的林业经济、牧业经济，解决现有人口的生存问题，在不增加生态环境压力的条件下发展经济产业。加大生态建设区坡耕地退耕的力度，25°以上坡地原则上全部退耕。加大水源涵养林、水土保持林的抚育，进一步提升森林保持水土、涵养水源的功能，加快水土流失敏感区、震后植被修复区和退耕地分布区域的生态修复。严控陡坡垦殖、耕地上山，或将土地质量较差的区域划为基本农田的行为。结合当地农业发展特点，选择适宜地区适度发展生态型经济林，增加退耕农户的经济收入来源。

第三节　可持续发展保障体系与政策需求

一、保　障　体　系

1. 创新综合管理和区域协作机制

（1）加强资源环境综合管理

建议成立昭通市资源环境综合管理委员会，专门就昭通市全域的水土资源、生态保护、环境治理等重大问题进行统筹规划、综合监督和协调管理。综合管理委员会下设处理日常工作的综合办公室，负责对昭通市资源环境状况进行调查统计的统计处，分科室对土地、水资源、生态、大气环境和水环境等进行综合管理的管理处，开展资源环境协调管理研究的政策研究室，以及对昭通市生态保育、环境治理专项资金等进行管理的基金办公室等。建议综合管理委员会由昭通市政府直接授权，定期向市政府、市人大汇报工作。综合管理委员会工作人员应由具备较高的资源环境专业素质，熟悉资源环境管理工作的省内外专家、学者、领导和专业技术人员组成，切实加强昭通市资源环境的综合管理。

（2）建立健全区域协作机制

发挥坝区资源环境支撑优势，扶持生态环境敏感、生存条件恶劣的部分山区县，探索异地创办工业开发区，打造"飞地"经济，实现山区异地开发。建立与滇中城市群、成渝城市群、东部发达地区等区际协作互动机制，加快形成面向区外的转移就业基地和劳务市场，有效减轻昭通市超载人口压力。健全区外合作机制，建立乌蒙山片区地方协作共治制度，探索资源开发共谋、设施配置共建、市场营运共体、生态环境保育共治等资源环境与经济社会协同发展新机制。深化对口支援机制，完善税收优惠和财政扶持政策，争取东部发达省市定点帮扶生态脆弱区资源环境整治，主动对接中央和国家机关及企事业单位定点帮扶和对口支援工作。

2. 建立生态文明政绩考核体系

1）建立体现生态文明要求的目标体系、考核办法、奖惩机制。将生态修复和国土整治作为重要任务，把资源消耗、环境损害、生态效益等指标纳入经济社会发展综合评价体系，增加经济生态化考核权重，强化指标约束和产业准入把关，不唯经济增长论英雄。完善政绩考核办法，根据乡镇功能定位，实行差异化的绩效考核标准，人口产业集聚区以考核经济增长质量、吸引外资和解决就业等为主，农业发展区以农业生产集约化程度、农户生计能力提升等为主，生态建设区以水土流失治理、退耕还林进度、环境质量达标情况等生态环境保育效果为主。根据考核评价结果，对生态文明建设成绩突出的地区、单位和个人给予表彰奖励。探索编制自然资源资产负债表，对领导干部实行自然资源资产和环境责任离任审计。

2）建立领导干部任期生态文明建设责任制，完善节能减排目标责任考核及问责制度。严格责任追究，对违背科学发展要求、造成资源环境生态严重破坏的要记录在案，实行终身追责，不得转任重要职务或提拔使用，已经调离的也要问责。对推动生态文明建设工作不力的，要及时诫勉谈话；对不顾资源和生态环境盲目决策、造成严重后果的，要严肃追究有关人员的领导责任；对履职不力、监管不严、失职渎职的，依纪依法追究有关人员的监管责任，建立健全党政同责、一岗双责的生态环境保护任职制，推进生态环境保护法制化建设。

3. 完善人口产业有序集疏引导政策

（1）完善新型人口城镇化政策

人口产业集聚区实施积极的人口迁入政策，加强人口集聚和吸纳能力建设，加快推进山区人口内聚外迁，放宽户口迁移限制，鼓励外来人口迁入和定居，将在城市有稳定职业和住所的流动人口逐步实现本地化。坚持以人为核心的新型城镇化理念，建立贫困地区人口城镇化的成本分担机制，主要用于市民化后农民工及家属的教育、医疗和社会保障支出，以分担农业转移人口市民化成本。出台农业转移人口市民化包括户籍制度、土地流转制度、财政分担制度、失地农民保障制度等方面的改革配套政策，破除城乡二元体制障碍，为城镇化健康有序发展提供保障。

（2）实施分类产业布局政策

进一步明确不同功能类型区域鼓励、限制和禁止的产业。对不同主体功能区国家鼓励类以外的投资项目实行更加严格的投资管理，其中属于限制类的新建项目按照禁止类进行管理，投资管理部门不予审批、核准或备案。严格市场准入制度，对不同主体功能区的项目实行不同的占地、耗能、耗水、资源回收率、资源综合利用率、工艺装备、"三废"排放和生态保护等强制性标准。对限制开发区域不符合主体功能定位的现有产业，要通过设备折旧补贴、设备贷款担保、迁移补贴等手段，促进产业跨区域转移或关闭。

4. 完善生态经济发展支持政策

（1）完善生态产业发展财税支持政策

制定鼓励生态经济发展的产业投资指导目录，重点支持清洁能源、特色农业、旅游业、现代服务业等特色优势产业发展。制定承接东部产业转移和招商引资的优惠政策措施，积极发展农副产品加工业、现代服务业、生态环保业及劳动密集型产业等。合理确定节能减排指标和主要污染物排放量，加大对淘汰落后产能和关闭小企业的支持力度。探索建立以奖代补、贷款贴息、融资担保、政策性保险等财政资金安排方式，探索财政资金引导设立生态经济发展投资基金。

（2）完善生态经济发展金融与土地支持政策

加大政策性金融对生态产业支持力度，提供"绿色通道"服务。支持金融机构开展为生态经济重点项目和龙头企业提供信托计划、融资租赁等多种金融业务，扩大生态经济领域的信贷投放规模。探索以林权、土地承包经营权、地上作物收益权等质押贷款，加强生态基础设施建设、生态农业开发、资源再生项目等重点项目的中长期信贷投放力度。调整优化用地结构，重点支持和满足生态经济项目用地需求。配套支持生态园区和生态经济项目利用低丘缓坡、未利用地进行开发的土地政策。

5. 完善人口控制与人力资源开发政策

1）实行严格的计划生育办法，促进人口控制与扶贫攻坚协调发展。完善人口和计划生育利益导向机制，实现扶贫政策与计划生育密切结合，对于模范执行计划生育的农户给予扶贫资金、项目的优先支持，使他们率先脱贫致富，树立样板，引导居民自觉降低生育水平。大力完善以社会保险制度为核心的社会经济、社会福利、公共医疗卫生和优抚安置制度，积极探索脱贫保险制度，并在扶贫攻坚中把完善社会保险体系作为降低生育水平的新机制。

2）加大农村教育、卫生投入和人力资源培训，把资源环境超载区域的发展方向调整到以人力资本投资为主的发展道路上，把扶贫开发转移到依靠科技进步提高农民素质的轨道上来。重点在扶贫专项经费、国家支援发展资金等资金中确定适当教育资金专项比例，支持教育事业发展，通过减免贫困生学杂费、改善教学条件的措施，尽快普及"九年"义务教育；同时加大生态环境脆弱区劳动力的免费培训，通过系统地、不断地技能培训使进城人员开阔视野、增长技术、积累资本，为加快城镇化发展打下坚实基础。

二、政　策　需　求

打好昭通市"长江上游重要生态屏障"和"国家能源战略重点"两张牌，开拓生态利益补偿机制，多渠道争取长效生态建设支持，把昭通市长期面临的生态保护压力转变为新时期跨越式发展的新动力。在"十三五"时期建议国家在以下方面给予昭通市更大的政策扶持。

1. 支持退耕还林、水土保持、石漠化治理等重点生态修复工程

加大昭通市退耕还林工程的投入力度，对15°以上非基本农田陡坡耕地、25°以上基本农田陡坡耕地，纳入新一轮退耕还林还草工程实施，并适当提高中央补助标准，放宽对昭通市退耕还林政策中经济林和生态林的比重限制。开展生态建设产业化试点，将部分生态建设区居民转换为种林工人。

2. 将金沙江流域各区县纳入国家重点生态功能区

在建立生态价值的核算标准基础上，制定长江流域生态补偿的政策体系，并在昭通市实行跨流域生

态补偿的试点工作。加大国家对昭通市金沙江流域的生态转移支付力度，建立健全覆盖重要生态功能区、禁止开发区和主要生态系统的纵向生态补偿。

3. 就业转移、人才培训、共建园区等方式实施补偿，推动地区间横向生态补偿

进一步协调水电开发公司和生态建设主体之间的关系，结合昭通市生态建设绩效，在水电开发中提取生态环境保护基金，用于生态基础设施建设及生态补偿，使生态环境保护由单一依靠国家补助向地方投入为主、国家补助为辅转变。

4. 支持地质灾害高风险区的区域性综合治理

需进一步细化地质灾害、洪涝灾害等评价工作，严把选址安全关。加强地质灾害区域性综合治理，加快构筑现代技术手段为支撑、群众广泛参与的预警预防体系，严格按照设防标准开展抗灾减灾能力提升工程，最大限度地规避各类资源环境问题引发的公共安全风险。

5. 加大以工代赈的投入力度

把以工代赈完善昭通市基础设施体系和生态环境保护设施体系作为增强要素流动能力、提升生态环境质量的重要抓手。在尽快打通南北向高速交通通道的基础上，加快提高县城与中心城市的道路等级，加快县乡道路、农村生活用水供给网络等生命线工程建设。积极推进中心城市和主要城镇的污水处理设施、垃圾处理场等环境设施建设。

6. 完善国家投资的引导政策

通过国家在投资、信贷和税收等方面的倾斜优惠，激发以能源原材料基地、山地特色农副产品生产和加工基地为特色的新经济增长极。对昭通市基础设施和公共设施投资项目，适当减少昭通市自筹资金的比例，国有银行给予必要的贷款支持，鼓励重大基础设施的项目融资，给予外来资金一定的政策保障。

主要参考文献

白仙富，戴雨芡，戴靖，等．2013. 昭通地区地震灾害区域性特征分析. 地震研究，36（4）：514-524.

陈晓利，常祖峰，王昆．2015. 云南鲁甸 MS6.5 地震红石岩滑坡稳定性的数值模拟. 地震地质，37（1）：279-290.

陈兴长，胡凯衡，葛永刚，等．2015. 云南鲁甸"8.03"地震地表破裂与大型地震滑坡. 山地学报，33（1）：65-71.

程佳，刘杰，徐锡伟，等．2014. 大凉山次级块体内强震发生的构造特征与 2014 年鲁甸 6.5 级地震对周边断层的影响. 地震地质，36（4）：1228-1243.

邓伟．2010. 山区资源环境承载力研究现状与关键问题. 地理研究，29（6）：959-969.

樊杰．2007. 我国主体功能区划的科学基础. 地理学报，62（4）：339-350.

樊杰．2010. 玉树地震灾后恢复重建：资源环境承载能力评价. 北京：科学出版社.

樊杰，郭锐．2015. 面向"十三五"创新区域治理体系的若干重点问题. 经济地理，01：1-6.

樊杰，周成虎，顾行发，等．2009. 国家汶川地震灾后重建规划：资源环境承载能力评价. 北京：科学出版社.

樊杰，王强，周侃，等．2013a. 我国山地城镇化空间组织模式初探. 城市规划，05：9-15.

樊杰，周侃，陈东．2013b. 生态文明建设中优化国土空间开发格局的经济地理学研究创新与应用实践. 经济地理，01：1-8.

樊杰，周侃，孙威，等．2013c. 人文–经济地理学在生态文明建设中的学科价值与学术创新. 地理科学进展，02：147-160.

樊杰，曲长虹，周侃，等．2014a. 对云南省新型城镇化特色的探讨与建议. 城市规划，12：43-47.

樊杰，王传胜，汤青，等．2014b. 鲁甸地震灾后重建的综合地理分析与对策研讨. 地理科学进展，（8）：1011-1018.

樊杰，等．2014c. 芦山地震灾后恢复重建：资源环境承载能力评价. 北京：科学出版社.

樊杰，王亚飞，汤青，等．2015. 全国资源环境承载能力监测预警（2014 版）学术思路与总体技术流程. 地理科学，01：1-10.

范一大．2014. 云南鲁甸地震灾害损失评估过程与方法. 中国减灾，（9）：56-57.

国务院．2014-11-23. 国务院关于印发鲁甸地震灾后恢复重建总体规划的通知.

和嘉吉，卢永坤，代博洋，等．2015. 鲁甸 M_S6.5 与景谷 M_S6.6 地震灾区房屋抗震能力差异分析. 地震研究，01：137-142，182.

侯建盛，李洋，宋立军，等．2015. 2014 年云南景谷 6.6 级地震与云南鲁甸 6.5 级地震致灾因素分析. 灾害学，02：100-101，143.

胡金．2007. 基于 GIS 对鲁甸县地质灾害易发性分区研究. 昆明：昆明理工大学硕士学位论文.

胡金，李波，杨艳锋．2008. GIS 在云南鲁甸县地质灾害易发性分区中的应用. 灾害学，23（1）：73-75，87.

胡生君，孙保平，王同顺．2014. 干热河谷区退耕还林生态效益价值评估——以云南巧家县为例. 干旱区资源与环境，07：79-83.

户波，熊明彪，赵健，等．2010. 汶川地震前后重灾区水土流失变化特征初步分析. 长江科学学院院报，27（11）：62-66.

环境保护部，中国科学院．2008. 全国生态功能区划.

景可．2002. 长江上游泥沙输移比初探. 泥沙研究，（1）：53-59.

姜绍军．1991. 浅析农民超计划生育行为的经济动因及其对策. 人口与经济，（2）：51-54.

匡文慧，迟文峰，高成凤，等．2014. 云南鲁甸地震灾害应急救援环境分析与影响快速评估. 地理科学进展，33（9）：1152-1158.

雷云．2009. 昭通市滑坡泥石流预警系统减灾效益分析. 人民长江，40（20）：59-62.

李九一，李丽娟．2012. 中国水资源对区域社会经济发展的支撑能力. 地理学报，67（3）：410-419.

李西，张建国，谢英情，等．2014. 鲁甸 MS6.5 地震地表破坏及其与构造的关系. 地震地质，36（4）：1280-1291.

李旭东．2013. 贵州乌蒙山区资源相对承载力的时空动态变化. 地理研究，32（2）：233-244.

李莹．2011. 鲁甸县土地利用变化与生态安全评价研究. 昆明：云南财经大学硕士学位论文.

梁育填，樊杰，孙威，等．2012. 西南山区农村生活能源消费结构的影响因素分析——以云南省昭通市为例. 地理学报，02：221-229.

刘丽，王士革．1995. 云南昭通滑坡泥石流危险度模糊综合评判. 山地研究，13（4）：261-266.

陆新征，林旭川，田源，等．2014. 汶川、芦山、鲁甸地震极震区地面运动破坏力对比及其思考. 工程力学，31（10）：1-7，20.

秦娟，蔡辉腾，王赞军．2014. 重庆及其邻区地震烈度衰减关系的进一步研究. 地震工程与工程振动，34（1）：54-61.

史培军，袁艺 . 2014. 重特大自然灾害综合评估 . 地理科学进展，33（9）：1145-1151.

帅向华，姜立新，侯建盛，等 . 2014. 云南鲁甸 6.5 级地震灾害特点浅析 . 震灾防御技术，03：340-358.

水利部长江水利委员会 . 2002—2010. 长江泥沙公报 .

孙鸿烈，郑度，姚檀栋，等 . 2012. 青藏高原国家生态安全屏障保护与建设 . 地理学报，67（1）：3-12.

汤青，徐勇，李扬 . 2013. 黄土高原农户可持续生计评估及未来生计策略——基于陕西延安市和宁夏固原市 1076 户农户调查 . 地理科学进展，32（2）：161-169.

唐立梅 . 2007. 鲁甸县地质灾害特征、成因及防治区划研究 . 昆明：昆明理工大学硕士学位论文 .

童辉，袁晶 . 2012. 金沙江下游水沙变化特性研究 . 人民长江，43（增刊1）：116-118.

汪素云，时振梁 . 1993. 有感半径与震级的关系及其应用//国家地震局震害防御司震中国地震区划文集 . 北京：地震出版社 .

王传胜，杨晓光，赵海英，等 . 2007. 长江上游金沙江段生态屏障建设的功能区划——以昭通市为例 . 山地学报，25（3）：309-316.

王传胜，孙贵艳，孙威，等 . 2011. 云南昭通市坡地聚落空间特征及其成因机制研究 . 自然资源学报，02：237-246.

王传胜，朱珊珊，孙贵艳，等 . 2012. 西部山区坡地村落空间演进与农户生计改变 . 自然资源学报，07：1089-1100.

王金亮，武友德，王平 . 2000. 滇东北山原县域土地结构研究——以会泽县为例 . 云南师范大学学报（自然科学版），02：53-58.

吴勇 . 2012. 山地城镇空间结构演变研究——以西南地区山地城镇为主 . 重庆：重庆大学博士学位论文 .

肖亮，俞言祥 . 2011. 中国西部地区地震烈度衰减关系 . 震灾防御技术，6（4）：358-371.

熊启华 . 2014. 昭通市石漠化现状及治理对策 . 现代园艺，（4）：170-171.

杨晓光，王传胜，盛科荣 . 2006. 基于自然和人文因素的中国欠发达地区类型划分和发展模式研究 . 中国科学院研究生院学报，23（1）：97-104.

云南省人民政府 . 2014-01-06. 云南省主体功能区规划 .

云南省统计局 . 2014. 云南省统计年鉴 . 北京：中国统计出版社 .

张晓平，樊杰 . 2006. 长江上游生态脆弱区生态屏障建设与产业发展战略研究——以昭通市为例 . 长江流域资源与环境，03：310-314.

张永桂 . 1996. 云南省巧家县土地利用现状及其结构调整 . 自然资源，05：64-71.

张振国，孙耀充，徐建宽，等 . 2014. 2014 年 8 月 3 日云南鲁甸地震强地面运动初步模拟及烈度预测 . 地球物理学报，57（9）：3038-3041.

赵芹，罗茂盛，曹叔尤，等 . 2009. 汶川地震四川灾区水土流失经济损失评估及恢复对策 . 四川大学学报（工程科学版），41（3）：289-293.

赵曦，李玉珍 . 2006. 乌蒙山区扶贫开发的现状、问题及对策 . 农村经济，（2）：38-42.

郑度，傅小锋 . 1999. 关于综合地理区划若干问题的探讨 . 地理科学进展，（3）：193-197.

昭通市水利局 . 1994. 昭通市水土保持普查报告 .

周侃，樊杰 . 2015. 中国欠发达地区资源环境承载力特征与影响因素——以宁夏西海固地区和云南怒江州为例 . 地理研究，01：39-52.

Du Y, Wang C S, Zhao H Y, et al. 2007. Functional regionalization with the restriction of ecological shelter zones: A case of Zhaotong in Yunnan. Journal of Geographical Sciences, 17 (3): 365-374.

Scoones I. 1998. Sustainable rural livelihoods: A framework for analysis. Working Paper 72. Brighton, UK: Institute of Development Studies.

资 料 清 单

一、云南省直部门资料清单

云南省地震局

1) 鲁甸 6.5 级地震强震记录（数字化烈度图、峰值地面加速度（PGA）、动力加速度最大值时间序列）（矢量格式）；

2) 评价区发震断裂、构造断裂带分布图（矢量格式）；

3) 云南省历史 4 级以上地震记录（电子版）。

云南省民政厅

4) 评价区各县（市、区）灾害影响范围，极重灾区、重灾区、一般灾区名录；

5) 评价区各县（市、区）分乡镇灾损数据（死亡、受伤人数，房屋受损统计数据，公共服务设施（教育、医疗、交通等）受损统计数据）（电子版）。

云南省国土资源厅

6) 评价区各县（市、区）第二次全国土地调查矢量数据；

7) 评价区各县（市、区）县–乡镇两级行政区划矢量数据（包括区县界、乡镇界及其行政区代码）；

8) 评价区各县（市、区）1∶50 万区域地质图（矢量格式）；

9) 评价区各县（市、区）震前、震后次生地质灾害点、隐患点（含发生时间、灾害类型、经纬度、规模、死亡人数、受伤人数、威胁对象类型、威胁人数、防治费用、防治紧迫程度等）；泥石流沟分布；震后地质灾害排查数据（含灾害类型、经纬度、规模等）（电子版）。

云南省测绘局

10) 评价区各县（市、区）1∶5 万全要素数字地形图；

11) 评价区各县（市、区）城区 1∶1 万 DEM；

12) 震后覆盖重灾区的航拍高清影像数据。

云南省建设厅

13) 评价区各县（市、区）分乡镇房屋受损统计数据（电子版）。

云南省环境保护厅

14) 评价区各县（市、区）国家–省级–市级自然保护区、森林公园等矢量数据（含核心区、缓冲区和实验区三类分区）。

云南省统计局

15) 评价区各县（市、区）2013 年（或 2012 年）分乡镇人口数据，含常住总人口、城镇人口（乡政府驻地与镇区人口、市区人口、县城人口）、全部从业人口、第二第三产业从业人口、性别、年龄、民族人口、受教育程度等详细属性（电子版）；

16）评价区第六次人口普查分乡镇数据含全部属性：短表汇总数据、长表汇总数据（电子版）；

17）评价区各县（市、区）乡镇经济社会基本情况（2010年）（电子版）；

18）评价区各县（市、区）2013年（或2012年）统计年鉴（电子版）。

云南省公安厅

19）评价区各县（市、区）2013年或2012年分乡镇人口数据，含户籍总人口、户籍迁入人口、户籍迁出人口、暂住人口、总户数等（电子版）。

云南省卫生和计划生育委员会

20）评价区各县（市、区）2013年或2012年分乡镇流入人口、流出人口数据（电子版）。

云南省气象局

21）评价区各县（市、区）历史至今各个降雨站点的小时降雨数据。

云南省人力资源和社会保障厅

22）评价区各县（市、区）2013年/2012年外出人口数据（电子版）。

云南省发展和改革委员会

23）评价区省级主体功能区划中的禁止开发区、生态类限制开发区（自然单元）矢量数据。

备注：评价区范围包括鲁甸县、巧家县、会泽县、昭阳区和永善县五个区县全域。数据提交范围与评价区范围一致。

二、昭通市直部门资料清单

昭通市地震局

1）昭通市各县（市、区）发震断裂、构造断裂带分布图（矢量格式）；

2）昭通市各县（市、区）历史4级以上地震记录（电子版）。

昭通市国土资源局

3）昭通市各县（市、区）第二次全国土地调查矢量数据；

4）昭通市各县（市、区）县-乡镇两级行政区划矢量数据（包括区县界、乡镇界及其行政区代码）；

5）昭通市各县（市、区）1:50万区域地质图（矢量格式）；

6）昭通市各县（市、区）次生地质灾害点、隐患点（含发生时间、灾害类型、经纬度、规模、死亡人数、受伤人数、威胁对象类型、威胁人数、防治费用、防治紧迫程度等）；泥石流沟分布；震后地质灾害排查数据（含灾害类型、经纬度、规模等）（电子版）；

7）昭通市土地利用总体规划及矢量数据。

昭通市测绘局

8）昭通市各县（市、区）1:5万全要素数字地形图；

9）昭通市各县（市、区）城区1:1万DEM。

昭通市水利局

10）昭通市各县（市、区）水系数据；

11）昭通市各县（市、区）水资源数量多年平均值，以及 2013 年的工业、农业、生活用水量统计数据；

12）昭通市各县（市、区）分乡镇或分县供用水统计数据；

13）昭通市各县（市、区）分乡镇的水利设施情况，包括各等级河流里程、水库水量及容量、灌溉设施等。

昭通市环境保护局

14）昭通市各县（市、区）国家–省级–市级自然保护区、森林公园等矢量数据（含核心区、缓冲区和实验区三类分区）；

15）昭通市各县（市、区）重要水源地分布图（矢量数据）；

16）昭通市生态功能区划（图件为矢量数据）；

17）昭通市各县（市、区）环境质量报告。

昭通市林业局

18）昭通市各县（市、区）近年退耕还林基本情况的分区县、分乡镇统计数据；

19）昭通市各县（市、区）自然保护区重要保护生物指示物种及保护级别与数量；

20）昭通市各县（市、区）森林公园、自然保护区矢量图形数据（含核心区、缓冲区和实验区）。

昭通市气象局

21）昭通市各县（市、区）历史至今各个降雨站点的小时降雨数据；

22）昭通市各县（市、区）山洪地质灾害点分布图（矢量数据）。

昭通市能源局

23）昭通市能源供应结构以及 2012 年一次能源品种的本地供应量、消费量；不同能源在本地供应量中的比重；

24）昭通市水电站的基本情况［具体包括水电站的清单、分布的经纬度、建设时间、坝高、正常蓄水位、正常蓄水位下库容、大坝的质量（抗震能力）、装机容量、年发电量、电力销售方式（直供或上网）］；

25）昭通市各县（市、区）大中型水电站的位置、库容、主要功能；

26）昭通市各县（市、区）水电基地建设的可行性报告（尤其是关于当地地质灾害对水电站的影响评估部分）。

昭通市交通局

27）昭通市各县（市、区）现状道路网矢量数据；

28）昭通市各县（市、区）交通规划及图件；

29）昭通市综合交通规划/公路网"十二五"规划；

30）昭通市各县（市、区）分乡镇的道路规模、行政等级、技术等级、通车里程、交通量。

昭通市统计局

31）昭通市各县（市、区）2013 年（或 2012 年）分乡镇人口数据，含常住总人口、城镇人口（乡政府驻地与镇区人口、市区人口、县城人口）、全部从业人口、第二第三产业从业人口、性别、年龄、民族人口、受教育程度等详细属性（电子版）；

32）昭通市第六次人口普查分乡镇数据含全部属性：短表汇总数据、长表汇总数据（电子版）；

33）昭通市各县（市、区）乡镇经济社会基本情况（2010年）（电子版）；

34）昭通市各县（市、区）2005～2013年统计年鉴（电子版）。

昭通市公安局

35）昭通市各县（市、区）2013年或2012年分乡镇人口数据，含户籍总人口、户籍迁入人口、户籍迁出人口、暂住人口、总户数等（电子版）。

昭通市卫生和计划生育委员会

36）昭通市各县（市、区）2013年或2012年分乡镇流入人口、流出人口数据（电子版）。

昭通市人力资源和社会保障局

37）昭通市各县（市、区）2013年/2012年外出人口数据（电子版）。

此外，还需要由昭通市移民局、国土资源局、林业局、住房和城乡规划建设局、发展和改革委员会、地震局等相关部门，提供关于三峡公司水电开发生态补偿、用地指标、退耕还林、土坯房改造、三类异地重建、产业发展导向、高烈度区广布性等重大问题的论证资料和基础数据。

咨 询 建 议

中国科学院专家关于鲁甸地震灾后科学重建的建议

按照中央部署，云南鲁甸抗震救灾实施属地为主的工作机制，这是很有意义的创新。为了避免走弯路、走错路，给云南省抗灾救灾和恢复重建工作提供有益的借鉴，中国科学院地理科学与资源研究所参与汶川、玉树、舟曲、芦山灾后重建工作的专家，根据已有工作经验和云南实际情况，提出以下建议：

一、应尽早部署资源环境承载能力评价等基础性工作

在重大灾害发生之后，尽早部署资源环境承载能力评价等基础性工作，对灾民临时和过渡性安置选址，特别是指导科学重建工作，意义重大。

1) 资源环境承载能力评价工作非常繁重，越早动手越主动。资源环境承载能力评价是一项复杂的科学工作，涉及地质、生态、资源、地理、规划等多个领域，所需数据量巨大，对灾区实际情况掌握程度要求高，评价工作流程复杂，计算分析耗时较长。汶川发生地震10天后开始评价工作，即使昼夜连续奋战，完成任务的时间都比较紧张。玉树、舟曲和芦山灾后第二天就部署启动，有效地保证了工作进度和质量。建议鲁甸的工作不能等到重建工作整体启动时再部署承载能力评价工作，应尽早启动。

2) 鲁甸地震灾区资源环境承载能力状况复杂，不能忽视、怠慢评价工作。鲁甸地震灾区位于乌蒙山区、金沙江干热河谷区域，是我国资源环境承载能力最弱和超载最严重的区域之一。第一，昭阳—鲁甸—巧家一线位于昭通市海拔最高的区域，山体高峻，坡大险峭，河谷深切，自然环境极为恶劣。鲁甸县海拔最高3356米，最低568米，相对高差2788米；震中龙头山及周边乡镇平均坡度在20°～25°，其中，25°以上的土地面积占乡镇面积的40%以上。地震又加剧了资源环境条件的恶化，使灾民安置和重建选址难度增大。第二，鲁甸—巧家、鲁甸—会泽沿线乡村聚落密集，人口密度大，震中龙头山及周边区域人口密度达250人/平方公里左右，且多沿高山坡麓分布，近一半扶贫重点村落分布在海拔1500米以上的高二半山区及高寒山区，为我国典型的坡地聚落集中区域，越穷，自然环境越恶劣，超载越严重。第三，当地八九月份正值雨季，天气情况较差，容易加剧次生地质灾害发生。灾民安置和重建选址必须高度重视资源环境承载能力的约束条件，切实使人口经济布局与资源环境条件相协调，近期保安全，长远促可持续发展。

3) 坚持以避险（次生灾害）为第一准则，搞好资源环境承载能力评价。鲁甸灾区地质、地貌、灾害和降水特征的叠加，使灾区震前、震后都是山地灾害高发地区，因此，资源环境承载能力评价在灾民安置和恢复重建中，始终应该把避险作为第一准则。当下，要加紧对次生地质灾害排查，尽快摸清次生地质灾害危险性分布，划定灾民临时和过渡安置的避险区域范围，同时密切监控降雨叠加次生地质灾害，特别是长远程大型地质灾害的晚间监测预警，坚决杜绝彝良震后滑坡泥石流导致复课学生遭难的悲剧重演。下一步，在现场排查滑坡、崩塌、泥石流等次生地质灾害隐患点的基础上，加强重建条件评价和重建规划的次生地质灾害风险分析，安全至上，并综合考虑自然地理条件、生态环境保护、地质构造以及人口经济分布和基础设施状况等因素，提出适宜重建的位置和地域范围，调整和优化灾后重建的城乡居民点分布和产业园区布局。

二、应健全适应综合性重建规划编制需求的工作机制

在以往灾后重建规划编制中，国家发展和改革委员会（以下简称国家发改委）牵头组织多部门参加，高质量完成了应急条件下的规划任务，积累了大量的工作经验。这种经验在省级复制、模仿，还具有一定难度。应未雨绸缪、合理应对。

1）着力改变我国现行规划体制不利于省级完成高质量灾后重建规划的现状。灾后重建规划是指导重建工作的依据，具有战略性、综合性、基础性、约束性等多种规划属性。我国现行规划体制，造成擅长综合发展规划的发改委在空间布局方面的规划技术和手段往往相对欠缺，而以落地规划擅长的城乡建设部门和国土部门又往往对扶贫开发、区域发展等综合问题把握不准。这一问题，越往下，越是基层越突出。国家发改委会同相关部委在灾后重建规划中创建了很好的规划模式和技术路径，省级部门没有这样的工作基础和经验，也存在体制障碍和部门短板。因此，在加强中央政府部门对规划指导的同时，云南省编制重建规划应避免简单将任务交由单一部门承担的做法，应打破行政部门的条条限制，整合相关规划力量，在省政府统一领导下完成规划任务。

2）以恢复重建为契机，把新型城镇化、扶贫攻坚和生态建设融合在一起。云南省、昭通市，以及鲁甸灾区是我国以山地城镇化为显著特色的地区，鲁甸县山区面积占土地总面积的87.9%，坝区仅占12.1%。鲁甸又是农业县，经济发展水平低，是国家级扶贫开发重点县，属于国家集中连片特殊困难地区乌蒙山片区，贫困面大、贫困程度深、脱贫难度极大。2012年，鲁甸县农民平均人均收入为3649元，分别比云南省和全国平均水平低1768元、4268元；鲁甸县人均地方财政收入为570元，分别比云南省和全国平均水平低2311元、3941元。鲁甸灾区是我国长防、天保、退耕还林工程和长江流域生态屏障工程实施的关键区域，干热少雨、森林覆盖率低、水土流失严重、滑坡泥石流灾害频繁，生态建设任务繁重。恢复重建规划，应探索新型城镇化、扶贫攻坚和生态建设的融合模式，在一张图上解决这三大问题。

三、应加强中央对灾区生态文明建设体制机制创新的扶持和引领

鲁甸灾区长期贫困，地震灾害给区域发展又增加了更大的难度。作为贫困地区、生态屏障建设地区、地震灾区的发展，应下大力气在创新体制机制上取得突破，从政策环境创新中增强发展能力和造血功能，对此，中央应给予重点扶持。

1）用体制创新推进长江上游生态屏障建设的经济效益、社会效益与生态效益相统一。鲁甸灾区超过60%的区域为土壤侵蚀显著区域，石漠化和水土流失问题严重，多数乡镇森林覆盖率低于20%，地震进一步加剧了生态环境恶化。加强生态建设是维系国家可持续发展的需求，也是改善当地生产生活条件的需要。在加强长江上游生态屏障建设中，以灾区为试点，以改善民生质量为目标，探索从生态建设和发展生态经济中，显著提高农户可持续生计水平的体制机制；探索立足当地资源优势转换，促进具有县域特色和富民效果的经济发展的政策体系；探索按照地域类型，实行因地制宜的退耕还林政策，建立分类指导的长效补贴措施，以及实施差别化的扶贫攻坚政策的制度。

2）超前部署青藏高原边缘地带及近邻山区防灾减灾的工作，防患于未然，将灾害风险和损失减少到最低程度。青藏高原边缘地带和近邻山区是我国面波震级大于5.0级地震的高发区，也是崩塌、滑坡、泥石流等地质灾害的密集分布区，重大地质灾害频发，给人民生命财产造成了极大损失。该区域是具有重要生态功能的区域，还是我国相对贫困集聚的区域，建筑物建设标准偏低、不设防或选址有偏差，以往相关规划没有给予防灾减灾问题足够重视，更缺少超前的预案部署，由此又放大了自然灾害的效应。今后，一是尽快开展该区域地质灾害问题和资源环境条件的摸底、调查，作为建设和规划的科学依据。二是尽快开展该区域防灾减灾的整体规划，从单体建筑物标准到城乡居民点建设规范，从日常监测预警体系建立到发生灾害时公共安全避难或临时安置场所的布局，把防灾减灾作为日常性、持续性的问题研制

系统应对方案。三是尽快研究该区域长远可持续发展战略，从人口迁移策略、国土空间开发格局优化、特色生态经济体系建设等，到生态补偿机制、资源税留成政策等体制机制设计，形成与防灾减灾整体规划相协调的城乡与区域发展导则。

报告起草人：
中国科学院地理科学与资源研究所：樊杰、徐勇、王传胜、汤青、陈东

联系人：地理科学与资源研究所研究员　樊杰
二〇一四年八月六日

媒 体 报 道

中国科学院网站：中国科学院牵头承担鲁甸地震灾后重建资源环境承载能力评价工作

按照国务院工作部署，中国科学院在鲁甸地震灾后恢复重建工作中，牵头承担资源环境承载能力评价工作。这是中国科学院按照国务院部署牵头完成汶川、玉树、舟曲、庐山地震灾后重建"资源环境承载能力评价"任务后，第5次连续承担该类评价工作。前4次的评价成果均被国家编制的灾后重建规划所采纳，受到国务院高度肯定，在灾后重建中发挥了重要作用。

2014年9月9日，国务院批复了《鲁甸地震灾后恢复重建工作方案》（以下简称《工作方案》）。根据《工作方案》的要求，资源环境承载能力评价是重建规划编制工作的基础，主要任务是"根据对水土资源、生态重要性、生态系统脆弱性、自然灾害危险性、环境容量、经济发展水平等的综合评价，确定可承载的人口总规模，提出适宜人口居住和城乡居民点建设的范围以及产业发展导向。由中国科学院牵头，有关部委参加"。

接到工作任务后，中国科学院确定了由副院长施尔畏直接领导、科技促进发展局副局长冯仁国具体协调的工作方式，组建了以地理科学与资源研究所为主要承担单位的项目组，首席科学家由主持过前4次灾后重建资源环境承载能力评价工作的地理科学与资源研究所樊杰研究员担任。项目组商讨了"有限时间、聚焦目标、简化程序"的技术路线，争取最短时间内高质量完成任务。目前，项目组已开始了解灾情和灾区基本情况、开展基础资料搜集工作，近期将赴灾区进行实地调研。地理科学与资源研究所领导对该项工作高度重视，将在各方面为项目组开展工作给予支持。

鲁甸地震发生后，由樊杰组织相关人员撰写了《关于云南鲁甸地震灾后科学重建的建议》，得到国务院领导批示。鲁甸地震灾后重建资源环境承载能力评价结果，将在重建工作中发挥基础性作用，是重建规划的主要依据。

来源：http://www.cas.cn/xw/yxdt/201409/t20140917_4205128.shtml

人民日报：芦山重建走的是可持续发展之路

樊　杰

芦山"4·20"强烈地震发生后，党中央、国务院高度重视灾区的科学重建和可持续发展工作。2013年5月21日，习近平同志主持召开抗震救灾工作会议，明确指出"要及时把工作重点转移到恢复重建上来。恢复重建是一项复杂的系统工程，要科学规划，精心组织实施"，并提出了"以人为本、尊重自然、统筹兼顾、立足当前、着眼长远"的要求。贯彻落实中央精神，芦山灾后恢复重建坚持路径创新和机制创新，立足近期避次生地质灾害之险，着眼长远谋可持续发展之计，把灾民永久安置选址同城乡居民点布局优化结合起来，把人口分布格局调整同产业结构重塑结合起来，把灾区恢复重建的当务之急同生态文明建设的长远需求结合起来。这些做法，不仅积累了重大自然灾害发生后科学重建的经验，也为欠发达地区扶贫攻坚和实现全面建成小康社会目标、促进重要生态功能区区域发展和边远地区走新型城镇化道路提供了有益借鉴，丰富了中国特色可持续发展理论。

走可持续发展之路是芦山恢复重建的理性选择

中国特色可持续发展理论萌芽于农耕文明时期的"因地制宜"思想。作为一个地域发展条件差异很大的国家，如何做到因地制宜始终是我国可持续发展进程中的关键问题。改革开放以来，我国经济社会快速发展。但在发展过程中，很多地方忽视自身的资源环境承载能力，片面追求做大GDP和城市规模，经济发展的资源环境代价较高，区域发展的不可持续矛盾日益突出。其中，像芦山地震灾区这样的欠发达地区、生态功能重要地区、地理位置偏僻地区如何走可持续发展之路，更是一个难题。

芦山地震灾区工业化和城镇化的自然条件与区位条件较差，地震灾害进一步加剧了人地关系的紧张状况；经济社会发展水平偏低，当地恢复重建的能力明显不足。这使芦山地震灾区恢复重建和可持续发展面临一系列困难。

从自然条件与区位条件看，在国家和四川省主体功能区规划中，芦山地震灾区被划为资源环境承载能力弱的区域。芦山地震灾区地处成都平原与青藏高原过渡地带，山地面积占灾区总面积的90%以上，平坝面积所占比重不足6%，重灾区和极重灾区的后备建设用地非常贫乏。龙门山断裂带地震频发，滑坡、崩塌、泥石流等次生地质灾害隐患点密布；汛期降雨量大，增大了次生地质灾害风险。山地地表土层较薄，土壤侵蚀强度大，生态环境极其脆弱。灾区大部分位于川滇森林及生物多样性生态功能区、大小凉山水土保持和生物多样性生态功能区，是重要的珍稀生物栖息地，也是国家乃至世界生物多样性保护重要区域。

从经济社会发展水平看，芦山地震灾区经济社会发展水平相对落后，21个受灾县中许多受灾县为山区，城镇化水平低。2011年极重灾区芦山县的城镇居民人均可支配收入15513元，远低于全国23979元的平均水平；农村居民人均纯收入5899元，是全国平均水平的85%；震前的财政自给率极低，仅为12%。地震灾害又造成巨大财产损失。芦山地震极重灾区倒塌及严重损坏房屋率为8465间/万人，重灾区倒塌及严重损坏房屋率平均达到3890间/万人，分别达到与汶川地震极重灾区、重灾区万人倒塌房屋率相当的水平。地震及次生灾害对基础设施、工厂厂房和农业生产条件等的破坏相当严重。老百姓自救能力、地方政府重建能力都比较弱。

在这种背景下，芦山灾区恢复重建必须走可持续发展之路。这就是按照生态文明建设的要求和可持续发展的理念，协调人与自然的关系，在资源有限供给、环境有限容量、生态安全保障、灾害充分防范的多重约束条件下，满足人们不断增长的合理的物质文化需求，建设资源节约型、环境友好型社会。

走可持续发展之路应立足实际、尊重自然

芦山灾区恢复重建走可持续发展之路，应把握以下几个要点：首先，以重建选址和重建分区为目的开展资源环境承载能力评价。以次生地质灾害隐患点排查为基础，综合考虑自然地理条件、生态环境保护、地质构造以及人口经济分布和基础设施状况等因素，提出适宜重建的位置和地域范围，通过土地用途管制或功能区管制手段，指导和约束灾区重建规划和重建工作。其次，把空间布局规划作为重建的上位和总体规划，编制灾区系列恢复重建规划。在落实重建区划和区域功能定位的前提下，确定县以下乡镇及村居民点重建和调整方案；制定灾害防治系统方案，增强灾区抗灾防灾的综合能力；确定生态屏障建设、生物多样性保护、生态资源合理利用的目标和路线图，编制重大国土整治工程方案；提出山区城镇化和特色经济发展的基本思路和总体布局方案，明确扶贫开发与区域可持续发展相互促进的新型扶贫模式。最后，以增进欠发达地区人民福祉、增强灾区造血功能为宗旨，创新灾区恢复重建和可持续发展的体制机制。

作为重建规划和重建工作的重要依据，芦山灾区恢复重建的资源环境承载能力评价遵循如下准则：一是自上而下调控与自下而上分析相结合。面对灾区资源环境承载能力构成要素的复杂性与开放性特征，既考虑土地利用总体结构、区域间相互作用、城镇体系空间结构等区域发展的客观规律，进行分区方案的总量控制与区域调控；又考虑区域资源环境要素禀赋，充分把握分区结论的可行性与合理性。二是刚性约束与柔性指导相结合。遵循国家级和省级主体功能区划方案与相关规定，严格执行国家关于防灾减灾、生态保护、粮食安全等各项法律法规。同时，考虑灾后恢复重建现实需要，在产业重建、人口安置等方面给予一定弹性空间。三是整体评价与精细评价相结合。围绕灾区重建规划的需求及灾区实际，在全域评价资源环境承载力的基础上，对极重灾区和重灾区增加次生地质灾害评价的内容。四是灾前状态分析与灾后影响评估相结合。在考虑灾前水土资源状态、生态环境特征等要素的同时，结合灾损分析对灾后影响进行评估。

资源环境承载能力评价从地质条件及灾害危险性、自然地理条件、人口与经济基础、产业发展导向、灾损评估五类指标入手，采用12个指标项、21个指标因子、近80个变量构成的指标体系进行评价。评价结果将芦山地震灾区划分为灾害避让区、生态保护区、农业发展区和人口集聚区四类功能区，确定了各类功能区可承载的人口规模和国土空间开发强度，提出适宜人口居住和城乡居民点建设的范围，并对产业发展导向提供咨询建议。

在产业经济发展上，以发展绿色经济为导向，实行可持续的救灾扶贫致富新模式。近期优先扶持能够大量吸纳就业的纺织工业、茶、林竹和中药等传统优势产业，安置灾区居民就业，稳定灾民收入水平；长远则立足生态和文化资源优势，逐步把文化生态旅游产业打造成为富民的支柱产业；以生态保护为前提，优化调整水电、建材等重工业布局，提高资源开发类产业对灾区恢复重建的贡献度；推进特色、绿色农业规模化生产经营，提高农民收入。在城乡居民点重建上，适度引导人口集聚，探索山区城镇化和城乡统筹发展新路径；通过就地城镇化和异地城镇化两个途径并举，结合新农村建设和扶贫整村推进，建设特色宜居村庄，重塑灾区新面貌。

走可持续发展之路重在创新援建方式

芦山灾区恢复重建和可持续发展需要借助国家、四川省和兄弟省市的援建力量。综合考虑以往灾区恢复重建援建方式和效果、芦山地震灾区发展潜力和受灾特点，结合重建规划提出的主要任务和发展目标，芦山灾区恢复重建以增强当地造血功能为宗旨，积极创新援建方式和体制机制，形成全方位、多途径的援建格局，助推灾区可持续发展。

立足灾区优势产业，把形成资源产业和生态经济发展的扶持政策和长效机制作为中央政府有关部门援建的突破口，提高资源开发和生态建设对当地经济的贡献率。做大生态文化旅游业，以旅游资源入股，助推经济持续增长。进一步退耕还林，种地人转为林业工人，经营林业和林下经济以增加收入。把资源开发类产业收入尽可能留给灾区，提高能源和矿业对灾区恢复重建的贡献度。把芦山等重灾区县纳入主体功能区规划国家级生态重点建设区，探索和应用生态补偿新机制。

着眼异地工业化和城镇化，把在雅安市区或成渝经济区建设飞地型产业园区和城镇安置点作为四川省援建的战略重点，缓解地震灾区人地矛盾压力，加快全面建成小康社会步伐。按照"政府协商、市场运作、优势互补、利益共享"的原则，省政府牵头，在骨干企业和地方政府配合下，合力创建灾区异地产业园区。结合异地产业园区建设，集中安置灾民就业和居住，形成产城互动的居民点。

以提高灾民就业能力和迁移规模为目标，把技能培训和吸纳就业作为东部发达省（市）援建的长期任务，努力缩小区域发展差距。制定东部发达省（市）培训灾区人力资源的配额指标，形成职业教育帮扶长效机制。建立东部发达省（市）吸纳灾区劳动力就业、上学、移民的激励机制，鼓励东部发达省（市）采取多种援助措施为灾民转移就业搭建平台。

（作者为中国科学院可持续发展研究中心主任、研究员）

来源：《人民日报》2015-04-30 第09版

经济日报：灾后重建中的资源环境承载能力评价

樊 杰

党的十八大报告将优化国土空间开发格局纳入"大力推进生态文明建设"的内容之一，赋予了优化国土空间格局的新内涵。理论和实践都表明，只有与资源环境相均衡的人口经济分布才是合理的，只有与资源环境相协调的城镇化格局、农业发展格局和生态安全格局才是合理的，资源环境承载能力成为优化国土空间开发格局的重要依据，在构建资源节约型、环境友好型社会中发挥着基础性作用。当芦山地震灾后工作重点转向恢复重建的关键时刻，习近平总书记在 2013 年 5 月 21 日主持召开抗震救灾工作会议时强调："恢复重建是一项复杂的系统工程，要科学规划，精心组织实施。特别要按时完成灾害损失、灾害范围评估，搞好资源环境承载能力评价"。芦山重建规划根据资源环境承载能力综合评价，进行重建分区，优化城乡布局，为灾区重建美好家园描绘了一幅科学合理的布局蓝图。

———

资源环境承载能力评价是芦山地震灾后恢复重建规划的基础工作。这里，"资源环境"实质是指社会经济发展依托的自然基础，"资源环境承载能力"是指作为承载体的自然基础对作为承载对象的人类生产生活活动的支持能力。自然基础包括影响人类生产生活活动的所有自然条件，如资源、环境、生态、灾害等，因此，资源环境承载能力评价其实就是灾后重建的综合自然条件的分析评价。

科学认知资源环境承载能力，必须从自然基础条件和社会经济发展两个维度进行综合认识。着眼于自然基础条件，资源环境承载能力可以表达为在承载不断变化的人类生产生活活动时，资源环境系统进入不可持续过程时的阈值或阈值区间，即资源环境系统对社会经济发展具有上限约束作用，对相同规模和类型的人类生产生活活动，不同的自然结构、自然功能，其约束上限的阈值或阈值区间是不同的，即资源环境承载能力同自然结构和自然功能有着紧密的关系。着眼于人类生产生活活动，资源环境承载能力表达为，在维系自然基础可持续过程的同时，能够承载的最大经济规模或人口规模。显然，在同样的自然基础条件下，不同的开发功能、不同的利用效率，其可承载的经济规模或人口规模是不同的，即资源环境承载能力同发展方式和发展水平有着紧密的关系。资源环境承载能力评价旨在客观分析资源环境条件、评价资源环境开发利用的合理方向与强度，通过协调人类活动与自然基础的关系，实现资源环境的可持续开发利用及人类经济社会的可持续发展。

按照国务院关于芦山地震灾后恢复重建的工作部署，资源环境承载能力评价工作任务是："根据对水土资源、生态重要性、生态系统脆弱性、自然灾害危险性、环境容量、经济发展水平等的综合评价，确定可承载的人口总规模，提出适宜人口居住和城乡居民点建设的范围以及产业发展导向"。可见，资源环境承载能力评价通过综合分析灾区国土开发条件的适宜性及限制性、确定不同区域功能指向和开发强度，能够为灾区国土开发分区和空间结构布局、城镇化模式选择和产业结构调整、重大国土整治工程部署，以及重建机制体制创新和政策措施配套，提供科学依据，特别是在统筹人口分布、经济布局、国土利用、引导人口和经济向适宜开发的区域集聚，促进灾区可持续发展方面具有重要作用。

芦山地震灾后恢复重建的资源环境承载能力评价，不但面临地域系统开放性、承载对象动态性、要素构成复杂性、临界阈值模糊性等一般性科学难题，还需要破解应急评价的不确定性等恢复重建的特殊难题。如灾区处于边远贫困地区，基础数据十分薄弱；随着灾损和地质调查进度，评价数据急需实时更新与替换；评价对象区域范围多变，最终范围的确定时间同要求提交评价结果的时间是同时的；影响承载能力变化的重大国土整治工程部署与承载能力评价是同步进行的，增大了承载能力变化的不确定性。

二

资源环境承载能力评价基于自然地理单元进行重建分区，基于行政单元（县域、乡镇、村域三级）进行发展路径与导向评估，不仅注重"防灾避险"在评价中的决定作用，而且注重"精细评价"在整个评价中的基础作用，还注重"资源环境与人口经济相均衡"的导向作用。具体包括以下评价步骤：①以地质灾害为主控因子，以水土条件、生态环境、工程和水文地质为重要因子，以产业经济、城镇发展、基础设施为辅助因子，从地质条件及灾害危险性、自然地理条件、人口与经济基础三个维度构筑基础评价指标体系进行分项评价；②基于分项评价结果，确定重建功能区边界与范围，并结合灾区遥感监测与灾损评估结果，测算区域人口容量；③从旅游开发适宜性、工业布局导向、农业地域类型入手，分项灾区经济发展基础与资源禀赋，进行产业发展导向评价；④统筹谋划人口分布、经济布局、国土利用和城镇化格局，确定灾害避让区、生态保护区、农业发展区、人口集聚区四类重建分区方案，明确发展其功能定位和发展方向，制定开发管制原则；⑤根据不同评价环节形成的资源环境承载力特征分析结论，因地制宜地编制灾区恢复重建政策建议与实施导则，保障灾后国土空间开发与利用科学有序地开展，促进灾区人口、经济与资源环境协调优化。

三

在继承汶川、玉树、舟曲工作经验的基础上，芦山地震灾后恢复重建的资源环境承载能力评价的理论方法得到进一步发展和完善，在资源环境条件综合评估技术流程以及灾后应急评估的技术集成方面填补了国内外空白，在国土空间开发利用适宜程度评价和人口合理容量测算等主要方法及其应用能力方面处于领先水平。主要理论方法创新表现在以下四个方面：

一是建立了资源环境条件适宜性理论架构与评价方法。提出区域承载力指标受制于地域功能指向的学术思想，通过功能预估解决承载对象不确定的科学难题。构建资源环境条件适宜程度评价指标体系，提出单项评价指标的算法、关键参数阈值及综合集成方法，填补了我国在资源环境条件定量化和综合评价的空白。

二是改进了人口合理容量测算途径。通过拓展空间结构、开发强度和空间相互作用综合分析技术体系，研发确定功能地域单元位置、范围和边界的方法。基于评价地域单元的功能定位和开发强度，改进测算人口合理容量方法，显著提升了人口容量测算的合理性与准确程度，丰富了其政策内涵。

三是创建了适于灾后重建特殊需要的资源环境承载力评价应急集成技术。综合运用天上遥感、地面地学考察和计算机分析模拟的方法，构建了遥感监测和地质调研快捷提取、计算机分析和处理灾损数据的方法，有效地解决了应急数据获取的难题。建立了预估土地整治效果等不确定因素作用的时空情景模型，更加客观地揭示承载力变化的趋势。

四是增强了资源环境承载力评价应用规划决策的科技支撑能力。首次把不同规划精度需求的承载力评价设计在一套完整的技术流程中，建立了不同精度评估的评价流程，增强了评价准确程度。创建了以承载力评价为平台的灾区重建分区和城乡居民点选址方案的优化方法，增强了承载力评价结果在规划决策中的应用能力。

芦山灾后重建规划对资源环境承载能力评价成果的采纳应用，有效地提升了决策的科学化水平，有力地支撑了科学重建工作。生态文明建设要求必须尊重自然、顺应自然、保护自然，中国资源短缺和生态安全对社会经济发展的强烈约束是不可改变的基本国情。资源环境承载能力评价是我国学者应对灾后恢复重建的国家战略需求，在客观认识地域空间开发利用条件、协调多种功能空间开发利用关系、形成地域保护和开发空间结构及总体布局方案、促进资源环境和社会经济协调发展方面做出的基础性和创新性的贡献，近年来正在成为我国国土空间规划和城市区域规划最重要的、最有效的科技支撑方法之一，有力地推动了决策科学化进程，促进了社会经济与资源环境协调发展。

（作者单位：中国科学院可持续发展研究中心主任）

来源：《经济日报》2015-05-07 第013版

财经国家周刊：灾后资源环境评价解困

今年 4 月 20 日，四川芦山地震两周年。两年前的这一天，中国科学院地理科学与资源研究所研究员樊杰在得知地震的消息后立即进入备战状态。在这之前，樊杰作为项目组组长和首席科学家，已经领导中科院的团队对汶川、玉树、舟曲三次自然灾害进行了灾后资源环境承载能力评价，芦山是第四次，后来还有 2014 年 8 月的鲁甸地震。

灾后资源环境承载能力评价，是指对灾后地区水土资源、生态系统脆弱性、经济发展水平等指标进行综合分析评价，解决灾后就地和异地重建选址、重建人口用地规模和外迁人口数量、重建产业导向等关键问题。

灾后资源环境承载能力评价决定了一个地区灾后重建的基本方向，集成了规划学、地理学、人口学、经济学等学科，系统科学地指导了 2008 年以来中国历次重大自然灾害的灾后重建。

樊杰在接受《财经国家周刊》记者采访时表示，资源环境承载能力评价目前已经不限于应用在灾后重建领域，建立资源环境承载能力监测预警机制，已经成为十八届三中全会后全面深化改革的一项创新工作。

2014 年国家已经成立了相关研究小组，樊杰被委任为首席科学家，探索在整个国土范围内建立一套监测体系，一旦哪个地区的发展超过红线，就会发出预警，以此来提升政府的治理能力，转变经济发展方式。

然而，即便资源环境承载能力评价的理念得到中央高层的认可，要真正落到实处并不是一件轻松的事情。樊杰说，灾后评价虽然已经开展了 7 年，但仍面临一些尴尬的问题。

尴尬处境

樊杰所言尴尬的问题，比如该项评价并不像灾后应急响应工作那样，缺乏固定的部门负责，一旦发生灾害，难以立即开始工作；再如，获得相关数据非常艰难，这也大大增加了评价的难度。

2013 年 5 月 16 日，芦山地震发生后第 27 天，国务院芦山地震灾后恢复重建指导协调小组召开第一次全体会议。按照会议部署，中国科学院灾后恢复重建资源环境承载能力评价项目组正式成立，会议要求项目组必须在 5 月 20 日提交资源环境承载能力评价初步报告。

仅仅 5 天时间。

从汶川到鲁甸地震，五次的评价经验显示，要完成一份资源环境承载能力评价的初步报告至少需要 20 至 25 天时间，而且还需要几十位科技人员加班加点才能完成。

幸好，樊杰团队的工作在芦山地震发生后第 5 天，即 4 月 25 日就实际启动了。当时中科院召集了 30 多人的研究团队，确立了初步工作方案，并开始整理相关社会经济基础数据。

樊杰介绍，从 2008 年汶川地震后，国家就确定了自然灾害后的重建要进行资源环境承载能力评价，但是灾害发生后，到底由哪个单位来承接这一评价任务，什么时间启动，都没有固定下来。

一个例子是 2010 年玉树地震，当年 4 月 14 日地震发生后，樊杰曾向相关部门询问过，中科院是否还会承接评价任务，得到的答复是此次评价任务将交由其他研究机构完成，所以那一次，中科院没有提前作准备。然而，4 月 23 日，《玉树地震灾后恢复重建工作方案》经国务院审议通过后，确定了该评价继续由中科院牵头，而当时樊杰正在广西出差，被搞得措手不及。那一次需要提交初步报告的时间是 5 月 10 日，留给整个项目的时间仅有 16 天。

有了这次经验后,中科院的团队为了避免时间紧迫带来的尴尬,只好选择主动方式,每次大灾之后,都迅速进入备战状态。

然而,提前准备仍会带来其他尴尬局面,没有国务院批复的文件作为"尚方宝剑",很难得到研究需要的基础数据。巧妇难为无米之炊啊。

评价需要很多高精度的数据,同时这些数据也是各个部委的保密数据。在备战阶段,中科院无法从国土资源部、环保部、住建部、气象局等部门获取。

在此之前,樊杰的团队并没闲着,他们利用过去与地方各部门的良好私人关系,从"下边"拿数据,这样便可以赢得大量宝贵时间。

不过,有地方国土部门会觉得奇怪,为什么他们的数据早已提交给了位于北京的国土资源部,而同样位于北京的中科院需要这些数据时,还要跑到地方来要,既然中央部委不提供,那么地方国土部门提供了,恐怕就会犯错误。因此中科院在提前备战阶段,往往仅能获得零星的高精度数据,大量数据还需要在获得"尚方宝剑"后才能得到。

即使有了"尚方宝剑"后,正常向一个部委申请数据的时间都要5天之久,主管相关数据的副部长或司长都需要签字,而他们对于"尚方宝剑"的理解又不同,造成大量时间的浪费。

比如,鲁甸地震的灾后评价,在获得数据方面拖延了时间,工作效率比芦山地震时大大退步了。这主要是因为2014年以来,中央多个部委多个层级的领导都换了,而这批新上任的部门负责人对灾后资源环境承载能力评价了解甚少,工作配合效率也大幅降低。

经历了汶川、玉树、舟曲、芦山和鲁甸5次大的灾害评价,樊杰感到,技术方法越来越成熟后所获得的精力节余,被越来越多的部门掣肘耗损掉了。

樊杰建议,国务院既然已经规定了每次大灾后都会进行灾后资源环境承载能力评价,就应该将具体的程序制度化,做到大灾发生后能够立即启动评价,同时将相关配合部门的任务分工细化明确,这不仅可以避免科研团队一系列不必要的尴尬,还会对于灾区的重建工作有非常大的促进作用。

未雨绸缪

7年5次大地震,樊杰的研究团队发现,即便每次灾后资源环境承载能力评价都对重建工作起到了很大帮助,但从整个国家角度看,仍然缺乏一个整体规划,对灾害频发区的防灾减灾问题缺乏预案部署。

这一问题突出表现在青藏高原地震带区域。该地震带处于青藏高原的边缘,位于第一级阶梯和第二级阶梯的过渡区域,是我国5.0级以上地震的多发地带,也是崩塌、滑坡、泥石流等地质灾害的密集分布区。2008年汶川的8.0级地震、2010年玉树7.1级地震、2010年舟曲泥石流、2013年芦山7.0级地震、2014年鲁甸6.5级地震都位于这一地震带。

这一区域的另一个显著特点是社会经济发展低于全国平均水平,人均GDP相当于全国1/3至2/3,人均地方一般性财政收入相当于全国1/10至3/10。这种经济状况的直接影响是,一方面由于建筑物建设标准偏低,一旦地质灾害发生,就很容易造成较大损失;另一方面恢复重建能力较差,一旦形成灾损,对国家和外援的依赖性很强。

以往国家针对该区域的相关规划往往都忽略了防灾减灾问题。例如2010年发布的《全国主体功能区规划》虽然强调了区域的生态重要性和脆弱性,但没有突出特定区域的灾害属性。

樊杰介绍,目前中国的基础地理信息虽然已经覆盖了全部国土,但就高精度数据来说,平原地区往往好于偏远山区,因此这一地震带的某些区域还存在数据缺乏的问题,一旦发生重大自然灾害,就会给救援以及灾后重建规划带来巨大困难。

例如,当中科院在对汶川地震后进行资源环境承载能力评价时,发现原有的数据连最基本的县、乡、镇的界限都没有画出来。

樊杰建议,国家应该通过设立国家级科技专项基金的形式支持该区域进行一项资源环境承载能力评价和防灾减灾整体规划设计。一要开展这个区域地质灾害问题和资源环境条件的摸底,采集高精度地理数据,作为未来一切建设和规划的科学依据;二可比照日本本岛、美国西海岸等地震高发区域的范例,对该区域的防灾减灾实施整体规划，完善单体建筑物标准和集中居民点建设规范，建立日常监测预警体系，布局公共安全避难所等；三是从人口迁移、国土空间开发格局等方面，建设生态补偿机制、资源税留成政策等体制设计，使防灾减灾整体规划与区域发展规划相协调，指导和约束各类相关的规划。

来源：《财经国家周刊》2015 年 09 期　作者：范若虹

工 作 日 记

2014 年 8 月 3 日　星期日　地震灾害发生

北京时间 2014 年 8 月 3 日 16 时 30 分在云南省昭通市鲁甸县（27.1°N，103.3°E）发生 6.5 级地震。

2014 年 8 月 6 日　星期三　提交咨询报告

中国科学院地理科学与资源研究所参与汶川、玉树、舟曲、芦山灾后重建工作的樊杰、徐勇、王传胜等专家，根据已有工作经验和云南省实际情况，提交名为《中科院专家关于鲁甸地震灾后科学重建的建议》的咨询报告，提出应尽早部署资源环境承载能力评价等基础性工作，健全适应综合性重建规划编制需求的工作机制以及加强中央对灾区生态文明建设体制机制创新的扶持和引领等政策建议，希望给云南省抗灾救灾和恢复重建工作提供有益的借鉴。

补记：此份咨询报告得到国务院领导批示。

2014 年 9 月 9 日　星期二　国务院批复鲁甸地震灾后恢复重建工作方案

9 月 9 日国务院批复了《鲁甸地震灾后恢复重建工作方案》（以下简称《工作方案》）。根据《工作方案》的要求，资源环境承载能力评价是重建规划编制工作的基础，主要任务是"根据对水土资源、生态重要性、生态系统脆弱性、自然灾害危险性、环境容量、经济发展水平等的综合评价，确定可承载的人口总规模，提出适宜人口居住和城乡居民点建设的范围以及产业发展导向。由中国科学院牵头，有关部委参加"。

2014 年 9 月 11 日　星期四　组建以地理科学与资源研究所为主体的项目组

中国科学院接到工作任务后，确定了由施尔畏副院长直接领导、科技促进发展局冯仁国副局长具体协调的工作方式，组建了以地理科学与资源研究所为主要承担单位的项目组，首席科学家由主持过前 4 次灾后重建资源环境承载能力评价工作的樊杰研究员担任。目前，项目组已开始进一步了解灾区灾情和基本情况，开展基础资料搜集工作，近期将赴灾区进行实地调研。地理科学与资源研究所领导对该项工作高度重视，将在各方面为项目组开展工作给予支持。

2014 年 9 月 12 日　星期五　致函发改委协助解决事宜

今日，项目组致函国家发改委，明确需要尽快解决开展灾后重建资源环境承载能力评价工作的前期事宜。内容梗概如下：

"国家发展和改革委员会：9 月 11 日接到工作任务后，中国科学院组建了以樊杰研究员为首席科学家的"资源环境承载能力评价"项目组，商讨了"有限时间、聚焦目标、简化程序"的技术路线，将尽力尽快完成该项任务。为此，请贵委协助安排、完成以下事宜：

1）请在 1~2 个工作日内，回复承载能力评价项目组，明确鲁甸地震灾后恢复重建资源环境承载能力评价的地域范围，包括：评价区包含的具体区县、乡镇名称，灾区类型的划分。

2）请在 3~4 个工作日内协调解决本次评价所需的基础数据收集工作。数据涉及的县区、乡镇范围与评价区范围一致。数据格式和要求与汶川、玉树、芦山提供数据相同。

3）近期，中国科学院评价组 3~5 人将赴灾区进行实地调研。分别前往昆明回收资料、前往昭通市与主要部门进行座谈、前往地震灾区实地勘测与考察。届时恳请您与云南方面联系，配合项目组的实地调研。

目前，项目组开始了解灾情和灾区基本情况、开展评价准备的基础工作，待数据搜集齐全后，将正式开展评价工作。"

2014 年 9 月 13 日　星期六　关注灾区动态

大家放弃周末休息，早早来到办公室，协调并搜集基础数据资料，并时刻关注灾区动态。项目组已拿到国家地震局的地震烈度图，明确了初步的评价范围。对基础数据进行了分类整理，建立不同专题的数据库，并讨论各专项的评价方法。

2014 年 9 月 14 日　星期日　单项评价方案研讨

樊杰研究员加班主持会议，确定"有限时间、聚焦目标、简化程序"的技术路线，争取最短时间内高质量完成任务。会议讨论技术路线、评价方法，初步确定选取用地条件、地质灾害、人口、产业为主要评价因子，分县域、镇域和乡镇政府驻地三个尺度进行不同精度等级的单项指标和综合指标评价，拟划分人口集聚区、农业生产区、地灾防治区和生态建设区 4 种类型，作为重建的分区方案。会议讨论并罗列了资源环境承载能力评价的数据清单，同时还讨论了人员与工作任务的分配情况以及进度安排。

会议一结束，项目组成员立刻分头行动，投入到紧张的工作中。

2014 年 9 月 15 日　星期一　上报数据清单

根据前一天的工作部署，各专项评价组对数据清单进一步进行细化，形成较为详细的数据清单，上报给国家发改委。项目组围绕各自任务分工开始着手准备，并加紧绘制外业调研所需的工作图集。

2014 年 9 月 16 日　星期二　国家发改委发文协调实地调研等事宜

国家发改委已经发文到各相关部委和云南省政府，云南省发改委负责协调数据清单所罗列的各项数据，地区处分管负责人和项目组取得联系，对数据要求、提交时间、数据格式进行对接。为保证按时完成任务，采用来一批做一批的工作原则。

项目组办理了二调数据等保密的手续，并召集在外出差的负责单项评价组的主要负责人迅速返京。

2014 年 9 月 17 日　星期三　敲定调研行程

项目组草拟了调研的行程和方案提交国家发改委西部司，发改委西部司发文到云南省发改委，相关部门负责人与项目组联系，最终敲定行程，确定 18~22 日赴云南省鲁甸灾区进行部门座谈和外业调研，完成数据收集的工作。

还明确了与云南省发改委和昭通市政府座谈的主要内容：①与云南省重建小组相关人员座谈，简要介绍鲁甸地震极重灾区、重灾区灾情，提出灾区恢复重建的想法与总体考虑，介绍对灾区资源环境承载能力的基本判断和评价要求。②与昭通市政府座谈，介绍鲁甸地震受灾概况与灾情特征，介绍恢复重建的总体想法、对灾区居民点布局和人口容量的基本认识（就地安置的能力、外迁的初步打算）、土地利用状况和土地规划需要调整的主要内容、产业重建的基本考虑和重大举措、城乡住房规划的主要内容和城乡居民点调整的想法，以及防灾减灾和生态环境保护方面的部署等。此外，还座谈了对资源环境承载能力评价的建议和需求。

2014 年 9 月 18 日　星期四　抵达昆明

与云南省发改委、昭通市政府协调，确定灾区行程具体安排。

项目组一行 4 人，于下午 4 时抵达昆明，一路上与负责协调调研安排的省发改委西部处专员就灾区情况进行交流，并对数据收集情况进行对接。截至目前，完成了数据收集约 20% 的进度，核心评价数据还在紧急对接中。

2014 年 9 月 19 日　星期五　火德红镇堰塞湖调研

项目组在云南省发改委西部处专员的陪同下，上午乘坐飞机到达昭通市，然后直接抵达鲁甸县，天气多云。吃过午饭，项目组成员就赶往火德红镇，实地考察了包括中心镇区、灾民集中安置点及李家山村民委员会所在地和堰塞湖等地点，主要陪同人员包括鲁甸县副县长、昭通市发改委特派员、昭通市国土资源局副局长等人员。

在调研途中，调研组联系人与国家发改委、国土资源部、云南发改委等 8 个司局部门、12 个协调人对接通话 60 余次，几经周折，最终拿到全国第二次土地利用现状调查数据等核心数据，此时数据收集工作进度达到 60%，项目组将收集的数据及时分发给对应的单项评价组，正式开展评价工作。

调研组火德红镇堰塞湖考察

2014 年 9 月 20 日　星期六　龙头山镇考察

一大早 7 点多，调研组就赶往龙头山镇考察，山路颠簸崎岖，考察人员时刻注视沿途灾情，或拍照或记录，对这次地震带来的破坏程度深感意外。考察首站是光明村，调研组站在滑坡体上看甘家寨，随行的鲁甸县县长介绍说那里有 18 户农民，掩埋 55 人，还有 49 人失踪。一位年轻的母亲告诉我们，她的大女儿地震时来不及逃出房间，但恰好跌倒在两扇门搭合的空隙中，毫发无损，感慨这个小女孩多幸运。

另外，调研组了解到该村落为保证安全，将计划异地迁移重建。

接着，项目组来到骡马口红旗社区，这里将作为未来镇区集中地，现有的想法是把这里规划为人口规模为 2 万的人口集聚区，樊杰研究员表示科学合理的灾后重建选址应该基于资源环境承载能力评价之上，未来的人口容量取决于现有的资源环境条件。

龙头山镇政府所在地和临时集中安置区考察

此次震中龙头山镇，离县城数十公里，损失惨重，镇上的老房子几乎夷为平地。龙头山镇政府所在地，周围仍是一片狼藉，除了办公大楼的主体还遍体鳞伤地矗立着之外，周围楼房基本全部倒塌。龙头山镇镇长给调研组详细介绍了当地灾情、民情以及个人的重建想法，国土资源局局长从周边地形地貌对未来道路的道路规划提出了一些个人看法。

在赶往西屏村的路上，调研组两次遇到塌方险情，山路崎岖超出想象，车辆一直在剧烈的颠簸中。

一天的考察路线为"光明村—骡马口红旗社区—老城区—龙头山镇政府所在地—银屏村—西屏村—龙井村—八宝村"，主要陪同人员包括龙头山镇镇长、鲁甸县副县长、昭通市发改委特派员、昭通市国土资源局副局长、省发改委西部处专员等人员。

调研组途中遇塌方险情

2014 年 9 月 21 日　星期日　召开昭通市专题座谈会

为更加全面地了解灾区情况，更加科学合理地开展工作，按原计划于鲁甸县政府十楼会议室召开部门座谈会，由市政府副秘书长支持，副市长等领导出席座谈。市发改委首先汇报了灾情重建规划前期工作情况，然后鲁甸县、巧家县、市防灾减灾局、市环境保护局、市住房和城乡规划建设局、县住房和城乡规划建设局、市国土资源局、市气象局等单位领导依次发言，介绍各部门掌握的灾区地震前后的资源环境承载能力基本情况，并结合部门抢险救灾以及恢复重建进展情况进行说明。

在发言过程中，调研组着重就水电建设、退耕还林、土坯房和产业发展等相关问题进行交流。最后，由副市长做总结发言，强调灾区资源环境承载能力很弱、生态极为脆弱以及为国家能源战略实施做出了突出贡献，并指出灾区经济发展水平低、贫困人口多、劳动者素质普遍偏低等是恢复重建的困难所在，希望调研组能够针对灾区实际情况建议国务院加大对灾区的扶贫力度。

鲁甸地震灾区资源环境承载能力专题座谈会现场

2014 年 9 月 22 日　星期一　回京紧急动员

项目总体组给各分项评价组提出明确要求，紧急动员大家要加紧赶超进度。此时，调研组还有两名成员仍在云南省奔波于各部门间收集评价数据。

2014 年 9 月 24 日　星期三　兰恒星研究员到灾区实地考察

为进一步了解灾区的地质灾害情况，负责地质灾害风险评价的兰恒星研究员专程又赶到灾区进行实地考察。此时，项目组负责收集基础数据的两名成员已返京，评价所需数据基本收集完毕，项目总体组将各个专项评价所需数据分发到各专项组。

2014 年 9 月 25 日　星期四　昭通市主要领导到访

昭通市市长、副市长、市发改委主任等一行拜访评价组，交流灾区重建事宜，希望评价组能够给予有益建议。

在座谈中，昭通市市领导对基本灾情、昭通市资源环境基本情况进行了较为详细的介绍，希望评价组能够充分考虑昭通实际情况，在中央财政资金支持、实施差别化产业政策、优先实施新一轮退耕还林还草工程、统筹安排重大基础设施建设项目等方面提出相应的政策建议，给予了灾区特殊政策和支持。樊杰研究员代表评价组感谢市领导对评价工作的大力支持，将切实考虑有关建议，保证保质保量按时完成评价任务。

2014 年 9 月 27 日　星期六　会议确定分区方案

上午，樊杰研究员召集项目组成员在地理科学馆开会，各专项评价组分别就用地评价、灾害评价、人口容量、产业布局等评价工作进行了汇报。会议集中讨论了各专项评价的评价方法，指出不足，并给出对应的整改建议。会议还着重商讨了分区方案，最终商定划分人口集聚区、农业生产区、地灾防治区、生态建设区等 4 类重建分区方案。会议结束后，各专项评价组立即投入到各自紧张的评价工作中。

2014 年 9 月 28 日　星期日　重建分区方案出炉

按照前一天会议确定的分区方案，项目总体组在汇总各专项组提交的评价数据的基础上，进行综合集成，不断优化分区方案，下午 4 时重建分区方案出炉。对分区结果进行制图，并统计各分区的面积、人口等占比情况，将结果报送给樊杰研究员进行审核。樊杰研究员对分区方案结果进行了细致的审核，最终敲定分区方案，悬在大家心中的巨石终于落地。与此同时，樊杰研究员还在具体把关产业政策建议的内容，希望评价工作能有更好更直接的政策出口。

2014 年 9 月 29 日　星期一　编排成稿

按照项目组的计划书和承诺，明天是向国家发改委提交资源环境承载能力评价初步报告的时间节点。按照项目组的要求和反馈意见，各专项评价组仍在紧张的修改和完善中。从下午至晚上，各专项评价报告陆续发送到总体评价组，项目总体组按照最新的专项评价结果对综合评价结果、附表等进行相应的修改，并对文本进行编校，这项工作一直持续到天亮。

2014 年 9 月 30 日　星期二　发送讨论稿

今天是国家发改委要求提交初步报告的最后期限，经过了一个不眠之夜之后，大家的精神似乎还不错，仍在对各自负责的部分做最后的校稿。像往常一样，下午樊杰研究员又对排好版的初步报告从头至尾进行了详细审阅，对政策建议部分进一步提炼。其他项目组人员在各自办公室待命，随时针对项目总体组提出的问题进行修改完善。晚上 7 时 38 分，用邮件向国家发改委西部司发送了评价报告讨论稿，按时完成了评价工作。

2014 年 10 月 8 日　星期三　提交正式稿

国庆节期间，项目组多数成员在积极忙于"资源环境承载能力监测预警技术报告"编写的同时，根据国家发改委反馈的意见，对鲁甸承载能力报告进行了修改，评价报告最终定稿，印刷完毕后提交给国家发改委西部司，建议上报"国务院鲁甸地震灾后恢复重建指导协调小组"。至此，中国科学院牵头承担的鲁甸地震灾后重建资源环境承载能力评价工作告一段落。

2014 年 11 月 4 日　星期二　重建总体规划正式发布

2014 年 11 月 4 日，国务院发布《关于印发鲁甸地震灾后恢复重建总体规划的通知》（国发〔2014〕56 号），批准实施《鲁甸地震灾后恢复重建总体规划》。在重建总体规划中，由中国科学院牵头完成的资源环境承载能力评价结果被采纳。至此，中国科学院承担的鲁甸地震灾后重建资源环境承载能力评价工作圆满完成。

2014 年 11 月 28 日　星期五　昭通市委托开展全市"十三五"规划承载能力评价工作

鉴于资源环境承载能力评价工作在编制鲁甸地震灾后恢复重建和重建工作中发挥了显著作用，得到了昭通市委、市政府的高度重视，项目组受昭通市人民政府委托，将资源环境承载能力评价工作由灾区拓展到全市，开展全市资源环境条件的摸底调查，设立了资源环境承载力综合评价暨资源环境支撑保障能力研究课题，作为编制昭通市国民经济与社会发展第十三个五年规划（"十三五"规划）的重要基础性工作。

　　研究课题针对昭通市"十三五"规划总体布局需要，结合昭通市"十三五"时期经济社会发展的需要及趋势，分析全市水资源、土地资源等与全市经济社会发展之间的供需现状及趋势变化，研究水、土等资源和生态环境承载能力与经济社会发展之间的匹配情况，指出存在的问题，通过对资源环境承载能力的单要素和综合评价，对昭通市域国土空间开发利用的适宜性和主要地域功能类型进行划分，将资源环境保护、生态文明建设与经济社会发展紧密结合提出昭通市"十三五"时期增强资源和环境支撑保障能力的思路、重点和对策措施。

2014 年 12 月 25 日　星期四　昭通市人民政府致中国科学院感谢函

　　圣诞节当天，昭通市人民政府致函中国科学院，感谢项目组在鲁甸地震灾区恢复重建资源环境承载能力评价中为地方政府重建做出的贡献。

　　感谢函表示"《鲁甸地震灾区恢复重建资源环境承载能力评价报告》遵循自然规律和经济社会发展规律，充分考虑鲁甸地震灾区资源环境承载能力的特点，从评价范围、基本结论、技术方法、主导因子评价、精细评价、人口容量、产业发展导向、重建分区 8 个方面作了具体阐述，对鲁甸地震灾后恢复重建提出了 5 条极具针对性和操作性的政策建议，为科学编制鲁甸地震灾后恢复重建总体规划提供了基础依据。资源环境承载能力评价项目组专家的辛勤劳动，得到了国务院及国家有关部委的充分肯定，国务院 11 月 4 日印发的《鲁甸地震灾后恢复重建总体规划》（国发〔2014〕56 号）和《关于支持鲁甸地震灾后恢复重建政策措施的意见》（国发〔2014〕57 号），充分参考了项目组的资源环境承载能力评价成果，采纳了项目组的政策建议，在中央财政资金支持、实施差别化产业政策、优先实施新一轮退耕还林还草工程、统筹安排重大基础设施建设项目等方面给予了灾区特殊政策和支持。"这是对项目组努力工作的极大肯定，能够通过我们的努力为灾后重建工作贡献一份力量感到无比欣慰！

记录人：王亚飞

后　记

一

2005 年，受云南省昭通市人民政府委托，我组织本所和中国林业科学院、中国 21 世纪议程管理中心，联合昭通市人民政府有关部门开展了"云南省昭通市长江上游生态屏障建设综合研究"课题。经过分析论证，揭示了昭通山区生态脆弱、自然条件不良的基本特征，论证了昭通市域可持续发展的艰巨性和必要性，阐释了长江上游昭通段林业生态屏障建设、水土流失治理、绿色产业体系、扶贫及可持续生计等的相互关系和协调途径。其中，防范自然灾害风险和改善山区贫困状态是昭通生态屏障建设面临的两大关键问题，解决问题的基本策略，是尊重自然规律，按照地域功能区划，调整国土空间开发格局，通过本地和异地城镇化相结合、生态产业发展和生态补偿机制相结合、贫困人口脱贫致富能力培养和区域人居环境投资环境改善相结合，走可持续发展之路。

2014 年 8 月 6 日鲁甸地震发生后，我们在已有工作研究的基础上，形成了上报中央的咨询报告《中科院专家关于鲁甸地震灾后科学重建的建议》，得到中央领导的批示。报告阐述的主要建议，一是，鲁甸地震灾区资源环境承载能力状况复杂，不能忽视、怠慢评价工作，应尽早部署这项基础性工作；二是，以恢复重建为契机，把新型城镇化、扶贫攻坚和生态建设融合在一起；三是，用体制创新推进长江上游生态屏障建设的经济效益、社会效益与生态效益相统一。核心观点就是要借重建之机，促昭通走可持续发展之路。

正是基于这样的考虑，当国家再次部署我们承担鲁甸灾后重建资源环境承载能力评价任务时，我们在运用相对成熟的评价方法，克服每次评价工作面临相似困难的过程中（针对每次评价工作面临的相似困难，《财经国家周刊》的记者有专访报道，也作为附件收入了木书，题为"灾后资源环境评价解困"），调整优化了评价技术路线，采用主导因素法，加快承载能力评价工作进程，同时也减少了承载能力评价自身的工作量，这样，就腾出了时间和精力，把研究工作和创新工作的重点放在两个方面：一是鲁甸灾区自然条件恶劣及人民贫困的特殊性对重建政策的特殊要求；二是鲁甸地震灾区、昭通市走可持续发展之路的战略重点和主要任务。如果说第一项工作还算是"规定动作"范畴内的事情，但也是"副产品"，第二项工作就完全是"自选动作"了，但基于我们对该类型区域发展的科学认知，第二项工作是应该的、必需的。这样，我们这本专著在基本保留以往几次重建承载能力评价内容体系的同时，增加了"可持续发展研究"的篇章，并作为书名的一个组成部分。

二

对鲁甸地震灾区自然条件恶劣及人民贫困的特殊性研究，进而提出对重建政策的特殊要求，是这次资源环境承载能力评价的副产品，但却是值得后记的重要贡献。

中央政府对灾区恢复重建的补贴标准是：灾损总额×1.18 ＝重建投入总额×0.3 ＝ 中央补贴量，这在几次重大灾后重建中是没有改变的。我们研究认为，应把受灾特征、恢复难度、重建能力作为国家核算不同灾区恢复重建补贴系数的依据，实施差异化政策。在原补贴标准计算公式中，灾损总额这一基数能够反映受灾多就应该补贴多的理念，0.3 的系数作为全国的一个基准线，不应该一成不变，而应该是上下浮动的，向上浮动的原则应体现恢复难度大、重建能力弱的灾区可以获得更高比例的中央政府补贴的政策理念。通过资源环境承载能力评价和社会经济发展现状分析，鲁甸地震灾区属于这种类型地区。特别应该注意的是，鲁甸地震灾区土木结构住房易损，成为造成这次灾害死亡人数巨大的一个重要原因。但土坯房不值钱，灾损估价低，未来重建的要求更为迫切，设防标准和重建质量又不能打折扣，而住户又往往更为贫困。因此，建议提高中央补贴系数。

以上的建议，我们在两个重要的场合和文件中给予了反映。一是我在参加由国家发改委副主任何立峰主持召开的"鲁甸地震灾后恢复重建总体规划纲要"专家咨询会上，围绕补助标准制定存在的问题、鲁甸灾区自然条件和社会发展的特殊性，以及建议提高中央补贴量等作了全面阐释，受到与会领导和规划编制组的关注；二是我们在提交国务院鲁甸灾后重建领导小组办公室的"鲁甸地震灾后恢复重建资源环境承载能力评价报告"中，又专门作了一条建议提了出来。据昭通市有关部门反映，云南省和昭通市领导拿着我们的评价结论和建议报告，到中央有关部门进行专门汇报，收到了良好的效果。

2015年12月25日，昭通市人民政府致函中国科学院办公厅，对我们团队在鲁甸地震灾后重建中的贡献表示感谢。其中，对提高中央补贴量的表述是这样的："在财政资金支持方面，中央财政安排采纳了项目组提出的'把受灾特征、恢复难度、重建能力作为国家核算不同灾区恢复重建补偿系数依据'的建议，考虑了鲁甸地震受灾地区'恢复难度大、重建能力弱'的实际情况，提高了灾后恢复重建补助标准，将中央财政专项资金从原定的70.3亿元增加到180亿元"。我们项目组都为此感到由衷的欣慰！特别是本次项目组的学术秘书、云南人周侃博士，更是因自己的工作能为家乡做出实质性贡献，兴奋不已。周侃为项目的组织协调、外业调研、资料分析、报告编写，以及成果出版等花费了大量心血，他具有忘我的工作品德和认真的科研态度，有着正直的人生观念和浓烈的家、国情怀，这里，我不说什么感谢的话了。一个年轻的学者通过费心费力的科研工作，为自己的家乡做出了有益的贡献，这是一种荣誉，对科学价值认可的荣誉本身就是对周侃博士的嘉奖和感谢！

从这类工作中我深深体会到，我国自然和社会发展条件、状态、前景的多样性、复杂性，乃至不确定性，都可能造成在中央决策过程中会出现顾及普遍性，而偏颇特殊性，适用部分地区，而在另一些地区却存在严重偏差，一些地方政府为之叫好，而另一些地方政府却为此叫苦等问题，这些问题在从事地理学、资源环境科学、城市与区域科学的应用研究中时常有所发现，也很容易理解。问题在于，如何制定差别化的、精准化的、可操作性强的区域政策，如何在新型城镇化、小康社会目标、现代化建设的大战略前提下探索和实践具有地方特色的模式，需要扎实的科研工作，既要能够站在国家的高度理解普适性规律的合理性和基本政策方针的正确面，又要能够脚踏实地分辨出——而且要具有一定精度要求的分辨出区域性问题的特殊性，从中为国家完善区域政策提供依据。科学的工作做扎实了，政策建议有理有据，是能够被决策者采纳的。随着决策科学化的进程不断深入，研究结论对决策管理的作用将会越来越大。这就带来另一个关键问题，我们研究工作的质量是否能够给出足以或有效支撑科学决策的结论呢？

三

在芦山地震灾害发生2周年的前夕，按照中国共产党中央委员会宣传部工作部署，"结合芦山灾区重建成果，深入阐述党的十八大后第一个重大自然灾害恢复重建项目、第一个实施地方为主重建政策的灾后恢复重建项目的伟大实践和宝贵经验，深入阐述中央统筹指导、地方为主体、灾区群众广泛参与的新路子对提高灾后重建能力水平的重大意义"。我接到通知和约稿，为《人民日报》、《经济日报》、《光明日报》的理论版分别写3篇文章。

自汶川地震以来，包括鲁甸地震在内已经发生了5次由中央政府编制重建规划的重大自然灾害，这5次灾后重建的基础工作和重要依据之一，就是资源环境承载能力评价。这项工作，国务院都交由中国科学院牵头组织多个部委、受灾省区政府共同完成，我作了具体组织和实施工作。所以，对灾后重建成果的理解，对恢复重建的伟大实践和宝贵经验的体会，对灾后重建重大意义的认识，也更多的是着眼于资源环境承载能力评价对灾后重建的作用，特别是对灾区可持续发展的意义。从我个人有限的专业视角评估我国灾后重建的经验和意义，主要聚焦在把资源环境承载能力作为重建依据和规划基础这个方面。承载能力评价及发挥的作用，不仅得到国际防灾减灾同行的广泛认可和高度评价，更重要的是将资源环境承载能力评价引入到我国优化国土空间格局、走可持续发展道路的决策过程当中，提高了决策的科学性，增强了发展的可持续性，这将对灾区和整个中华民族的发展发挥积极而重要的影响。

　　我分别写的 3 篇文章是：为《人民日报》理论版写了"芦山灾区科学重建与可持续发展的路径探索和机制创新"，全文刊载在 2015 年 4 月 30 日理论版上（刊载时，更名为"芦山重建走的是可持续发展之路"）；为《经济日报》理论版写了"芦山重建规划中的资源环境承载能力评价及其作用"，全文刊载在 2015 年 5 月 7 日《经济日报》理论版上（刊载时更名为"灾后重建中的资源环境承载能力评价"）；为《光明日报》理论版写了"芦山灾区人口资源环境相均衡的重建布局模式"。前两篇已刊出的文章作为附件编入了本书，第 3 篇文章最终没有刊出。没有刊出的这篇文章，全面阐释了从应用地理学角度讨论区域可持续发展的重要领域——空间合理布局，这正是昭通可持续发展研究的基本依据和框架。为此，将原文中序言、第 1 节和结束语等部分摘录如下作为后记的第四部分。

四

　　党的十八大首次把"国土"作为生态文明建设的空间载体，把"优化国土空间开发格局"作为生态文明建设的首要任务。优化空间格局就是要"按照人口资源环境相均衡、经济社会生态效益相统一的原则，……构建科学合理的城市化格局、农业发展格局、生态安全格局"。在 2013 年 5 月 21 日抗震救灾工作会议上，习近平总书记针对科学编制重建规划提出了"以人为本、尊重自然、统筹兼顾、立足当前、着眼长远"的明确要求。芦山灾后重建空间布局的研究，以完成国务院部署的"重建分区方案、人口承载规模、城乡居民点选址以及产业发展导向"等任务为目标，着重探讨芦山灾区人口资源环境相均衡的重建布局模式，研究成果为芦山重建总体规划编制提供了科学基础，在芦山科学重建中发挥了重要作用。

　　"国土空间布局"是发达国家体现现代社会治理能力和健全的社会治理体系的一个重要方面。从发达国家在经历了大规模推进工业化和城市化的发展阶段之后、依然能够保持国土空间开发有序的效果和途径分析，"布局规划"发挥了关键作用，成为规范政府、企业和个人空间行为的法律准绳。特别是在大发展大转型的时期，布局规划发挥的作用尤为突出。布局规划不仅要指导"哪里应该干什么"，更注重约束"哪里不应该干什么"。民生、竞争力、可持续发展已经成为各国国土空间布局规划趋同的目标。芦山灾区重建正是处于发展的一个关键转折期，合理的布局模式决定着美好家园重建的成效，影响着灾区可持续发展的进程。

　　我国拥有 960 万平方公里的陆域国土，自然地理环境和资源基础的区域差异很大，区位条件和区域间相互关系极其复杂，社会经济发展阶段和基本特征也具有鲜明的地方特色，非常需要"因地制宜"、"统筹协调"、"长远部署"。但事实上，我国长期重视在时间序列上对发展目标、增长速度、结构比例等进行计划规划，轻视人口和经济布局、不同类型区域发展模式为重点内容的布局规划。布局规划的缺失成为目前我国国土开发强度过大、空间结构无序、区域发展失衡的重要原因，进而加剧了人口经济与资源环境的矛盾。芦山重建正是在我国积极探索国土空间布局规划大背景下开展的一次重大国土整治、修复、重构、优化的浩大工程，芦山重建布局模式的探索成为理论方法具有很大挑战、应用示范具有很高价值的研究实践。

　　从国外比较成功的布局规划分析，一是对土地利用功能进行管制是建构有序空间结构的有效方式和主体内容，特别是对市场机制容易忽视的自然保护区、开敞绿色空间、文化遗产地等大斑块区域的严格管制更为重要。二是高度关注区域之间相互依赖和相互作用产生的空间结构的合理组织——点-轴系统的组织及不同区域用于生产、生活和生态的空间或土地的比例关系。三是空间管制具有层次性，这不仅是由于不同空间尺度土地利用功能的不同，也是由于政府层级划分后的事权分割。四是随着发展观念的转变以及发展问题越来越复杂，空间管制的目标、手段也开始多样化。五是空间规划具有的长期性和稳定性成为提升国土空间规划实施价值和效果的根本保障。芦山重建布局模式的选择旨在为重建空间布局提供依据，应突出布局模式选择的战略性、基础性和约束性。因此，必须遵循人口经济与资源环境相均衡的原则，结合国务院工作部署要求，以资源环境承载能力的科学认知为基础，通过研究重建功能分区、人口承载规模、城乡居民点建设范围，以及产业布局指向，科学构建芦山重建的布局模式。

……

总之，芦山灾区人口资源环境相均衡的重建布局模式可以概括为，以资源环境承载能力评价为基础，以灾区重建4类功能分区为顶层设计和主体框架，一方面通过城镇居民点重建范围的确定及其与之相关的人口合理承载规模的确定，实现灾区城镇化和新农村建设的融合发展；另一方面，通过工业、农业和旅游业布局，实现扶贫开发和产业现代化的互动发展。最终实现人口经济与资源环境在重建功能区、城乡居民点体系，以及产业地域类型上的协调与均衡，支撑灾区科学重建和可持续发展。这样的布局模式不仅能够为我国其他类型区域的布局规划提供有益借鉴，其内在机理的深入研究也有助于在空间布局理论探索方面取得创新性进展。

五

鲁甸地震灾后重建承载能力评价和昭通可持续发展研究工作，得到了中国科学院领导、院科技促进发展局、地理科学与资源研究所的大力支持。中国科学院施尔畏副院长参加芦山重建领导小组办公会议，领任务、组织队伍，并对工作提出要求，对工作进程督促检查，对评价结果审阅指导。在院领导的关心下，院科技促进发展局的领导具体实施对项目的领导，冯仁国副局长、赵涛副处长为项目顺利开展创造条件，包括与其他部委和地方政府沟通联系、协调院内资源等，他们也已经连续5次主管我们承担的灾后恢复重建资源环境承载能力工作，一如既往地付出了大量心血。特别是把这项工作及时列入院"STS"（科技服务网络）项目，使项目获得必要的经费支持，大家都为此深深感谢院领导和局领导。项目组也没有辜负院、局领导的期冀和要求，圆满完成了国务院部署的任务，在院"STS"项目2014年度总结中，被列为取得重大进展的第一项成果。

鲁甸地震灾后重建资源环境承载能力评价的队伍，主要由长期与我合作的同事组成。包括兰恒星和刘盛和教授及他们的小团队，以及刚刚加入的新成员，向项目组列出的全体成员致谢！特别是灾后去现场调研的日日夜夜，还是令人牵肠挂肚的。当站在落差有1000米以上的高位滑坡体上时，当步入地震中尚未倒塌但摇摇欲坠的危房时，当汽车行驶在还偶尔从头顶上有落石和前方偶尔有塌方发生的狭窄乡道上时，才会深深体会到，这样的团队不只是学术水平符合要求，而且工作态度和科学精神也是达标的。

为了更好地完成昭通可持续发展研究的内容，采取了重新召集2005年团队的工作方式，同事们都一呼即应，招之即来，来之能干。这里要特别感谢蔡强国"资深"研究员，还有已经到其他单位就职的张晓平副教授、盛科荣副教授、和继军副教授，他们对该区域的研究积累，有效地保障了可持续发展研究的质量。还在中国科学院地理科学与资源研究所工作的李丽娟研究员、王传胜副研究员、李九一助理研究员、王志强助理研究员和李郎平助理研究员往往承担着"双份"工作，承载能力评价和可持续发展研究，辛苦了！

这里，还想特别感谢两位领导。一位是王伟中，他在2005年作为科学技术部挂职干部任昭通市委常委、副市长，为我们当年工作的开展给予了全方位的帮助和指导，后来回到北京之后，依然为可持续发展研究和昭通现代化事业积极助力。当他得知我们承担鲁甸灾后重建资源环境承载能力评价任务后，给予了真挚的关心。还有一位是2005年结识的昭通地方领导胡智雄，他当时任市政府副秘书长。这里特别要提到的一件事，是2012年昭通彝良发生地震时，国务院办公厅约稿就重建提供咨询建议，胡领导接到我的求助之后，在很短时间里帮我搜集资料，使我们的报告及时得以完成，并得到国务院领导肯定，下发到有关部门和地方政府作为决策参考。当彝良当地政府长途电话向我进一步咨询并致谢时，我就想向胡领导表达谢意，结果拖至今日，成为晚到的感谢了！

本书章节编写分工如下，全书由我和周侃统稿。

研究内容	主要完成人
总论、资源环境承载能力综合评价、可持续发展模式与政策支撑体系	樊杰、周侃等
灾区概况与地震灾情	王亚飞、周侃
用地条件、国土空间开发功能区划	周侃
地震地质和次生地质灾害危险性	兰恒星、李郎平、孟云闪、伍宇明、李全文等
人口和居民点分布	刘盛和、戚伟
资源环境要素支撑能力	兰恒星、李丽娟、王传胜、李九一、周侃等
水土保持与生态屏障建设	蔡强国、和继军
绿色经济体系与产业引导	张晓平
新型城镇化与扶贫开发	盛科荣
咨询建议、媒体报道	樊杰等
工作日记	王亚飞

鲁甸地震灾后恢复重建资源环境承载能力评价
昭通可持续发展研究

项目首席科学家　樊　杰
2015 年 8 月 31 日